"현장에서 활용 가능한 실무 중심의 프로젝트 교육 지침서"

기계공작+ 프로젝트 실습[하권]

송원석

www.kuhminsa.co.kr

기계공작 단계별(기초·전문·응용) 팀 프로젝트 교육 흐름도

기초 · 전문 · 응용

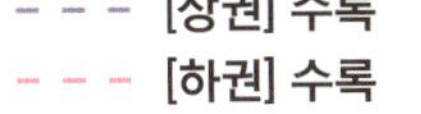

I단계 소형 바이스의 '손잡이'는 II단계에서 만든 부품 사용 가능 (단, 선반 작업이 불가능 할 때)

[I단계] 기초 프로젝트 과제

- 소형 바이스
- 망치, 벌집연필통
- 팽이, 주사위 등

실습분야

- 측 정 : 과제 재료 측정하기
- 조 립 : 과제 수가공 및 조립하기
- CAD : 과제 부품도 그리기
- CAM : 과제 부품 모델링하기
- 선 반 : 과제 부품 가공하기
- 밀 링 : 과제 부품 가공하기

기초기능 보충과제

망치 벌집연필통 팽이

[II단계] 전문 프로젝트 과제

- 나사 탁상바이스
- 공압프레스
- 드릴지그 등

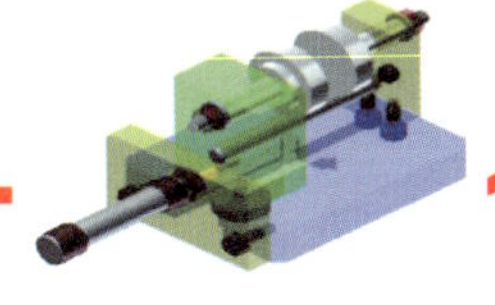

실습분야

- 선 반 : 과제 부품 가공하기
- 밀 링 : 과제 부품 가공하기
- 조 립 : 선반 및 밀링 가공 부품 조립하기

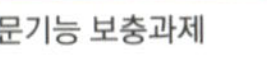

전문기능 보충과제

나사 탁상바이스 B형

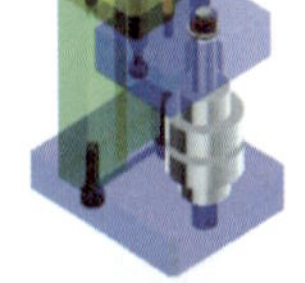

수직 공압프레스

채널 드릴지그

[III단계] 응용 프로젝트 과제

- 컨테이너트럭, 경주용자동차
- 윤장대, 석가탑, 다보탑
- 축구공, 지구본 등

실습분야

- 종합기술 : 모든 기계 통합실습
- 응용기술 : 치공구 활용 응용실습
- 설계기술 : 도면분석기술 적용실습

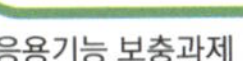

응용기능 보충과제

자동차

다보탑&석가탑

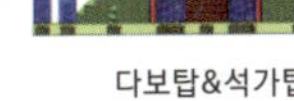

축구공

Preface / 머리말

사회는 창의력, 소통력, 협동성, 정보의 생산과 활용능력이 계속적으로 중요시되고 있다.
이에 학습자 중심의 자기주도학습인 **"팀 프로젝트 교육"**이 많은 분야에서 활용되고 있으나 전문교육은 자격증이라는 울타리 안에 갇혀 대부분 단순기능습득 방식으로 운영되고 있다.

전문기술분야는 기능=품질이라는 성격이 있어 창의성과 아울러 책임감, 자신감, 학습의욕을 높일 수 있는 **"팀 프로젝트 교육"**이 더욱더 절실히 요구되나 개발된 프로그램 부족으로 팀 프로젝트 교육은 미미한 실정이다.

이에 본 교재는 실생활에 밀접한 대상물을 제작하는 방식으로 복합기능내용의 **"팀 프로젝트 교육"** 과제 및 수행 방법을 제시하여 집중도를 높이고, 창의적 문제를 해결하여 성취도를 높이도록 하였다.

프로젝트 교재 편성 내용은

○상권 : 기계분야의 기초과정－측정&조립, CAD, CAM, 선반, 밀링
기계분야의 전문과정－조립, 선반, 밀링
○하권 : 기계분야의 응용과정－선반, 밀링, 조립

프로젝트 주제 선정은

○상권 : 산업현장의 치공구 및 기계류
○하권 : 생활주변 및 실 세계 속의 탐구대상물

프로젝트 편성내용과 주제선정은 교재(상권, 하권) 상호연관성을 이루고 있으며 수행과정에서 의미 있는 산출물을 제시할 수 있도록 전개하였다.

본 교재는 학습자가 쉽게 이해할 수 있도록 노력하였으나 다소 미흡한 부분이 있으리라 생각되며, 앞으로 계속 수정 보완해 나갈 것을 약속드리니 아낌없는 의견과 지도 편달 바란다.
이 책의 출판을 위해 적극적으로 도움주신 도서출판 구민사 조규백 대표님과 직원 여러분께 깊은 감사를 드린다.

2016. 9
저자 씀

Contents / 목차

06 부 록

A_ 프로젝트 수행 단계

B_ 프로젝트 단계별 학습내용

단계	시간	주요 활동	주요 학습 내용	준비자료
프로젝트 이해	1	• 오리엔테이션	• 프로젝트 기반 실습 이해 • 활동 방법 인지	• 강의 자료 • 선행 활동 사례
수행 계획	1	• 모둠구성 • 수행 평가 방법 • 프로젝트 주제 설명	• 협동학습 이해 • 프로젝트 평가내용 및 방법 • 프로젝트 수행가능성 탐색 • 보고서 작성(개별 또는 조별)	• 과제 도면(2D/3D) • 보고서 양식 • 포트폴리오파일
	1	• 프로젝트 설계도면 이해 • 실습장소 및 기계 설명 • 공정 계획	• 프로젝트에 관련된 기능 통찰 • 프로젝트에 관련된 장비 이해 • 프로젝트 수행공정의 사전 인지	• 과제동영상 자료
프로젝트 수행	(15)	• 프로젝트 과제 제작 • 공구와 장비의 활용 • 제작 완성품의 정교화	• 계획에 의거 프로젝트 수행 • 문제해결력 함양 • 제작과제 이해	• 실습재료 • 공구 • 측정기
분석	1	• 제작 작품 분석활동	• 문제해결능력 배양 • 가공공정 이해	• 측정표 양식 • 품질분석표 양식
평가	1	• 보고서 정리 제출 • 프로젝트 결과물 평가활동	• 포트폴리오 정리 요령 습득 • 평가분석능력 함양	• 포트폴리오파일 - 각종 보고서 - 설계도면 - 조립작품 - 측정 분석표
결과 발표		• 완성품 발표 및 평가 • 전시회	• 작품 감상 능력 함양	• 전시 공간
계	(20)			

※( )의 시간은 과제의 난이도에 따라 증감이 있음.

C_ 프로젝트 과제 선정분야

프로젝트 과제 선정분야 및 실습과정별 과제는 [표-1], [표-2]와 같으며 「개별 및 그룹」으로 해결하며 과제를 수정 설계하고 부품을 가공 조립하여 완성한다.

1. 과정별 선정 과제

표 1 ➤ 프로젝트 단계별 선정 분야

단 계	프로젝트 과제 선정 분야	사용 공작기계
Ⅰ 단계	생활 주변의 용품	단일 공작기계 사용
Ⅱ 단계	산업현장의 치공구	모든 공작기계 사용
Ⅲ 단계	실 세계속의 탐구 대상물	모든 공작기계 사용

표 2 ➤ 프로젝트 과정별 선정 과제

과 정	프로젝트 과제명	모둠 구성	비고
측정조립	소형 바이스 만들기	1인 또는 2인	
선반	팽이 만들기	개인	☆☆
	망치(A, B, C형) 만들기	개인	☆☆
밀링	주사위 만들기	개인	☆☆
	벌집형 연필통 만들기	2인 또는 3인 1조	☆☆
선반 & 밀링	나사 바이스_A형 만들기	2인 또는 4인 1조	☆☆
	나사 바이스_B형 만들기	2인 또는 4인 1조	☆☆
	수평 공압프레스 만들기	2인 또는 4인 1조	☆☆
	수직 공압프레스 만들기	2인 또는 4인 1조	☆☆
	샌드위치 드릴지그 만들기	2인 또는 4인 1조	☆
	채널 드릴지그 만들기	2인 또는 4인 1조	☆
	축구공 만들기	4인 또는 5인 1조	☆
	컨테이너 트럭 만들기	4인 1조	☆
	경주용 자동차 만들기	4인 1조	☆
	윤장대 만들기	4인 1조	☆
	지구본 만들기	6인 또는 7인 1조	☆
	트랙터 만들기	4인 1조	☆
	석가탑 만들기	7인 또는 8인 1조	☆
	다보탑 만들기	7인 또는 8인 1조	☆

※ 위 내용 수록 교재 : ( )는 상권에 수록, (☆)는 하권에 수록, (☆☆)는 상·하권에 수록

2. [Ⅰ단계] 과제 및 학습 내용

과정	프로젝트 과제명	주 학습 내용	보조 학습 내용	작업 인원
선반	팽이	- 외경 가공 - 단 가공 - 테이퍼 가공	- 외경바이트 사용방법 - 테이퍼 계산 방법 - 복식 공구대 사용방법	개인
	망치-A형	- 테이퍼 가공	- 테이퍼 계산방법 - KS 부품 사용방법 - 복식 공구대 사용방법	개인
	망치-B형	- 홈 가공 - 널링 가공	- 홈 바이트 연삭방법 - KS 부품 사용방법 - 왕복대 사용방법	개인
	망치-C형	- R 가공 - 계단 가공	- R 바이트 연삭방법 - KS 부품 사용방법 - V 블록 활용방법	개인
밀링	주사위	- 평면 가공 - 모따기	- 직각자 사용방법 - 평행블록 사용방법 - 정면커터 사용방법	개인
	벌집연필통	- 평면 가공 - 원기둥을 다각형으로 가공하는 방법	- 각도 계산방법 - 앵글V블록 사용방법 - KS 부품 사용방법 - 정면커터 사용방법	2인 또는 3인 1조

3. [II 단계] 과제 및 학습 내용

과정	프로젝트 과제	주 학습 내용	보조 학습 내용	작업 인원
선반 & 밀링	나사 탁상바이스_A	- 조립 및 가공상의 주의 점 - 제품 기준면 선정 - 좌우방향에 대한 작업 공정	- KS 부품 선택방법(스냅 링, 볼트, 작은 나사) - 기구의 동작 원리	2인 또는 4인 1조
	나사 탁상바이스_B	- 조립 및 가공상의 주의 점 - 제품 기준면 선정 - 평행도에 대한 작업 공정	- KS 부품 선택방법(스냅 링, 볼트, 작은 나사) - 기구의 동작 원리	2인 또는 4인 1조
	수직 공압프레스	- 조립 및 가공상의 주의 점 - 부품과 부품의 상호 위치정도에 대한 작업 공정	- KS 부품 선택방법(스프링, 실린더, 볼트, 너트, 와셔) - 기구의 동작 원리	2인 또는 4인 1조
	수평 공압프레스	- 조립 및 가공상의 주의 점 - 부품과 부품의 상호 위치정도 - 좌우방향에 대한 작업 공정	- KS 부품 선택방법(스프링, 실린더, 볼트, 너트, 와셔) - 기구의 동작 원리	2인 또는 4인 1조

과정	프로젝트 과제명	주 학습 내용	보조 학습 내용	작업 인원
선반 & 밀링	샌드위치 드릴지그	- 구멍위치중심의 가공 방법 - 조립가공 공정 - 위치결정기구 선정	- KS 부품 선택방법(볼트, 드릴부시, 가이드 핀) - 3직각의 중요성	2인 또는 4인 1조
	채널 드릴지그	- 면 중심의 가공방법 - 조립가공 공정 - 3직각의 중요성과 가공 방법	- KS 부품 선택방법(볼트, 드릴부시) - 드릴 지그의 원리	2인 또는 4인 1조

4. [III 단계] 과제 및 학습 내용

과정	프로젝트 과제명	주 학습 내용	보조 학습 내용	작업 인원
선반 & 밀링	축구공	- 정다면체의 가공공정	- V 블록 사용방법 - 정육각형 설계 - 각도 가공방법 - 조립 순서	4인 또는 5인
	지구본	- 원기둥을 다각형으로 가공하는 방법 - 치공구 활용 가공법	- 각도 계산 방법 - V블록 사용방법 - 치공구 사용 가공물 고정방법	6인 또는 7인 1조
	컨테이너 트럭	- 환봉으로 사각형 가공 방법 이해 - 구멍 위치 정도 및 조립 순서 이해	- 편심가공 - 엔드밀 R 가공 - 널링공구 사용방법 - 엔드밀 내 외측 가공	4인 1조

과정	프로젝트 과제명	주 학습 내용	보조 학습 내용	작업 인원
선반 & 밀링	경주용 자동차	- 도면이해 - 기계요소분석 - 환봉으로 사각형 가공 방법 이해	- 베벨기어의 용도 - 널링공구 사용방법 - 엔드밀 내 외측 가공	4인 1조
	윤장대	- 도면이해 - 가공공정 이해 - 기계요소분석 - 고정구 활용방법	- 앵글v 블록 사용방법 - 베어링 규격 - 볼 엔드밀 가공	4인 1조
	트랙터	- 도면이해 - 동시가공 및 조립공정 - 가공공정 및 끼워맞춤	- 임의 각 가공방법 - 조립 마무리방법 - 널링공구 사용방법	4인 1조
	석가탑	- 도면이해 - 구멍 위치정도 동시가공 - 조립순서 이해	- 볼 엔드밀 작업방법 - KS 부품 사용방법 - 엔드밀 계단가공방법	7인 또는 8인 1조
	다보탑	- 도면이해 - 구멍 위치정도 동시가공 - 조립순서 이해	- 볼 엔드밀 작업방법 - KS 부품 사용방법 - 드릴 작업의 중요성	7인 또는 8인 1조

D_ 프로젝트 학습 준비사항

II단계의 복합과제(선반&밀링작업)를 수행하기 위해 다음과 같이 준비한다.

1. 파트와 모둠 편성

1그룹(학급)을 A파트와 B파트로 편성하고, 모둠 편성은 학습자의 희망에 따라 구성한다.

① A과정 (A파트) : △△△△ 및 ○○○○ 실습

② B과정 (B파트) : □□□□ 및 ☆☆☆☆ 실습

표 ➤ 정원 28명을 모둠별 4명(선반:2, 밀링:2)으로 편성할 때

실습작업 \ 모둠			A	B	C	D	E	F	G
A 과정(A파트)	△△△△	14명	2	2	2	2	2	2	2
B 과정(B파트)	□□□□	14명	2	2	2	2	2	2	2

※ 학습자는 7주에 걸쳐 A과정을 수행한 후 A, B파트 교체하여 B과정을 수행한다.

2. 프로젝트 수행 방법

선반 및 밀링파트에서 가공할 부품을 선정하여 조별 모둠원이 각각 교대하며 완성하거나 또는 각자 부품을 선택하여 완성한다.

① 밀링 그룹 : 각재 부품 가공

② 선반 그룹 : 원형 부품 가공

③ 조립 : 드릴링 및 조립은 그룹별 공동 작업

표 ➤ 수행단계별 보고서 작성 내용

과정	보고서 내용	작성 시기
선반 & 밀링	[표 - 1] 프로젝트 담당업무 및 참여동기 [표 -2/1] 도면(조립도) 검토 및 분석 [표 -2/2] 도면(부품도) 검토 및 분석 [표 - 3] 소요 가공재료 및 KS규격품 [표 - 4] 기계 및 공구, 측정기 [표 - 5] 부품 가공 시 안전 및 유의 사항 조사 [표 - 6] 조립품 및 부품 측정 [표 - 7] 4way 품질 분석 [표 - 8] 부품 가공 순서 [표 - 9] 프로젝트 수행계획서[1]	

1) 전문분야 특성상 2장, 3장, 4장은 전시유형(과제 도면 제시형)으로 하여 「선 기능습득 후 수행계획서 작성방법 학습」한 후 5장 실전에서 '프로젝트 수행계획서' 작성 후 제작단계로 수행하도록 하였다.

3. 프로젝트 목표 유형

프로젝트 과제는 범용기계(선반, 밀링)과 수작업(조립)으로 제작 가능하도록 전공 교과서의 학습요소를 추출 · 적용한 전시유형(「과제 도면 제시형」)으로 「개인 또는 그룹」으로 과제를 스케치하고 부품을 가공 조립하여 완성한다.

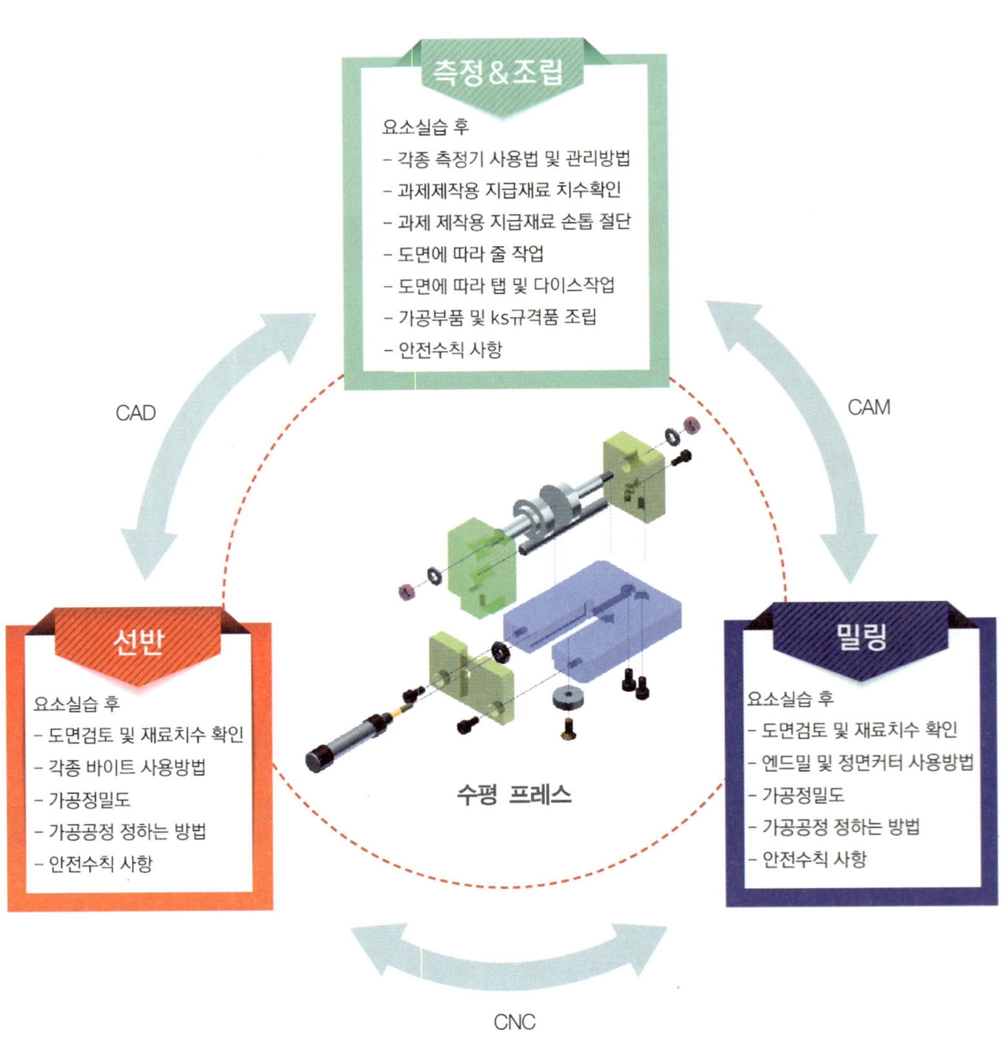

E_ 프로젝트 보고서 작성방법(예)

[표-1] 프로젝트 담당업무 및 참여동기 작성[2](예)

조원들간의 의견수렴과 토론, 보고서 작성 및 포트폴리오 자료 정리, 부품가공 및 조립, 측정 및 품질관리, 한 팀원으로서 활동 참여동기 등을 기록하고 협의하며 협동심을 기른다.

표-1 ➤ 프로젝트 담당업무 및 참여동기

<table>
<tr><th colspan="5">프로젝트 담당업무 및 참여동기</th></tr>
<tr><td colspan="2">프로젝트 명</td><td colspan="3"></td></tr>
<tr><td colspan="2">작 성 자</td><td>소속</td><td></td><td>성명</td></tr>
<tr><td>연번</td><td>참여자</td><td>담당업무
(과정)</td><td>프로젝트 활동 참여동기</td><td>비고</td></tr>
<tr><td>1</td><td>김선반</td><td>조장
(선반)</td><td>기능은 조금 부족하지만 단합된 모습을 보여주고 싶다.</td><td>- 의견수렴
- 가공할 부품협의 등</td></tr>
<tr><td>2</td><td>나조립</td><td>조원 및
서기
(선반)</td><td>조원들이 좋아 함께 공부하고 멋진 작품을 만들고 싶다.</td><td>- 보고서작성
- 포트폴리오 파일철 정리</td></tr>
<tr><td>3</td><td>이밀링</td><td>조원
(밀링)</td><td>기능도 부족하고 설계도 잘 못하지만 조원들이 잘해 열심히 배우며 만들고 싶다.</td><td>- 부품조립총괄
- 전시회 준비</td></tr>
<tr><td>4</td><td>정측정</td><td>조원
(밀링)</td><td>친구들의 성격이 맘에 들어 함께 하며 배우고 싶다.</td><td>- 결과물 측정
- 품질평가</td></tr>
<tr><td>5</td><td></td><td></td><td></td><td></td></tr>
<tr><td>6</td><td></td><td></td><td></td><td></td></tr>
</table>

2) 프로젝트 과제를 통해서 전문기술의 한 분야를 담당하여 적극적인 모습으로 나아가고 싶은 마음과 협동심을 키우고 그리고 친구들을 이해하며 친구들을 통해 성장하고 발전하여 능력을 향상시키고자 하는 것 등을 기술한다.

[표-2/1] 도면(조립도) 검토 및 분석표 작성[3)](예)

도면을 분석하여 설계자의 요구사항은 무엇인지를 확인한 후 설계목적, 운동, 마모, 부품연결, 부품역할, 주유, 끼워 맞춤, 열처리, 도장, 가공, 고정, 조립, 사용한 재질의 절삭성 및 절삭유제의 사용여부 등을 분석한다.

표-2/1 ➤ 도면(조립도) 검토 및 분석표

도면(조립도) 검토 및 분석표				
프로젝트 명				
작 성 자	소속		성명	
구분	검토 사항			검토 결과
1	도면을 검토 및 분석결과 조립가능여부와 제품의 기능(운동)은? ⇨ 리드나사축의 회전운동에 의해 이동죠가 가이드(안내커버)를 따라 미끄럼 이동한다.			조립 및 작동에 이상없음
2	제품의 정밀치수(일반치수 제외)는 몇 개소 있으며, 보유한 공작기계 및 공구로 가공이 가능한가? ⇨ 정밀치수는 12개소 있으며, 정밀치수와 관계없이 조립과정에서 중요한 치수도 있다. 스냅링 자리 홈 바이트(폭 1.5mm)를 구입해야 한다.			홈 바이트 (폭1.5mm)구입
3	제작에 필요한 측정기는 어떤 것이 있으며 사용법을 아는가? ⇨ 버니어캘리퍼스, 다이얼게이지, 외측마이크로미터(0~25, 25~50), 직각자, V 블록, 정반, 하이트 게이지			이상없음
4	설계자의 제작 요구사항(주서 등)을 처리할 수 있는가? ⇨ 주서의 모든 내용을 처리할 수 있다.			KSB 0412 규격 확인필요

3) 도면을 검토 및 분석하여 설계자의 요구사항은 무엇인지를 확인한 후 설계 목적, 운동, 마모, 부품 연결, 부품 역할, 주유, 끼워 맞춤, 열처리, 가공, 고정, 조립, 사용한 재질의 절삭성 및 절삭유제의 사용여부 등을 분석한다. 제작상의 문제점이 있으면 수정하고 수정된 도면을 제작도면으로 사용한다.

[표-2/2] 도면(부품도) 검토 및 분석표 작성[4](예)

치수, 끼워 맞춤, 기하공차, 표면 거칠기, 제품의 기능, 요구사항 등을 확인한다. 치수공차로 규제된 제품은 치수가 맞아도 형상에 따라 결합이 안 되는 경우가 있으나, 기하공차로 규제된 제품은 치수가 조금 틀리는 최악의 경우에도 결합이 가능하다. 따라서 기하공차는 제품의 기능 및 결합 부품들 간의 상호 호환성을 규제하는 것으로 반드시 확인하여야 한다.

표-2/2 ➤ 도면(부품도) 검토 및 분석표

<table>
<tr><th colspan="5">도면(부품도) 검토 및 분석표</th></tr>
<tr><td>프로젝트 명</td><td colspan="4"></td></tr>
<tr><td>작 성 자</td><td>소속</td><td></td><td>성명</td><td></td></tr>
<tr><td>구분</td><td colspan="3">검토 사항</td><td>검토 결과</td></tr>
<tr><td rowspan="2">1</td><td colspan="3">끼워 맞춤이나 기하공차 등 중요치수는?</td><td rowspan="2">가공할 수 있음</td></tr>
<tr><td colspan="3">⇨
∅12h7/22, ∅11.5/1.15, ∅10+0.2, 원통도 및 흔들림</td></tr>
<tr><td rowspan="2">2</td><td colspan="3">지급 소재의 공급 상태는?</td><td rowspan="2">가공방법 숙지하고 있음</td></tr>
<tr><td colspan="3">⇨
연마 핀(탄소강) ∅20 × 135, 가공열처리가 되지 않도록 충분히 절삭유 사용</td></tr>
<tr><td rowspan="2">3</td><td colspan="3">표면의 거칠기와 마무리 가공방법은?</td><td rowspan="2">평면연삭기 사용방법 학습 필요함</td></tr>
<tr><td colspan="3">⇨
√(y) 는 다듬질기호 ▽▽▽ 로 연삭에 의한 마무리 가공으로 평면 연삭기 사용</td></tr>
<tr><td rowspan="2">4</td><td colspan="3">특수공구 또는 치공구는 필요하지 않은가?</td><td rowspan="2">고정구 제작해야 함</td></tr>
<tr><td colspan="3">⇨
멈춤링 부분 가공 홈 바이트(t1.5), 다이스 작업시 원통형 물리는 고정구 필요</td></tr>
</table>

4) 도면을 검토 및 분석하여 설계자의 요구사항은 무엇인지를 확인한 후 설계 목적, 운동, 마모, 부품 연결, 부품 역할, 주유, 끼워 맞춤, 열처리, 가공, 고정, 조립, 사용한 재질의 절삭성 및 절삭유제의 사용여부 등을 분석한다. 제작상의 문제점이 있으면 수정하고 수정된 도면을 제작도면으로 사용한다.

[표-3] 소요 가공재료 및 KS규격품 작성[5](예)

부품 가공에 필요한 재료 치수를 뽑고 규격품은 KS규격에 따라 품명과 재질, 규격, 수량을 적으며 비고란에는 KS규격분류기호와 번호, 열처리 여부를 기록한다. 단, 재료는 가공이 수월한 연강(SM20C), 황동, 알루미늄 등을 사용해도 되며 규격은 가공여유(+3~5)를 포함한 치수를 적는다.

표-3 ➤ 소요 가공재료 및 KS규격품

소요 가공재료 및 KS규격품					
프로젝트 명					
작 성 자	소속		성명		
부품번호	품명	재질	규격	수량	비고
1	베이스	SM20C	61×81×20	1	
2	이동 조	SM20C	61×51×25	1	
3	고정 조	SM20C	61×58×25	1	
4	리드 나사축	황동	∅12×130	1	
5	가이드 너트	황동	∅20×70	1	
6	육각홈붙이볼트	SCM1	M6×20	4	KS규격품
7					
8					
9					
10					
11					
12					
13					
14					
15					

5) 프로젝트 과제 제작에 필요한 재료 목록표를 작성하여 필요 소재를 구입하도록 한다. KS부품은 규격에 따라 품명과 재질, 규격, 수량을 적고, 비고란에는 KS규격 분류기호와 번호, 열처리 여부를 기록한다. 가공해야 할 재료는 가공이 수월한 연강(SM20C), 황동, 알루미늄 등으로 사용하여도 되며 재료규격은 가공여유(+5㎜)를 포함한 치수를 적는다.

[표-4] 기계 및 공구, 측정기 선정[6](예)

도면 내용을 분석 후 부품 가공에 필요한 공작기계, 절삭 및 비절삭 공구류, 측정기를 적으며, 규격과 수량을 적는다. 활용내역에는 가공 부품번호와 작업내용을 적는다.

표-4 ➤ 기계 및 공구, 측정기

기계 및 공구, 측정기				
프로젝트 명				
작 성 자	소속		성명	
연번	품명	규격	수량	활용 내역
1	수직밀링	#2	조당 1대	① ② ③ ⑧부품가공
2	보통선반	380mm	조당 1대	④ ⑤ ⑥ ⑦부품 가공
3	드릴링머신	탁상 Ø13	조당 1대	조립가공
4	드릴	Ø3.0 Ø4.0 Ø4.3 Ø5.0 Ø5.5 Ø6.0 Ø10.0 Ø10.4 Ø11.8 Ø12.0	각 1개	모든 부품 가공
5	센터드릴	Ø3.0X60°	1개	④부품 가공 선반용 드릴 척 포함
6	탭	M5, M12	1개	③ ⑦ ⑧부품 가공 탭핸들 포함
7	다이스	M12X1.75	1개	④부품 가공 다이스핸들 포함
8	카운터보어	M5 용	1개	① ②부품 가공
9	버니어 캘리퍼스	150mm	1개	가공품 측정용
10	외측 마이크로미터	0-25, 25-50	1개	가공품 외경 측정용
11	다이얼게이지	0.01	1개	가공품 측정용
12	높이게이지	150mm	1개	가공품 금 긋기용
13				
14				
15				

6) 사용해야 할 공작기계와 공구 및 측정기를 적으며, 규격(사양)과 수량을 적는다. 비고란에는 용도를 적는다.

[표-5] 부품 가공 시 안전 및 유의 사항 작성[7](예)

부품 가공 시에 필요한 안전사고 유의 사항을 조사하고 이를 근거로 실제 가공에 있어 안전사고가 발생하지 않도록 철저히 준비한다.

표-5 ➤ 부품 가공 시 안전 및 유의 사항 조사

부품 가공 시 안전 및 유의 사항			
프로젝트 명			
작 성 자	소속		성명	

연번	안전 및 유의 사항	"불안전한 행동" 또는 "불안전한 상태" 구분
1	기계 작업 시에는 장갑을 끼지 않는다.	행동
2	절삭가공 시에는 보안경을 착용한다.	행동
3	평면연삭기의 사용 전 연삭숫돌의 균열여부를 확인한다.(공회전 3분 정도)	행동
4	공작물을 단단히 고정한 후 적절한 절삭속도로 가공한다.	행동
5	측정 시에는 제품의 거스러미를 제거한 후 측정한다.	행동
6	재료와 공구는 제자리에 정리하여 보관한다.	상태
7	바닥의 칩은 수시로 치워 청결을 유지한다.	상태
8		
9		
10		
11		
12		
13		
14		
15		

7) 프로젝트 과제 제작과정에서 안전 및 유의 사항을 조사하고 이를 근거로 실제 가공에 있어 안전사고가 발생하지 않도록 철저히 준비한다.
"불안전한 행동"과 "불안전한 상태" 구분
1. 불안전한 행동 : 실습에 임하는 자세로 안전수칙 준수, 기계 및 공구의 사용, 안전한 작업 등
2. 불안전한 상태 : 작업환경으로 정리, 정돈, 청결 등

[표-6] 조립품 및 부품 측정표 작성[8](예)

원하는 품질의 제품을 얻기 위해서는 품질관리는 매우 중요하다. 품질관리의 과정에는 기술 부문의 필수적인 성능과 기능을 분명하게 결정하는 기획설계 과정의 품질과 제작 과정에서 현장의 기술 수준에 따라 달라질 수 있으므로 제작과정의 품질이 중요하다.

표-6 ➤ 조립품 및 부품 측정표

조립품 및 부품 측정표								
프로젝트 명								
작 성 자		소속			성명			
평가 구분	평가 사항					배점	득점	환산 점수
가공상태 (80%)	항목	도면 치수	측정값					
			1차 측정	2차 측정	최종값			
	정밀 치수 (50%)	78±0.02	77.97	77.96	77.97	20	×	25
		Ø10H7	OK	-	OK	20	20	
	소계					40	20	
	일반 치수 (30%)	10	9.9	9.95	9.95	10	10	15
		26	26.05	26.1	26.15	10	×	
	소계					20	10	
조립상태 (20%)	외관 거칠기 및 거스러미 제거 상태(10, 8, 6점)					10	10	10
	조립기능 상태(10, 8, 6점)					10	8	8
	재료의 경제성(1개 교환에 -3점)					-1	-1	-1
100	합 계							57

8) 완성된 조립작품 및 가공된 부품을 팀원들이 직접 측정하여 가공 정밀도 및 조립 기능에서 발생된 문제점을 조사한다.

[표-7] 4way 품질 분석표 작성[9](예)

부품 측정표와 전체적인 기능을 분석하여 불량 원인을 해결할 수 있는 방안을 조사한다.

표-7 ➤ 4way 품질 분석표

4way 품질 분석표				
프로젝트 명				
작 성 자	소속		성명	
A. 왜 불량이 발생하였는가?				
1 단계 Why?	(예시) 왜 아침 등교시간이 늦었는가? → 아침에 늦게 일어나서 집에서 나왔다. 두 부품이 왜 조립이 잘 안되는가? → 끼워 맞춤 부분의 치수가 잘못되었다.			
2 단계 Why?	(예시) 왜 늦게 일어났는가? → 어젯밤에 늦게 잠자리에 들었다. 왜 끼워맞춤 치수가 잘못되었는가? → 조립되는 구멍의 끼워맞춤 치수를 확인하여 가공을 해야 하는데 그렇게 하지 않았다.			
3 단계 Why?	(예시) 왜 늦게 잠자리에 들었는가? → 인터넷 게임을 늦게까지 하였다. 왜 끼워맞춤 치수를 확인하지 않고 가공하였는가? → 끼워맞춤 공차에 대해 알지 못했다.			
4 단계 Why?	(예시) 왜 인터넷 게임을 늦게까지 하였는가? → 재미가 있어서 시간 가는 줄 몰랐다. 왜 끼워 맞춤 공차 가공 방법을 알지 못했는가? → 도면 설명 중 집중하지 않았고 끼워 맞춤 공차에 대한 가공 방법을 학습하지 않았다.			
B. 근본 요인은?				
(예시) 계획성이 없는 생활을 하였다. 모든 부품이 정확히 조립이 되려면 금 긋기와 가공 방법을 정확히 알고 정밀도 있게 가공해야 하나 안일한 생각에 가공 방법을 학습하지 않았다.				
C. 임시 조치는?				
(예시) 자명종으로 기상 시간을 설정한 후 취침한다. 구멍치수와 축 치수를 확인하여 한 개 부품을 재가공하여 조립한다.				
D. 해결책은?				
(예시) 일과 계획을 세워서 생활화하고 인터넷 게임을 줄인다. 조립되는 치수가 정확한지 다시 한 번 확인하는 습관을 갖는다. 가공 방법을 정확히 익히고 가공 실습을 통한 정밀도를 높인다.				

9) 품질관리의 과정에는 기술 부문에서 성능과 기능을 분명하게 결정하는 기획설계 과정의 품질과 제작 과정에서 현장의 기술 수준에 따라 달라질 수 있는 제작과정의 품질이 중요하다. [표-6] 조립품 및 부품 측정을 근거로 제품을 분석하여 불량 원인을 해결할 수 있는 방안을 조사한다.

[표-8] 부품 가공 순서 작성(예)

부품 가공공정을 결정하는 작업은 제작 시간단축 및 조립상태 확인, 가공불량 등을 줄일 수 있다. 따라서 부품도를 분석하여 각 부품을 어떤 순서로 어떻게 가공할 것인가를 가공 전에 생각하여 가공 순서를 정하고 이를 토대로 실제 가공에 이용한다.

표-8 ➤ 부품 가공 순서

부품 가공 순서					
프로젝트 명					
작 성 자	소속		성명		
부품번호	가공 순서 및 방법				
	공정번호	사용기계	작업내용		
4	10	재료실	소재를 수령하여 치수확인		
	20	조립실	가공여유를 고려하여 손톱으로 길이 135mm로 절단		
	30	보통선반	자루 부를 가공하기 위해 척에서 60~70mm 나오게 고정		
	40	보통선반	단면 가공(황삭 → 정삭)한 후 모따기(C1.5)를 가공		
	50	보통선반	외경 ∅12h7로 길이 60mm까지 가공(황삭 → 정삭) 이때 자루부는 다른 부품과의 끼워 맞춤부로 ∅12h7치수를 정확하게 확인하며 가공		
	60	보통선반	홈 ∅11.5/1.15를 가공 → 홈 ∅10.0/3을 가공 홈 ∅11.5/1.15는 멈춤 링과의 끼워 맞춤부분으로 결합여부를 확인하며 가공		
	70	보통선반	재료를 돌려서 가공부 전체를 물리고 단면가공 후 센터드릴 작업(주축 RPM 300~400 정도)		
	80	보통선반	회전센터로 공작물을 고정		
	90	보통선반	M12×1.75 나사부 외경은 ∅11.5로 한 후 모따기(C1.5)를 가공		
	100	보통선반	다이스를 장착하여 주축을 손으로 돌리면서 가공		
	110	조립실	10.9×9 부는 조줄로 가공		
	120	조립실	오일스톤으로 모서리 등 버어 제거		
	130	측정실	최종 검사		
	140	측정실	방청 처리		
	150				

[표-9] 프로젝트 수행계획서 작성(예)

수행계획서는 작품 제작 과정에 필요한 것들을 단계별로 작성한다. 조립도 및 부품도면 작성, 소요재료 목록 작성, 사용기계 및 공구 목록 작성, 측정기, 부품 가공 공정 작성, 가공부품 채점, 완성품 품질분석 등을 작성한다.

표-9 ➤ 수행계획서 작성

<table>
<tr><th colspan="5">프로젝트 수행계획서</th></tr>
<tr><td>프로젝트 명</td><td colspan="4"></td></tr>
<tr><td>작 성 자</td><td>소속</td><td></td><td>성명</td><td></td></tr>
<tr><td>일정</td><td>계획</td><td>내 용</td><td>업무분담</td><td>준비물</td></tr>
<tr><td>3월 4일</td><td>프로젝트 수행계획서 작성하기</td><td>- 작품 주제선정
- 주제관련 자료조사
- 기타 등등 …</td><td></td><td></td></tr>
<tr><td>3월 10일</td><td>제작도면 작성하기</td><td>- 구상 제품 스케치
- 제작 부품도면 작성
- 기타 등등 …</td><td></td><td></td></tr>
<tr><td>3월 12일</td><td>소요물품 조사하기</td><td>- 소요 재료 구입
- 기계 조사 및 선정
- 공구 선정 및 구입
- 측정기 조사 및 선정
- 기타 등등 …</td><td></td><td></td></tr>
<tr><td>3월 12일</td><td>가공공정 정하기</td><td>- 부품별 가공방법
- 부품별 가공순서
- 기타 등등 …</td><td></td><td></td></tr>
<tr><td>3월 15일</td><td>부품 가공 및 조립하기</td><td>- 기계 및 수가공
- 조립 및 문제점 확인
- 수정 완전 조립
- 기타 등등 …</td><td></td><td></td></tr>
<tr><td>7월 10일</td><td>측정 및 품질분석하기</td><td>- 부품별 문제점 분석
- 조립품 문제점 분석
- 기타 등등 …</td><td></td><td></td></tr>
<tr><td>7월 15일</td><td>프로젝트 수행과정 발표하기</td><td>- 프레젠테이션 정리
- 발표</td><td></td><td></td></tr>
</table>

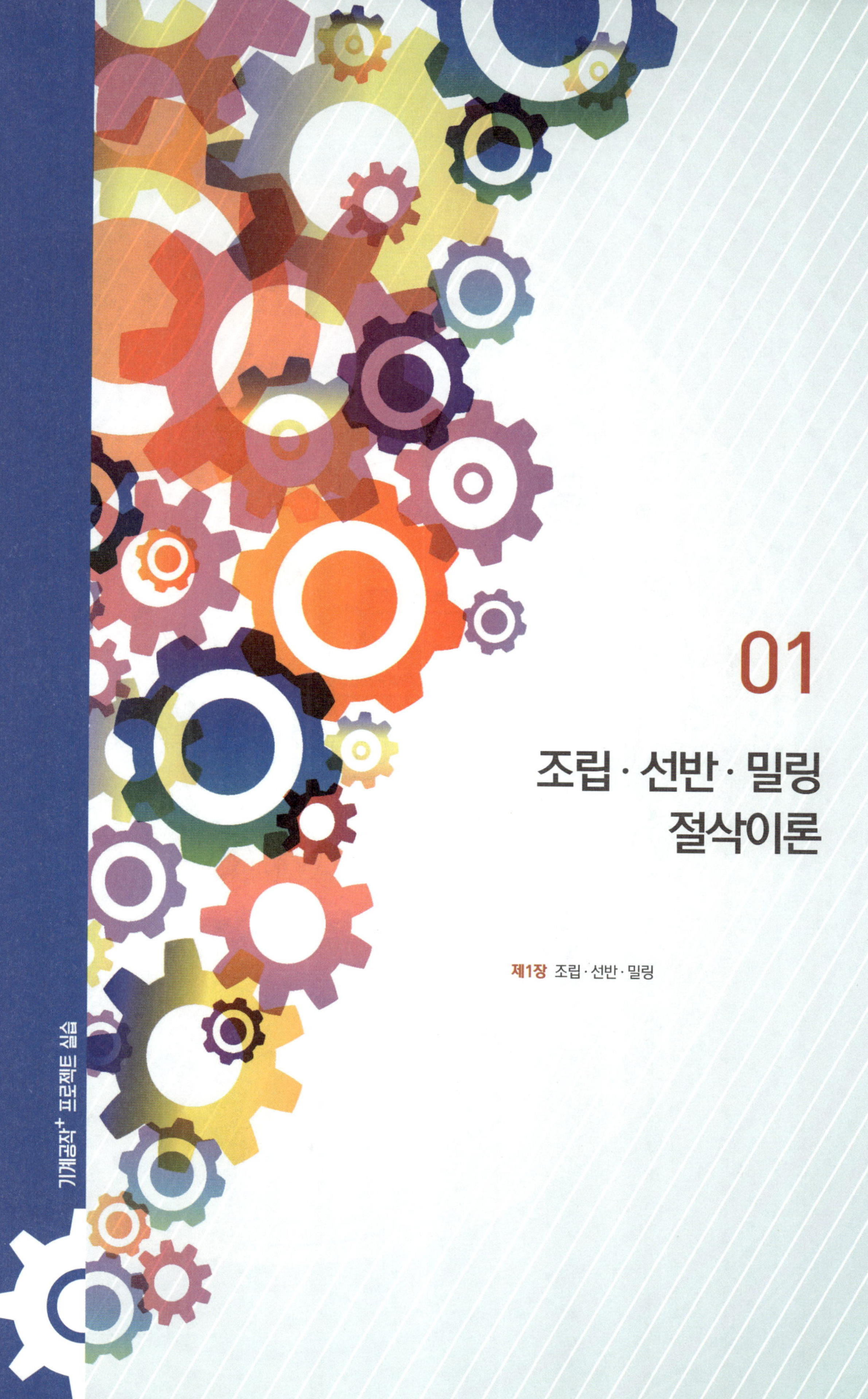

01

조립 · 선반 · 밀링 절삭이론

기계공작+ 프로젝트 실습

CHAPTER 01

조립 · 선반 · 밀링

A 조립작업

1. 드릴

1) 탁상 드릴 머신

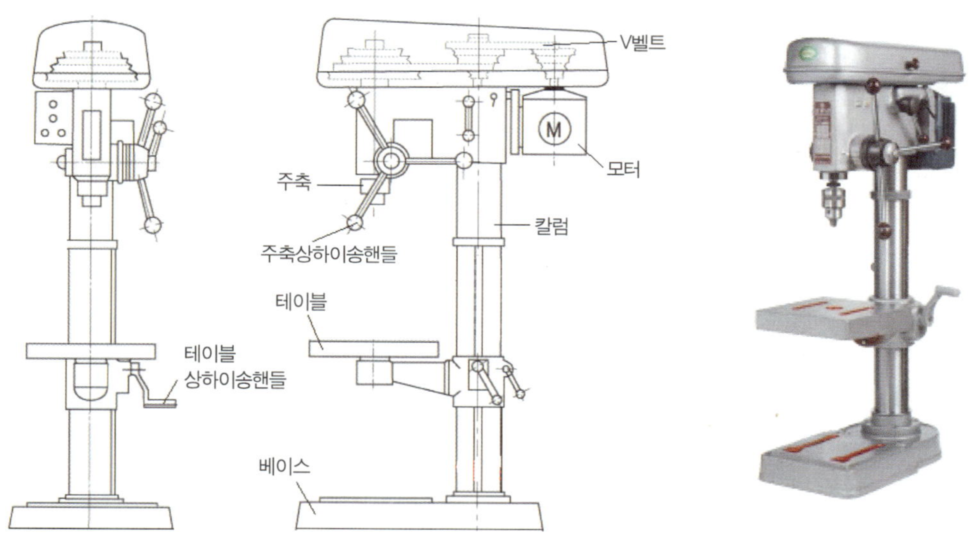

주축의 드릴 척에 드릴을 끼워놓고 회전 절삭운동과 직선 이송운동을 주어 공작물에 주로 구멍 뚫거나, 이미 뚫린 구멍을 넓히는 보링, 탭을 이용하여 나사내기, 카운터 싱킹을 이용하여 접시머리 파기, 리밍 등의 가공을 할 수 있다.

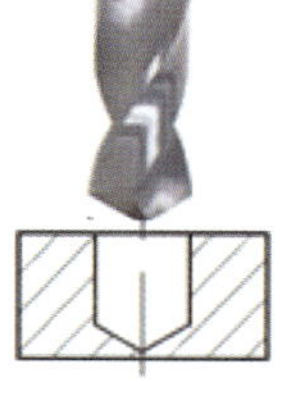
(a) 드릴링

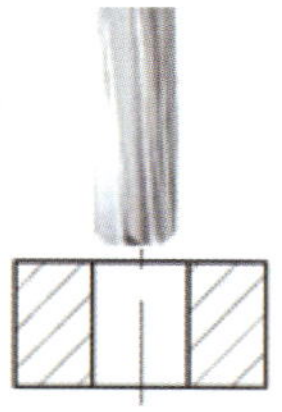
(b) 리밍

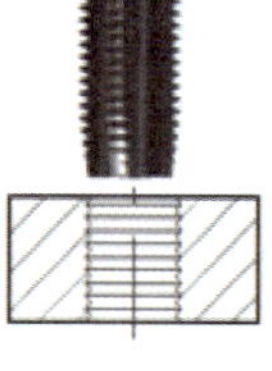
(c) 탭핑

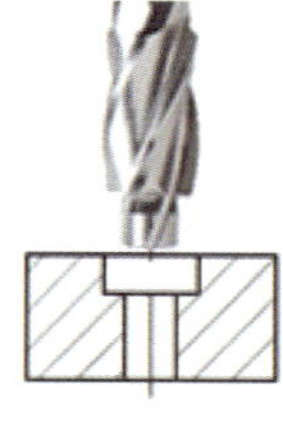
(d) 카운터보링

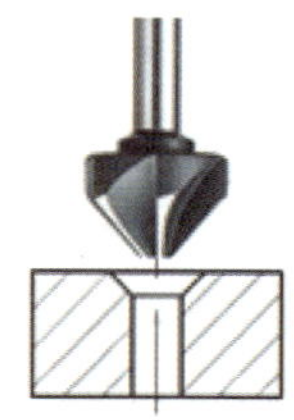
(e) 카운터 싱킹

2) 드릴 머신의 부속장치

① 드릴 척(drill chuck)

∅13.0mm 이하의 작은 드릴 고정에 사용하며 드릴의 자루는 스트레이트 생크 형식으로 되어 있다.

② 슬리브와 소켓(sleeve & socket)

비교적 큰 ∅13~50mm의 드릴 고정에 사용하며 드릴의 자루는 모스 테이퍼로 되어 있다.

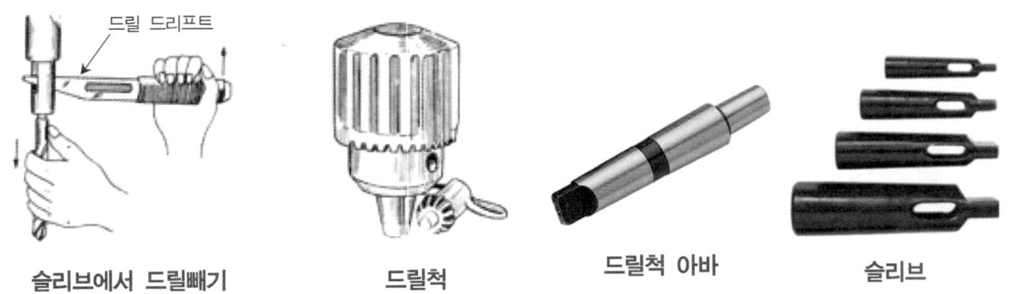

슬리브에서 드릴빼기 / 드릴척 / 드릴척 아바 / 슬리브

3) 드릴

일반적인 드릴은 트위스트 드릴을 가리키며 드릴링 머신, 전기 드릴에 장치하여 재료에 구멍을 뚫는 것을 드릴이라고 한다. 드릴의 재질은 보통 고속도강이며 표준 선단각은 118° 로 되어 있다.

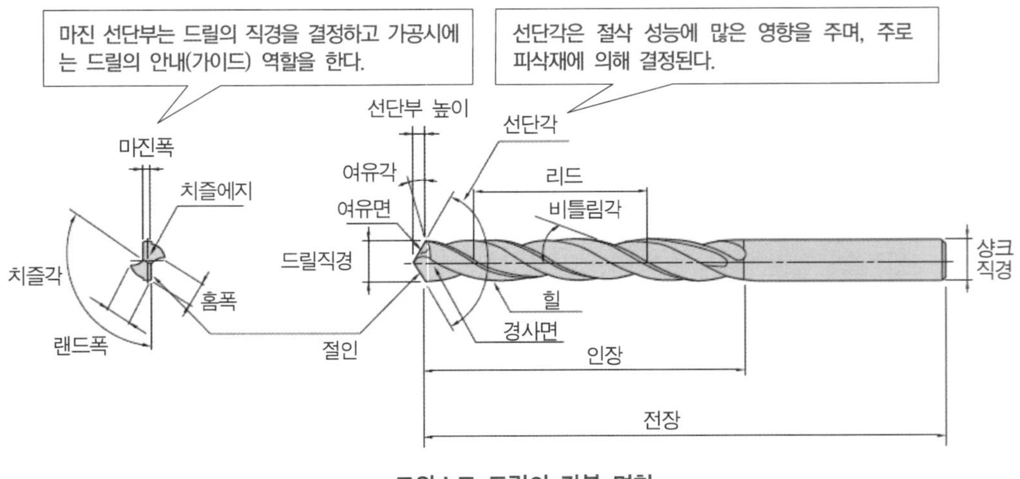

트위스트 드릴의 각부 명칭

4) 드릴의 연삭

드릴을 일정시간 사용하면 마모로 인하여 절삭능률이 떨어져 생산능률저하, 가공면의 정밀도 불량 등을 초래하므로 재 연삭하여 사용한다.

드릴의 마모 및 손상은

① 마진 마모 및 손상은 가공점에서 절삭열이 상승하며 떨림정도가 나빠진다(그림에서 a).

② 절인 마모 및 손상은 절삭성이 떨어지며 흔들림이 크고 첫 가공면이 경사진다(그림에서 b).

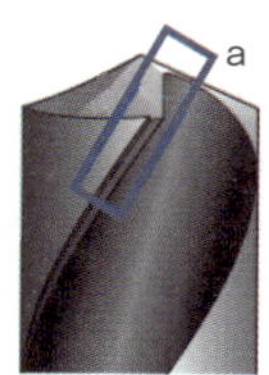

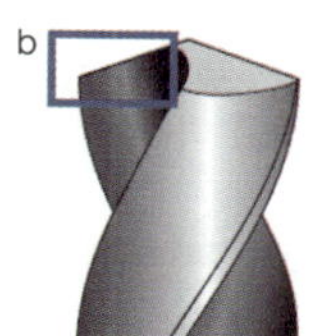

드릴 날의 연삭은

① 절삭 날의 길이(절인)를 같게 한다.

② 절삭 날의 각도(선단각)를 같게 한다.

③ 절삭 날의 뒷면 각도(여유각)를 일정하게 한다.

④ 칩 배출성을 향상 시키도록 치즐에지를 짧게 한다(씨닝).

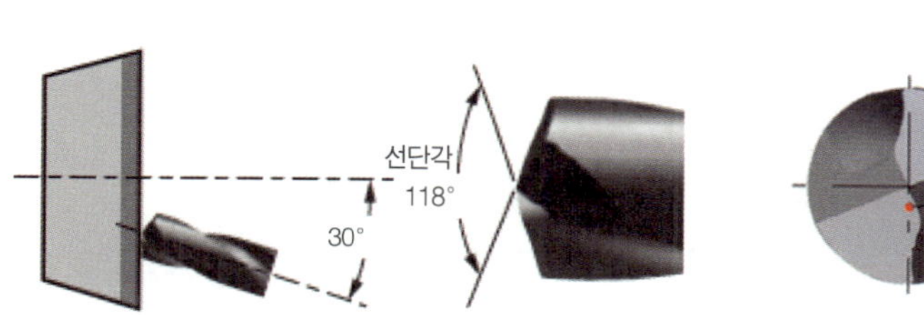

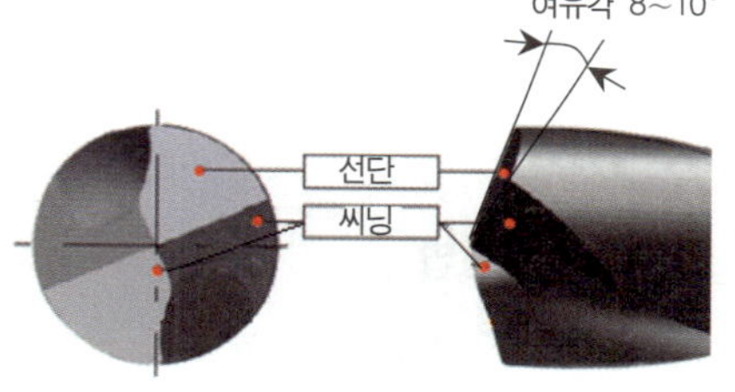

표 ➤ 드릴링 트러블(Trouble) 현상과 대책

트러블(Trouble) 현상		원인	대책
드릴 파손		- 절삭속도에 비해 이송빠름 - 드릴 마모 진행 - 절삭 칩으로 막힘 - 진입성이 나쁨	- 이송을 낮춘다. - 재 연삭하여 사용한다. - 스텝 작업방법을 선택한다. - 센터링과 피삭재 수평 유지한다.
위치정도 불량		- 센터 맞춤의 부정확 - 드릴 초기 진입 흔들림 - 스핀들 및 척의 흔들림	- 가공 전에 재확인한다. - 가공 면을 수평으로 한다. - 흔들림 측정 및 조정한다.
직각도 불량		- 드릴 마모 - 선단각의 비대칭 - 피삭면이 기울어짐 - 이송량 과다 - 드릴강성 부족	- 재 연삭한다. - 적정하게 재 연삭한다. - 피삭면 수평 조정한다. - 이송을 늦춘다. - 드릴강성 높은 것 사용한다.
구멍확대 및 진원도 불량		- 선단각의 비대칭 - 피삭재 고정이 불충분 - 드릴의 흔들림 - 절삭유 공급부족 - 스핀들 및 척의 흔들림	- 적정하게 재 연삭한다. - 체결 시 마다 상태 확인한다. - 척킹 상태 확인 및 조정한다. - 충분한 주유와 유제 변경한다. - 흔들림 측정 및 조정한다.

5) 드릴 주축회전수 변환

드릴링 작업은 공작물의 재질과 드릴 지름에 알맞은 주축회전수 및 절삭 속도[10]를 정하는데 주축 회전수는 V벨트 상하이동으로 조정한다.

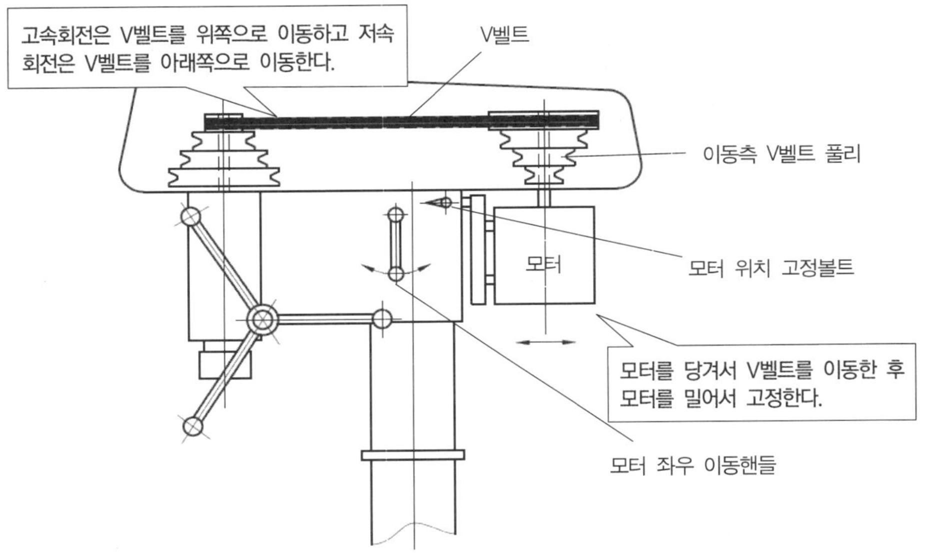

6) 드릴 작업 방법

드릴바이스의 접촉면을 깨끗이 닦아 공작물이 수직수평이 되도록 하며 벤딩으로 인한 치핑을 방지하도록 받침대(평행대)를 사용하며 조의 중앙에 고정한다. 오른손으로 기계 축을 균일하게 움직여 주고 왼손으로 일감이 움직이지 않도록 드릴바이스를 꽉 잡는다. 센터펀치 위치에 정확하게 일치시키고 1차로 기초구멍 작업 후 2차 최종 굵은 드릴로 뚫는다.

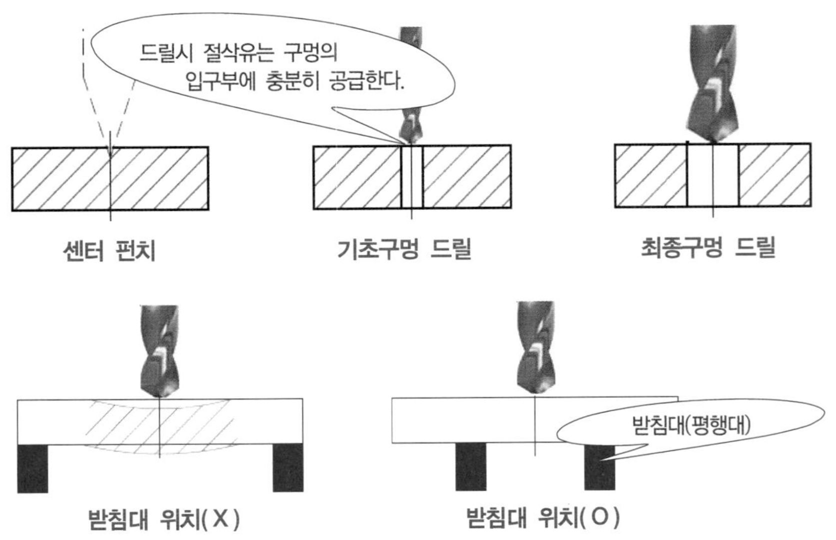

---

10) 드릴지름에 따른 주축회전수와 절삭속도는 드릴 지름이 작으면 회전수를 고속으로 하고 절삭속도는 느리게 하며, 드릴 지름이 크면 회전수는 저속으로 하고 절삭속도를 빠르게 한다.

2. 카운터보어 및 카운터싱크

1) 카운터 보어

볼트나 작은 나사의 머리를 묻기 위하여 뚫어진 구멍을 넓히는데 사용한다. 절삭작업은 저속으로 절삭유를 급유하면서 절삭이송을 느리게 한다.

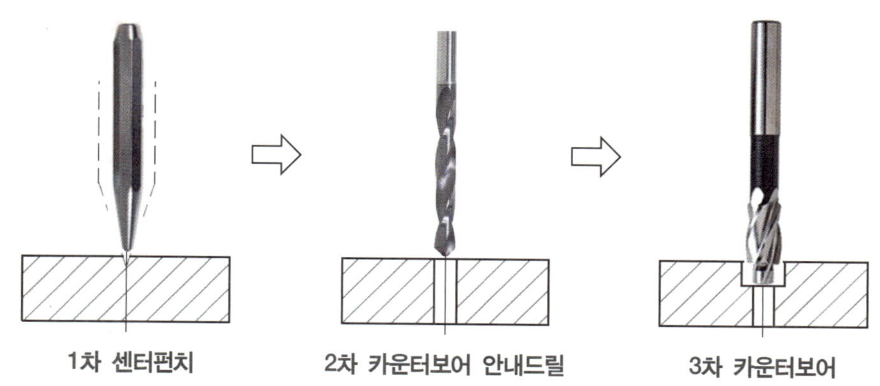

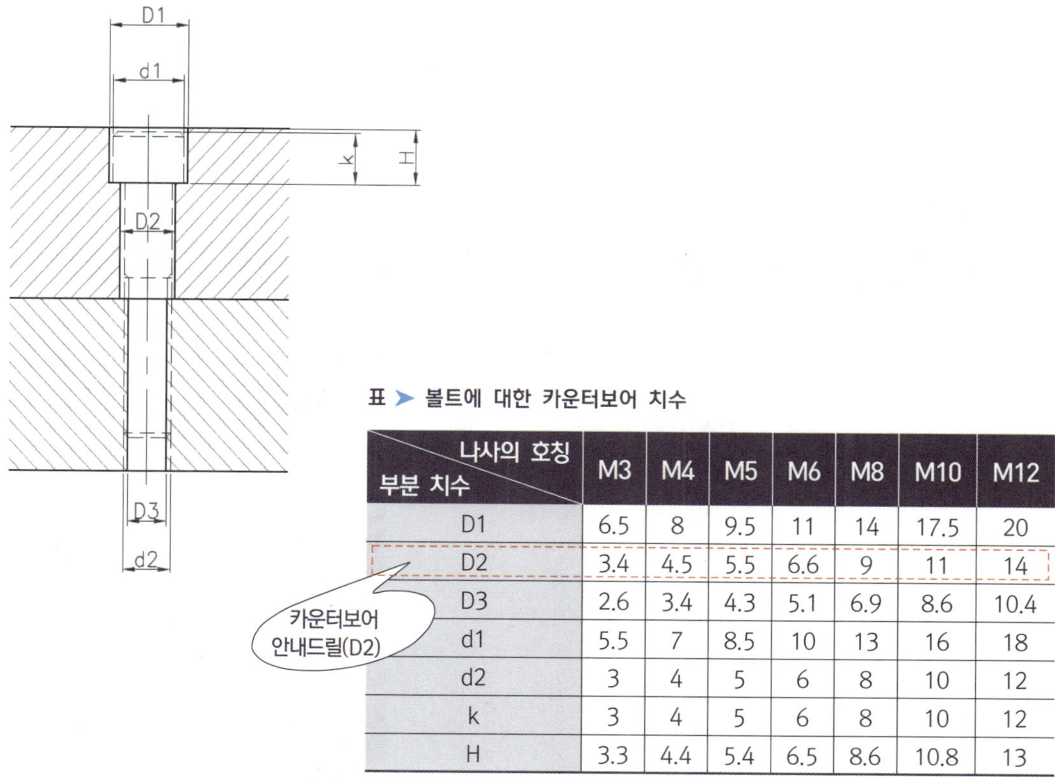

표 ➤ 볼트에 대한 카운터보어 치수

나사의 호칭 / 부분 치수	M3	M4	M5	M6	M8	M10	M12
D1	6.5	8	9.5	11	14	17.5	20
D2	3.4	4.5	5.5	6.6	9	11	14
D3	2.6	3.4	4.3	5.1	6.9	8.6	10.4
d1	5.5	7	8.5	10	13	16	18
d2	3	4	5	6	8	10	12
k	3	4	5	6	8	10	12
H	3.3	4.4	5.4	6.5	8.6	10.8	13

2) 카운터 싱크

구멍 주위를 경사지게 가공하여 접시모양으로 만들거나 또는 구멍 모서리 부분의 모따기에도 사용한다. 공구의 회전속도를 저속으로 한 후 절삭유를 급유하면서 이송을 느리게 한다.

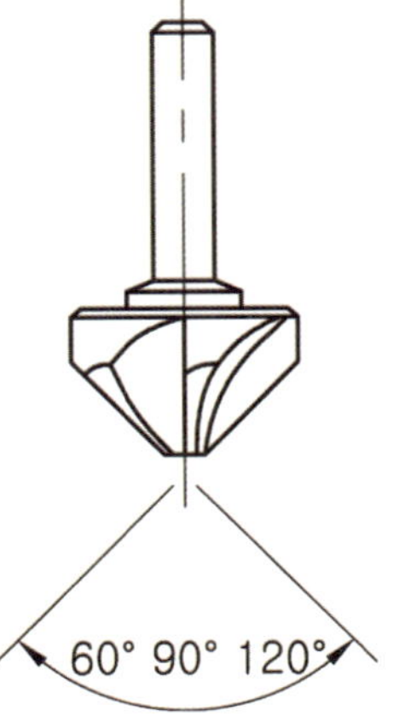

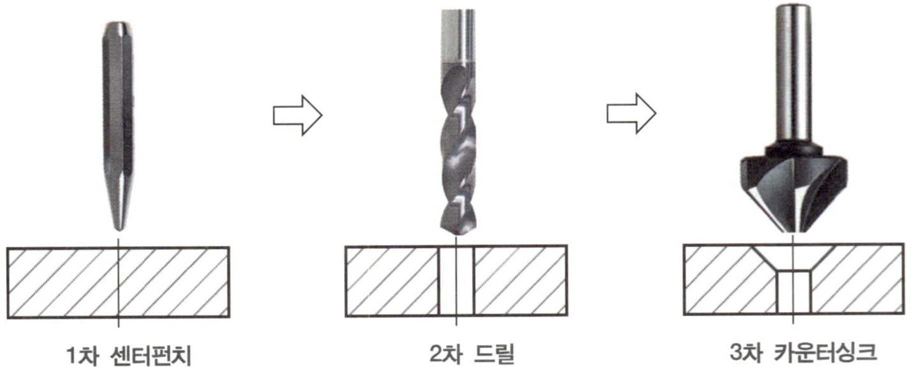

표 ➤ 카운터 싱크의 종류와 특징

종 류	작 업	특 징	모 양
홀형		- 작고 둥근 홈의 마무리 - 거친 부분을 제거한 후의 마감면 - 경금속이나 플라스틱류에 사용	
1날형		- 얇은 소재에 구멍을 내면서 넓히는 작업을 동시에 가능 - 외경 재 연마가 용이 - 목재나 플라스틱류에 사용	
3날형		- 3날에 의한 자체중심가공 용이 - 재 연마가능 - 스테인리스 강 가공에 사용	

3. 탭 및 다이스, 리머

1) 탭

탭은 구멍의 내면에 암나사를 만들 때 사용하는 절삭공구로 일반적으로 3개의 탭(핸드탭)으로 완전한 나사를 만든다. 탭을 탭 핸들에 고정하여 사용하며, 1번(55%), 2번(25%), 3번(20%) 탭 순번으로 작업한다.

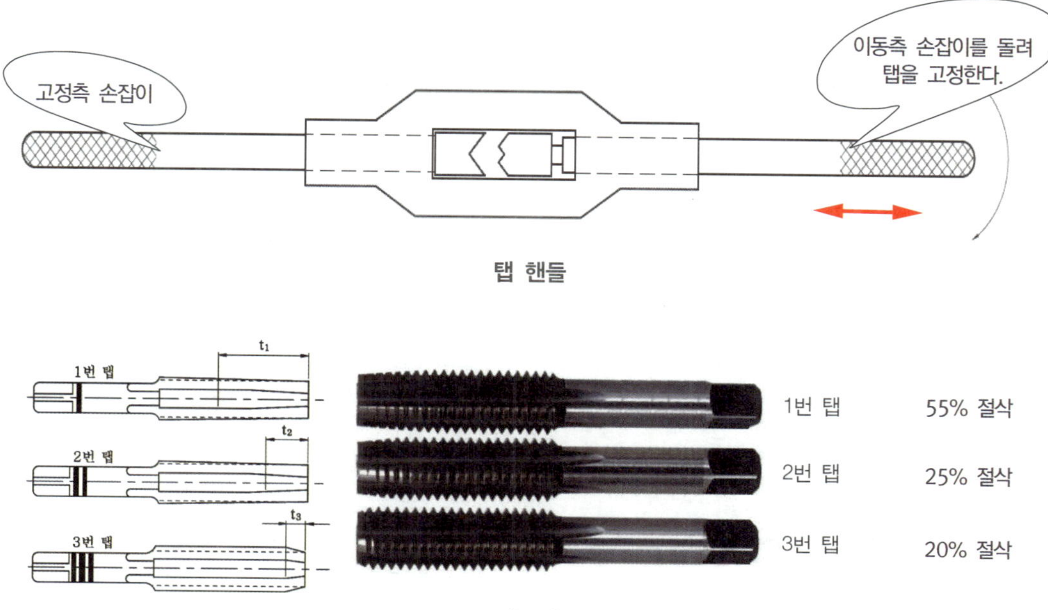

탭 핸들

핸드탭

1번 탭 작업할 때는 공작물의 표면과 정확히 90° 가 되도록 직각자로 확인하면서 1회전 후 3/4 역회전을 하여 절삭 칩의 방해가 없도록 한다. 한쪽이 막힌 나사 가공은 이에 특히 주의한다. 2번 탭 중간절삭하며 3번 탭으로 완전 절삭하여 마무리한다. 나사 절삭시 절삭력을 좋게 하기 위해서는 공작물의 재질에 따라 절삭유를 사용한다.

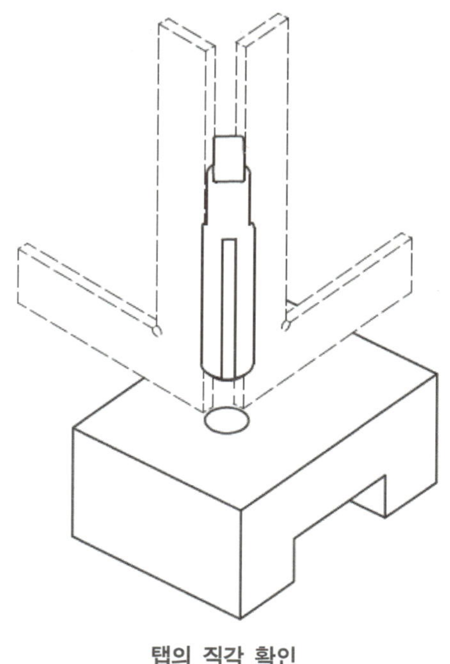

탭의 직각 확인

2) 다이스

다이스는 환봉 등에 수나사를 가공하는 절삭공구로서 내면에 나사가 구성되어 있다. 다이스를 다이스 핸들에 끼워서 사용한다. 절삭유를 공급하면서 1회전에 1/2 역회전하여 칩을 배출한다.

다이스 핸들

다이스

3) 리머

미리 드릴로 뚫어 놓은 구멍을 정확한 치수의 지름으로 넓히거나 또는 구멍의 표면 거칠기를 깨끗하게 다듬질하는 데 사용하는 공구로 핸드리머와 기계리머가 있다. 리머 가공을 할 때는 작업 여유(다듬질여유)로 0.2~0.3mm 작게 드릴링하고, 낮은 가공 속도로 이송을 크게 하며 절삭유를 사용한다.

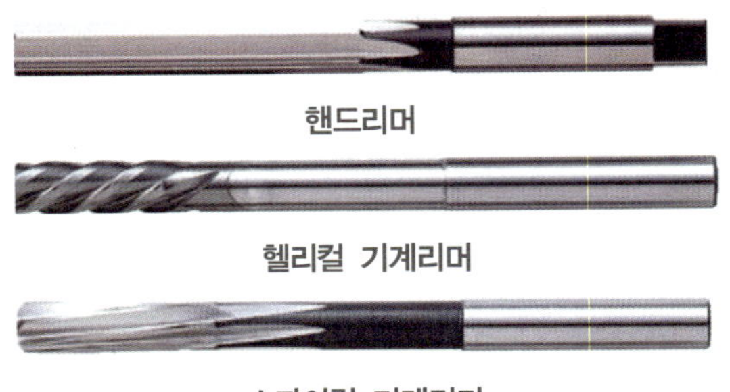

핸드리머

헬리컬 기계리머

스파이럴 기계리머

표 ➤ 리머 다듬질 여유

리머 지름(mm)	다듬질 여유(mm)
⌀3~⌀5	0.2 정도
⌀6~⌀12	0.3 정도
⌀13~⌀30	0.4 정도

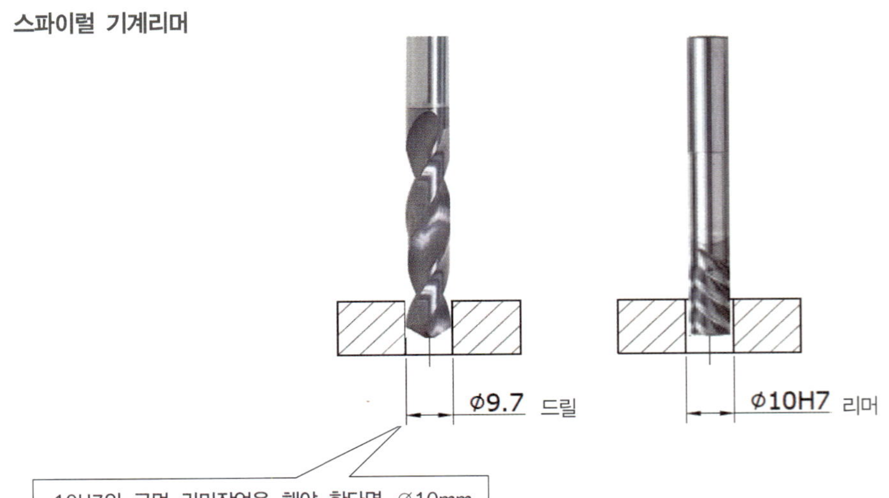

4. 줄 및 손톱

1) 바이스

공작물을 물리는 공구로 작업대에 설치해 공작물을 잡고 고정해서 손다듬질 · 조립 작업 등을 할 때에 사용하며 크기는 집게의 너비(죠의 폭)로 나타낸다.

① 바이스 구조

공작물은 가능한 바이스 죠의 중앙에 물리며 공작물의 표면거칠기에 따라 보호판(화이버, 알루미늄 등)을 이용하여 표면을 보호하며 물린다.

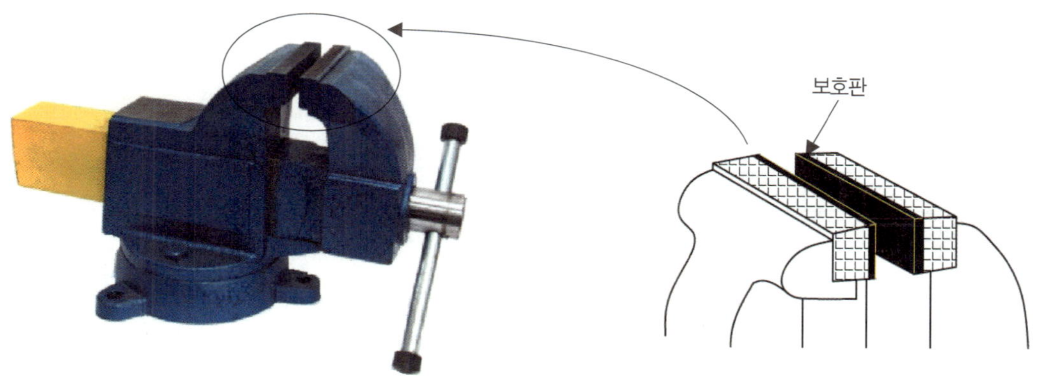

② 바이스 종류

작업대에 세로 방향으로 설치한 대형의 바이스인 레그 바이스, 작업대에 설치하고 손다듬질 혹은 조립 작업 등을 할 때 공작물을 고정하기 위해 사용하는 상자 바이스가 있다. 또한 소형 상자 바이스로 턱(jaw)이 평행하게 움직이며 다듬질용으로 사용하는 벤치 바이스, 벤치 바이스에 파이프 바이스를 조합한 벤치 파이프 바이스, 공작 기계 테이블에 설치되어 가공 중인 공작물을 고정하는 데 사용하는 테이블 바이스, 피스톤을 고정할 때 사용하는 피스톤 바이스 등이 있다.

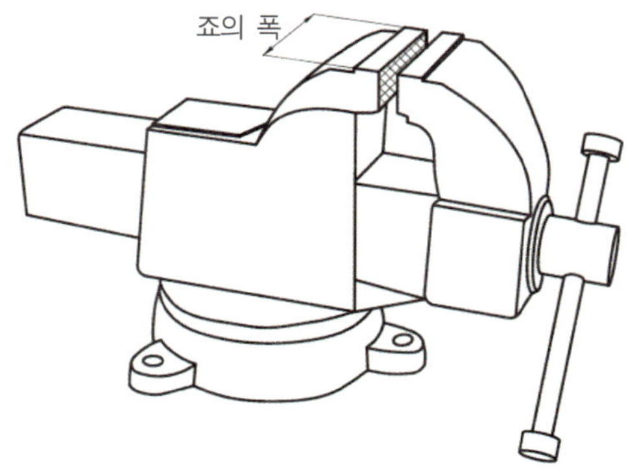

상자 바이스

2) 줄

줄은 보통 탄소강을 열처리하여 사용한다. 줄 가공은 공작물을 가공하는 방법 중 가장 기본이 되는 작업으로서, 가공물의 표면을 깎거나 수정, 또는 다듬질 등의 작업을 한다.

① 줄의 크기 및 종류

줄의 크기는 자루부분(슴베)을 제외한 전체 길이로 나타내며 줄의 종류는 줄날의 모양, 줄의 단면모양, 줄눈의 크기에 따라 분류한다.

- 줄의 단면형상에 따라 – 평줄, 사각줄, 둥근줄, 삼각줄, 반원형, 조줄 등이 있다.
  (※조줄의 종류에 따라 – 5본조, 8본조, 10본조, 12본조)
- 줄눈의 크기에 따라 – 황목, 중목, 세목, 유목의 4종류가 있다.
- 줄날의 모양에 따라 – 홑줄날과 겹줄날, 라스프줄날이 있다.

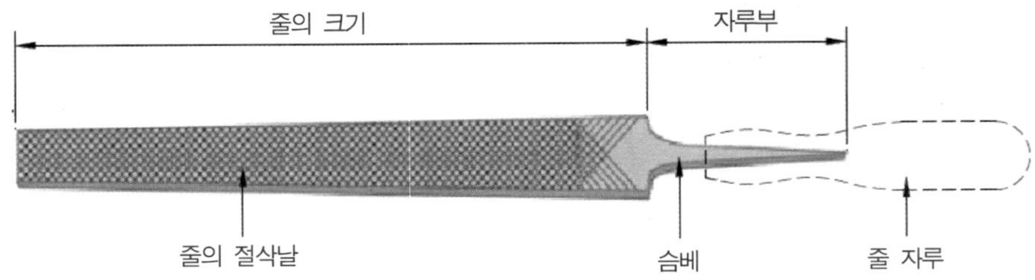

② 줄 작업 자세

발의 위치는 힘을 줄 수 있도록 작업대와의 일정거리에서 앞발(30°), 뒷발(75°)유지한다. 양손은 줄의 전후 운동을 조절하고 눈은 절삭되는 일감을 주시하며 전진하는 방향에 힘을 주어 절삭 가공한다.

틀린 줄 작업 자세 바른 줄 작업 자세

③ 줄 잡는 방법

손바닥의 중앙에 자루를 대고 엄지손가락을 위로하며 다른 손가락은 자연스럽게 자루를 말아 잡고 왼손은 줄의 끝에 대고 줄의 전후진시 평행을 잡는다.

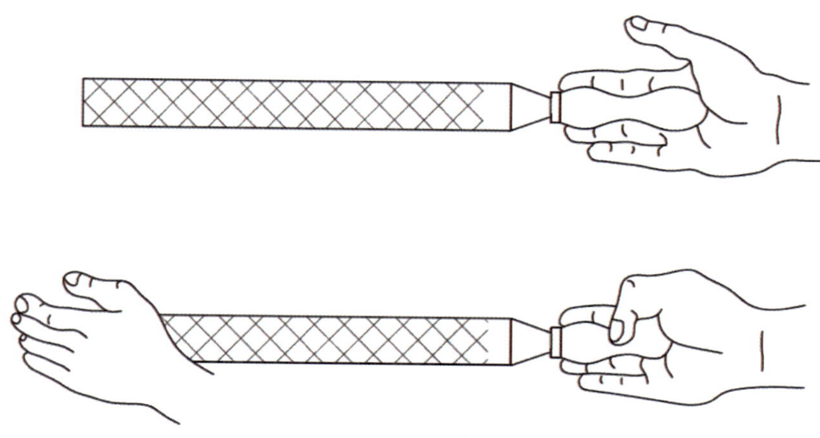

④ 줄작업 방법

- 직진법 : 줄의 길이 방향으로 줄작업
- 사진법 : 줄을 우측사선 방향으로 줄작업
- 횡진법 : 줄을 길이 방향의 직각으로 잡고 줄작업

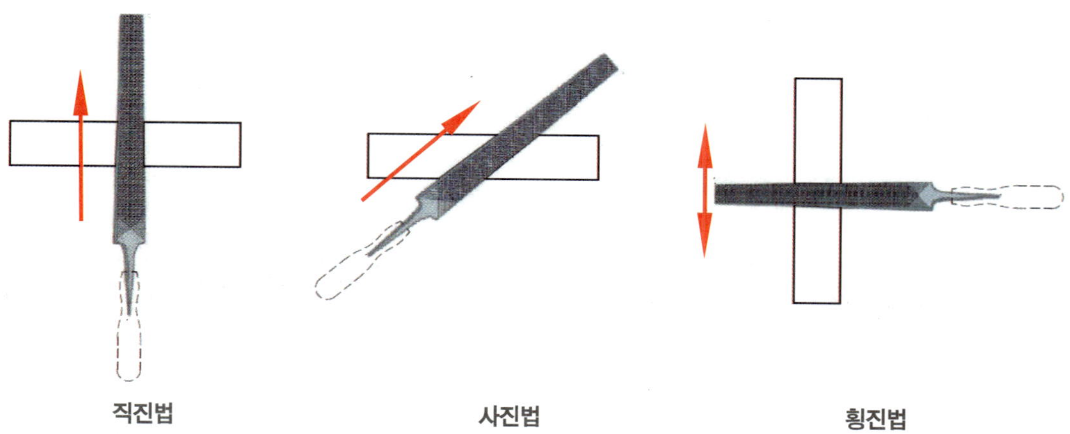

3) 손톱

손톱작업은 팔에 힘을 주고 몸체를 전진방향으로 움직이면서 자른다. 톱을 일직선으로 움직이고 톱날의 전체 길이를 고루 사용하며 절삭압력은 톱날의 절삭운동 방향으로만 준다.

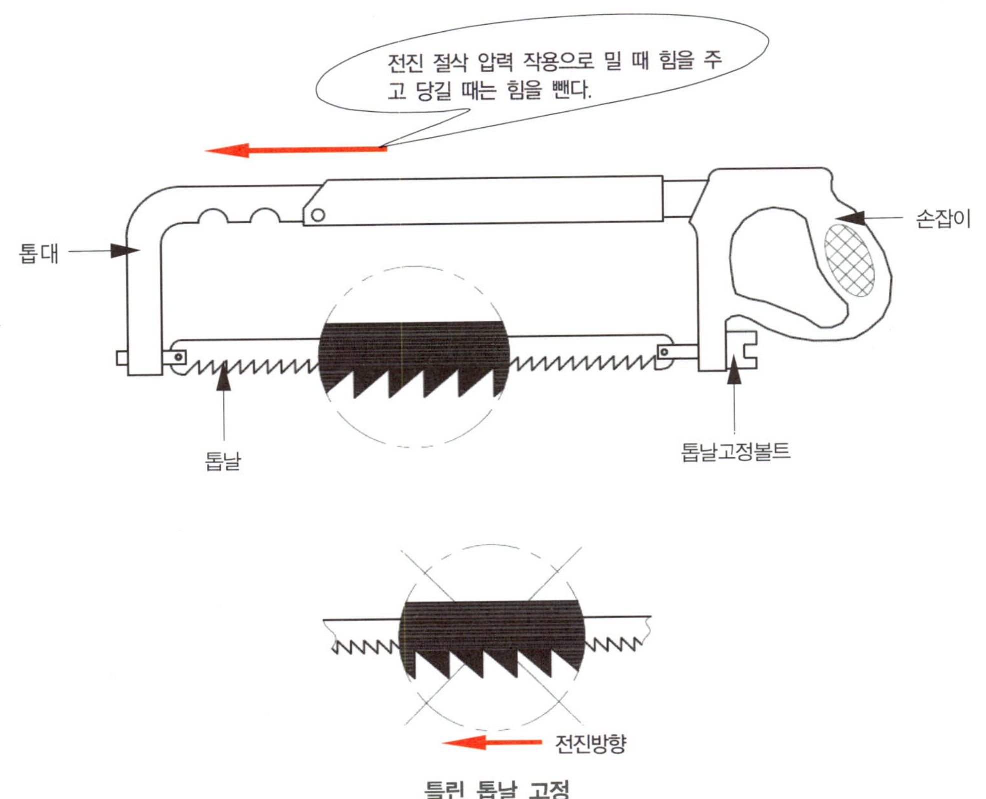

틀린 톱날 고정

톱날의 선택은 공작물의 재질, 크기, 두께 등에 따라 톱날의 폭, 모양, 피치 등을 결정한다.

톱니 크기	톱니 수(1인치 당)	용 도
크다	14~16	연한 재료(알루미늄 등)
중간	18~25	일반 구조용 철재, 경한 재료
작다	25~32	경한 재료, 두께가 얇은 철판, 파이프 등

B ::: 선반작업

1. 선반(lathe) 가공

주축에 고정한 공작물의 회전운동과 공구대에 설치한 바이트의 직선이송 운동에 의하여 공작물을 가공하는 공작기계를 선반이라 하고, 선반에서의 가공을 선반가공 또는 선삭이라 한다.

2. 선반 부속 장치

1) 센터(center)

회전센터와 정지센터가 있고 길이가 긴 공작물을 심압대로 지지할 필요가 있을 때 사용한다. 센터의 자루 부분의 각도는 모스 테이퍼이고 공작물을 지지하는 부분의 각도는 일반적으로 60° 75° 90°, 사용한다.

정지센터　　　회전센터

2) 선반 척(lathe chuck)

척 작업은 공작물이 짧아 심압대로 지지할 필요가 없는 경우에 드릴링, 보링, 탭핑, 카운터 보링 작업에 사용한다.

① 단동척

4개의 조(jaw)가 단독으로 움직여 사용, 중심을 맞추기 위해 다이얼게이지나 인디케이터 사용하여 사용한다.

② 연동척

3개의 조가 동시에 움직여 사용 원형, 정삼각형, 정육각형 등의 공작물 고정 시 편리 조(jaw) 마멸되면 척의 정밀도가 떨어짐 양용 척(단동, 연동의 두 가지 기능 가짐) 마그네틱 척 등이 있다.

단동척

연동척

③ 돌리개

센터 작업 시 공작물에 회전력을 전달하는 부속품이다.

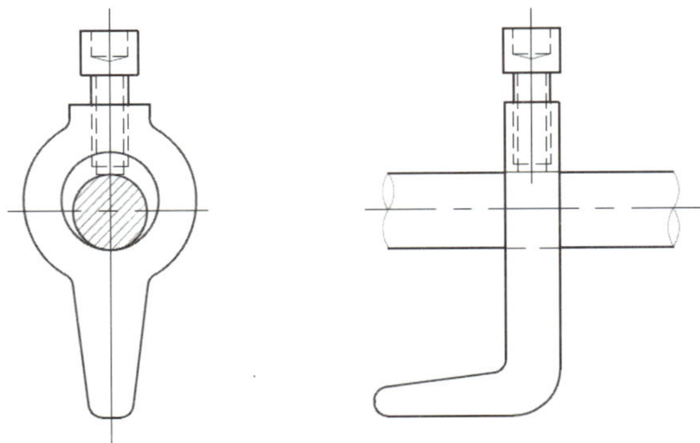

3. 선반의 공구

1) 바이트(bite) 재질

선반을 이용하여 공작물을 가공할 때에는 바이트를 사용하며 바이트 재료는 공작물보다 경도가 높고, 쉽게 파손되지 않아야 한다. 탄소공구강, 합금공구강, 고속도강, 초경합금, 세라믹 등의 재료로 많이 사용하고 있다.

2) 바이트 종류

날 부분과 자루 부분이 같은 재질인 완성바이트, 탄소강으로 만든 자루에 초경합금 등을 경랍으로 접합한 납땜바이트, 공구 자루에 절삭 날을 작은 나사로 고정한 클램프 바이트가 있다.

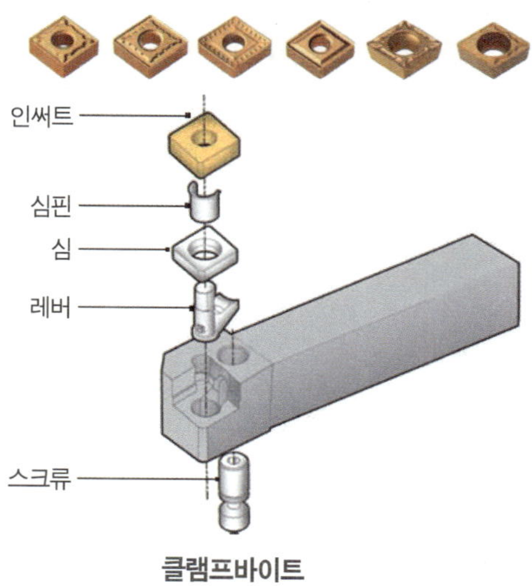

클램프바이트

3) 바이트의 경사각과 여유각

경사각은 절삭저항, 칩배출, 절삭열, 공구 수명에 큰 영향을 미치며 여유각은 공구와 피삭재와의 마찰을 피해주는 기능을 한다.

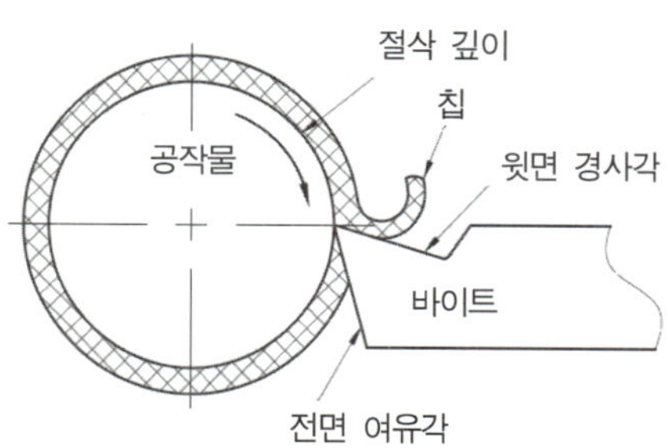

표 ➤ 경사각의 영향

	경사각의 양이 (+)일 때	경사각의 양이 (-)일 때
장 점	- 절삭성이 좋아진다. - 절삭동력이 감소한다.	- 인선강도가 증가된다.
단 점	- 인선강도가 저하된다.	- 절삭저항이 증대된다.
가공재료	- 부드러운 피삭재료일 때 - 절삭하기 쉬운 피삭재료일 때	- 단단한 피삭재료일 때 - 흑피절삭처럼 인선강도를 필요로 할 때

표 ➤ 여유각의 영향

	여유각의 양이 (+)일 때	여유각의 양이 (-)일 때
영 향	- 여유면 마모가 감소한다. - 인선강도가 저하된다.	- 인선강도가 증가된다.
가공재료	- 부드러운 피삭재료일 때 - 가공경화하기 쉬운 피작재료일 때	- 단단한 피삭재료일 때

4) 바이트의 고정 방법

바이트의 선단이 공작물의 중심 높이에 오도록 설치하여 바이트 홀더(holder)는 가능한 짧게 물려 홀더의 굽힘으로 인한 중심 높이 변경 및 떨림을 방지한다.

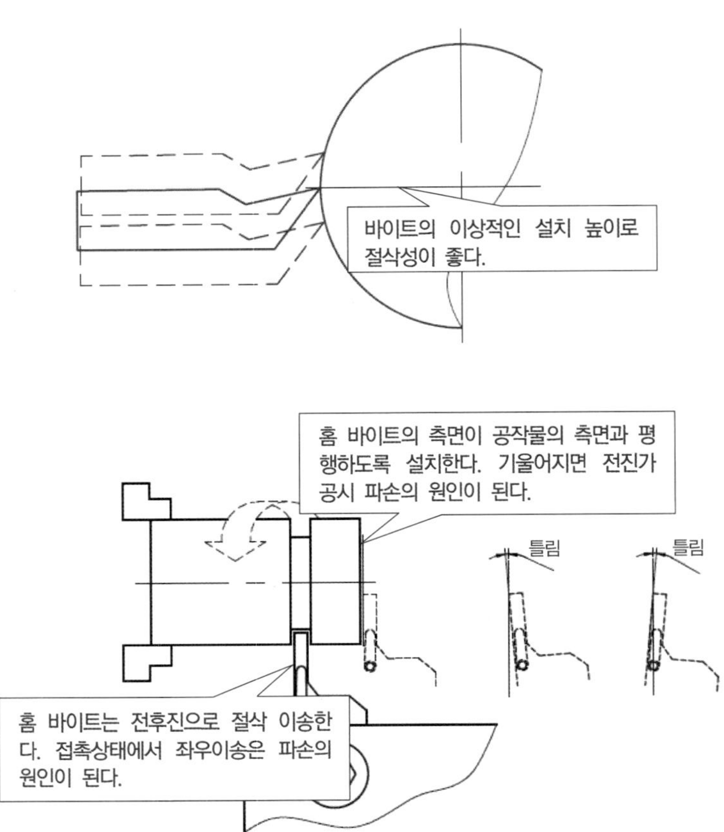

4. 선반 가공 종류

선반은 주로 단면이 둥근 모양의 공작물을 가공하는 데 사용된다.

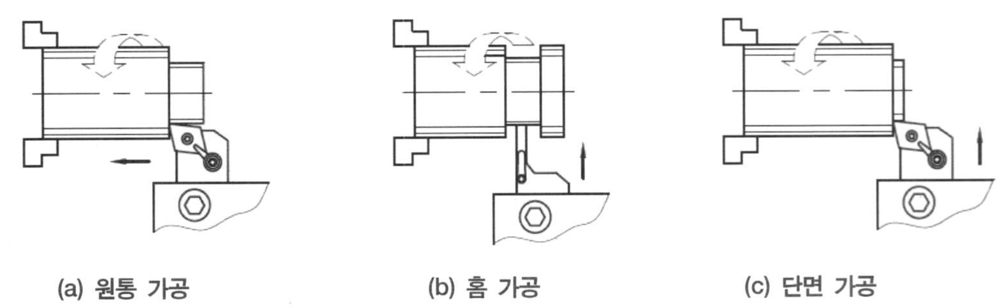

(a) 원통 가공　　(b) 홈 가공　　(c) 단면 가공

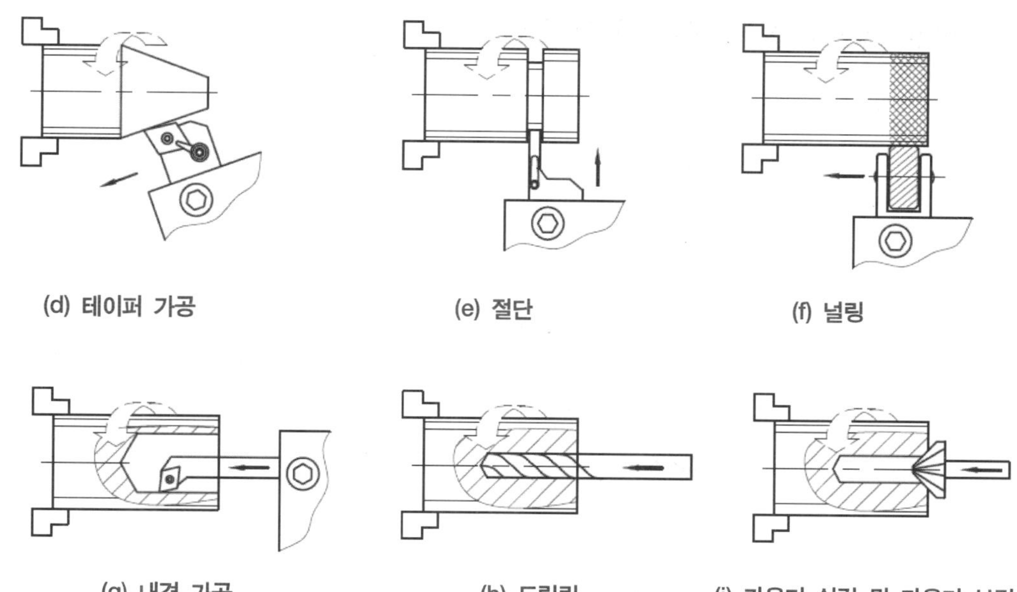

(d) 테이퍼 가공　(e) 절단　(f) 널링

(g) 내경 가공　(h) 드릴링　(i) 카운터 싱킹 및 카운터 보링

5. 테이퍼 가공

선반을 이용한 테이퍼 가공 방법에는 복식 공구대를 회전시키는 방법, 심압대를 편위시키는 방법, 테이퍼 절삭 장치를 사용하는 방법 등이 있다.

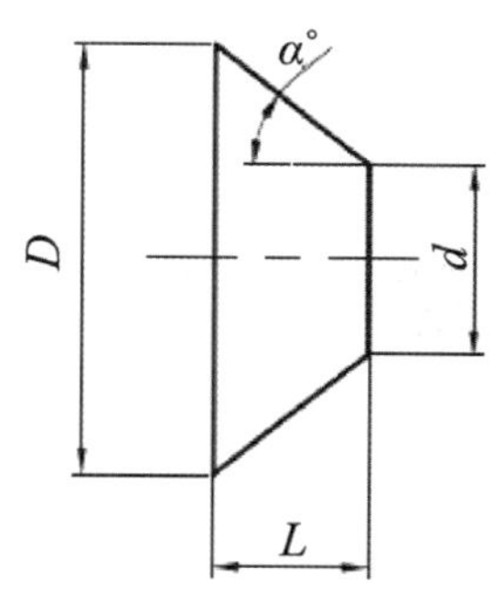

$$\tan\alpha = \frac{D-d}{2L}$$

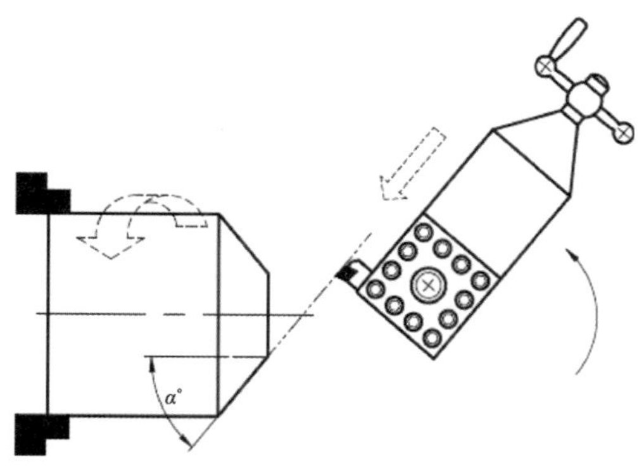

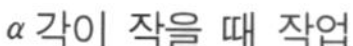

α 각이 작을 때 작업
- 주축 정회전
- 복식공구대 반시계방향회전

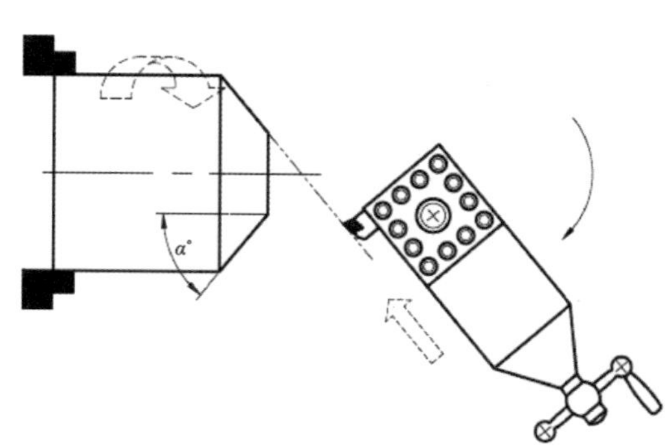

α 각이 클 때 작업
- 주축 역회전
- 복식공구대 시계방향 회전

6. 선반 가공의 절삭조건에 의한 영향

1) 절삭 속도

공작물이 단위시간에 공구날을 통과하는 거리로 나타내며 절삭속도가 빨라지면 절삭온도가 상승하고 공구수명은 짧아진다. 공구 재료, 피삭재, 절삭유, 가공 정밀도, 이송 속도, 절삭 깊이 등 따라 절삭 속도는 다르다.

$$V = \frac{\pi \cdot D \cdot N}{1,000} \text{ [m/min]}$$

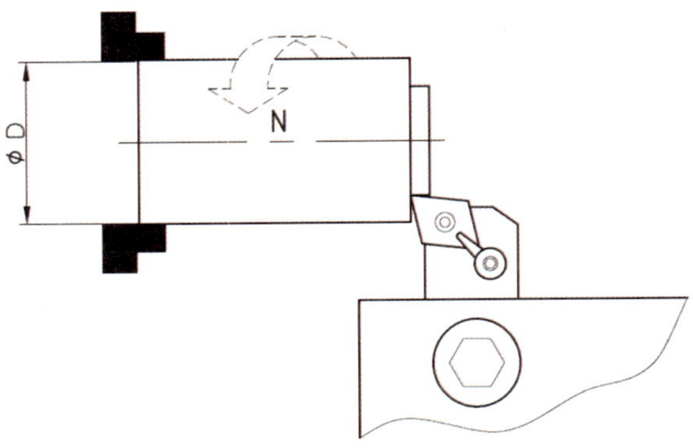

QUESTION

∅50mm인 연강을 45m/min로 절삭할 때의 절삭 속도는 얼마인가?

답 $V = \frac{\pi \cdot D \cdot N}{1000}$ [m/min] $\Rightarrow$ $N = \frac{1,000 \times V}{\pi \cdot D} = \frac{1,000 \times 45}{3.14 \times 50} \fallingdotseq 287\text{rpm}$

2) 절삭 깊이

바이트로 공작물을 절삭한 깊이(단위 : mm)를 말하며, 절삭 깊이가 변화해도 공구수명은 크게 변하지 않는다. 흑피절삭 또는 절입이 작은 경우 가공경화층의 절삭으로 공구수명이 짧아지는 원인이 된다.

3) 이송

공작물이 매 회전마다 바이트의 진행량을 말하며, 직각 방향으로 이동하는 거리 단위는 mm/rev로 나타낸다. 이송은 절삭면의 조도와 큰 관계가 있으며 이송이 작을수록 표면 거칠기는 양호하다.

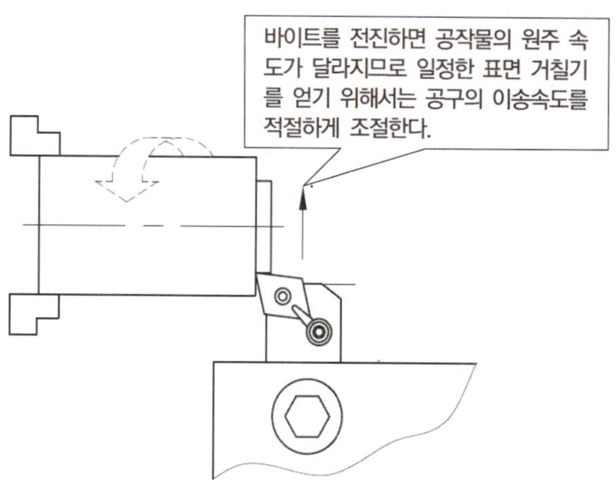

4) 절삭 저항

절삭 공구로 공작물을 가공할 때 공구에 작용하는 힘으로 저항의 크기와 방향은 가공 방법이나 절삭 조건, 공작물의 재질 등에 따라 달라진다. 또한 공구의 수명, 공작물의 표면 거칠기 등에 영향을 끼친다.

절삭 저항은 주분력(절삭운동) 〉이송분력(이송운동) 〉배분력(위치운동)의 관계가 있다.

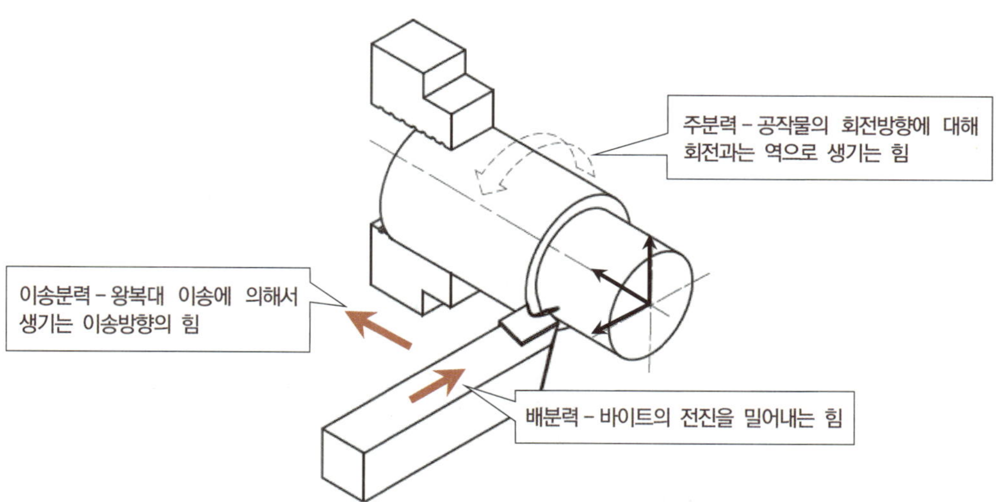

C ::: 밀링작업

1. 밀링 가공

원주에 다수의 절인을 가진 회전 공구의 고속 회전을 이용하여 고정된 또는 저속 이송 운동하는 공작물을 가공하는 방법이다.

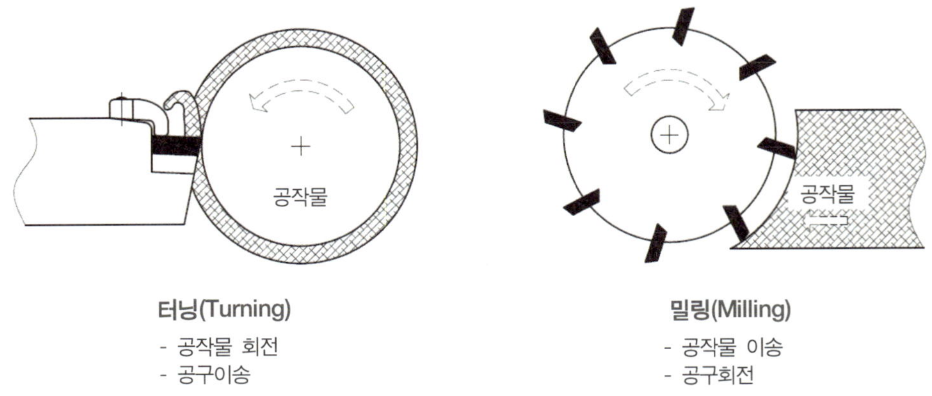

터닝(Turning)
- 공작물 회전
- 공구이송

밀링(Milling)
- 공작물 이송
- 공구회전

① 가공 정도가 좋고, 최종 마무리 작업 기계로도 이용이 가능하다.
② 평면 절삭, 형상 가공, 외형 가공이 가능하다.
③ 구조에 있어서 수평형, 수직형, 만능형이 있다.

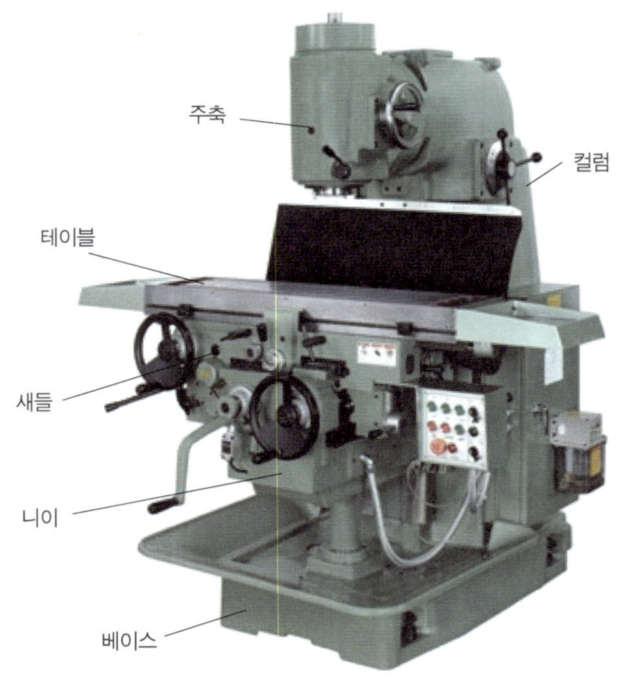

수직 밀링 구조

표 ➤ 밀링 절삭 공구와 용도

종 류	특 징	주 용 도
플래인 커터	- 절인이 외주에만 있음 - 헬리컬 절인 적용으로 가공면 향상	평면 가공용
사이드 커터	- 원주면과 측면에 절인이 있는 비교적 폭이 좁은 커터	홈, 단면 가공용
앵귤러 커터	- 원주면의 일부에 절인이 있음	윤곽 가공용
페이스 커터	- 외주 및 한쪽 단면에 절인이 있고 생크가 없는 커터 - 주로 Insert Tip을 사용	대형 Milling M/C용
엔드밀	- 원주와 단면에 절인이 있으며 생크가 있는 커터	홈 가공용

표 ➤ 엔드밀의 특징과 용도

	보통날(2날)	보통날(4날)	라핑날
특 징	- 칩 배출이 양호하다. - 절삭저항이 적다. - 강성이 낮다.	- 칩 배출성이 나쁘다. - 강성이 높다.	- 칩 배출이 양호하다. - 칩이 작게 분단된다. - 절삭저항이 적다.
용 도	- 깊은홈 및 측면가공 - 드릴가공	- 얕은홈 및 측면가공 - 절삭가공	- 황삭가공

2. 밀링 가공의 조건

1) 절삭 속도

밀링 커터의 회전 속도를 말하며, 밀링 커터의 날 끝의 주속도로 나타낸다. 밀링 커터의 바깥 둘레 속도로서 커터의 회전수를 N(rpm), 커터의 바깥지름을 D(mm)라고 할 때의 밀링 가공에서 절삭 속도 V(m/min)는 다음과 같다.

$$V = \frac{\pi \cdot D \cdot N}{1000} \ [\mathrm{m/min}]$$

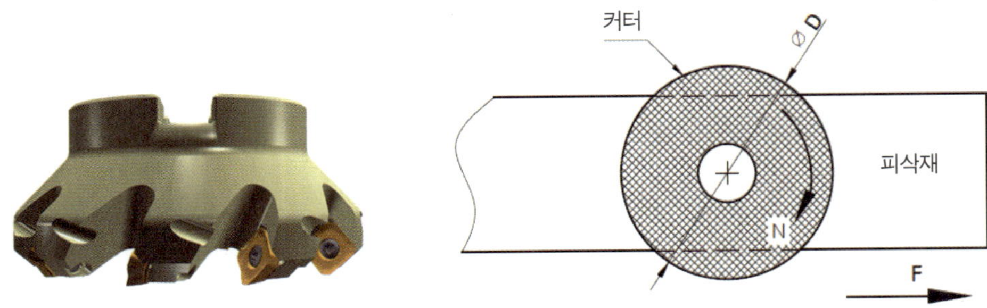

밀링 머신의 절삭 속도

일반적으로 밀링 가공에서 절삭 속도(V)는 연질 재료는 크게, 경질 재료는 낮은 값을 선택하여 가공한다.

2) 이송 속도

밀링 머신에서 이송 속도는 테이블 이송 속도 S(mm/min)를 말하는 것으로 는 1분 동안 테이블이 이동한 거리로 표시한다. 커터의 회전수를 N(rpm), 밀링 커터 날 1개의 이송량을 F(mm/rev), 커터 날의 수를 Z라고 할 때의 밀링 머신 테이블의 이송 속도는 다음과 같다.

$$S = F \times Z \times N \ [\mathrm{mm/min}]$$

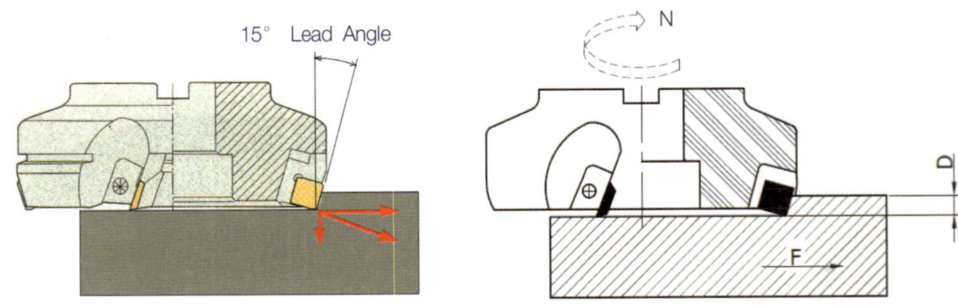

밀링의 절삭 이송 속도

3) 절삭 깊이

절삭 깊이는 공작물의 재질과 공구의 상태, 절삭 속도 등과 밀접한 관계가 있다. 보통 경질 재료이고 절삭 속도가 빠를수록 절삭 깊이를 작게 한다. 밀링 가공 시에는 마찰 저항에 의해 열이 발생하고 밀링 커터 날끝이 마모를 초래하여 공구 수명을 단축시키기 때문에 일반적으로 거친 절삭 시 절삭 깊이를 크게 하고 회전과 이송을 일정하게 유지한다.

4) 절삭 저항

절삭 공구로 공작물을 가공할 때 공구에 작용하는 힘으로 저항의 크기와 방향은 가공 방법이나 절삭 조건, 공작물의 재질 등에 따라 달라진다. 또한 공구의 수명, 공작물의 표면 거칠기 등에 영향을 끼친다. 절삭 저항은 주분력(절삭운동) > 이송분력(이송운동) > 배분력(위치운동)의 관계가 있다.

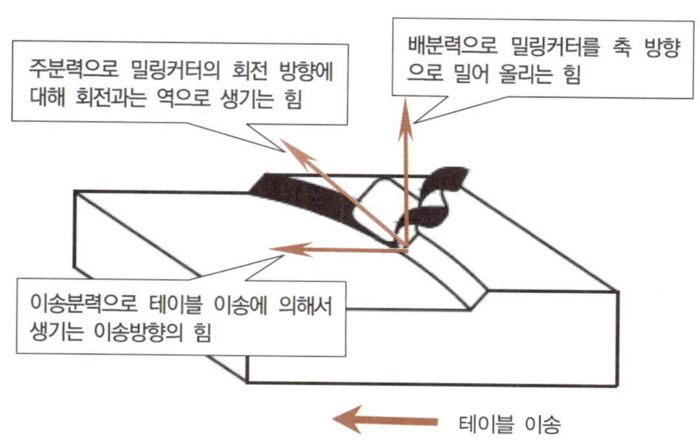

5) 상향절삭과 하향절삭

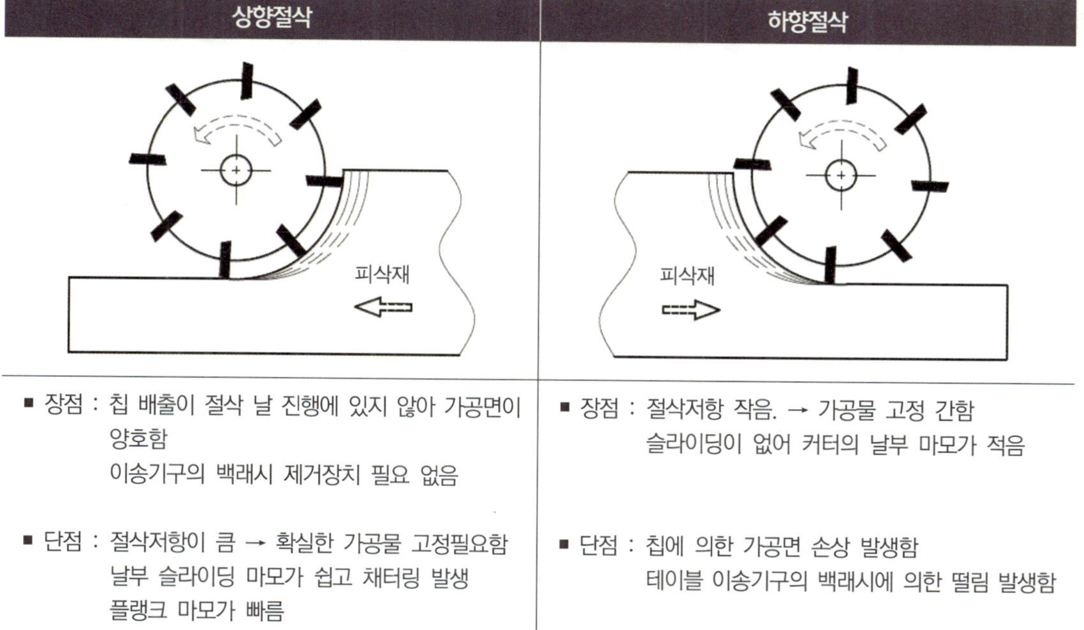

상향절삭	하향절삭
■ 장점 : 칩 배출이 절삭 날 진행에 있지 않아 가공면이 양호함 이송기구의 백래시 제거장치 필요 없음	■ 장점 : 절삭저항 작음. → 가공물 고정 간함 슬라이딩이 없어 커터의 날부 마모가 적음
■ 단점 : 절삭저항이 큼 → 확실한 가공물 고정필요함 날부 슬라이딩 마모가 쉽고 채터링 발생 플랭크 마모가 빠름	■ 단점 : 칩에 의한 가공면 손상 발생함 테이블 이송기구의 백래시에 의한 떨림 발생함

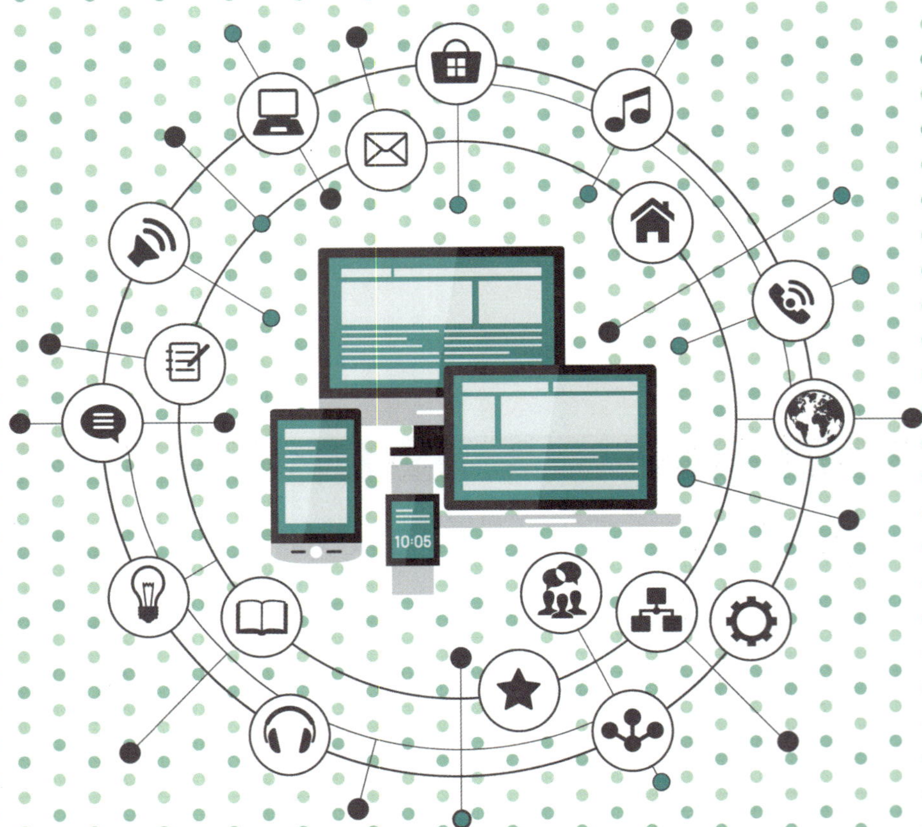

기계공작+ 프로젝트 실습

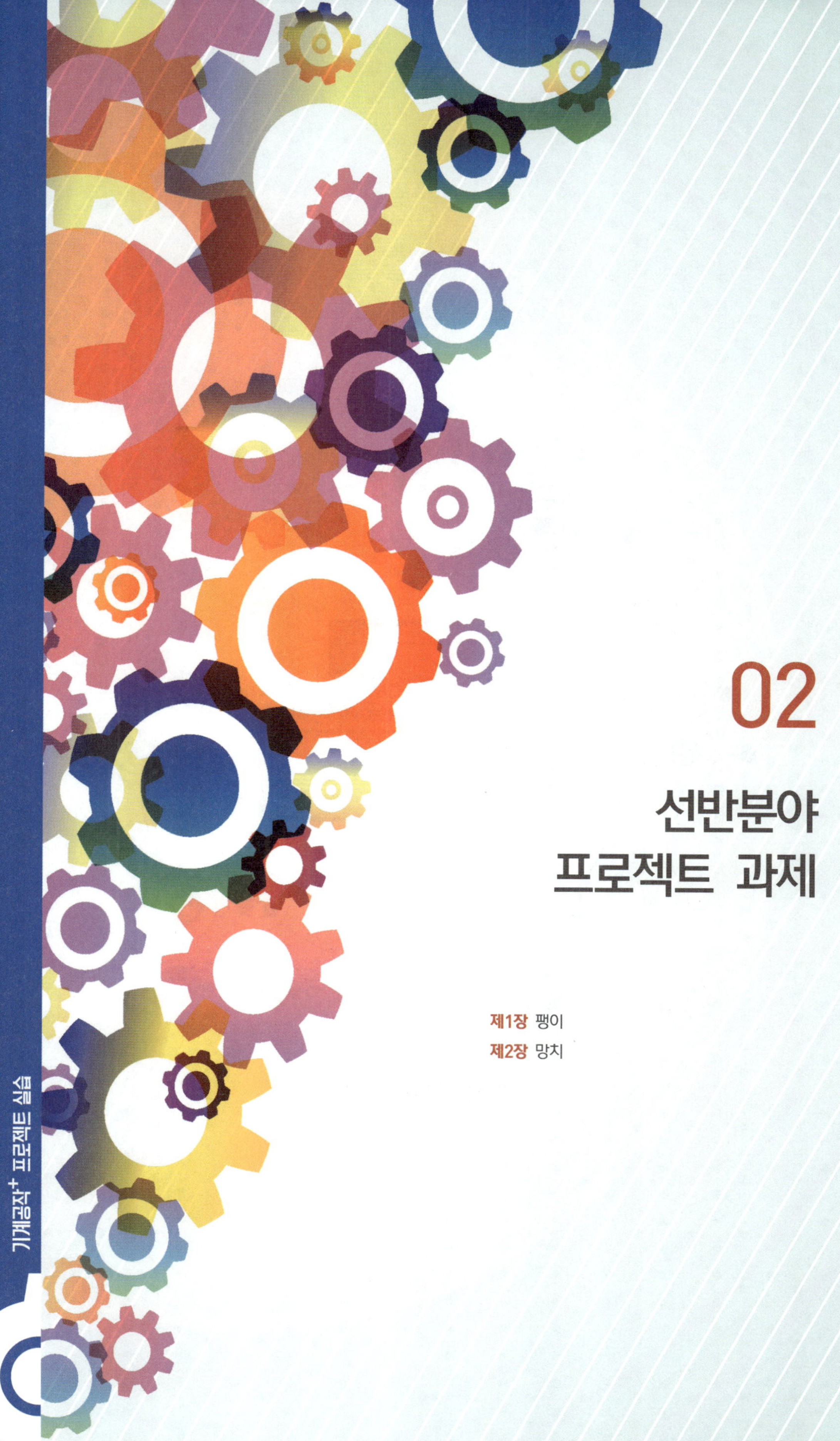

02

선반분야 프로젝트 과제

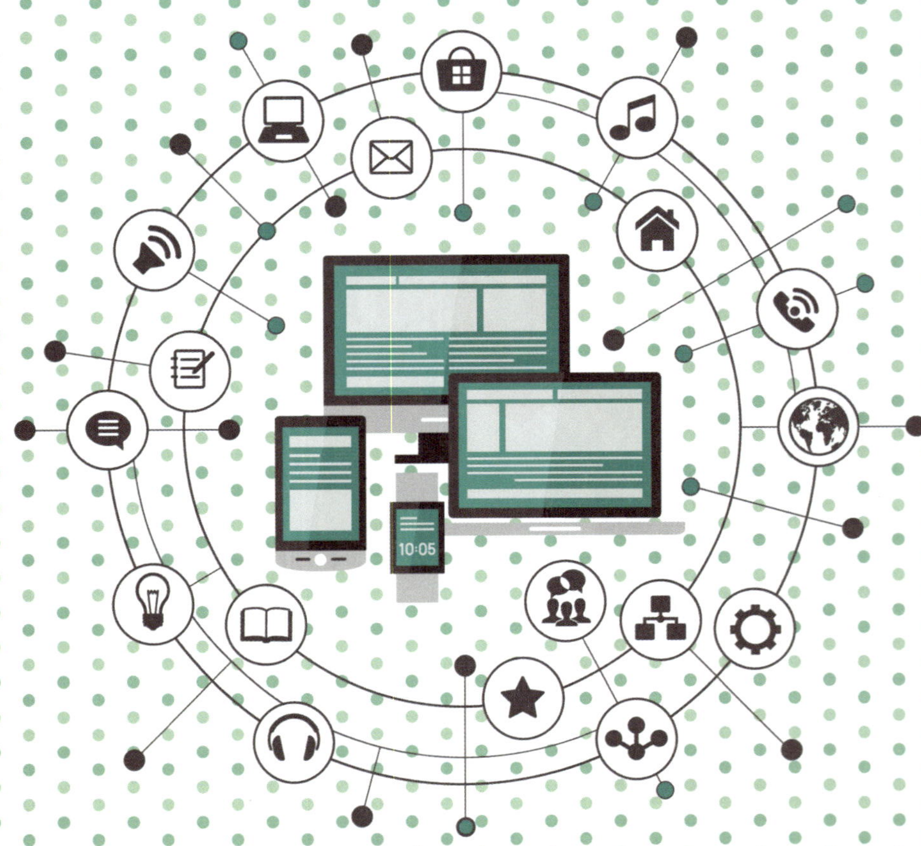

기계공작+ 프로젝트 실습

CHAPTER

01 팽이

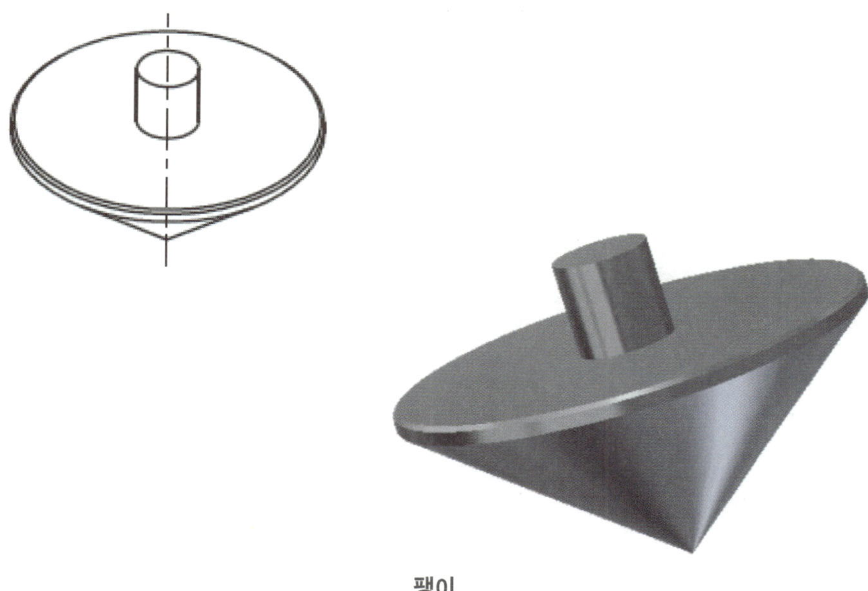

팽이

단원 소개

본 단원은 놀이기구인 팽이를 설계하고 제작해 보는 단원이다. 공작기계 선반의 각부 사용방법과 절삭공구의 정확한 설치 및 사용방법을 연마하여 정확하게 가공하도록 한다. 또한 팽이의 기능상 회전축은 원주 흔들림이 발생하지 않도록 정확해야 함으로 가공공정과 방법에 대해 학습하며 표면 거칠기와 가공정밀도를 향상시키도록 한다.

또한 팽이 설계-부품 가공-측정 과정을 단계별로 실습하고, 부품 가공에 필요한 공작기계의 선정, 재료의 선정, 절삭 공구의 선정 등 팽이를 제작하는데 필요한 기초적인 모든 작업을 이해할 수 있도록 하였다.

A 팽이 제작 프로젝트

팽이를 설계하고 출력하여 그 도면을 제작도면으로 실제로 공작기계를 이용하여 제작해보는 실습으로 기초적인 선반의 조작능력과 가공 능력을 향상시킨다.

1. 학습목표

1) 회전체의 개념을 알고 설계할 수 있다.
2) 도면을 이해하고 정밀하게 가공할 수 있다.
3) 선반의 각부 기능을 알고 설명할 수 있다.

2. 프로젝트 과제명 : 팽이

3. 소요 시간 : [3시간] ※준비된 재료 지급

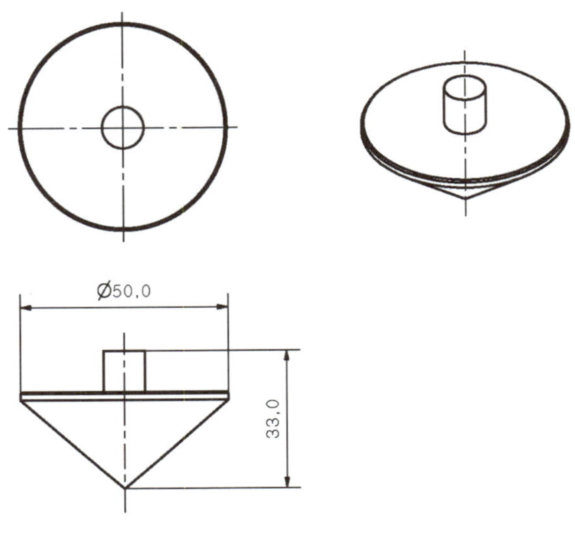

4. 보고서 작성 내용

[표-1] 프로젝트 담당업무 및 참여 동기
[표-2/2] 도면(부품도) 검토 및 분석
[표-3] 소요 가공재료 및 KS규격품
[표-4] 기계 및 공구, 측정기
[표-5] 부품 가공 시 안전 및 유의 사항 조사
[표-6] 조립품 및 부품 측정
[표-7] 4way 품질 분석
[표-8] 부품 가공 순서

팽이(top/spinning-top)는 둥글고 짧은 나무의 한쪽 끝을 뾰족하게 깎아서 쇠구슬 같은 심을 박아 만든 놀이기구이다. 하나의 고정된 축으로 균형을 잡고 회전한다. 주로 채로 치거나 끈을 몸통에 감았다가 끈을 잡아당겨 돌린다. 작은 팽이들은 대부분 긴 손잡이를 손가락으로 돌리는 식이다. 세계 각국에는 다양한 모양의 팽이가 존재 하는데 이중 중국에서는 당나라시대에 유행하던 것이 대한민국에는 삼국시대에 넘어와서 이것이 다시 일본으로 전해졌다. 720년(성덕왕 19년)에 쓰여진 《일본서기》에 팽이가 일본으로 전해졌다는 기록이 나온다. 세계에서 가장 오래된 팽이는 고대 이집트의 나무와 돌로 만든 팽이라고 한다.

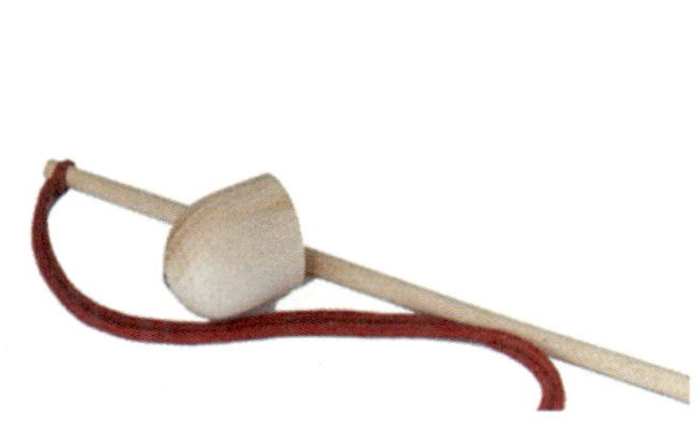

대한민국의 팽이

- 나무팽이 : 나무팽이는 10cm 정도의 단단한 나무토막을 깎아 만들고 50cm 정도 되는 싸리나무 등에 노끈이나 당나무껍질을 붙인 나무채를 사용한다. 주로 겨울철에 얼음판 위에서 가지고 놀며 돌고 있는 팽이를 나무채로 계속 쳐서 누구 팽이가 오래 도는지를 겨룬다.
- 줄팽이 : 줄팽이 축은 쇠로 되어 있고 몸통은 주로 단단하고 속이 꽉 찬 플라스틱으로 만들어진다. 줄을 팽이에 감은 후 던져 팽이를 돌린다. 놀이 방법은 주로 팽이싸움의 형식이며 평지에서 줄로 팽이의 밑부분을 밀어가며 상대방의 팽이에 부딪혀 먼저 쓰러뜨리는 쪽이 이긴다. 줄로 팽이를 들어 상대방의 팽이를 찍기도 한다.

놀이팽이

박달나무처럼 무게있고 단단한 나무의 한쪽 끝을 뾰족하게 깎은 것으로, 40-50cm 길이의 헝겊이 달린 채로 쳐서 회전운동을 시켜 논다. 처음에는 손으로 돌리기만 하다가 나중에는 채찍으로 때려 회전운동을 시키는 방법을 쓰게 되었는데, 우리나라에는 고려 시대에 들어왔다.

- 팽이싸움 : 두 사람이 서로 자기의 팽이를 돌리다가 신호에 따라 동시에 상대방 팽이와 함께 부딪혀 넘어뜨린다.
- 멀리치기 : 미리 정한 선 위에서 신호에 따라 동시에 각자 팽이를 멀리 날려 그 거리와 오래 도는 시간을 겨룬다.
- 오래돌리기 : 신호에 따라 팽이를 쳐서 누구의 팽이가 오래 도는가를 겨룬다.

출처 : https://ko.wikipedia.org/wiki

B ::: 프로젝트 도면

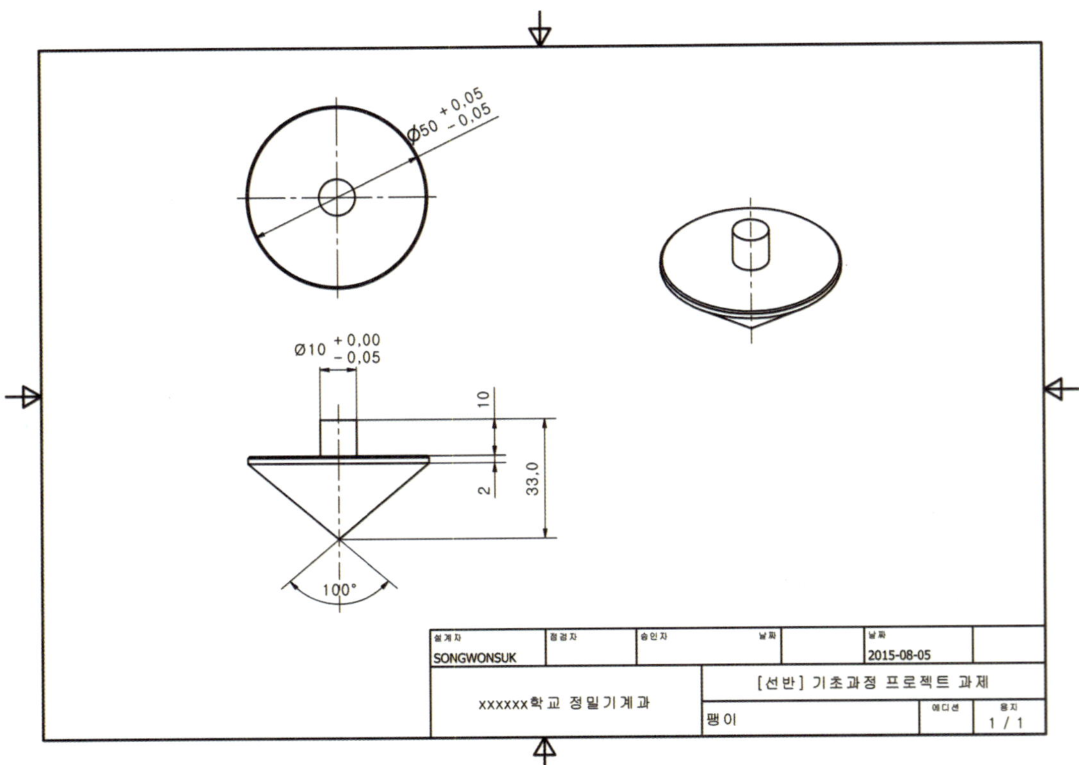
Ø50 +0,05 −0,05
Ø10 +0,00 −0,05
10
2
33,0
100°
설계자
SONGWONSUK
검검자
승인자
날짜
날짜
2015-08-05
xxxxxx학교 정밀기계과
[선반] 기초과정 프로젝트 과제
팽이
에디션
용지
1 / 1

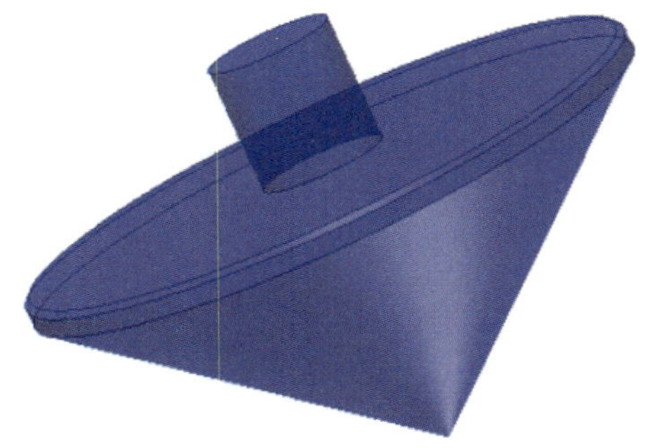

C ::: 프로젝트 수행계획서 작성

학습 목표
1. 작업 단계별 계획서를 작성할 수 있다.
2. 계획서 작성 방법 및 내용을 설명할 수 있다.

수행계획서는 작품 제작 과정에 필요한 것들을 단계별로 작성한다. 조립도 및 부품도면 작성, 소요재료 목록 작성, 사용기계 및 공구 목록 작성, 측정기, 부품 가공 공정 작성, 가공부품 채점, 완성품 품질분석 등을 작성한다.

〈표-9〉 프로젝트 수행계획서 작성(예시 참조)

본 프로젝트는 기능습득 목적의 과제 제시형 프로젝트로 「수행계획서」는 작품 제작완료 후 정리하여 작성한다. 연구 및 발명 프로젝트는 반드시 작품 제작 전에 계획서를 작성한다.

표 ➤ 수행계획서 작성

프로젝트 수행계획서						
프로젝트 명						
작 성 자		소속		성명		
일정	계획		내 용		업무분담	준비물

D ∷ 도면 작성 및 도면 분석

학습 목표	1. 각 부품을 스케치할 수 있다. 2. 각 부품을 2D 설계(CAD)할 수 있다.

제시한 과제 분해도와 조립도, 부품도를 참고로 스케치하면서 과제의 특징을 파악하여 제작 과정에서 주의할 점을 조사한다.

1. 스케치하기

제시된 도면의 각 부품을 프리 핸드로 등각투상하면서 제품의 형상을 이해한다. 도면의 부품 등각투상도는 아래 그림과 같이 치수에 맞게 그린다.

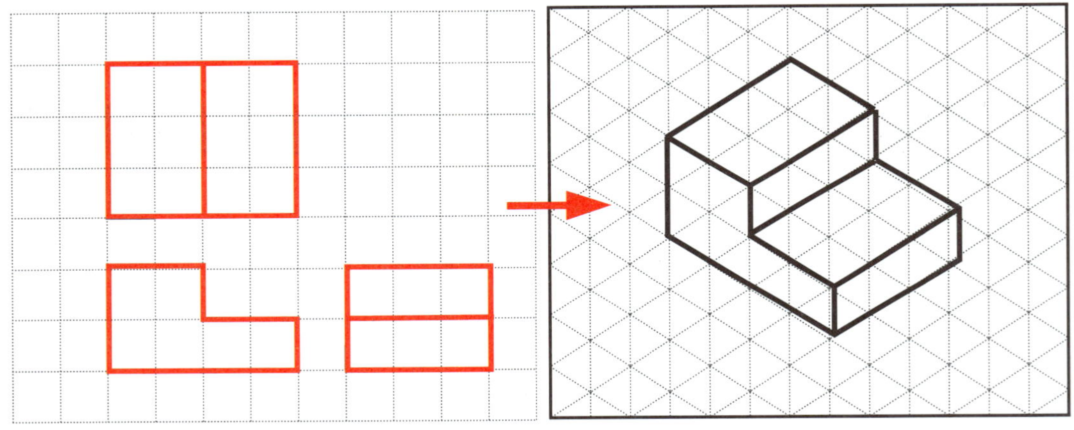

부품 및 등각투상도 예

※ 부록 2 : 스케치도 그리기(모눈종이)

스케치는 산업현장에서 기계부품 등의 현물을 측정하여 제도기 없이 프리 핸드(free hand)로 연필로 그리며 설계 또는 제작도를 작성하기 위해서 행해진다.

2. 도면(조립도) 검토 및 분석하기

도면을 분석하여 설계자의 요구사항은 무엇인지를 확인한 후 설계목적, 운동, 마모, 부품연결, 부품역할, 주유, 끼워 맞춤, 열처리, 도장, 가공, 고정, 조립, 사용한 재질의 절삭성 및 절삭유제의 사용여부 등을 분석한다.

〈표-2/1〉 도면(조립도) 검토 및 분석표 작성(예시 참조)

표 ➤ 도면(조립도) 검토 및 분석표

도면(조립도) 검토 및 분석표				
프로젝트 명				
작 성 자	소속		성명	
구분	검토 사항			검토 결과
1	도면을 검토 및 분석결과 조립가능 여부와 제품의 기능(운동)은? ⇨			
2	제품의 정밀치수(일반치수 제외)는 몇 개소 있으며, 보유한 공작기계 및 공구로 가공이 가능한가? ⇨			

E ∷∷ 부품 가공 준비

학습 목표	1. 가공에 필요한 공구와 기계, 측정기를 선정할 수 있다. 2. 가공한 부품과 규격품을 이용하여 정밀하게 조립할 수 있다.

도면 내용을 분석한 다음 보유하고 있는 시설 현황을 조사하여 부품 가공에 필요한 공작 기계, 절삭공구, 측정기, 소요재료 등을 선정한다.

1. 부품 가공에 필요한 공작 기계 선정하기

KS규격과 명칭에 따라 품명에는 사용해야 할 공작기계를 적으며, 규격(사양)과 수량을 적는다. 활용 내역에는 기계 기구를 사용할 부품번호와 작업내용을 적는다.

〈표-4〉 기계 및 공구, 측정기 작성[11] (예시 참조)

표 ➤ 가공에 필요한 기계 및 공구

<table>
<tr><th colspan="5">가공 기계 및 공구</th></tr>
<tr><td colspan="2">프로젝트 명</td><td colspan="3"></td></tr>
<tr><td colspan="2">작 성 자</td><td>소속</td><td></td><td>성명</td></tr>
<tr><td>연번</td><td>품명</td><td>규격</td><td>수량</td><td>활용 내역</td></tr>
<tr><td></td><td></td><td></td><td></td><td></td></tr>
<tr><td></td><td></td><td></td><td></td><td></td></tr>
<tr><td></td><td></td><td></td><td></td><td></td></tr>
<tr><td></td><td></td><td></td><td></td><td></td></tr>
</table>

11) 사용해야 할 공작기계와 공구 및 측정기를 적으며, 규격(사양)과 수량을 적는다. 비고란에는 용도를 적는다.

2. 부품 가공에 필요한 측정기구 선정하기

도면 내용을 분석한 다음 보유한 측정 기구를 조사하고 부품 가공에 필요한 측정 기구를 선정하여 준비한다.

〈표-4〉 기계 및 공구, 측정기 작성[12] (예시 참조)

표 ➤ 가공에 필요한 측정기 선정

가공에 필요한 측정기				
프로젝트 명				
작 성 자	소속		성명	
연번	품명	규격	수량	활용 내역

3. 제작에 필요한 재료 선정하기

부품 가공에 필요한 재료 치수를 뽑고 다음 표를 작성하여 재고상태를 파악하고 구입여부를 판단한다. 규격품은 KS규격에 따라 품명과 재질, 규격, 수량을 적고, 비고란에는 KS규격분류기호와 번호, 열처리 여부를 기록한다. 단, 재료는 가공이 수월한 연강(SM20C), 황동, 알루미늄 등을 사용해도 되며 규격은 가공여유(+3~5)를 포함한 치수를 적는다.

〈표-3〉 소요 가공재료 및 KS규격품 작성(예시 참조)

표 ➤ 소요 가공재료 및 KS규격품

소요 가공재료 및 KS규격품					
프로젝트 명					
작 성 자	소속		성명		
부품번호	품명	규격	수량	재질	비고

12) 사용해야 할 공작기계와 공구 및 측정기를 적으며, 규격(사양)과 수량을 적는다. 비고란에는 용도를 적는다.

4. 부품 가공 시 안전 및 유의 사항 조사하기

부품 가공 시에 필요한 안전사고 유의 사항을 조사하고 이를 근거로 실제 가공에 있어 안전사고가 발생하지 않도록 철저히 준비한다.

〈표-5〉 부품 가공 시 안전 및 유의 사항 작성(예시 참조)

표 ➤ 제품 가공 시 안전 및 유의 사항

<table>
<tr><th colspan="6">제품 가공 시 안전 및 유의 사항13)</th></tr>
<tr><td colspan="2">프로젝트 명</td><td colspan="4"></td></tr>
<tr><td colspan="2">작 성 자</td><td>소속</td><td></td><td>성명</td><td></td></tr>
<tr><td>연번</td><td colspan="3">안전 및 유의 사항</td><td colspan="2">"불안전한 행동" 또는
"불안전한 상태" 구분</td></tr>
<tr><td></td><td colspan="3"></td><td colspan="2"></td></tr>
<tr><td></td><td colspan="3"></td><td colspan="2"></td></tr>
<tr><td></td><td colspan="3"></td><td colspan="2"></td></tr>
<tr><td></td><td colspan="3"></td><td colspan="2"></td></tr>
</table>

13) "불안전한 행동"과 "불안전한 상태" 구분
1. 불안전한 행동 : 실습에 임하는 자세로 안전수칙 준수, 기계 및 공구의 사용, 안전한 작업 등
2. 불안전한 상태 : 작업환경으로 정리, 정돈, 청결 등

F 부품 가공

학습 목표	1. 회전체 가공공정에 대해 설명할 수 있다. 2. 기계조작으로 공차대로 정확하게 가공할 수 있다.

팽이는 하나의 고정된 축으로 균형을 잡고 회전한다. 따라서 회전축과 무게 중심을 잡을 수 있도록 가공 공정이 중요하며 정확하게 1차 가공한 후 다듬질로 마무리한다.

1. ①번 부품 가공

- 지급재료 : ∅60 × 100

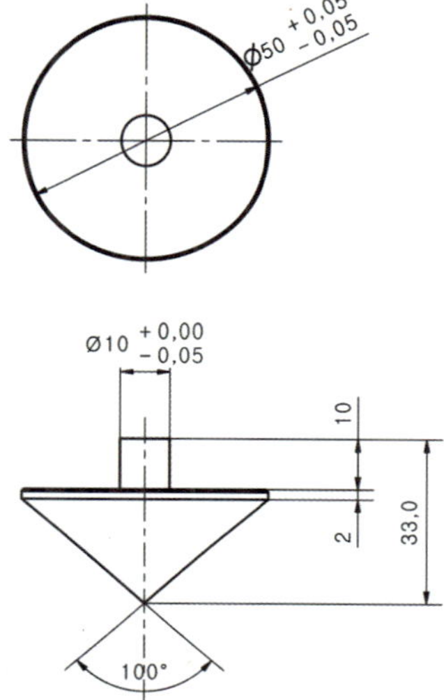

1) 도면 검토 및 수정하기

치수, 끼워 맞춤, 기하공차[14], 표면 거칠기, 제품의 기능, 요구사항 등을 확인한다. 제작상의 문제점이 있으면 수정하고 수정된 도면을 제작도면으로 사용한다.

〈표-2/2〉 도면(부품도) 검토 및 분석표 작성(예시 참조)

14) 치수공차로 규제된 제품은 치수가 맞아도 형상에 따라 결합이 안 되는 경우가 있으나, 기하공차로 규제된 제품은 치수가 조금 틀리는 최악의 경우에도 결합이 가능하다. 따라서 기하공차는 제품의 기능 및 결함 부품들 간의 상호 호환성을 규제하는 것으로 고 정밀한 제품에는 필히 적용되고 있다.

표 ➤ 도면(부품도) 검토 및 분석

도면(부품도) 검토 및 분석				
프로젝트 명				
작 성 자	소속		성명	
구분	검토 사항			검토 결과
1	끼워 맞춤이나 기하공차 등 중요치수는? ⇨			
2	지급 소재의 공급 상태는? ⇨			

2) 부품 가공 순서 정하기

부품 가공 공정을 결정하는 작업은 제작 시간단축 및 조립상태 확인, 가공불량 등을 줄일 수 있다. 따라서 부품도를 분석하여 각 부품을 어떤 순서로 어떻게 가공할 것인가를 가공 전에 생각하여 가공 순서를 정하고 이를 토대로 실제 가공에 이용한다.

〈표-8〉 부품 가공 순서 작성(예시 참조)

표 ➤ 부품 가공 순서

부품 가공 순서				
프로젝트 명				
작 성 자	소속		성명	
부품번호	가공 순서 및 방법			
	공정번호	사용기계	작업내용	
	10			
	20			

3) 부품 가공 따라하기

① 소재(∅60 × 50mm)를 10~13mm정도 물리고 다이얼게이지로 재료의 중심을 맞춘다.

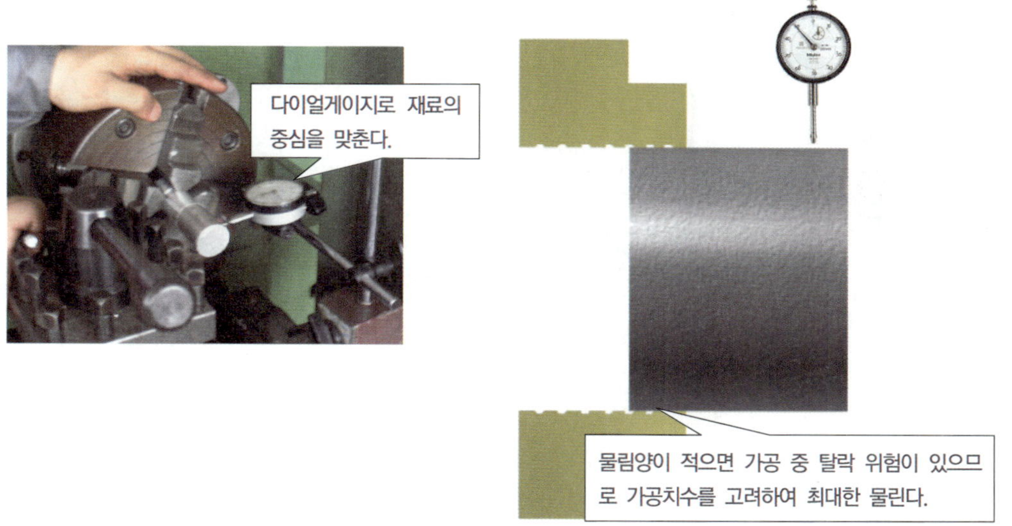

선반 척에는 조(Jaw) 이동이 개별적으로 움직이는 단동척과 조(Jaw) 이동이 일정하여 공작물의 중심을 잡아주는 연동척이 있다. 재료가 연마핀인 경우는 구심형의 연동척을 사용하는 것이 좋다.

② 외경 ∅50±0.05 및 ∅10±0.05 × 10mm를 가공한다.

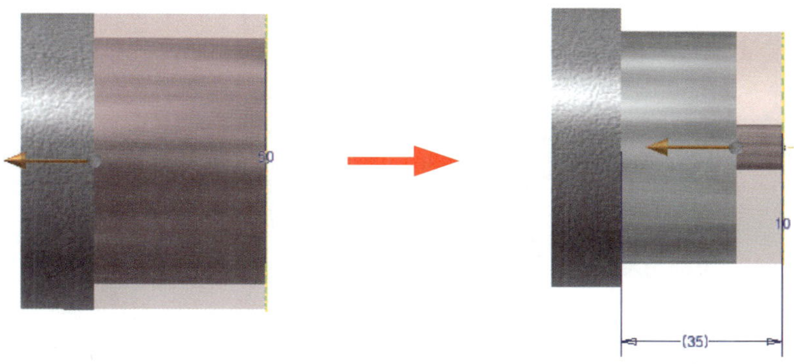

정밀공차인 ±0.05mm는 마이크로미터로 측정하며 측정시 시차로 인한 오차(a, c)가 발생하지 않도록 한다.

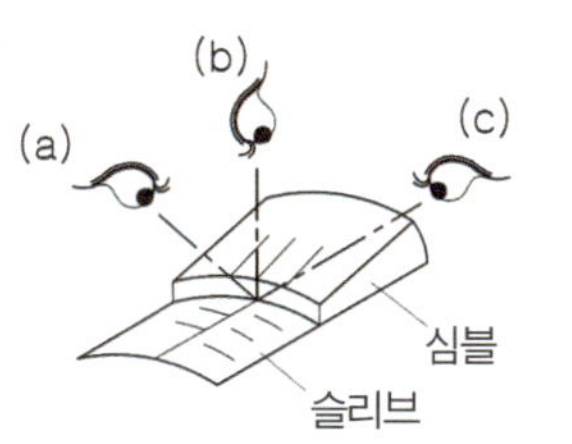

③ 전체길이 33mm 또는 단 길이 22mm를 측정하며 가공한다(고정구로 콜렛 사용).

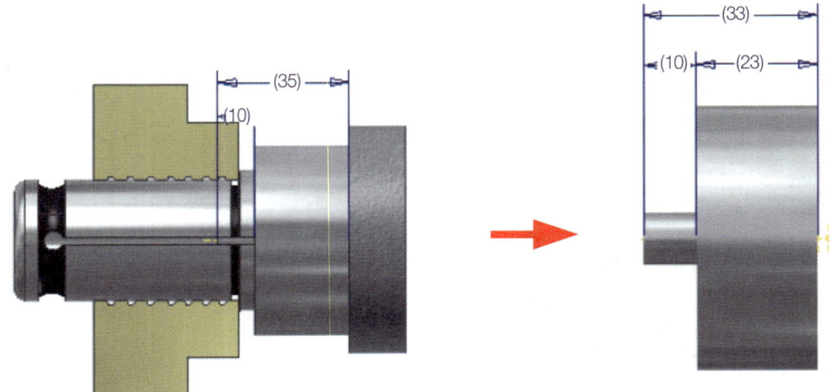

가공이 끝난 원통을 물릴 때 척의 조에 의한 자국이 나타나므로 알루미늄 보호 판을 사용한다. 여기에서는 회전체로 중심을 정확하게 하기 위해 연동척에 위한 물림으로 콜렛(∅10)을 이용하여 고정하였다.

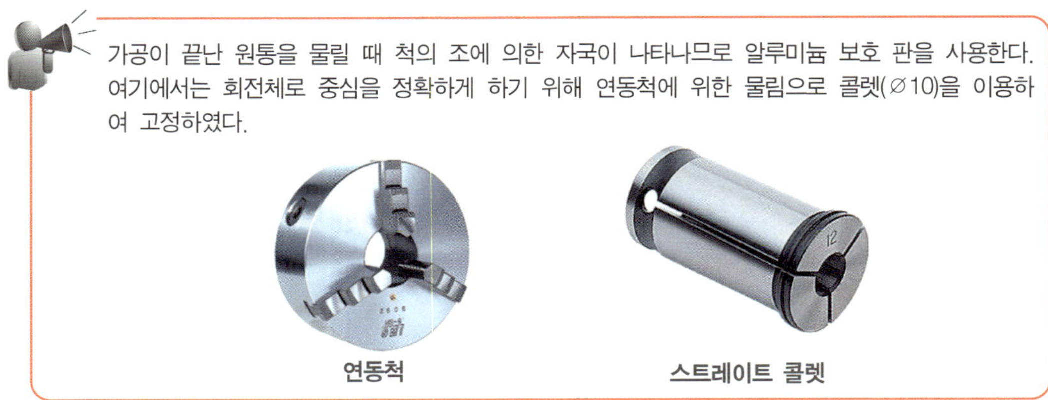

연동척 스트레이트 콜렛

④ 복식 공구대를 회전시켜 테이퍼 50° 를 가공한다.

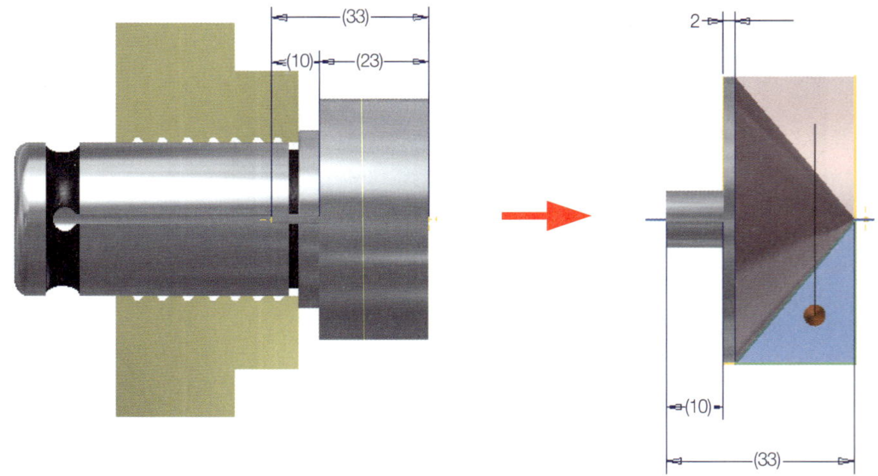

테이퍼 계산 및 가공방법

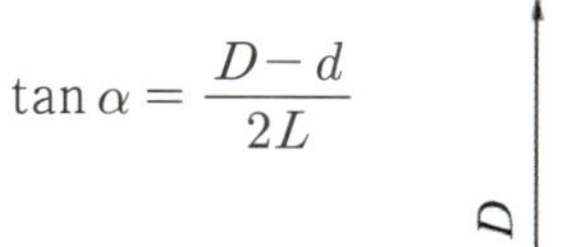

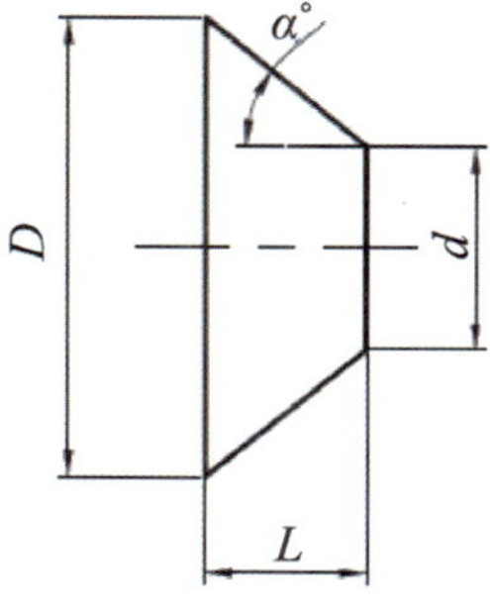

※ α각이 클 때는
주축 역회전, 복식 공구대를 시계방향으로 돌려서 가공한다. 핸들이 앞쪽에 있어 작업안전과 작업성이 좋다.

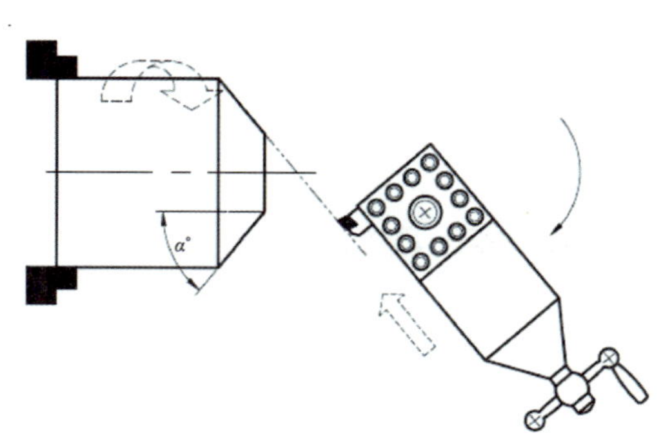

⑤ 고운 줄(유목)이나 기름숫돌로 거스러미를 제거하여 마무리한다.

QUESTION

가공한 공작물을 측정한 결과 오차가 발생하였다. 그렇다면 원인은 무엇일까? 아래에서 원인을 찾아 표시(O X)하여 보세요.

작업을 수행하는 공작기계의 부정확도? (　　　)
아니면 사용하는 절삭공구의 마모? (　　　)
아니면 사용되는 재료의 상태불량? (　　　)
아니면 작업자의 불완전한 세팅? (　　　)
아니면 작업자의 불완전한 작업공정? (　　　)
아니면 사용하는 측정기의 오차? (　　　)
아니면 작업자 개인의 측정 오차? (　　　)

G ⁞⁞ 측정 및 품질 분석

학습 목표	
	1. 품질관리의 중요성에 대해 설명할 수 있다.
	2. 품질 분석표를 작성할 수 있다.

원하는 품질의 제품을 얻기 위해서는 품질관리는 매우 중요하다. 품질관리의 과정에는 기술 부문의 필수적인 성능과 기능을 분명하게 결정하는 기획설계 과정의 품질과 제작 과정에서 현장의 기술 수준에 따라 달라질 수 있으므로 제작과정의 품질이 중요하다.

1. 가공 부품 측정

〈표-6〉 조립품 및 부품 측정표 작성(예시 참조)

표 ➤ 조립품 및 부품 측정

조립품 및 부품 측정								
프로젝트 명								
작 성 자	소속			성명				
평가 구분	평가 사항					배점	득점	환산 점수
가공 상태 (80%)	항목	도면 치수	측정값					
			1차 측정	2차 측정	최종값			
	정밀 치수 (50%)							
	소계							

QUESTION

그림은 버니어캘리퍼스의 눈금으로 주척 39mm를 부척 20등분한 것이다. 측정값은?

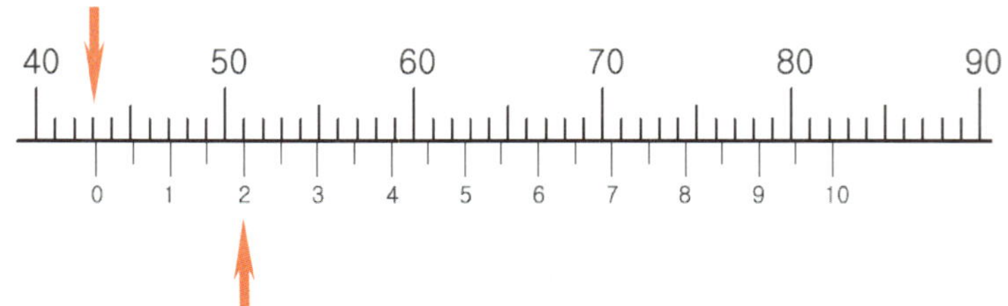

2. 완성품 품질 분석

부품 측정표와 전체적인 기능을 분석하여 불량 원인을 해결할 수 있는 방안을 조사한다.

〈표-7〉 4way 품질 분석표 작성(예시 참조)

표 ➤ 4way 품질 분석표

4way 품질 분석표				
프로젝트 명				
작 성 자	소속		성명	
A. 왜 불량이 발생하였는가?				
1 단계 Why?	(예) 왜 아침 등교시간이 늦었는가? → 아침에 늦게 일어나서 집에서 나왔다.			
2 단계 Why?	(예) 왜 늦게 일어났는가? → 어젯밤에 늦게 잠자리에 들었다.			
3 단계 Why?	(예) 왜 늦게 잠자리에 들었는가? → 인터넷 게임을 늦게까지 하였다.			
4 단계 Why?	(예) 왜 인터넷 게임을 늦게까지 하였는가? → 재미가 있어서 시간 가는 줄 몰랐다.			
B. 근본 요인은?				

(예) 계획성이 없는 생활을 하였다.

품질관리 용어

- 3Q(Product-Q, Process-Q, Personal-Q) : 품질의 Tri-angle
- 3S(Simplification Specialization Standardization) : 생산성향상의 3대 요소(단순화, 전문화, 표준화)
- 4M(Man, Machine, Material, Method) : 사람, 설비, 재료, 방법
- AQL(Acceptable Quality Level) : 합격품질수준
- CWQC(Company Wide Quality Control) : 전사적 품질 관리

H ⋮⋮ 프로젝트 수행과정 발표

학습 목표	1. 프로젝트 수행과정의 요점을 정리하여 전시회 자료를 만들 수 있다. 2. 프로젝트 수행과정을 프레젠테이션 자료로 만들어 발표할 수 있다.

1. 전시회 자료 제작

프로젝트 과제 수행 과정을 사진으로 촬영하여 프레젠테이션 및 전시회 자료 제작을 위한 자료로 활용하고 제작 관련 자료를 모아 보관하며 이를 정리하여 제품을 이해할 수 있도록 전시회 자료를 만든다.

(한글 A4 용지 1쪽)
1. 주제
2. 목적
3. 제작기간
4. 팀원 및 참여단계
5. 수행과정 및 문제해결방법
6. 제작 후 느낀 점

2. 프레젠테이션 자료 제작

위 자료를 중심으로 파워포인트로 제작하고 발표는 큰 그림을 먼저 이야기 하도록 한다. 프레젠테이션 자료는 차트나 그림(사진)을 많이 활용한 내용으로 하며 가장 좋은 것을 마지막에 보여주면서 간결하면서 감동적인 마무리가 되도록 준비한다.

(파워포인트 슬라이드 5쪽 이내)
1. 무엇을 전하고 싶은가?
2. 어떻게 전하려 하는가?
3. 왜 그 방법이 필요한 것인가?
4. 어떤 성과를 얻고 싶은가?

단원 평가 문제

01 그림을 1종류의 외경바이트로 완성하려 한다. 선반작업 설명으로 <u>틀린</u> 것은?

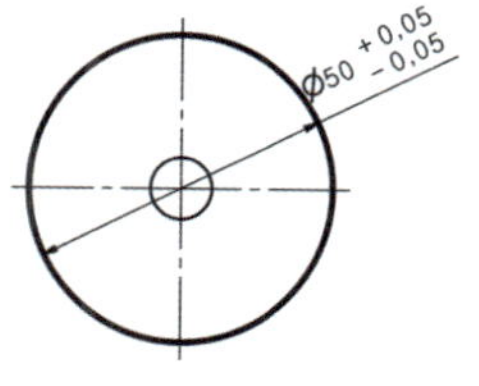

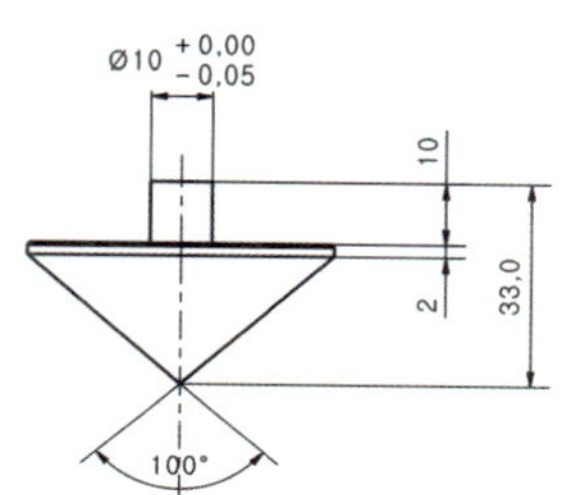

① 센터 작업을 한다.
② 복식공구대를 이용한다.
③ 돌려 물림 작업을 한다.
④ 연동척 작업이 편리하다.
⑤ 물림 보호용구를 사용한다.

02 그림에서 a, c와 같은 시차가 발생하였다. 오차의 종류는?

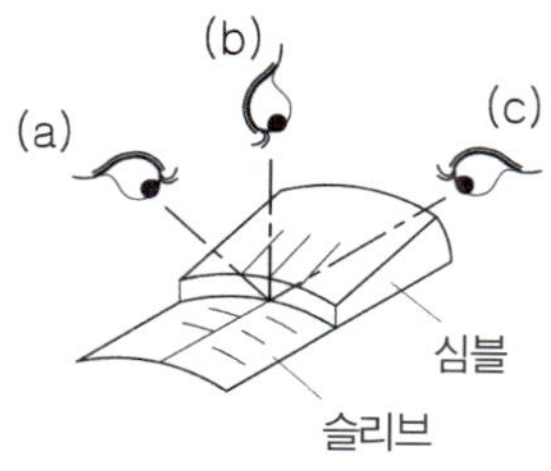

① 계기오차
② 환경오차
③ 개인오차
④ 우연오차
⑤ 상대오차

03 다음 그림의 명칭은?

① 연동척
② 콜릿
③ 드릴척
④ 회전센터
⑤ 돌리개

04 안전사고는 불안전한 행동과 불안전한 상태로 발생한다. 불안전한 상태로 인한 사고 원인이 되는 것은?

① 공작 기계 주변의 청소가 불결하다.
② 장갑을 착용하고 절삭가공 작업한다.
③ 작업복을 규정대로 입고 않고 작업한다.
④ 작업에 맞지 않는 신발을 신고 작업한다.
⑤ 보안경을 착용하지 않고 절삭가공 작업한다.

05 그림의 테이퍼를 선반의 복식 공구대를 이용하여 가공하려 할 때 회전각(°)은?

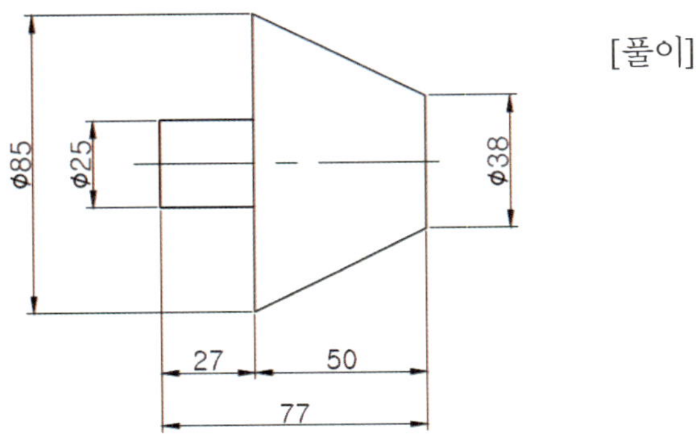

[풀이]

06 그림은 밀링에서의 절삭 작업을 나타낸 것이다. 설명으로 틀린 것은?

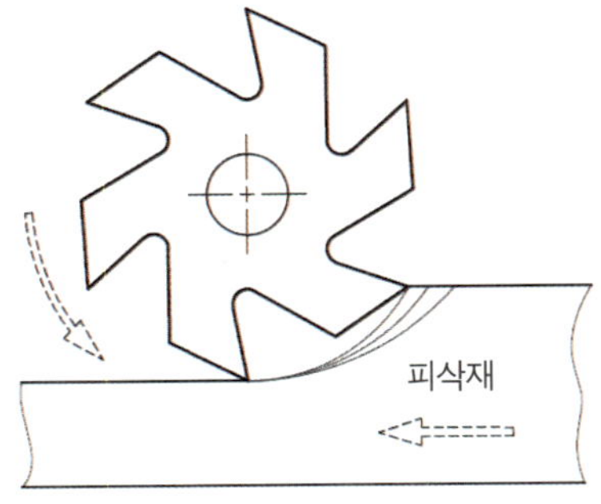

① 가공면 표면 거칠기가 양호하다.
② 절삭 칩에 의한 가공면 손상이 발생한다.
③ 이송기구의 백래시 제거장치가 필요 없다.
④ 날부 슬라이딩 마모가 쉽고 채터링 발생한다.
⑤ 절삭저항이 커서 확실한 피삭재 고정이 필요하다.

CHAPTER

02 망치

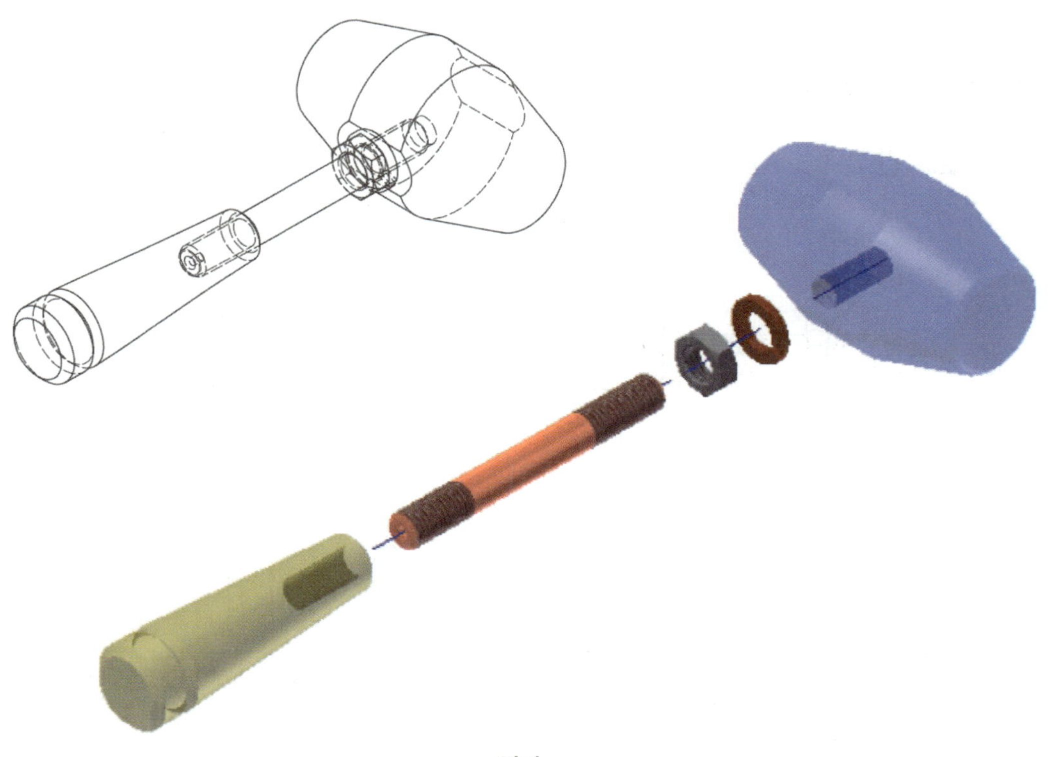

망치

단원 소개

본 단원은 공구(망치)를 제작해 보는 단원이다. 망치는 물체를 치는 데 쓰이는 도구이다. 직종 · 용도에 따라 여러 종류가 있는데, 일반적으로 세차게 두드리며 쇠를 연마하거나, 못을 박는 공구를 가리킨다. 따라서 망치의 타격용 공구로 용도에 맞게 정밀도보다는 부품들 간의 결합방법을 생각하며 공작기계(선반)를 각부 활용방법을 익히도록 한다.

이 단원에서는 망치의 설계－부품 가공－부품 조립－측정 과정을 단계별로 실습하고, 부품 가공에 필요한 공작기계의 선정, 재료의 선정, 절삭 공구의 선정 등 공구를 제작하는데 필요한 기초적인 모든 작업을 이해할 수 있도록 하였다.

A ::: 망치 제작 프로젝트

공구를 설계하고 출력하여 그 도면을 제작도면으로 실제로 공작기계를 이용하여 제작해보는 실습으로 기초적인 선반과 드릴링 등의 조작능력과 가공 능력을 향상시킨다.

1. 학습목표

1) 공구의 개념을 알고 설계할 수 있다.
2) 도면을 이해하고 정밀하게 가공할 수 있다.
3) KS규격품의 선정과 용도를 설명할 수 있다.

2. 프로젝트 과제명 : 망치_B

3. 소요시간 : [15시간] **※준비된 재료 지급**

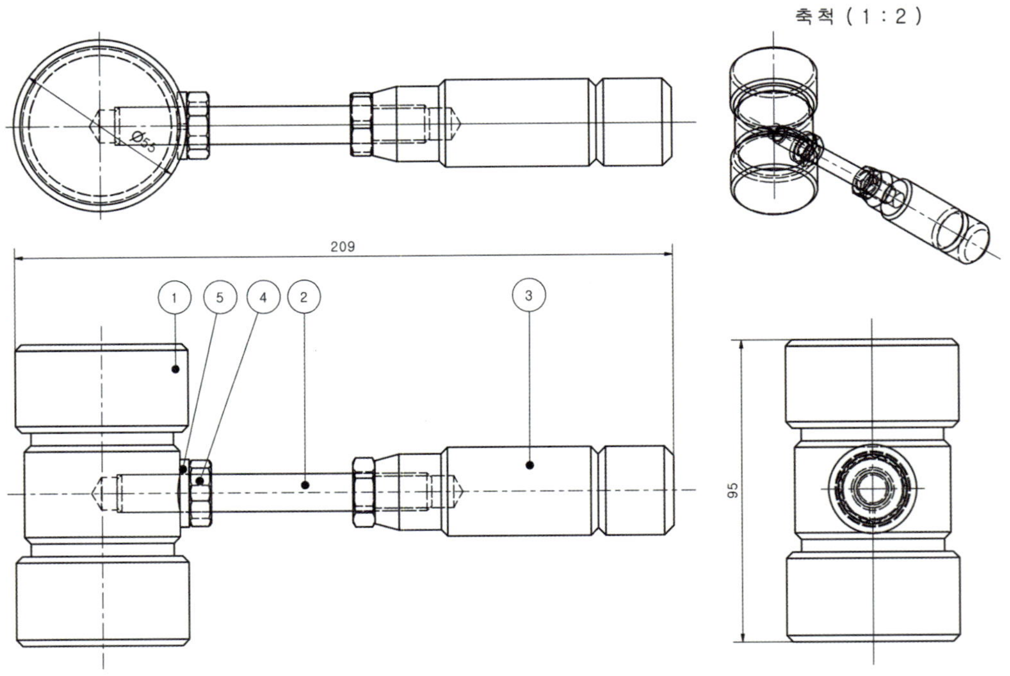

4. 보고서 작성 내용

[표-1] 프로젝트 담당업무 및 참여동기
[표-2/1] 도면(조립도) 검토 및 분석
[표-2/2] 도면(부품도) 검토 및 분석
[표-3] 소요 가공재료 및 KS규격품
[표-4] 기계 및 공구, 측정기

[표-5] 부품 가공 시 안전 및 유의 사항 조사
[표-6] 조립품 및 부품 측정
[표-7] 4way 품질 분석
[표-8] 부품 가공 순서

기원은 오래 되었는데, 각지의 유적에서 석기가 발견된 것으로 보아, 인류가 생겨난 당시까지 거슬러 올라가 망치를 사용했을 것으로 추측되며, 현생 인류 이전에도 이용했을 것으로 추측하기도 한다.

오늘날 사용되는 망치의 재질은 목재로는 떡갈나무·느티나무, 철재로는 연강·강인데, 강으로 된 것은 담금질이 되어 있다.

이 밖에 플라스틱·경질고무로 된 것도 있다.

망치는 타격용 공구로 나무로 된 자루에 무게감이 느껴지는 철로 뭉툭하거나 날카롭게 날을 만든다. 망치는 직업인들의 기본 도구이며 때로는 농민들이 전투에 참가할 때는 무기로 이용되기도 했다.

손망치

호칭번호	중량(kg)	자루길이(mm)
1/4	0.11	260
1/2	0.23	270
3/4	0.34	280
1	0.45	290
11/2	0.67	310
2	0.91	340
3	1.36	360

(KS B 3015)

볼핀 해머 	브릭레이어 	크로우 해머 	럼프 해머 

고무 해머 	슬러지 해머 	소프트 해머 	테크 해머 

출처 : https://ko.wikipedia.org/wiki

B ::: 프로젝트 도면

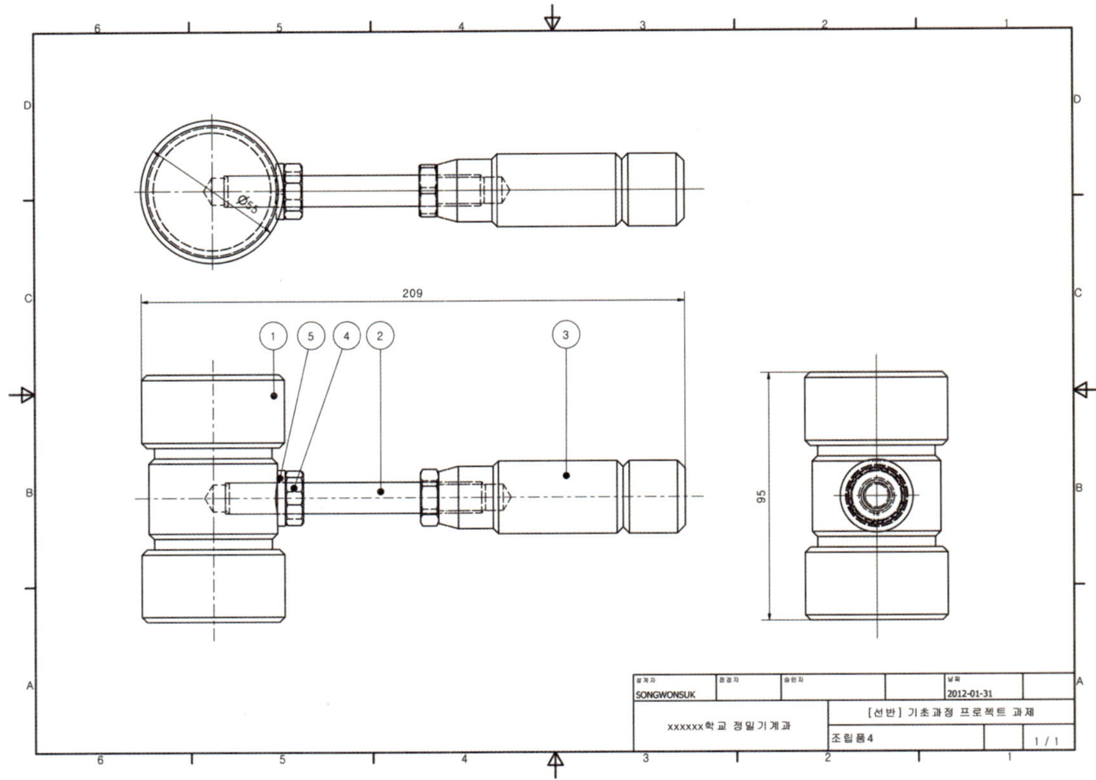
Ø55
209
1
5
4
2
3
95
SONGWONSUK
2012-01-31
xxxxxx학교 정밀기계과
[선반] 기초과정 프로젝트 과제
조립품4
1 / 1

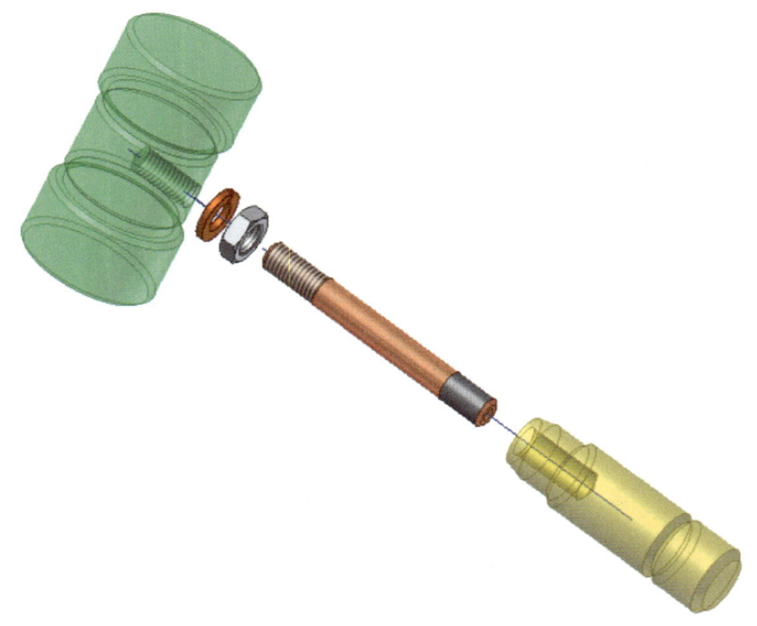

분해도

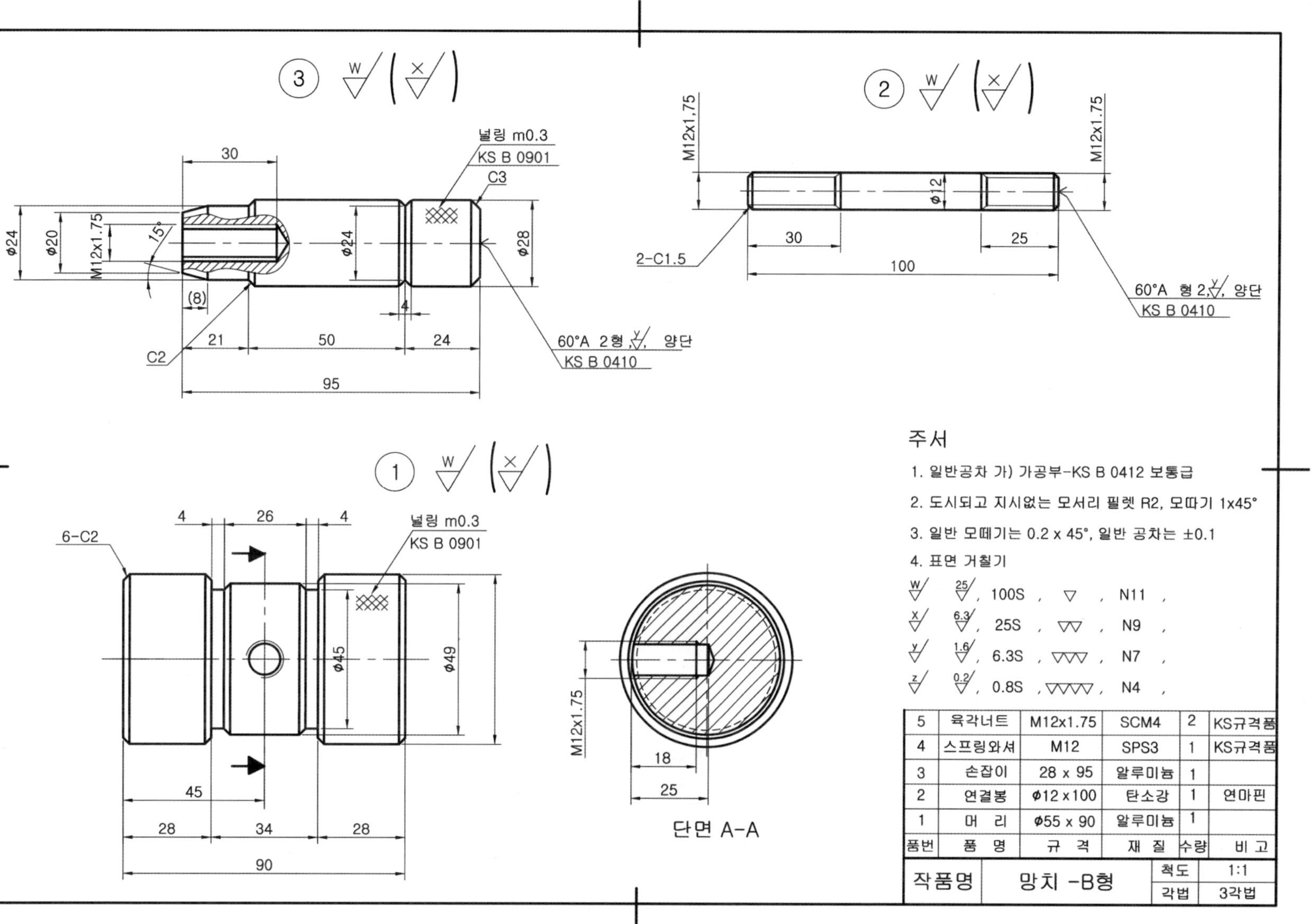

주서

1. 일반공차 가) 가공부-KS B 0412 보통급
2. 도시되고 지시없는 모서리 필렛 R2, 모따기 1x45°
3. 일반 모떼기는 0.2 x 45°, 일반 공차는 ±0.1
4. 표면 거칠기

w = 25, 100S , ▽ , N11 ,
x = 6.3, 25S , ▽▽ , N9 ,
y = 1.6, 6.3S , ▽▽▽ , N7 ,
z = 0.2, 0.8S , ▽▽▽▽ , N4 ,

품번	품 명	규 격	재 질	수량	비 고
5	육각너트	M12x1.75	SCM4	2	KS규격품
4	스프링와셔	M12	SPS3	1	KS규격품
3	손잡이	28 x 95	알루미늄	1	
2	연결봉	φ12 x 100	탄소강	1	연마핀
1	머 리	φ55 x 90	알루미늄	1	

작품명	망치 -B형	척도	1:1
		각법	3각법

C ⁝⁝⁝ 프로젝트 수행계획서 작성

학습 목표	1. 작업 단계별 계획서를 작성할 수 있다. 2. 계획서 작성 방법 및 내용을 설명할 수 있다.

수행계획서는 작품 제작 과정에 필요한 것들을 단계별로 작성한다. 조립도 및 부품도면 작성, 소요재료 목록 작성, 사용기계 및 공구 목록 작성, 측정기, 부품 가공 공정 작성, 가공부품 채점, 완성품 품질분석 등을 작성한다.

〈표-9〉 프로젝트 수행계획서 작성(예시 참조)

본 프로젝트는 기능습득 목적의 과제 제시형 프로젝트로 「수행계획서」는 작품 제작완료 후 정리하여 작성한다. 연구 및 발명 프로젝트는 반드시 작품 제작 전에 계획서를 작성한다.

표 ➤ 수행계획서 작성

프로젝트 수행계획서				
프로젝트 명				
작 성 자	소속		성명	
일정	계획	내 용	업무분담	준비물

D ::: 도면 작성 및 도면 분석

학습 목표	1. 각 부품을 스케치할 수 있다. 2. 각 부품을 설계(CAD)할 수 있다.

제시한 과제 분해도와 조립도, 부품도를 참고로 스케치하면서 과제의 특징을 파악하여 제작과 정상 주의할 점을 조사한다.

1. 부품 스케치하기

제시된 도면의 각 부품을 프리 핸드로 등각투상하면서 제품의 형상을 이해한다. 도면의 부품 등각투상도는 아래 그림과 같이 치수에 맞게 그린다.

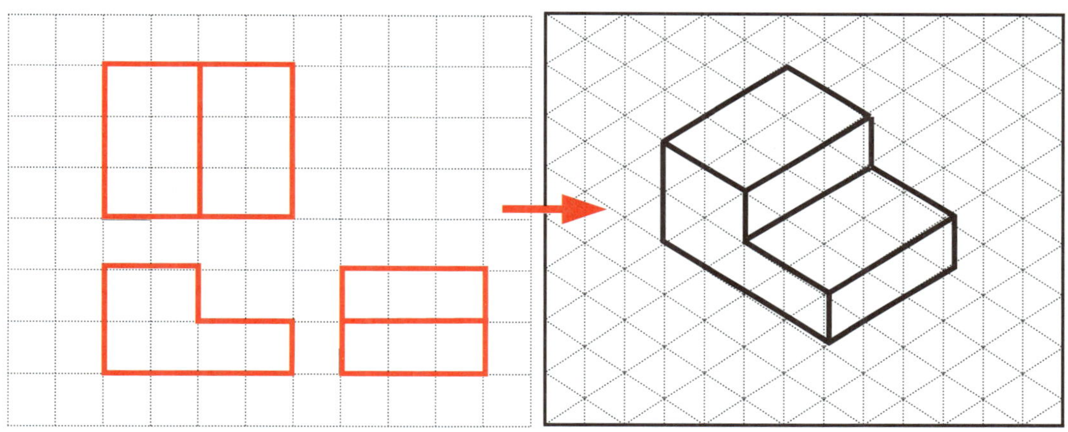

부품 및 등각투상도 예

※ 부록 2 : 스케치도 그리기(모눈종이)

스케치는 산업현장에서 기계부품 등의 현물을 측정하여 제도기 없이 프리 핸드(free hand)로 연필로 그리며 설계 또는 제작도를 작성하기 위해서 행해진다.

2. 도면(조립도) 검토 및 분석하기

도면을 분석하여 설계자의 요구사항은 무엇인지를 확인한 후 설계목적, 운동, 마모, 부품연결, 부품역할, 주유, 끼워 맞춤, 열처리, 도장, 가공, 고정, 조립, 사용한 재질의 절삭성 및 절삭유제의 사용여부 등을 분석한다.

〈표-2/1〉 도면(조립도) 검토 및 분석표 작성(예시 참조)

표 ➤ 도면(조립도) 검토 및 분석표

도면(조립도) 검토 및 분석표					
프로젝트 명					
작 성 자		소속		성명	
구분	검토 사항				검토 결과
1	도면을 검토 및 분석결과 조립가능 여부와 제품의 기능(운동)은? ⇨				
2	제품의 정밀치수(일반치수 제외)는 몇 개소 있으며, 보유한 공작기계 및 공구로 가공이 가능한가? ⇨				

E ::: 부품 가공 준비

학습 목표
1. 가공에 필요한 공구와 기계, 측정기를 선정할 수 있다.
2. 가공한 부품과 규격품을 이용하여 정밀하게 조립할 수 있다.

도면 내용을 분석한 다음 보유하고 있는 시설 현황을 조사하여 부품 가공에 필요한 공작 기계, 절삭공구, 측정기, 소요재료 등을 선정한다.

1. 부품 가공에 필요한 공작 기계 선정하기

KS규격과 명칭에 따라 품명에는 사용해야 할 공작기계를 적으며, 규격(사양)과 수량을 적는다. 활용 내역에는 기계 기구를 사용할 부품번호와 작업내용을 적는다.

〈표-4〉 기계 및 공구, 측정기 작성[15] (예시 참조)

표 ➤ 가공에 필요한 기계 및 공구

가공 기계 및 공구				
프로젝트 명				
작 성 자	소속		성명	
연번	품명	규격	수량	활용 내역

15) 사용해야 할 공작기계와 공구 및 측정기를 적으며, 규격(사양)과 수량을 적는다. 비고란에는 용도를 적는다.

2. 부품 가공에 필요한 측정기구 선정하기

도면 내용을 분석한 다음 보유한 측정 기구를 조사하고 부품 가공에 필요한 측정 기구를 선정하여 준비한다.

〈표-4〉 기계 및 공구, 측정기 작성[16] (예시 참조)

표 ➤ 가공에 필요한 측정기 선정

가공에 필요한 측정기					
프로젝트 명					
작 성 자	소속		성명		
연번	품명	규격	수량	활용 내역	

3. 제작에 필요한 재료 선정하기

부품 가공에 필요한 재료 치수를 뽑고 다음 표를 작성하여 재고상태를 파악하고 구입여부를 판단한다. 규격품은 KS규격에 따라 품명과 재질, 규격, 수량을 적고, 비고란에는 KS규격분류기호와 번호, 열처리 여부를 기록한다. 단, 재료는 가공이 수월한 연강(SM20C), 황동, 알루미늄 등을 사용해도 되며 규격은 가공여유(+3~5)를 포함한 치수를 적는다.

〈표-3〉 소요 가공재료 및 KS규격품 작성(예시 참조)

표 ➤ 소요 가공재료 및 KS규격품

소요 가공재료 및 KS규격품					
프로젝트 명					
작 성 자	소속		성명		
부품번호	품명	규격	수량	재질	비고

16) 사용해야 할 공작기계와 공구 및 측정기를 적으며, 규격(사양)과 수량을 적는다. 비고란에는 용도를 적는다.

4. 부품 가공 시 안전 및 유의 사항 조사하기

부품 가공 시에 필요한 안전사고 유의 사항을 조사하고 이를 근거로 실제 가공에 있어 안전사고가 발생하지 않도록 철저히 준비한다.

〈표-5〉 부품 가공 시 안전 및 유의 사항 작성(예시 참조)

표 ➤ 제품 가공 시 안전 및 유의 사항

제품 가공 시 안전 및 유의 사항[17]				
프로젝트 명				
작 성 자	소속		성명	
연번	안전 및 유의 사항			“불안전한 행동” 또는 “불안전한 상태” 구분

17) “불안전한 행동”과 “불안전한 상태” 구분
1. 불안전한 행동 : 실습에 임하는 자세로 안전수칙 준수, 기계 및 공구의 사용, 안전한 작업 등
2. 불안전한 상태 : 작업환경으로 정리, 정돈, 청결 등

F ⠿ 부품 가공

학습 목표	1. 봉재의 가공공정에 대해 설명할 수 있다. 2. 원활한 기계조작으로 공차대로 정확하게 가공할 수 있다.

공구 및 기구, 기계는 여러 개의 부품으로 조합되어 있으며 각 부품들은 상대적인 상관관계를 가지고 있다. 따라서 조립부의 치수는 정밀도가 요구되므로 1차 가공한 후 다듬질로 마무리한다.

1. ②번 부품 가공

- 지급재료 : ∅12 × 100

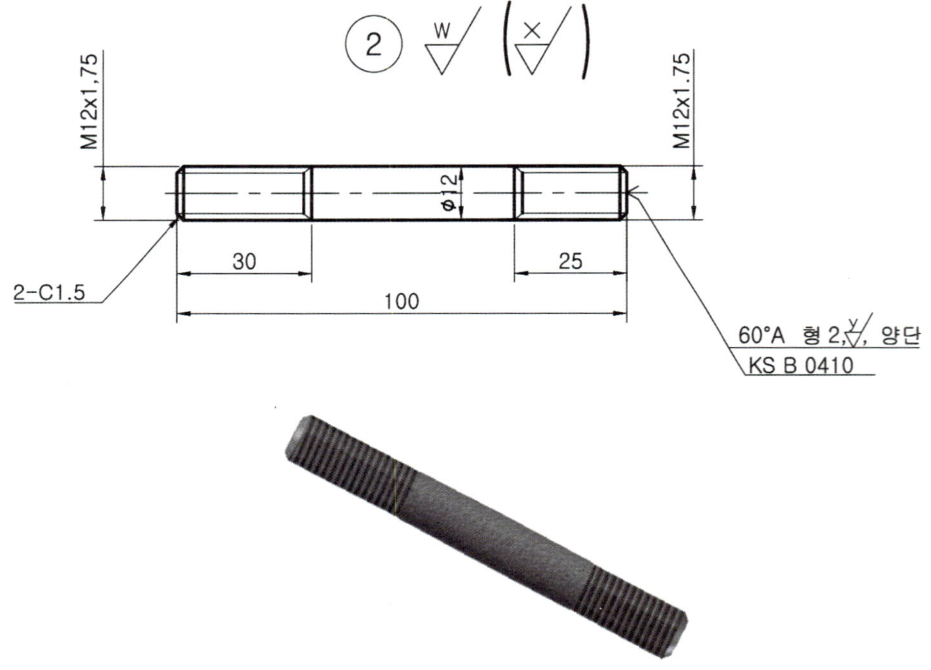

1) 도면 검토 및 수정하기

치수, 끼워 맞춤, 기하공차[18], 표면 거칠기, 제품의 기능, 요구사항 등을 확인한다. 제작상의 문제점이 있으면 수정하고 수정된 도면을 제작도면으로 사용한다.

〈표-2/2〉 도면(부품도) 검토 및 분석표 작성(예시 참조)

18) 치수공차로 규제된 제품은 치수가 맞아도 형상에 따라 결합이 안 되는 경우가 있으나, 기하공차로 규제된 제품은 치수가 조금 틀리는 최악의 경우에도 결합이 가능하다. 따라서 기하공차는 제품의 기능 및 결합 부품들 간의 상호 호환성을 규제하는 것으로 고 정밀한 제품에는 필히 적용되고 있다.

표 ➤ 도면(부품도) 검토 및 분석

도면(부품도) 검토 및 분석				
프로젝트 명				
작 성 자	소속		성명	
구분	검토 사항			검토 결과
1	끼워 맞춤이나 기하공차 등 중요치수는? ⇨			
2	지급 소재의 공급 상태는? ⇨			

2) 부품 가공 순서 정하기

부품 가공 공정을 결정하는 작업은 제작 시간단축 및 조립상태 확인, 가공불량 등을 줄일 수 있다. 따라서 부품도를 분석하여 각 부품을 어떤 순서로 어떻게 가공할 것인가를 가공 전에 생각하여 가공 순서를 정하고 이를 토대로 실제 가공에 이용한다.

〈표-8〉 부품 가공 순서 작성(예시 참조)

표 ➤ 부품 가공 순서

부품 가공 순서					
프로젝트 명					
작 성 자	소속		성명		
부품 번호	가공 순서 및 방법				
	공정번호	사용기계	작업내용		
	10				
	20				

3) 부품 가공 따라하기

① 규격(2m)의 연마 핀을 가공여유를 고려하여 105mm로 절단한다.

바이스에 물리고 손톱 절단할 때에는 연마핀의 표면에 흠집이 발생하지 않도록 사용한다.

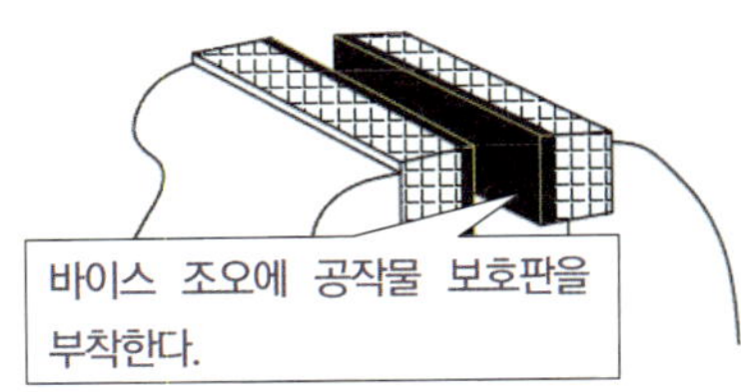

② 가공 및 측정을 위해 척에서 40~50mm 나오게 물리며 다이얼게이지로 재료의 중심을 맞춘다.

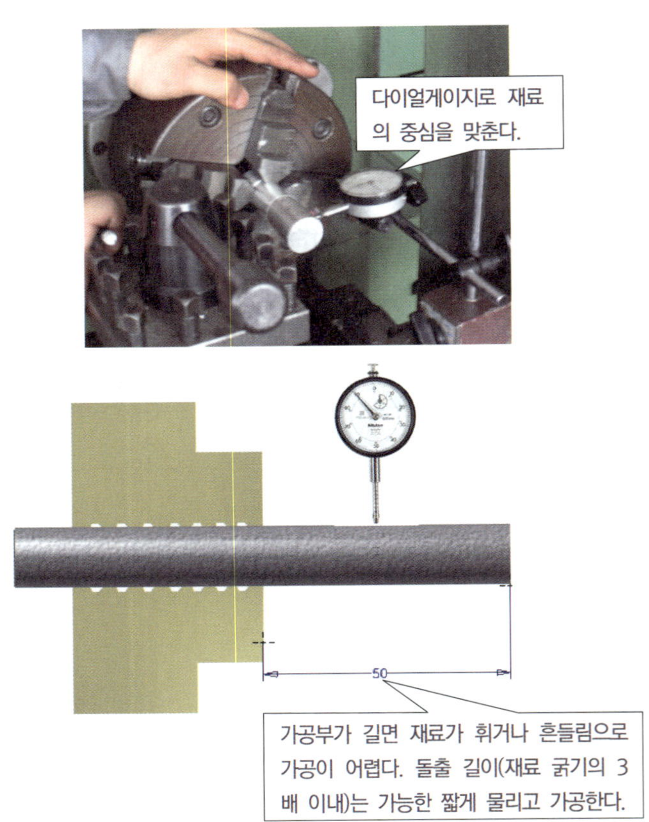

선반 척에는 조(Jaw) 이동이 개별적으로 움직이는 단동척과 조(Jaw) 이동이 일정하여 공작물의 중심을 잡아주는 연동척이 있다. 재료가 연마핀인 경우는 구심형의 연동척을 사용하는 것이 좋다.

③ 단면을 평탄하게 가공(황삭 및 정삭)한다.

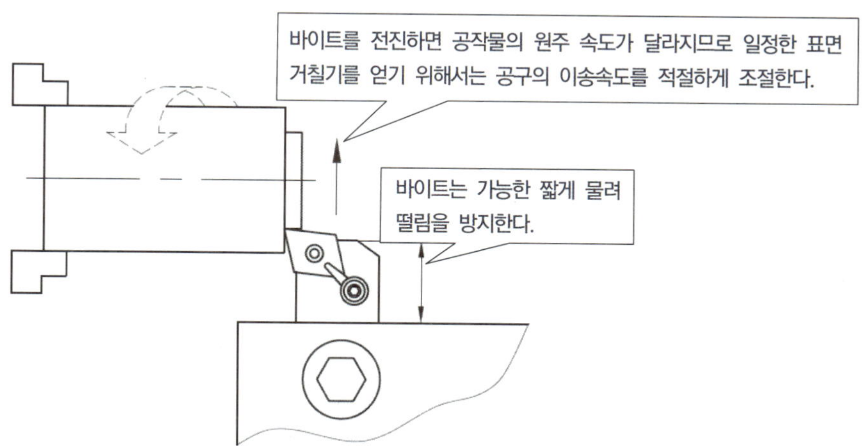

단면의 황삭가공과 정삭가공은?
- 황삭가공은 초경공구 RPM1,200~1,800, 고속도강 RPM600~800 정도로 한다.
- 정삭가공은 RPM을 50%~60% 감속하여 절삭유를 급유하고 공구이송을 느리게 하며 가공한다.

④ 센터드릴 작업을 한다.

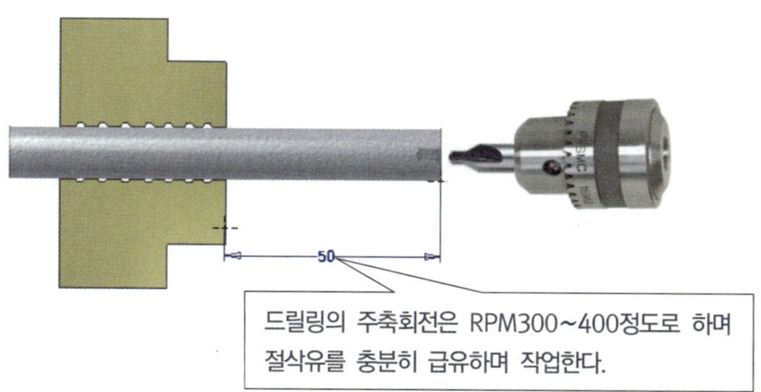

⑤ 가공 및 측정이 편하도록 척의 조 측면에서 내어서 물고 회전센터로 고정한 후 외경(∅12 → ∅11.7) → 모따기(C1.5)을 가공한다.

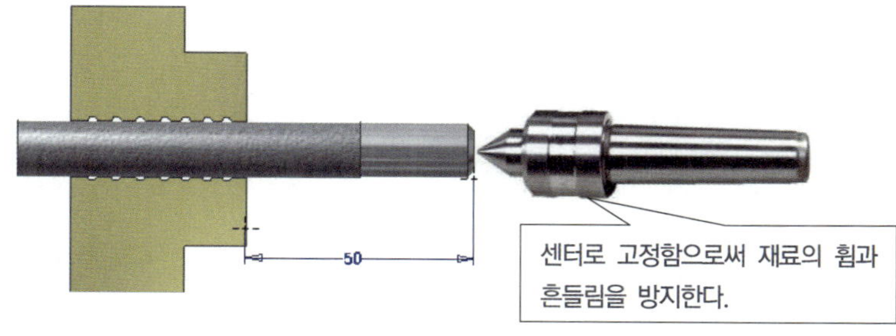

모따기(C1.5)는 나사(다이스)작업을 할 때 다이스의 정확한 안내 역할을 한다.

⑥ 돌려 물려서 동일한 작업 공정으로 가공한다.

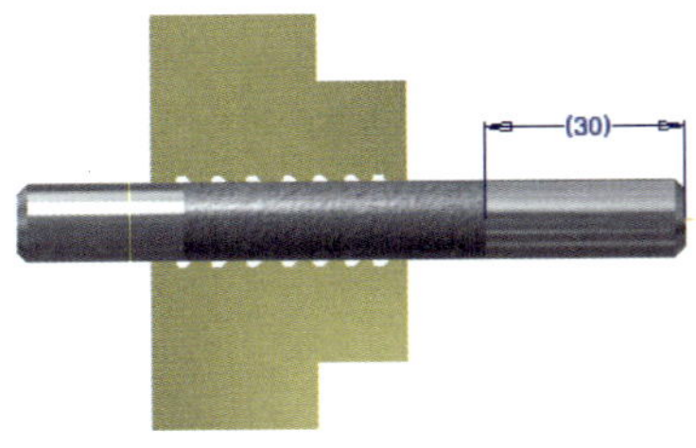

⑦ 전체 치수를 확인하고 고운 줄(유목)이나 기름숫돌로 거스러미를 제거하여 마무리한다.

QUESTION

가공한 공작물을 측정한 결과 오차가 발생하였다. 그렇다면 원인은 무엇일까? 아래에서 원인을 찾아 표시(O X)하여 보세요.

작업을 수행하는 공작기계의 부정확도? (　　　)
아니면 사용하는 절삭공구의 마모? (　　　)
아니면 사용되는 재료의 상태불량? (　　　)
아니면 작업자의 불완전한 세팅? (　　　)
아니면 작업자의 불완전한 작업공정? (　　　)
아니면 사용하는 측정기의 오차? (　　　)
아니면 작업자 개인의 측정 오차? (　　　)

2. ①번 부품 가공

- 지급재료 : ∅60 × 100

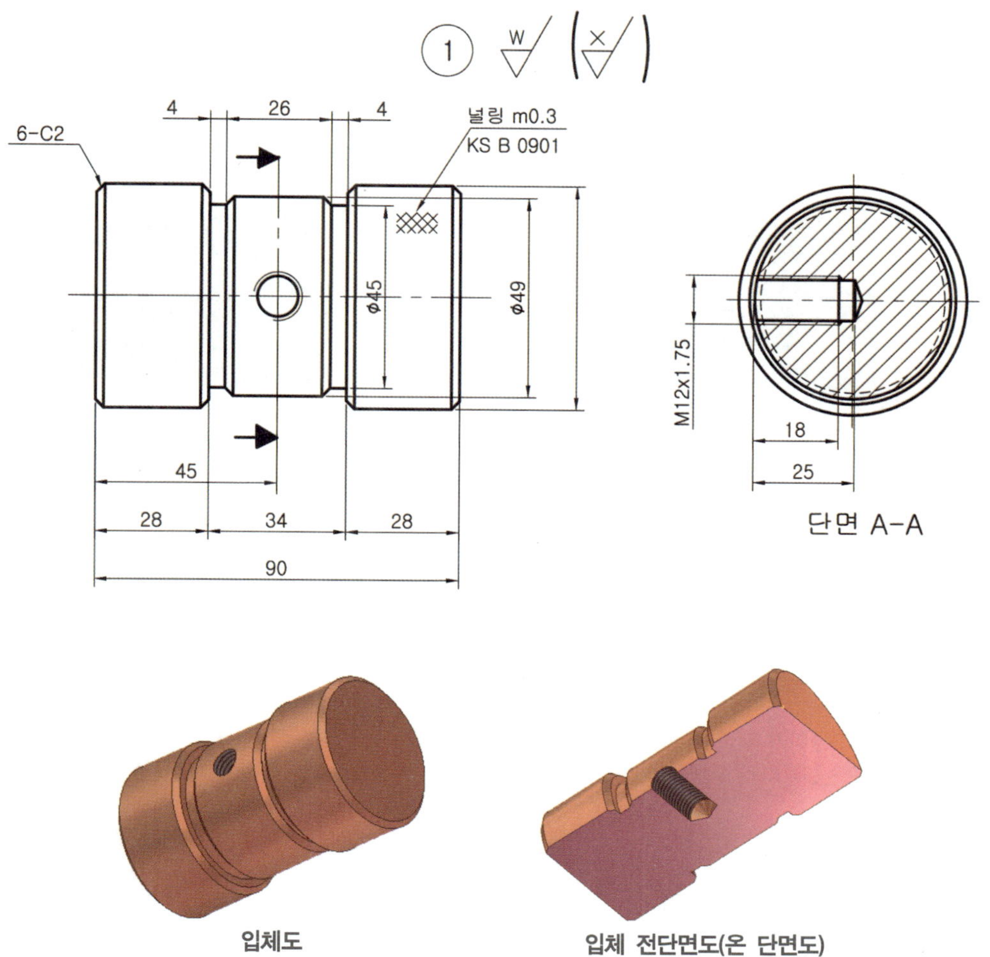

입체도

입체 전단면도(온 단면도)

1) 도면 검토 및 수정하기

치수, 끼워 맞춤, 기하공차, 표면 거칠기, 제품의 기능, 요구사항 등을 확인한다. 제작상의 문제점이 있으면 수정하고 수정된 도면을 제작도면으로 사용한다.

〈표-2/2〉 도면(부품도) 검토 및 분석표 작성(예시 참조)

2) 부품 가공 순서 정하기

부품 가공 공정을 결정하는 작업은 제작 시간단축 및 조립상태 확인, 가공불량 등을 줄일 수 있다. 따라서 부품도를 분석하여 각 부품을 어떤 순서로 어떻게 가공할 것인가를 가공 전에 생각하여 가공 순서를 정하고 이를 토대로 실제 가공에 이용한다.

〈표-8〉 부품 가공 순서 작성(예시 참조)

3) 부품 가공 따라하기

① 길이 약 50mm까지 가공할 수 있도록 물린다.

② 널링19)부를 먼저 가공한다. 단면가공 → 외경가공(∅55를 ∅54.7로) → 널링한다. 널링은 가공저항이 크므로 공작물 및 널링 툴은 단단히 고정한다.

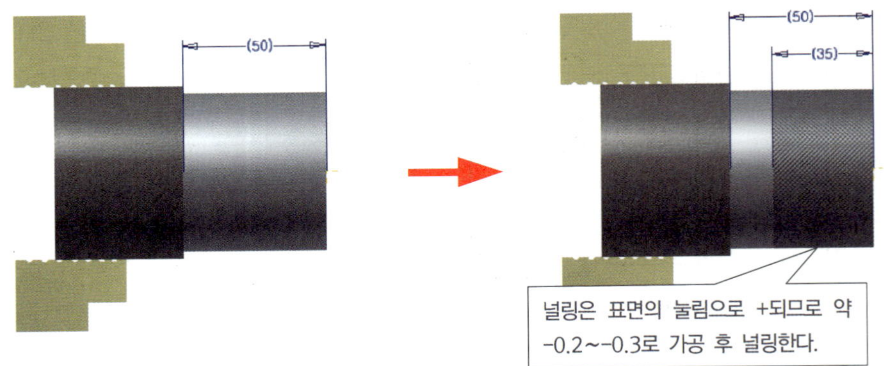

널링작업은 공작물의 표면에 널을 압입(소성가공)하여 요철 형태로 가공하는 방법이다. 널링은 높은 가압력으로 공작물의 중심이 흔들리게 되므로 공정을 처음에 하는 것이 바람직하며 공작물은 반드시 센터로지지 및 널을 공구대에 단단히 고정한 후 절삭유를 충분히 공급하면서 가공한다.
소성가공이기 때문에 공작물의 외경이 커진다. 따라서 커지는 만큼 널의 규격(거친 눈, 중간 눈, 고운 눈)에 따라 외경을 약 -0.1~-0.3으로 가공한 후 널링가공을 하여 요구하는 치수가 되도록 한다.

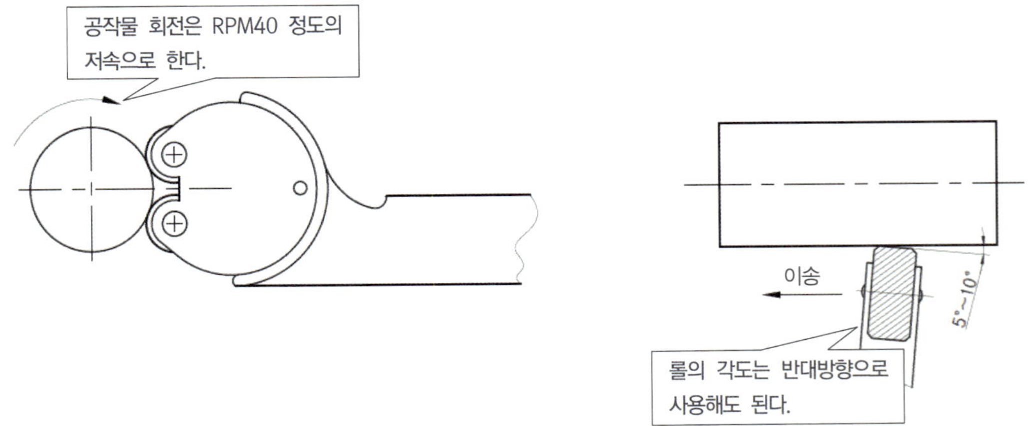

③ 널링한 모서리 면취 후 홈(4mm/28mm)→ 모따기(C2) 가공한다.

19) 주로 원통 형상의 공작물의 외면에 미끄럼을 방지하기 위한 목적으로 만들어지는 깔쭉깔쭉한 모양을 가리킨다.

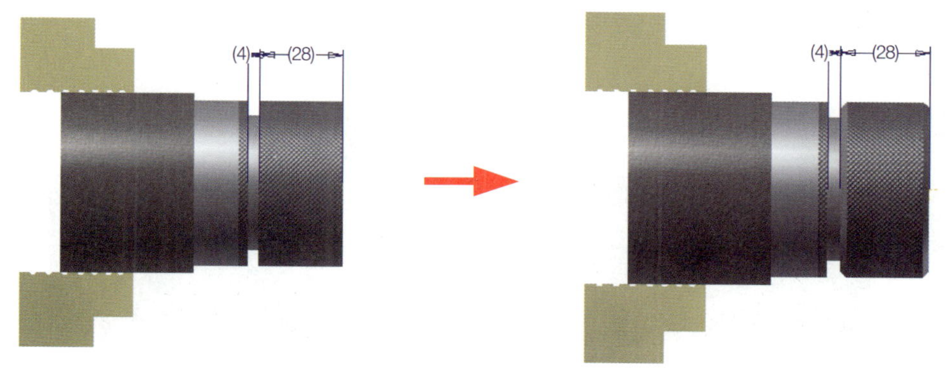

홈 바이트는 절삭 면 접촉이 커서 많은 절삭하중과 열이 발생한다. 따라서 주축회전(RPM300 정도)과 이송을 줄이고 절삭유를 충분히 급유하면서 가공한다.

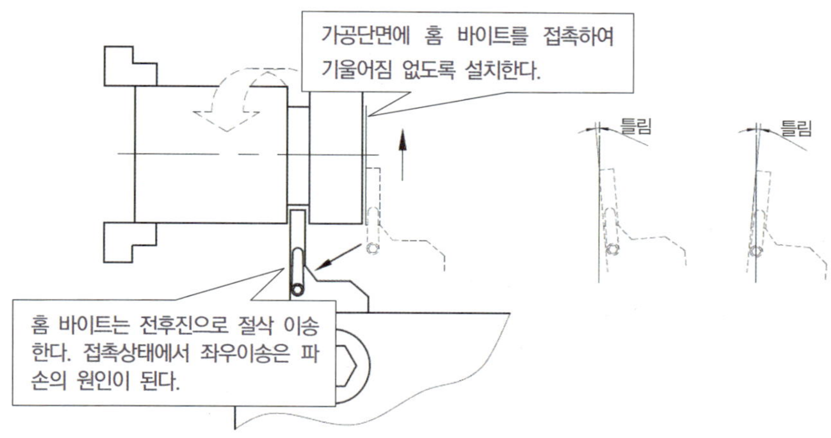

④ 돌려 물린다(가공부 보호판 사용). 길이(90mm 또는 58mm)를 맞추며 단면가공 → 외경 가공 → 홈 가공한다.

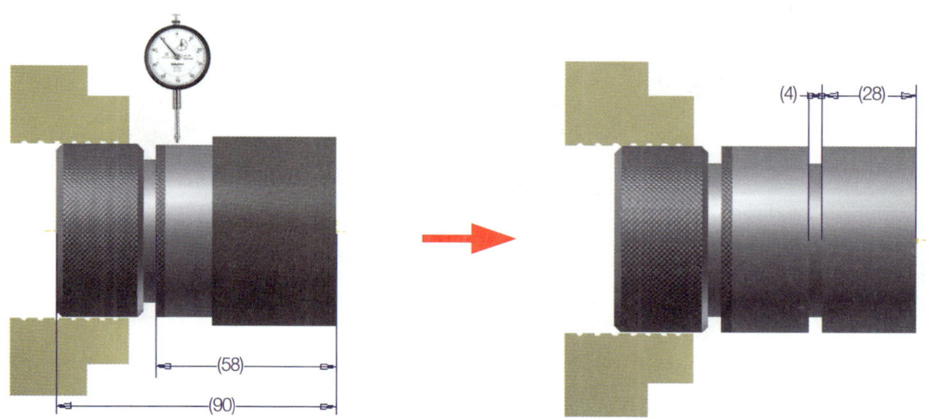

⑤ 모따기(C2)가공 → ∅45/길이 34mm 가공 → 모따기(C2)한다.

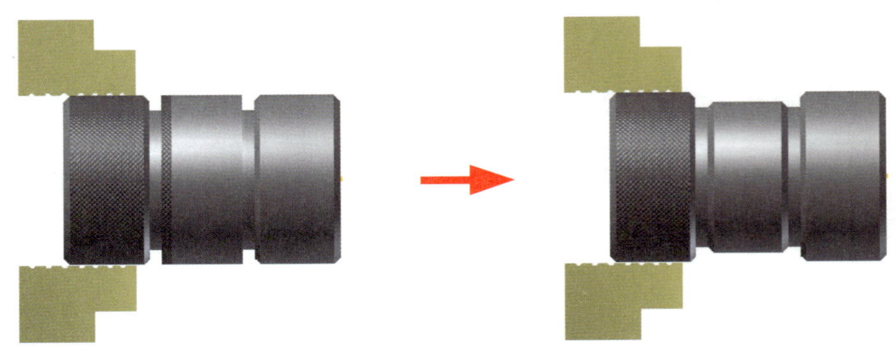

3. ③번 부품 가공

- 지급재료 : ∅30 × 100

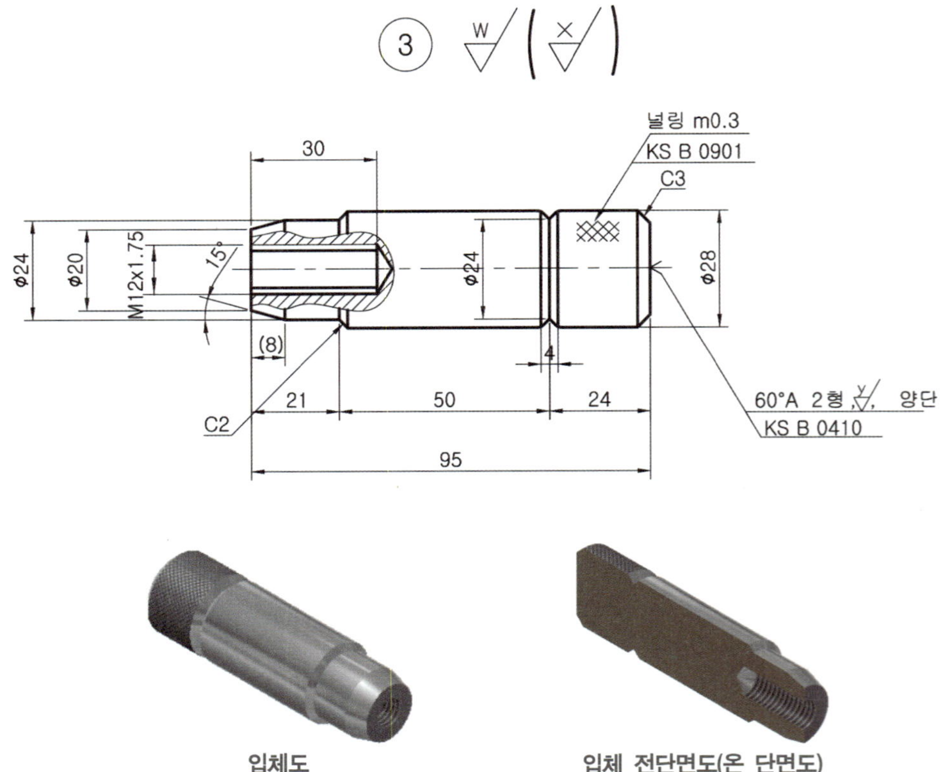

입체도

입체 전단면도(온 단면도)

1) 도면 검토 및 수정하기

치수, 끼워 맞춤, 기하공차, 표면 거칠기, 제품의 기능, 요구사항 등을 확인한다. 제작상의 문제점이 있으면 수정하고 수정된 도면을 제작도면으로 사용한다.

〈표-2/2〉 도면(부품도) 검토 및 분석표 작성(예시 참조)

2) 부품 가공 순서 정하기

부품 가공 공정을 결정하는 작업은 제작 시간단축 및 조립상태 확인, 가공불량 등을 줄일 수 있다. 따라서 부품도를 분석하여 각 부품을 어떤 순서로 어떻게 가공할 것인가를 가공 전에 생각하여 가공 순서를 정하고 이를 토대로 실제 가공에 이용한다.

〈표-8〉 부품 가공 순서 작성(예시 참조)

3) 부품 가공 따라하기

① 가공여유를 고려하여 소재를 길이 100mm으로 절단한다.

② 좌우 구분하여 1차 널링부, 2차 끼워맞춤부로 돌려물림 가공(황삭 → 정삭)한다.

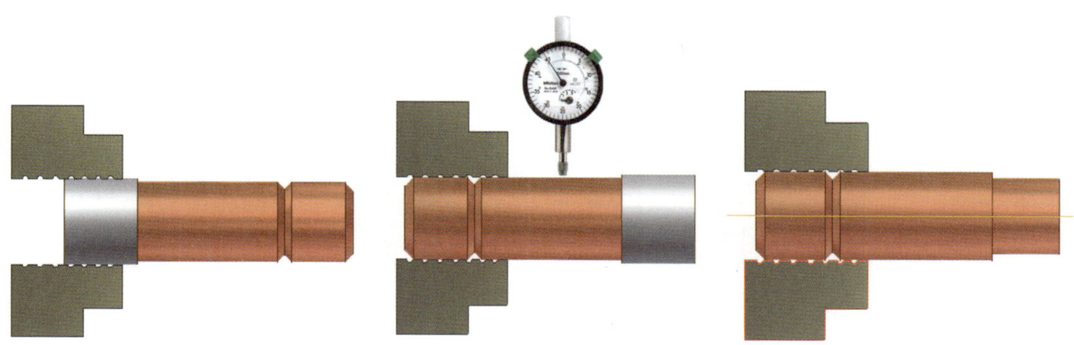

③ 모따기 C2가공과 15° 테이퍼를 가공한다.

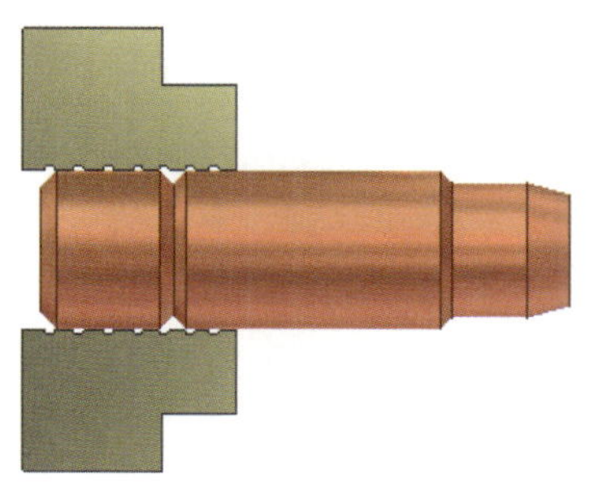

복식공구대 돌리기(15°)

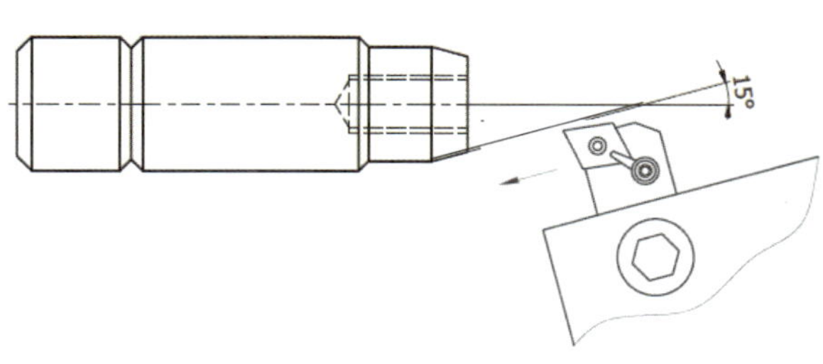

복식공구대로 테이퍼가공하기

④ 센터드릴 및 드릴링(∅10.4/30mm) 한다.

G ⁝⁝⁝ 조립가공 및 부품조립

학습 목표	1. 조립 작업의 중요성에 대해 설명할 수 있다. 2. 정확한 금긋기와 드릴링을 할 수 있다.

제작 과정에서 가장 중요한 것은 마무리 및 조립이다. 그것은 제품의 기능 요구 조건에 맞게 만들어가는 과정이 마무리 및 조립과정이기 때문이다. 각 부품을 고 정밀도로 기계가공을 할 수는 있지만 요구하는 조립 정밀도로 맞추기는 어렵다. 왜냐하면 기계 및 절석공구의 정밀도 외에 가공중의 진동, 먼지, 온도 등에 의해 치수가 커지거나 작아지는 변화가 있기 때문이다.

1. 부품 금긋기

부품의 기준면 및 치수를 확인하여 구멍위치에 하이트게이지로 금긋기 한다. 조립하기 위한 구멍 위치의 금긋기는 조립되었을 때의 상태, 즉 가공할 때의 기준면을 정반에 밀착시킨 상태로 금긋기 한다.

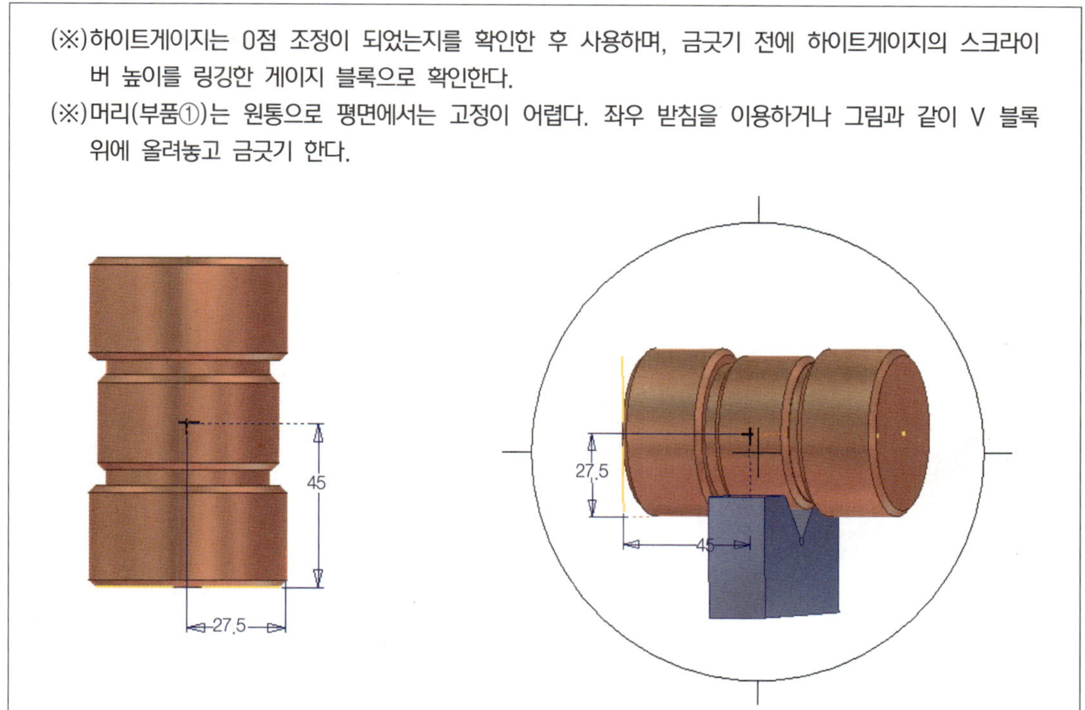

(※)하이트게이지는 0점 조정이 되었는지를 확인한 후 사용하며, 금긋기 전에 하이트게이지의 스크라이버 높이를 링깅한 게이지 블록으로 확인한다.

(※)머리(부품①)는 원통으로 평면에서는 고정이 어렵다. 좌우 받침을 이용하거나 그림과 같이 V 블록 위에 올려놓고 금긋기 한다.

2. 부품 조립 가공

하이트게이지로 금긋기 선의 치수를 도면치수와 비교하며 버니어캘리퍼스로 다시 확인한다. 가공순서는 센터펀치 → 기초 드릴 → 최종 드릴 → 카운터 싱크(디버링) → 핸드 탭 순서로 작업한다.

① 금긋기 위치에 선터펀치 및 드릴링 작업을 한다.

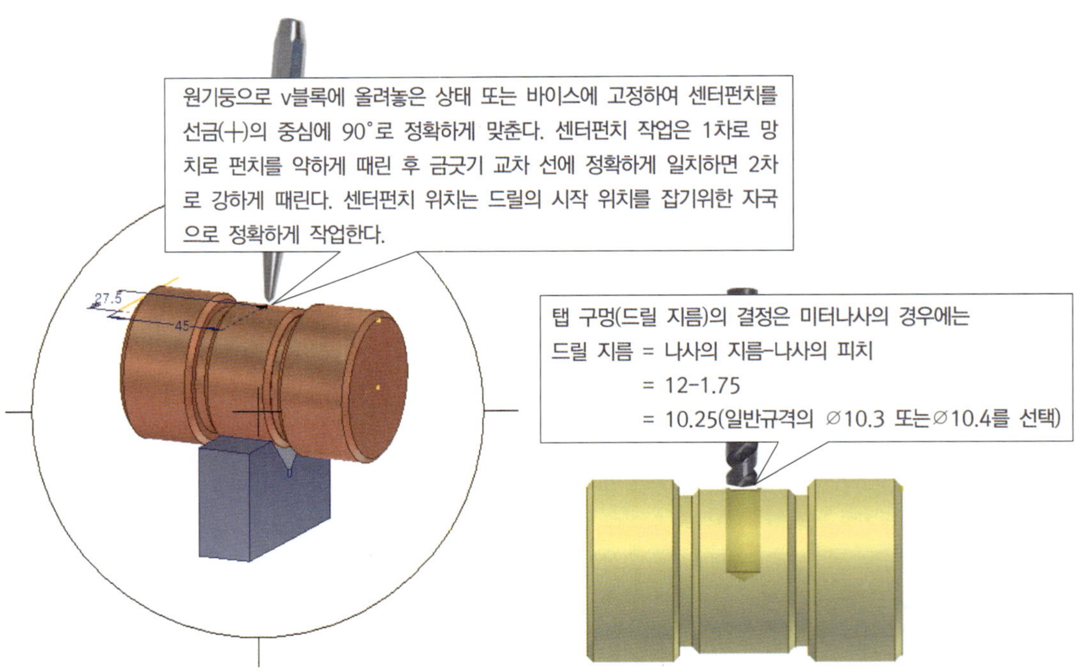

② 탭(M12 × 1.75) 및 다이스(M12 × 1.75) 작업을 한다.

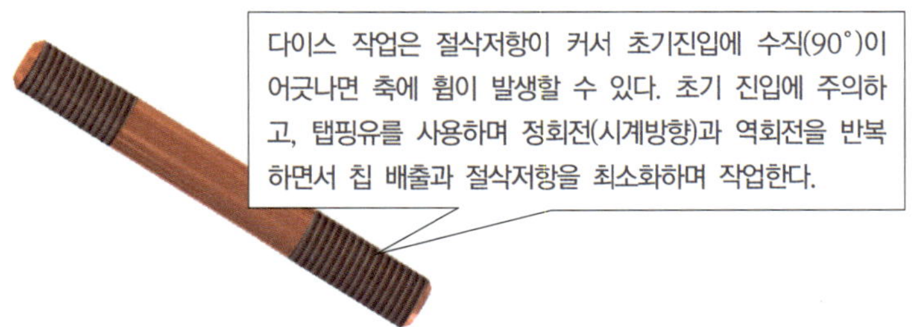

다이스

핸드탭 작업은 절삭저항이 커서 무리한 힘은 탭이 부러질 수 있다. 공작물과 수직(90°)한 상태에서 적당한 힘으로 탭핑유를 사용하며 정회전(시계방향)과 역회전을 반복하면서 칩 배출과 절삭저항을 최소화하며 작업한다.

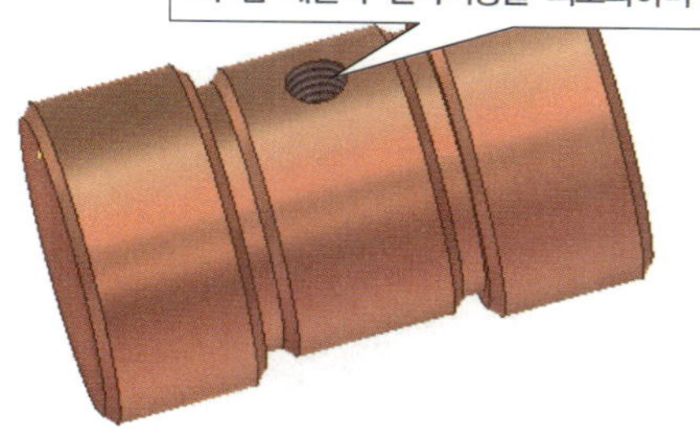

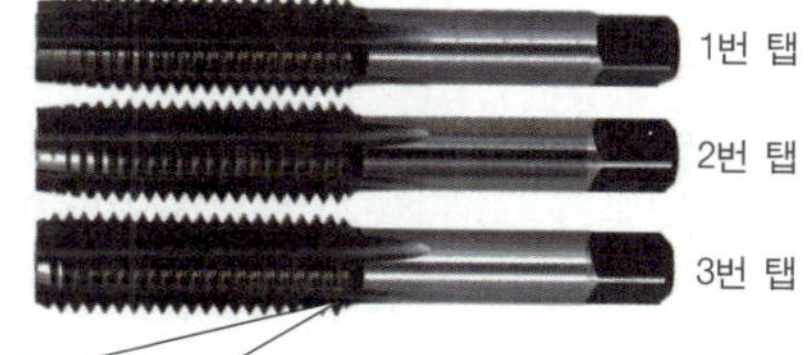

핸드탭은 나사의 바깥지름, 유효 지름, 골 지름의 치수가 1, 2, 3번 탭의 순으로 증가한다. 절삭률에 따라 초기 자리 잡기는 1번 탭(55%), 이어서 2번 탭(25%), 마무리는 3번 탭(20%)으로 완성한다.

3. 부품 조립하기

제작물의 전체적인 구조를 이해하고 조립되는 순서와 방법을 결정한다. 부품조립은 좌우방향과 상하방향이 바뀌지 않도록 주의하며 부품의 위치정도를 확인하여 가공 상태 그대로 조립되도록 한다. 볼트 체결은 하나씩 대각선으로 느슨하게 조인 후 위치가 맞으면 강하게 조인다.

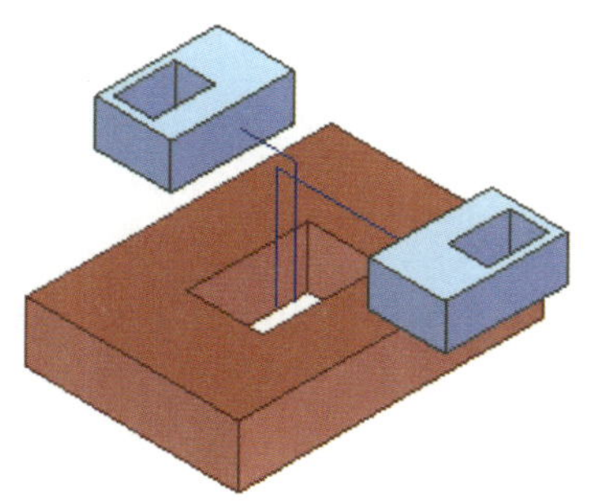

[조립 좌우·상하 방향 확인]

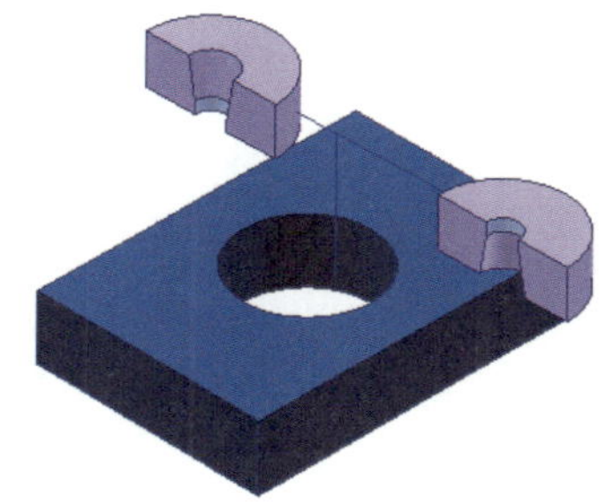

[조립 상하방향 확인]

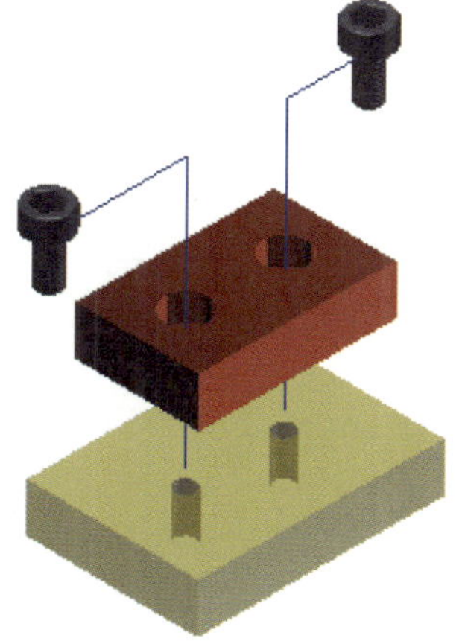

[조립 위치정도 확인]

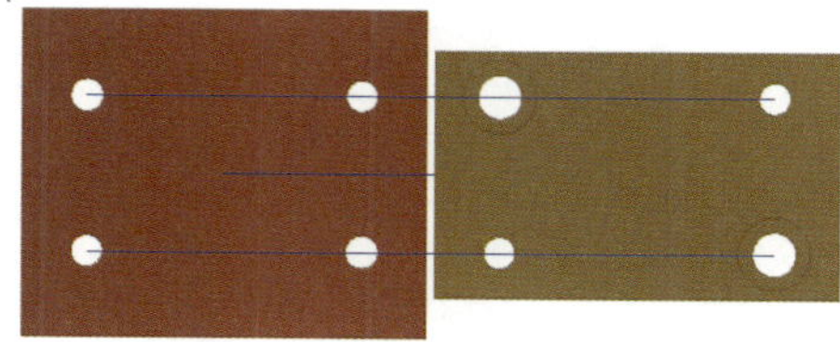

[조립 평행도 확인]

조립 시 확인 사항

■ 조립되는 순서와 따라하기

연결봉(부품②)에 너트와 스프링 와셔를 체결하고 손잡이(부품③)와 머리(부품①)을 체결한다. 연결봉을 끝까지 돌려 고정한 후 너트(로크너트[20] 역할)를 돌려 완전 체결한다.

20) 나사가 풀리는 것을 방지하기 위하여 2개의 너트로 죄는 경우 아래쪽에 끼우는 높이가 다소 낮은 너트를 로크너트라고 말한다. 너트 2개를 사용하면 서로 밀어 주면서 볼트의 나사면이 진동에도 쉽게 풀리지 않는다.

H ⁝⁝⁝ 측정 및 품질 분석

학습 목표	1. 품질관리의 중요성에 대해 설명할 수 있다. 2. 품질 분석표를 작성할 수 있다.

원하는 품질의 제품을 얻기 위해서는 품질관리는 매우 중요하다. 품질관리의 과정에는 기술 부문의 필수적인 성능과 기능을 분명하게 결정하는 기획설계 과정의 품질과 제작 과정에서 현장의 기술 수준에 따라 달라질 수 있으므로 제작과정의 품질이 중요하다.

1. 가공 부품 측정

〈표-6〉 조립품 및 부품 측정표 작성(예시 참조)

표 ➤ 조립품 및 부품 측정

<table>
<tr><th colspan="9">조립품 및 부품 측정</th></tr>
<tr><td colspan="2">프로젝트 명</td><td colspan="7"></td></tr>
<tr><td colspan="2">작 성 자</td><td colspan="2">소속</td><td colspan="2"></td><td>성명</td><td colspan="2"></td></tr>
<tr><td>평가 구분</td><td colspan="5">평가 사항</td><td>배점</td><td>득점</td><td>환산 점수</td></tr>
<tr><td rowspan="8">가공 상태 (80%)</td><td rowspan="2">항목</td><td rowspan="2">도면 치수</td><td colspan="3">측정값</td><td rowspan="2"></td><td rowspan="2"></td><td rowspan="7"></td></tr>
<tr><td>1차 측정</td><td>2차 측정</td><td>최종값</td></tr>
<tr><td rowspan="4">정밀 치수 (50%)</td><td></td><td></td><td></td><td></td><td></td><td></td></tr>
<tr><td></td><td></td><td></td><td></td><td></td><td></td></tr>
<tr><td></td><td></td><td></td><td></td><td></td><td></td></tr>
<tr><td></td><td></td><td></td><td></td><td></td><td></td></tr>
<tr><td>소계</td><td></td><td></td><td></td><td></td><td></td><td></td></tr>
</table>

QUESTION

그림은 외측 마이크로미터의 눈금으로 스핀들 1회전할 때마다 0.5mm 이동하며 이 0.5 mm를 심블에 50등분한 것이다. 측정값은?

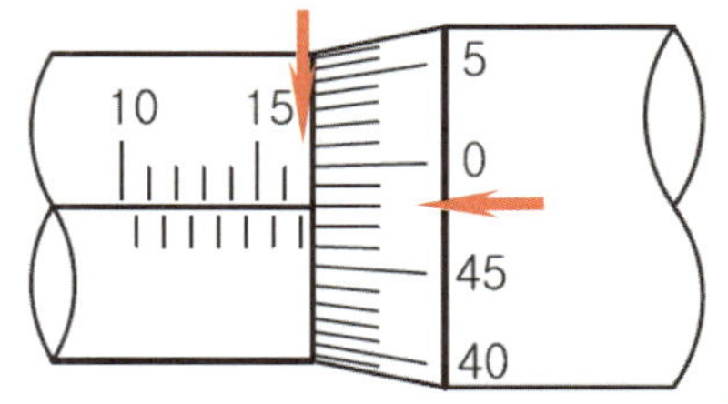

2. 완성품 품질 분석

부품 측정표와 전체적인 기능을 분석하여 불량 원인을 해결할 수 있는 방안을 조사한다.

〈표-7〉 4way 품질 분석표 작성(예시 참조)

표 ➤ 4way 품질 분석표

4way 품질 분석표				
프로젝트 명				
작 성 자	소속		성명	
A. 왜 불량이 발생하였는가?				
1 단계 Why?	(예) 왜 아침 등교시간이 늦었는가? → 아침에 늦게 일어나서 집에서 나왔다.			
2 단계 Why?	(예) 왜 늦게 일어났는가? → 어젯밤에 늦게 잠자리에 들었다.			
3 단계 Why?	(예) 왜 늦게 잠자리에 들었는가? → 인터넷 게임을 늦게까지 하였다.			
4 단계 Why?	(예) 왜 인터넷 게임을 늦게까지 하였는가? → 재미가 있어서 시간 가는 줄 몰랐다.			
B. 근본 요인은?				
(예) 계획성이 없는 생활을 하였다.				

품질관리 용어

- ERP(Enterprise Resource Planning) : 전사 자원관리 통합 시스템
- FMS(Flexible Manufacturing System) : 유연 생산 시스템
- HACCP(Hazard Analysis Critical Control Point) : 위해요소 관리기준
- IQS(Initial Quality Survey(or Study) : 선행품질조사
- NOK(Not OK) : 불합격

프로젝트 수행과정 발표

학습 목표	1. 프로젝트 수행과정의 요점을 정리하여 전시회 자료를 만들 수 있다. 2. 프로젝트 수행과정을 프레젠테이션 자료로 만들어 발표할 수 있다.

1. 전시회 자료 제작

프로젝트 과제 수행 과정을 사진으로 촬영하여 프레젠테이션 및 전시회 자료 제작을 위한 자료로 활용하고 제작 관련 자료를 모아 보관하며 이를 정리하여 제품을 이해할 수 있도록 전시회 자료를 만든다.

(한글 A4 용지 1쪽)
1. 주제
2. 목적
3. 제작기간
4. 팀원 및 참여단계
5. 수행과정 및 문제해결방법
6. 제작 후 느낀 점

2. 프레젠테이션 자료 제작

위 자료를 중심으로 파워포인트로 제작하고 발표는 큰 그림을 먼저 이야기 하도록 한다. 프레젠테이션 자료는 차트나 그림(사진)을 많이 활용한 내용으로 하며 가장 좋은 것을 마지막에 보여주면서 간결하면서 감동적인 마무리가 되도록 준비한다.

(파워포인트 슬라이드 5쪽 이내)
1. 무엇을 전하고 싶은가?
2. 어떻게 전하려 하는가?
3. 왜 그 방법이 필요한 것인가?
4. 어떤 성과를 얻고 싶은가?

단원 평가 문제

※ 다음 도면을 보고 물음에 답하시오.

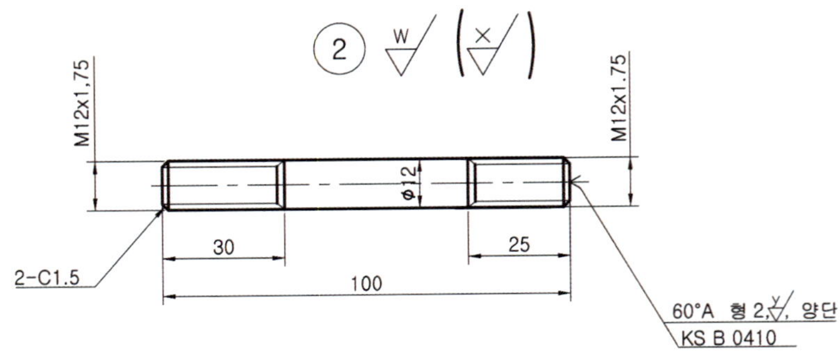

01 위 그림에서 치수기입 중 60°A 형 2, 양단 / KS B 0410 이 의미하는 것은?

① 제품의 한쪽만 널링 작업한다.
② 제품의 양쪽에 베링공차로 가공한다.
③ 제품의 양쪽에 센터드릴 작업한다.
④ 제품의 오른쪽에 60° 테이퍼로 가공한다.
⑤ 제품의 오른쪽에 KS B 0410의 규격품에 맞도록 가공한다.

02 위 그림의 60°A 형 2, 양단 / KS B 0410 가공에 대한 설명으로 <u>틀린</u> 것은?

① 선반작업에서 주축대와 심압대 사이에 공작물을 끼워 지지한다.
② 선반작업에서 긴 공작물의 흔들림을 방지한다.
③ 선반작업에서 공작물의 동심도를 유지한다.
④ 선반의 복식공구대를 이용하여 작업한다.
⑤ 선반의 심압대을 이용하여 작업한다.

03 위 그림에서 M12×1.75를 가공하기 위한 공구는?

① 탭
② 다이스
③ 리이머
④ 카운터 보어
⑤ 카운터 싱크

※ 다음 도면을 보고 물음에 답하시오.

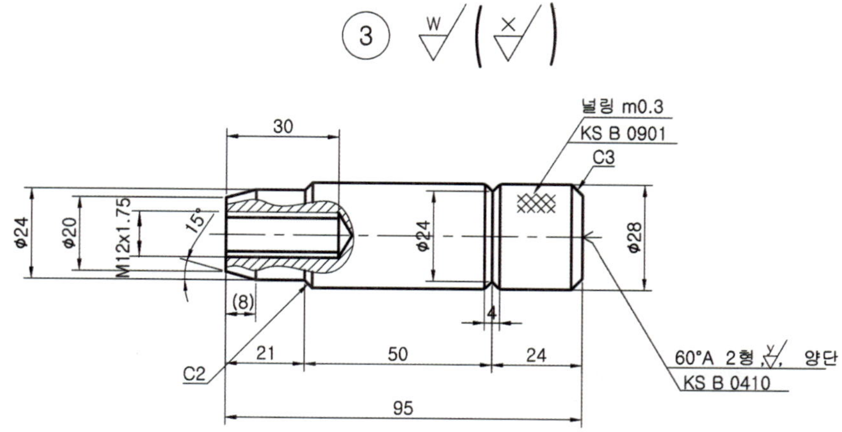

04 위 그림을 가공하기 위한 선반의 부속장치가 아닌 것은?

① 심압대
② 복식 공구대
③ 공구대
④ 주축대
⑤ 테이블

05 위 그림에서 15°를 가공하기 위한 부속장치를 모두 고르시오

① 심압대
② 복식 공구대
③ 공구대
④ 테이퍼 장치
⑤ 테이블

06 위 그림을 가공할 때의 작업 공정으로 가장 옳은 것은?

① 재료의 중간부분을 물려서 왼쪽부터 가공하고 돌려서 오른쪽을 가공한다.
② 재료의 중간부분을 물려서 오른쪽을 가공하고 돌려서 왼쪽을 가공한다.
③ 긴 재료를 짧게 물려서 왼쪽을 가공한 후 나머지 남는 길이를 잘라낸다.
④ 긴 재료를 짧게 물려서 오른쪽을 가공한 후 나머지 남는 길이를 잘라낸다.
⑤ 어느 쪽부터 가공하든 가공 공정은 중요하지 않다.

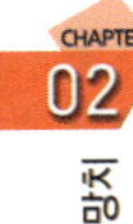

07 위 그림에서 널링 m0.3을 가공하기 위해 축의 지름 ⌀28의 가공 치수는 어느 정도로 하여야 하는가?

① ⌀28+0.01
② ⌀28−0.01
③ ⌀28±0
④ ⌀28−0.2
⑤ ⌀28+0.2

08 아래 사진과 같은 절삭공구를 고정시키기 위한 기계부품은?

① 드릴 척
② 회전센터
③ 방진구
④ 돌리개
⑤ 면판

09 아래 사진과 같은 선반 작업용 부속품의 명칭은?

① 돌리개
② 회전센터
③ 드릴척
④ 연동척
⑤ 심압대

10 그림은 핸드탭으로 사용방법에 대한 설명이 <u>틀린</u> 것은?

① 초기 자리 잡기는 1번 탭으로 한다.
② 최종 마무리는 3번 탭으로 한다.
③ 2번은 중간탭으로 정밀가공용이다.
④ 절삭율은 1번 탭(55%), 2번 탭(25%), 3번 탭(20%)이다.
⑤ 나사의 바깥지름, 유효 지름, 골 지름의 치수가 1, 2, 3번 탭의 순으로 증가한다.

보충과제도면 : 「선반」 기초과정

선반 기초과정의 선수학습내용(망치_B)과 동일한 절차로 다음의 프로젝트 과제를 수행한다.

[프로젝트 과제 : 망치_A]

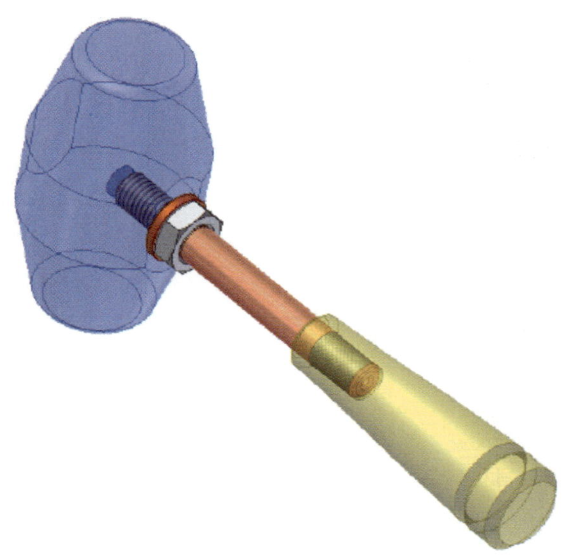

3D 조립도

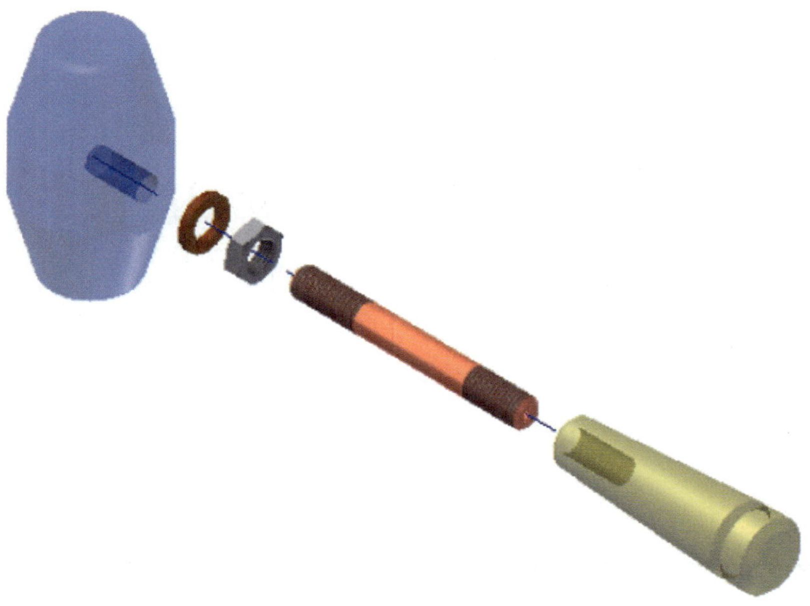

3D 분해도

[프로젝트 과제 : 망치_A]

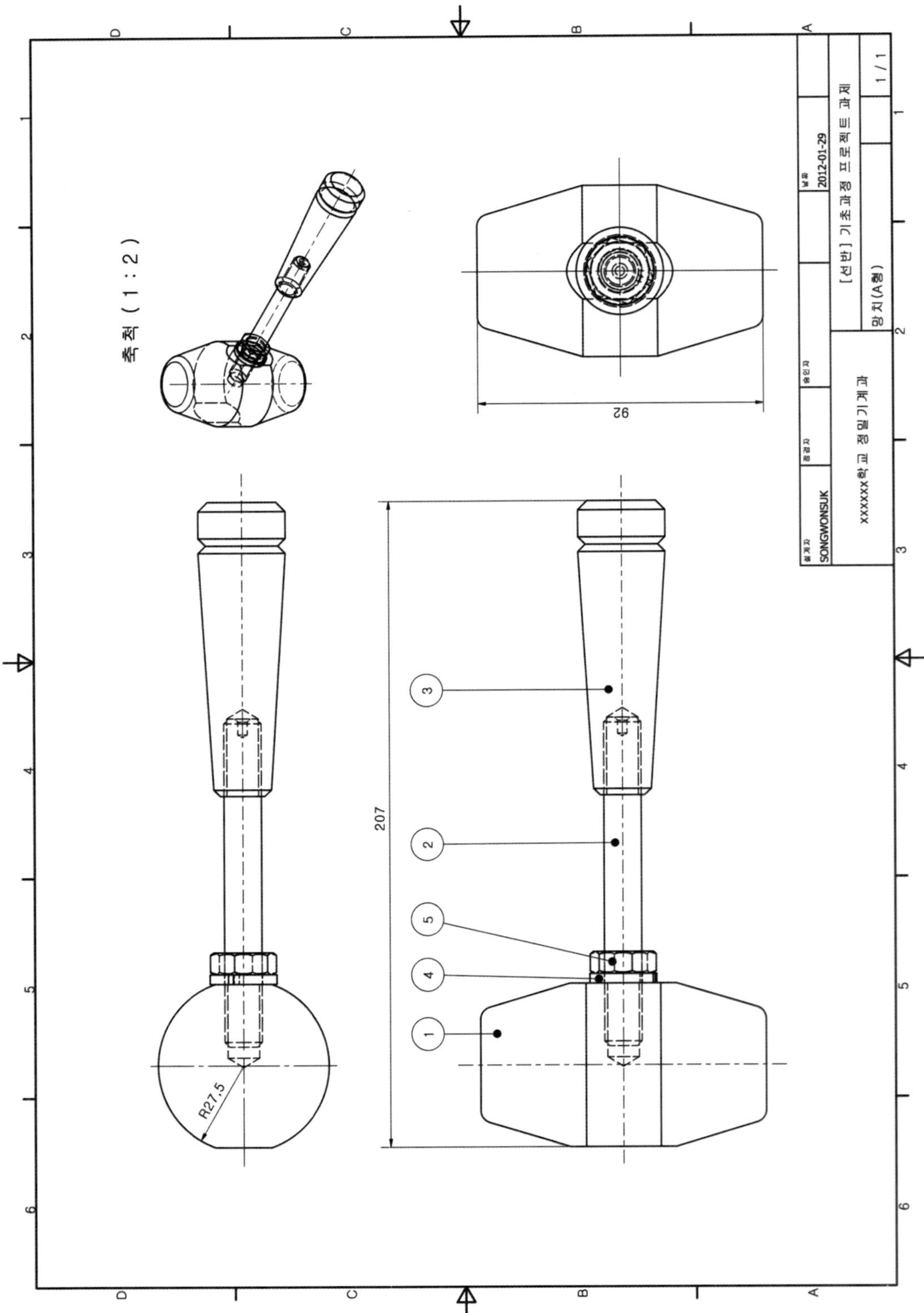
축척 (1 : 2)
92
207
R27.5
1
2
3
4
5
SONGWONSUK
2012-01-29
[선반] 기초과정 프로젝트 과제
망치(A형)
1/1
XXXXXX학교 정밀기계과

[프로젝트 과제 : 망치_A]

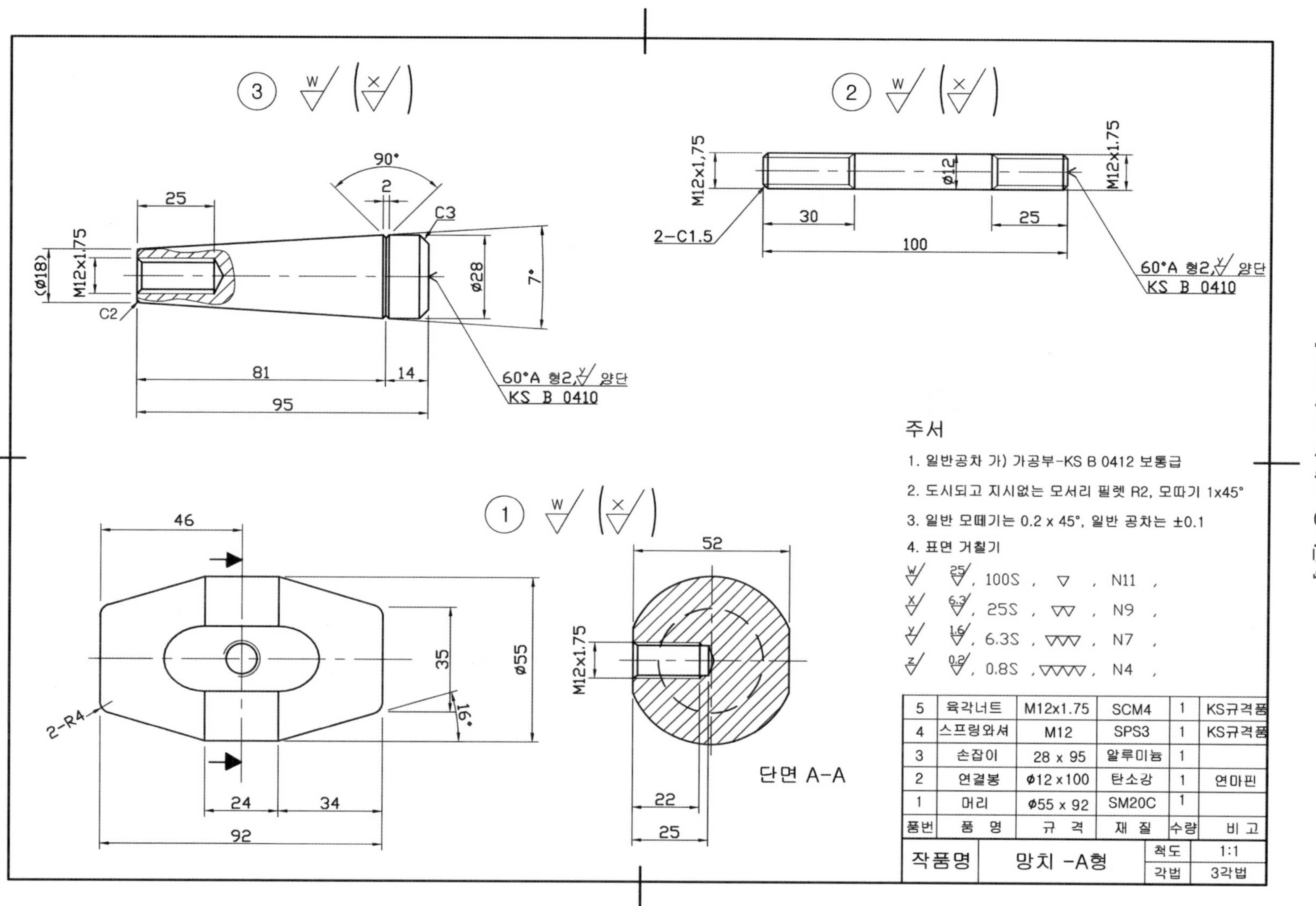
주서
1. 일반공차 가) 가공부-KS B 0412 보통급
2. 도시되고 지시없는 모서리 필렛 R2, 모따기 1x45°
3. 일반 모떼기는 0.2 x 45°, 일반 공차는 ±0.1
4. 표면 거칠기
w/ = 25/, 100S , ▽ , N11 ,
x/ = 6.3/, 25S , ▽▽ , N9 ,
y/ = 1.6/, 6.3S , ▽▽▽ , N7 ,
z/ = 0.2/, 0.8S , ▽▽▽▽ , N4 ,
5 | 육각너트 | M12x1.75 | SCM4 | 1 | KS규격품
4 | 스프링와셔 | M12 | SPS3 | 1 | KS규격품
3 | 손잡이 | 28 x 95 | 알루미늄 | 1 |
2 | 연결봉 | ø12 x 100 | 탄소강 | 1 | 연마핀
1 | 머리 | ø55 x 92 | SM20C | 1 |
품번 | 품 명 | 규 격 | 재 질 | 수량 | 비 고
작품명 | 망치 -A형 | 척도 1:1 | 각법 3각법
단면 A-A
60°A 형2,y/ 양단
KS B 0410
M12x1.75
2-C1.5
2-R4
(ø18)
C2
C3
90°
16°
7°
ø28
ø55
ø12

[프로젝트 과제 : 망치_B]

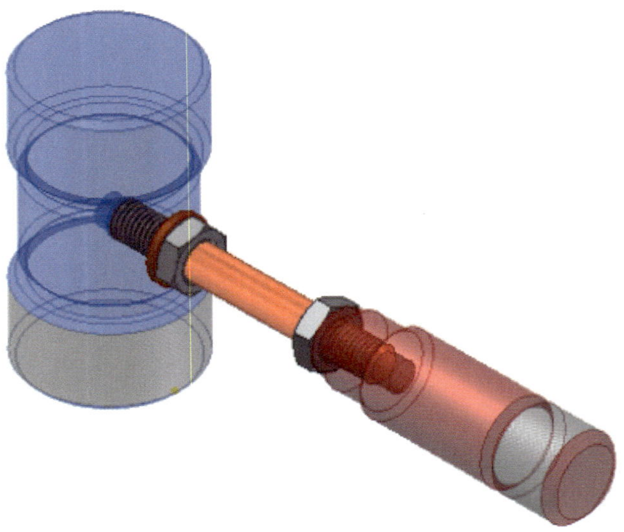

3D 조립도

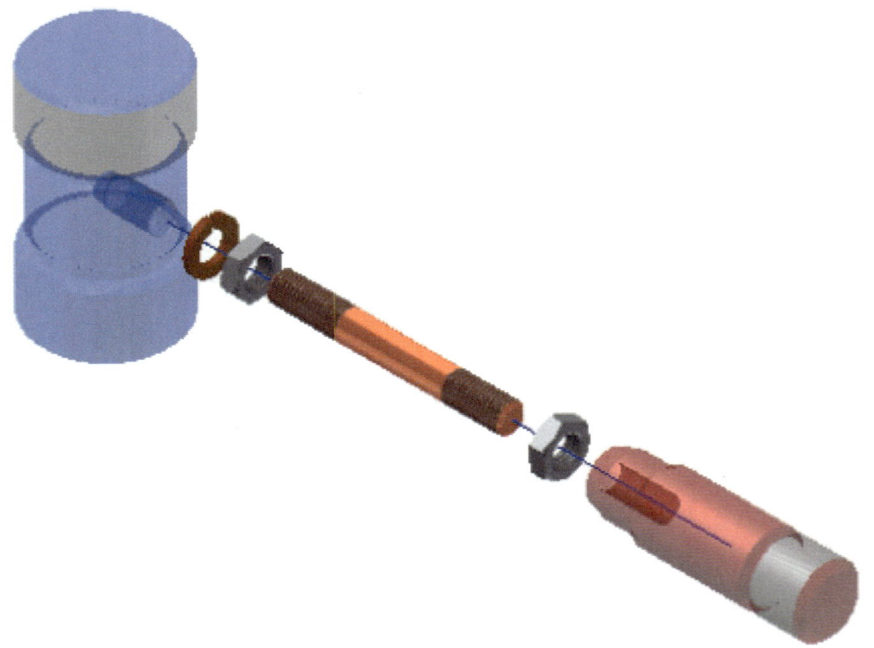

3D 분해도

[프로젝트 과제 : 망치_B]

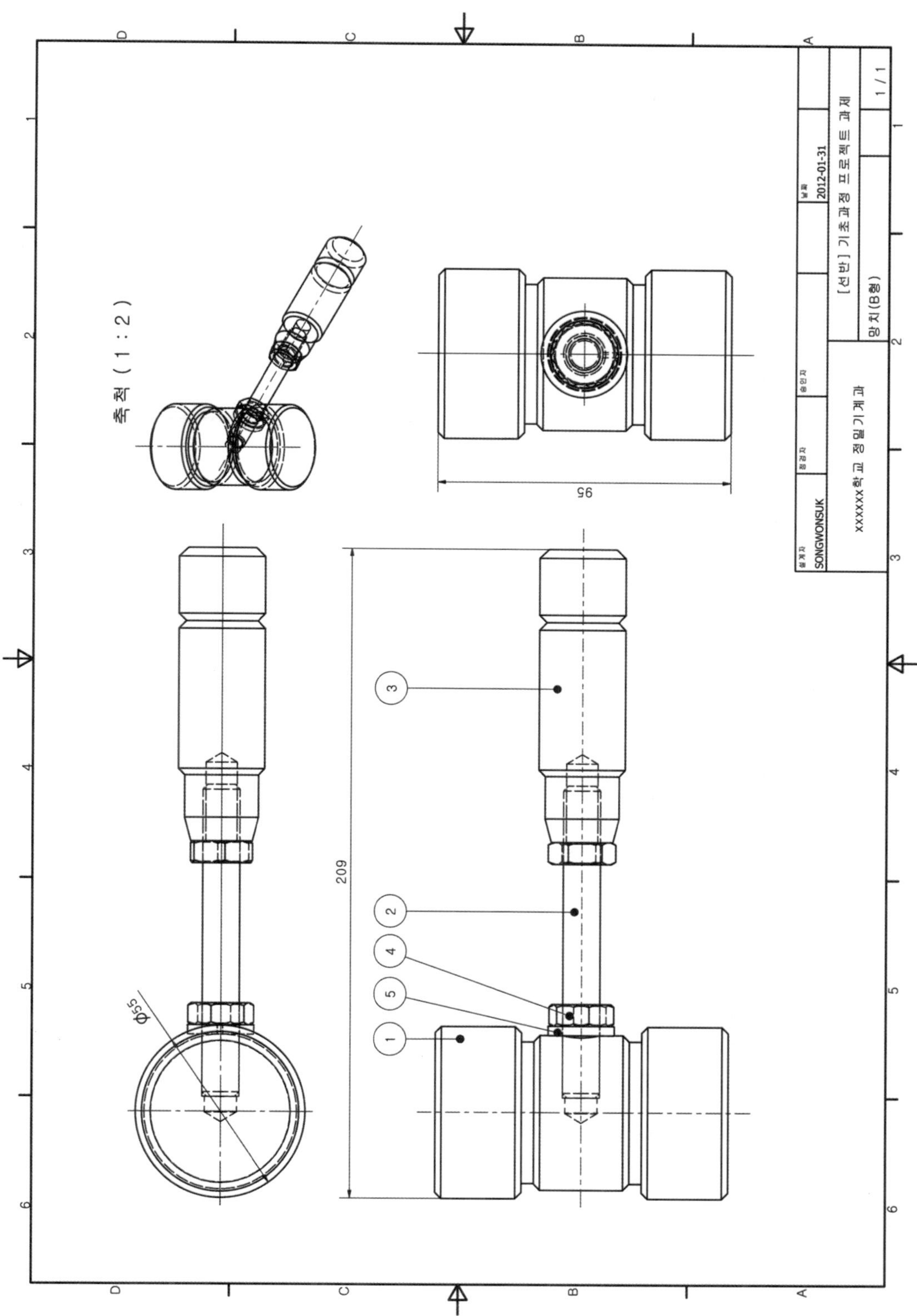
축척 (1 : 2)
95
209
Φ55
1
2
3
4
5
SONGWONSUK
2012-01-31
xxxxxx학교 정밀기계과
[선반] 기초과정 프로젝트 과제
망치(B형)
1 / 1

[프로젝트 과제 : 망치_B]

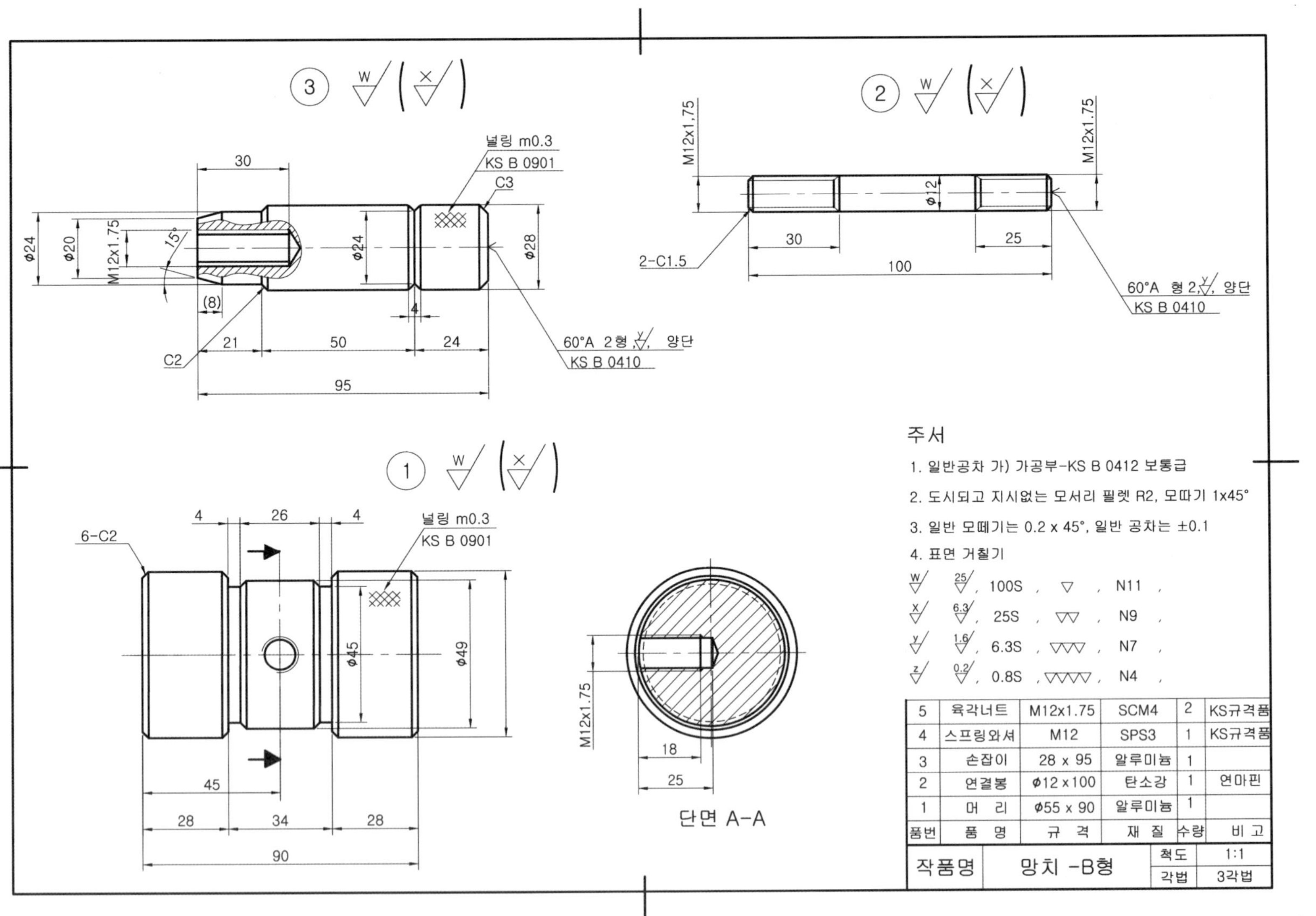
주서
1. 일반공차 가) 가공부-KS B 0412 보통급
2. 도시되고 지시없는 모서리 필렛 R2, 모따기 1x45°
3. 일반 모떼기는 0.2 x 45°, 일반 공차는 ±0.1
4. 표면 거칠기
w = 25 , 100S , N11 ,
x = 6.3 , 25S , N9 ,
y = 1.6 , 6.3S , N7 ,
z = 0.2 , 0.8S , N4 ,
5 육각너트 M12x1.75 SCM4 2 KS규격품
4 스프링와셔 M12 SPS3 1 KS규격품
3 손잡이 28 x 95 알루미늄 1
2 연결봉 Φ12 x100 탄소강 1 연마핀
1 머리 Φ55 x 90 알루미늄 1
품번 품명 규격 재질 수량 비고
작품명 망치 -B형 척도 1:1 각법 3각법
단면 A-A
60°A 2형, 양단
KS B 0410
널링 m0.3
KS B 0901
M12x1.75
2-C1.5
6-C2

[프로젝트 과제 : 망치_C]

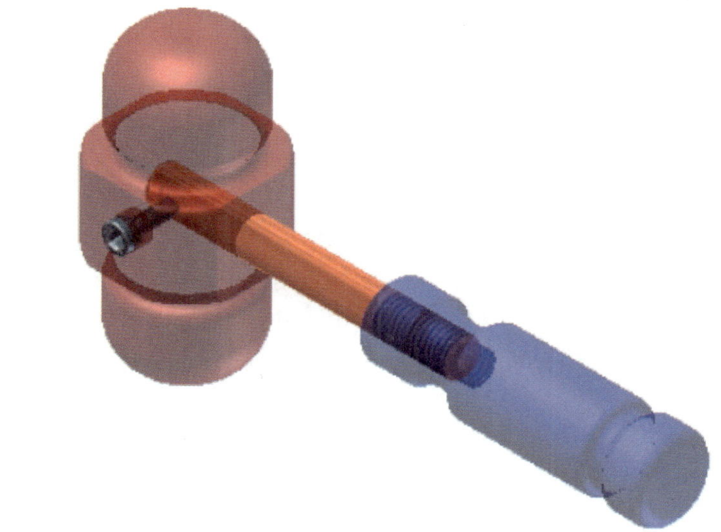

3D 조립도

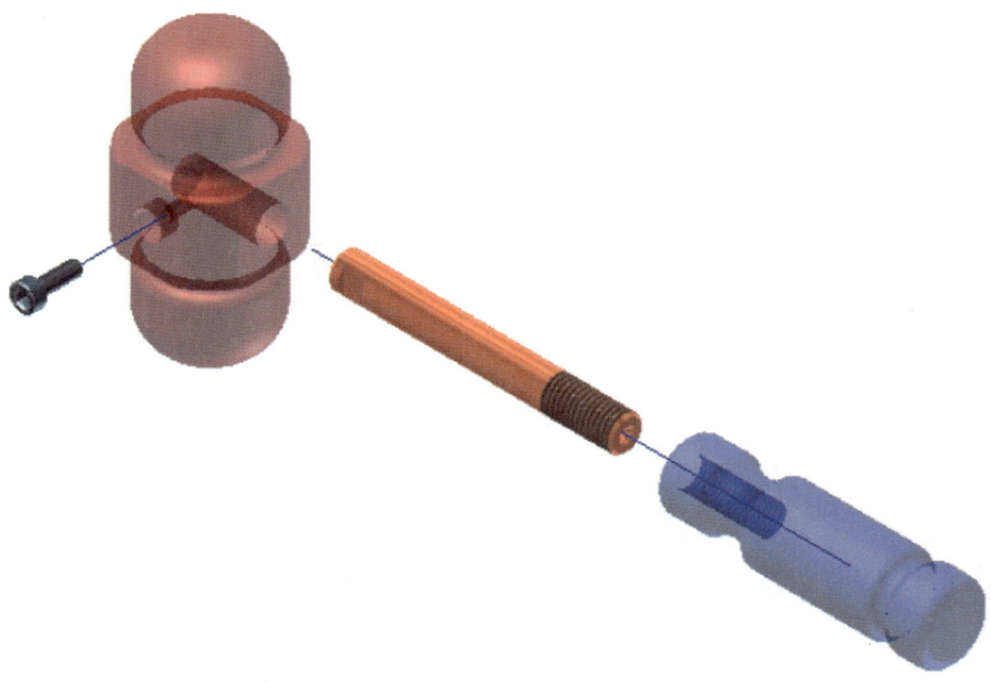

3D 분해도

[프로젝트 과제 : 망치_C]

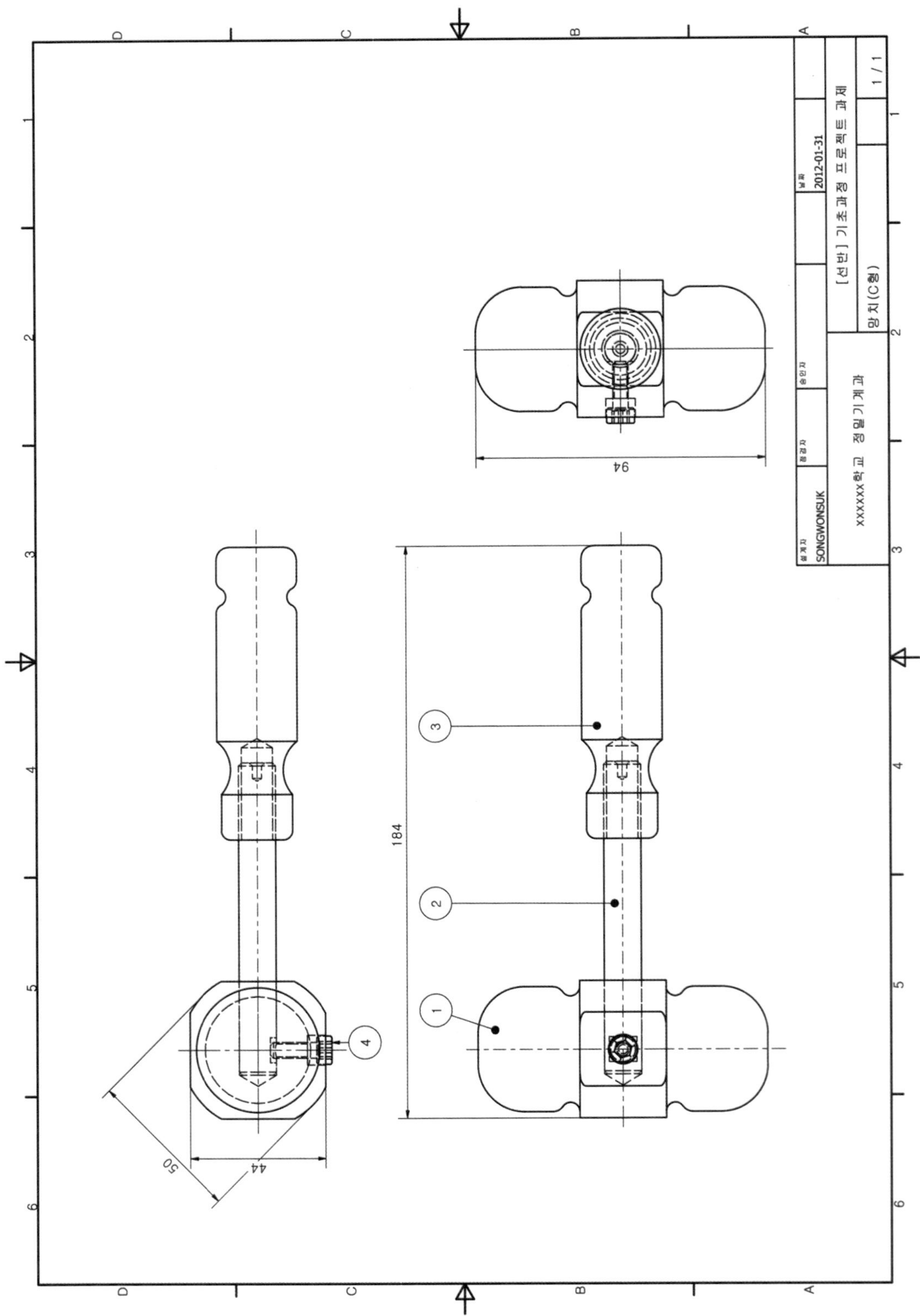
[선반] 기초과정 프로젝트 과제
망치(C형)
1 / 1
2012-01-31
SONGWONSUK
XXXXXX학교 정밀기계과
94
184
50
44
1
2
3
4

[프로젝트 과제 :망치_C]

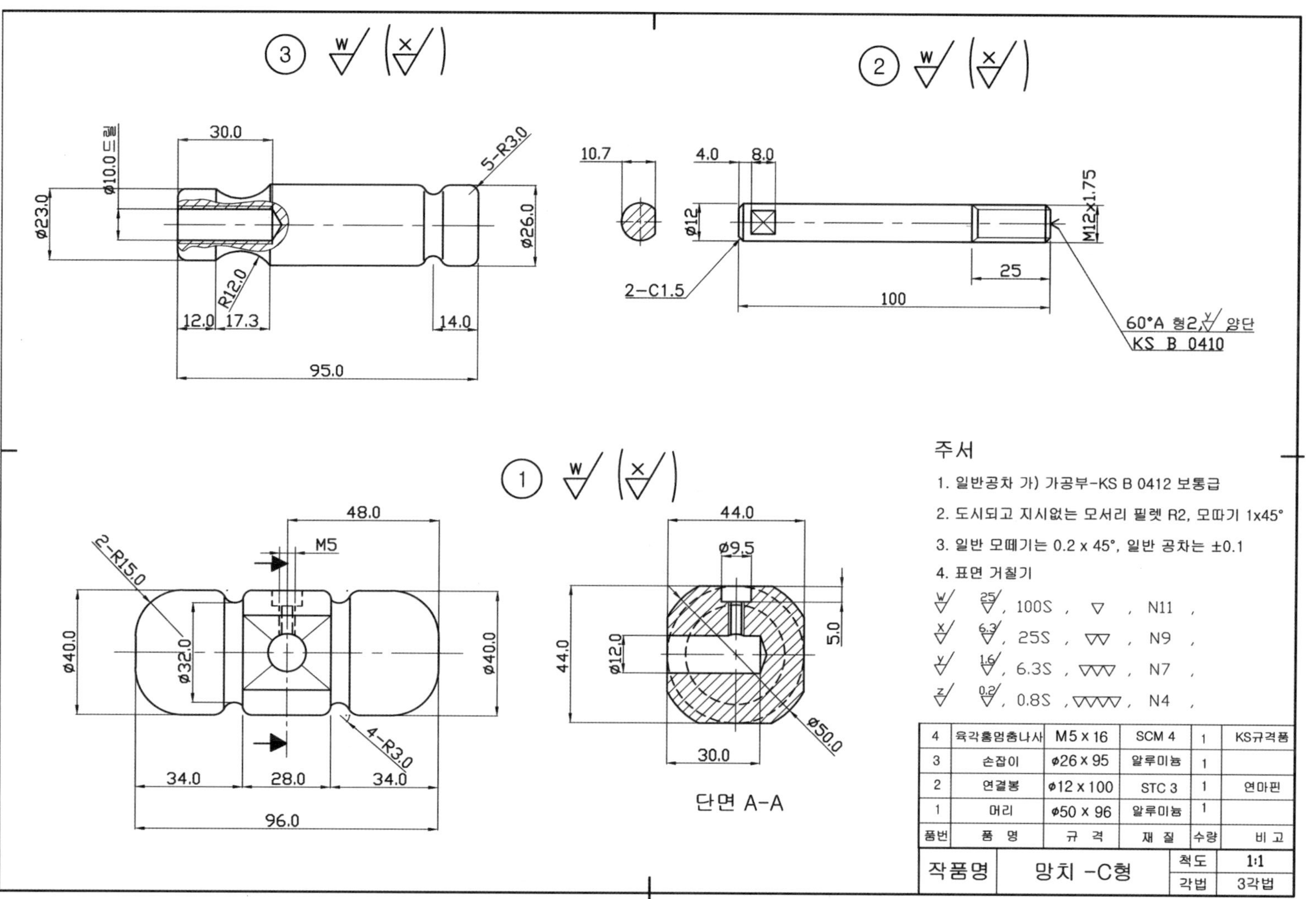
주서
1. 일반공차 가) 가공부-KS B 0412 보통급
2. 도시되고 지시없는 모서리 필렛 R2, 모따기 1x45°
3. 일반 모떼기는 0.2 x 45°, 일반 공차는 ±0.1
4. 표면 거칠기
w/ , 100S , N11 ,
x/ , 25S , N9 ,
y/ , 6.3S , N7 ,
z/ , 0.8S , N4 ,
4 | 육각홈멈춤나사 | M5 x 16 | SCM 4 | 1 | KS규격품
3 | 손잡이 | ϕ26 x 95 | 알루미늄 | 1 |
2 | 연결봉 | ϕ12 x 100 | STC 3 | 1 | 연마핀
1 | 머리 | ϕ50 x 96 | 알루미늄 | 1 |
품번 | 품 명 | 규 격 | 재 질 | 수량 | 비 고
작품명 망치 -C형 척도 1:1 각법 3각법
단면 A-A
60°A 형2 y/ 양단
KS B 0410
M12x1.75
2-C1.5
5-R3.0
4-R3.0
2-R15.0
R12.0
ϕ10.0 드릴
ϕ9.5
ϕ50.0
M5

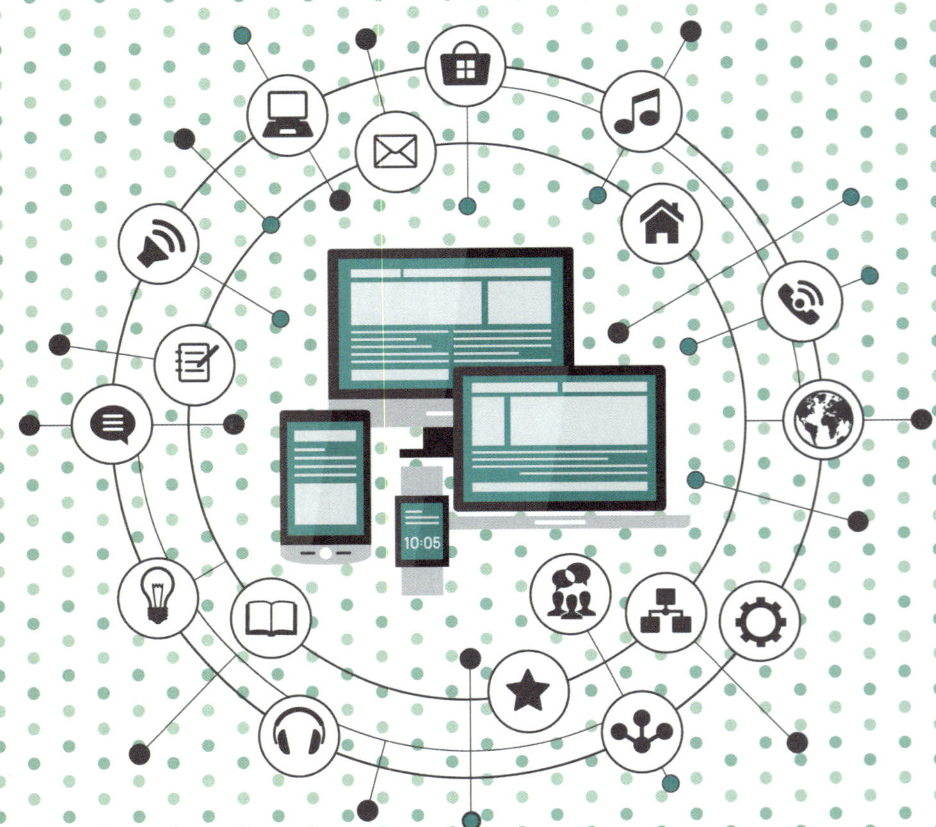

기계공작+ 프로젝트 실습

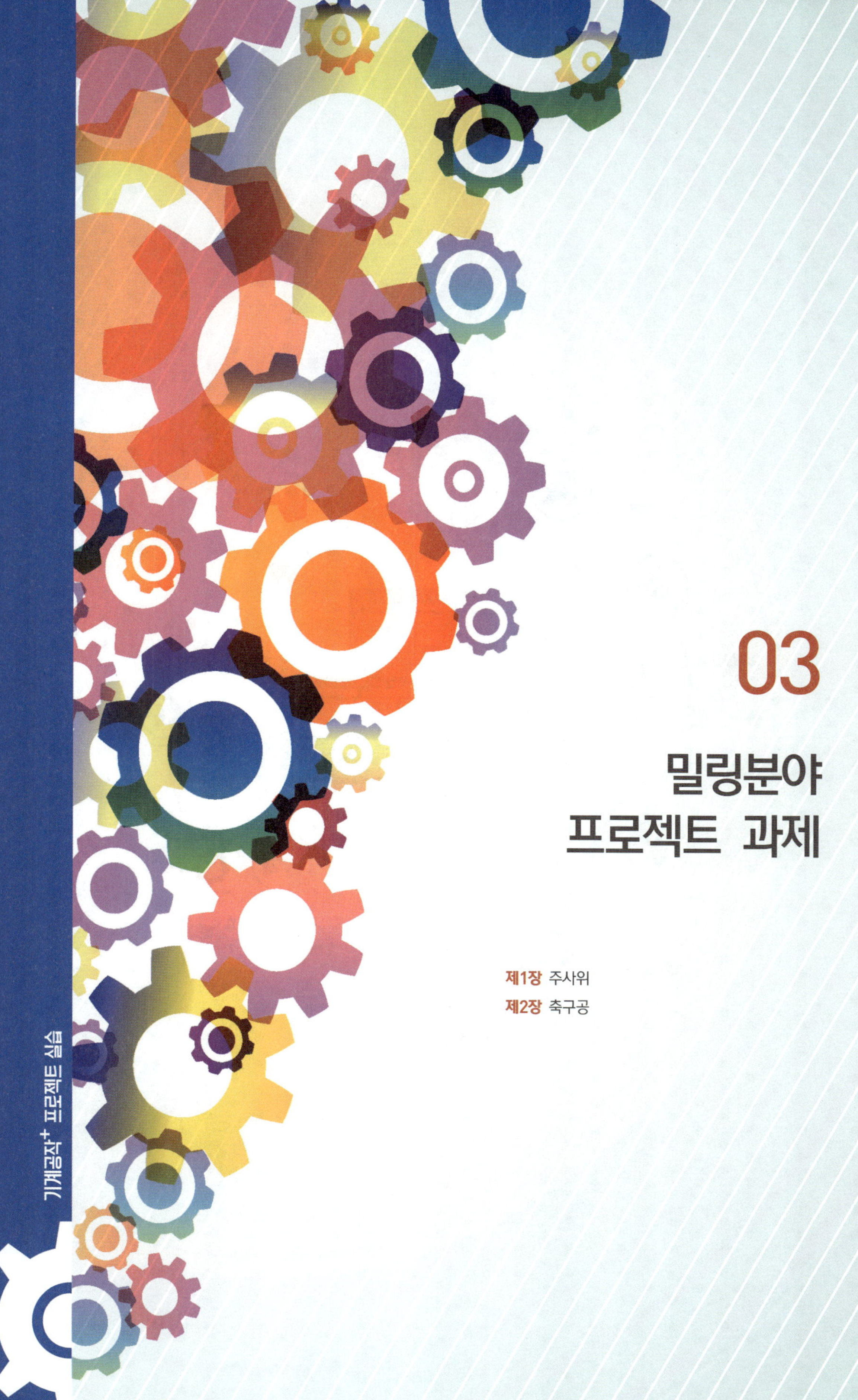

03

밀링분야 프로젝트 과제

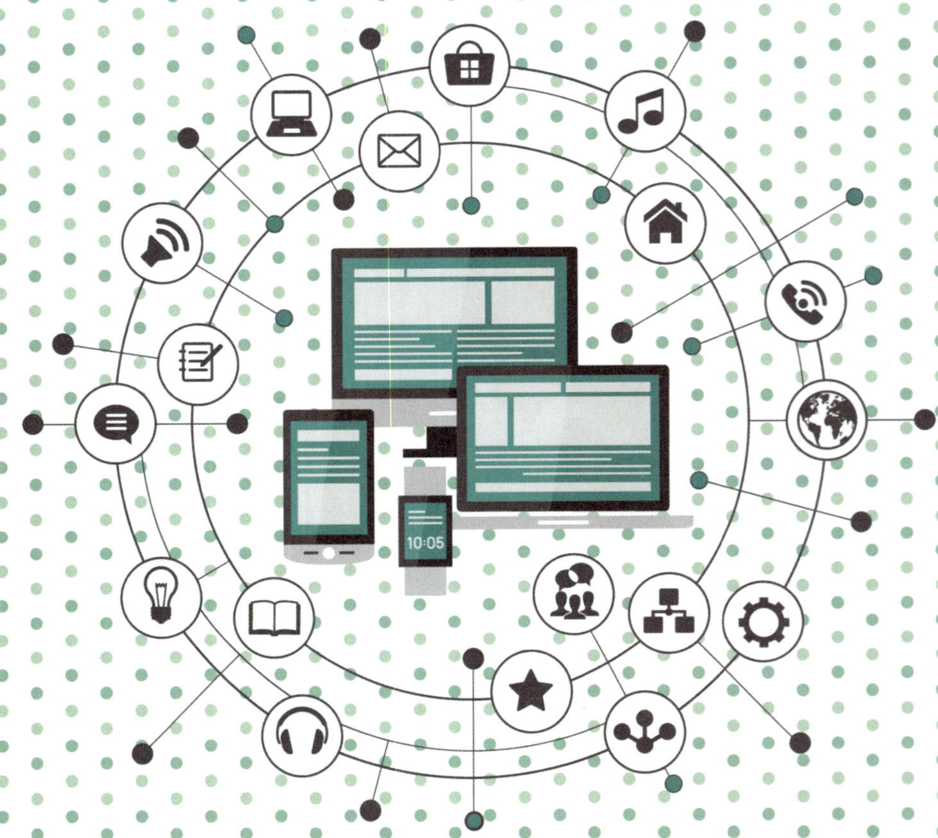

기계공작+ 프로젝트 실습

CHAPTER 01

주사위

주사위

단원 소개

본 단원은 놀이 도구인 주사위를 제작해 보는 단원으로 육면체의 기준면 잡기, 직각 잡기, 치수 맞추기 등 가공순서와 가공방법을 습득한다. 제작 작품의 용도상 치수 정밀도보다 형상 정밀도를 중점으로 학습하며 공작기계(밀링)의 각부 기능, 변속, 사용방법, 안전 점검 등을 학습한다.

주사위의 설계 – 가공 – 측정 과정을 단계별로 실습하고, 부품 가공에 필요한 공작기계의 선정, 재료의 선정, 절삭 공구의 선정 등 주사위를 제작하는데 필요한 기초적인 모든 작업을 이해할 수 있도록 하였다.

A ⁞⁞⁞ 주사위 제작 프로젝트

주사위를 설계하고 출력하여 그 도면을 제작도면으로 실제로 공작기계를 이용하여 제작해보는 실습으로 기초적인 밀링과 드릴링 등의 조작능력과 가공 능력을 향상시킨다.

1. 학습목표

1) 정사각형의 개념을 알고 설계할 수 있다.
2) 도면을 이해하고 정밀하게 가공할 수 있다.
3) 사용공구 사용방법과 종류를 설명할 수 있다.

2. 프로젝트 과제명 : 주사위

3. 소요시간 : [7시간] ※ 준비된 재료 지급

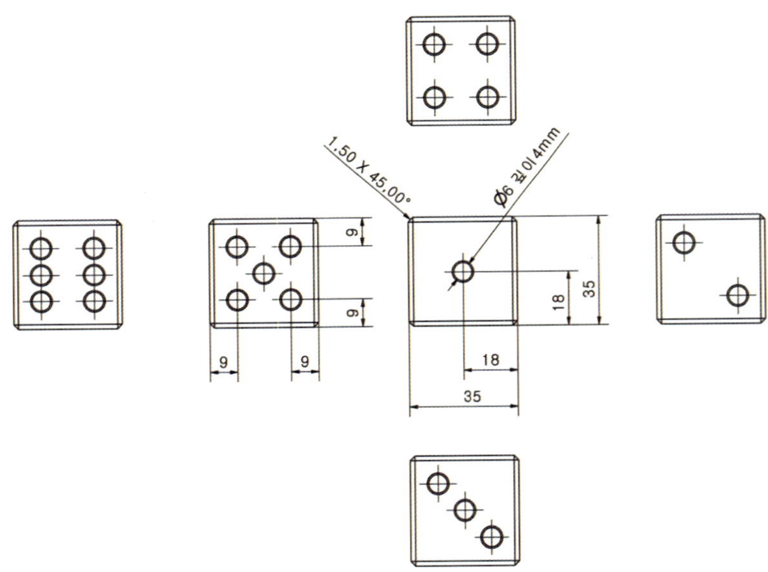

4. 보고서 작성 내용

[표-1] 프로젝트 담당업무 및 참여동기
[표-2/1] 도면(조립도) 검토 및 분석
[표-2/2] 도면(부품도) 검토 및 분석
[표-3] 소요 가공재료 및 KS규격품
[표-4] 기계 및 공구, 측정기
[표-5] 부품 가공 시 안전 및 유의 사항 조사

[표-6]　조립품 및 부품 측정
[표-7]　4way 품질 분석
[표-8]　부품 가공 순서

짐승의 뿔·뼈·이빨이나 단단한 나무로 만든 놀이도구로 중국에서는 사이쯔[骰子]라 하고, 유럽에서는 다이스라고 한다. 주사위의 기원은 확실하지 않으나 이집트에는 이미 왕조시대(BC 3400~BC 1150)에 현재의 것과 똑같은 것(상아·골제)이 있었고 이것이 그리스, 로마, 지중해 연안지방으로 전래되었다. BC 49년에 J. 카이사르가 "주사위는 던져졌다"고 선언하고서 루비콘강(江)을 건너 로마로 진격했다는 고사는 널리 알려진 이야기이다. 후일 유럽에서는 17세기경부터 매우 복잡한 다이스게임이 보급되었으며, 이어 미국을 비롯한 세계 각국으로 퍼졌다.

신라시대 주사위

주사위의 눈 1, 2, 3 중 2개의 합으로 7을 만들 수 없기 때문에 7점 원리를 적용하면 세 개의 눈은 서로 이웃해 한 꼭짓점을 두고 모인다. 눈 1, 2, 3을 배열하는 방법은 그림 왼쪽과 같이 한 꼭짓점에서 눈 1을 기준으로 반시계방향으로 배열될 수도 있고, 오른쪽처럼 시계방향으로 배열될 수도 있다. 이를 배열방향에 따라 좌회전·우회전의 원리라고 한다. 7점 원리는 정육면체 전개도의 마주보는 면을 익힐 수 있는 도구이고, 좌회전·우회전의 원리는 한 꼭짓점에 모여있는 세 면의 배열을 분석할 수 있는 도구이다. 1의 대면이 6, 2의 대면이 5, 3의 대면은 4이며, 대면끼리의 합계가 7이 되도록 되어 있다.

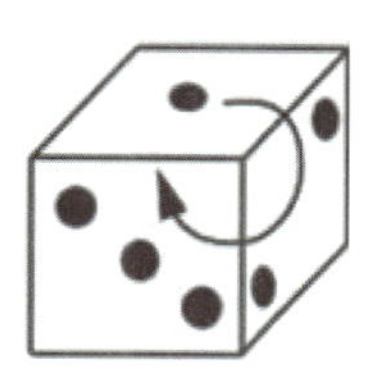

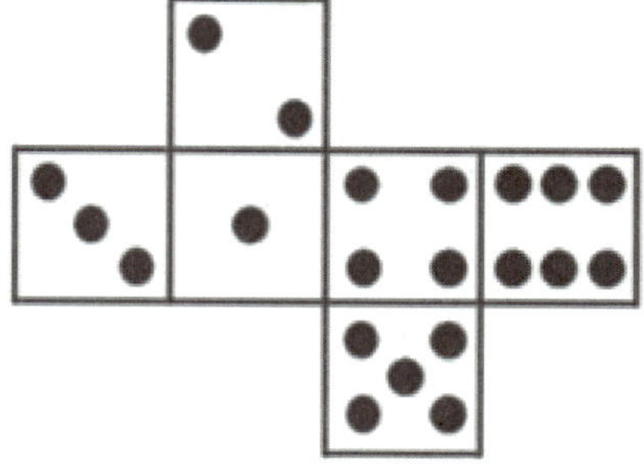

출처 : https://ko.wikipedia.org/wiki

B ::: 프로젝트 도면

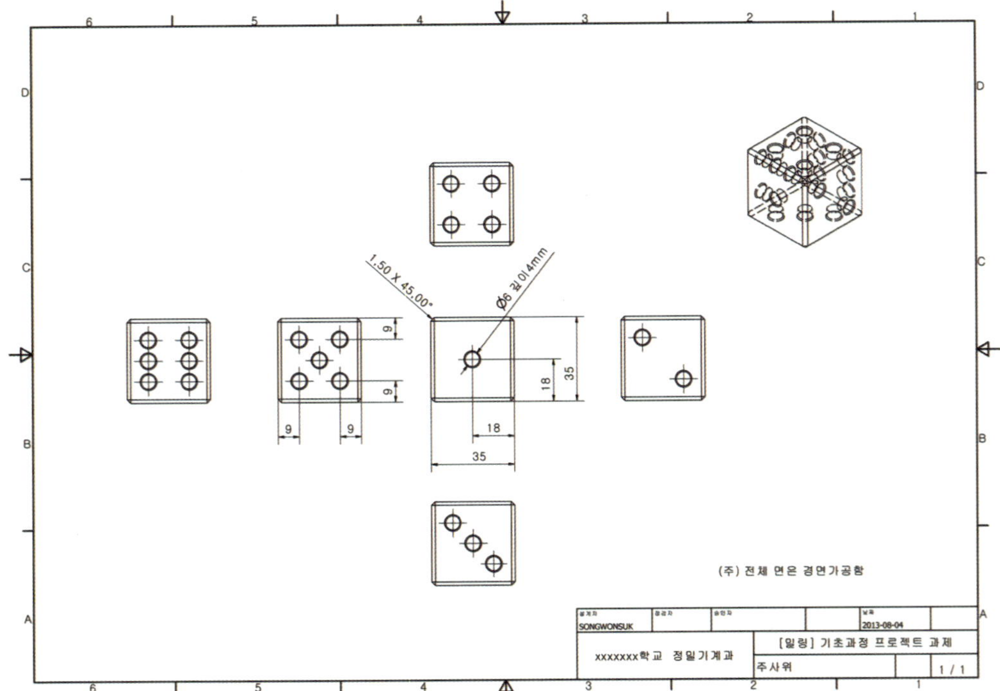
1.50 X 45.00°
Ø6 깊이4mm
9
9
9
9
18
35
18
35
(주) 전체 면은 경면가공함
SONGWONSUK
2013-08-04
xxxxxxx학교 정밀기계과
[일렁] 기초과정 프로젝트 과제
주사위
1 / 1

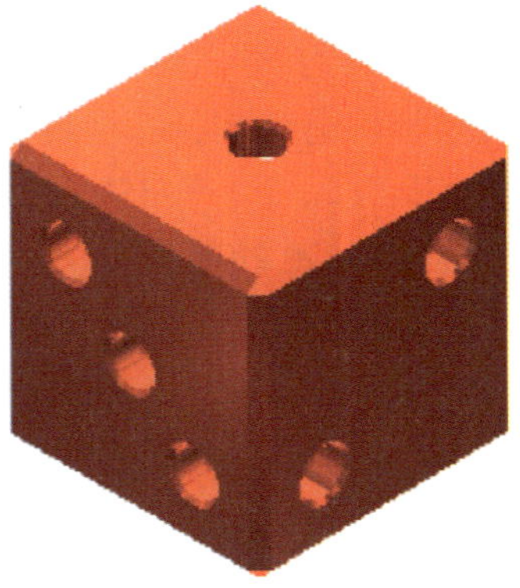

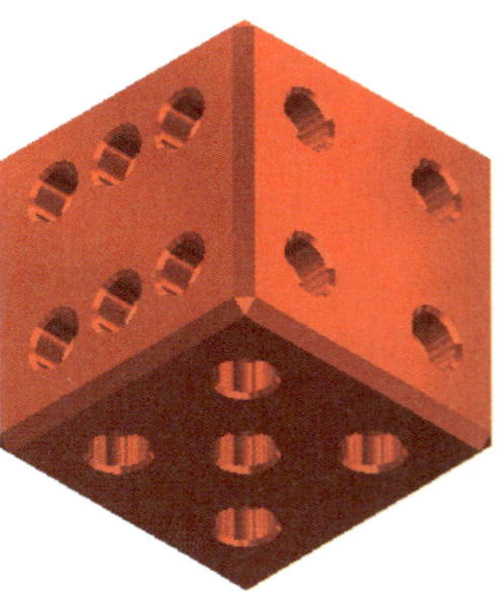

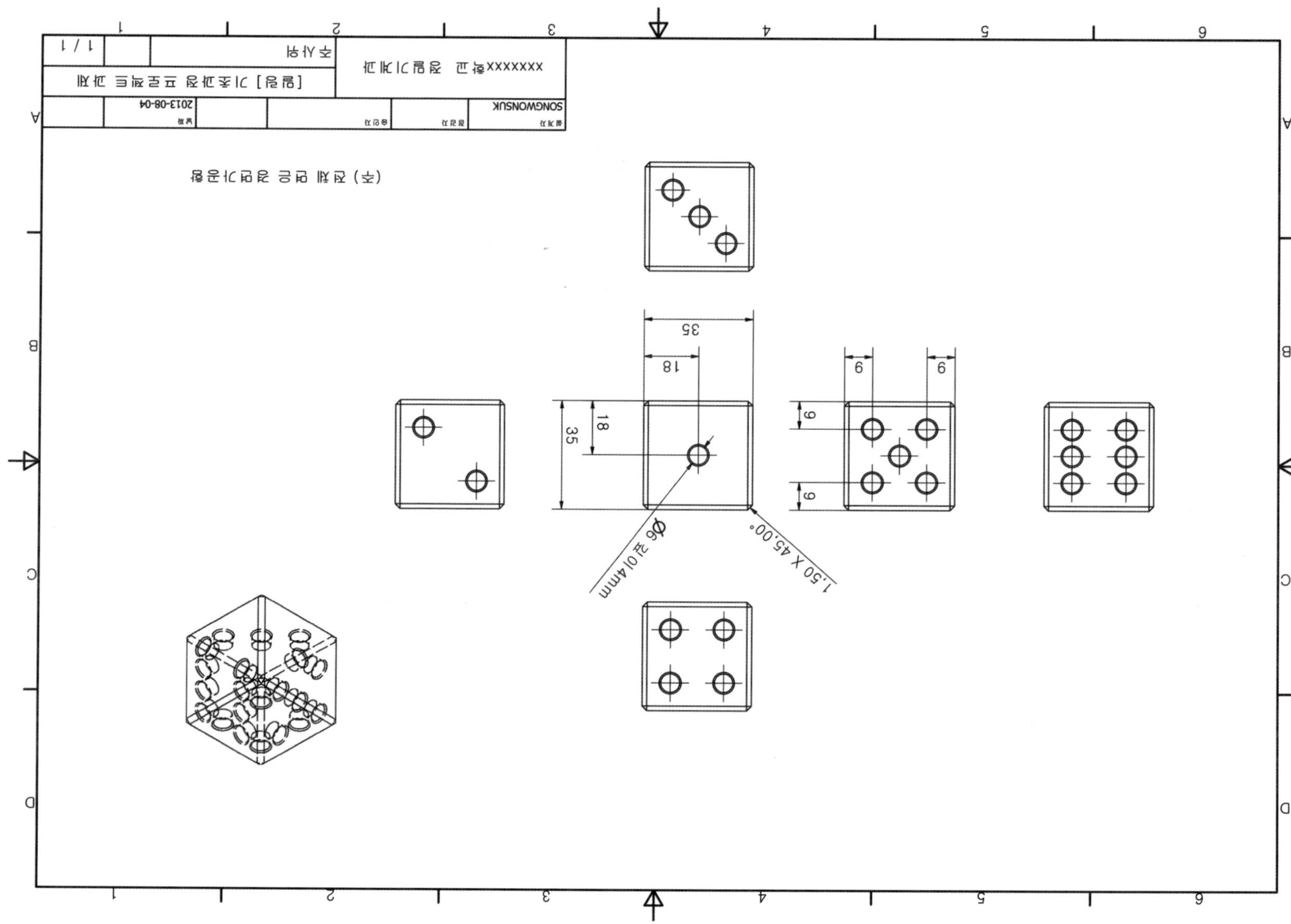
(주) 전체 면은 경면가공함
35
18
18
35
Φ6 깊이4mm
1.50 X 45.00°
9
9
9
9
설계자
SONGWONSUK
검토자
승인자
날짜
2013-08-04
XXXXXXX학교 정밀기계과
[밀링] 기초과정 프로젝트 과제
주사위
1 / 1

C ::: 프로젝트 수행계획서 작성

학습 목표	
	1. 작업 단계별 계획서를 작성할 수 있다.
	2. 계획서 작성 방법 및 내용을 설명할 수 있다.

수행계획서는 계획에서 필요한 것과 수행한 결과의 내용을 단계별로 작성한다. 부품도 작성, 재료 목록 작성하기, 사용기계 및 공구 목록 작성하기, 작업 순서 정하기, 가공품 채점하기, 품질분석하기 등의 작업 목록을 계획서에 모듈별로 작성한다.

〈표-9〉 프로젝트 수행계획서 작성(예시 참조)

본 프로젝트는 기능습득 목적의 과제 제시형 프로젝트로 「수행계획서」는 작품 제작완료 후 정리하여 작성한다. 연구 및 발명 프로젝트는 반드시 작품 제작 전에 계획서를 작성한다.

표 ➤ 수행계획서 작성

<table>
<tr><th colspan="5">프로젝트 수행계획서</th></tr>
<tr><td>프로젝트 명</td><td colspan="4"></td></tr>
<tr><td>작 성 자</td><td>소속</td><td></td><td>성명</td><td></td></tr>
<tr><td>일정</td><td>계획</td><td>내 용</td><td>업무분담</td><td>준비물</td></tr>
<tr><td></td><td></td><td></td><td></td><td></td></tr>
<tr><td></td><td></td><td></td><td></td><td></td></tr>
<tr><td></td><td></td><td></td><td></td><td></td></tr>
<tr><td></td><td></td><td></td><td></td><td></td></tr>
</table>

D ⁝⁝⁝ 도면 작성 및 도면 분석

학습 목표	1. 부품을 스케치할 수 있다. 2. 부품을 설계(CAD)할 수 있다.

입체도와 분해도와 조립도, 부품도를 참고로 스케치하면서 과제의 특징을 파악하여 제작과정상 주의할 점을 조사한다.

1. 부품 스케치하기

제시된 도면의 각 부품을 프리 핸드로 등각투상하면서 제품의 형상을 이해한다. 도면의 부품 등각투상도는 아래 그림과 같이 치수에 맞게 그린다.

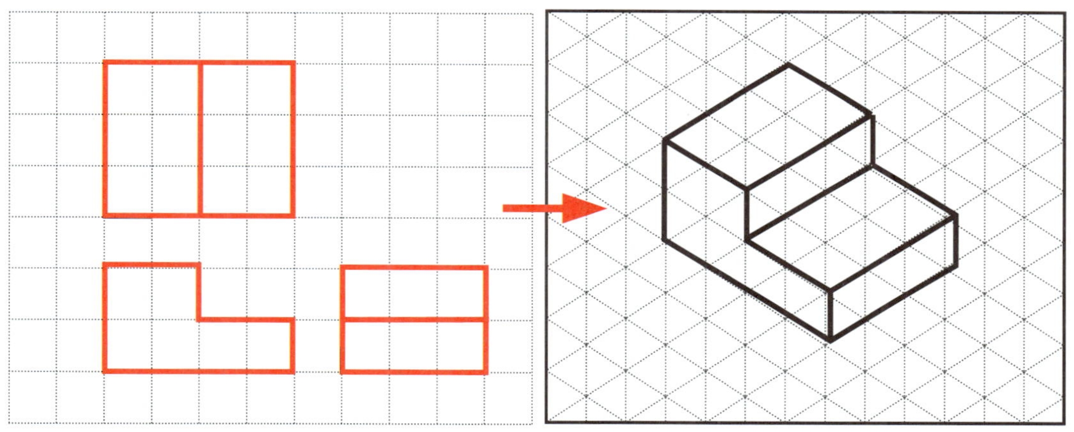

부품 및 등각투상도 예

※ 부록 2 : 스케치도 그리기(모눈종이)

스케치는 산업현장에서 기계부품 등의 현물을 측정하여 제도기 없이 프리 핸드(free hand)로 연필로 그리며 설계 또는 제작도를 작성하기 위해서 행해진다.

2. 도면(조립도) 검토 및 분석하기

도면을 분석하여 설계자의 요구사항은 무엇인지를 확인한 후 설계목적, 운동, 마모, 부품연결, 부품역할, 주유, 끼워 맞춤, 열처리, 도장, 가공, 고정, 조립, 사용한 재질의 절삭성 및 절삭유제의 사용여부 등을 분석한다.

〈표-2/1〉 도면(조립도) 검토 및 분석표 작성(예시 참조)

표 ➤ 도면(조립도) 검토 및 분석표

도면(조립도) 검토 및 분석표				
프로젝트 명				
작 성 자	소속		성명	
구분	검토 사항			검토 결과
1	도면을 검토 및 분석결과 조립가능 여부와 제품의 기능(운동)은? ⇨			
2	제품의 정밀치수(일반치수 제외)는 몇 개소 있으며, 보유한 공작기계 및 공구로 가공이 가능한가? ⇨			

E ∷∷ 부품 가공 준비

학습 목표	1. 가공에 필요한 공구와 기계를 선정할 수 있다. 2. 가공한 부품과 규격품을 이용하여 정밀하게 조립할 수 있다.

도면 내용을 분석한 다음 보유하고 있는 시설 현황을 조사하여 부품 가공에 필요한 공작 기계, 절삭공구, 측정기, 소요재료 등을 선정한다.

1. 부품 가공에 필요한 공작 기계 선정하기

KS규격과 명칭에 따라 품명에는 사용해야 할 공작기계를 적으며, 규격(사양)과 수량을 적는다. 활용 내역에는 기계 기구를 사용할 부품번호와 작업내용을 적는다.

〈표-4〉 기계 및 공구, 측정기 작성[21] (예시 참조)

표 ➤ 가공에 필요한 기계 및 공구

가공 기계 및 공구						
프로젝트 명						
작 성 자	소속			성명		
연번	품명	규격		수량	활용 내역	

21) 사용해야 할 공작기계와 공구 및 측정기를 적으며, 규격(사양)과 수량을 적는다. 비고란에는 용도를 적는다.

2. 부품 가공에 필요한 측정기구 선정하기

도면 내용을 분석한 다음 보유한 측정 기구를 조사하고 부품 가공에 필요한 측정 기구를 선정하여 준비한다.

〈표-4〉 기계 및 공구, 측정기 작성[22] (예시 참조)

표 ➤ 가공에 필요한 측정기 선정

가공에 필요한 측정기				
프로젝트 명				
작 성 자	소속		성명	
연번	품명	규격	수량	활용 내역

3. 제작에 필요한 재료 선정하기

부품 가공에 필요한 재료 치수를 뽑고 다음 표를 작성하여 재고상태를 파악하고 구입여부를 판단한다. 규격품은 KS규격에 따라 품명과 재질, 규격, 수량을 적고, 비고란에는 KS규격분류기호와 번호, 열처리 여부를 기록한다. 단, 재료는 가공이 수월한 연강(SM20C), 황동, 알루미늄 등을 사용해도 되며 규격은 가공여유(+3~5)를 포함한 치수를 적는다.

〈표-3〉 소요 가공재료 및 KS규격품 작성(예시 참조)

표 ➤ 소요 가공재료 및 KS규격품

소요 가공재료 및 KS규격품					
프로젝트 명					
작 성 자	소속		성명		
부품번호	품명	규격	수량	재질	비고

22) 사용해야 할 공작기계와 공구 및 측정기를 적으며, 규격(사양)과 수량을 적는다. 비고란에는 용도를 적는다.

4. 부품 가공 시 안전 및 유의 사항 조사하기

부품 가공 시에 필요한 안전사고 유의 사항을 조사하고 이를 근거로 실제 가공에 있어 안전사고가 발생하지 않도록 철저히 준비한다.

〈표-5〉 부품 가공 시 안전 및 유의 사항 작성(예시 참조)

표 ➤ 제품 가공 시 안전 및 유의 사항

제품 가공 시 안전 및 유의 사항[23]				
프로젝트 명				
작 성 자	소속		성명	
연번	안전 및 유의 사항			"불안전한 행동" 또는 "불안전한 상태" 구분

23) "불안전한 행동"과 "불안전한 상태" 구분
1. 불안전한 행동 : 실습에 임하는 자세로 안전수칙 준수, 기계 및 공구의 사용, 안전한 작업 등
2. 불안전한 상태 : 작업환경으로 정리, 정돈, 청결 등

F ⁝⁝⁝ 부품 가공

학습 목표	1. 가공공정에 대해 설명할 수 있다. 2. 요구사항에 적절한 표면으로 마무리 가공할 수 있다.

단일품으로 각 부품들 간의 상대적인 상관관계는 없다. 따라서 치수 정밀도는 중요하지 않지만 용도상 표면거칠기는 중요하다. 랩핑 등의 경면가공으로 마무리한다.

1. 부품 가공

- 지급재료 : ∅50 × 100

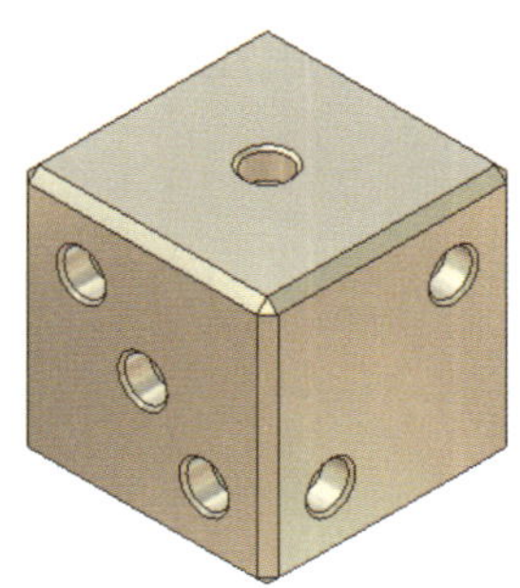

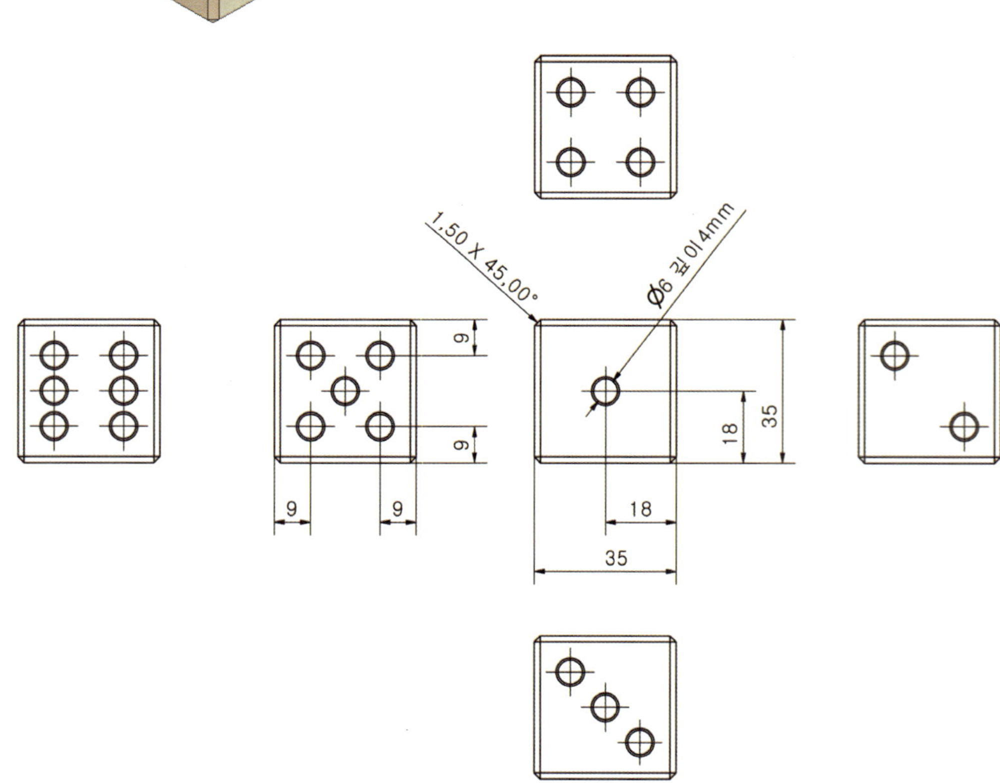

1) 도면 검토 및 수정하기

치수, 끼워 맞춤, 기하공차[24], 표면 거칠기, 제품의 기능, 요구사항 등을 확인한다. 제작상의 문제점이 있으면 수정하고 수정된 도면을 제작도면으로 사용한다.

〈표-2/2〉 도면(부품도) 검토 및 분석표 작성(예시 참조)

표 ➤ 도면(부품도) 검토 및 분석

도면(부품도) 검토 및 분석				
프로젝트 명				
작 성 자	소속		성명	
구분	검토 사항			검토 결과
1	끼워 맞춤이나 기하공차 등 중요치수는? ⇨			
2	지급 소재의 공급 상태는? ⇨			

2) 부품 가공 순서 정하기

부품 가공 공정을 결정하는 작업은 제작 시간단축 및 조립상태 확인, 가공불량 등을 줄일 수 있다. 따라서 부품도를 분석하여 각 부품을 어떤 순서로 어떻게 가공할 것인가를 가공 전에 생각하여 가공 순서를 정하고 이를 토대로 실제 가공에 이용한다.

〈표-8〉 부품 가공 순서 작성(예시 참조)

24) 치수공차로 규제된 제품은 치수가 맞아도 형상에 따라 결합이 안 되는 경우가 있으나, 기하공차로 규제된 제품은 치수가 조금 틀리는 최악의 경우에도 결합이 가능하다. 따라서 기하공차는 제품의 기능 및 결합 부품들 간의 상호 호환성을 규제하는 것으로 고 정밀한 제품에는 필히 적용되고 있다.

표 ➤ 부품 가공 순서

<table>
<tr><th colspan="5">부품 가공 순서</th></tr>
<tr><td>프로젝트 명</td><td colspan="4"></td></tr>
<tr><td>작 성 자</td><td>소속</td><td></td><td>성명</td><td></td></tr>
<tr><td rowspan="2">부품 번호</td><td colspan="4">가공 순서 및 방법</td></tr>
<tr><td>공정번호</td><td>사용기계</td><td colspan="2">작업내용</td></tr>
<tr><td></td><td>10</td><td></td><td colspan="2"></td></tr>
<tr><td></td><td>20</td><td></td><td colspan="2"></td></tr>
<tr><td></td><td></td><td></td><td colspan="2"></td></tr>
</table>

3) 부품 가공 따라하기

① 환봉(∅50 × 45mm)의 길이를 가공하여 기준면으로 결정한다.

직각을 잡을 때는 측정이 편리한 면을 1차 기준면으로 선정하여 가공한다. 원기둥의 원주면은 바이스 고정면과의 접촉이 불안하여 V-블록을 이용하여 고정한다. 그림은 V-블록을 사용한 고정 방법이다.

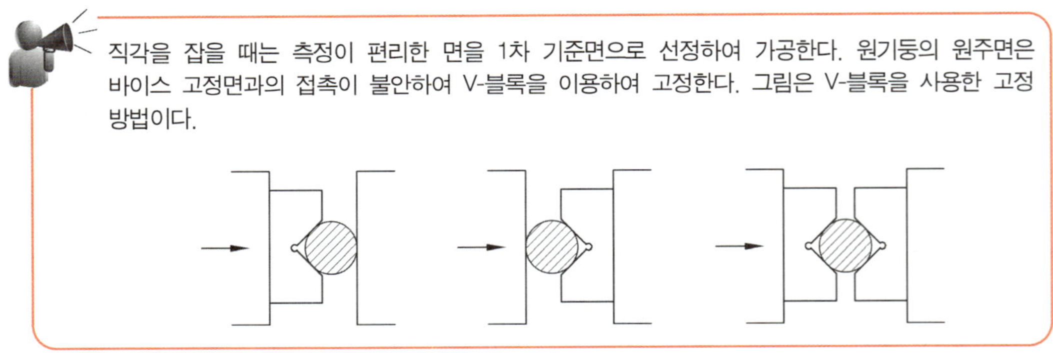

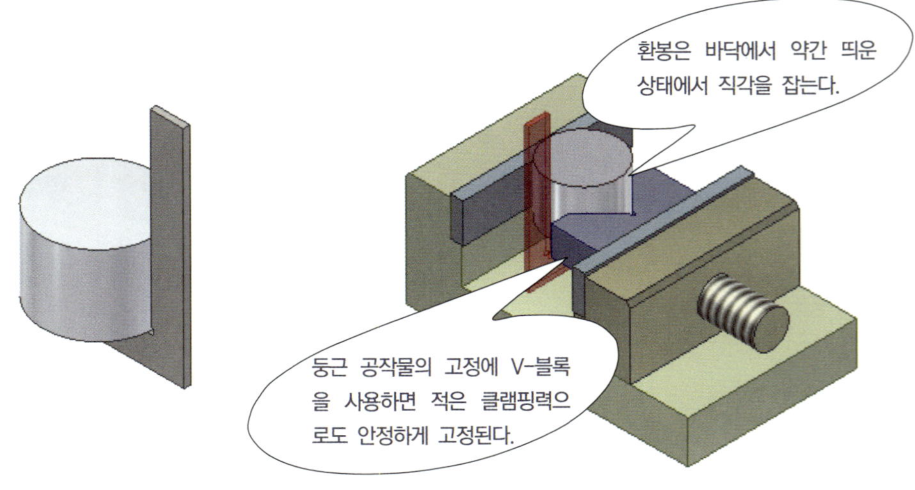

② 주어진 지름(∅50)에 내접하는 정육면체의 한 변의 길이를 구한다.

주어진 지름(∅)에 내접하는 정육면체의 한 변의 길이 계산하기

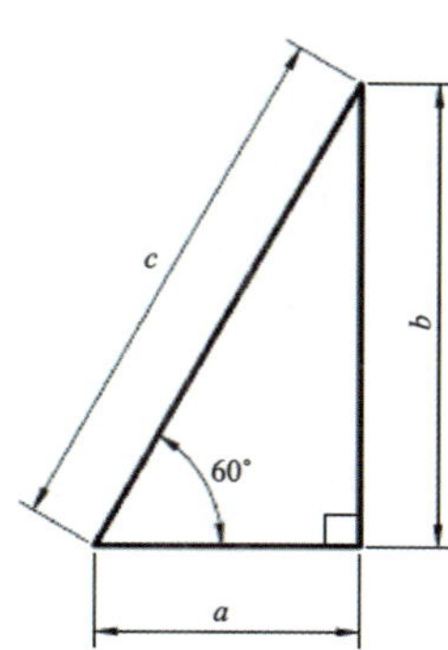

$$c = \sqrt{a^2 + b^2},$$
$$a = \sqrt{c^2 - b^2},$$
$$b = \sqrt{c^2 - a^2}$$

$\sin = \dfrac{b}{c}$ 또는 $\tan = \dfrac{b}{a}$

지급재료는 ∅50

정사각형 한변 a라 하면

대각선은 $a\sqrt{2}$ = 지름

$$a = \frac{50}{\sqrt{2}}$$
$$= 35.36$$

따라서

환봉의 길이는 35.36mm로 가공

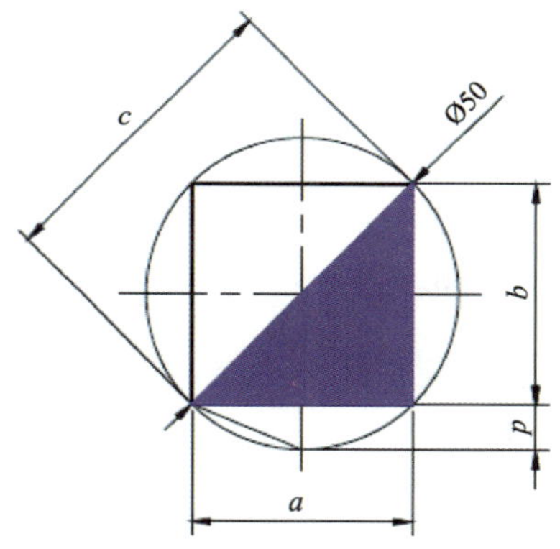

---

③ 원주면을 42.67mm로 가공한다.

위 계산에서

정사각형의 한변의 길이는 35.36mm이므로

$$50 - 35.36 = 14.64$$
$$p = \frac{14.64}{2} = 7.32$$

따라서

$$50 - 7.32 = 42.67$$

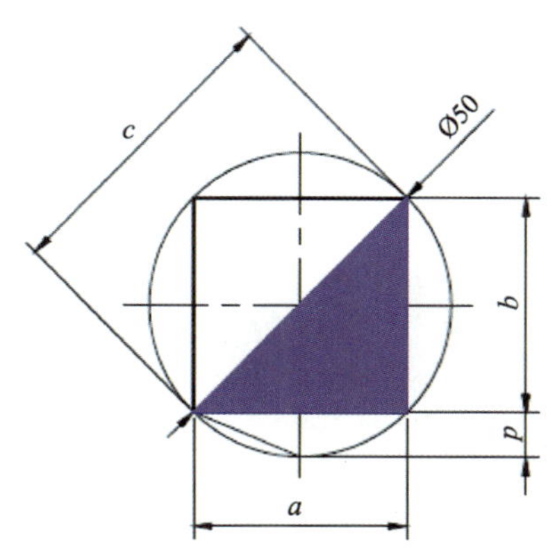

④ V블록이나 평행블록을 사용하여 원주면을 정면커터로 가공한다.

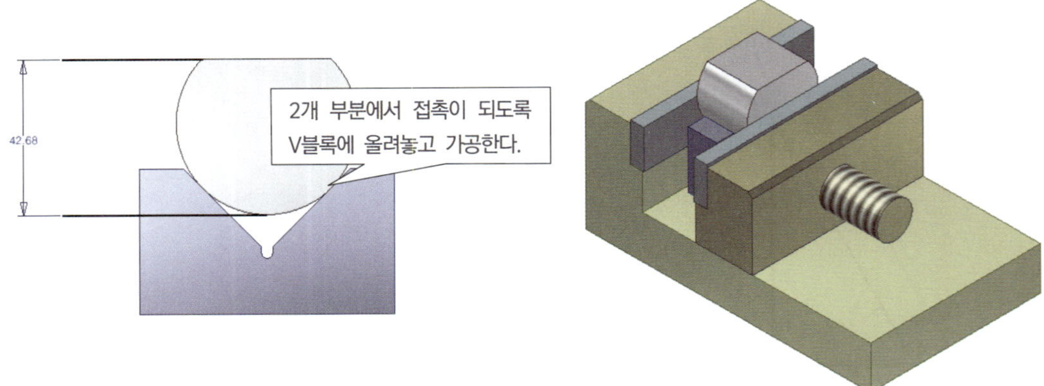

정면커터(Face Cutter)
주로 인서트 팁을 사용하며 생크가 없는 커터이다. 공작물의 평면가공에 주로 사용한다.

⑤ 기준면에서부터 다른 원주면을 가공하여 35.36 × 35.36 × 35.36mm로 만든다. 직각자를 사용하여 직각을 확인하면서 평행블록위에 올려놓고 정육면체로 가공한다.

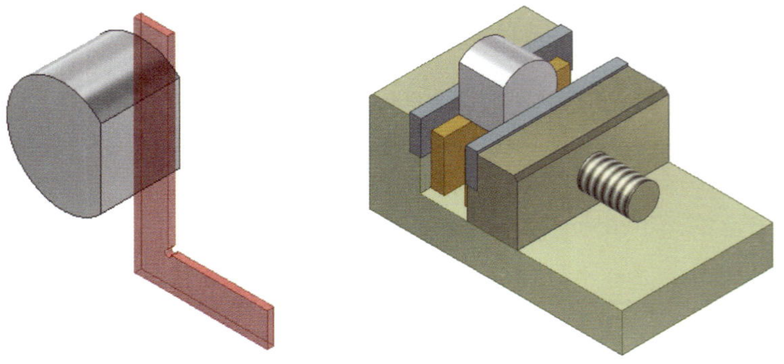

⑥ 직각을 확인하면서 평행블록 위에 올려놓고 다음과 같은 단계로 정육면체로 가공한다.

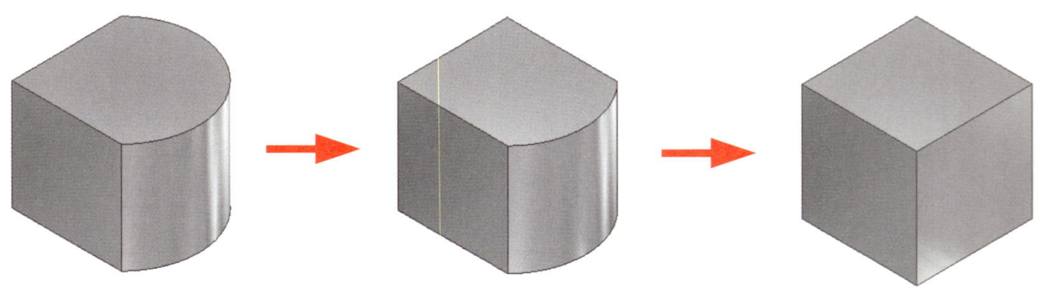

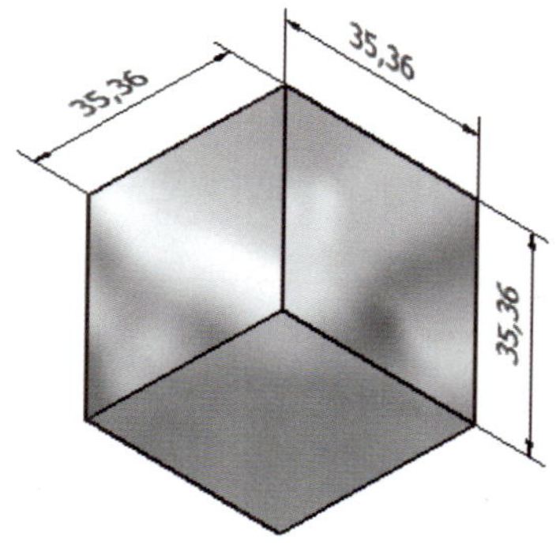

⑦ 주사위의 눈 위치에 금긋기 및 센터펀칭한다. 주사위의 눈(1, 2, 3, 4, 5, 6)은 7점 원리를 적용한다.

센터펀치 작업은 1차로 망치로 펀치를 약하게 때린 후 금긋기 교차 선에 정확하게 일치하면 2차로 강하게 때린다. 센터펀치 위치는 드릴의 시작 위치를 잡기위한 자국으로 정확하게 작업한다.

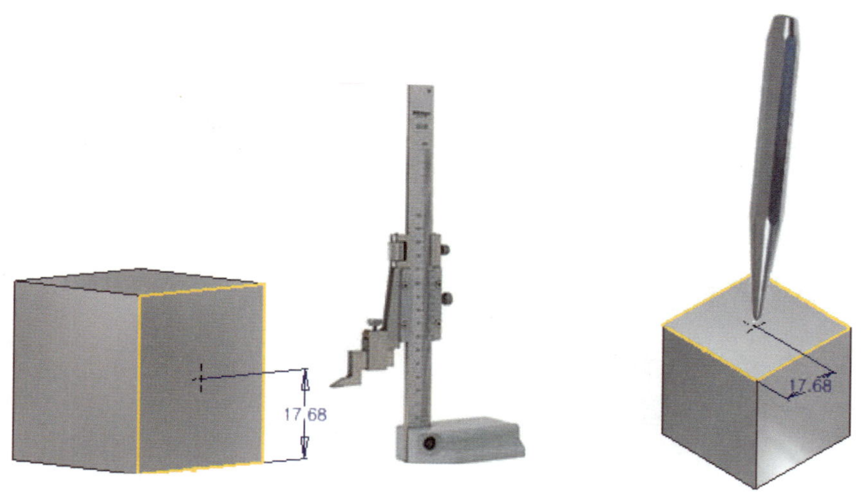

⑧ 주사위의 눈 위치에 드릴링(4mm)한다.

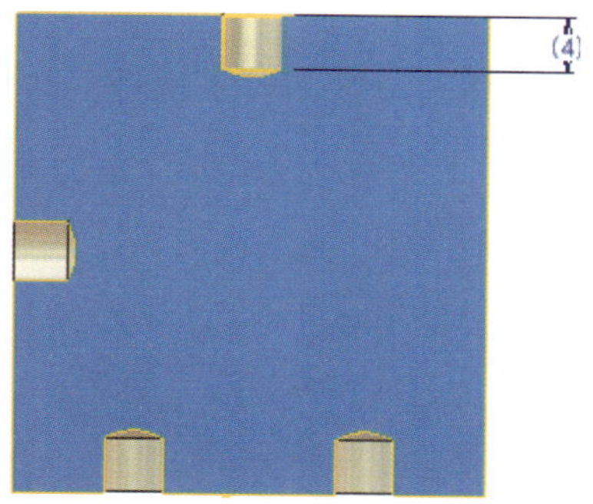

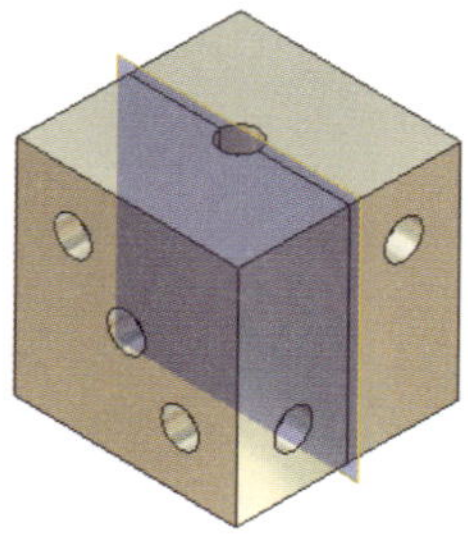

드릴 작업은 드릴바이스의 접촉면을 깨끗이 닦고 공작물이 수직 및 평행이 되도록 받침대(평행대)를 사용하여 바이스 조의 중앙에 고정한다. 공작물의 재질과 드릴 지름에 알맞은 주축회전수 및 절삭 속도를 정한다. 드릴 지름이 작으면 회전수를 고속으로 하고 지름이 크면 회전수는 저속으로 한다.

⑨ 구멍 및 각 모서리를 모따기 한다.

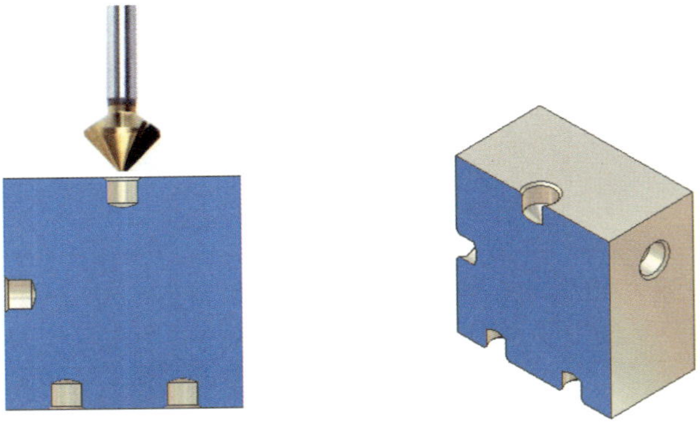

카운터싱크로 모따기

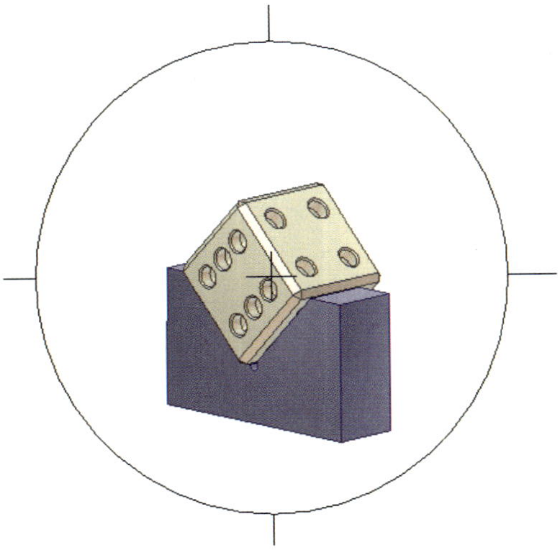

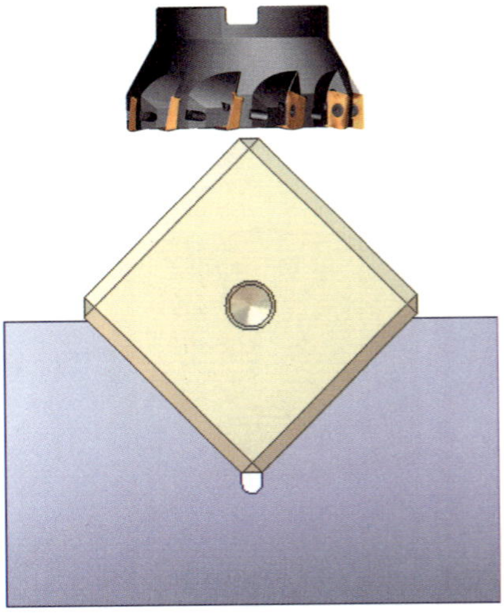

V블록 받침 및 정면커터로 모따기

⑩ 치수를 확인하며 고운 줄(유목)이나 기름숫돌로 거스러미를 제거하여 마무리한다.

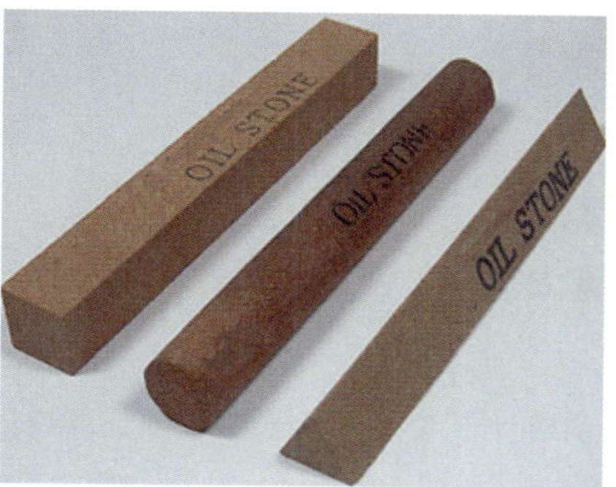

기름숫돌

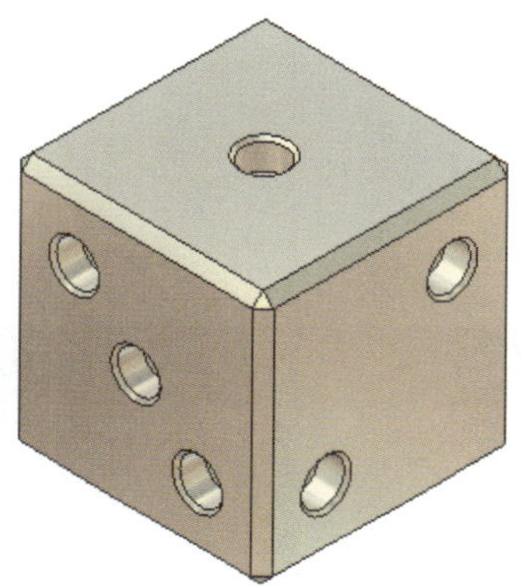

QUESTION

가공한 공작물을 측정한 결과 오차가 발생하였다. 그렇다면 원인은 무엇일까. 아래에서 원인을 찾아 표시(O X)하여 보세요.

작업을 수행하는 공작기계의 부정확도? (　　　)
아니면 사용하는 절삭공구의 마모? (　　　)
아니면 사용되는 재료의 상태불량? (　　　)
아니면 작업자의 불완전한 세팅? (　　　)
아니면 작업자의 불완전한 작업공정? (　　　)
아니면 사용하는 측정기의 오차? (　　　)
아니면 작업자 개인의 측정 오차? (　　　)

G ∷∷ 측정 및 품질 분석

학습 목표	
	1. 품질관리의 중요성에 대해 설명할 수 있다.
	2. 품질 분석표를 작성할 수 있다.

원하는 품질의 제품을 얻기 위해서는 품질관리는 매우 중요하다. 품질관리의 과정에는 기술 부문의 필수적인 성능과 기능을 분명하게 결정하는 기획설계 과정의 품질과 제작 과정에서 현장의 기술 수준에 따라 달라질 수 있으므로 제작과정의 품질이 중요하다.

1. 가공 부품 측정

〈표-6〉 조립품 및 부품 측정표 작성(예시 참조)

표 ➤ 조립품 및 부품 측정

조립품 및 부품 측정								
프로젝트 명								
작 성 자	소속			성명				
평가 구분	평가 사항					배점	득점	환산 점수
가공 상태 (80%)	항목	도면 치수	측정값					
			1차 측정	2차 측정	최종값			
	정밀 치수 (50%)							
	소계							

QUESTION

그림은 버니어캘리퍼스의 눈금으로 주척 39mm를 부척 20등분한 것이다. 측정값은?

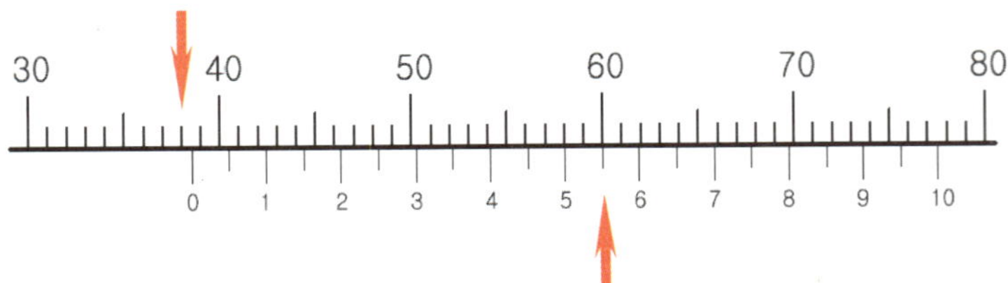

2. 완성품 품질 분석

부품 측정표와 전체적인 기능을 분석하여 불량 원인을 해결할 수 있는 방안을 조사한다.

〈표-7〉 4way 품질 분석표 작성(예시 참조)

표 ➤ 4way 품질 분석표

4way 품질 분석표				
프로젝트 명				
작 성 자	소속		성명	
A. 왜 불량이 발생하였는가?				
1 단계 Why?	(예) 왜 아침 등교시간이 늦었는가? → 아침에 늦게 일어나서 집에서 나왔다.			
2 단계 Why?	(예) 왜 늦게 일어났는가? → 어젯밤에 늦게 잠자리에 들었다.			
3 단계 Why?	(예) 왜 늦게 잠자리에 들었는가? → 인터넷 게임을 늦게까지 하였다.			
4 단계 Why?	(예) 왜 인터넷 게임을 늦게까지 하였는가? → 재미가 있어서 시간 가는 줄 몰랐다.			
B. 근본 요인은?				
(예) 계획성이 없는 생활을 하였다.				

품질관리 용어

- PCI(Product Confidence Index) : 제품 신뢰 지수
- SPC(Statistical Process Control) : 통계적공정관리
- TQC(Total Quality Control) : 전사적 품질 관리
- ZD(Zero Defect) : 무결점
- QTS(Quality Tracking System) : 품질 추적 시스템

H ::: 프로젝트 수행과정 발표

학습 목표	1. 프로젝트 수행과정을 정리하여 전시회 자료를 만들 수 있다. 2. 프로젝트 수행과정을 프레젠테이션 자료로 만들어 발표할 수 있다.

1. 전시회 자료 제작

프로젝트 과제 수행 과정을 사진으로 촬영하여 프레젠테이션 및 전시회 자료 제작을 위한 자료로 활용하고 제작 관련 자료를 모아 보관하며 이를 정리하여 제품을 이해할 수 있도록 전시회 자료를 만든다.

(한글 A4 용지 1쪽)
1. 주제
2. 목적
3. 제작기간
4. 팀원 및 참여단계
5. 수행과정 및 문제해결방법
6. 제작 후 느낀 점

2. 프레젠테이션 자료 제작

위 자료를 중심으로 파워포인트로 제작하고 발표는 큰 그림을 먼저 이야기 하도록 한다. 프레젠테이션 자료는 차트나 그림(사진)을 많이 활용한 내용으로 하며 가장 좋은 것을 마지막에 보여주면서 간결하면서 감동적인 마무리가 되도록 준비한다.

(파워포인트 슬라이드 5쪽 이내)
1. 무엇을 전하고 싶은가?
2. 어떻게 전하려 하는가?
3. 왜 그 방법이 필요한 것인가?
4. 어떤 성과를 얻고 싶은가?

단원 평가 문제

※ 다음 그림을 보고 물음에 답하시오.

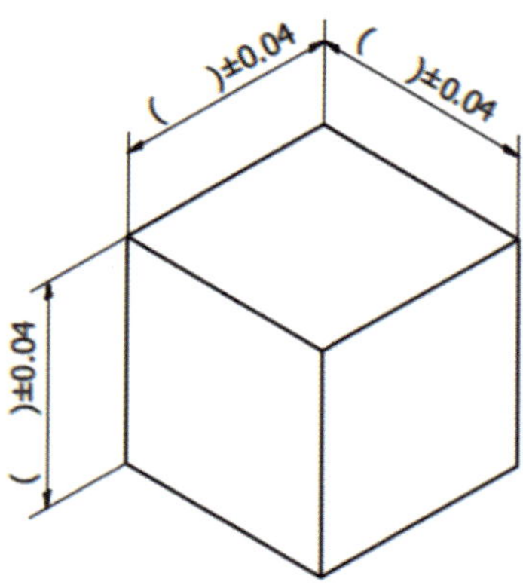

01 위 그림을 가공하기 위한 지급재료는 ∅40×100일 때 가공공정을 적으시오.

-
-
-
-
-

02 위 그림을 가공하기 위한 지급재료는 ∅40×40일 때 최대 치수(a, b)를 계산하시오(소수점 이하 둘째자리까지 계산).

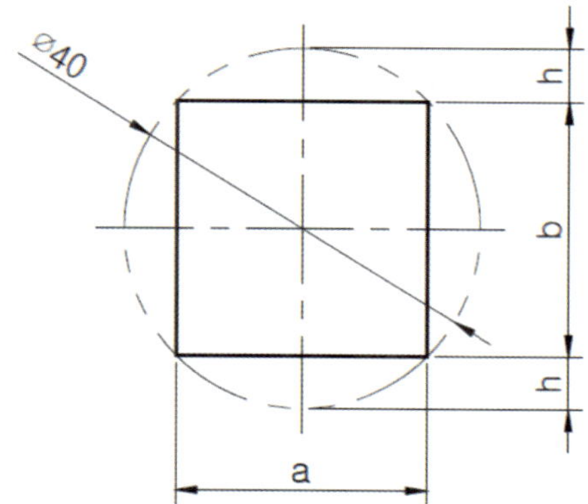

[계산]

03 가공 완성된 위 그림을 직접측정 하는데 필요한 것은?

① 버니어 캘리퍼스
② 외측 마이크로미터
③ 블록 게이지
④ 다이얼 게이지
⑤ 높이 게이지

※ 다음 그림을 보고 물음에 답하시오.

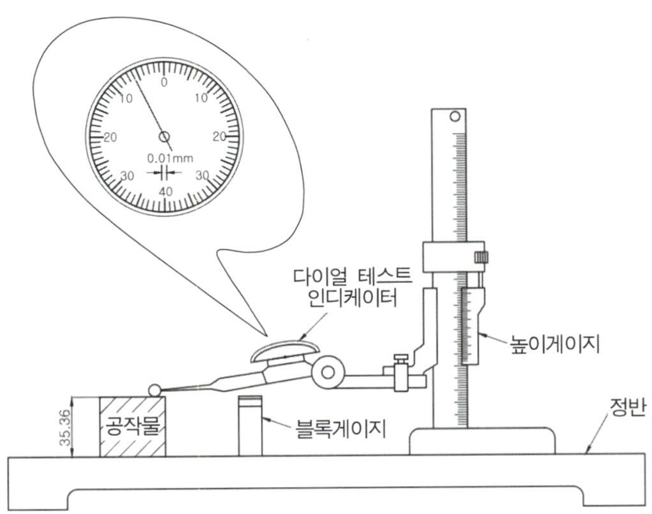

04 위 그림은 공작물(35.36㎜)을 정밀측정하기 위해 블록게이지 3개(30㎜, 4㎜, 1.3㎜)를 조합한 것에 다이얼테스트 인디케이터를 0점 세팅한 후 측정한 것이다. 공작물 측정값은?

① 35.24
② 35.30
③ 35.36
④ 35.42
⑤ 35.48

05 위 그림과 같은 측정방법은?

① 절대측정
② 직접측정
③ 비교측정
④ 간접측정
⑤ 상대측정

CHAPTER 02

축구공

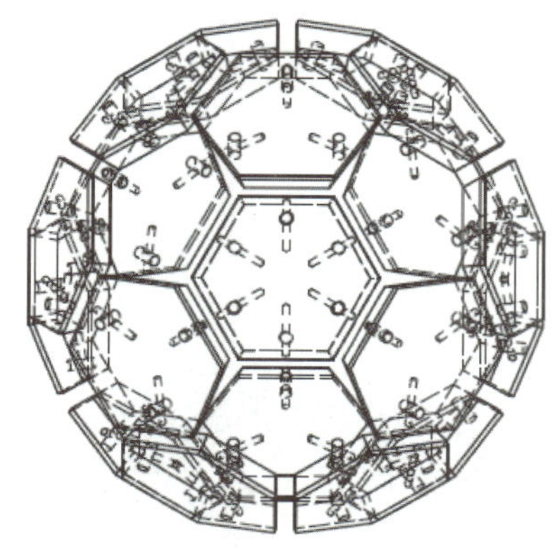

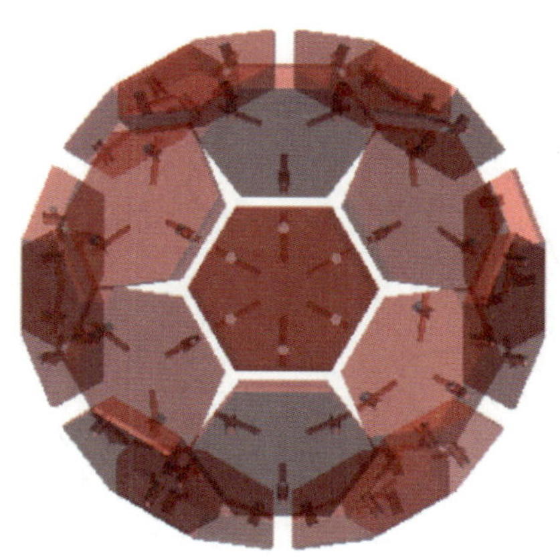

축구공

본 단원은 주변의 탐구대상을 축소 설계하고 제작해 보는 단원으로 육면체의 기준면 잡기, 직각 잡기, 치수 맞추기 등 가공순서와 가공방법 등을 학습한다. 설계단계의 축척 개념과 축소한 부품들에 적합한 KS규격품 선택 및 가공과 조립하며 부품들 간의 상호 관계를 익힐 수 있도록 한다.

또한 부품설계 및 KS규격품 선정－도면 작성－부품 가공－부품 조립－측정 과정을 단계별로 실습하고, 부품 가공에 필요한 공작기계의 선정, 재료의 선정, 절삭 공구의 선정 등 작품을 제작하는데 필요한 응용능력을 키우도록 한다.

A ::: 축구공 제작 프로젝트

축구공을 설계하고 출력하여 그 도면을 제작도면으로 실제로 공작기계를 이용하여 제작해보는 실습으로 기초적인 밀링과 드릴링 등의 조작능력과 가공 능력을 향상시킨다.

1. 학습목표

1) 정육면체의 개념을 알고 설계할 수 있다.
2) 도면을 이해하고 6면 입체도형을 만들 수 있다.
3) 치공구의 사용방법과 종류를 설명할 수 있다.

2. 프로젝트 과제명 : 축구공

3. 소요시간 : [20시간] ※ 준비된 재료 지급[20개]

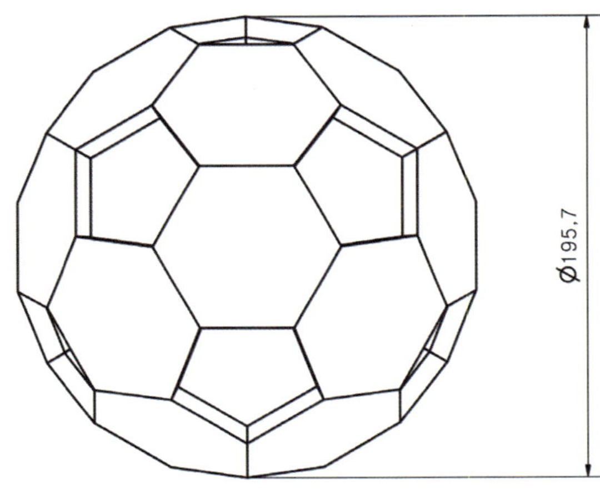

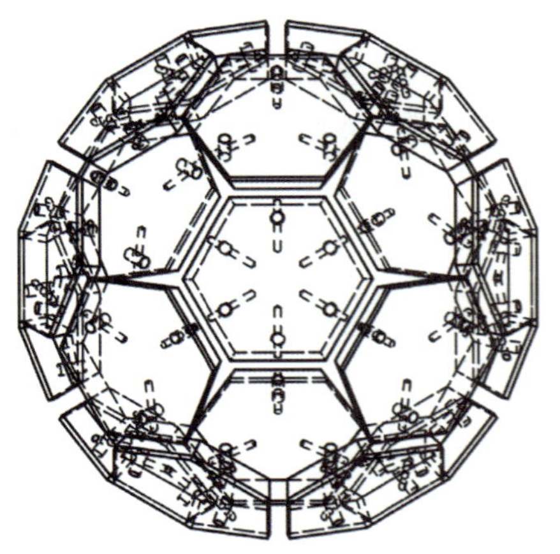

4. 보고서 작성 내용

[표-1] 프로젝트 담당업무 및 참여동기
[표-2/1] 도면(조립도) 검토 및 분석
[표-2/2] 도면(부품도) 검토 및 분석
[표-3] 소요 가공재료 및 KS규격품
[표-4] 기계 및 공구, 측정기
[표-5] 부품 가공 시 안전 및 유의 사항 조사
[표-6] 조립품 및 부품 측정
[표-7] 4way 품질 분석
[표-8] 부품 가공 순서

축구가 하나의 놀이로서 처음 생겼을 때 사용된 공 혹은 발로 차기 위한 도구로 아마 천이나 짚으로 뭉친 덩어리가 쓰였을 것으로 여겨진다. 축구와 유사한 운동이 존재한 몇몇 나라에서는 돼지의 오줌보 등도 사용되었다. 축구가 공식적으로 경기의 모습을 갖추고 인간 기술이 발달함에 따라 바람을 넣어 둥근 모양으로 만든 축구공이 고안되었다.

사이즈	무게(g)	둘레(mm)
5호(시합용)	410-450	680-700
4호	350-390	635-660
3호	300-320	570-590

축구공은 1960년 아디다스사가 12개의 정오각형과 20개의 정육각형 가죽을 끼워 만든 32면체 형태가 가장 기본형이다. 32면체 형태의 축구공은 오일러 공식에 의해 만들어졌다. 오일러의 공식이란 다면체에서 '꼭짓점의 수-모서리의 수+면의 수=2'라는 공식이 항상 성립함을 의미한다.

2002년 한일 월드컵에서 쓴 공인구 피버노바도 32면체다. 정20면체는 정삼각형 20개로 구성된 입체도형이다. 꼭지점은 12개고, 면은 20개다. 정20면체에서 각 변을 3등분해 각 분점을 연결하면 각 면은 정육각형으로 각 꼭지점은 정오각형으로 바뀐다. 따라서 정20면체에서 각 변을 등분해 정오각형 12개와 정육각형 20개로 구성된 32면 입체도형을 만들 수 있다.

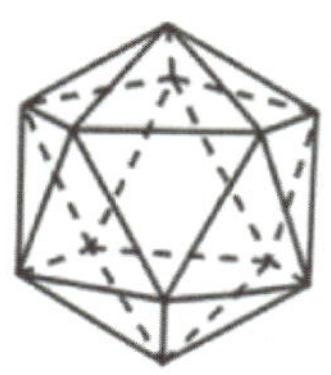

2006 FIFA월드겁 공인구 팀가이스트가 발표 되면서 새로운 형태로 변형됐다. 팀가이스트는 이전의 축구공과는 달리 14개의 조각만으로 만들어졌다. 공의 어디를 봐도 예전 공에서 볼 수 있었던 오각형이나 육각형 모양을 찾아볼 수 없다. 이 공은 월드컵 트로피를 둥글게 단순화한 모양의 조각 6개와 삼각 부메랑 모양의 조각 8개로 구를 만들었다.

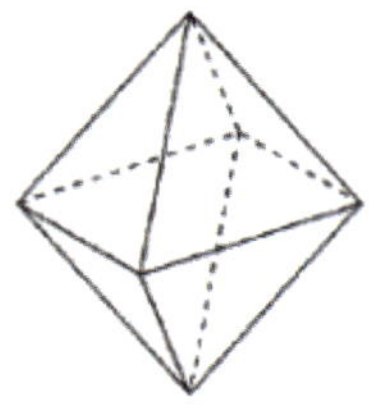

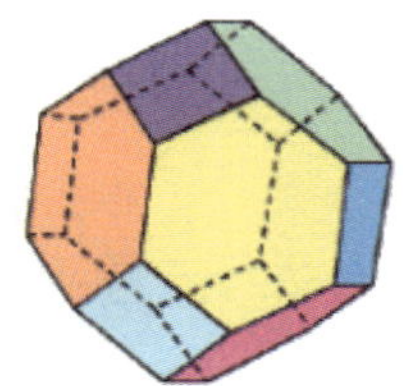

2010년 FIFA 월드컵의 공인구인 자블라니는 8개의 조각으로 이루어져 더욱 구형에 가깝게 되었다.

출처 : http://www.hellodd.com/news, https://ko.wikipedia.org/wik

축구공 전개도

* 전개도를 오려서 접어봅시다.

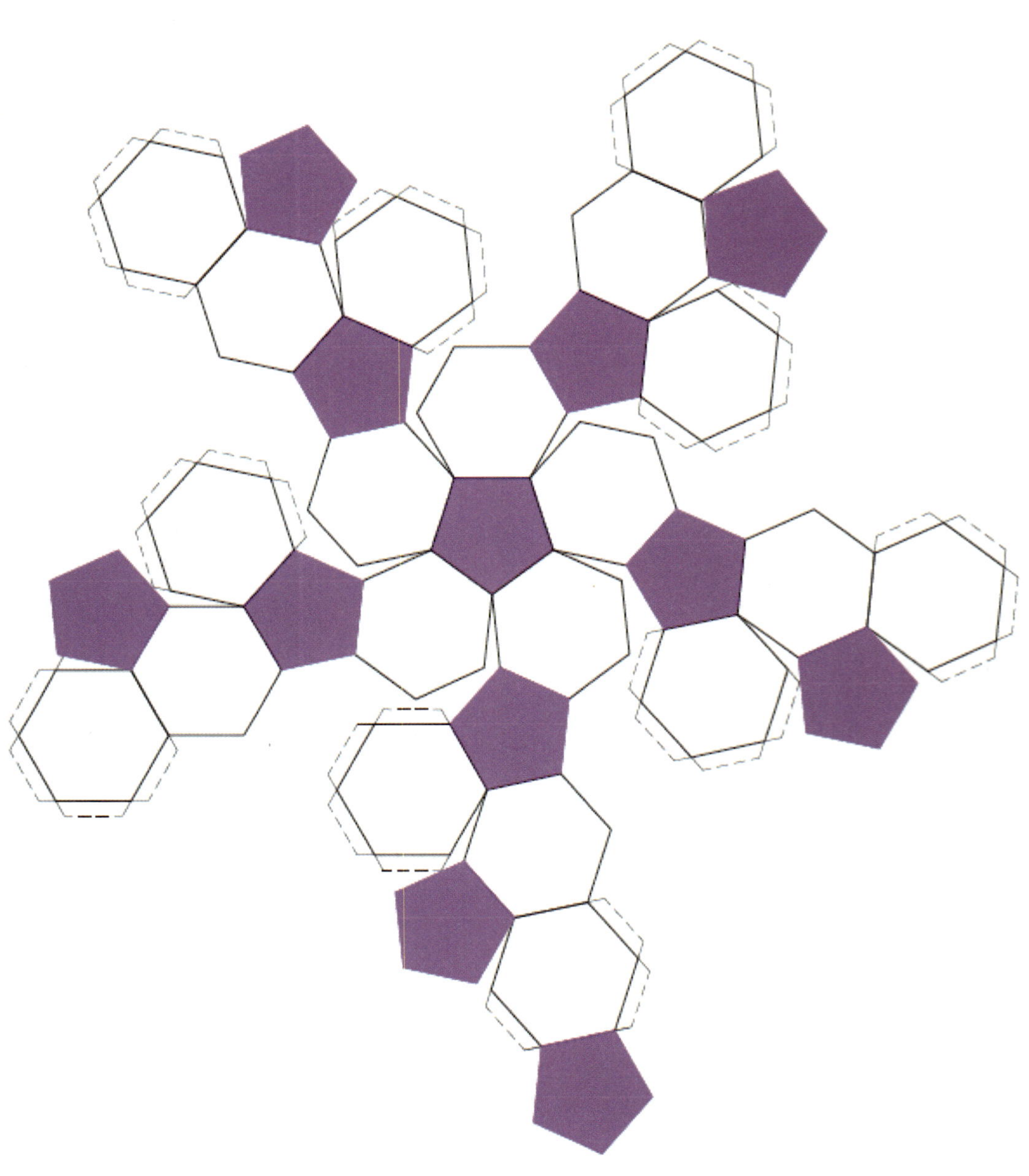

B ::: 프로젝트 도면

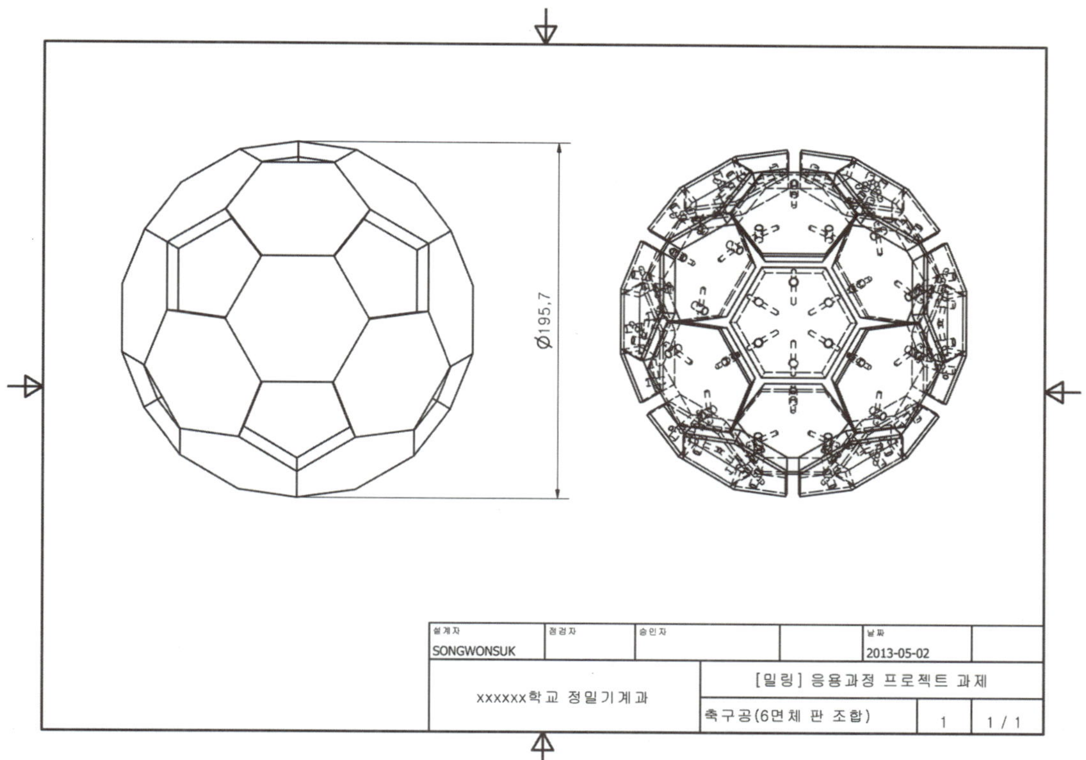
Ø195.7
설계자
SONGWONSUK
점검자
승인자
날짜
2013-05-02
xxxxxx학교 정밀기계과
[밀링] 응용과정 프로젝트 과제
축구공(6면체 판 조합)
1
1 / 1

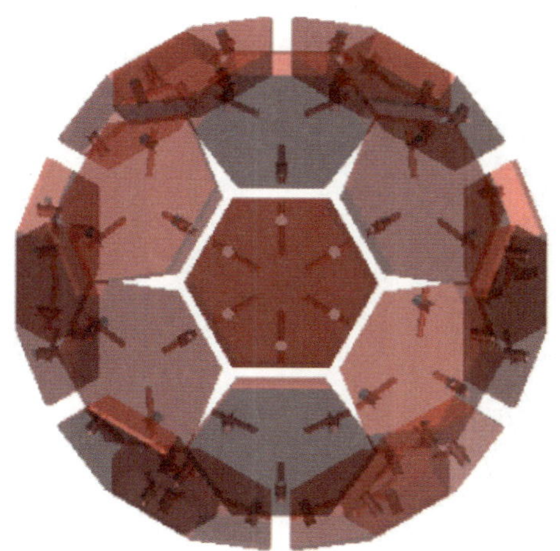

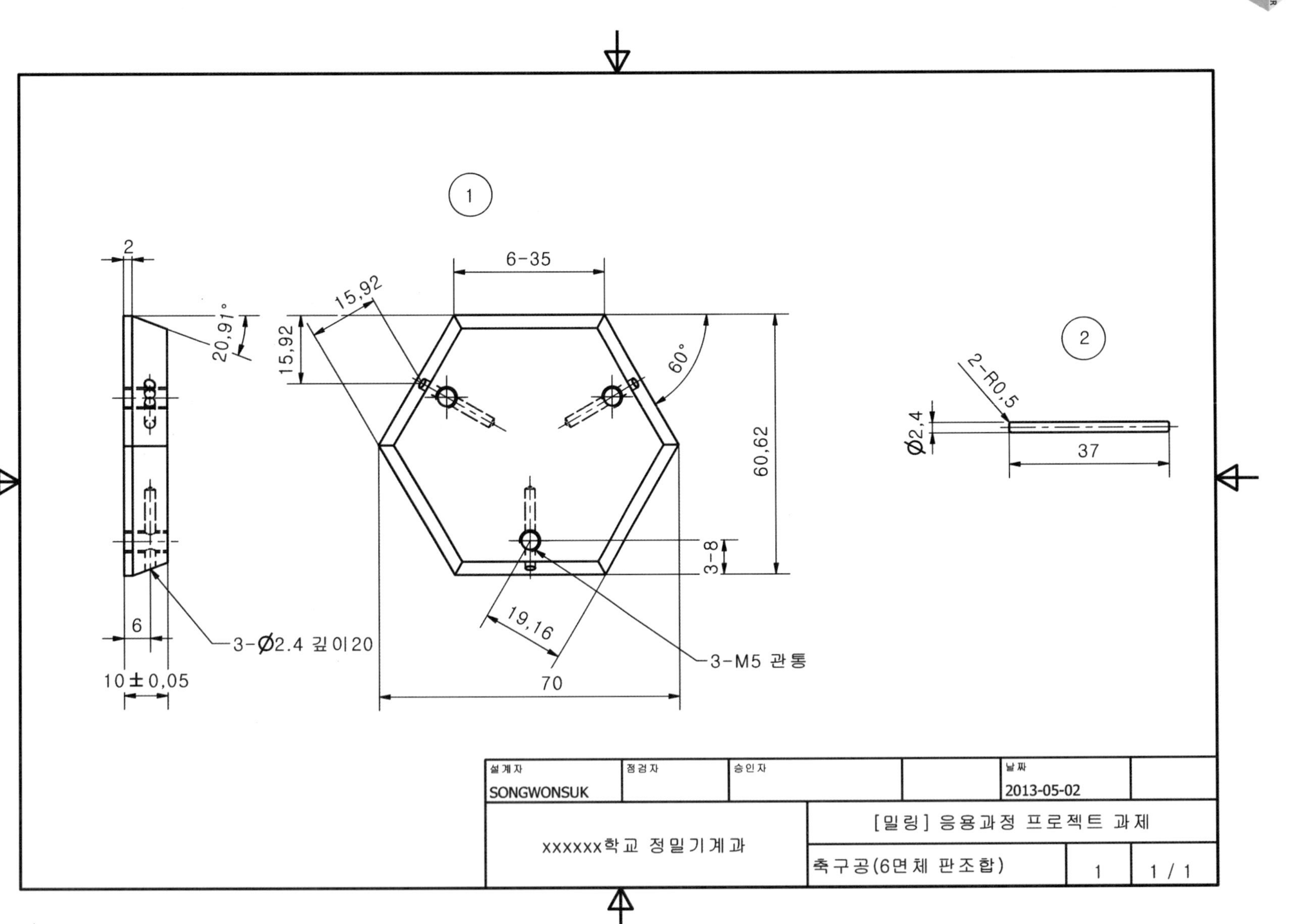
①
2
20,91°
15,92
15,92
6-35
60°
60,62
3-8
19,16
70
6
10±0,05
3-Ø2.4 깊이20
3-M5 관통
②
2-R0,5
Ø2,4
37
설계자
SONGWONSUK
점검자
승인자
날짜
2013-05-02
xxxxxx학교 정밀기계과
[밀링] 응용과정 프로젝트 과제
축구공(6면체 판조합)
1
1 / 1

C ∷ 프로젝트 수행계획서 작성

학습 목표	1. 작업 단계별 계획서를 작성할 수 있다. 2. 계획서 작성 방법 및 내용을 설명할 수 있다.

수행계획서는 작품 제작 과정에 필요한 것들을 단계별로 작성한다. 조립도 및 부품도면 작성, 소요재료 목록 작성, 사용기계 및 공구 목록 작성, 측정기, 부품 가공 공정 작성, 가공부품 채점, 완성품 품질분석 등을 작성한다.

〈표-9〉 프로젝트 수행계획서 작성(예시 참조)

본 프로젝트는 기능습득 목적의 과제 제시형 프로젝트로 「수행계획서」는 작품 제작완료 후 정리하여 작성한다. 연구 및 발명 프로젝트는 반드시 작품 제작 전에 계획서를 작성한다.

표 ➤ 수행계획서 작성

<table>
<tr><th colspan="5">프로젝트 수행계획서</th></tr>
<tr><td>프로젝트 명</td><td colspan="4"></td></tr>
<tr><td>작 성 자</td><td>소속</td><td></td><td>성명</td><td></td></tr>
<tr><td>일정</td><td>계획</td><td>내 용</td><td>업무분담</td><td>준비물</td></tr>
<tr><td></td><td></td><td></td><td></td><td></td></tr>
<tr><td></td><td></td><td></td><td></td><td></td></tr>
<tr><td></td><td></td><td></td><td></td><td></td></tr>
<tr><td></td><td></td><td></td><td></td><td></td></tr>
</table>

D ::: 도면 작성 및 도면 분석

학습 목표	1. 각 부품을 스케치할 수 있다. 2. 각 부품을 설계(CAD)할 수 있다.

제시한 과제 분해도와 조립도, 부품도를 참고로 스케치하면서 과제의 특징을 파악하여 제작과정상 주의할 점을 조사한다.

1. 부품 스케치하기

제시된 도면의 각 부품을 프리 핸드로 등각투상하면서 제품의 형상을 이해한다. 도면의 부품 등각투상도는 아래 그림과 같이 치수에 맞게 그린다.

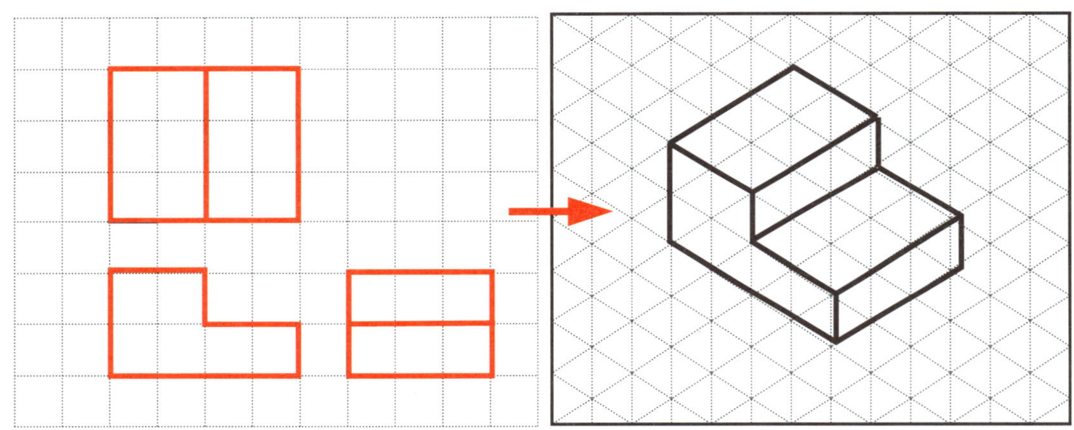

부품 및 등각투상도 예

※ 부록 2 : 스케치도 그리기(모눈종이)

스케치는 산업현장에서 기계부품 등의 현물을 측정하여 제도기 없이 프리 핸드(free hand)로 연필로 그리며 설계 또는 제작도를 작성하기 위해서 행해진다.

2. 도면(조립도) 검토 및 분석하기

도면을 분석하여 설계자의 요구사항은 무엇인지를 확인한 후 설계목적, 운동, 마모, 부품연결, 부품역할, 주유, 끼워 맞춤, 열처리, 도장, 가공, 고정, 조립, 사용한 재질의 절삭성 및 절삭유제의 사용여부 등을 분석한다.

〈표-2/1〉 도면(조립도) 검토 및 분석표 작성(예시 참조)

표 ➤ 도면(조립도) 검토 및 분석표

도면(조립도) 검토 및 분석표			
프로젝트 명			
작 성 자	소속		성명	
구분	검토 사항		검토 결과
1	도면을 검토 및 분석결과 조립가능 여부와 제품의 기능(운동)은? ⇨		
2	제품의 정밀치수(일반치수 제외)는 몇 개소 있으며, 보유한 공작기계 및 공구로 가공이 가능한가? ⇨		

E ::: 부품 가공 준비

학습 목표	1. 가공에 필요한 공구와 기계, 측정기를 선정할 수 있다. 2. 가공한 부품과 규격품을 이용하여 정밀하게 조립할 수 있다.

도면 내용을 분석한 다음 보유하고 있는 시설 현황을 조사하여 부품 가공에 필요한 공작 기계, 절삭공구, 측정기, 소요재료 등을 선정한다.

1. 부품 가공에 필요한 공작 기계 선정하기

KS규격과 명칭에 따라 품명에는 사용해야 할 공작기계를 적으며, 규격(사양)과 수량을 적는다. 활용 내역에는 기계 기구를 사용할 부품번호와 작업내용을 적는다.

〈표-4〉 기계 및 공구, 측정기 작성[25] (예시 참조)

표 ➤ 가공에 필요한 기계 및 공구

가공 기계 및 공구						
프로젝트 명						
작 성 자		소속		성명		
연번	품명	규격		수량	활용 내역	

25) 사용해야 할 공작기계와 공구 및 측정기를 적으며, 규격(사양)과 수량을 적는다. 비고란에는 용도를 적는다.

2. 부품 가공에 필요한 측정기구 선정하기

도면 내용을 분석한 다음 보유한 측정 기구를 조사하고 부품 가공에 필요한 측정 기구를 선정하여 준비한다.

〈표-4〉 기계 및 공구, 측정기 작성[26] (예시 참조)

표 ➤ 가공에 필요한 측정기 선정

가공에 필요한 측정기						
프로젝트 명						
작 성 자	소속			성명		
연번	품명	규격	수량	활용 내역		

3. 제작에 필요한 재료 선정하기

부품 가공에 필요한 재료 치수를 뽑고 다음 표를 작성하여 구매 신청을 할 수 있도록 준비한다. 규격품은 KS규격에 따라 품명과 재질, 규격, 수량을 적고, 비고란에는 KS규격분류기호와 번호, 열처리 여부를 기록한다. 단, 재료는 가공이 수월한 연강(SM20C), 황동, 알루미늄 등을 사용해도 되며 규격은 가공여유(+3~5)를 포함한 치수를 적는다.

〈표-3〉 소요 가공재료 및 KS규격품 작성(예시 참조)

표 ➤ 소요 가공재료 및 KS규격품

소요 가공재료 및 KS규격품					
프로젝트 명					
작 성 자	소속		성명		
부품번호	품명	규격	수량	재질	비고

26) 사용해야 할 공작기계와 공구 및 측정기를 적으며, 규격(사양)과 수량을 적는다. 비고란에는 용도를 적는다.

4. 부품 가공 시 안전 및 유의 사항 조사하기

부품 가공 시에 필요한 안전사고 유의 사항을 조사하고 이를 근거로 실제 가공에 있어 안전사고가 발생하지 않도록 철저히 준비한다.

〈표-5〉 부품 가공 시 안전 및 유의 사항 작성(예시 참조)

표 ➤ 제품 가공 시 안전 및 유의 사항

제품 가공 시 안전 및 유의 사항[27]			
프로젝트 명			
작 성 자	소속		성명	
연번	안전 및 유의 사항	"불안전한 행동" 또는 "불안전한 상태" 구분	

27) "불안전한 행동"과 "불안전한 상태" 구분
1. 불안전한 행동 : 실습에 임하는 자세로 안전수칙 준수, 기계 및 공구의 사용, 안전한 작업 등
2. 불안전한 상태 : 작업환경으로 정리, 정돈, 청결 등

F 부품 가공

학습 목표	1. 판재의 6면체 가공공정에 대해 설명할 수 있다. 2. 원활한 기계조작으로 공차대로 정확하게 가공할 수 있다.

모든 기구들은 여러 개의 부품으로 조합되어 있으며 각 부품들은 상대적인 상관관계를 가지고 있다. 따라서 조립부의 치수는 정밀도가 요구되므로 1차 가공한 후 다듬질로 마무리한다.

1. ①번 부품 가공

- 지급재료 : 10 × 85 × 85

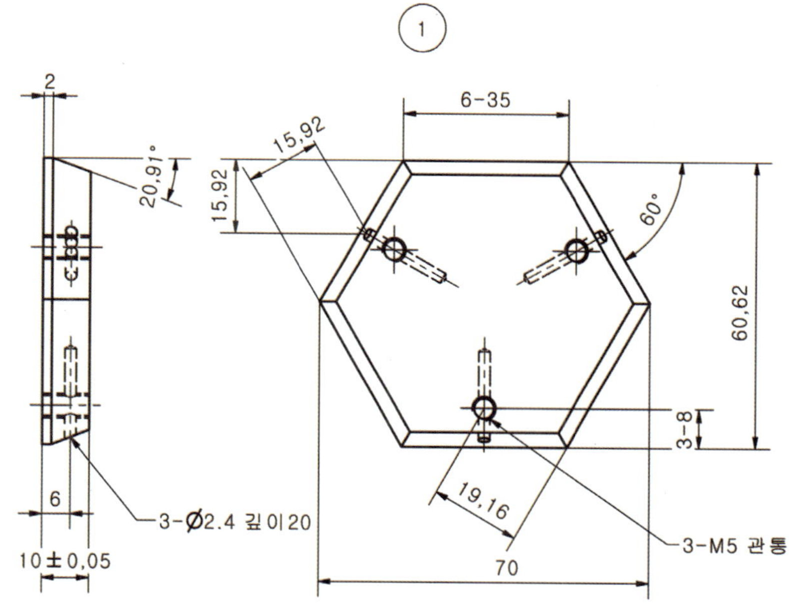

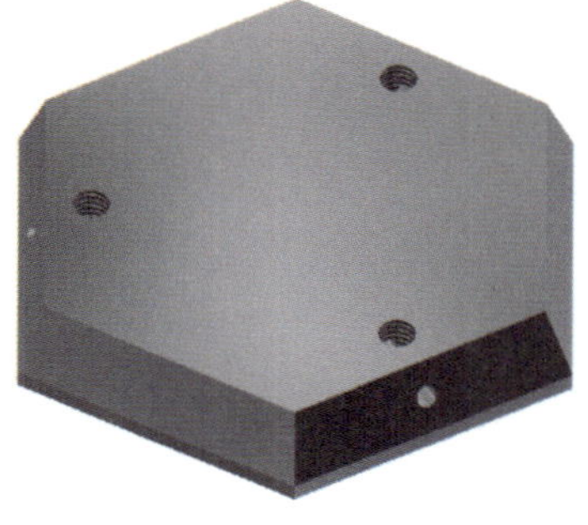

1) 도면 검토 및 수정하기

치수, 끼워 맞춤, 기하공차[28], 표면 거칠기, 제품의 기능, 요구사항 등을 확인한다. 제작상의 문제점이 있으면 수정하고 수정된 도면을 제작도면으로 사용한다.

〈표-2/2〉 도면(부품도) 검토 및 분석표 작성(예시 참조)

표 ➤ 도면(부품도) 검토 및 분석

도면(부품도) 검토 및 분석				
프로젝트 명				
작 성 자	소속		성명	
구분	검토 사항			검토 결과
1	끼워 맞춤이나 기하공차 등 중요치수는? ⇨			
2	지급 소재의 공급 상태는? ⇨			

2) 부품 가공 순서 정하기

부품 가공 공정을 결정하는 작업은 제작 시간단축 및 조립상태 확인, 가공불량 등을 줄일 수 있다. 따라서 부품도를 분석하여 각 부품을 어떤 순서로 어떻게 가공할 것인가를 가공 전에 생각하여 가공 순서를 정하고 이를 토대로 실제 가공에 이용한다.

〈표-8〉 부품 가공 순서 작성(예시 참조)

28) 치수공차로 규제된 제품은 치수가 맞아도 형상에 따라 결합이 안 되는 경우가 있으나, 기하공차로 규제된 제품은 치수가 조금 틀리는 최악의 경우에도 결합이 가능하다. 따라서 기하공차는 제품의 기능 및 결합 부품들 간의 상호 호환성을 규제하는 것으로 고 정밀한 제품에는 필히 적용되고 있다.

표 ➤ 부품 가공 순서

부품 가공 순서				
프로젝트 명				
작 성 자	소속		성명	
부품 번호	가공 순서 및 방법			
	공정번호	사용기계	작업내용	
	10			
	20			

3) 부품 가공 따라하기

① 기준면 및 3직각을 가공한다.

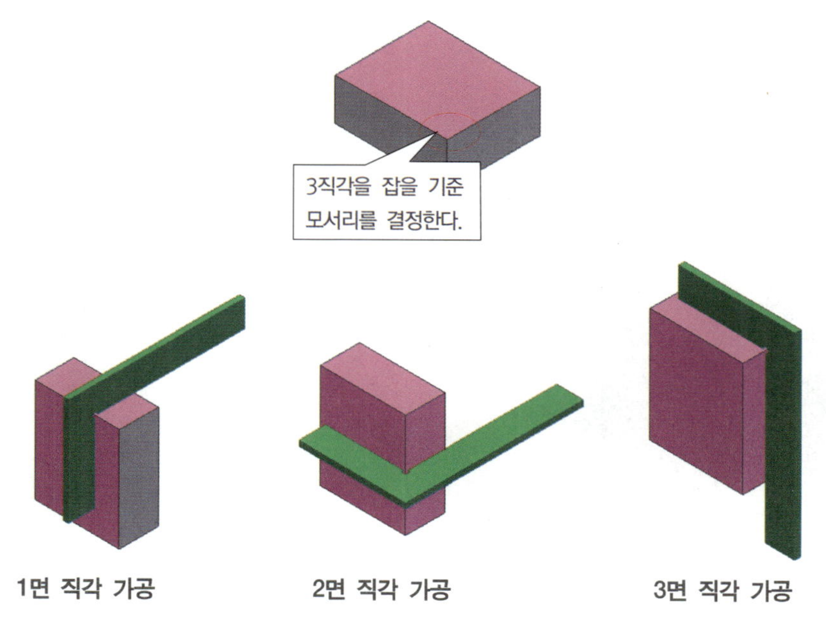

직각을 잡을 때는 데이텀에 따라 직각자로 측정이 편리한 면을 1차 기준면으로 선정하여 다듬질 가공한다. 넓은 면을 기준면으로 가공한 후 그 면을 기준으로 제1면, 제2면, 제3면을 직각자로 측정하면서 가공한다.

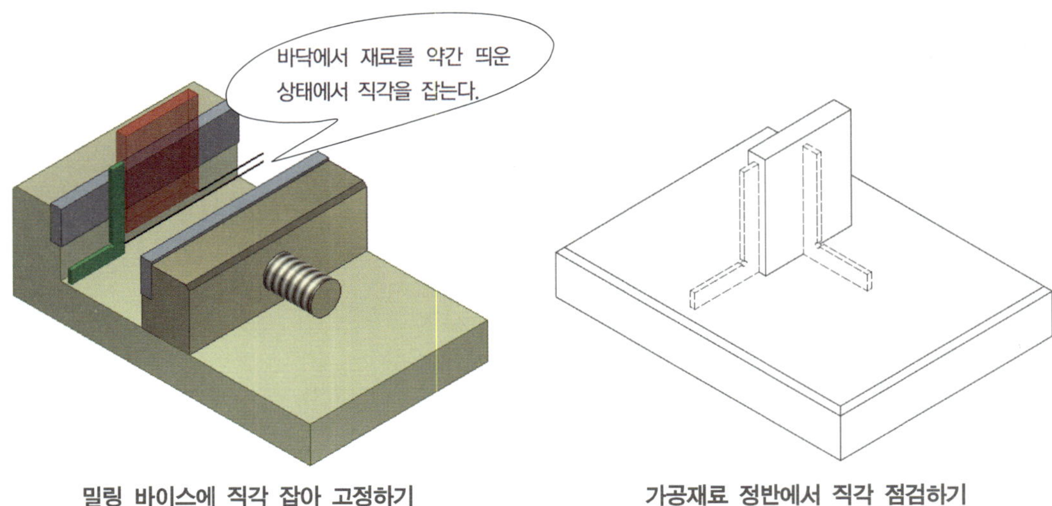

밀링 바이스에 직각 잡아 고정하기　　가공재료 정반에서 직각 점검하기

② 기준면에서부터 치수 10mm × 60.62mm × 70mm를 금긋기 한다.
금긋기는 공작물을 돌려가며 전면(4면)에 하며, 재료의 두께가 얇을 때는 재료가 흔들려 부정확한 금긋기가 될 수 있으므로 뒷면에 보조 블록을 받치고 금긋기 한다.

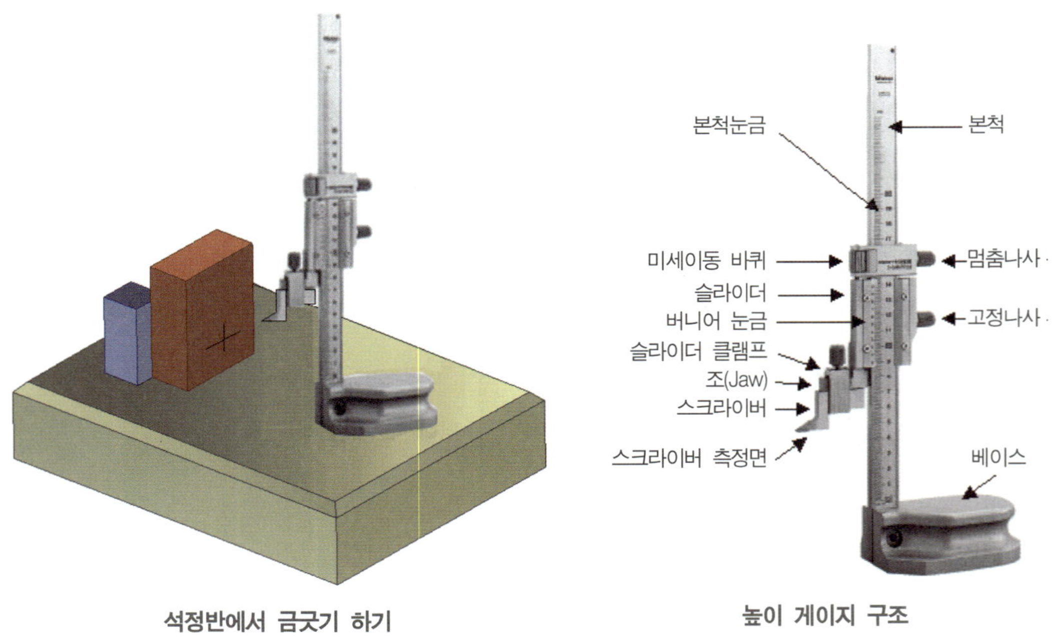

석정반에서 금긋기 하기　　높이 게이지 구조

금긋기 전에 높이게이지의 0점 조정을 한다. 0점 조정은 스크라이버 측정면을 석정반에 밀착시킨 후 버니어 눈금(어미자와 아들자) 눈금일치를 확인하여 조정한다.

③ 외곽치수(10mm × 60.62mm × 70mm)를 가공한다. 두께 가공은 평행블록을 이용한다.

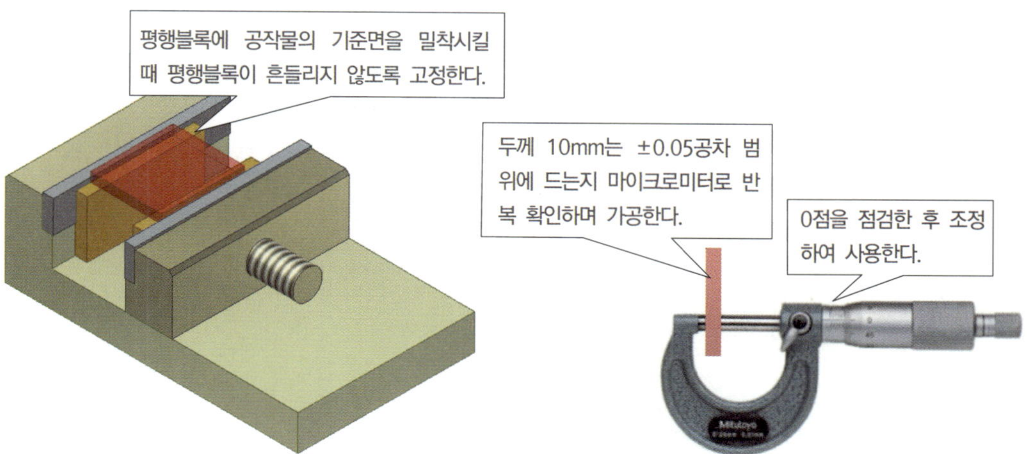

정면커터(Face Cutter)
주로 인서트 팁을 사용하며 생크가 없는 커터이다. 공작물의 평면가공에 주로 사용한다.

④ 6면체 가공은 v 블록(60°)에 올려놓고 꼭지점 기준(75.78mm)으로 금긋기 및 가공한다.
※축구공은 6면체 20개로 조합되므로 각각의 치수가 정확하게 가공되어야 한다.

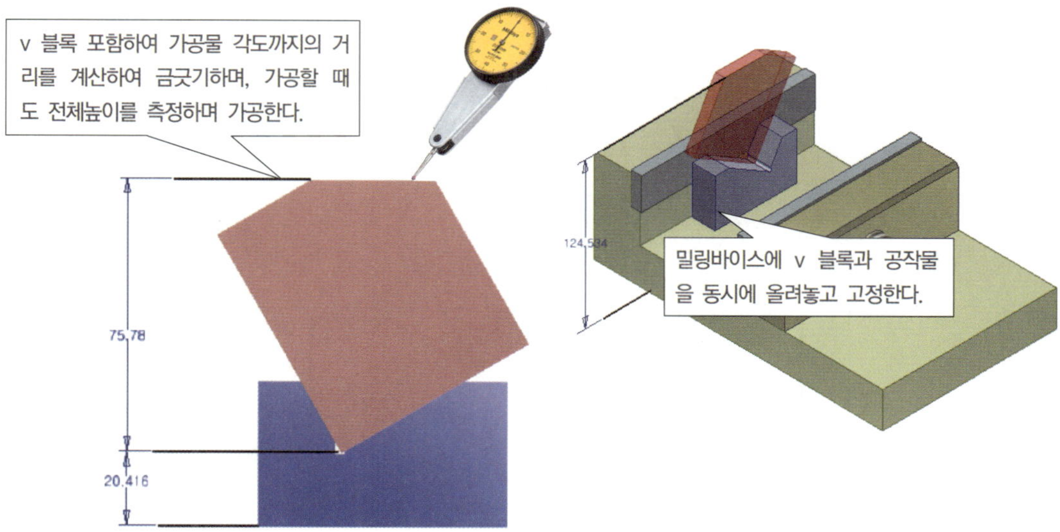

꼭지점에서 각까지의 거리를 정확하게 가공을 해야 할 필요가 있을 때는 v 블록과 가공물의 각도까지의 거리를 계산값에 따라 측정하면서 가공한다. 측정할 때도 v 블록에 공작물을 올려놓은 상태로 v 블록 밑면에서 공작물 가공면까지 전체를 버니어캘리퍼스로 측정하거나 정반에서 인디케이터로 측정한다.
(참고) : 다음 쪽 45° v 블록을 이용하여 각도 가공하기

■ 60° V 블록을 이용하여 각도 가공하기

계산에 필요한 삼각함수

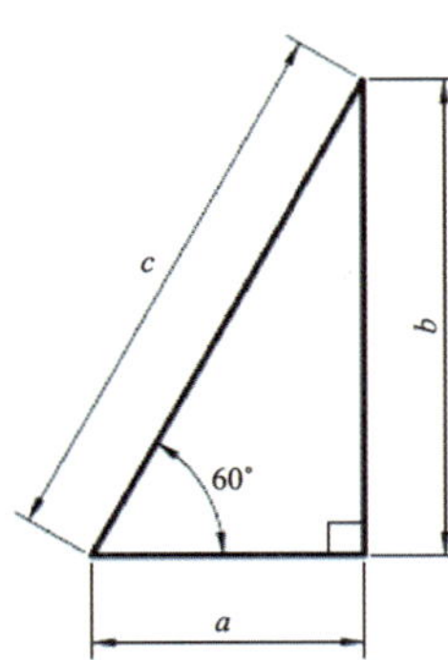

$$c = \sqrt{a^2 + b^2},$$

$$a = \sqrt{c^2 - b^2},$$

$$b = \sqrt{c^2 - a^2}$$

$\sin = \dfrac{b}{c}$ 또는 $\tan = \dfrac{b}{a}$

[방법] 60° V-블록에 공작물을 올려놓고 전체 거리를 측정하며 가공한다(다음 쪽의 거리 계산방법 참고).

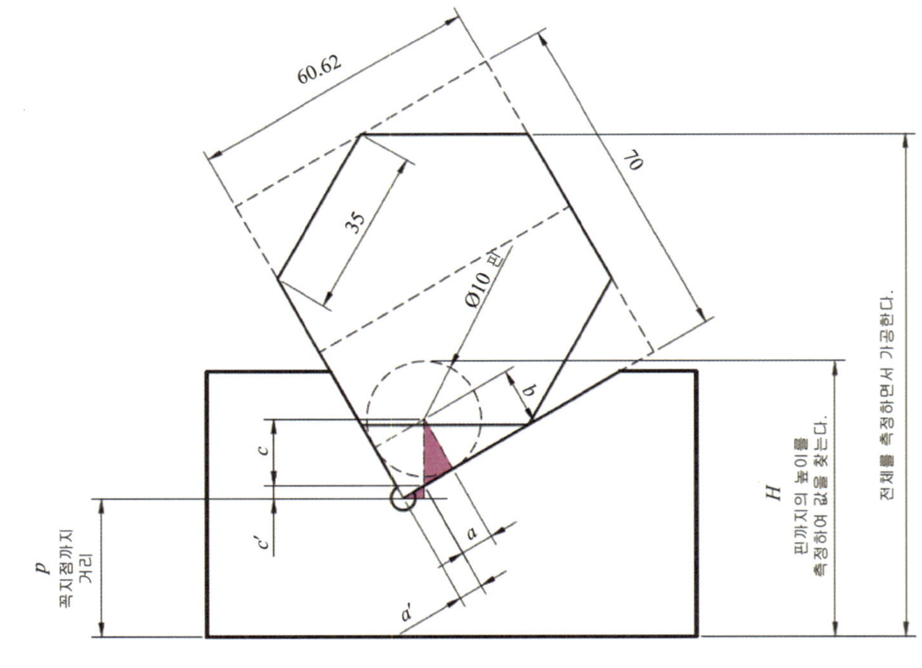

① V 블록의 밑면에서 꼭지점(P)까지의 거리를 구한다.

[풀이] 제로핀을 사용한다. 핀의 지름이 ∅10이므로 $b=5$

$\sin60=\dfrac{5}{c}$ 또는 $\tan60=\dfrac{5}{a}$

$c=\dfrac{5}{\sin60}=5.77$,

$a=\dfrac{5}{\tan60}=2.89$

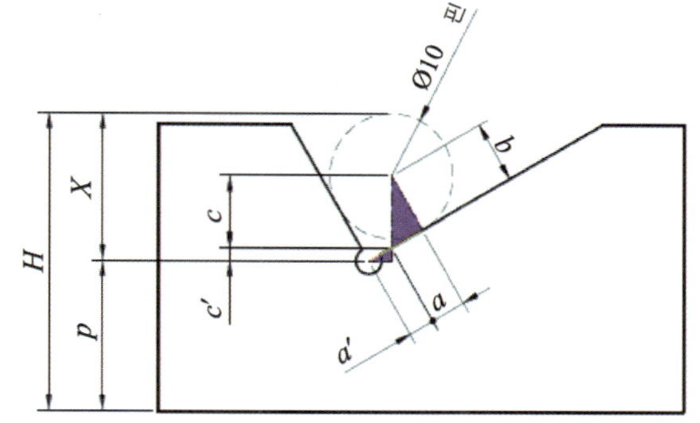

a'는 $5-2.89=2.11$

c'는 $\sin30=\dfrac{c'}{a'}$

$c'=a'\sin30$, 위에서 $a'=2.11$

$c'=\sin30\times2.11=1.06$

따라서

$P=H-(5+5.77+1.06)$

② 정육각면체의 b 거리를 구한다.

[풀이] 정육각면체의 한변의 길이를 35mm로 할 때 직사각형은 60.62mm×70mm

$\sin30=\dfrac{a}{30.31}$

$a=\sin30\times30.31=15.16$

따라서

$b=15.16+60.62$

$\quad=75.78$

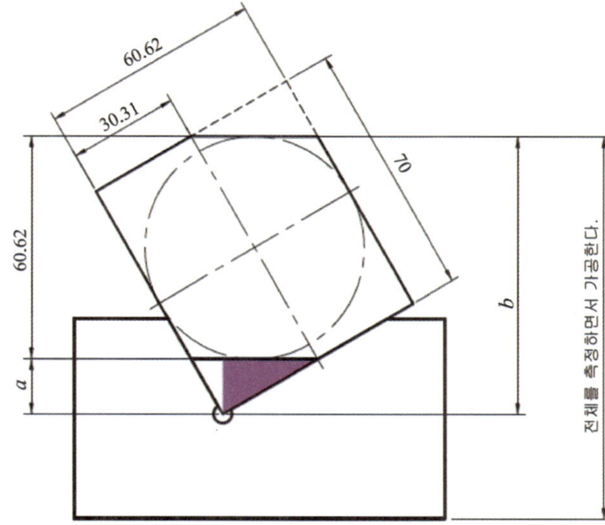

⑤ 동일방법으로 다른 꼭지점을 기준(75.78mm)으로 가공한다.

⑥ 가공면을 기준으로 외곽치수(60.62mm)를 가공한다.

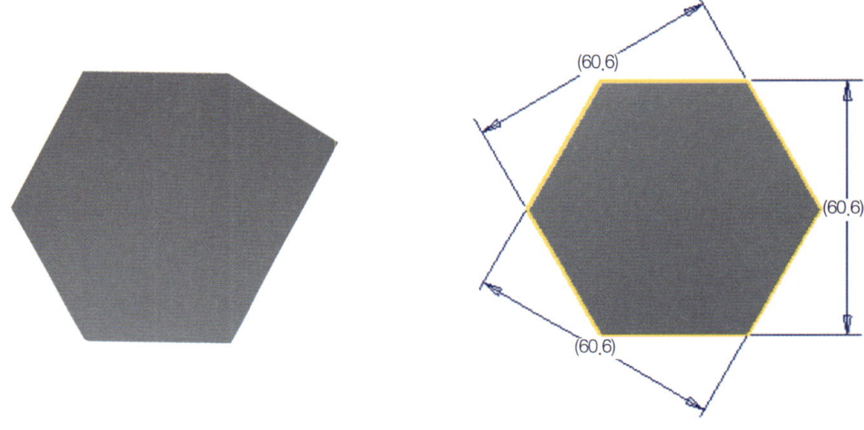

QUESTION

가공한 공작물을 측정한 결과 오차가 발생하였다. 그렇다면 원인은 무엇일까? 아래에서 원인을 찾아 표시(O X)하여 보세요.

작업을 수행하는 공작기계의 부정확도? (   )
아니면 사용하는 절삭공구의 마모? (   )
아니면 사용되는 재료의 상태불량? (   )
아니면 작업자의 불완전한 세팅? (   )
아니면 작업자의 불완전한 작업공정? (   )
아니면 사용하는 측정기의 오차? (   )
아니면 작업자 개인의 측정 오차? (   )

G ⁞⁞ 조립가공 및 부품조립

학습 목표	1. 조립 작업의 중요성에 대해 설명할 수 있다. 2. 정확한 금긋기와 드릴링을 할 수 있다.

제작 과정에서 가장 중요한 것은 마무리 및 조립이다. 그것은 제품의 기능 요구 조건에 맞게 만들어가는 과정이 마무리 및 조립과정이기 때문이다. 각 부품을 고 정밀도로 기계가공을 할 수는 있지만 요구하는 조립 정밀도로 맞추기는 어렵다. 왜냐하면 기계 및 절석공구의 정밀도외에 가공중의 진동, 먼지, 온도 등에 의해 치수가 커지거나 작아지는 변화가 있기 때문이다.

1. 조립 가공하기

모든 부품의 기준면 및 치수를 확인하여 구멍위치에 하이트게이지로 금긋기 한다. 조립하기 위한 구멍 위치의 금긋기는 가공할 때의 기준면을 정반에 밀착시킨 상태로 금긋기 한다. 이 때 체결되는 부품과 부품은 조립되었을 때의 상태로 놓고 하이트게이지로 동시에 금긋기 한다.

① 부품과 부품의 핀 연결 구멍(3곳) 및 핀 고정 볼트(3곳)에 금긋기 및 센터펀칭하고 드릴링 한다.

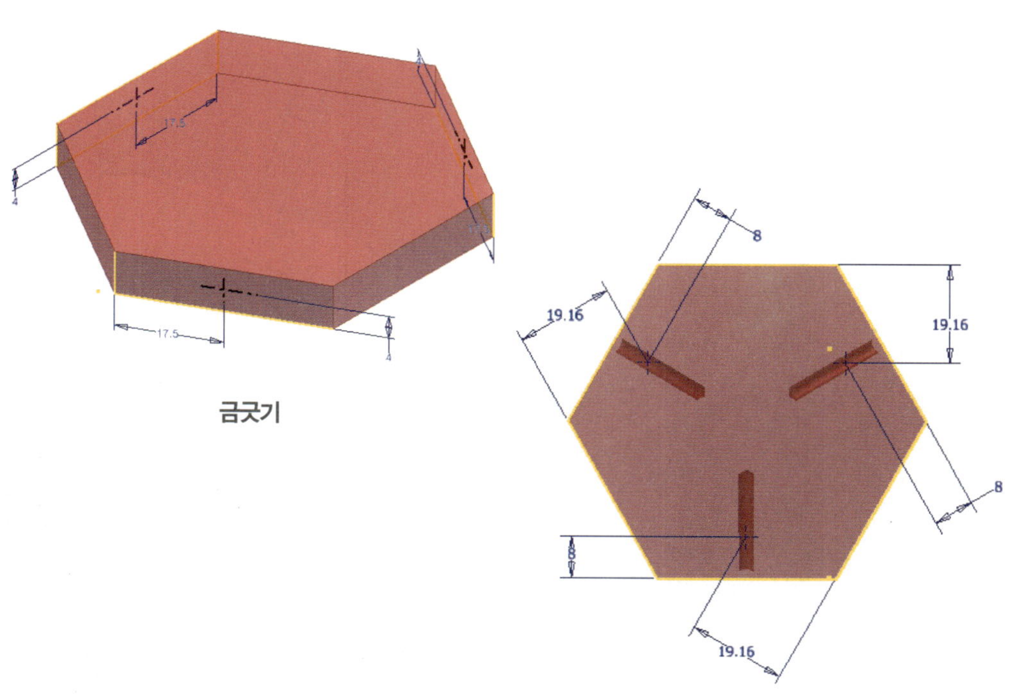

금긋기

② 연결핀을 고정하는 나사부에 탭(M5)작업을 한다.

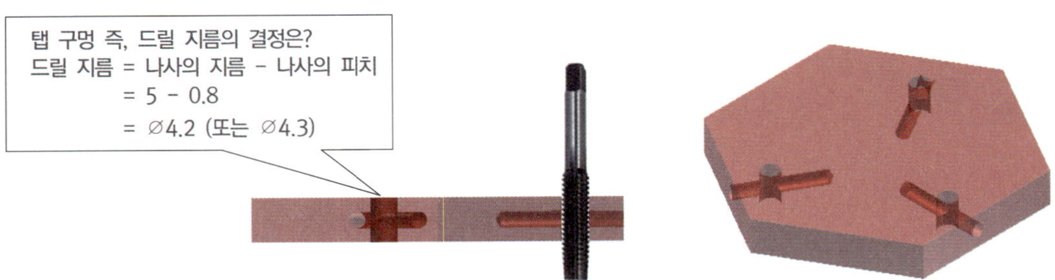

탭 가공은 절삭저항이 커서 탭이 부러질 수 있다. 따라서 적당한 힘으로 탭핑유를 사용하면서 정회전(시계방향)과 역회전을 반복하면서 절삭저항을 최소화하며 가공한다. 탭은 나사의 바깥지름, 유효 지름, 골 지름의 치수가 1, 2, 3번 탭의 순으로 증가한다. 절삭 율에 따라 초기 자리잡기 작업은 1번 탭(55%), 이어서 2번 탭(25%), 마무리는 3번 탭(20%)으로 완성한다.

③ 부품과 부품의 면과 면 접촉부에 금긋기(2mm) 및 각도 가공(20.91°)한다.

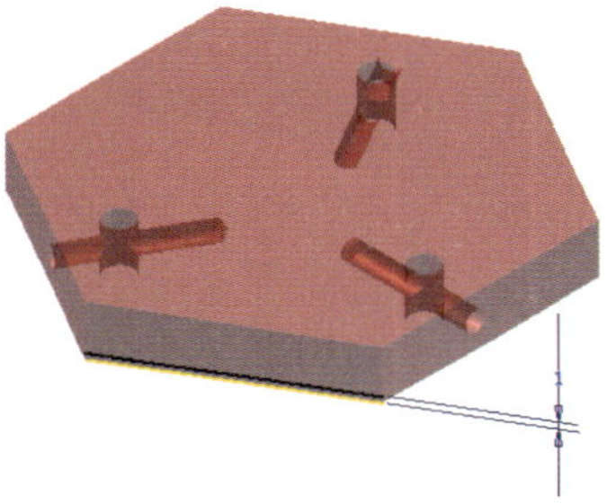

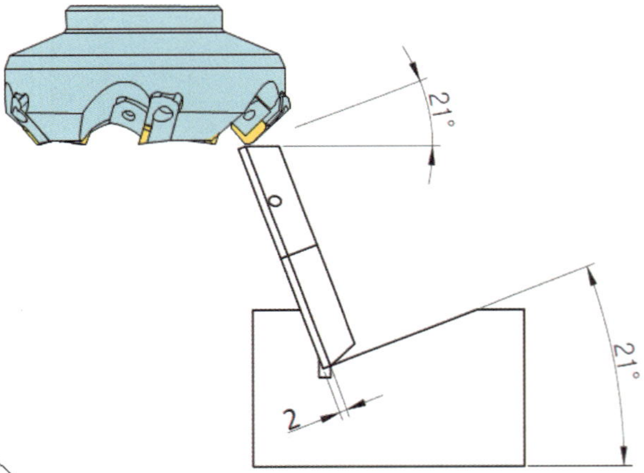

21°
21°
2

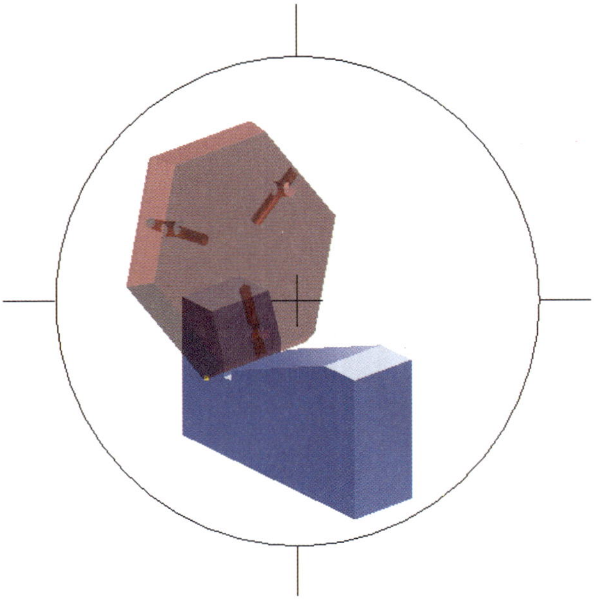

공작물 고정방법

2. 부품 조립하기

제작물의 전체적인 구조를 이해하고 조립되는 순서와 방법을 결정한다. 부품조립은 좌우방향과 상하방향이 바뀌지 않도록 주의하며 부품의 위치정도를 확인하여 가공 상태 그대로 조립되도록 한다. 볼트 체결은 하나씩 대각선으로 느슨하게 조인 후 위치가 맞으면 강하게 조인다.

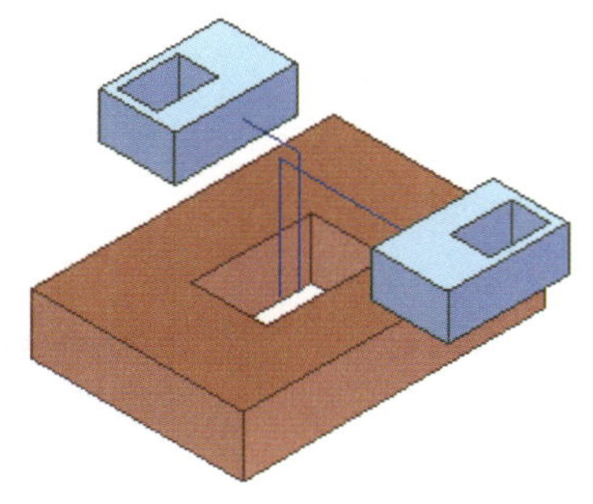

[조립 좌우·상하 방향 확인]

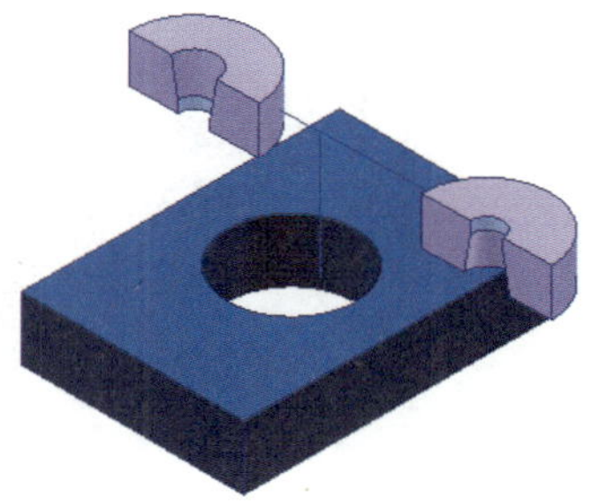

[조립 상하방향 확인]

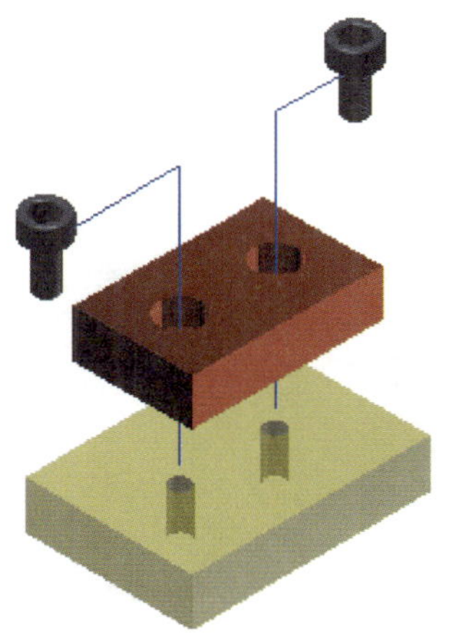

[조립 위치정도 확인]

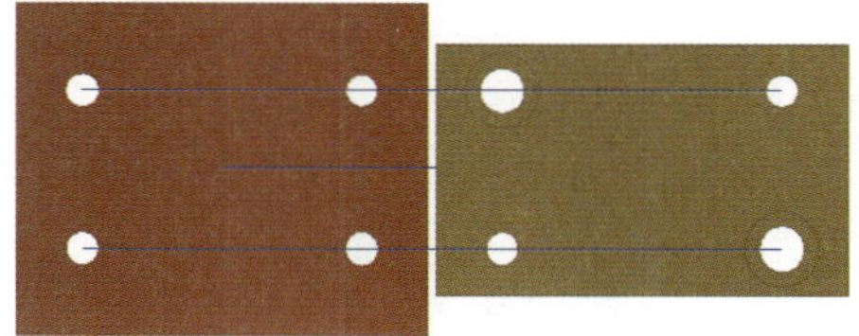

[조립 평행도 확인]

조립 시 확인 사항

① 치수를 확인하며 고운 줄(유목)이나 기름숫돌로 거스러미를 제거하여 마무리한다.
② 연결핀은 손톱절단(∅2.4 × 37mm)과 거스러미제거 작업을 한다.
③ 정육각면체(부품①)의 연결 구멍에 연결핀(부품②)을 끼워맞추고 볼트로 고정한다.

④ 핀을 끼운 상태로 정육각면체와 정육각면체의 접촉면이 일치되도록 일정한 각도가 되도록 구부린다.

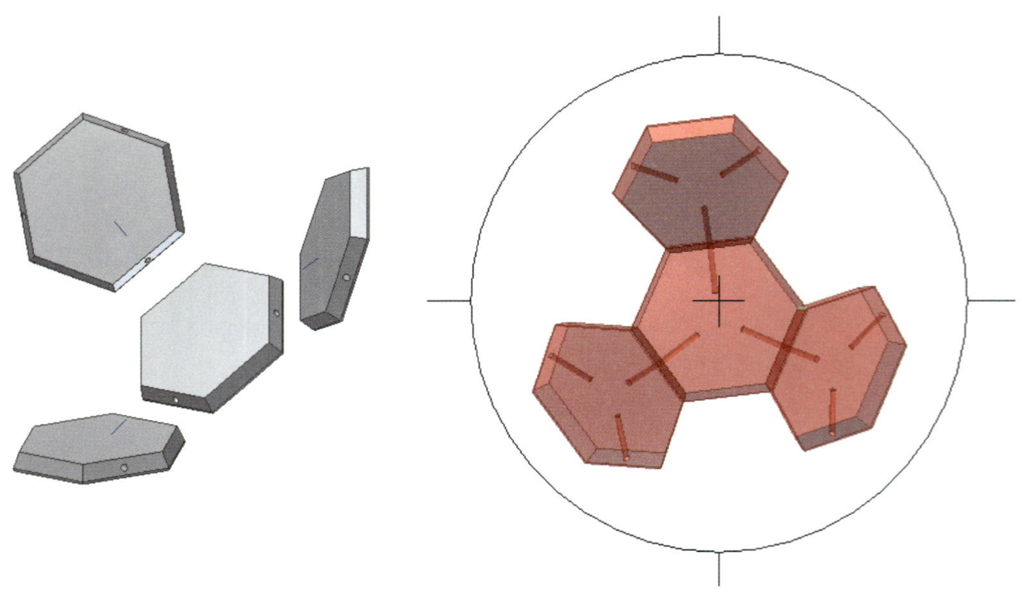

⑤ 동일한 방법으로 모든 부품을 연결해 간다.

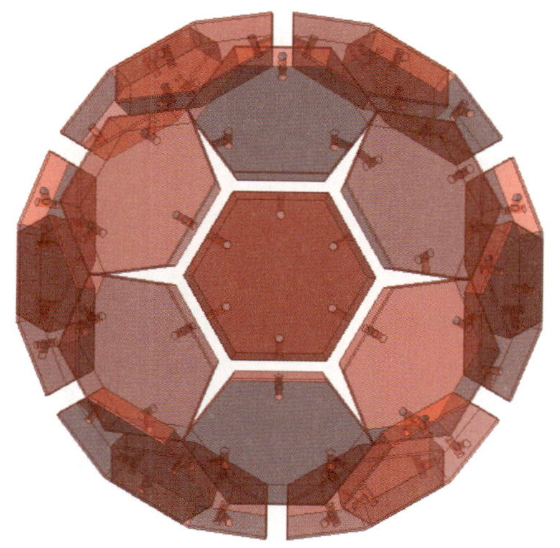

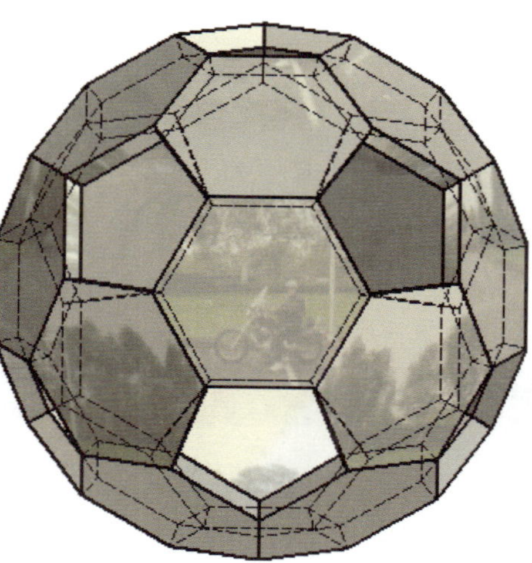

H ∷ 측정 및 품질 분석

학습 목표	1. 품질관리의 중요성에 대해 설명할 수 있다. 2. 품질 분석표를 작성할 수 있다.

원하는 품질의 제품을 얻기 위해서는 품질관리는 매우 중요하다. 품질관리의 과정에는 기술 부문의 필수적인 성능과 기능을 분명하게 결정하는 기획설계 과정의 품질과 제작 과정에서 현장의 기술 수준에 따라 달라질 수 있으므로 제작과정의 품질이 중요하다.

1. 가공 부품 측정

〈표-6〉 조립품 및 부품 측정표 작성(예시 참조)

표 ➤ 조립품 및 부품 측정

조립품 및 부품 측정								
프로젝트 명								
작 성 자	소속			성명				
평가 구분	평가 사항					배점	득점	환산 점수
가공 상태 (80%)	항목	도면 치수	측정값					
			1차 측정	2차 측정	최종값			
	정밀 치수 (50%)							
	소계							

QUESTION

그림은 외측 마이크로미터의 눈금으로 스핀들 1회전할 때마다 0.5mm 이동하며 이 0.5mm를 심블에 50등분한 것이다. 측정값은?

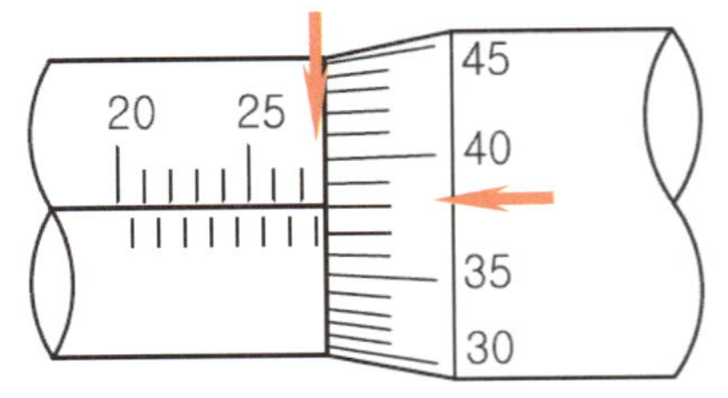

2. 완성품 품질 분석

부품 측정표와 전체적인 기능을 분석하여 불량 원인을 해결할 수 있는 방안을 조사한다.

〈표-7〉 4way 품질 분석표 작성(예시 참조)

표 ➤ 4way 품질 분석표

4way 품질 분석표				
프로젝트 명				
작 성 자	소속		성명	
A. 왜 불량이 발생하였는가?				
1 단계 Why?	(예) 왜 아침 등교시간이 늦었는가? → 아침에 늦게 일어나서 집에서 나왔다.			
2 단계 Why?	(예) 왜 늦게 일어났는가? → 어젯밤에 늦게 잠자리에 들었다.			
3 단계 Why?	(예) 왜 늦게 잠자리에 들었는가? → 인터넷 게임을 늦게까지 하였다.			
4 단계 Why?	(예) 왜 인터넷 게임을 늦게까지 하였는가? → 재미가 있어서 시간 가는 줄 몰랐다.			
B. 근본 요인은?				
(예) 계획성이 없는 생활을 하였다.				

품질관리 용어

- AOQL(Average Outgoing Quality Limit) : 평균검출품질한계
- COPQ(Cost Of Poor Quality) : 불량 비용
- DIMR(Dimension Rejected) : 치수 불합격
- ES(Engineering specification) : 기술사양서
- FTQ(First Time Quality) : 초기품질

프로젝트 수행과정 발표

학습 목표	1. 프로젝트 수행과정의 요점을 정리하여 전시회 자료를 만들 수 있다. 2. 프로젝트 수행과정을 프레젠테이션 자료로 만들어 발표할 수 있다.

1. 전시회 자료 제작

프로젝트 과제 수행 과정을 사진으로 촬영하여 프레젠테이션 및 전시회 자료 제작을 위한 자료로 활용하고 제작 관련 자료를 모아 보관하며 이를 정리하여 제품을 이해할 수 있도록 전시회 자료를 만든다.

(한글 A4 용지 1쪽)
1. 주제
2. 목적
3. 제작기간
4. 팀원 및 참여단계
5. 수행과정 및 문제해결방법
6. 제작 후 느낀 점

2. 프레젠테이션 자료 제작

위 자료를 중심으로 파워포인트로 제작하고 발표는 큰 그림을 먼저 이야기 하도록 한다. 프레젠테이션 자료는 차트나 그림(사진)을 많이 활용한 내용으로 하며 가장 좋은 것을 마지막에 보여주면서 간결하면서 감동적인 마무리가 되도록 준비한다.

(파워포인트 슬라이드 5쪽 이내)
1. 무엇을 전하고 싶은가?
2. 어떻게 전하려 하는가?
3. 왜 그 방법이 필요한 것인가?
4. 어떤 성과를 얻고 싶은가?

단원 평가 문제

※ 다음 부품도를 보고 물음에 답하시오.

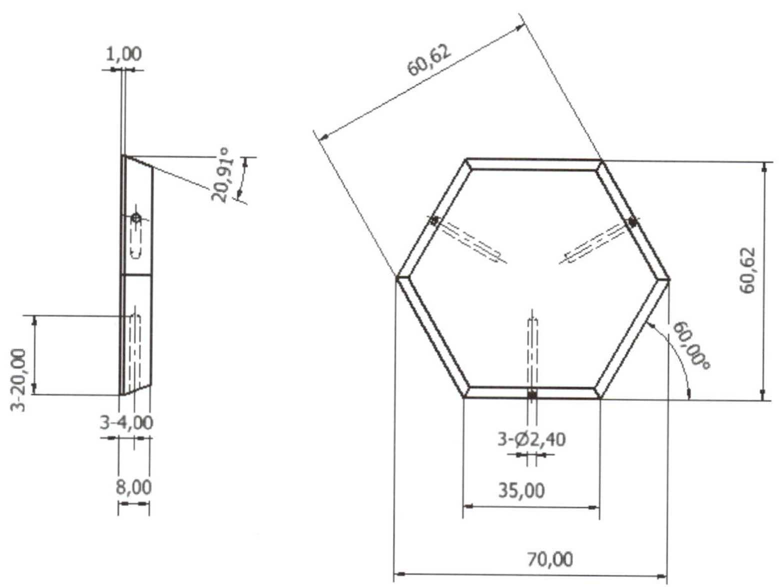

01 위 그림에서 치수기입 3-∅2.40이 의미하는 것은?

① 리머로 가공한다.
② 드릴로 가공한다.
③ ∅2.4 리머로 3곳을 가공한다.
④ ∅2.4 드릴로 3곳을 가공한다.
⑤ 3곳을 ∅2.4 이상으로 가공한다.

02 위 그림의 가공 공정순으로 맞는 것은?

① 정사각형 가공－정육면체 가공－드릴가공－20.91°가공
② 정사각형 가공－정육면체 가공－20.91°가공－드릴가공
③ 정육면체 가공－정사각형 가공－20.91°가공－드릴가공
④ 정육면체 가공－정사각형 가공－드릴가공－20.91°가공
⑤ 모양이 가공 공정순에 영향을 받지 않는다.

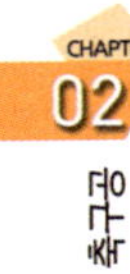

03 위 그림에서 60.00°를 가공하기 위한 측정기는?

① 버니어 캘리퍼스
② 60° v-블록
③ 하이트게이지
④ 다이얼게이지
⑤ 마이크로미터

04 위 그림을 가공하기 위한 공구가 <u>아닌</u> 것은?

① 정면커터
② 드릴
③ 엔드밀
④ 줄
⑤ 카운터 싱킹

05 위 그림에서 드릴링의 깊이(mm)는?

① 1.00
② 2.40
③ 4.00
④ 20.00
⑤ 35.00

06 위 그림에서 20.91°로 가공하기 위한 밀링 바이스에 고정방법을 설명하시오.

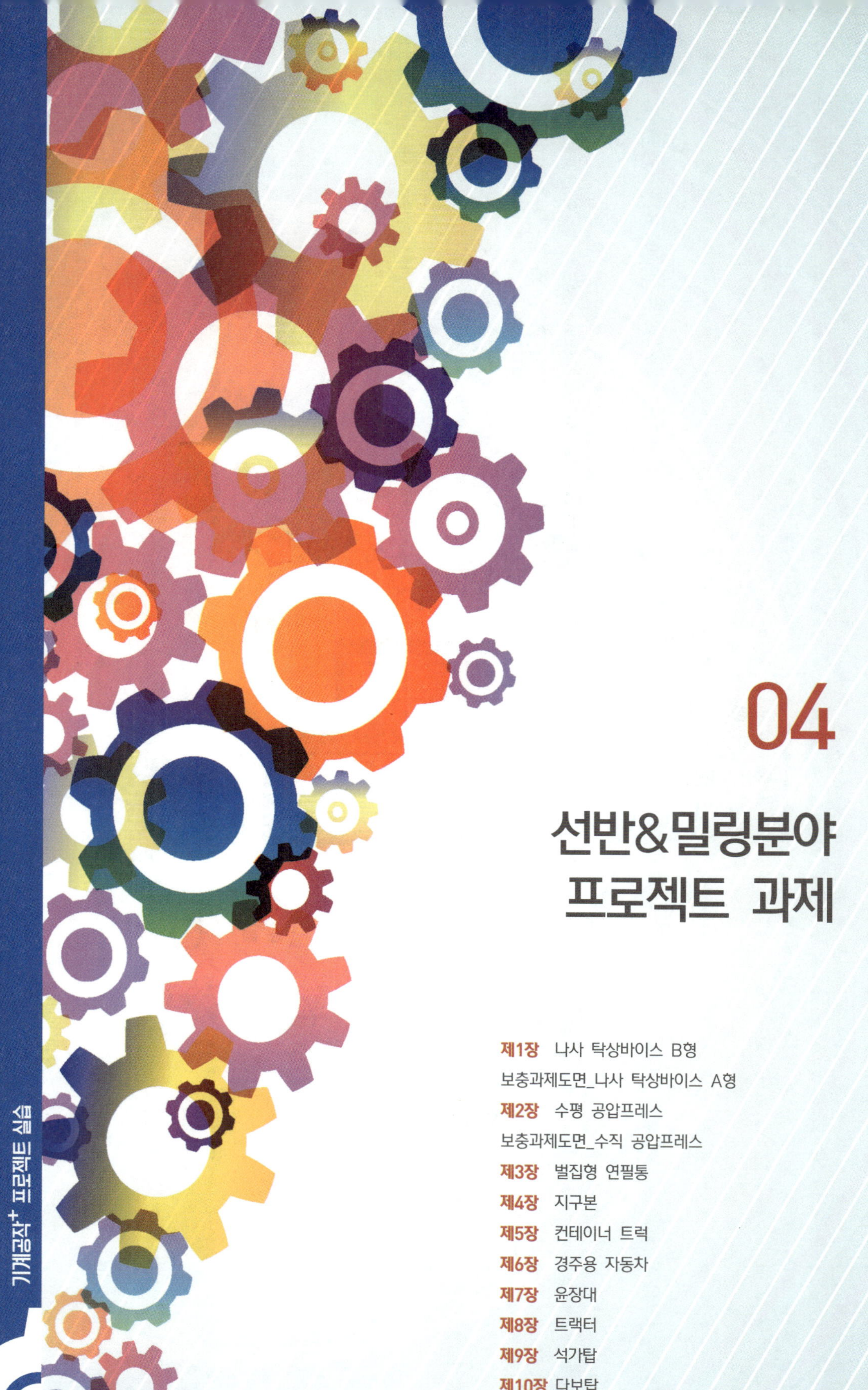

04

선반&밀링분야 프로젝트 과제

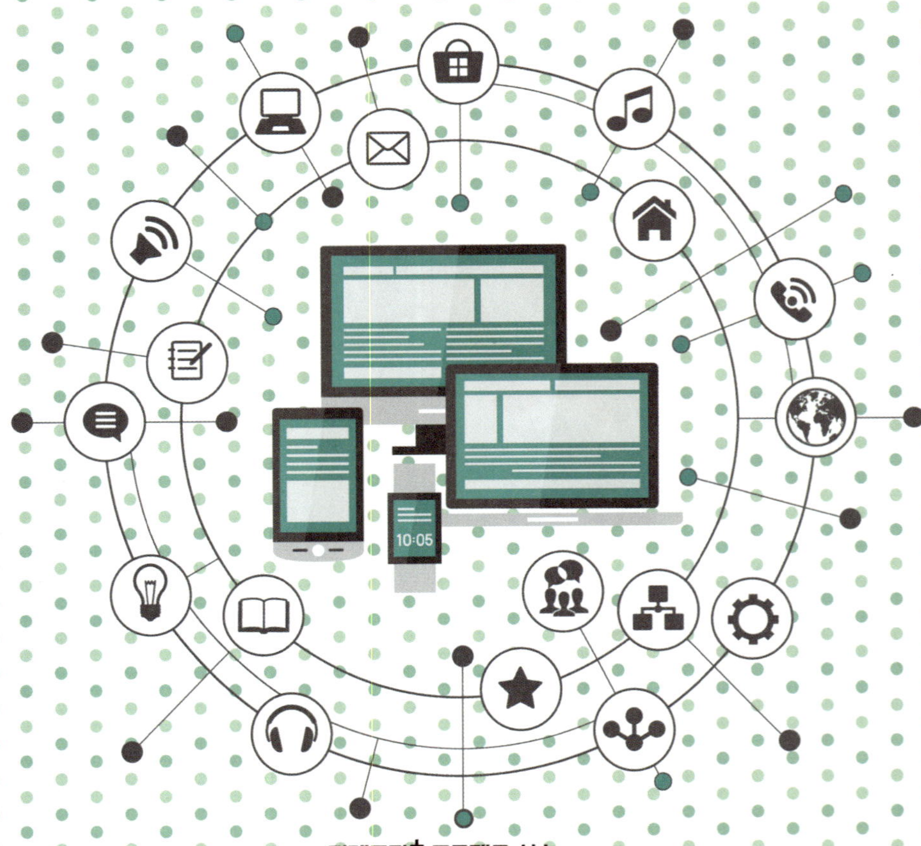

기계공작+ 프로젝트 실습

CHAPTER 01

나사 탁상바이스

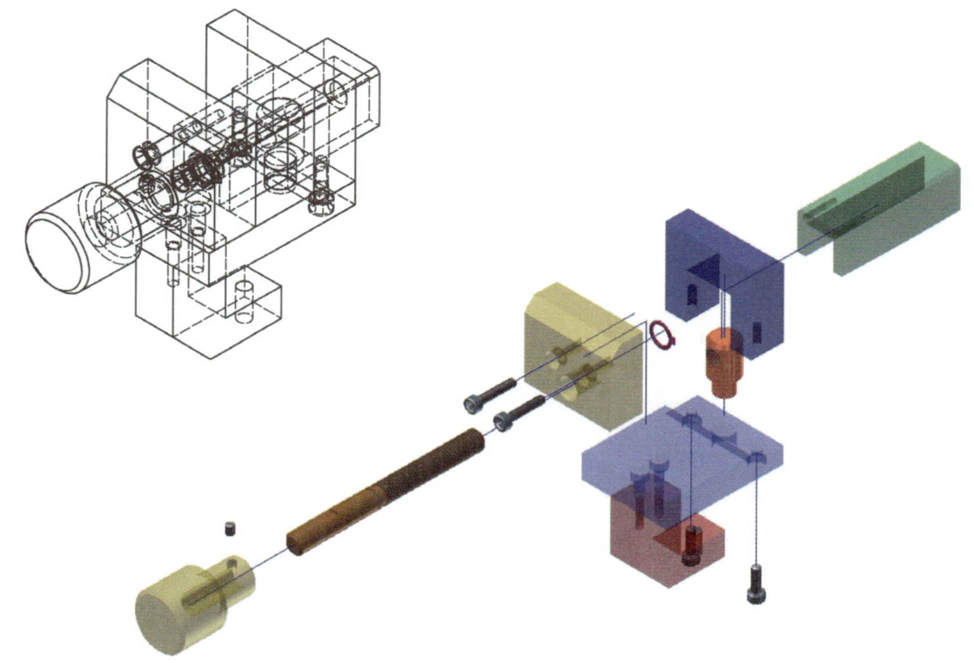

나사 탁상바이스_B

단원 소개

본 단원은 치공구를 제작해 보는 단원이다. 치공구 제작의 모든 부품은 판재와 각재, 그리고 원형재료로 조합되어 있다. 이 부품들은 상호작용의 슬라이딩으로 볼트에 의한 정확한 위치에 조립이 이루어져야 한다. 회전축은 동력전달을 하는 부품으로 강도와 아울러 흔들림이 없는 원통으로 가공하여야 한다. 또한 회전축과 접한 가공은 구멍 중심의 가공을 해야 함으로 선반 조작능력 뿐만 아니라 밀링 조작능력도 매우 중요하다. 또한 원형 단면의 회전축은 원주 흔들림이 발생하지 않도록 정확한 끼워 맞춤이 되어야하고 가공정밀도와 표면 거칠기를 향상시켜야 한다. 작은 구멍의 면접촉에 의한 슬라이딩 부분은 매끄럽게 가공하여야 하므로 드릴프레스에서의 리머 작업 기술도 중요하다. 따라서 본 단원은 치공구 설계와 아울러 부품 가공에 필요한 공작기계의 선정, 재료의 선정, 절삭공구의 선정 등 치공구 세트를 제작하는데 필요한 기초적인 모든 작업을 이해할 수 있도록 하였다.

A ::: 나사 탁상바이스 제작 프로젝트

치공구[29]를 설계하고 출력하여 그 도면을 제작도면으로 실제로 공작기계를 이용하여 제작해보는 실습으로 선반, 밀링과 드릴 등의 조작능력과 기능향상, 품질분석능력을 향상시킨다.

1. 학습목표

1) 치공구의 개념을 알고 설계할 수 있다.
2) 도면을 이해하고 정밀하게 가공할 수 있다.
3) 정밀하게 가공하여 원하는 동작으로 제작할 수 있다.

2. 프로젝트 과제명 : 나사 탁상바이스_B형

3. 소요시간 : [25시간] **※준비된 재료 지급**

(※) 기계조작 및 요소실습 '20시간' 정도 진행 후 제작한다.

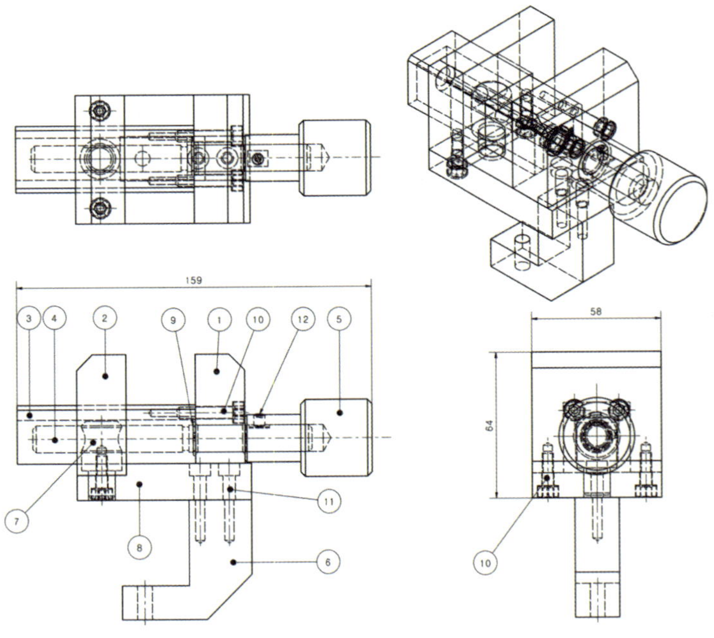

4. 보고서 작성 내용

[표-1] 프로젝트 담당업무 및 참여동기
[표-1/2] 도면(조립도) 검토 및 분석

29) 기준공구와 제품을 작업대에 고정시키고 주절삭 공구의 작업을 용이하게 해주는 것으로 지그와 고정구가 있다. 이는 주로 제품을 대량으로 제작하는 경우에 사용한다.

[표-2/2] 도면(부품도) 검토 및 분석
[표-3] 소요 가공재료 및 KS규격품
[표-4] 기계 및 공구, 측정기
[표-5] 부품 가공 시 안전 및 유의 사항 조사
[표-6] 조립품 및 부품 측정
[표-7] 4way 품질 분석
[표-8] 부품 가공 순서

바이스(Vise)는 대상물을 두 돌기 사이에 끼워 고정하는 공구이다. 기계를 가공하거나 목공 따위에서 작은 재료를 작업대에 고정시키는데 쓰는 도구다.

손작업용으로 사용되고 있으나, 공작기계의 테이블에 장치하여 기계가공을 하는 소재(素材)를 고정시키는 공작기계의 부속품으로서도 사용된다. 손작업용에도 여러 종류가 있으나, 조(jaw)의 개폐(開閉)·죄기(clamping)는 바이스에 붙어 있는 핸들로 나사를 죄어서 한다.

작업대에 장치해서 사용하는 바닥이 평평한 것을 상자형 바이스, 아래 쪽에 긴 다리가 있어 이것을 작업대의 측면에 장치하는 것을 다리붙이바이스라고 한다. 또, 작은 부품을 쉽게 고정하는 데 사용되는 것을 핸드바이스라 한다.

공작기계에서는 공작물을 직접 테이블에 장치하지 않고, 일단 이것을 바이스에 물린 다음, 그 바이스를 테이블에 장치하는 편이 작업상 편리할 때가 있다. 셰이핑머신 등에서는 이와 같은 바이스를 사용하는 것이 보통이다.

이밖에 밀링 머신용·평삭기(平削機)용의 바이스 등이 있다. 조의 개폐는 핸들을 돌리지 않아도 빠르게 개폐할 수 있는 바이스, 또 대량생산용에는 유압 또는 압축공기를 사용하여 조를 움직이는 것도 있다.

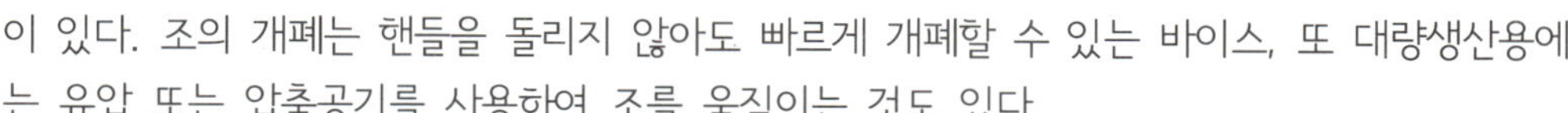

C형 클램프는 활 모양의 본체에 나사가 부착되어 있는 공구로, 재료나 공작물을 일시적으로 고정할 때 쓰는 바이스의 일종이다. 용접가공 작업을 하는 경우 가공물을 임시적으로 고정시키거나 구멍 뚫기 가공을 할 때 보조적으로 이용되는 경우가 많다. 판재가 넓은 것인 경우에는 여러 개의 C형 클램프가 필요하다.

출처: https://ko.wikipedia.org/wiki
http://terms.naver.com/

B ::: 프로젝트 도면

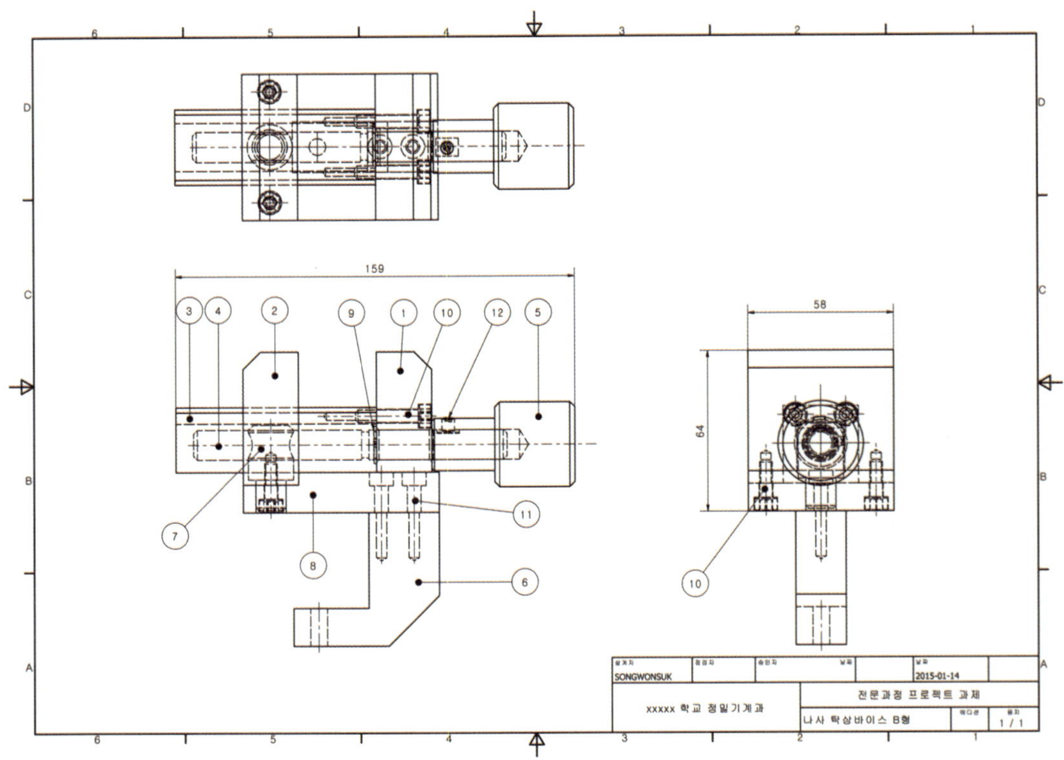
159
58
64
SONGWONSUK
2015-01-14
xxxxx 학교 정밀기계과
전문과정 프로젝트 과제
나사 탁상바이스 B형
1 / 1

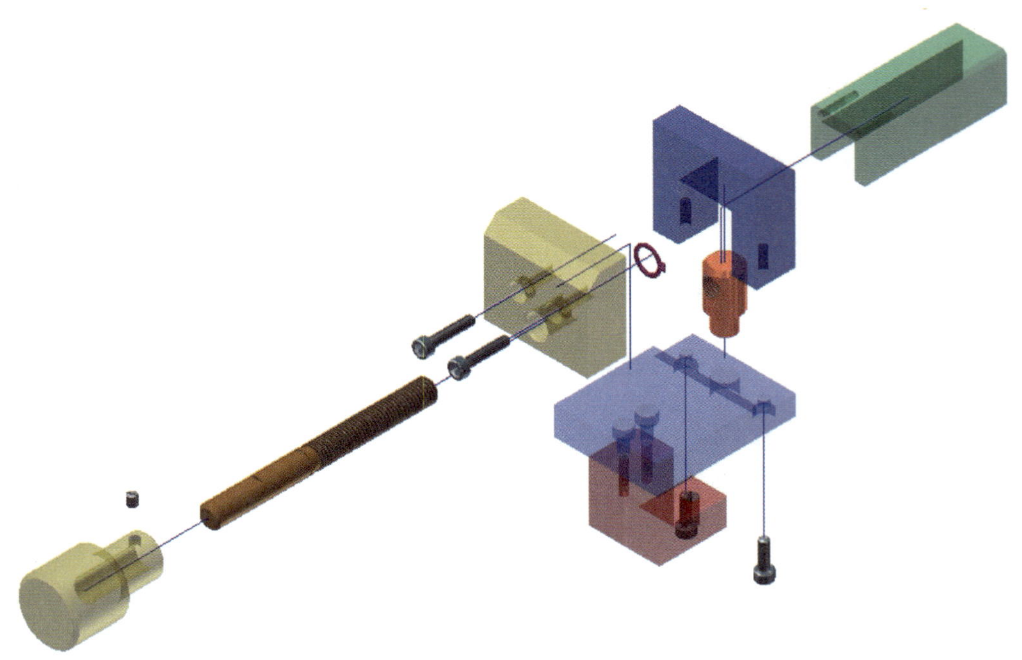

분해도

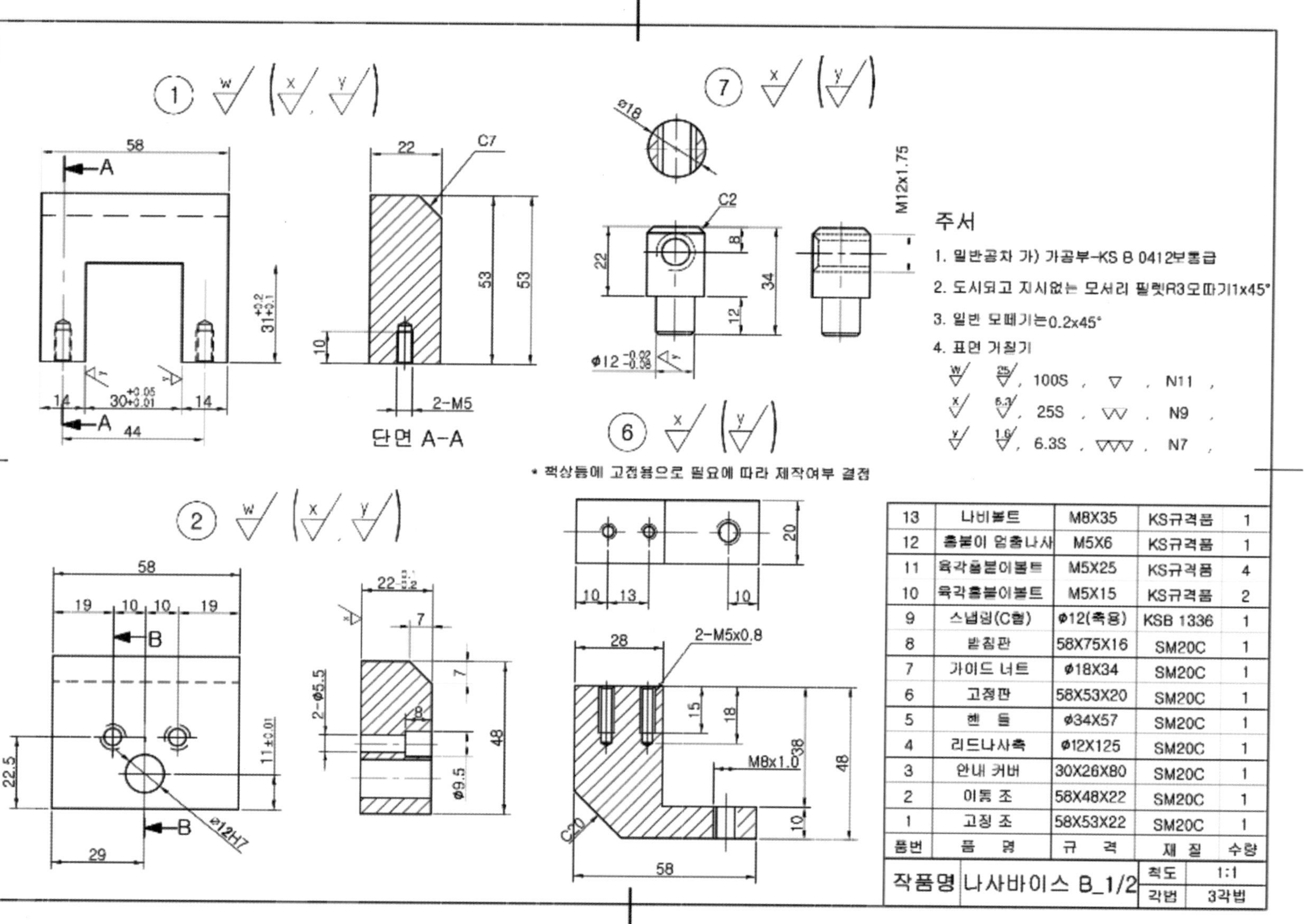

주서

1. 일반공차 가) 가공부-KS B 0412보통급
2. 도시되고 지시없는 모서리 필렛R3모떼기1x45°
3. 일반 모떼기는0.2x45°
4. 표면 거칠기

w/ = 25/ , 100S , ▽ , N11 ,

x/ = 6.3/ , 25S , ▽▽ , N9 ,

y/ = 1.6/ , 6.3S , ▽▽▽ , N7 ,

품번	품 명	규 격	재 질	수량
13	나비볼트	M8X35	KS규격품	1
12	홈붙이 멈춤나사	M5X6	KS규격품	1
11	육각홈붙이볼트	M5X25	KS규격품	4
10	육각홈붙이볼트	M5X15	KS규격품	2
9	스냅링(C형)	ø12(축용)	KSB 1336	1
8	받침판	58X75X16	SM20C	1
7	가이드 너트	ø18X34	SM20C	1
6	고정판	58X53X20	SM20C	1
5	핸 들	ø34X57	SM20C	1
4	리드나사축	ø12X125	SM20C	1
3	안내 커버	30X26X80	SM20C	1
2	이동 조	58X48X22	SM20C	1
1	고정 조	58X53X22	SM20C	1

작품명	나사바이스 B_1/2	척도	1:1
		각법	3각법

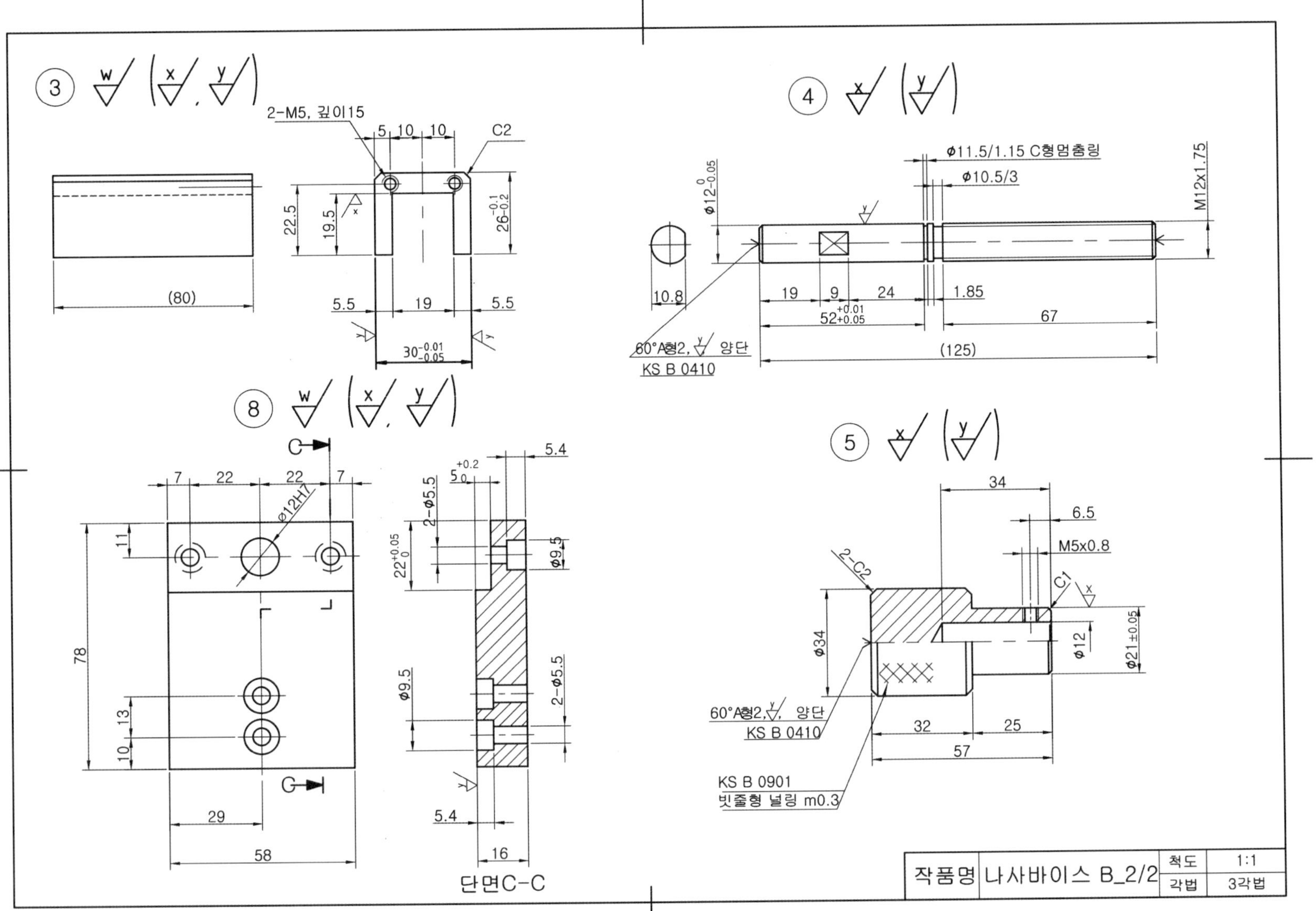
③
2-M5, 깊이15
C2
(80)
④
ϕ11.5/1.15 C형멈춤링
ϕ10.5/3
M12x1.75
(125)
60°A형2, 양단
KS B 0410
⑧
단면C-C
⑤
M5x0.8
2-C2
60°A형2, 양단
KS B 0410
KS B 0901
빗줄형 널링 m0.3
작품명 나사바이스 B_2/2
척도 1:1
각법 3각법

C ∷∷ 프로젝트 수행계획서 작성

학습 목표
1. 작업 단계별 계획서를 작성할 수 있다.
2. 계획서 작성 방법 및 내용을 설명할 수 있다.

수행계획서는 작품 제작 과정에 필요한 것들을 단계별로 작성한다. 조립도 및 부품도면 작성, 소요재료 목록 작성, 사용기계 및 공구 목록 작성, 측정기, 부품 가공 공정 작성, 가공부품 채점, 완성품 품질분석 등을 작성한다.

〈표-9〉 프로젝트 수행계획서 작성(예시 참조)

본 프로젝트는 기능습득 목적의 과제 제시형 프로젝트로 「수행계획서」는 작품 제작완료 후 정리하여 작성한다. 연구 및 발명 프로젝트는 반드시 작품 제작 전에 계획서를 작성한다.

표 ➤ 수행계획서 작성

프로젝트 수행계획서				
프로젝트 명				
작 성 자	소속		성명	
일정	계획	내 용	업무분담	준비물

D ⁝⁝⁝ 도면 작성 및 도면분석

학습 목표	1. 각 부품을 스케치할 수 있다. 2. 도면을 분석하여 제품의 특징에 대해 설명할 수 있다.

제시한 과제 분해도와 조립도, 부품도를 참고로 스케치하면서 과제의 특징을 파악하여 제작과정상 주의할 점을 조사한다.

1. 부품 스케치하기

제시된 도면의 각 부품을 프리 핸드로 등각투상하면서 제품의 형상을 이해한다. 도면의 부품등각투상도는 아래 그림과 같이 치수에 맞게 그린다.

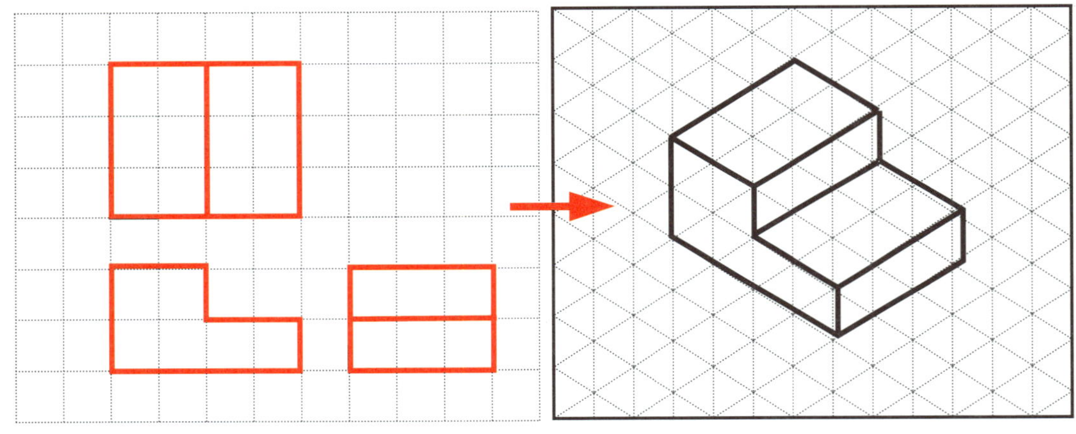

부품 및 등각투상도 예

※ 부록 2 : 스케치도 그리기(모눈종이)

스케치는 산업현장에서 기계부품 등의 현물을 측정하여 제도기 없이 프리 핸드(free hand)로 연필로 그리며 설계 또는 제작도를 작성하기 위해서 행해진다.

2. 도면(조립도) 검토 및 분석하기

도면을 분석하여 설계자의 요구사항은 무엇인지를 확인한 후 설계목적, 운동, 마모, 부품연결, 부품역할, 주유, 끼워 맞춤, 열처리, 도장, 가공, 고정, 조립, 사용한 재질의 절삭성 및 절삭유제의 사용여부 등을 분석한다.

〈표-2/1〉 도면(조립도) 검토 및 분석표 작성(예시 참조)

표 ➤ 도면(조립도) 검토 및 분석표

도면(조립도) 검토 및 분석표				
프로젝트 명				
작 성 자	소속		성명	
구분	검토 사항			검토 결과
1	도면을 검토 및 분석결과 조립가능 여부와 제품의 기능(운동)은? ⇨			
2	제품의 정밀치수(일반치수 제외)는 몇 개소 있으며, 보유한 공작기계 및 공구로 가공이 가능한가? ⇨			

E ::: 부품 가공 준비

학습 목표	1. 가공에 필요한 공구와 기계, 측정기를 선정할 수 있다. 2. 가공한 부품과 규격품을 이용하여 정밀하게 조립할 수 있다.

도면 내용을 분석 후 부품 가공에 필요한 공작기계, 절삭공구, 측정기 현황을 조사하여 필요 품목을 선정하고 소요재료를 구입한다.

1. 부품 가공에 필요한 기계 및 공구 선정하기

KS규격에 따라 품명에는 사용해야 할 공작기계, 절삭 및 비절삭 공구류를 적으며, 규격과 수량을 적는다. 활용내역에는 기계 기구를 사용할 가공 부품번호와 작업내용을 적는다.

〈표-4〉기계 및 공구, 측정기 작성[30] (예시 참조)

표 ➤ 가공에 필요한 기계 및 공구

<table>
<tr><th colspan="5">가공 기계 및 공구</th></tr>
<tr><td colspan="2">프로젝트 명</td><td colspan="3"></td></tr>
<tr><td colspan="2">작 성 자</td><td>소속</td><td></td><td>성명</td></tr>
<tr><td>연번</td><td>품명</td><td>규격</td><td>수량</td><td>활용 내역</td></tr>
<tr><td></td><td></td><td></td><td></td><td></td></tr>
<tr><td></td><td></td><td></td><td></td><td></td></tr>
<tr><td></td><td></td><td></td><td></td><td></td></tr>
<tr><td></td><td></td><td></td><td></td><td></td></tr>
</table>

30) 사용해야 할 공작기계와 공구 및 측정기를 적으며, 규격(사양)과 수량을 적는다. 비고란에는 용도를 적는다.

2. 부품 가공에 필요한 측정기 선정하기

도면 내용을 분석한 다음 보유한 측정 기구를 조사하고 부품 가공에 필요한 측정 기구를 선정하여 준비한다.

〈표-4〉 기계 및 공구, 측정기 작성[31] (예시 참조)

표 ➤ 가공에 필요한 측정기 선정

가공에 필요한 측정기					
프로젝트 명					
작 성 자	소속		성명		
연번	품명	규격	수량	활용 내역	

3. 제작에 필요한 재료 선정하기

부품 가공에 필요한 재료 치수를 뽑고 다음 표를 작성하여 구매 신청을 할 수 있도록 준비한다. 규격품은 KS규격에 따라 품명과 재질, 규격, 수량을 적고, 비고란에는 KS규격분류기호와 번호, 열처리 여부를 기록한다. 단, 재료는 가공이 수월한 연강(SM20C), 황동, 알루미늄 등을 사용해도 되며 규격은 가공여유(+3~5)를 포함한 치수를 적는다.

〈표-3〉 소요 가공재료 및 KS규격품 작성(예시 참조)

표 ➤ 소요 가공재료 및 KS규격품

소요 가공재료 및 KS규격품					
프로젝트 명					
작 성 자	소속		성명		
부품번호	품명	규격	수량	재질	비고

31) 사용해야 할 공작기계와 공구 및 측정기를 적으며, 규격(사양)과 수량을 적는다. 비고란에는 용도를 적는다.

4. 부품 가공 시 안전 및 유의 사항 조사하기

부품 가공 시에 필요한 유의 사항을 조사하고 이를 근거로 실제 가공에 있어 안전사고가 발생하지 않도록 철저히 준비한다.

〈표-5〉 부품 가공 시 안전 및 유의 사항 작성(예시 참조)

표 ➤ 제품 가공 시 안전 및 유의 사항

제품 가공 시 안전 및 유의 사항[32]				
프로젝트 명				
작 성 자	소속		성명	

연번	안전 및 유의 사항	"불안전한 행동" 또는 "불안전한 상태" 구분

32) "불안전한 행동"과 "불안전한 상태" 구분
1. 불안전한 행동 : 실습에 임하는 자세로 안전수칙 준수, 기계 및 공구의 사용, 안전한 작업 등
2. 불안전한 상태 : 작업환경으로 정리, 정돈, 청결 등

F ⁙ 부품 가공

학습 목표	1. 원활한 기계조작으로 공차대로 정확하게 가공할 수 있다. 2. 봉재 및 각재의 가공공정에 대해 설명할 수 있다.

치공구는 여러 개의 부품으로 조합되어 있으며, 각 부품들은 상대적인 상관관계를 가지고 있다. 따라서 각각의 부품가공에 정밀도가 요구되며, 밀링 및 선반으로 1차 가공한 후 다듬질로 마무리한다.

1. ④번 부품 가공

- 지급재료 : ∅12 × 130

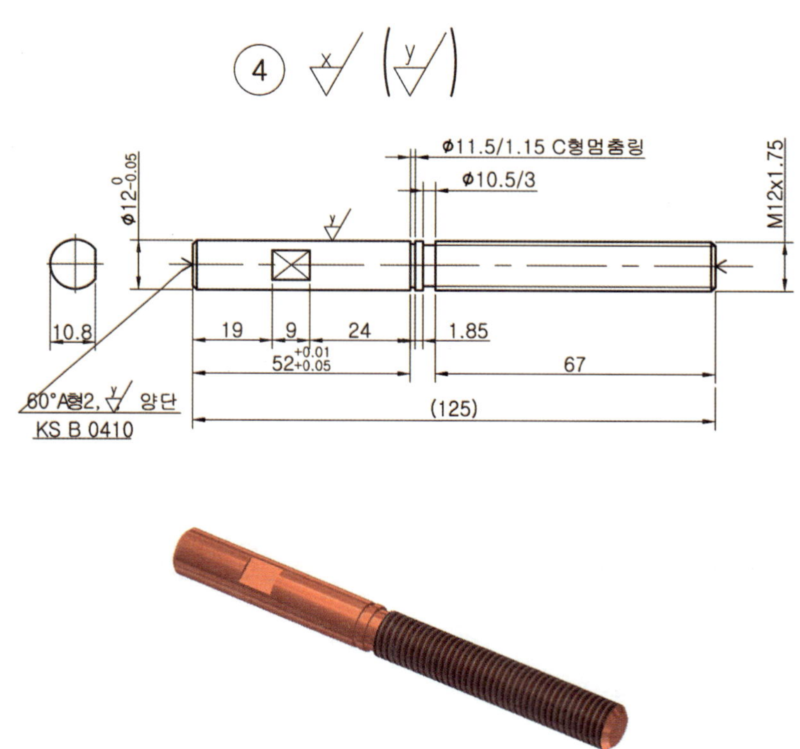

1) 도면(부품도) 검토 및 분석하기

치수, 끼워 맞춤, 기하공차, 표면 거칠기, 제품의 기능, 요구사항 등을 확인한다. 치수공차로 규제된 제품은 치수가 맞아도 형상에 따라 결합이 안 되는 경우가 있으나, 기하공차로 규제된 제품은 치수가 조금 틀리는 최악의 경우에도 결합이 가능하다. 따라서 기하공차는 제품의 기능 및 결함 부품들 간의 상호 호환성을 규제하는 것으로 정밀한 제품에는 필히 적용되고 있으므로 반드시 확인하여야 한다.

〈표-2/2〉 도면(부품도) 검토 및 분석표 작성(예시 참조)

표 ➤ 도면(부품도) 검토 및 분석

도면(부품도) 검토 및 분석				
프로젝트 명				
작 성 자	소속		성명	
구분	검토 사항			검토 결과
1	끼워 맞춤이나 기하공차 등 중요치수는? ⇨			
2	지급 소재의 공급 상태는? ⇨			

2) 부품 가공 순서 정하기

부품 가공 공정을 결정하는 작업은 제작 시간단축 및 조립상태 확인, 가공불량 등을 줄일 수 있다. 따라서 부품도를 분석하여 각 부품을 어떤 순서로 어떻게 가공할 것인가를 가공 전에 생각하여 가공 순서를 정하고 이를 토대로 실제 가공에 이용한다.

〈표-8〉 부품 가공 순서 작성(예시 참조)

표 ➤ 부품 가공 순서

부품 가공 순서				
프로젝트 명				
작 성 자	소속		성명	
부품 번호	가공 순서 및 방법			
	공정번호	사용기계	작업내용	
	10			
	20			

3) 부품 가공하기

① 자루 부를 가공하기 위해 척에서 60~70mm 나오게 물린다.

② 너무 길게 물리고 가공하면 재료의 흔들림으로 가공치수는 부정확해지고 표면 거칠기가 나빠진다. 따라서 돌출 길이는 재료 굵기의 3배 이내로 가능한 짧게 물리고 단면→외경→모따기(C1.5)→∅11.5/1.15→∅10.0/3순으로 가공한다.

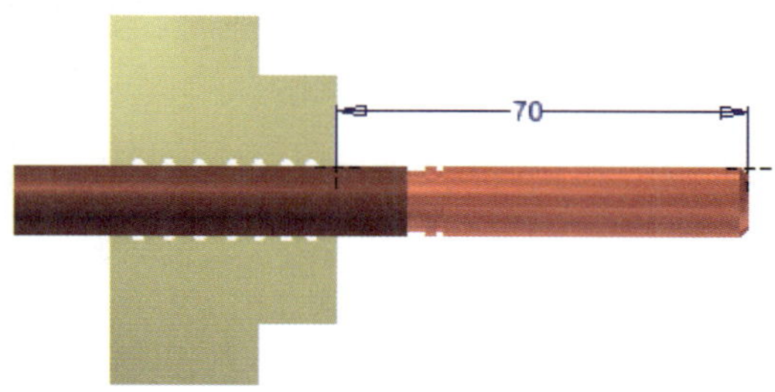

∅12를 기준으로 공차 $^{0}_{-0.05}$ 로 공차에 들도록 정확하게 측정하며 가공한다. 부품②의 두께 22mm와 끼워 맞춤으로 체결되어 회전되는 부분으로 공차 안에 들도록 가공해야 한다. 홈 ∅11.5/1.15는 멈춤링(KS규격)과의 끼워 맞춤 여부를 확인하며 가공한다.

③ 돌려서 물린다.

④ 가공이 끝난 원통을 물릴 때 척의 조에 의한 자국이 나타나므로 알루미늄 보호 판 또는 콜렛(∅12)을 이용하여 고정한다. 다이얼게이지로 재료의 센터를 맞추고 센터드릴(주축 RPM 300~400 정도)작업을 한다.

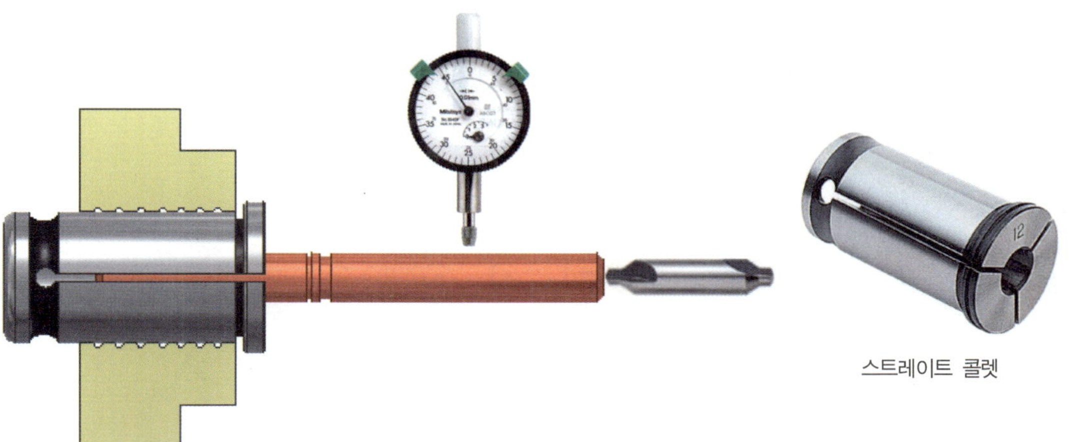

스트레이트 콜렛

⑤ 나사부 67mm를 다이스 작업하는데 지장 없도록 물리고 회전센터로 공작물을 고정한다.

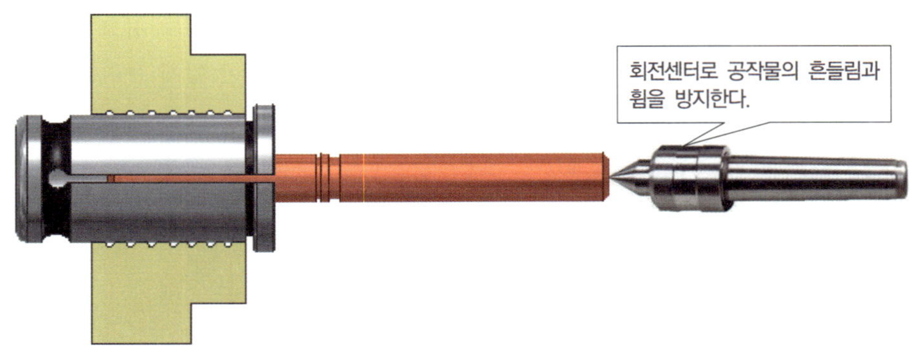

⑥ M12 × 1.75 나사부 67mm를 ∅11.5로 가공 → 모따기(C1.5) → 다이스 순서로 작업한다.

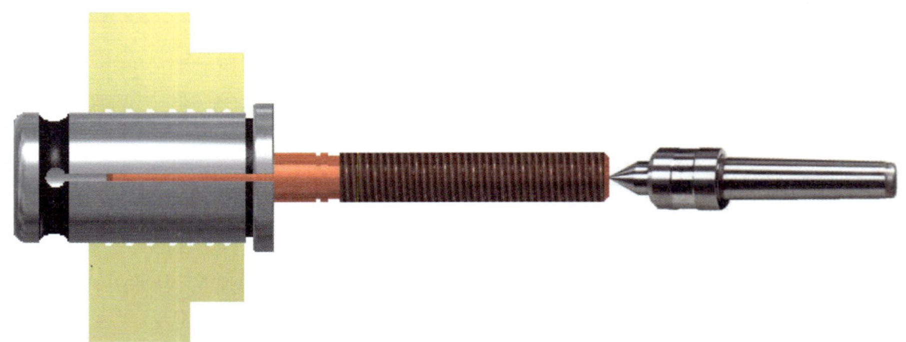

2. ⑤번 부품 가공

- 지급재료 : ∅35 × 60

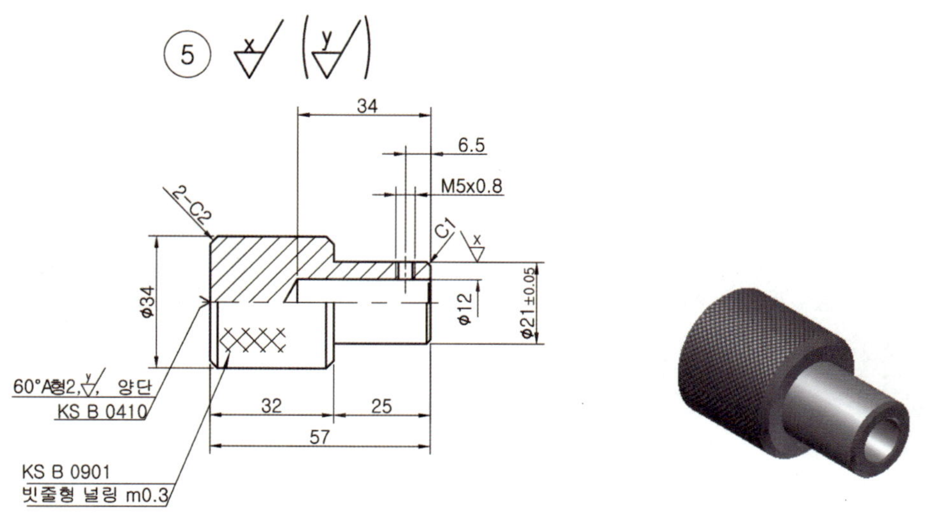

① 널링[33]은 가공저항이 크므로 공작물 및 널링툴은 단단히 고정한다.

② 널링은 외경∅34 → ∅33.7로 가공한 후 저속회전으로 이송을 천천히 하면서 작업한다. 단면가공 → 센터드릴 → ∅34-0.2~-0.3로 길이 35mm 가공 → 회전센터로 공작물지지 → 널링작업 → 모따기(C2) 가공한다.

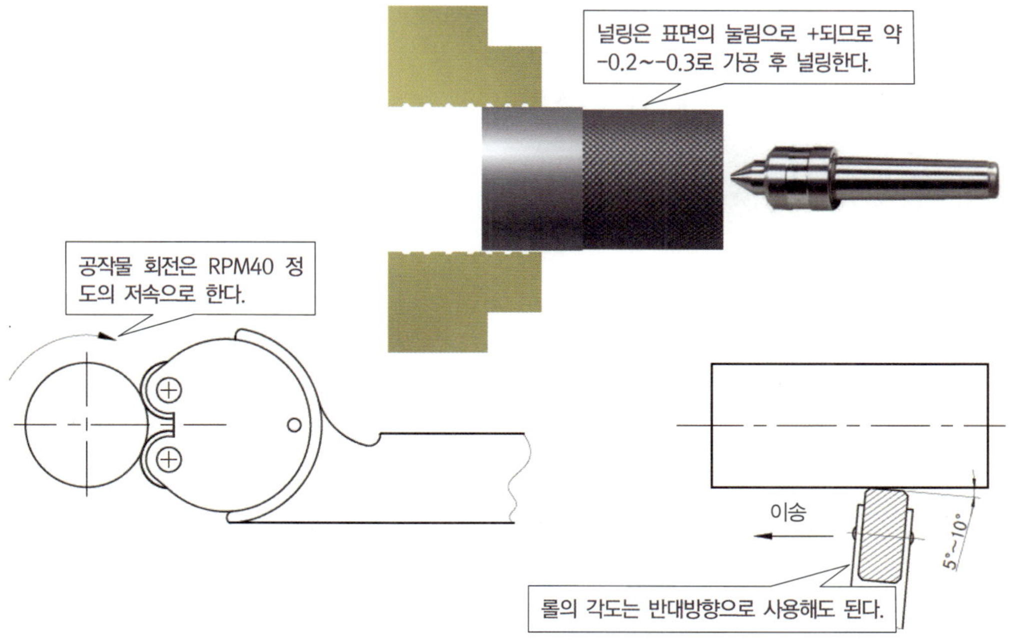

33) 주로 원통 형상의 공작물의 외면에 미끄럼을 방지하기 위한 목적으로 만들어지는 깔쭉깔쭉한 모양을 가리킨다.

③ 돌려 물린다(가공부 보호판 사용).

④ 외경(∅21)은 널링부 길이 32mm을 확인하며 가공→길이 단면 25mm 가공→모따기 (C1) 가공한다.

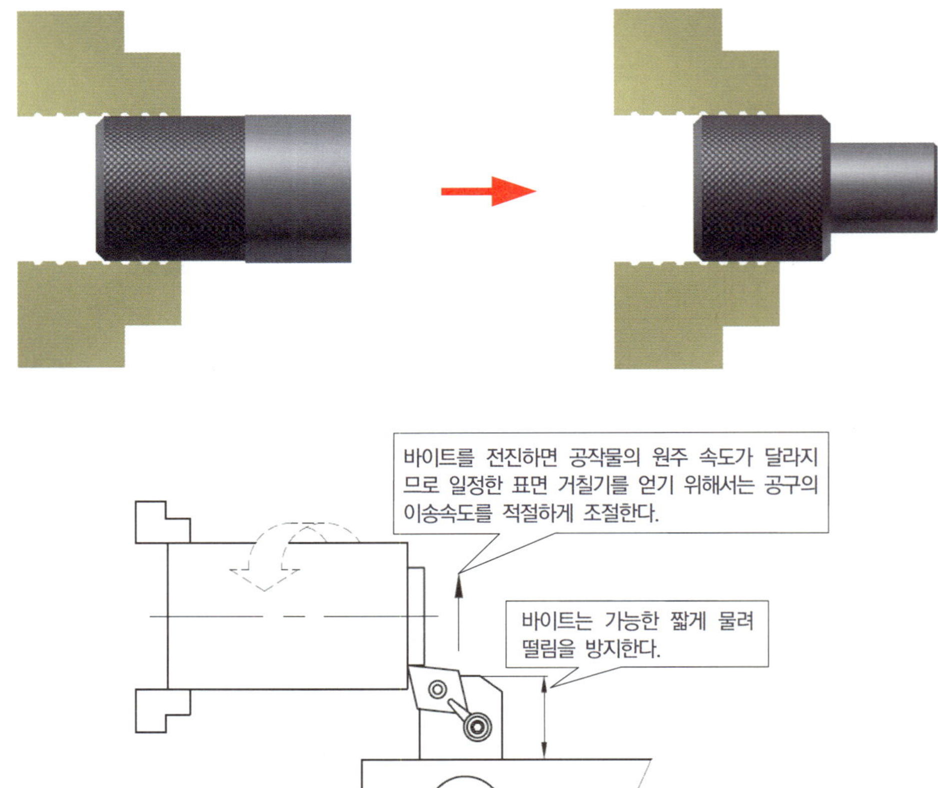

⑤ 센터드릴→드릴 ∅12/길이 34mm 작업한다(지름이 작은 드릴로 기초 작업 후 최종 드릴 사용한다).

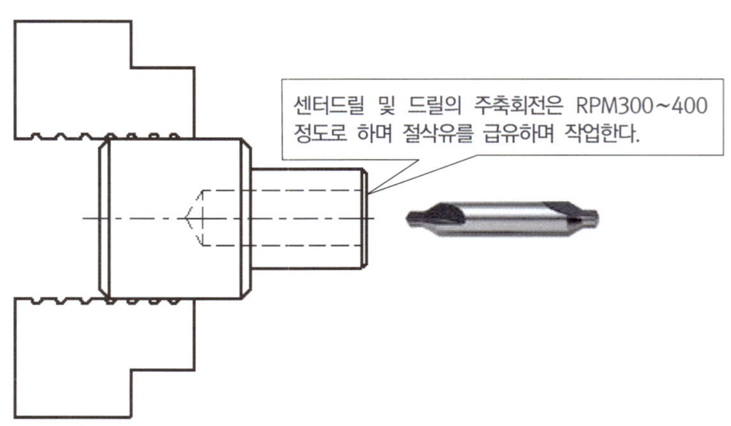

3. ⑦번 부품 가공

- 지급재료 : ∅20 × 60

① 제작하기 위한 도면검토 및 분석→가공순서를 작성한 후 가공한다.

② 앞의 선반가공 ④번 부품 가공을 참고로 ⑦번 부품을 가공한다.

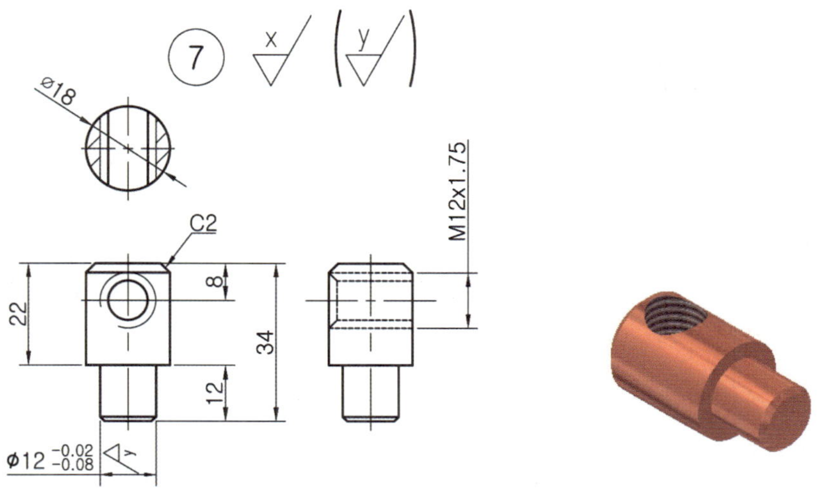

③ 끼워맞춤 치수(∅12) 가공한 후 모따기(C1) 가공한다.

④ 돌려 물려서 가공한다. 이때 가공된 끼워맞춤부가 찌그러지지 않도록 받침판이나 고정구를 사용하여 물린다.

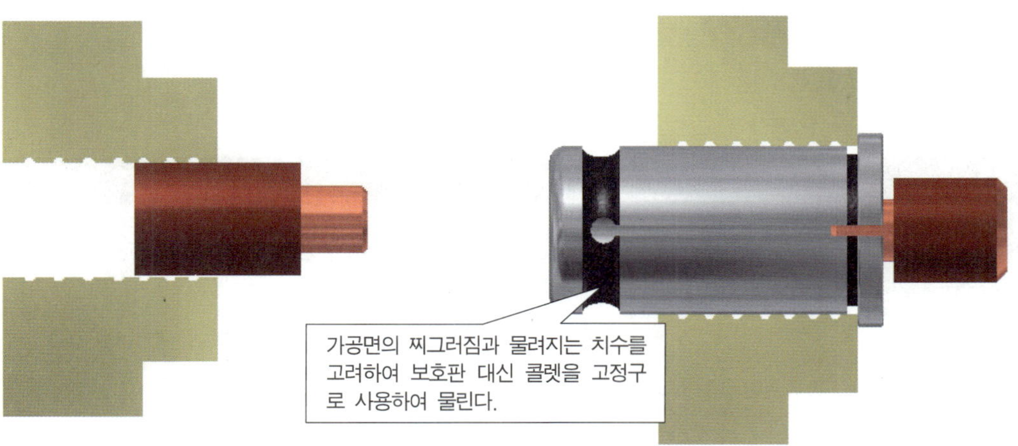

4. ②번 부품 가공

- 지급재료 : 24 × 50 × 60

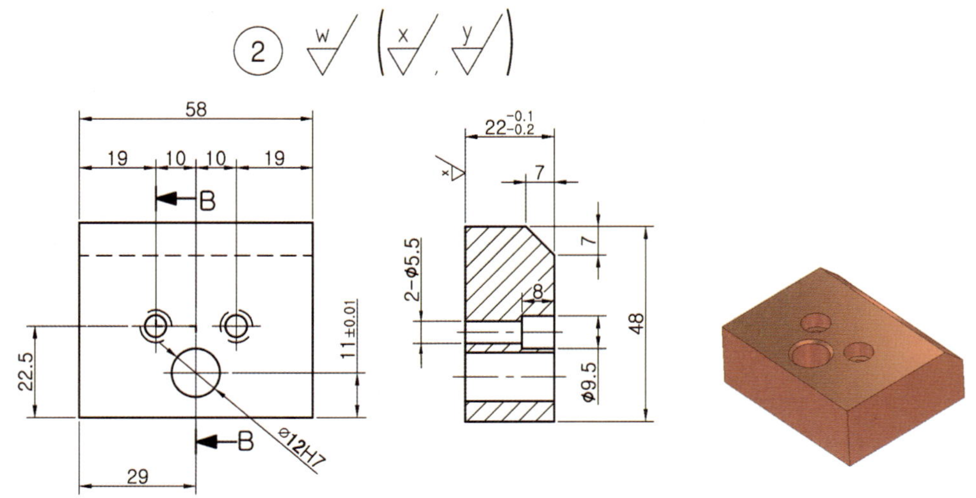

1) 도면(부품도) 검토 및 분석하기

치수, 끼워 맞춤, 기하공차, 표면 거칠기, 제품의 기능, 요구사항 등을 확인한다. 치수공차로 규제된 제품은 치수가 맞아도 형상에 따라 결합이 안 되는 경우가 있으나, 기하공차로 규제된 제품은 치수가 조금 틀리는 최악의 경우에도 결합이 가능하다. 따라서 기하공차는 제품의 기능 및 결합 부품들 간의 상호 호환성을 규제하는 것으로 고 정밀한 제품에는 필히 적용되고 있으므로 반드시 확인하여야 한다.

〈표-2/2〉 도면(부품도) 검토 및 분석표 작성(예시 참조)

표 ➤ 도면(부품도) 검토 및 분석

도면(부품도) 검토 및 분석				
프로젝트 명				
작 성 자	소속		성명	
구분	검토 사항			검토 결과
1	끼워 맞춤이나 기하공차 등 중요치수는? ⇨			
2	지급 소재의 공급 상태는? ⇨			

2) 부품 가공 순서 정하기

부품도를 분석하여 각 부품을 어떤 순서로 어떻게 가공할 것인가를 생각하여 가공 순서를 정하고 이를 토대로 아래 표를 작성하여 실제 가공에 이용한다.

〈표-8〉 부품 가공 순서 작성(예시 참조)

표 ➤ 부품 가공 순서

부품 가공 순서					
프로젝트 명					
작 성 자	소속		성명		
부품번호	가공 순서 및 방법				
	공정번호	사용기계	작업내용		
	10				
	20				

3) 부품 가공하기

① 기준면 및 3직각을 가공한다.

② 직각을 잡을 때는 데이텀에 따라 직각자로 측정이 편리한 면을 1차 기준면으로 선정하여 다듬질 가공한다. 즉 넓은 면을 기준면으로 하여 그 면을 기준으로 제 2면, 제3면을 직각자로 측정하면서 다듬질 가공한다. 이어 제2면과 제3면을 직각자로 측정하면서 3직각을 완성한다.

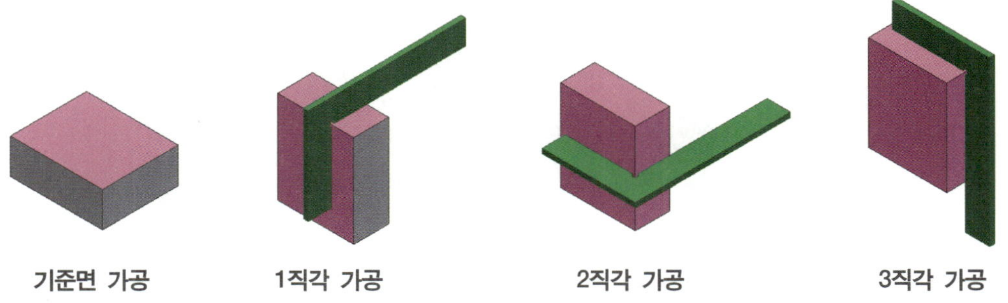

기준면 가공　　1직각 가공　　2직각 가공　　3직각 가공

③ 기준면에서부터 소재의 외곽치수 22mm × 48mm × 58mm를 금긋기 한다. 금긋기는 공작물을 돌려가며 전면(4면)에 하며, 재료의 두께가 얇을 때는 재료가 흔들려 부정확한 금긋기가 될 수 있으므로 뒷면에 보조 측정 블록을 받치고 금긋기 한다.

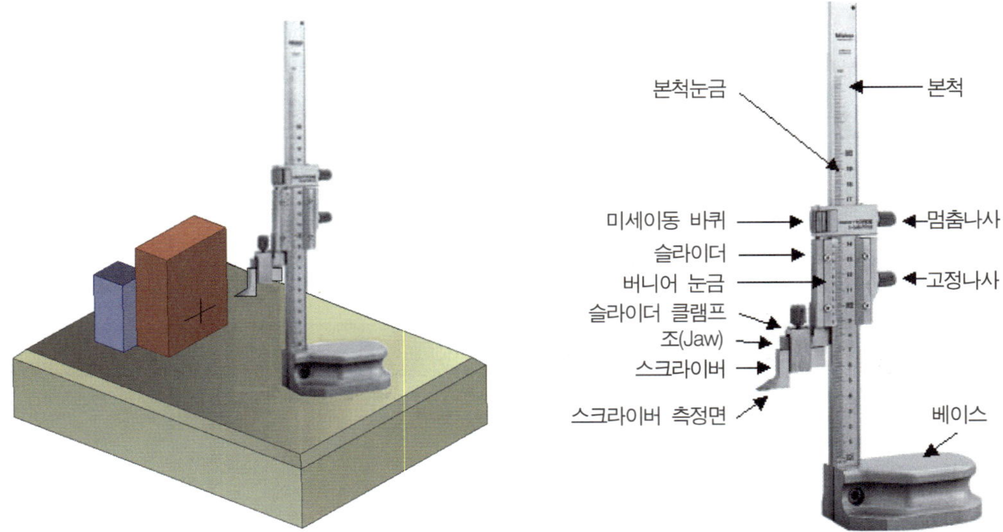

금긋기 전에 하이트게이지의 0점 조정을 한다. 0점 조정은 스크라이버의 측정 면을 정반에 밀착시킨 후 버니어 눈금(어미자와 아들자) 눈금일치를 확인하여 조정한다.

④ 평행블록에 공작물을 올려놓고 기준면을 밀착시켜 바이스에 고정한다.

⑤ 정면커터(Face Cutter)로 외곽치수(48 → 58 → 22)를 차례로 가공한다. 22mm는 부품④와 헐거운끼워맞춤이 되어야 하므로 0~−0.05공차 범위에 드는지 반복 확인하며 가공한다.

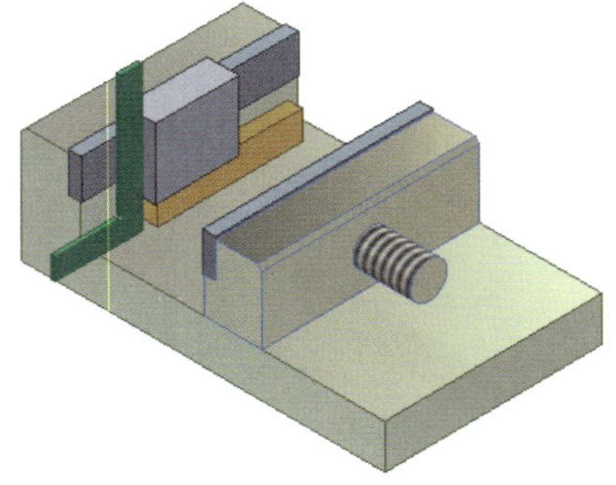

고정 조에 밀착하여 직각 잡기

정면커터(Face Cutter)
주로 인서트 팁을 사용하며 생크가 없는 커터이다. 대형 공작물의 평면가공에 주로 사용한다.

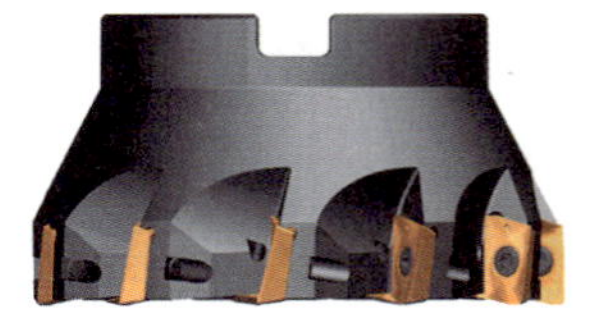

⑥ V블록에 공작물을 올려놓고 모따기(C7)할 부분에 금긋기 한다. 그림과 같이 계산값에 따라 바이스에 V블록과 공작물을 올려놓고 가공한다.

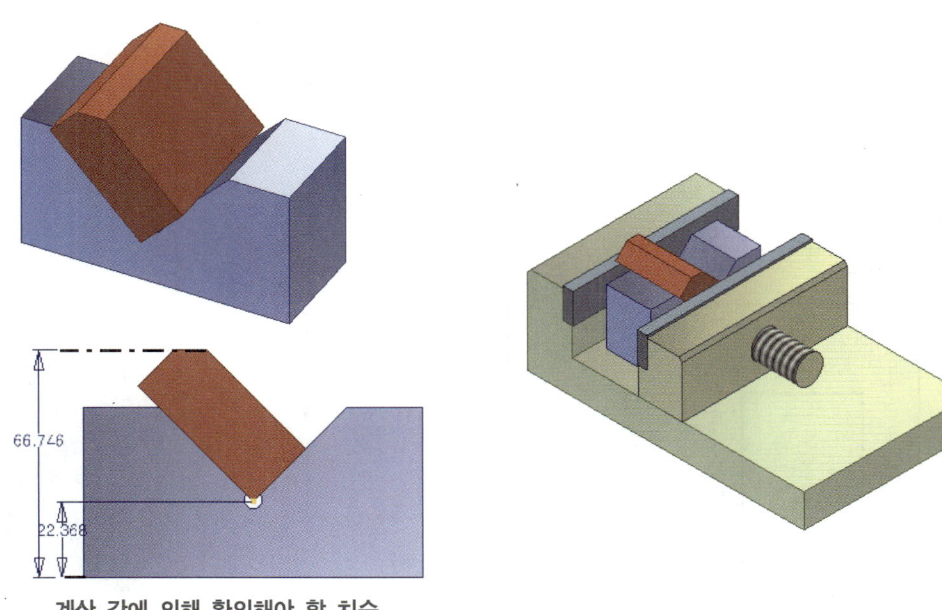

계산 값에 의해 확인해야 할 치수

정확한 가공을 해야 할 필요가 있을 때는 v 블록과 가공물의 모따기까지의 거리를 계산값에 따라 측정하면서 가공한다. 측정은 v 블록에 공작물을 올려놓은 상태로 버니어캘리퍼스로 측정하거나 정반에서 인디케이터로 측정한다.

5. ①번 부품 가공

- 지급재료 : 24 × 60 × 64

앞의 ②번 부품 가공과 동일한 방법으로 도면검토 후→가공순서를 작성하고 가공한다.

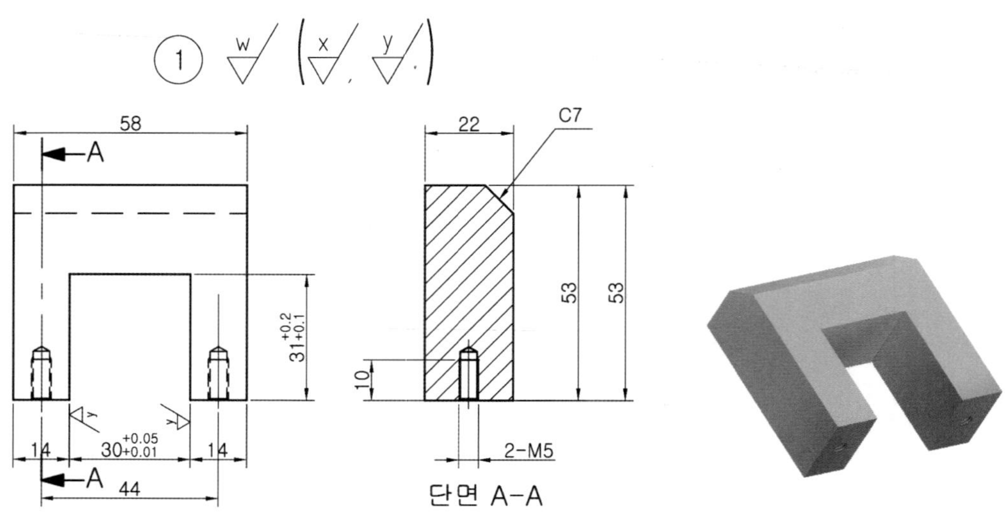

6. ③번 부품 가공

- 지급재료 : 28 × 32 × 82

앞의 ②번 부품 가공과 동일한 방법으로 도면검토 후→가공순서를 작성하고 가공한다.

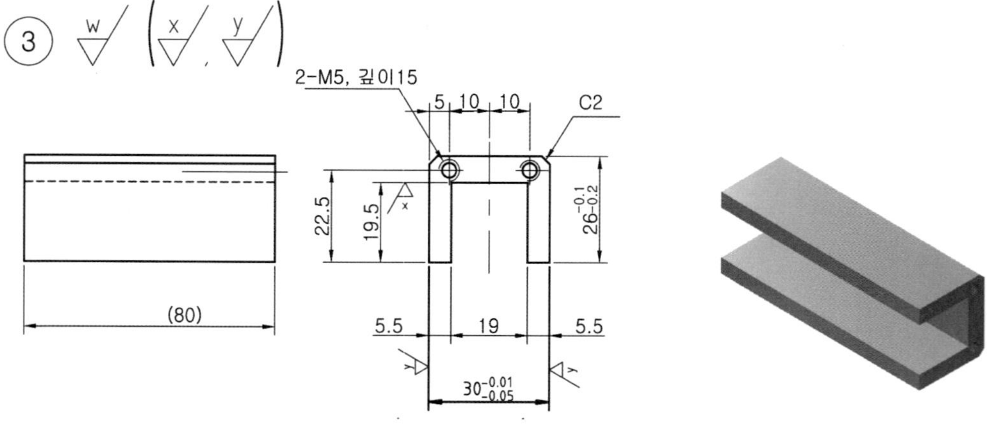

7. ⑧번 부품 가공

- 지급재료 : 18 × 66 × 80

앞의 ②번 부품 가공과 동일한 방법으로 도면검토 후→가공순서를 작성하고 가공한다.

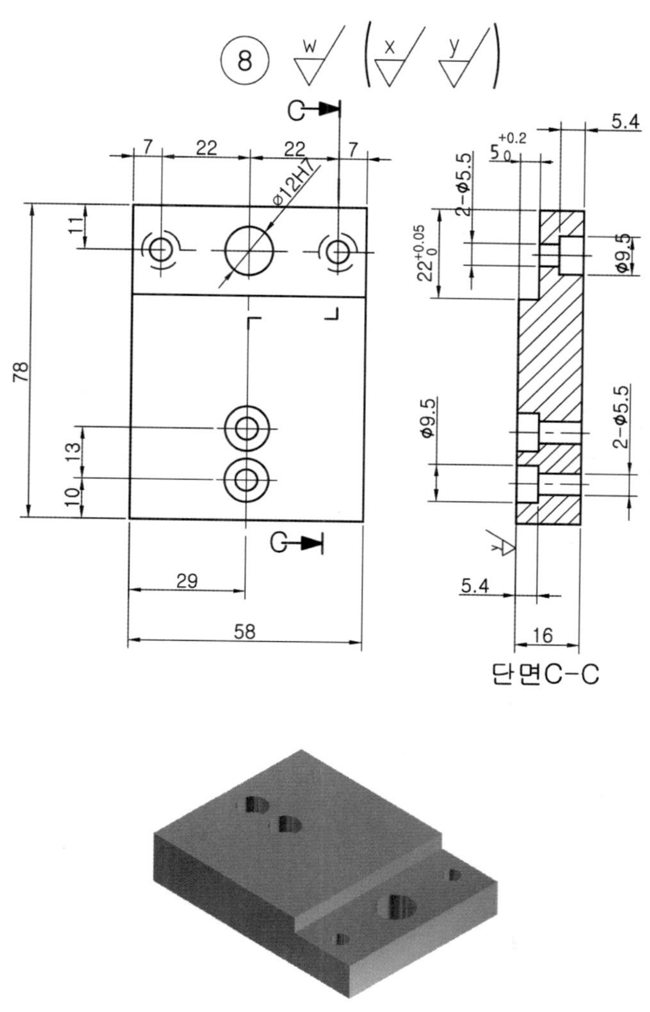

8. ⑥번 부품 가공

- 지급재료 : 24 × 50 × 60

앞의 ②번 부품 가공과 동일한 방법으로 도면검토 후 → 가공순서를 작성하고 가공한다.

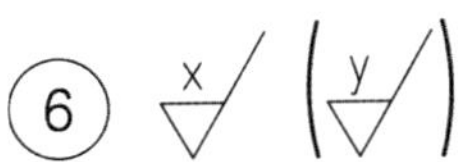

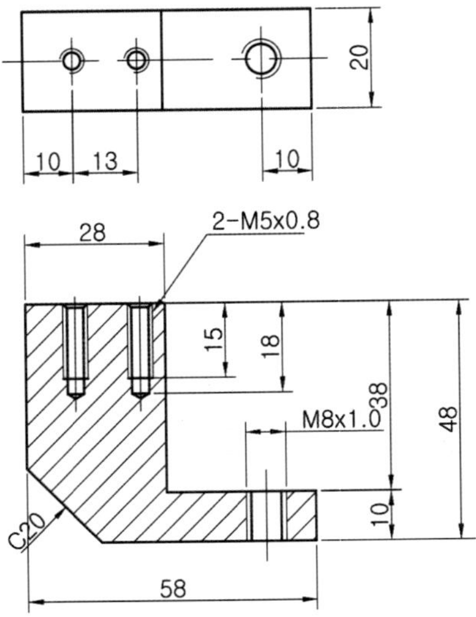

G ::: 조립가공 및 부품조립

학습 목표	1. 조립 작업의 중요성에 대해 설명할 수 있다. 2. 정확한 금긋기와 드릴링을 할 수 있다.

제작 과정에서 가장 중요한 것은 마무리 및 조립이다. 그것은 제품의 기능 요구 조건에 맞게 만들어가는 과정이 마무리 및 조립과정이기 때문이다. 각 부품을 고 정밀도로 기계가공을 할 수는 있지만 요구하는 조립 정밀도로 맞추기는 어렵다. 왜냐하면 기계 및 절삭공구의 정밀도 외에 가공중의 진동, 먼지, 온도 등에 의해 치수가 커지거나 작아지는 변화가 있기 때문이다.

1. 부품 금긋기

부품의 기준면 및 치수를 확인하여 구멍위치에 하이트게이지로 금긋기 한다. 조립하기 위한 구멍 위치의 금긋기는 조립되었을 때의 상태, 즉 가공할 때의 기준면을 정반에 밀착시킨 상태로 금긋기 한다.

(※)부품①과 부품⑧의 조립 구멍은 동시에 금긋기 한다. 즉 조립되는 부품의 기준면을 동일하게 놓고 작업하여야 구멍 위치가 정확하게 가공된다.

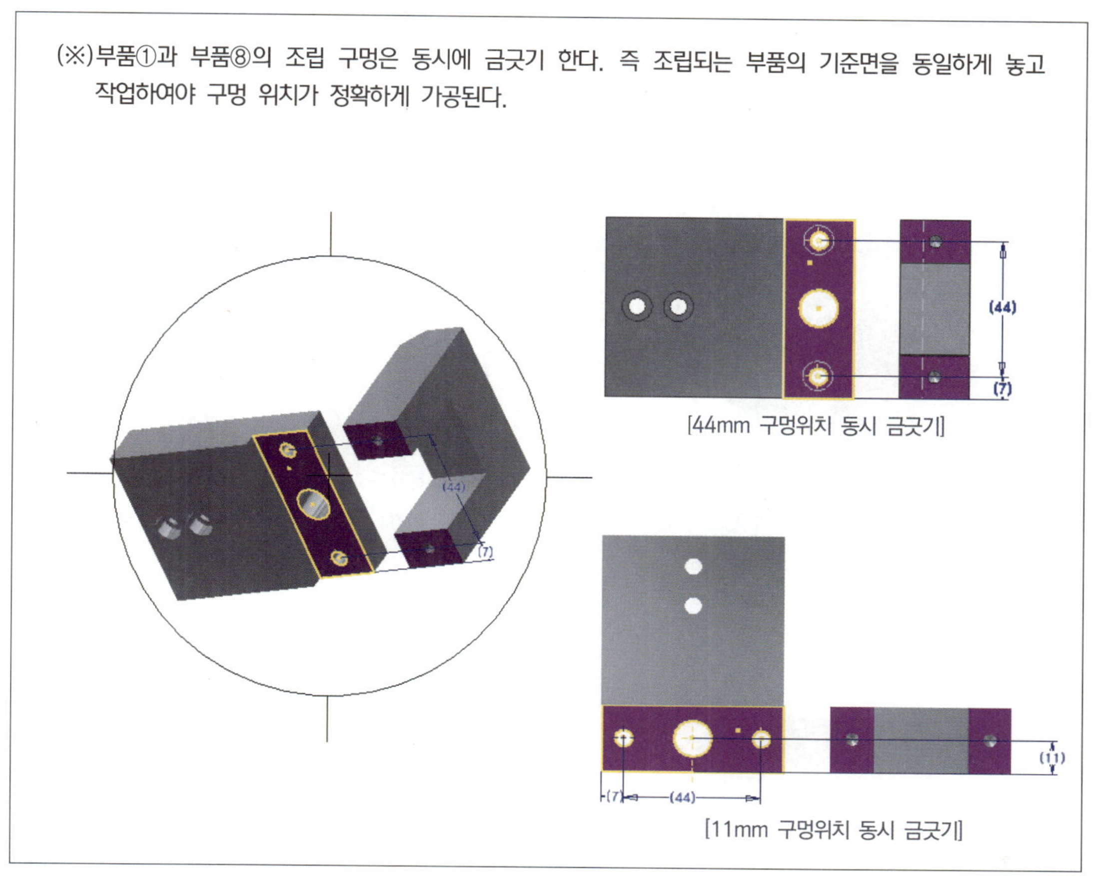

[44mm 구멍위치 동시 금긋기]

[11mm 구멍위치 동시 금긋기]

(※)부품③과 부품②의 조립 구멍 동시 금긋기 한다. 즉 조립할 때의 기준면을 동일하게 놓고 한다.

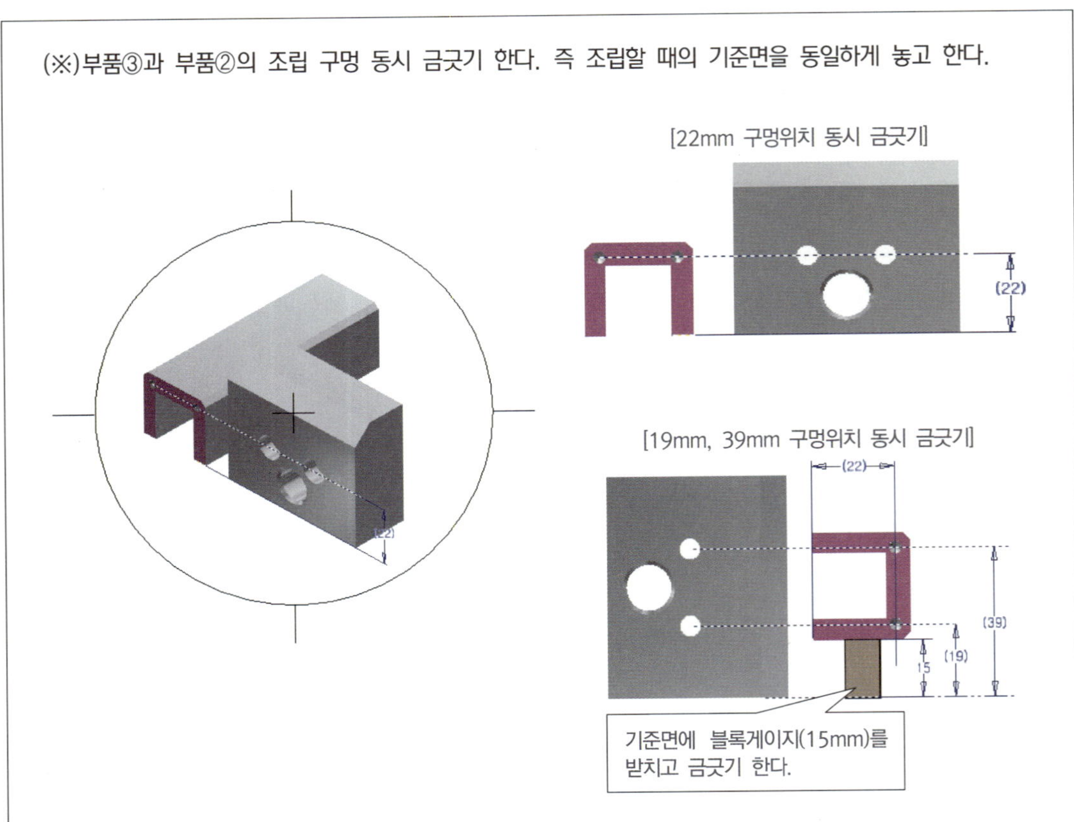

(※)부품④와 부품⑥의 조립 구멍 동시 금긋기 한다. 즉 조립할 때의 기준면을 동일하게 놓고 한다.

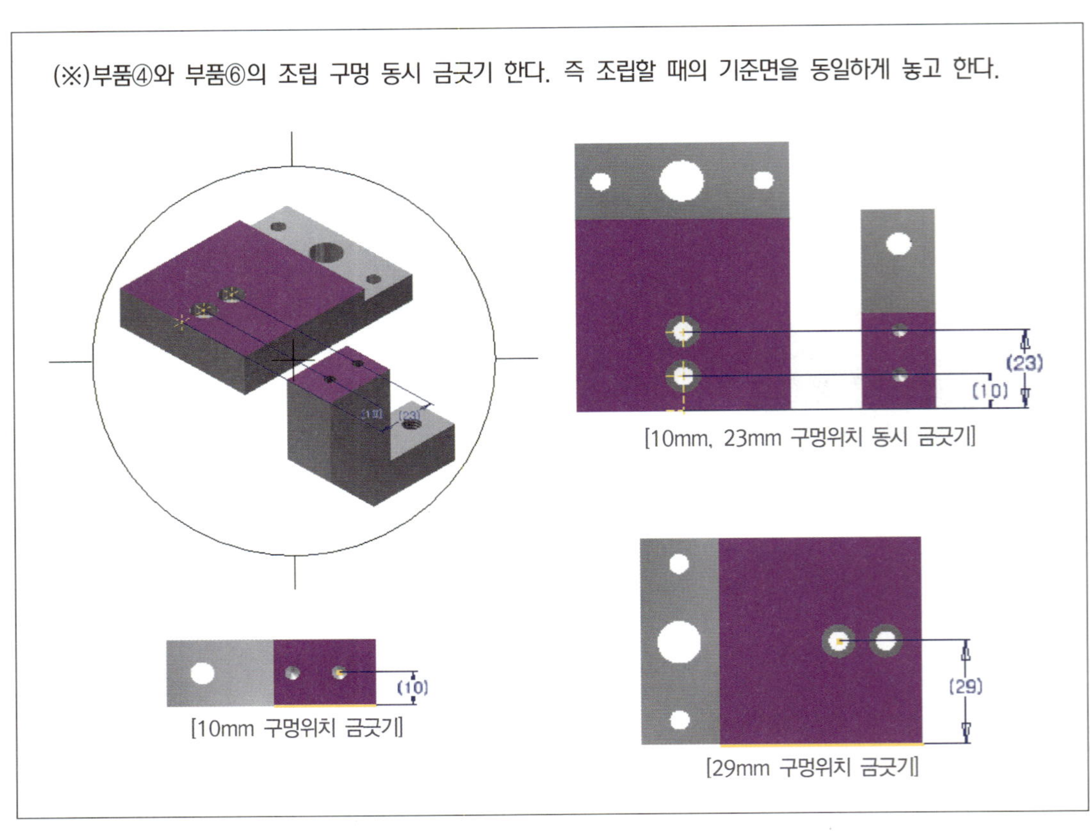

2. 조립 가공하기

하이트게이지로 금긋기 한 선의 치수를 도면치수와 비교하며 버니어캘리퍼스로 다시 확인한다. 가공순서는 센터펀치 → 기초 드릴 → 최종 드릴 → 리머 → 카운터 보어 → 카운터 싱크 → 핸드 탭 순서로 작업한다.

3. 부품 조립하기

제작물의 전체적인 구조를 이해하고 조립되는 순서와 방법을 결정한다. 부품조립은 좌우방향과 상하방향이 바뀌지 않도록 주의하며 부품의 위치정도 및 평행도를 확인하여 가공 상태 그대로 조립되도록 한다. 볼트 체결은 하나씩 대각선으로 느슨하게 조인 후 위치가 맞으면 강하게 조인다.

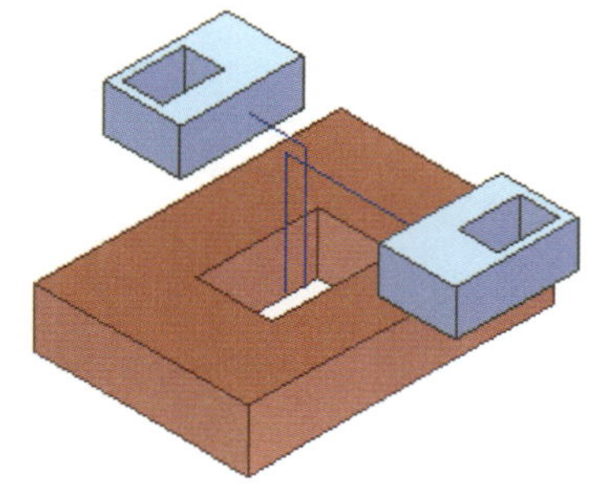

[조립 좌우·상하 방향 확인]

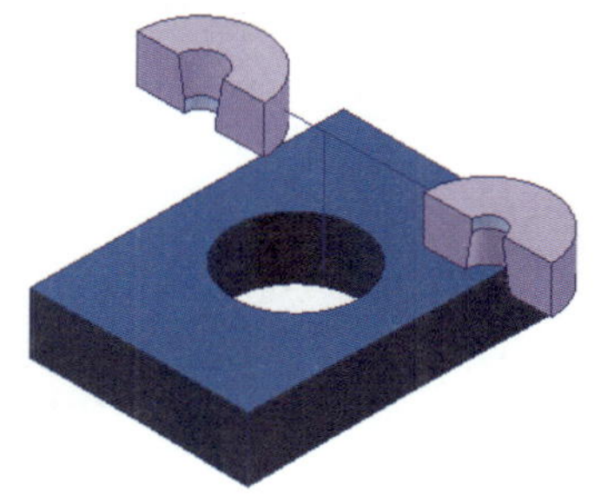

[조립 상하방향 확인]

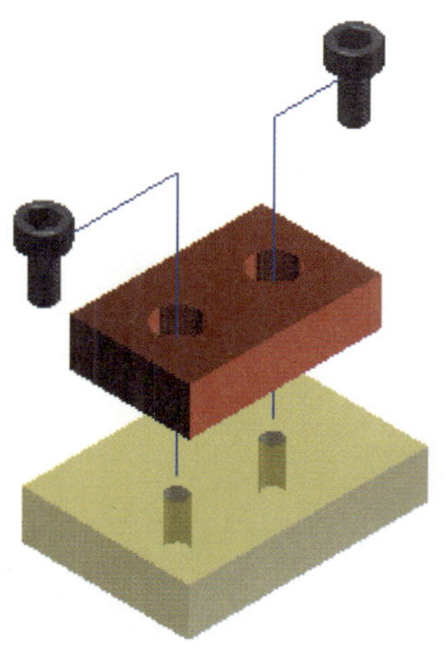

[조립 위치정도 확인]

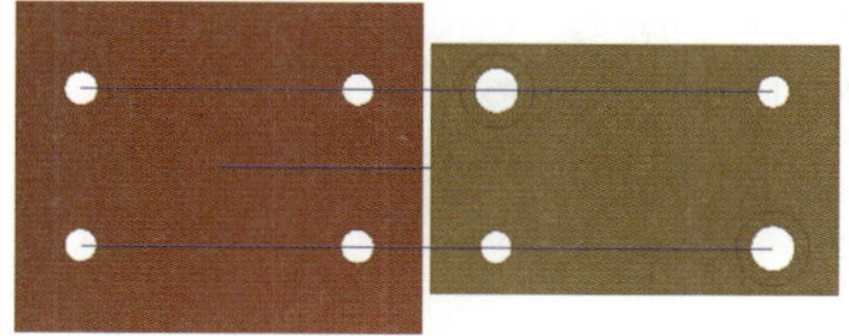

[조립 평행도 확인]

조립 시 확인 사항

■ 조립되는 순서와 따라하기

(※)리드 나사축(부품④)에 이동조(부품②)를 조립한 후 멈춤링으로 리드 나사축의 위치를 결정한다.

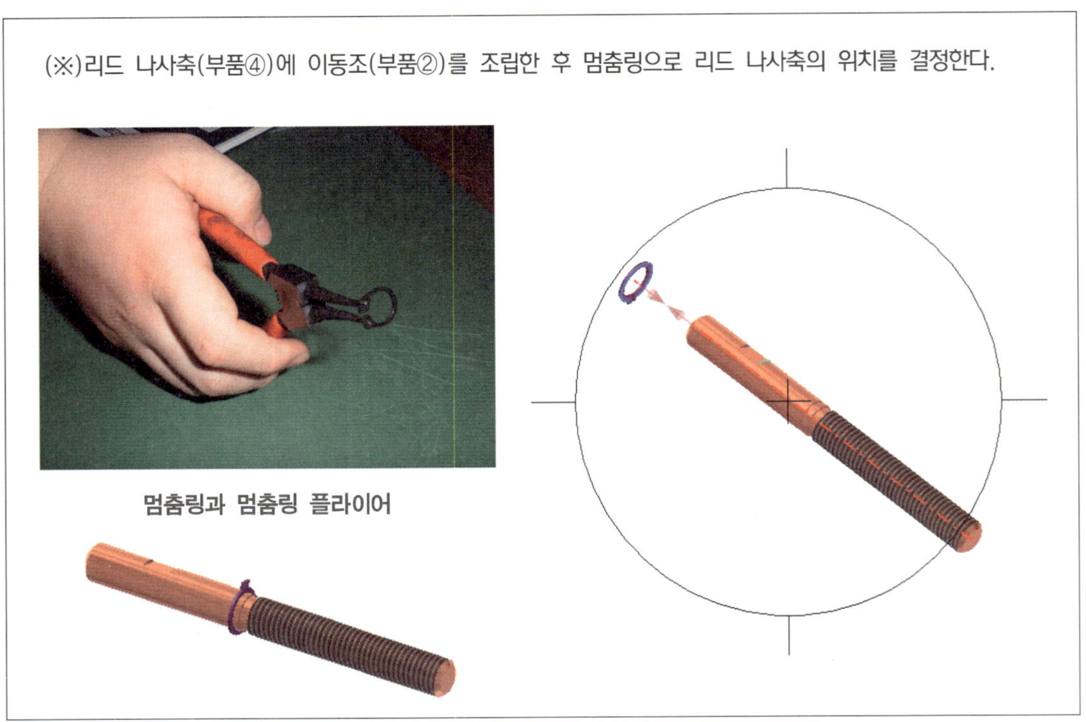

멈춤링과 멈춤링 플라이어

(※)리드 나사축(부품④)과 이동조(부품②)를 조립한 후 멈춤 링으로 리드 나사축의 위치를 결정한다.

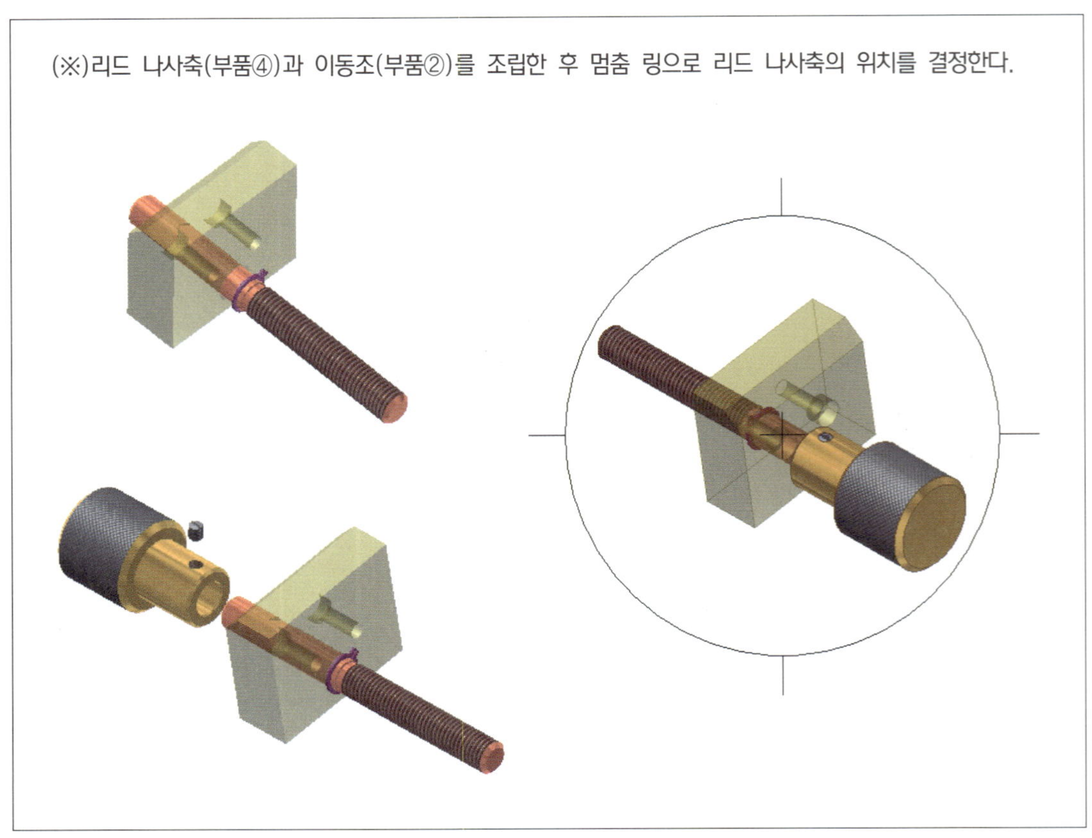

(※)이동조(부품②)와 안내커버(부품③)를 볼트(M5×25)로 체결한다. 이때에 받침판과 접촉하여 슬라이딩 되는 면을 정반에 밀착하여 누르면서 볼트를 조인다. 즉 볼트 체결은 하나씩 느슨하게 조인 후 위치가 맞으면 강하게 조인다.

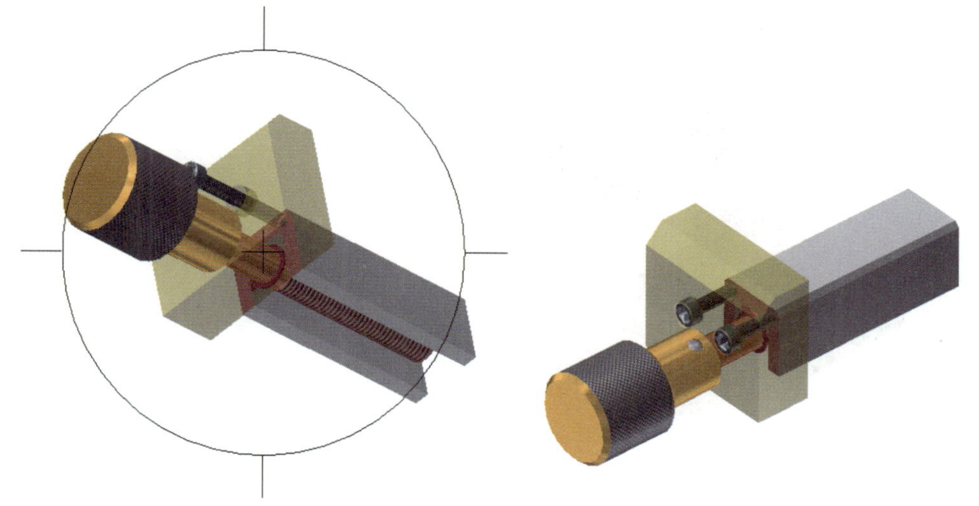

(※)육각홈붙이볼트에 맞는 규격의 렌치를 사용하여 볼트에 적당한 힘이 가해지도록 한다.

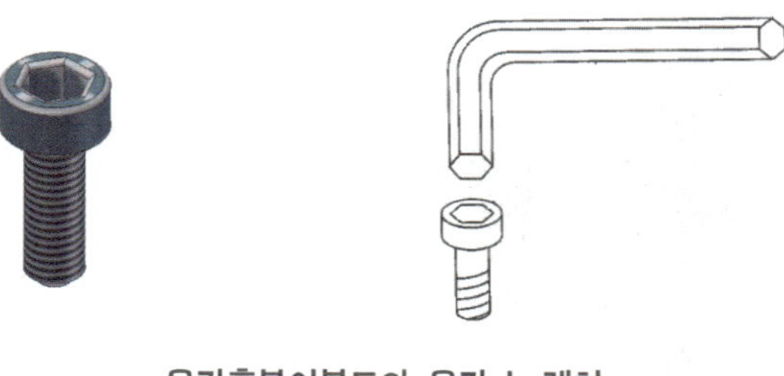

육각홈붙이볼트와 육각 L 렌치

(※)받침판(부품⑧)과 가이드 너트(부품⑦)를 조립한 후 원활한 끼워 맞춤이 되는지 동작 상태를 확인한다.

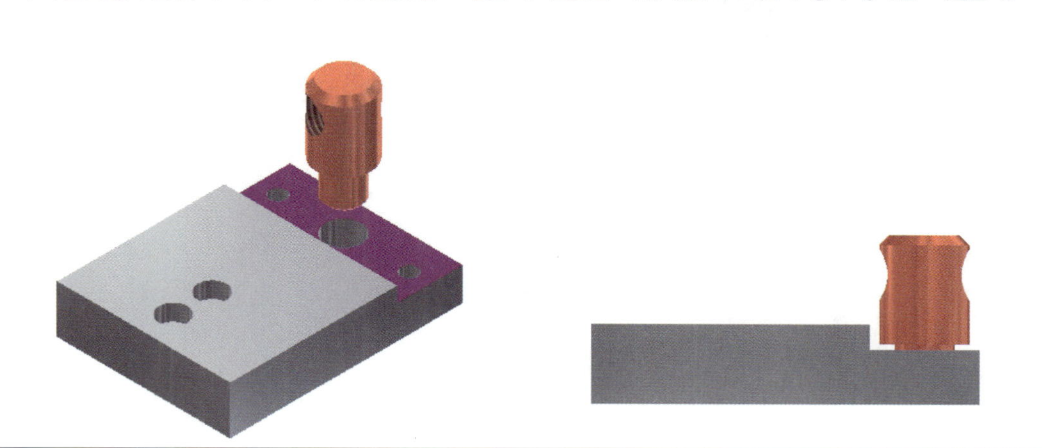

(※)받침판(부품⑧)과 고정조(부품①)의 조립한 후 볼트로 체결한다. 이때 구멍가공용 금긋기 할 때의 기준면을 일치시킨 상태에서 볼트를 하나씩 느슨하게 조인 후 위치가 맞으면 강하게 조인다.

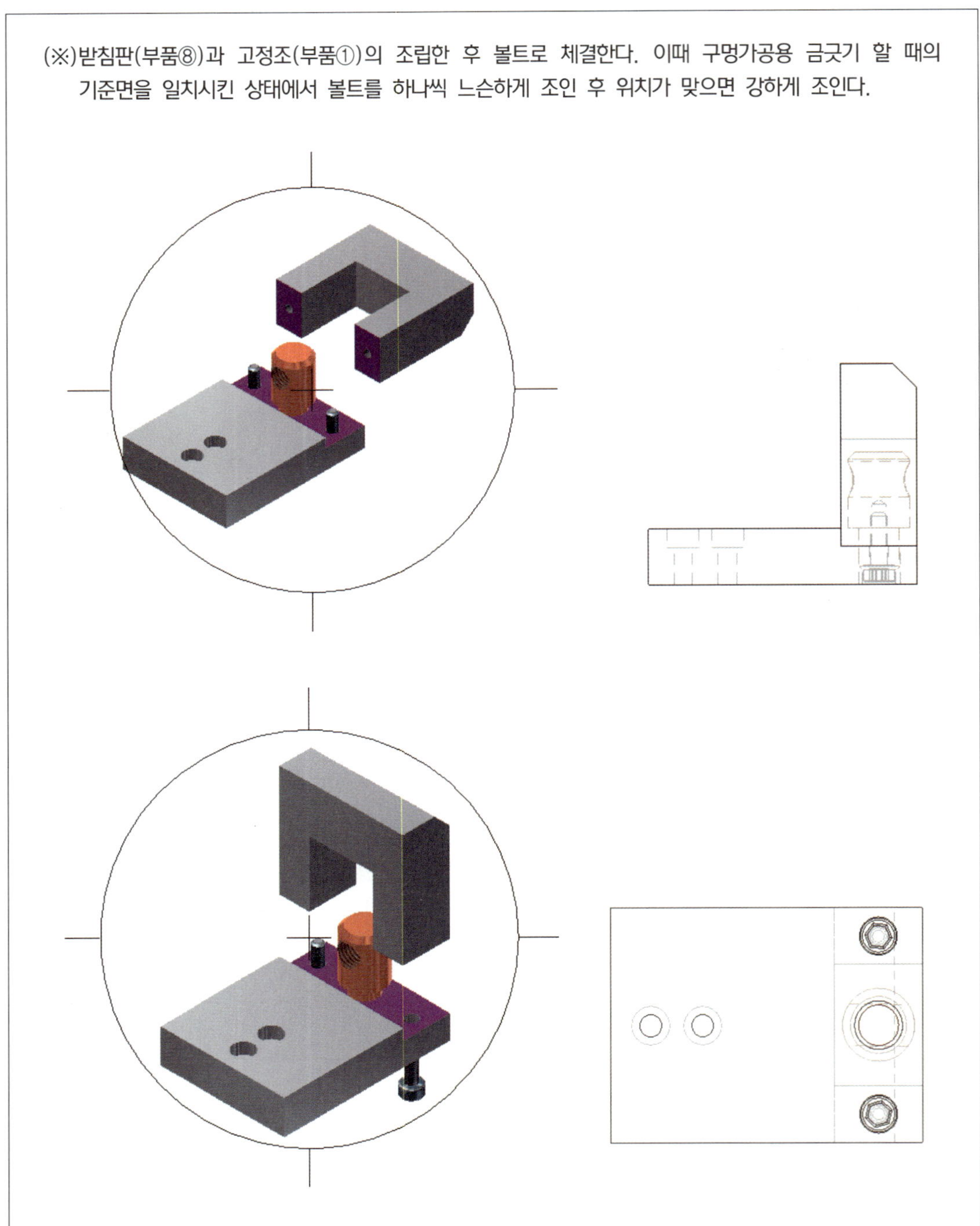

(※)받침판(부품⑧)과 고정판(부품⑥)의 조립한 후 볼트로 체결한다. 볼트를 하나씩 느슨하게 조인 후 위치가 맞으면 강하게 조인다.

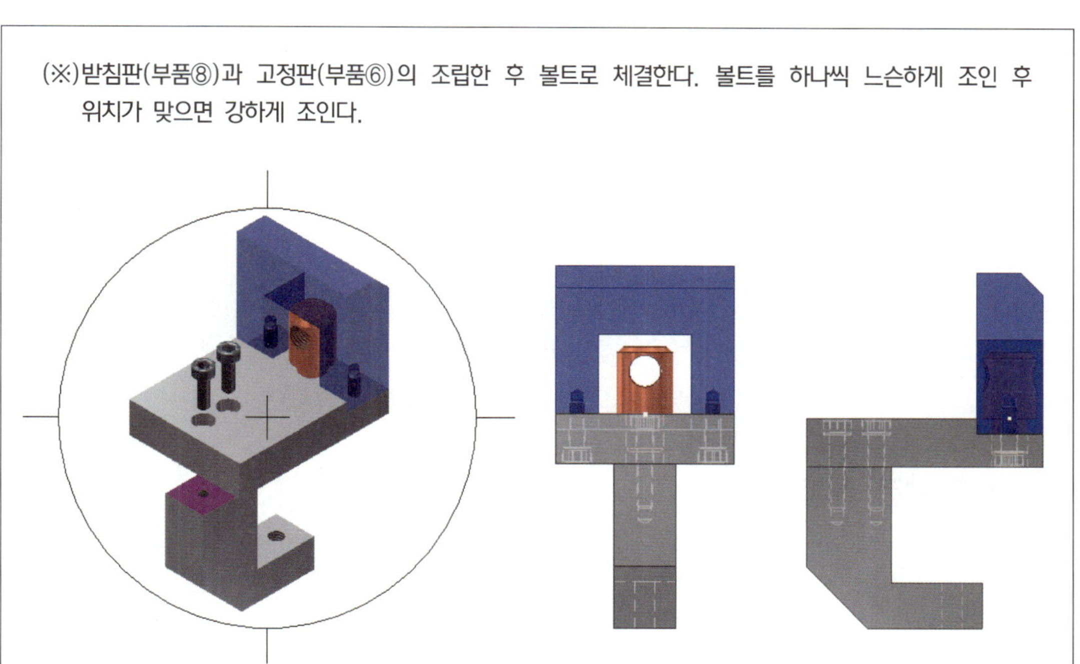

(※)고정측편과 이동측편을 조립하여 동작 상태를 확인하며 수정여부를 결정한다.

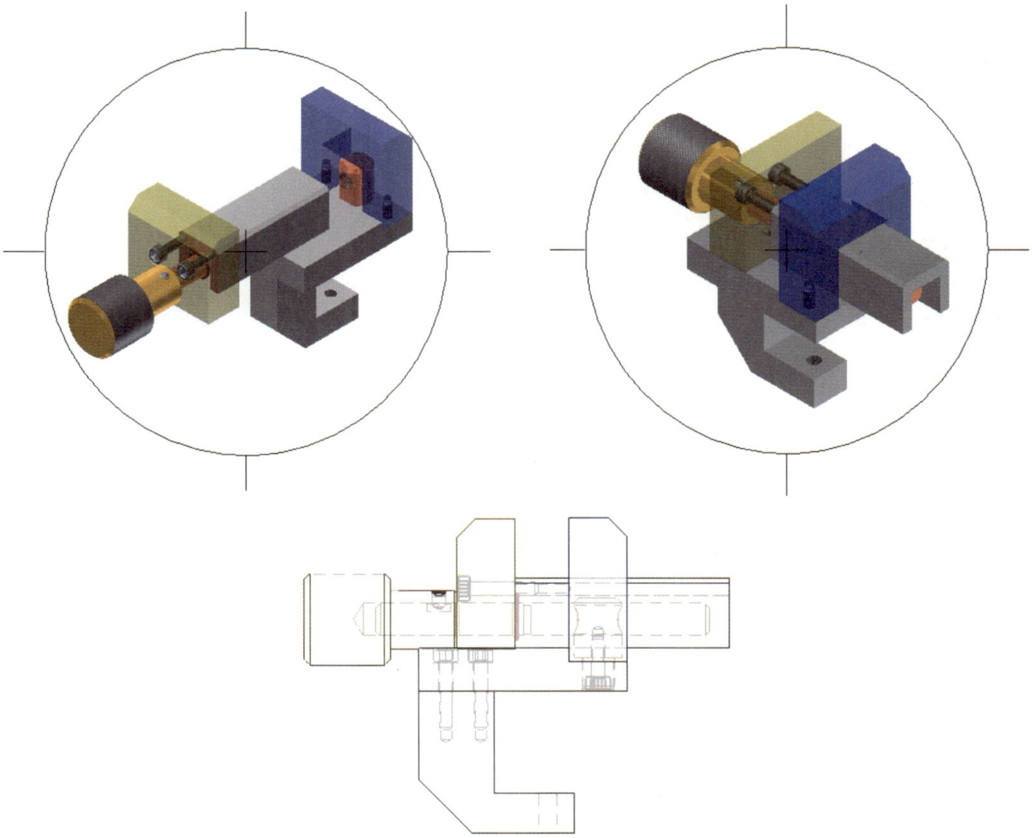

H ∷ 측정 및 품질 분석

학습 목표	1. 품질관리의 중요성에 대해 설명할 수 있다. 2. 품질 분석표를 작성할 수 있다.

원하는 품질의 제품을 얻기 위해서는 품질관리는 매우 중요하다. 품질관리의 과정에는 기술 부문의 필수적인 성능과 기능을 분명하게 결정하는 기획설계 과정의 품질과 제작 과정에서 현장의 기술 수준에 따라 달라질 수 있으므로 제작과정의 품질이 중요하다.

1. 가공 부품 측정

〈표-6〉 조립품 및 부품 측정표 작성(예시 참조)

표 ➤ 조립품 및 부품 측정

조립품 및 부품 측정								
프로젝트 명								
작 성 자	소속			성명				
평가 구분	평가 사항					배점	득점	환산 점수
가공 상태 (80%)	항목	도면 치수	측정값					
			1차 측정	2차 측정	최종값			
	정밀 치수 (50%)							
	소계							

QUESTION

그림은 공작물의 좁은 홈을 비교측정하는 것으로 측정값은? (단, 블록게이지 15㎜, 3㎜를 조합한 것에 다이얼 테스트 인디케이터를 0점 세팅하였다.)

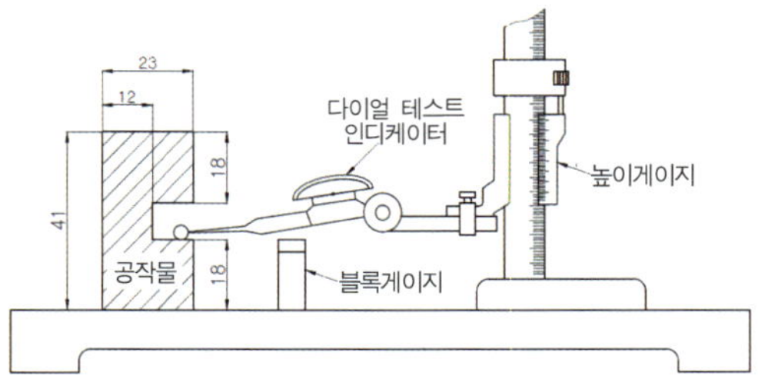

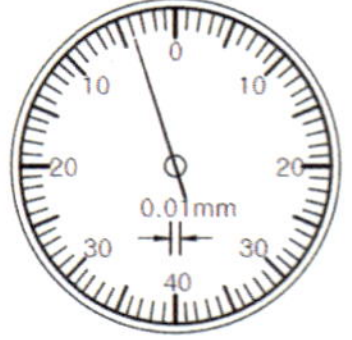

테스트 인디케이터의 공작물 접촉위치

2. 완성품 품질 분석

부품 측정표와 전체적인 기능을 분석하여 불량 원인을 해결할 수 있는 방안을 조사한다.

〈표-7〉 4way 품질 분석표 작성(예시 참조)

표 ➤ 4way 품질 분석표

4way 품질 분석표				
프로젝트 명				
작 성 자	소속		성명	

A. 왜 불량이 발생하였는가?	
1 단계 Why?	(예) 왜 아침 등교시간이 늦었는가? → 아침에 늦게 일어나서 집에서 나왔다.
2 단계 Why?	(예) 왜 늦게 일어났는가? → 어젯밤에 늦게 잠자리에 들었다.
3 단계 Why?	(예) 왜 늦게 잠자리에 들었는가? → 인터넷 게임을 늦게까지 하였다.
4 단계 Why?	(예) 왜 인터넷 게임을 늦게까지 하였는가? → 재미가 있어서 시간 가는 줄 몰랐다.

B. 근본 요인은?
(예) 계획성이 없는 생활을 하였다.

품질관리 용어

- APQP(Advanced Product Quality Planning) : 사전제품품질계획
- BIS(Business Intelligence System) : 경영정보시스템
- COI(Customer-Oriented Index) : 고객 지향도
- DSS(Decision Support System) : 의사결정 지원시스템
- FIS(Factory Information System) : 공장 정보 시스템

프로젝트 수행과정 발표

학습 목표	1. 프로젝트 수행과정의 요점을 정리하여 전시회 자료를 만들 수 있다. 2. 프로젝트 수행과정을 프레젠테이션 자료로 만들어 발표할 수 있다.

1. 전시회 자료 제작

프로젝트 과제 수행 과정을 사진으로 촬영하여 프레젠테이션 및 전시회 자료 제작을 위한 자료로 활용하고 제작 관련 자료를 모아 보관하며 이를 정리하여 제품을 이해할 수 있도록 전시회 자료를 만든다.

(한글 A4 용지 1쪽)
1. 주제
2. 목적
3. 제작기간
4. 팀원 및 참여단계
5. 수행과정 및 문제해결방법
6. 제작 후 느낀 점

2. 프레젠테이션 자료 제작

위 자료를 중심으로 파워포인트로 제작하고 발표는 큰 그림을 먼저 이야기 하도록 한다. 프레젠테이션 자료는 차트나 그림(사진)을 많이 활용한 내용으로 하며 가장 좋은 것을 마지막에 보여주면서 간결하면서 감동적인 마무리가 되도록 준비한다.

(파워포인트 슬라이드 5쪽 이내)
1. 무엇을 전하고 싶은가?
2. 어떻게 전하려 하는가?
3. 왜 그 방법이 필요한 것인가?
4. 어떤 성과를 얻고 싶은가?

단원 평가 문제

※ 다음 도면을 보고 물음에 답하시오.

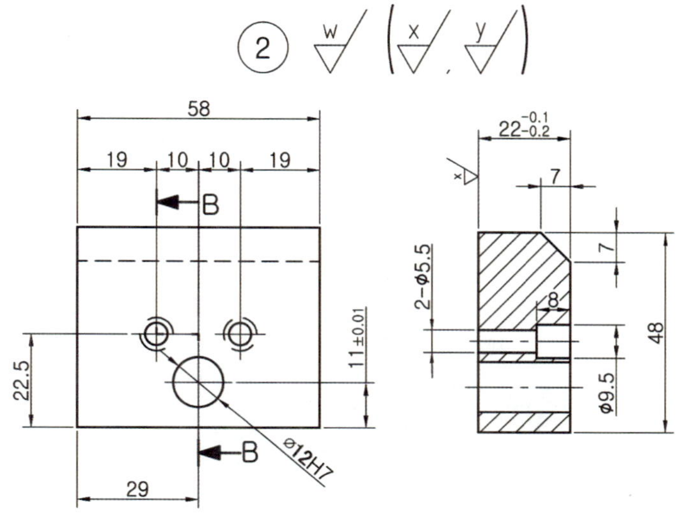

01 위 그림에서 ∅12H7을 가공하기 위한 공구는?

① 탭
② 다이스
③ 리머
④ 카운터 보어
⑤ 카운터 싱크

02 위 그림을 가공하는데 필요한 공작기계가 아닌 것은?

① 선반
② 밀링
③ 드릴프레스
④ 평면연삭기
⑤ 머시닝센터

03 위 그림을 가공하기 위한 공구가 아닌 것은?

① 정면커터
② 회전센터
③ 리머
④ 카운터 보어
⑤ 카운터 싱크

04 다음 그림과 같이 구멍의 모서리 거스러미를 깨끗하게 제거하는데 사용하는 공구는?

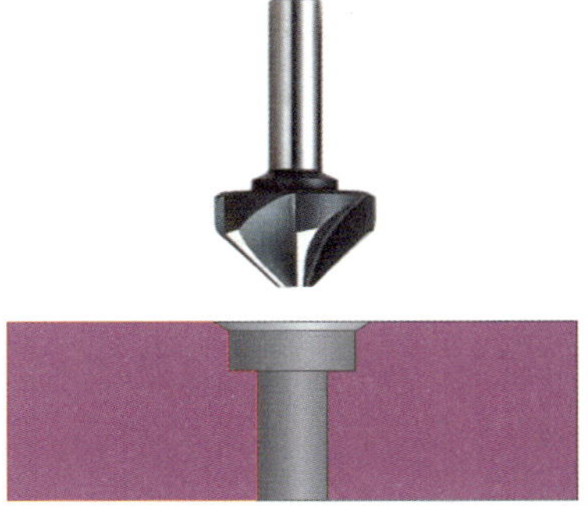

① 정면커터
② 엔드밀
③ 리머
④ 카운터 보어
⑤ 카운터 싱크

※ 다음 그림을 보고 물음에 답하시오.

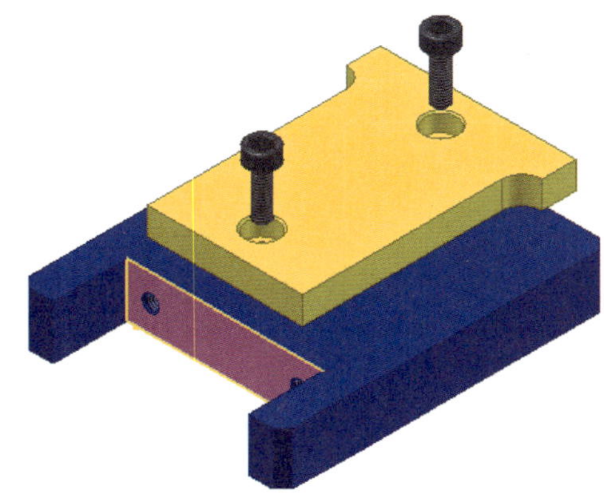

05 위 그림과 같이 2개의 부품을 조립할 때 주의할 점이 아닌 것은?

① 조립 좌우방향 확인
② 조립 상하방향 확인
③ 조립 위치정도 확인
④ 조립 평행도 확인
⑤ 조립 볼트 확인

06 위 그림과 같은 2개의 부품을 가공할 때 필요 없는 공구는?

① 탭
② 다이스
③ 엔드밀
④ 카운터 보어
⑤ 정면커터

07 위 그림과 같은 체결용 볼트의 명칭은?

① T볼트
② 멈춤 나사
③ 태핑 나사
④ 관통볼트
⑤ 육각 홈붙이 볼트

08 기계 제작과정에서 가장 중요한 작업은?

① 선반 작업 ② 밀링 작업
③ 연삭 작업 ④ 드릴 작업
⑤ 조립 작업

09 아래 그림은 밀링에서 엔드밀 가공을 평면에서 본 것이다. 설명이 <u>틀린</u> 것은?

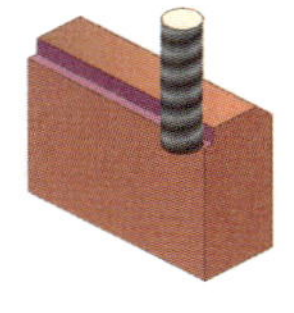

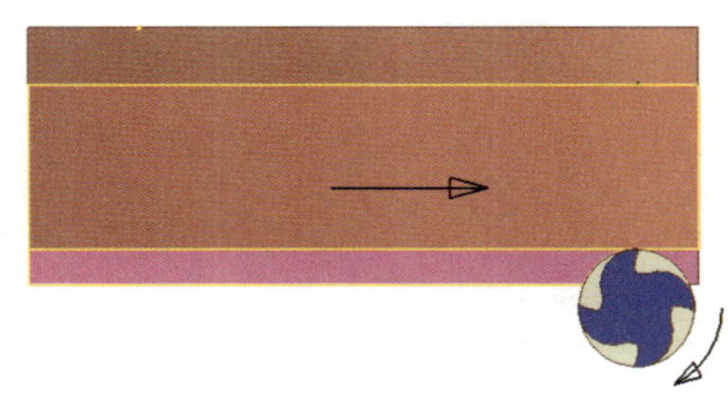

① 하향절삭이다. ② 상향절삭이다.
③ 절삭유를 급유한다. ④ 표면이 깨끗하다.
⑤ 절삭저항이 크다.

10 그림은 공작물의 좁은 홈을 비교측정하는 것으로 측정값은? (단, 블록게이지 15㎜, 3㎜를 조합한 것에 다이얼 테스트 인디케이터를 0점 세팅하였다.)

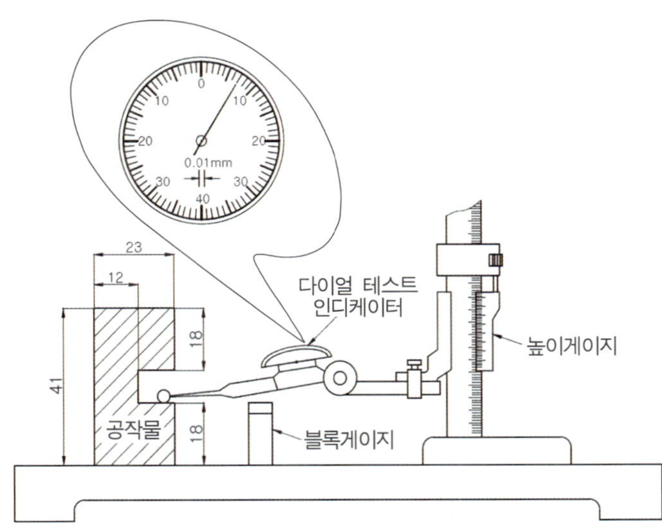

① 17.07 ② 17.93
③ 18.00 ④ 18.07
⑤ 18.70

보충과제도면 : 나사 탁상바이스 A형

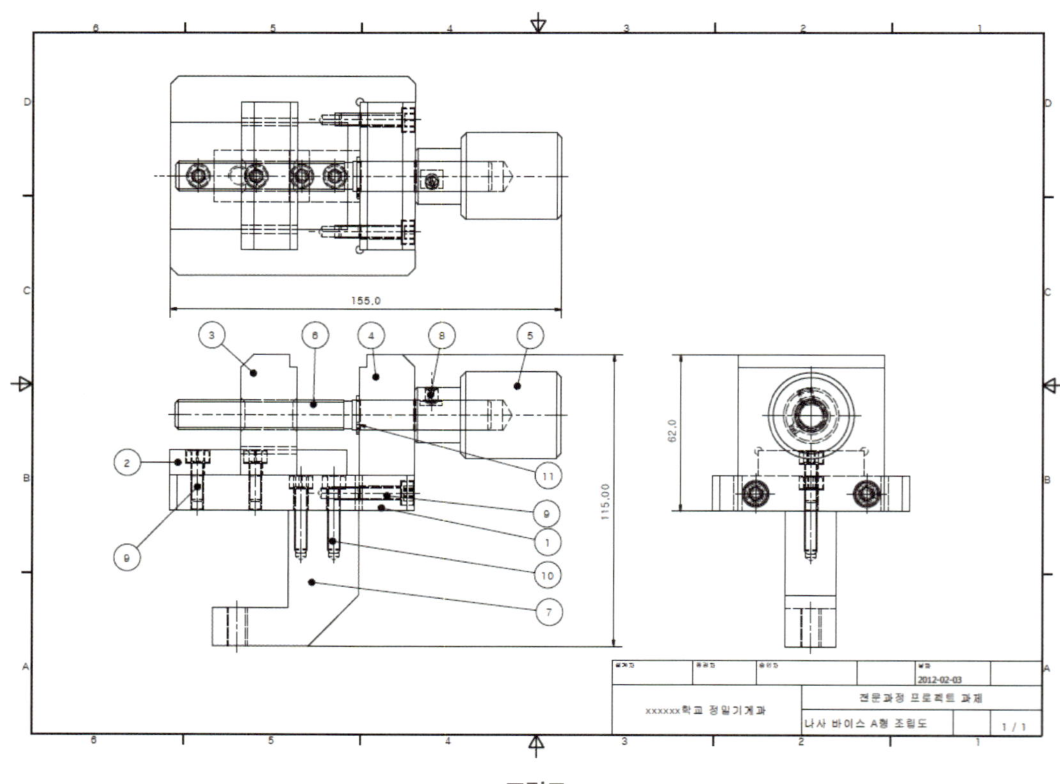

조립도

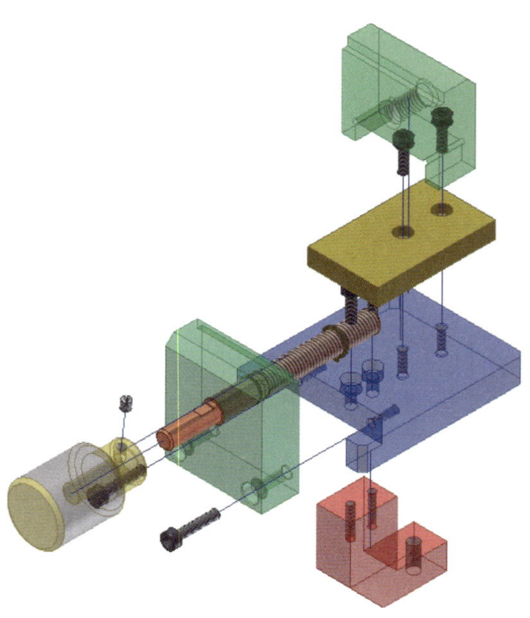

3D 분해도

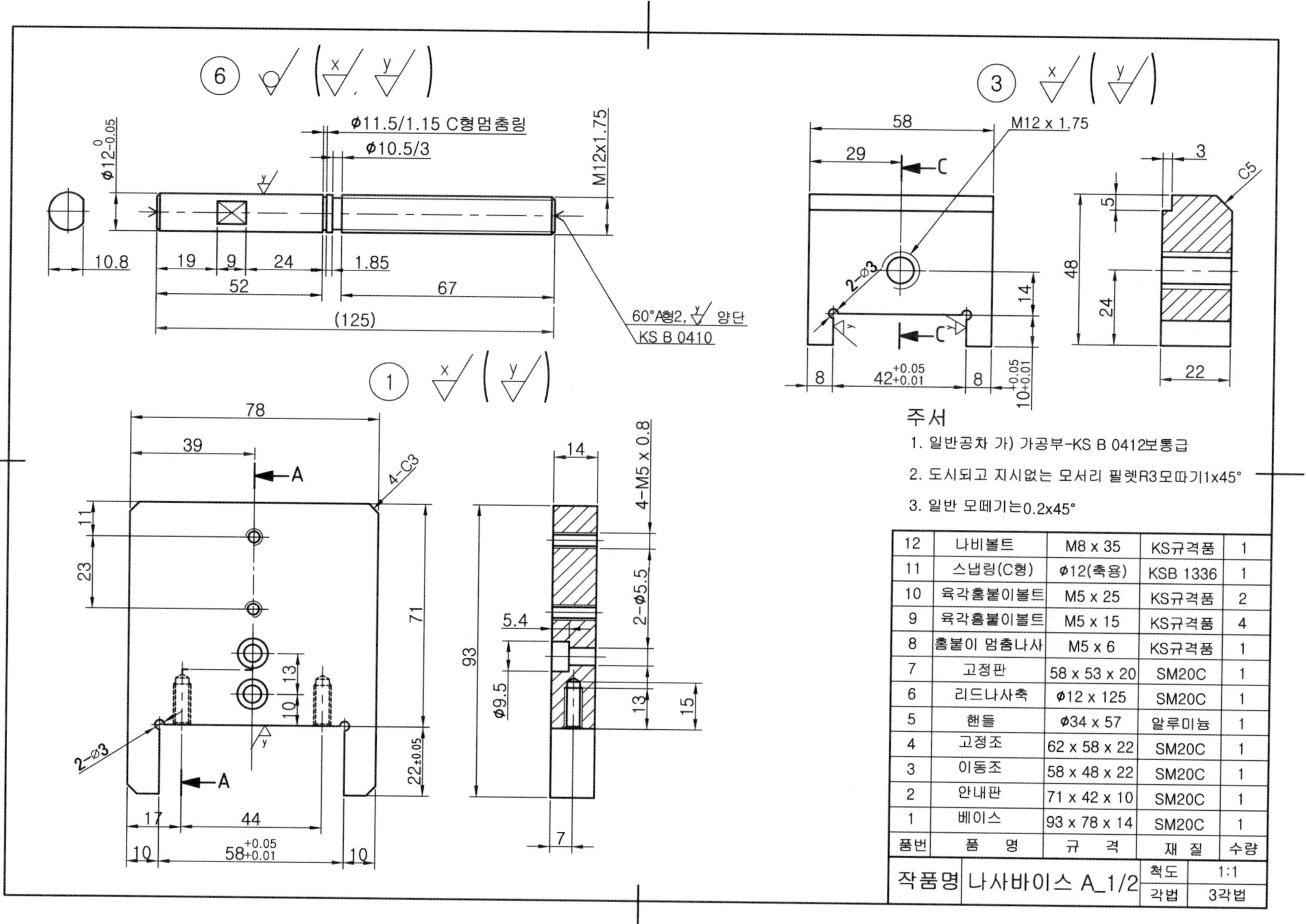

주서

1. 일반공차 가) 가공부-KS B 0412보통급
2. 도시되고 지시없는 모서리 필렛R3모따기1x45°
3. 일반 모떼기는0.2x45°

품번	품 명	규 격	재 질	수량
12	나비볼트	M8 x 35	KS규격품	1
11	스냅링(C형)	Φ12(축용)	KSB 1336	1
10	육각홈붙이볼트	M5 x 25	KS규격품	2
9	육각홈붙이볼트	M5 x 15	KS규격품	4
8	홈붙이 멈춤나사	M5 x 6	KS규격품	1
7	고정판	58 x 53 x 20	SM20C	1
6	리드나사축	Φ12 x 125	SM20C	1
5	핸들	Φ34 x 57	알루미늄	1
4	고정조	62 x 58 x 22	SM20C	1
3	이동조	58 x 48 x 22	SM20C	1
2	안내판	71 x 42 x 10	SM20C	1
1	베이스	93 x 78 x 14	SM20C	1

작품명	나사바이스 A_1/2	척도	1:1
		각법	3각법

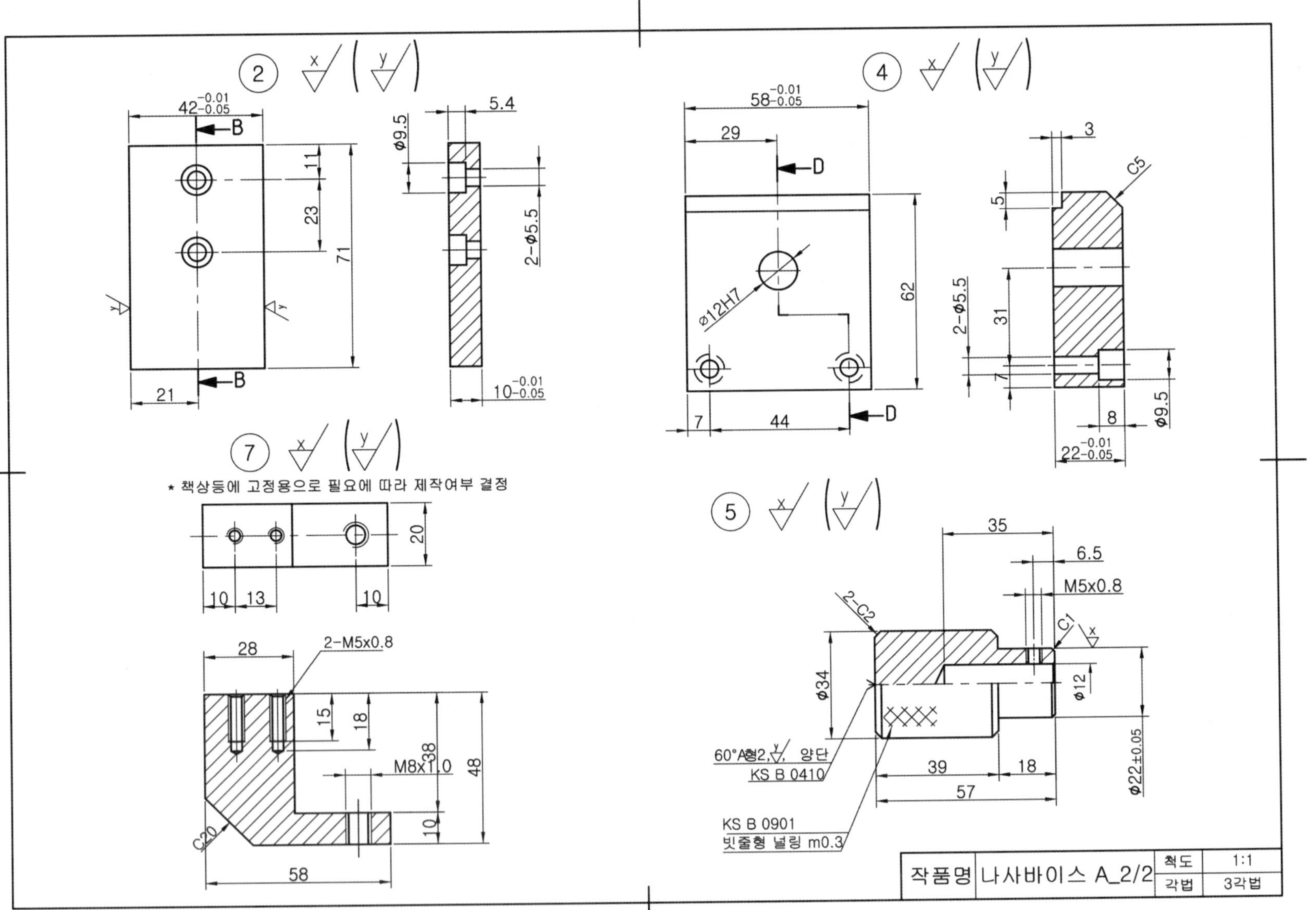
* 책상등에 고정용으로 필요에 따라 제작여부 결정
2-M5x0.8
M8x1.0
M5x0.8
60°A형2, 양단
KS B 0410
KS B 0901
빗줄형 널링 m0.3
작품명 나사바이스 A_2/2
척도 1:1
각법 3각법

CHAPTER 02

수평 공압프레스

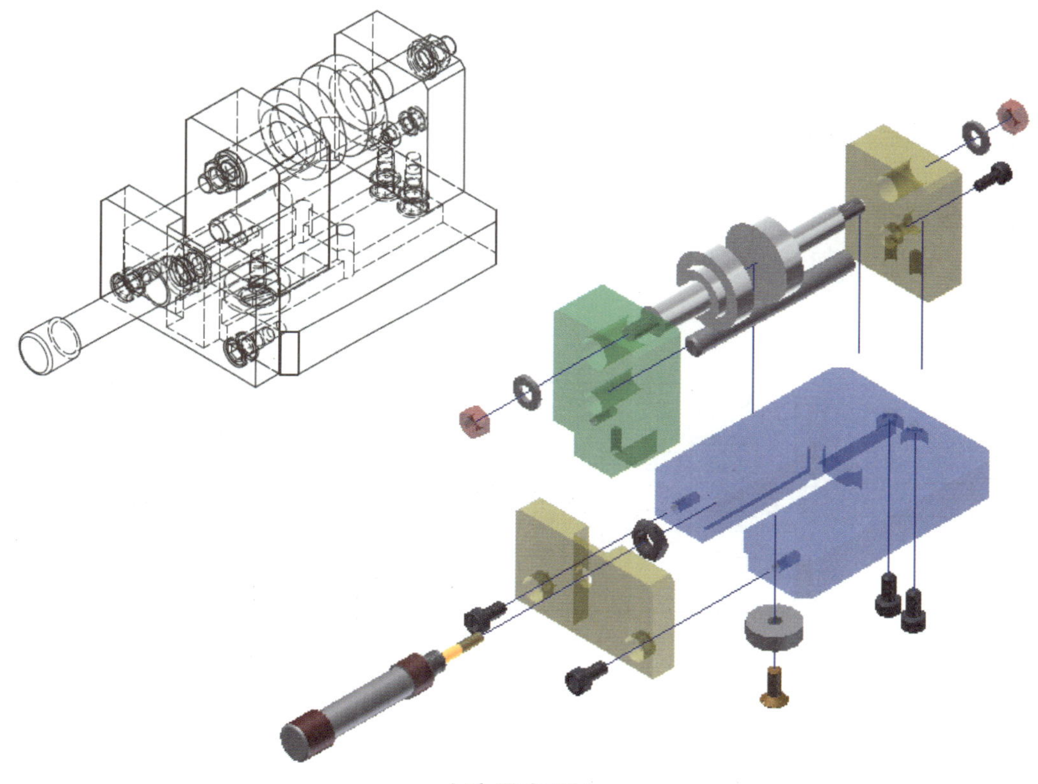

수평 공압프레스

단원 소개

본 단원은 기계를 제작해 보는 단원이다. 기계 제작의 모든 부품은 판재와 각재, 그리고 원형재료로 조합되어 있다. 이 부품들은 상호작용의 슬라이딩으로 볼트에 의한 정확한 위치에 조립이 이루어져야 한다. 회전축은 동력전달을 하는 부품으로 강도와 아울러 흔들림이 없는 원통으로 가공하여야 한다. 또한 회전축과 접한 가공은 구멍 중심의 가공을 해야 함으로 선반 조작능력 뿐만 아니라 밀링 조작능력도 매우 중요하다. 또한 원형 단면의 회전축은 원주 흔들림이 발생하지 않도록 정확한 끼워 맞춤이 되어야 하고 가공정밀도와 표면 거칠기를 향상시켜야 한다. 작은 구멍의 면접촉에 의한 슬라이딩 부분은 매끄럽게 가공하여야 하므로 드릴프레스에서의 리머 작업 기술도 중요하다. 따라서 본 단원은 기계구조 설계와 아울러 부품 가공에 필요한 공작기계의 선정, 재료의 선정, 절삭공구의 선정 등 기계를 제작하는데 필요한 기초적인 모든 작업을 이해할 수 있도록 하였다.

A ::: 수평 공압프레스 제작 프로젝트

기계(프레스)를 설계하고 출력하여 그 도면을 제작도면으로 실제로 공작기계를 이용하여 제작해보는 실습으로 선반, 밀링과 드릴 등의 조작능력과 기능향상, 품질분석능력을 향상시킨다.

1. 학습목표

1) 기계(프레스)의 개념을 알고 설계할 수 있다.
2) 도면을 이해하고 정밀하게 가공할 수 있다.
3) 정밀하게 가공하여 원하는 동작으로 제작할 수 있다.

2. 프로젝트 과제명 : 수평 공압프레스

3. 소요시간 : [25시간] ※ 준비된 재료 지급

(※) 기계조작 및 요소실습 "20시간 정도" 진행 후 제작한다.

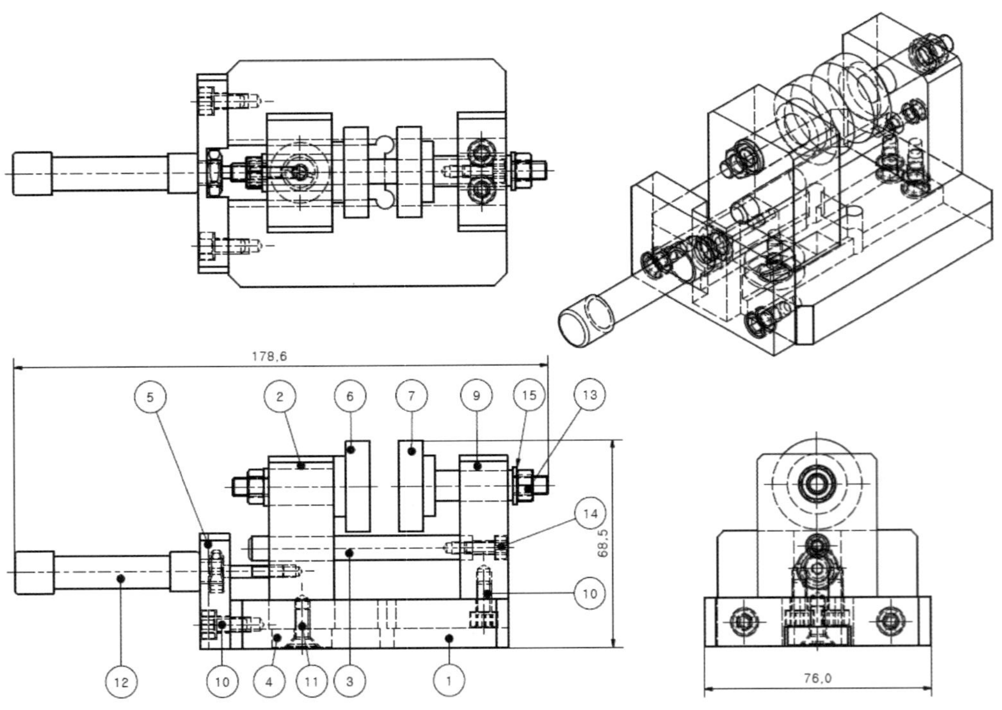

4. 보고서 작성 내용

[표-1] 프로젝트 담당업무 및 참여동기
[표-2/1] 도면(조립도) 검토 및 분석
[표-2/2] 도면(부품도) 검토 및 분석

[표-3] 소요 가공재료 및 KS규격품
[표-4] 기계 및 공구, 측정기
[표-5] 부품 가공 시 안전 및 유의 사항 조사
[표-6] 조립품 및 부품 측정
[표-7] 4way 품질 분석
[표-8] 부품 가공 순서

재료에 힘을 가해서 소성변형시켜 굽힘·전단·단면수축 등의 가공을 하는 기계이다. 프레스 가공을 간단히 프레스라고도 한다.
주로 금속판에 압축력을 가하여 소성변형시켜 여러 모양을 만들어내는 금가공이 프레스 가공의 대표적인 예이다. 시계·카메라의 정밀부품에서부터 자동차의 차체에 이르기까지 광범하게 이용된다. 재료로서 강판·동판(銅板)·황동판·알루미늄판은 물론 플라스틱·섬유 등도 쓰인다. 특별히 가열하지 않고 가공할 수 있고, 짧은 시간에 정확한 치수·모양으로 가공할 수 있으며, 교환성이 있고 대량생산에 적합하다.
프레스 가공의 종류에는 커터(cutter)로 소정의 모양으로 절단하는 절단가공, 다이(die)와 펀치(punch)로 필요한 모양을 따내는 따내기가공, 재료를 필요한 모양으로 구부리는 굽힘가공, 원통·각통 등과 같은 바닥이 있고 이음매가 없는 용기를 만드는 드로잉 가공 등이 있다.
프레스 기계의 종류는 압축력을 발생시키는 구조에 따라 기계식 프레스와 유압식 프레스로 구별된다. 기계식 프레스는 전동기의 동력을 기어·크랭크 등의 기구로 압축력을 발생시켜 가공작업을 하는 것이며, 그 중에서 많이 사용되는 것은 크랭크 프레스이다. 이 프레스는 전동기로 큰 플라이휠을 회전시켜 회전 에너지의 일부를 이용해서 가공작업을 한다. 이 밖에 마찰 프레스·토글 프레스 등 많은 종류가 있다. 액압(液壓) 프레스는 유압을 이용해서 압축동작을 하는 것이다. 이 밖에도 수압식·유압식·기압식(氣壓式)이 있다.

출처 : http://terms.naver.com/

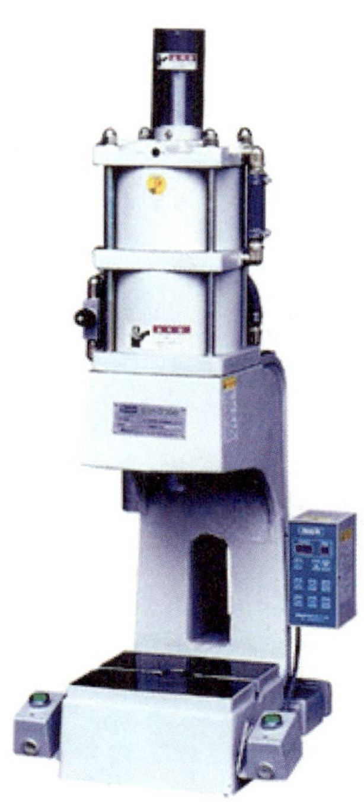

공압 프레스

B ::: 프로젝트 도면

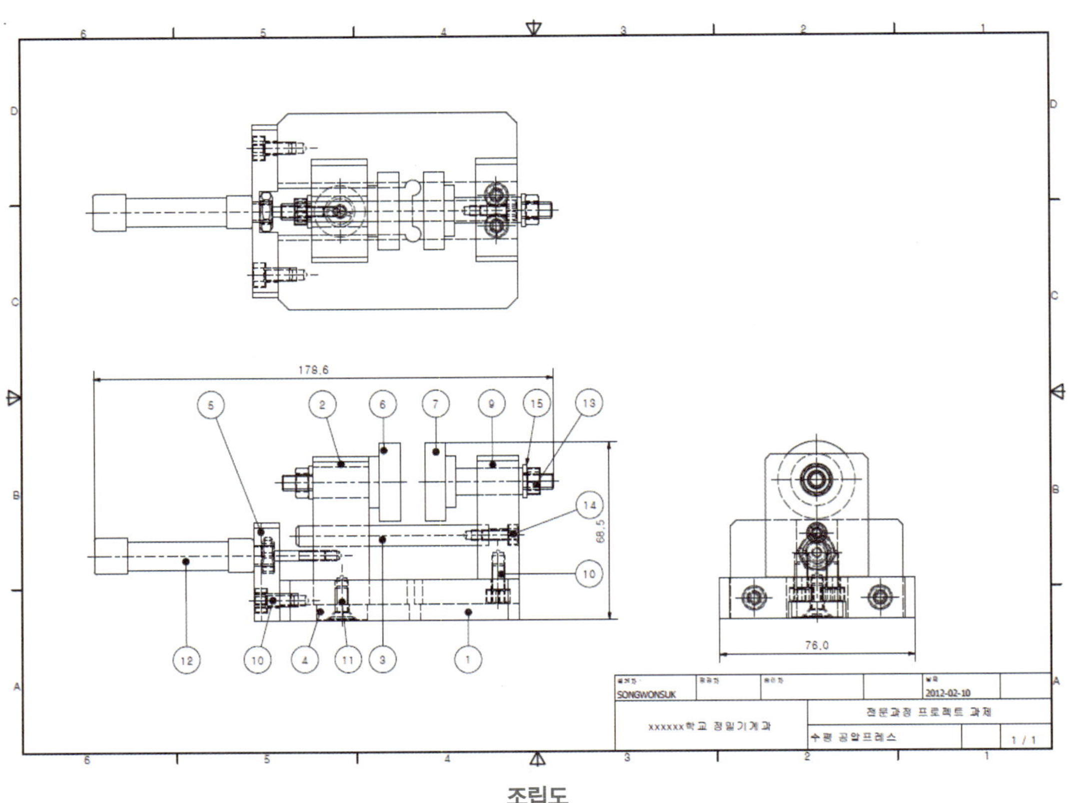

조립도

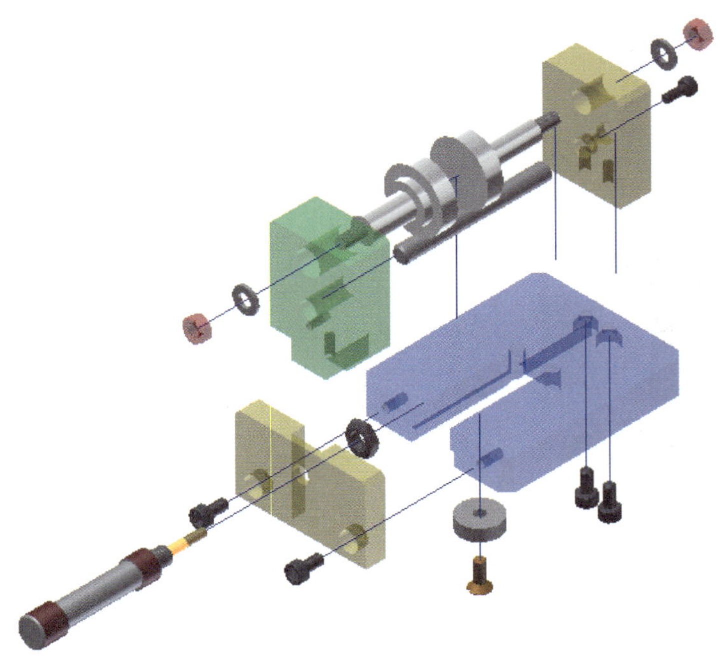

분해도

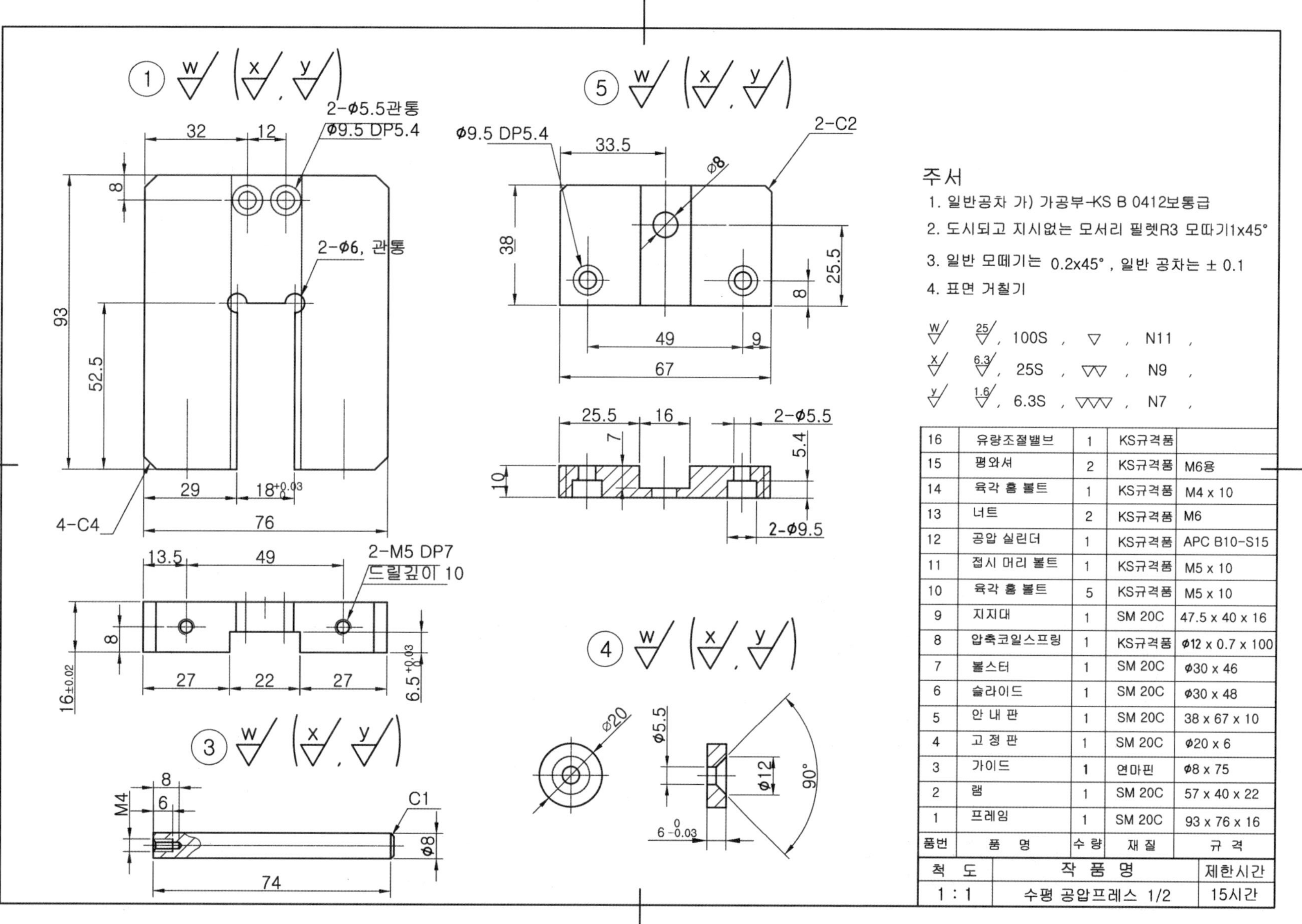

주서
1. 일반공차 가) 가공부-KS B 0412보통급
2. 도시되고 지시없는 모서리 필렛R3 모따기1x45°
3. 일반 모떼기는 0.2x45°, 일반 공차는 ± 0.1
4. 표면 거칠기

w/ = 25/, 100S, ▽, N11,
x/ = 6.3/, 25S, ▽▽, N9,
y/ = 1.6/, 6.3S, ▽▽▽, N7,

품번	품 명	수 량	재 질	규 격
16	유량조절밸브	1	KS규격품	
15	평와셔	2	KS규격품	M6용
14	육각 홈 볼트	1	KS규격품	M4 x 10
13	너트	2	KS규격품	M6
12	공압 실린더	1	KS규격품	APC B10-S15
11	접시 머리 볼트	1	KS규격품	M5 x 10
10	육각 홈 볼트	5	KS규격품	M5 x 10
9	지지대	1	SM 20C	47.5 x 40 x 16
8	압축코일스프링	1	KS규격품	Φ12 x 0.7 x 100
7	볼스터	1	SM 20C	Φ30 x 46
6	슬라이드	1	SM 20C	Φ30 x 48
5	안 내 판	1	SM 20C	38 x 67 x 10
4	고 정 판	1	SM 20C	Φ20 x 6
3	가이드	1	연마핀	Φ8 x 75
2	램	1	SM 20C	57 x 40 x 22
1	프레임	1	SM 20C	93 x 76 x 16

척 도	작 품 명	제한시간
1 : 1	수평 공압프레스 1/2	15시간

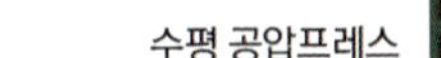

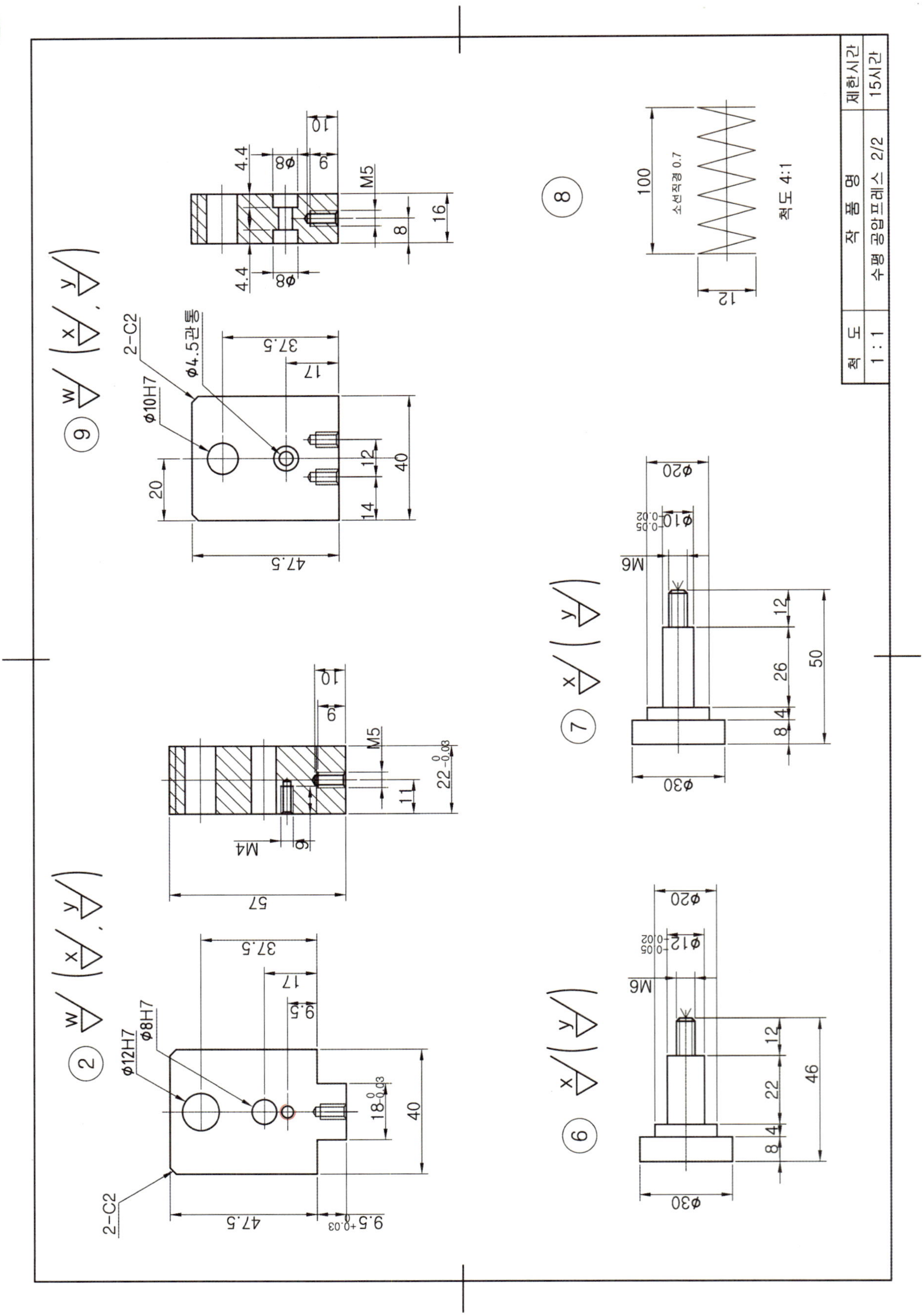

② w (x, y)
2-C2
φ12H7
φ8H7
47.5
37.5
17
9.5
9.5 +0.03 0
18 0 -0.03
40
57
M4
9
9
10
M5
11
22 0 -0.03

⑨ w (x, y)
2-C2
φ10H7
φ4.5관통
20
47.5
37.5
17
14
12
40
4.4
4.4
φ8
φ8
9
10
M5
8
16

⑥ x (y)
φ30
M6
φ12 -0.05 -0.02
φ20
8
4
22
12
46

⑦ x (y)
φ30
M6
φ10 -0.05 -0.02
φ20
8
4
26
12
50

⑧
100
소선직경 0.7
12
척도 4:1

척 도	작 품 명	제한시간
1 : 1	수평 공압프레스 2/2	15시간

C ⁝⁝⁝ 프로젝트 수행계획서 작성

학습 목표
1. 작업 단계별 계획서를 작성할 수 있다.
2. 계획서 작성 방법 및 내용을 설명할 수 있다.

수행계획서는 작품 제작 과정에 필요한 것들을 단계별로 작성한다. 조립도 및 부품도면 작성, 소요재료 목록 작성, 사용기계 및 공구 목록 작성, 측정기, 부품 가공 공정 작성, 가공부품 채점, 완성품 품질분석 등을 작성한다.

〈표-9〉 프로젝트 수행계획서 작성(예시 참조)

본 프로젝트는 기능습득 목적의 과제 제시형 프로젝트로 「수행계획서」는 작품 제작완료 후 정리하여 작성한다. 연구 및 발명 프로젝트는 반드시 작품 제작 전에 계획서를 작성한다.

표 ➤ 수행계획서 작성

<table>
<tr><th colspan="5">프로젝트 수행계획서</th></tr>
<tr><td>프로젝트 명</td><td colspan="4"></td></tr>
<tr><td>작 성 자</td><td>소속</td><td></td><td>성명</td><td></td></tr>
<tr><td>일정</td><td>계획</td><td>내 용</td><td>업무분담</td><td>준비물</td></tr>
<tr><td></td><td></td><td></td><td></td><td></td></tr>
<tr><td></td><td></td><td></td><td></td><td></td></tr>
<tr><td></td><td></td><td></td><td></td><td></td></tr>
<tr><td></td><td></td><td></td><td></td><td></td></tr>
</table>

D ⁝⁝⁝ 도면 작성 및 도면분석

학습 목표	1. 각 부품을 스케치할 수 있다. 2. 도면을 분석하여 제품의 특징에 대해 설명할 수 있다.

제시한 과제 분해도와 조립도, 부품도를 참고로 스케치하면서 과제의 특징을 파악하여 제작과 정상 주의할 점을 조사한다.

1. 부품 스케치하기

제시된 도면의 각 부품을 프리 핸드로 등각투상하면서 제품의 형상을 이해한다. 도면의 부품등각투상도는 아래 그림과 같이 치수에 맞게 그린다.

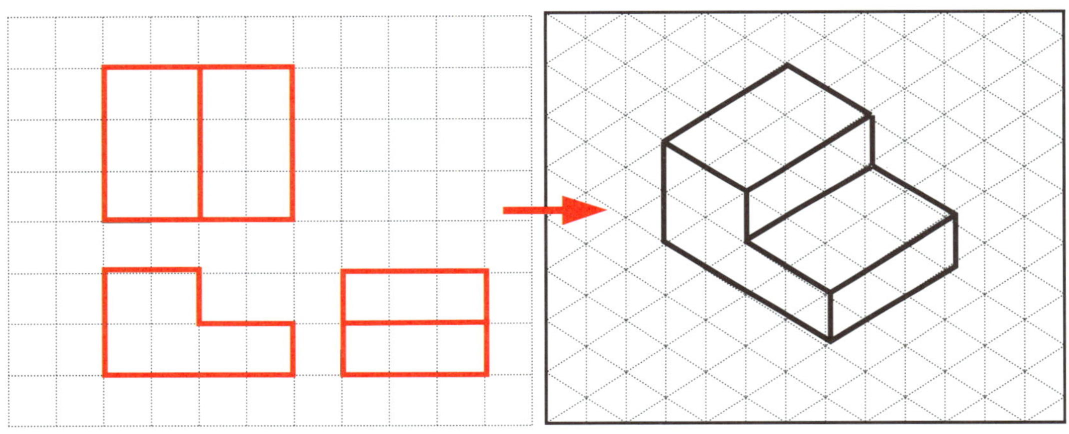

부품 및 등각투상도 예

※ 부록 2 : 스케치도 그리기(모눈종이)

스케치는 산업현장에서 기계부품 등의 현물을 측정하여 제도기 없이 프리 핸드(free hand)로 연필로 그리며 설계 또는 제작도를 작성하기 위해서 행해진다.

2. 도면(조립도) 검토 및 분석하기

도면을 분석하여 설계자의 요구사항은 무엇인지를 확인한 후 설계목적, 운동, 마모, 부품연결, 부품역할, 주유, 끼워 맞춤, 열처리, 도장, 가공, 고정, 조립, 사용한 재질의 절삭성 및 절삭유제의 사용여부 등을 분석한다.

〈표-2/1〉 도면(조립도) 검토 및 분석표 작성(예시 참조)

표 ➤ 도면(조립도) 검토 및 분석표

도면(조립도) 검토 및 분석표				
프로젝트 명				
작 성 자	소속		성명	
구분	검토 사항			검토 결과
1	도면을 검토 및 분석결과 조립가능 여부와 제품의 기능(운동)은? ⇨			
2	제품의 정밀치수(일반치수 제외)는 몇 개소 있으며, 보유한 공작기계 및 공구로 가공이 가능한가? ⇨			

E ::: 부품 가공 준비

학습 목표	
	1. 가공에 필요한 공구와 기계, 측정기를 선정할 수 있다. 2. 가공한 부품과 규격품을 이용하여 정밀하게 조립할 수 있다.

도면 내용을 분석 후 부품 가공에 필요한 공작기계, 절삭공구, 측정기 현황을 조사하여 필요 품목을 선정하고 소요재료를 구입한다.

1. 부품 가공에 필요한 기계 및 공구 선정하기

KS규격에 따라 품명에는 사용해야 할 공작기계, 절삭 및 비절삭 공구류를 적으며, 규격과 수량을 적는다. 활용내역에는 기계 기구를 사용할 가공 부품번호와 작업내용을 적는다.

〈표-4〉 기계 및 공구, 측정기 작성[34)](예시 참조)

표 ➤ 가공에 필요한 기계 및 공구

가공 기계 및 공구					
프로젝트 명					
작 성 자	소속		성명		
연번	품명	규격	수량	활용 내역	

34) 사용해야 할 공작기계와 공구 및 측정기를 적으며, 규격(사양)과 수량을 적는다. 비고란에는 용도를 적는다.

2. 부품 가공에 필요한 측정기 선정하기

도면 내용을 분석한 다음 보유한 측정 기구를 조사하고 부품 가공에 필요한 측정 기구를 선정하여 준비한다.

〈표-4〉 기계 및 공구, 측정기 작성[35] (예시 참조)

표 ➤ 가공에 필요한 측정기 선정

가공에 필요한 측정기				
프로젝트 명				
작 성 자	소속		성명	
연번	품명	규격	수량	활용 내역

3. 제작에 필요한 재료 선정하기

부품 가공에 필요한 재료 치수를 뽑고 다음 표를 작성하여 구매 신청을 할 수 있도록 준비한다. 규격품은 KS규격에 따라 품명과 재질, 규격, 수량을 적고, 비고란에는 KS규격분류기호와 번호, 열처리 여부를 기록한다. 단, 재료는 가공이 수월한 연강(SM20C), 황동, 알루미늄 등을 사용해도 되며 규격은 가공여유(+3~5)를 포함한 치수를 적는다.

〈표-3〉 소요 가공재료 및 KS규격품 작성(예시 참조)

표 ➤ 소요 가공재료 및 KS규격품

소요 가공재료 및 KS규격품					
프로젝트 명					
작 성 자	소속			성명	
부품번호	품명	규격	수량	재질	비고

35) 사용해야 할 공작기계와 공구 및 측정기를 적으며, 규격(사양)과 수량을 적는다. 비고란에는 용도를 적는다.

4. 부품 가공 시 안전 및 유의 사항 조사하기

부품 가공 시에 필요한 유의 사항을 조사하고 이를 근거로 실제 가공에 있어 안전사고가 발생하지 않도록 철저히 준비한다.

〈표-5〉 부품 가공 시 안전 및 유의 사항 작성(예시 참조)

표 ➤ 제품 가공 시 안전 및 유의 사항

제품 가공 시 안전 및 유의 사항[36]				
프로젝트 명				
작 성 자	소속		성명	
연번	안전 및 유의 사항			"불안전한 행동" 또는 "불안전한 상태" 구분

36) "불안전한 행동"과 "불안전한 상태" 구분
1. 불안전한 행동 : 실습에 임하는 자세로 안전수칙 준수, 기계 및 공구의 사용, 안전한 작업 등
2. 불안전한 상태 : 작업환경으로 정리, 정돈, 청결 등

F ⁝⁝⁝ 부품 가공

학습 목표	1. 원활한 기계조작으로 공차대로 정확하게 가공할 수 있다. 2. 봉재 및 각재의 가공공정에 대해 설명할 수 있다.

치공구는 여러 개의 부품으로 조합되어 있으며, 각 부품들은 상대적인 상관관계를 가지고 있다. 따라서 각각의 부품가공에 정밀도가 요구되며, 밀링 및 선반으로 1차 가공한 후 다듬질로 마무리한다.

1. ④번 부품 가공

- 지급재료 : ∅20 × 60

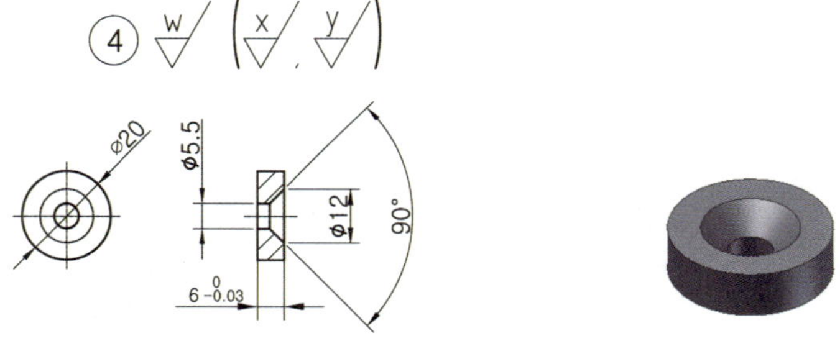

1) 도면 검토 및 수정하기

치수, 끼워 맞춤, 기하공차[37], 표면 거칠기, 제품의 기능, 요구사항 등을 확인한다. 제작상의 문제점이 있으면 수정하고 수정된 도면을 제작도면으로 사용한다.

〈표-2/2〉 도면(부품도) 검토 및 분석표 작성(예시 참조)

2) 부품 가공 순서 정하기

부품 가공 공정을 결정하는 작업은 제작 시간단축 및 조립상태 확인, 가공불량 등을 줄일 수 있다. 따라서 부품도를 분석하여 각 부품을 어떤 순서로 어떻게 가공할 것인가를 가공 전에 생각하여 가공 순서를 정하고 이를 토대로 실제 가공에 이용한다.

〈표-8〉 부품 가공 순서 작성(예시 참조)

37) 치수공차로 규제된 제품은 치수가 맞아도 형상에 따라 결합이 안 되는 경우가 있으나, 기하공차로 규제된 제품은 치수가 조금 틀리는 최악의 경우에도 결합이 가능하다. 따라서 기하공차는 제품의 기능 및 결합 부품들 간의 상호 호환성을 규제하는 것으로 고 정밀한 제품에는 필히 적용되고 있다.

3) 부품 가공 따라하기

① 선반에서 접시볼트 자리 가공 후 절단으로 완성한다(소재 ∅20 × 60).

② 단면가공 → 드릴(∅5.5 깊이 8정도) → 카운터 싱크 → 절단한다.

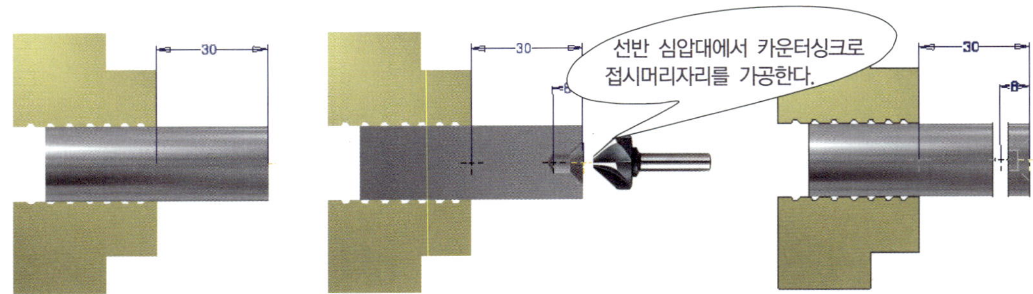

2. ③번 부품 가공

- 지급재료 : ∅8 × 80(연마핀 손톱절단 사용)

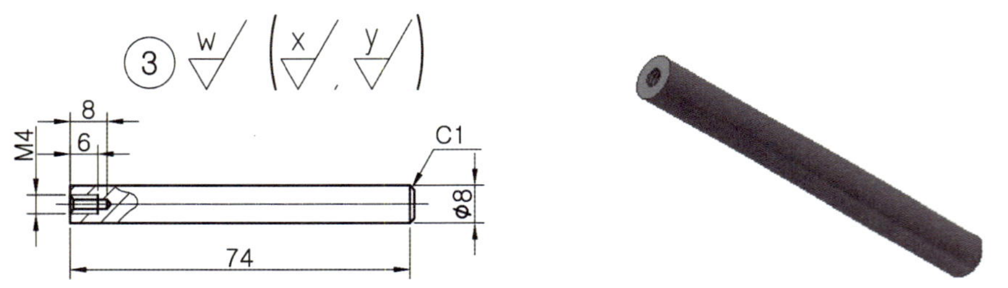

1) 도면 검토 및 수정하기

치수, 끼워 맞춤, 기하공차[38], 표면 거칠기, 제품의 기능, 요구사항 등을 확인한다. 제작상의 문제점이 있으면 수정하고 수정된 도면을 제작도면으로 사용한다.

〈표-2/2〉 도면(부품도) 검토 및 분석표 작성(예시 참조)

2) 부품 가공 순서 정하기

부품 가공 공정을 결정하는 작업은 제작 시간단축 및 조립상태 확인, 가공불량 등을 줄일 수 있다. 따라서 부품도를 분석하여 각 부품을 어떤 순서로 어떻게 가공할 것인가를 가공 전에 생각하여 가공 순서를 정하고 이를 토대로 실제 가공에 이용한다.

38) 치수공차로 규제된 제품은 치수가 맞아도 형상에 따라 결합이 안 되는 경우가 있으나, 기하공차로 규제된 제품은 치수가 조금 틀리는 최악의 경우에도 결합이 가능하다. 따라서 기하공차는 제품의 기능 및 결합 부품들 간의 상호 호환성을 규제하는 것으로 고 정밀한 제품에는 필히 적용되고 있다.

〈표-8〉 부품 가공 순서 작성(예시 참조)

3) 부품 가공 따라하기

① 선반에서 길이 절단한다(소재 ∅8 × 80 연마핀).

② 단면가공 → 모따기(C0.1) → 드릴링(∅3.4 깊이 8) → 절단 → 돌려 물려서 모따기(C1)한다.

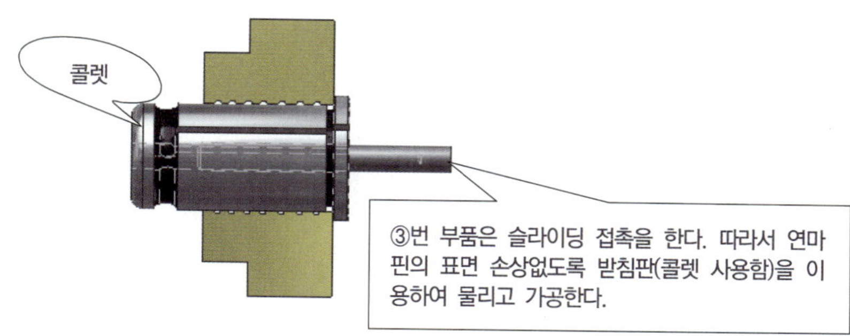

3. ⑥번 부품 가공

- 지급재료 : ∅35 × 60

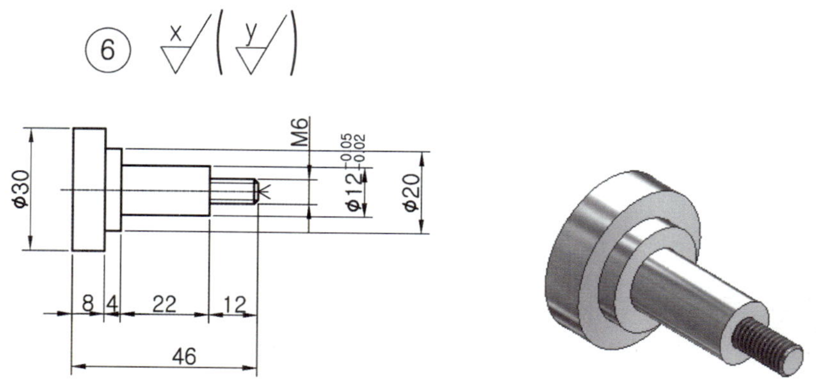

1) 도면 검토 및 수정하기

치수, 끼워 맞춤, 기하공차[39], 표면 거칠기, 제품의 기능, 요구사항 등을 확인한다. 제작상의 문제점이 있으면 수정하고 수정된 도면을 제작도면으로 사용한다.

〈표-2/2〉 도면(부품도) 검토 및 분석표 작성(예시 참조)

39) 치수공차로 규제된 제품은 치수가 맞아도 형상에 따라 결합이 안 되는 경우가 있으나, 기하공차로 규제된 제품은 치수가 조금 틀리는 최악의 경우에도 결합이 가능하다. 따라서 기하공차는 제품의 기능 및 결합 부품들 간의 상호 호환성을 규제하는 것으로 고 정밀한 제품에는 필히 적용되고 있다.

2) 부품 가공 순서 정하기

부품 가공 공정을 결정하는 작업은 제작 시간단축 및 조립상태 확인, 가공불량 등을 줄일 수 있다. 따라서 부품도를 분석하여 각 부품을 어떤 순서로 어떻게 가공할 것인가를 가공 전에 생각하여 가공 순서를 정하고 이를 토대로 실제 가공에 이용한다.

〈표-8〉 부품 가공 순서 작성(예시 참조)

3) 부품 가공 따라하기

① 선반에서 돌려 물림 가공한다(소재 ∅35 × 60).

② 전체길이(46 mm)를 가공할 부분을 남기고 물리고 → ∅30/46 → ∅20/4 → ∅12/34 → ∅6/12순으로 가공한다.

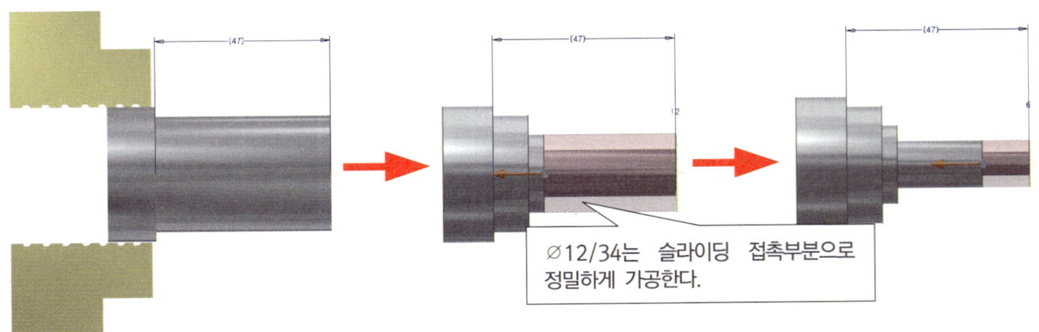

③ 슬라이딩 접촉부 ∅12를 보호구를 사용하여 고정하고 ∅30의 길이(8mm)로 가공한다.

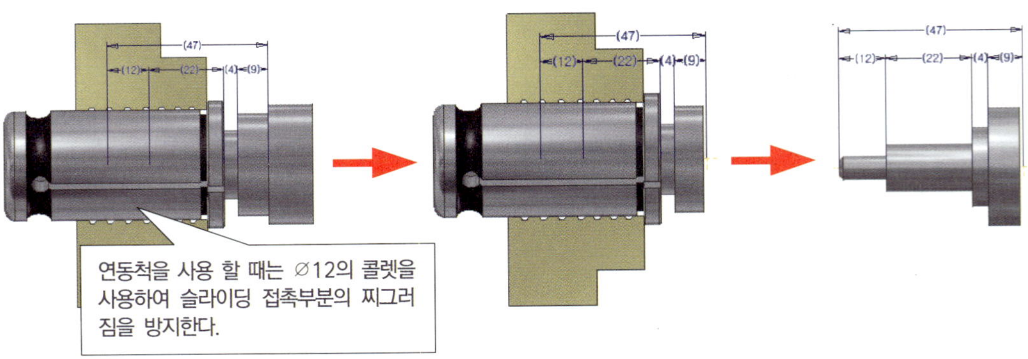

4. ⑦번 부품 가공

- 지급재료 : ∅35 × 60

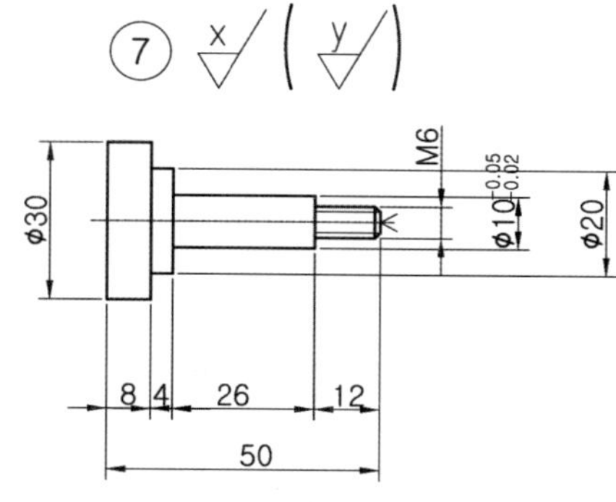

1) 도면 검토 및 수정하기

치수, 끼워 맞춤, 기하공차[40], 표면 거칠기, 제품의 기능, 요구사항 등을 확인한다. 제작상의 문제점이 있으면 수정하고 수정된 도면을 제작도면으로 사용한다.

〈표-2/2〉 도면(부품도) 검토 및 분석표 작성(예시 참조)

2) 부품 가공 순서 정하기

부품 가공 공정을 결정하는 작업은 제작 시간단축 및 조립상태 확인, 가공불량 등을 줄일 수 있다. 따라서 부품도를 분석하여 각 부품을 어떤 순서로 어떻게 가공할 것인가를 가공 전에 생각하여 가공 순서를 정하고 이를 토대로 실제 가공에 이용한다.

〈표-8〉 부품 가공 순서 작성(예시 참조)

3) 부품 가공 따라하기

위 내용[1), 2)]을 검토 및 작성 후 …… 위 ⑥번 부품과 같은 방법으로 가공한다.

- 도면 검토 및 수정하기
- 부품 가공 순서 정하기

---

40) 치수공차로 규제된 제품은 치수가 맞아도 형상에 따라 결합이 안 되는 경우가 있으나, 기하공차로 규제된 제품은 치수가 조금 틀리는 최악의 경우에도 결합이 가능하다. 따라서 기하공차는 제품의 기능 및 결합 부품들 간의 상호 호환성을 규제하는 것으로 고 정밀한 제품에는 필히 적용되고 있다.

5. ②번 부품 가공

- 지급재료 : 24 × 50 × 60

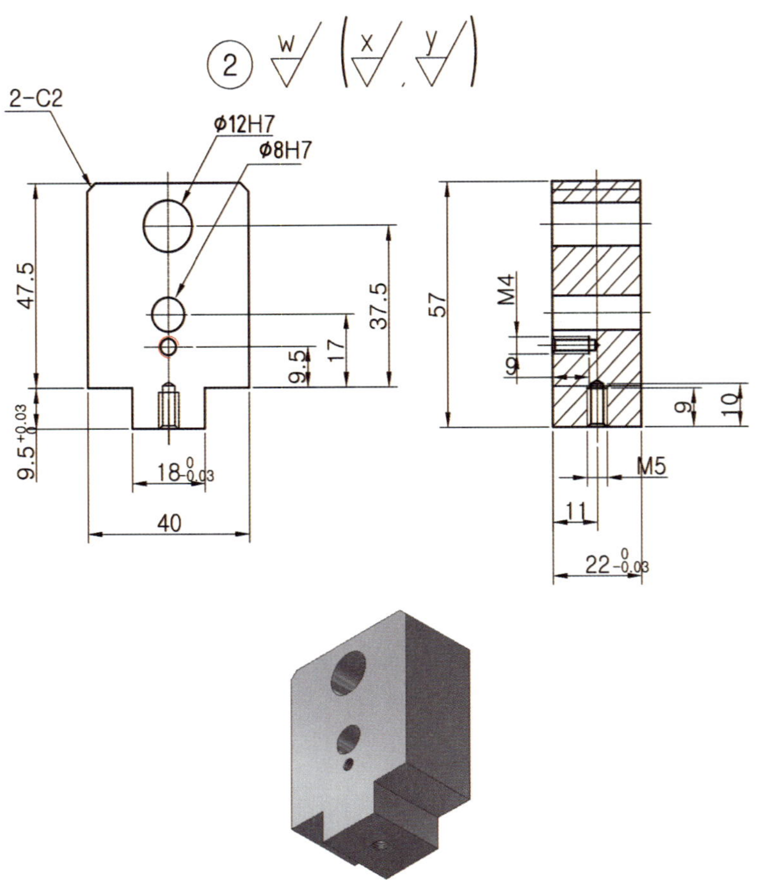

1) 도면 검토 및 수정하기

치수, 끼워 맞춤, 기하공차[41], 표면 거칠기, 제품의 기능, 요구사항 등을 확인한다. 제작상의 문제점이 있으면 수정하고 수정된 도면을 제작도면으로 사용한다.

〈표-2/2〉 도면(부품도) 검토 및 분석표 작성(예시 참조)

2) 부품 가공 순서 정하기

부품 가공 공정을 결정하는 작업은 제작 시간단축 및 조립상태 확인, 가공불량 등을 줄일 수 있다. 따라서 부품도를 분석하여 각 부품을 어떤 순서로 어떻게 가공할 것인가를 가공 전에 생각하여 가공 순서를 정하고 이를 토대로 실제 가공에 이용한다.

41) 치수공차로 규제된 제품은 치수가 맞아도 형상에 따라 결합이 안 되는 경우가 있으나, 기하공차로 규제된 제품은 치수가 조금 틀리는 최악의 경우에도 결합이 가능하다. 따라서 기하공차는 제품의 기능 및 결합 부품들 간의 상호 호환성을 규제하는 것으로 고 정밀한 제품에는 필히 적용되고 있다.

〈표-8〉 부품 가공 순서 작성(예시 참조)

3) 부품 가공 따라하기

① 밀링에서 3직각을 가공한다(소재 24 × 50 × 60).

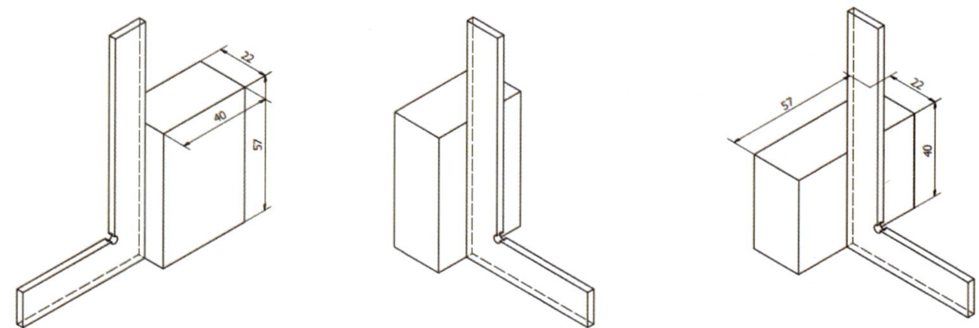

② 엔드밀 작업부분 금긋기 및 가공한다.

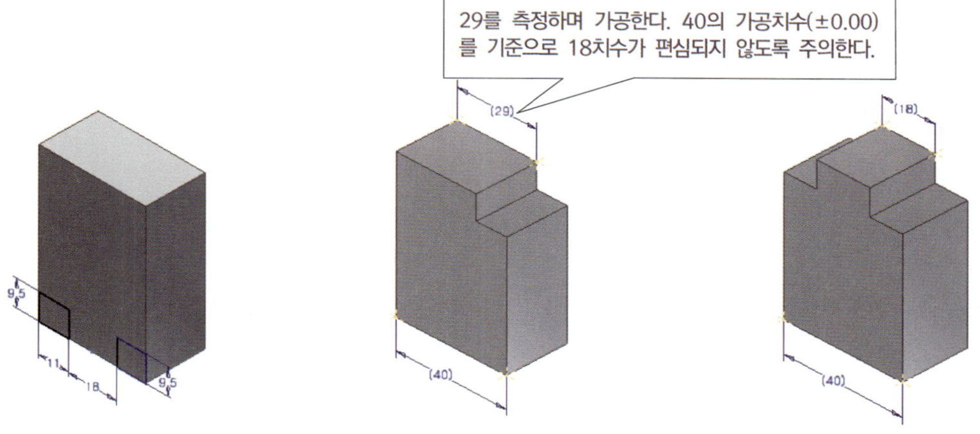

③ 45° V블록을 사용하여 모따기(C2)를 가공한다.

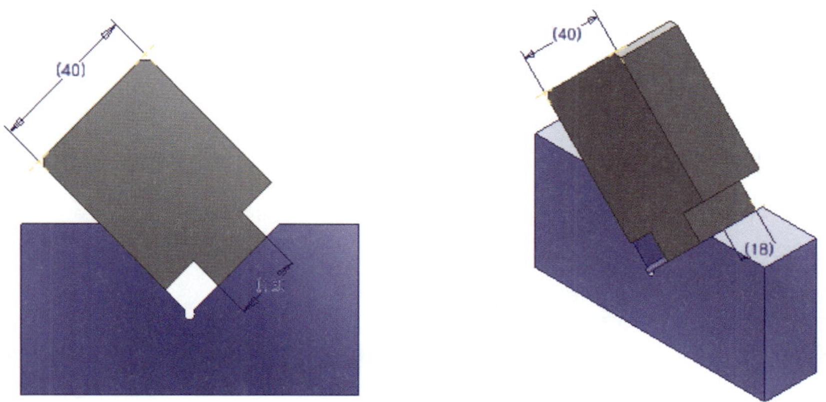

6. ⑨번 부품 가공

- 지급재료 : 24 × 50 × 60

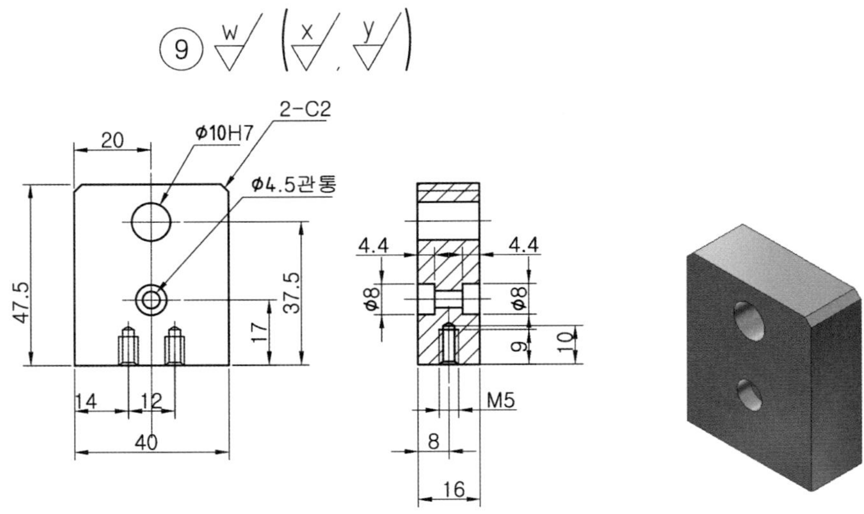

1) 도면 검토 및 수정하기

치수, 끼워 맞춤, 기하공차[42], 표면 거칠기, 제품의 기능, 요구사항 등을 확인한다. 제작상의 문제점이 있으면 수정하고 수정된 도면을 제작도면으로 사용한다.

〈표-2/2〉 도면(부품도) 검토 및 분석표 작성(예시 참조)

2) 부품 가공 순서 정하기

부품 가공 공정을 결정하는 작업은 제작 시간단축 및 조립상태 확인, 가공불량 등을 줄일 수 있다. 따라서 부품도를 분석하여 각 부품을 어떤 순서로 어떻게 가공할 것인가를 가공 전에 생각하여 가공 순서를 정하고 이를 토대로 실제 가공에 이용한다.

〈표-8〉 부품 가공 순서 작성(예시 참조)

3) 부품 가공 따라하기

① 밀링에서 가공한다(소재 24 × 50 × 60).

② 위 내용[1), 2)]을 검토 및 작성 후 …… 위 ②번 부품과 같은 방법으로 가공한다.

- 도면 검토 및 수정하기
- 부품 가공 순서 정하기

---

42) 치수공차로 규제된 제품은 치수가 맞아도 형상에 따라 결합이 안 되는 경우가 있으나, 기하공차로 규제된 제품은 치수가 조금 틀리는 최악의 경우에도 결합이 가능하다. 따라서 기하공차는 제품의 기능 및 결함 부품들 간의 상호 호환성을 규제하는 것으로 고 정밀한 제품에는 필히 적용되고 있다.

7. ⑤번 부품 가공

- 지급재료 : 12 × 44 × 72

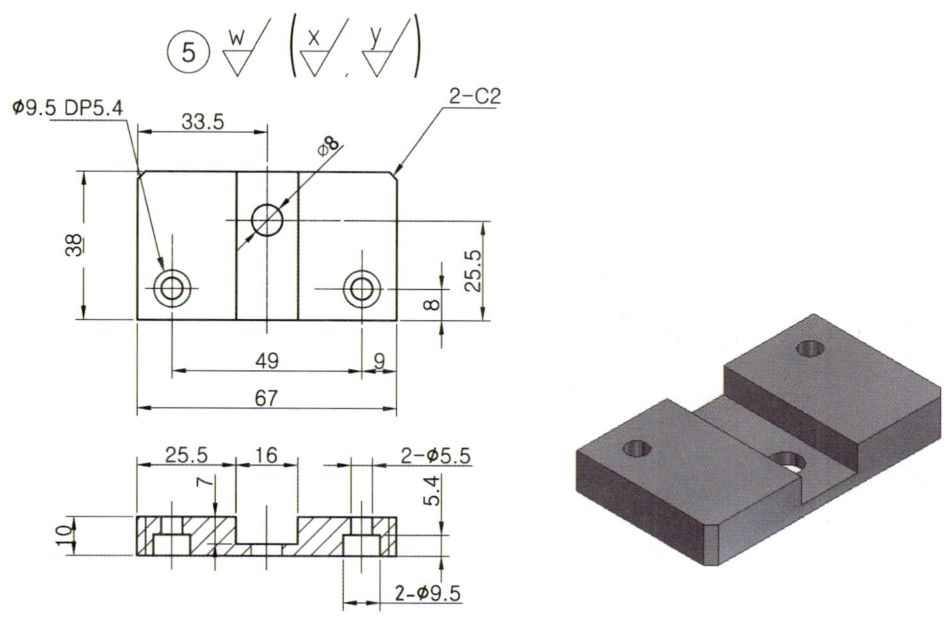

1) 도면 검토 및 수정하기

치수, 끼워 맞춤, 기하공차[43], 표면 거칠기, 제품의 기능, 요구사항 등을 확인한다. 제작상의 문제점이 있으면 수정하고 수정된 도면을 제작도면으로 사용한다.

〈표-2/2〉 도면(부품도) 검토 및 분석표 작성(예시 참조)

2) 부품 가공 순서 정하기

부품 가공 공정을 결정하는 작업은 제작 시간단축 및 조립상태 확인, 가공불량 등을 줄일 수 있다. 따라서 부품도를 분석하여 각 부품을 어떤 순서로 어떻게 가공할 것인가를 가공 전에 생각하여 가공 순서를 정하고 이를 토대로 실제 가공에 이용한다.

〈표-8〉 부품 가공 순서 작성(예시 참조)

3) 부품 가공 따라하기

① 밀링에서 가공한다.(소재 12 × 44 × 72)

43) 치수공차로 규제된 제품은 치수가 맞아도 형상에 따라 결합이 안 되는 경우가 있으나, 기하공차로 규제된 제품은 치수가 조금 틀리는 최악의 경우에도 결합이 가능하다. 따라서 기하공차는 제품의 기능 및 결함 부품들 간의 상호 호환성을 규제하는 것으로 고 정밀한 제품에는 필히 적용되고 있다.

② 위 내용[1), 2)]을 검토 및 작성 후 …… 위 ②번 부품과 같은 방법으로 가공한다.

- 도면 검토 및 수정하기
- 부품 가공 순서 정하기

8. ①번 부품 가공

- 지급재료 : 18 × 80 × 95

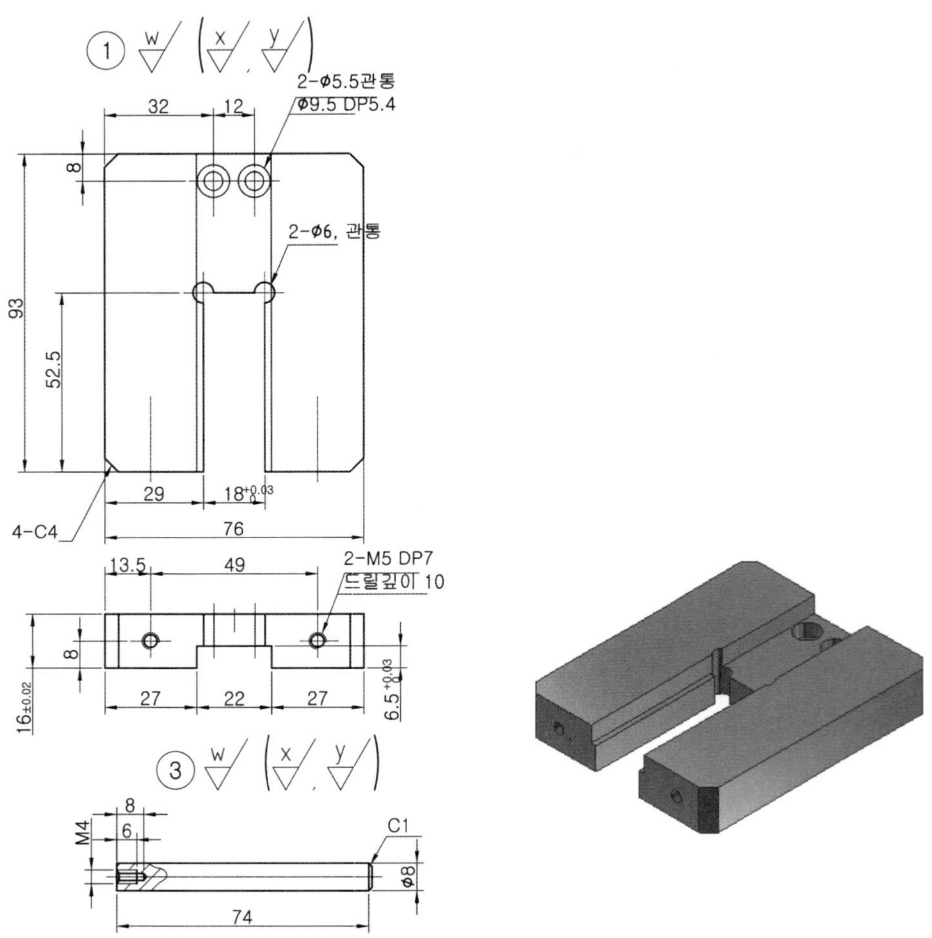

1) 도면 검토 및 수정하기

치수, 끼워 맞춤, 기하공차[44], 표면 거칠기, 제품의 기능, 요구사항 등을 확인한다. 제작상의 문제점이 있으면 수정하고 수정된 도면을 제작도면으로 사용한다.

〈표-2/2〉 도면(부품도) 검토 및 분석표 작성(예시 참조)

---

44) 치수공차로 규제된 제품은 치수가 맞아도 형상에 따라 결합이 안 되는 경우가 있으나, 기하공차로 규제된 제품은 치수가 조금 틀리는 최악의 경우에도 결합이 가능하다. 따라서 기하공차는 제품의 기능 및 결함 부품들 간의 상호 호환성을 규제하는 것으로 고 정밀한 제품에는 필히 적용되고 있다.

2) 부품 가공 순서 정하기

부품 가공 공정을 결정하는 작업은 제작 시간단축 및 조립상태 확인, 가공불량 등을 줄일 수 있다. 따라서 부품도를 분석하여 각 부품을 어떤 순서로 어떻게 가공할 것인가를 가공 전에 생각하여 가공 순서를 정하고 이를 토대로 실제 가공에 이용한다.

〈표-8〉 부품 가공 순서 작성(예시 참조)

3) 부품 가공 따라하기

① 밀링에서 가공한다(소재 18 × 80 × 95).

② 3직각 가공 및 금긋기 → 드릴(2-∅6) → 엔드밀로 22 × 6.5가공 → 18관통은 엔드밀 ∅6로 마무리 가공한다.

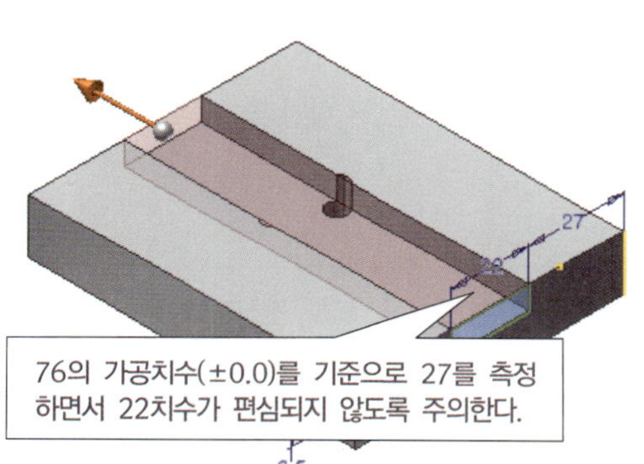

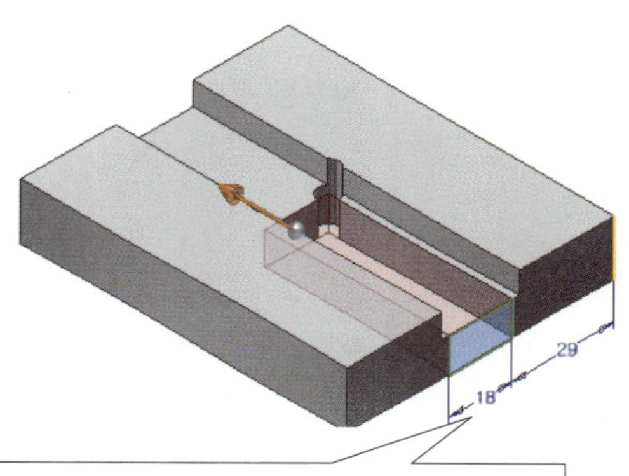

③ 모따기는 V블록을 사용해서 가공한다.

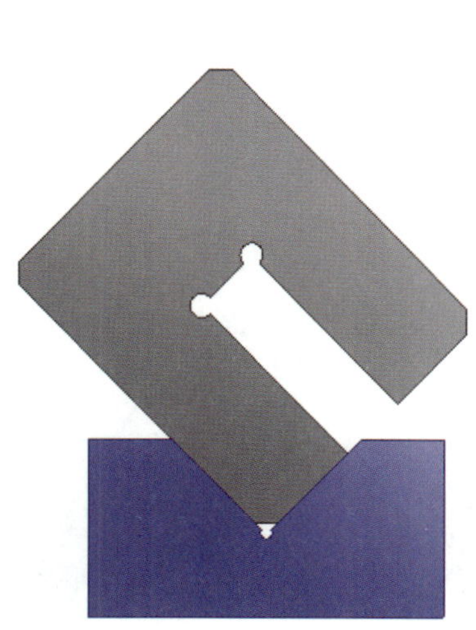

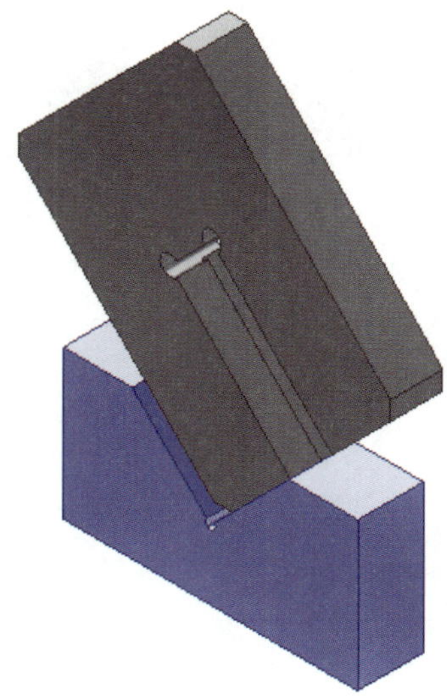

G ⁞⁞⁞ 조립가공 및 부품조립

학습 목표	1. 조립 작업의 중요성에 대해 설명할 수 있다. 2. 정확한 금긋기와 드릴링을 할 수 있다.

제작 과정에서 가장 중요한 것은 마무리 및 조립이다. 그 것은 제품의 기능 요구 조건에 맞게 만들어가는 과정이 마무리 및 조립과정이기 때문이다. 각 부품을 고 정밀도로 기계가공을 할 수는 있지만 요구하는 조립 정밀도로 맞추기는 어렵다. 왜냐하면 기계 및 절삭공구의 정밀도 외에 가공중의 진동, 먼지, 온도 등에 의해 치수가 커지거나 작아지는 변화가 있기 때문이다.

1. 부품 금긋기

부품의 기준면 및 치수를 확인하여 구멍위치에 하이트게이지로 금긋기 한다. 조립하기 위한 구멍 위치의 금긋기는 조립되었을 때의 상태, 즉 가공할 때의 기준면을 정반에 밀착시킨 상태로 금긋기 한다.

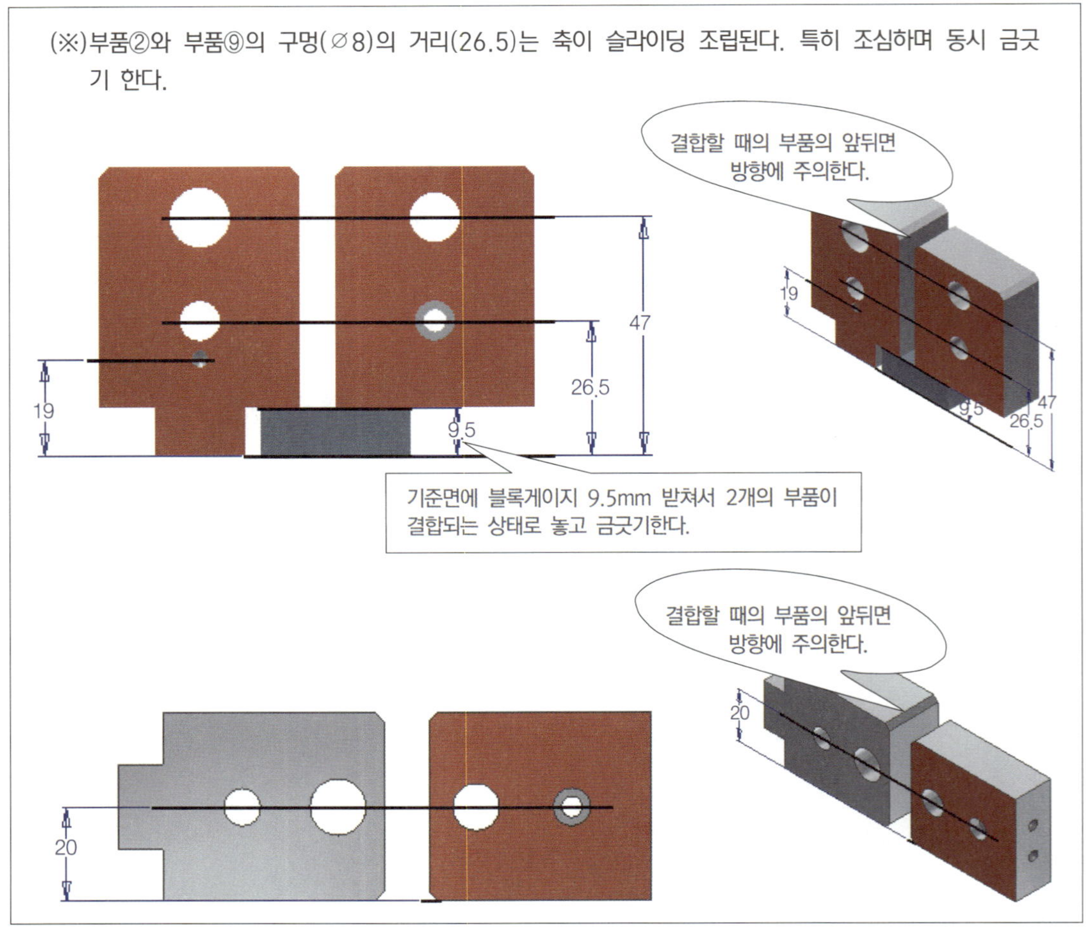

(※)부품②와 부품⑨의 구멍(∅8)의 거리(26.5)는 축이 슬라이딩 조립된다. 특히 조심하며 동시 금긋기 한다.

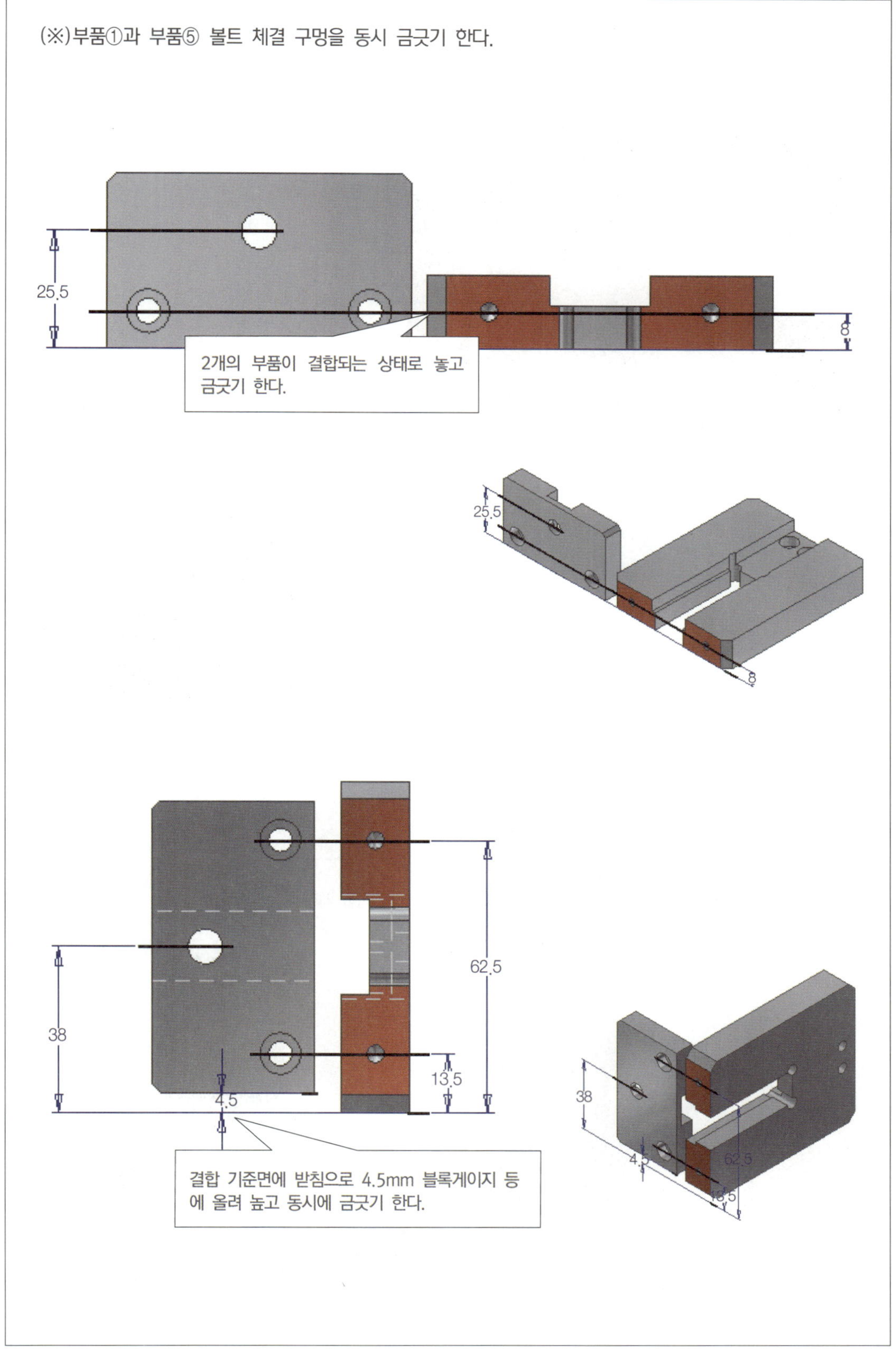
(※)부품①과 부품⑤ 볼트 체결 구멍을 동시 금긋기 한다.
25.5
8
2개의 부품이 결합되는 상태로 놓고 금긋기 한다.
25.5
8
62.5
38
13.5
4.5
결합 기준면에 받침으로 4.5mm 블록게이지 등에 올려 놓고 동시에 금긋기 한다.
38
4.5
62.5
13.5

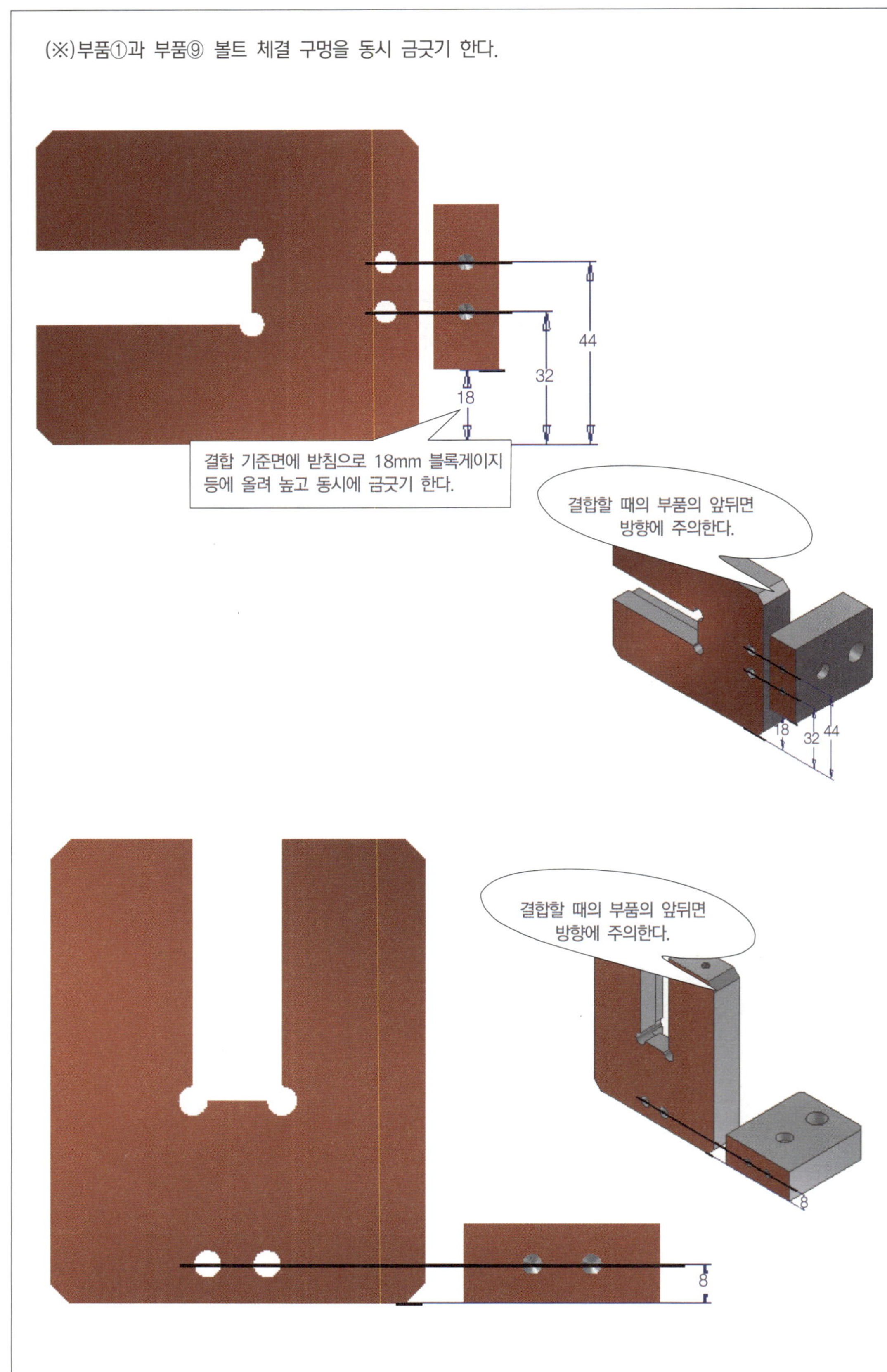
(※)부품①과 부품⑨ 볼트 체결 구멍을 동시 금긋기 한다.
44
32
18
결합 기준면에 받침으로 18mm 블록게이지 등에 올려 놓고 동시에 금긋기 한다.
결합할 때의 부품의 앞뒤면 방향에 주의한다.
18
32
44
결합할 때의 부품의 앞뒤면 방향에 주의한다.
8
8

2. 조립 가공하기

하이트게이지로 금긋기 선의 치수를 도면치수와 비교하며 버니어캘리퍼스로 다시 확인한다. 가공순서는 센터펀치 → 기초드릴 → 최종드릴 → 리머 → 카운터보어 → 카운터싱크 → 핸드탭 순서로 작업한다.

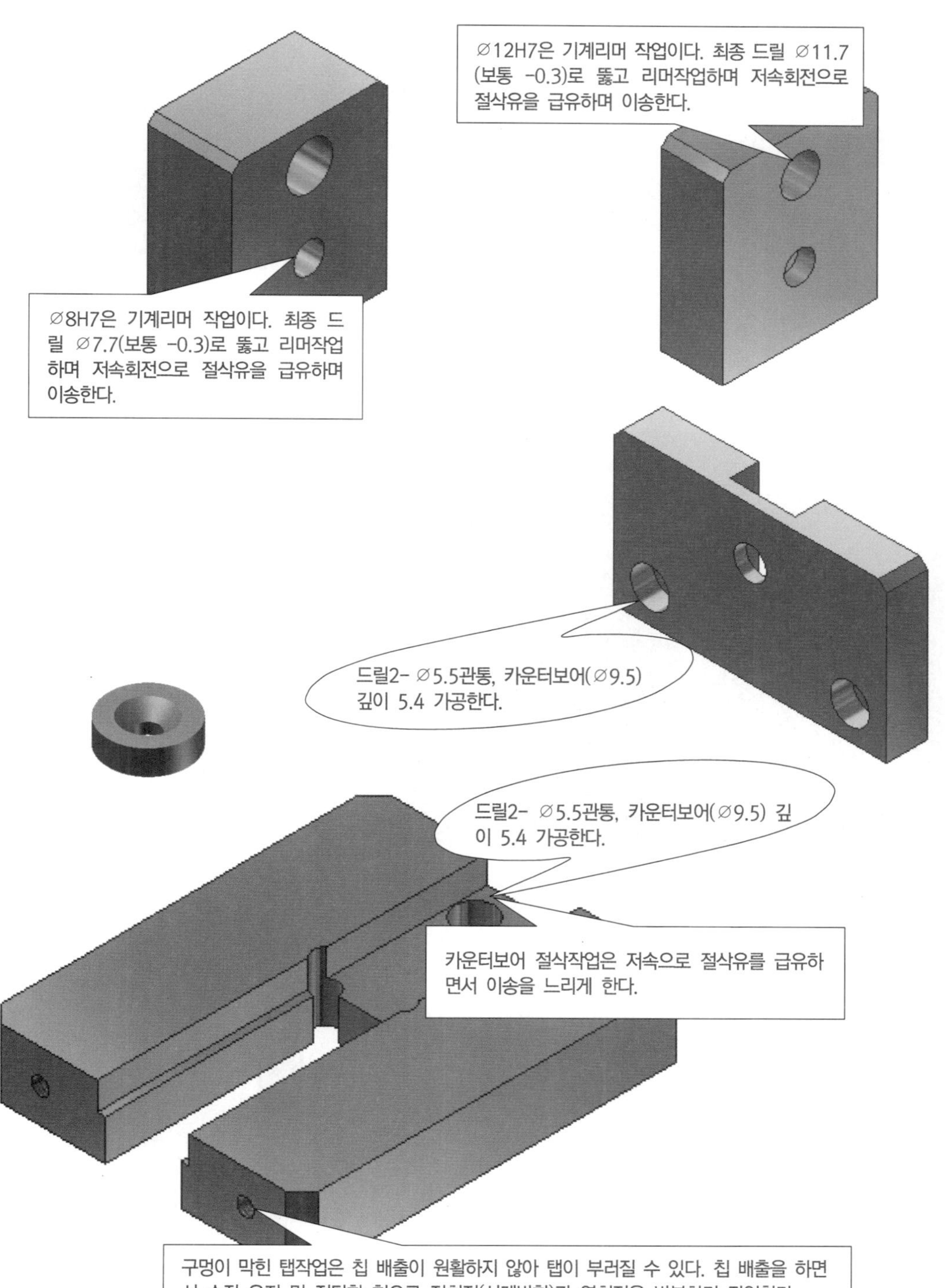

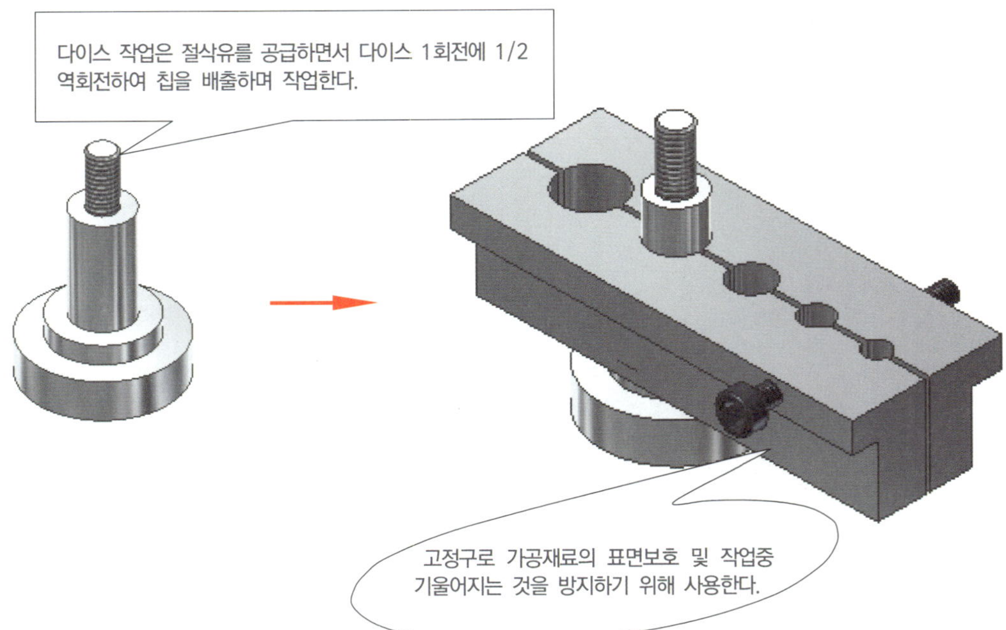

구멍이 막힌 탭작업은 칩 배출이 원활하지 않아 탭이 부러질 수 있다. 칩 배출을 하면서 수직 유지 및 적당한 힘으로 정회전(시계방향)과 역회전을 반복하며 작업한다.

3. 부품 조립하기

제작물의 전체적인 구조를 이해하고 조립되는 순서와 방법을 결정한다. 부품조립은 좌우방향과 상하방향이 바뀌지 않도록 주의하며 부품의 위치정도 및 평행도를 확인하여 가공 상태 그대로 조립되도록 한다. 볼트 체결은 하나씩 대각선으로 느슨하게 조인 후 위치가 맞으면 강하게 조인다.

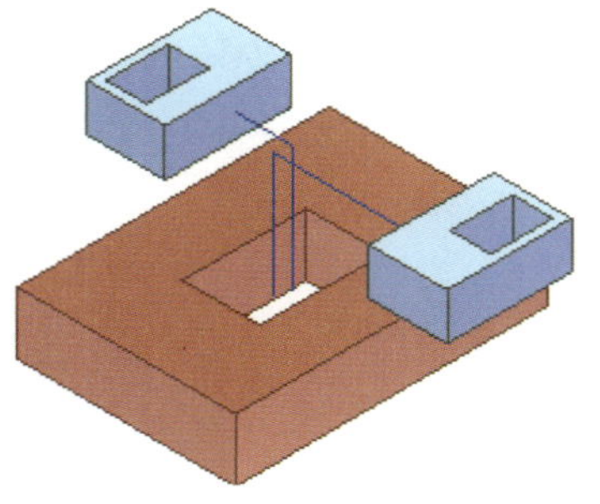

[조립 좌우·상하 방향 확인]

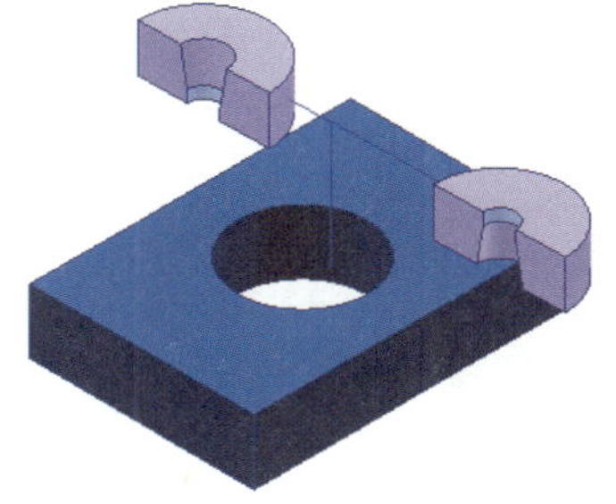

[조립 상하방향 확인]

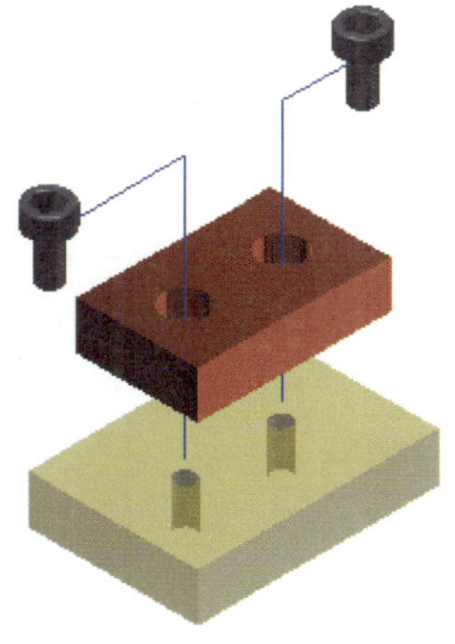

[조립 위치정도 확인]

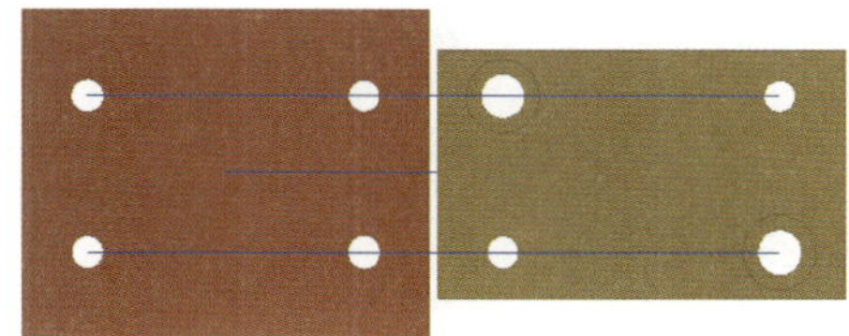

[조립 평행도 확인]

조립 시 확인 사항

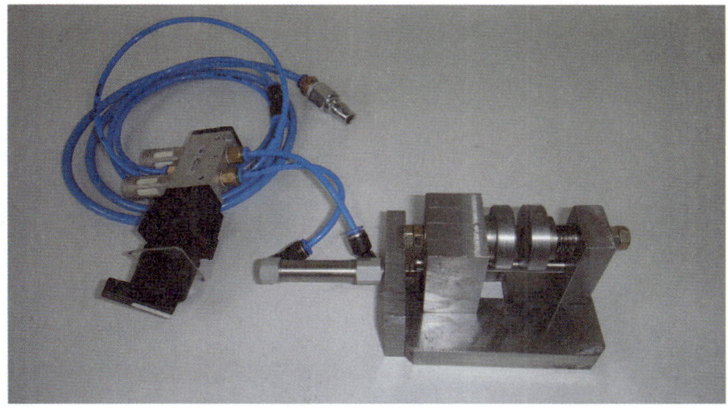

수평 공압프레스 작품

H ⁝⁝⁝ 측정 및 품질 분석

학습 목표	
	1. 품질관리의 중요성에 대해 설명할 수 있다.
	2. 품질 분석표를 작성할 수 있다.

원하는 품질의 제품을 얻기 위해서는 품질관리는 매우 중요하다. 품질관리의 과정에는 기술 부문의 필수적인 성능과 기능을 분명하게 결정하는 기획설계 과정의 품질과 제작 과정에서 현장의 기술 수준에 따라 달라질 수 있으므로 제작과정의 품질이 중요하다.

1. 가공 부품 측정

〈표-6〉 조립품 및 부품 측정표 작성(예시 참조)

표 ➤ 조립품 및 부품 측정

조립품 및 부품 측정								
프로젝트 명								
작 성 자		소속			성명			
평가 구분	평가 사항					배점	득점	환산 점수
가공 상태 (80%)	항목	도면 치수	측정값					
			1차 측정	2차 측정	최종값			
	정밀 치수 (50%)							
	소계							

QUESTION

그림은 공작물의 좁은 홈을 비교측정하는 것으로 측정값은? (단, 블록게이지 15㎜, 3㎜를 조합한 것에 다이얼 테스트 인디케이터를 0점 세팅하였다.)

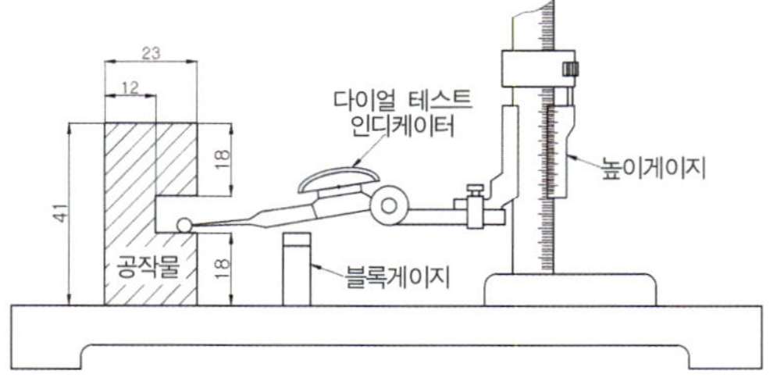

테스트 인디케이터의 공작물 접촉위치

2. 완성품 품질 분석

부품 측정표와 전체적인 기능을 분석하여 불량 원인을 해결할 수 있는 방안을 조사한다.

〈표-7〉 4way 품질 분석표 작성(예시 참조)

표 ➤ 4way 품질 분석표

4way 품질 분석표			
프로젝트 명			
작 성 자	소속		성명	
A. 왜 불량이 발생하였는가?			
1 단계 Why?	(예) 왜 아침 등교시간이 늦었는가? → 아침에 늦게 일어나서 집에서 나왔다.		
2 단계 Why?	(예) 왜 늦게 일어났는가? → 어젯밤에 늦게 잠자리에 들었다.		
3 단계 Why?	(예) 왜 늦게 잠자리에 들었는가? → 인터넷 게임을 늦게까지 하였다.		
4 단계 Why?	(예) 왜 인터넷 게임을 늦게까지 하였는가? → 재미가 있어서 시간 가는 줄 몰랐다.		
B. 근본 요인은?			

(예) 계획성이 없는 생활을 하였다.

품질관리 용어

- HRIS(Human Resource Information System) : 인적자원정보시스템
- KPC(Key Product Characteristic) : 중요 제품 특성
- MSA(Measurement System Analysis) : 측정시스템분석
- NIST(National Institute of Standards and Technology) : 국제 표준 기술 협회
- TQSM(Total Quality System) : 총체적 품질시스템

프로젝트 수행과정 발표

학습 목표	1. 프로젝트 수행과정의 요점을 정리하여 전시회 자료를 만들 수 있다. 2. 프로젝트 수행과정을 프레젠테이션 자료로 만들어 발표할 수 있다.

1. 전시회 자료 제작

프로젝트 과제 수행 과정을 사진으로 촬영하여 프레젠테이션 및 전시회 자료 제작을 위한 자료로 활용하고 제작 관련 자료를 모아 보관하며 이를 정리하여 제품을 이해할 수 있도록 전시회 자료를 만든다.

(한글 A4 용지 1쪽)
1. 주제
2. 목적
3. 제작기간
4. 팀원 및 참여단계
5. 수행과정 및 문제해결방법
6. 제작 후 느낀 점

2. 프레젠테이션 자료 제작

위 자료를 중심으로 파워포인트로 제작하고 발표는 큰 그림을 먼저 이야기 하도록 한다. 프레젠테이션 자료는 차트나 그림(사진)을 많이 활용한 내용으로 하며 가장 좋은 것을 마지막에 보여주면서 간결하면서 감동적인 마무리가 되도록 준비한다.

(파워포인트 슬라이드 5쪽 이내)
1. 무엇을 전하고 싶은가?
2. 어떻게 전하려 하는가?
3. 왜 그 방법이 필요한 것인가?
4. 어떤 성과를 얻고 싶은가?

단원 평가 문제

[1-4] 아래 그림은 공압 실린더에 의해 ②번 부품이 상하로 작동되는 수직 프레스의 조립도이다. 물음에 답하시오.

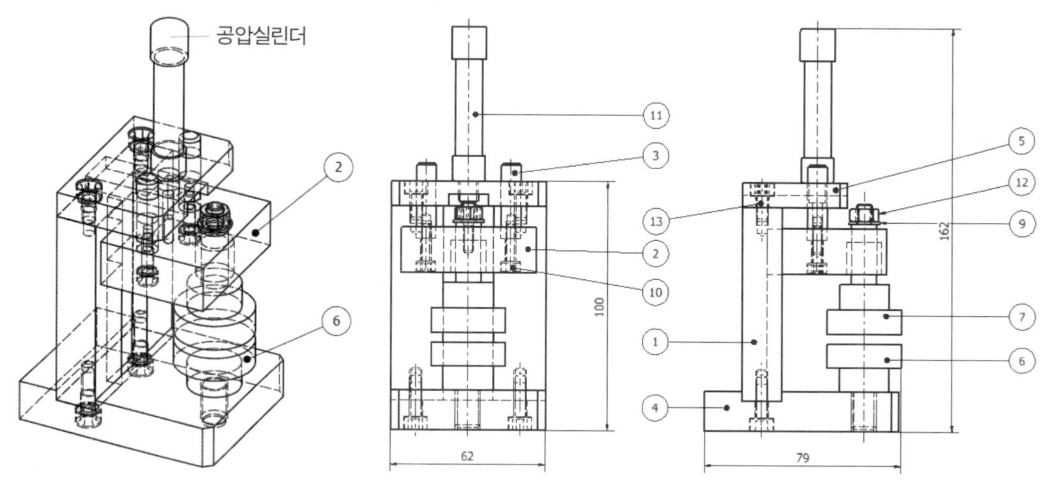

01 위 그림을 조립하기 위한 육각 홈붙이 볼트는 몇 개인가?

① 2개 ② 4개 ③ 6개 ④ 8개 ⑤ 10개

02 위 그림에서 탭 및 다이스 작업을 해야 하는 부분은 총 몇 곳인가?

① 4개 ② 6개 ③ 8개 ④ 10개 ⑤ 12개

03 위 그림을 밀링으로 가공할 때 필요한 공구를 〈보기〉에서 고른 것은?

〈보 기〉

ㄱ. 망치 ㄴ. 엔드밀 ㄷ. 바이트
ㄹ. 정면커터 ㅁ. 평행블록

① ㄱ, ㄴ, ㄷ, ㄹ
② ㄴ, ㄷ, ㄹ,
③ ㄱ, ㄷ, ㄹ, ㅁ
④ ㄱ, ㄴ, ㄹ, ㅁ
⑤ ㄱ, ㄴ, ㄷ, ㅁ

04 위 그림을 가공할 때 필요한 기계를 〈보기〉에서 모두 고른 것은?

〈보 기〉

ㄱ. 선반　　ㄴ. 밀링　　ㄷ. 벤치드릴
ㄹ. 다이스　　ㅁ. 하이트게이지

① ㄱ, ㄴ
② ㄱ, ㄴ, ㄷ
③ ㄱ, ㄴ, ㄹ
④ ㄱ, ㄴ, ㄹ, ㅁ
⑤ ㄱ, ㄴ, ㄷ, ㄹ, ㅁ

[5-11] 그림은 수직 프레스의 부품도이다. 물음에 답하시오(앞의 조립도를 참고 하시오).

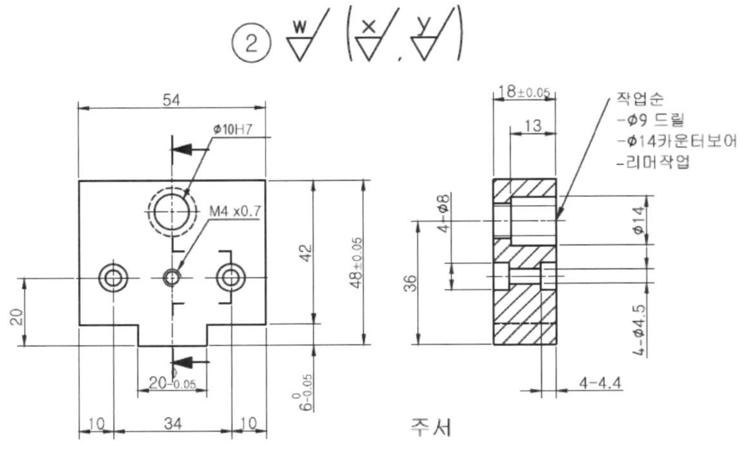

05 위 그림에서 정밀공차로 가공해야 하는 부분은 몇 개소인가?

① 1개　② 2개　③ 3개　④ 4개　⑤ 5개

06 위 그림에서 치수 Ø10H7을 가공하고자 할 때의 설명으로 틀린 것은?

① 구멍기준으로 가공해야 한다.
② 틈새가 있도록 가공해야 한다.
③ 끼워맞춤 공차로 가공해야 한다.
④ Ø10드릴로 가공 완성해야 한다.
⑤ Ø10리머로 마무리 가공해야 한다.

07 위 그림에서 M4×0.7을 가공하기 위한 드릴은?

① Ø3.0　② Ø3.3
③ Ø4.0　④ Ø4.7
⑤ Ø5.0

08 위 그림을 가공할 때 작업공정으로 옳은 것은?

① 외곽가공 → 단가공 → 드릴링 → 카운터보어 → 카운터싱킹
② 외곽가공 → 단가공 → 카운터싱킹 → 드릴링 → 카운터보어
③ 외곽가공 → 단가공 → 카운터보어 → 드릴링 → 카운터싱킹
④ 외곽가공 → 카운터보어 → 드릴링 → 카운터싱킹 → 단가공
⑤ 외곽가공 → 카운터싱킹 → 드릴링 → 카운터보어 → 단가공

09 위 그림에서 카운터보어 작업 개소는?

① 1　② 2
③ 3　④ 4
⑤ 5

10 위 그림의 구멍 중 가장 정밀하게 가공해야 하는 치수는?

① Ø4.0　② Ø4.5
③ Ø8.0　④ Ø10.0
⑤ Ø14.0

11 위 그림에서 끼워맞춤 후 미끄럼운동이 되는 부분으로 정밀하게 가공해야 하는 치수는?

① 14　② 18
③ 20　④ 48
⑤ 54

보충과제도면 : 수직 공압프레스

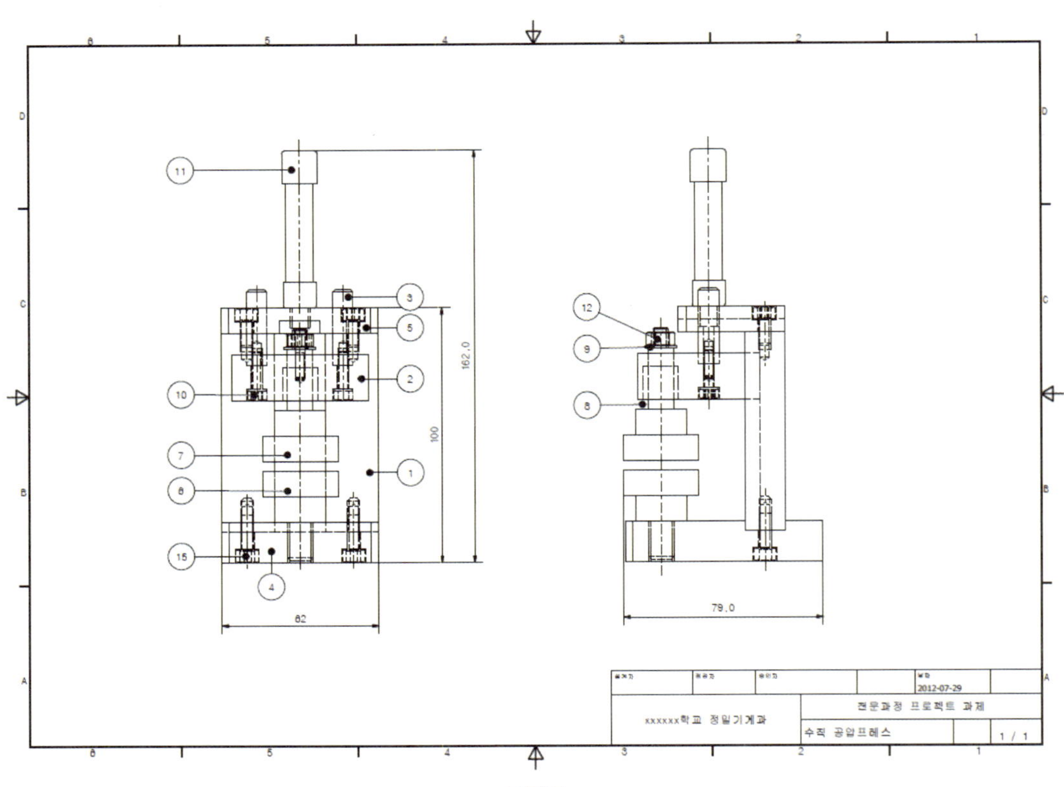

조립도

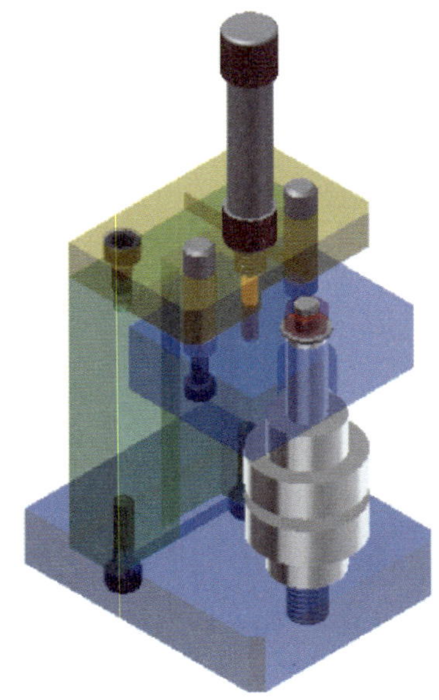

3D 조립도

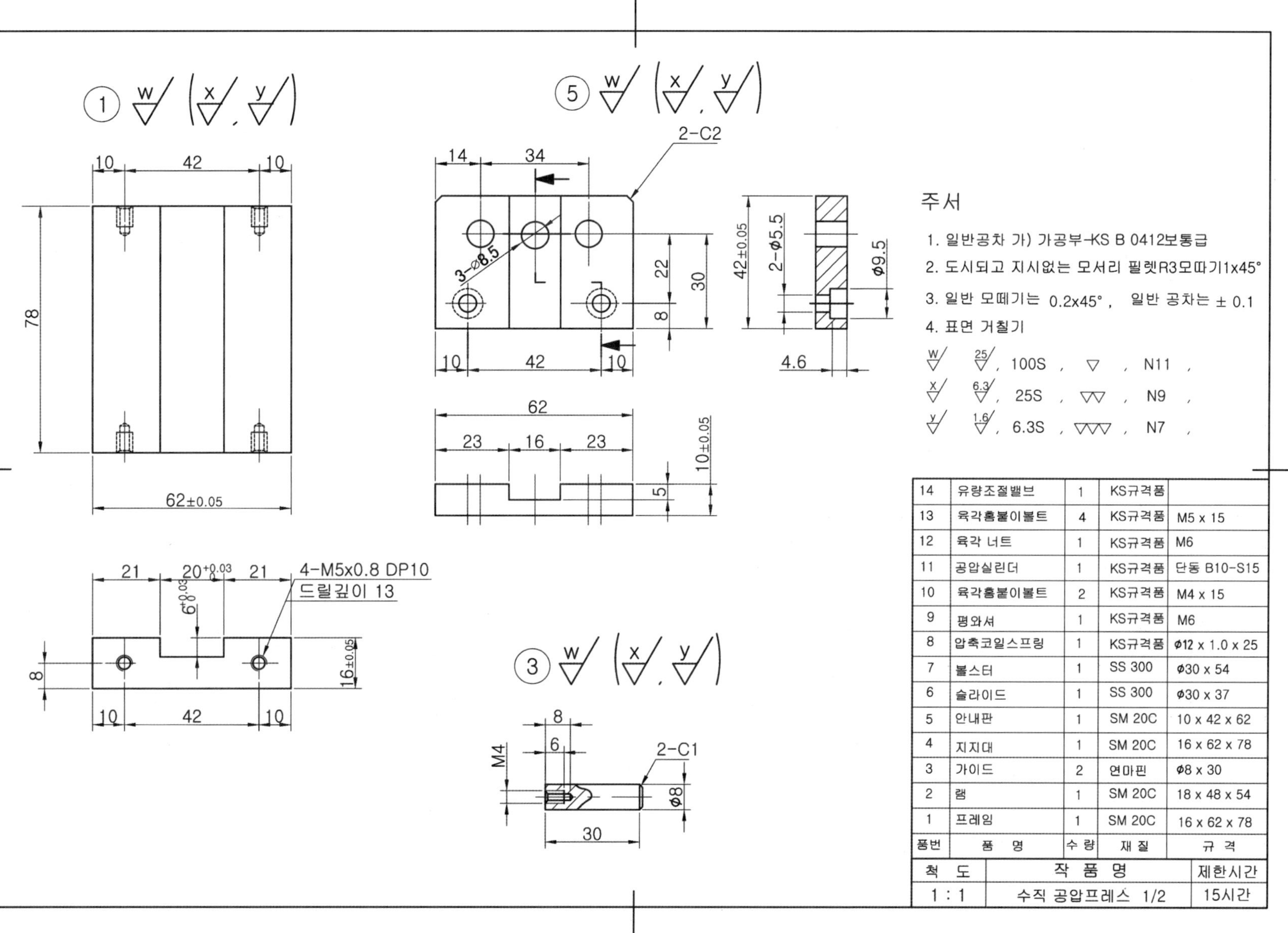

주서

1. 일반공차 가) 가공부-KS B 0412보통급
2. 도시되고 지시없는 모서리 필렛R3모따기1x45°
3. 일반 모떼기는 0.2x45°, 일반 공차는 ± 0.1
4. 표면 거칠기

w/ = 25/, 100S, ▽, N11,
x/ = 6.3/, 25S, ▽▽, N9,
y/ = 1.6/, 6.3S, ▽▽▽, N7,

품번	품 명	수 량	재 질	규 격
14	유량조절밸브	1	KS규격품	
13	육각홈붙이볼트	4	KS규격품	M5 x 15
12	육각 너트	1	KS규격품	M6
11	공압실린더	1	KS규격품	단동 B10-S15
10	육각홈붙이볼트	2	KS규격품	M4 x 15
9	평와셔	1	KS규격품	M6
8	압축코일스프링	1	KS규격품	Ø12 x 1.0 x 25
7	볼스터	1	SS 300	Ø30 x 54
6	슬라이드	1	SS 300	Ø30 x 37
5	안내판	1	SM 20C	10 x 42 x 62
4	지지대	1	SM 20C	16 x 62 x 78
3	가이드	2	연마핀	Ø8 x 30
2	램	1	SM 20C	18 x 48 x 54
1	프레임	1	SM 20C	16 x 62 x 78

척 도	작 품 명	제한시간
1 : 1	수직 공압프레스 1/2	15시간

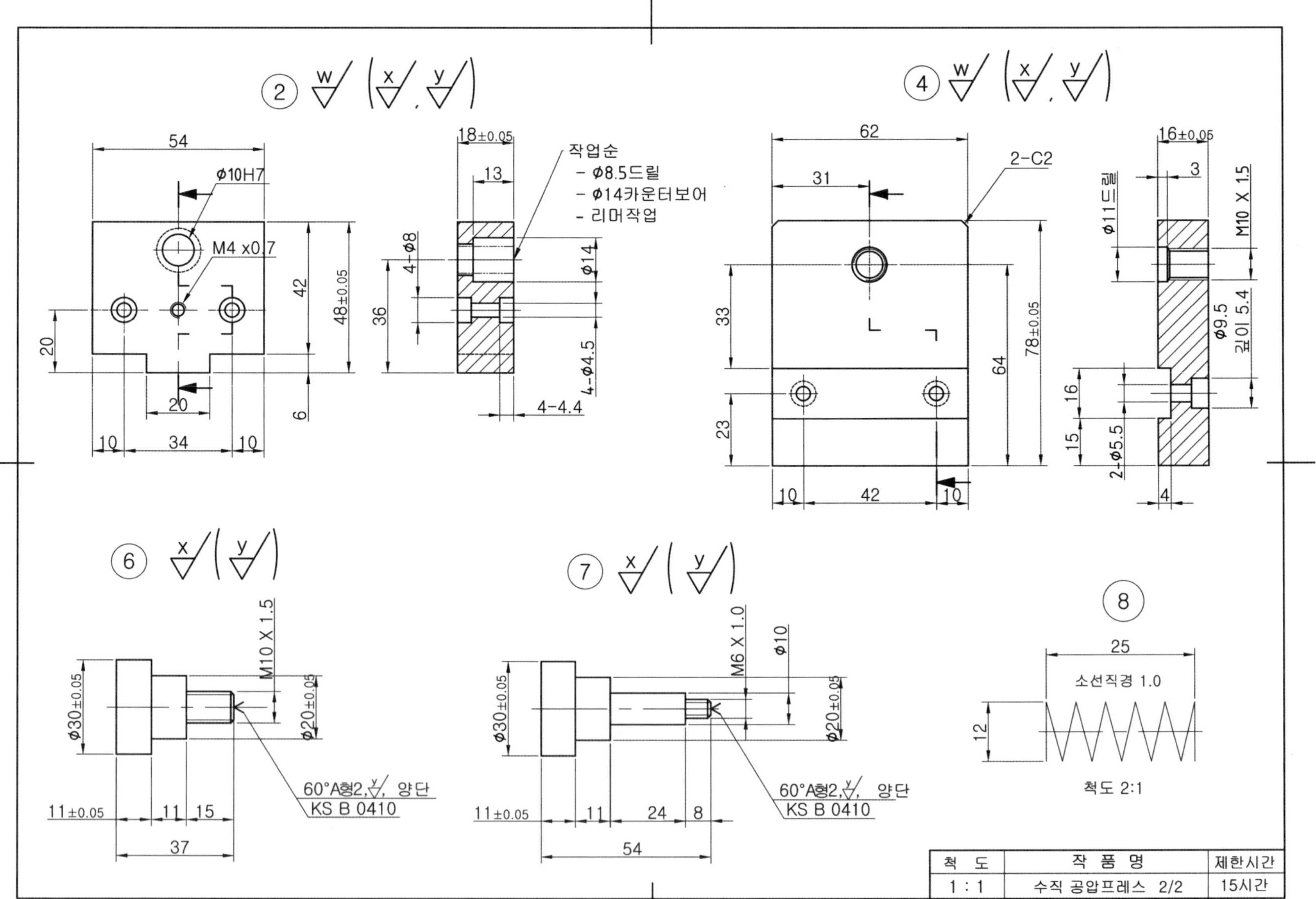
②
54
φ10H7
M4 x0.7
42
48±0.05
20
6
20
10
34
10
18±0.05
13
작업순
- φ8.5드릴
- φ14카운터보어
- 리머작업
4-φ8
36
φ14
4-φ4.5
4-4.4
④
62
31
2-C2
33
23
64
78±0.05
10
42
10
16±0.05
3
φ11드릴
M10 X 1.5
φ9.5
깊이 5.4
16
15
2-φ5.5
4
⑥
M10 X 1.5
φ30±0.05
φ20±0.05
60°A형2, 양단
KS B 0410
11±0.05
11
15
37
⑦
M6 X 1.0
φ10
φ30±0.05
φ20±0.05
60°A형2, 양단
KS B 0410
11±0.05
11
24
8
54
⑧
25
소선직경 1.0
12
척도 2:1
척도
1 : 1
작품명
수직 공압프레스 2/2
제한시간
15시간

CHAPTER 03

벌집형 연필통

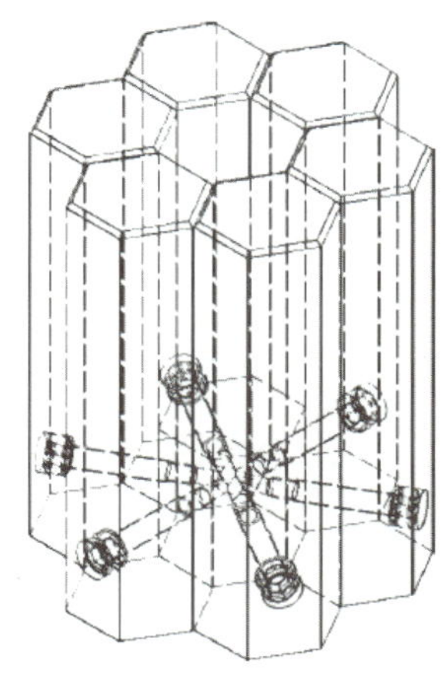

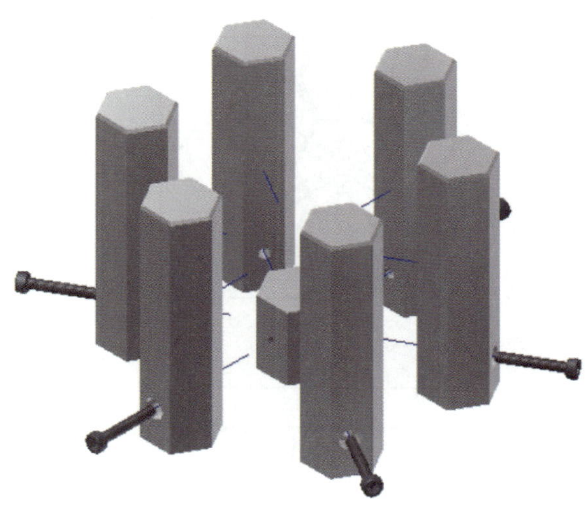

벌집형 연필통

단원 소개

본 단원은 벌집형 연필통을 제작해 보는 단원이다. 육각형 벌집 구조의 연필통은 육각기둥을 여러 개 조합하여 만든다. 한 개의 육각기둥 제작에 필요한 계산방법, v블록을 이용한 공작물 고정 등 육각기둥을 정확하게 가공하기 위한 이론과 기능을 습득한다.

벌집형 연필통의 설계–부품 가공–부품 조립–측정 과정을 단계별로 실습하고, 부품 가공에 필요한 공작기계의 선정, 재료의 선정, 절삭 공구의 선정 등 공구를 제작하는데 필요한 기초적인 모든 작업을 이해할 수 있도록 하였다.

A ⁞⁞ 벌집형 연필통 제작 프로젝트

벌집형 연필통을 설계하고 출력하여 그 도면을 제작도면으로 공작기계를 이용하여 제작해보는 실습으로 기초적인 선반, 밀링과 드릴링 등의 조작능력과 가공 능력을 향상시킨다.

1. 학습목표

1) 육각기둥을 설계할 수 있다.
2) 도면을 이해하고 정밀하게 가공할 수 있다.
3) KS규격품의 선정과 용도를 설명할 수 있다.

2. 프로젝트 과제명 : 벌집형 연필통

3. 소요시간 : [15시간] ※ 준비된 재료 지급

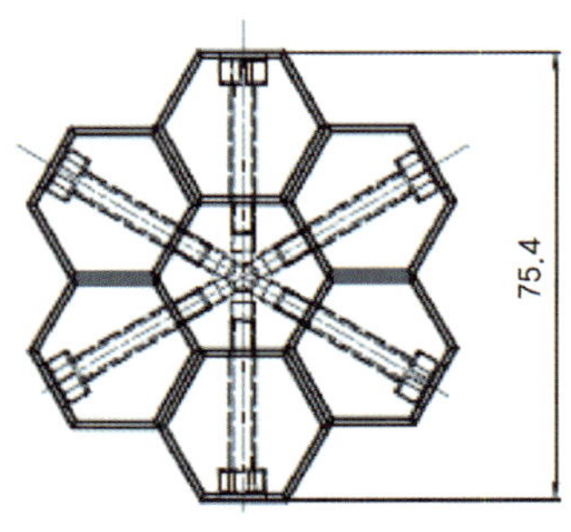

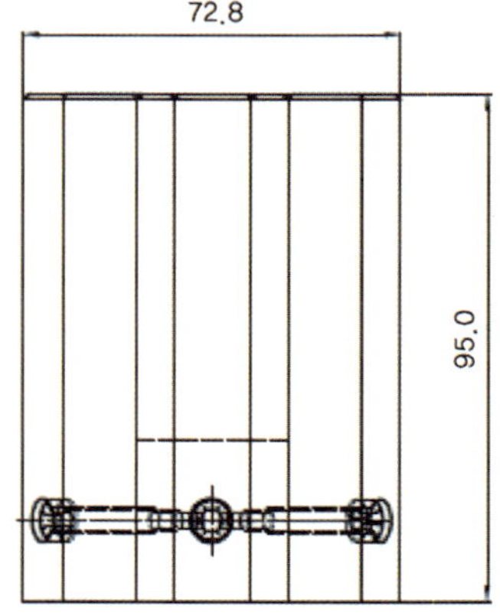

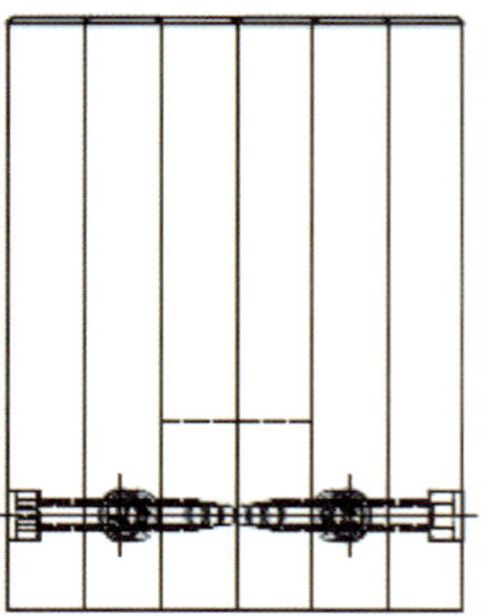

4. 보고서 작성 내용

[표-1] 프로젝트 담당업무 및 참여동기
[표-2/1] 도면(조립도) 검토 및 분석

[표-2/2] 도면(부품도) 검토 및 분석

[표-3] 소요 가공재료 및 KS규격품

[표-4] 기계 및 공구, 측정기

[표-5] 부품 가공 시 안전 및 유의 사항 조사

[표-6] 조립품 및 부품 측정

[표-7] 4way 품질 분석

[표-8] 부품 가공 순서

육각형 벌집 구조의 신비는 2,000년 동안 풀리지 않다가 1965년 헝가리 수학자에 의해 밝혀졌는데 꿀벌이 만드는 육각형의 방은 벽의 두께가 0.1mm 밖에 되지 않는다.

하지만 벌집 무게의 무려 30배나 되는 양의 꿀을 담을 수 있다. 또 육각형의 방은 위로 9~14도 정도 치켜 올려져 있어서 꿀이 바깥으로 전혀 흐르지 않기에 저장공간으로 제격이다. 벌집 구조는 보기에도 안정감 있을 뿐 아니라 실제로도 완벽한 건물 구조라 할 수 있다. 사람들은 이 벌집 구조를 응용해 가벼우면서도 튼튼해야 하는 제트기와 인공위성 등의 기체 구조를 만들기 시작하였으며. 노트북, 가구, 포뮬라(Fomula) 1에도 벌집 구조의 비밀은 숨어 있다.

벌집 구조의 위력은 노트북의 내구성에도 도움을 준다.

HP가 내놓은 엘리트북의 가장 큰 특징은 뭐니뭐니해도 '내구성'이다. 엘리트북은 마그네슘 합금으로 된 소재와 소재 사이에 벌집 구조물을 넣었다. 때문에 자칫 실수로 노트북을 떨어뜨려도 벌집 구조물이 충격을 흡수하도록 해 고장 위험을 줄였다. 또한 나노크기의 수많은 벌집 구멍은 반도체 소자가 차지하는 공간인 50nm보다 훨씬 작기 때문에 많은 양의 반도체 소자를 심을 수 있어 집적도를 높일 수 있을 것으로 기대된다.

벌집구조의 위력

F1 자동차의 차체는 두 장의 탄소섬유판 사이에 충격에 강한 육각형 벌집 모양의 알루미늄판을 샌드위치처럼 끼워 만든다. 이 특수 합성 물질의 두께는 3.5mm에 불과하지만 철판보다 수 배 이상 견고하다. 윗면은 7.5톤, 측면은 3톤의 충격에도 끄떡없는 강한 운전석 덕분에 차가 산산조각이 나도 드라이버는 안전할 수 있다.

고속열차의 충격흡수장치를 비롯해 가벼우면서도 튼튼해야 하는 제트기와 인공위성 등의 기체 구조를 만드는 데도 응용된다. 자동차에 범퍼가 있듯이 KTX 운전실 앞부분에 위치한 동력차에는 고성능 충격흡수장치가 있다. '허니콤(Honeycomb)'이라고 불리는 이 장치는 알루미늄 합금 소재로 만들어졌다. 만약 KTX가 달리다가 벽에 정면으로 충돌하면 벌집처럼 생긴 이 에너지 흡수장치가 그때 받는 충격에너지를 80%까지 흡수한다. 벌집 구조가 뛰어난 완충작용 역할을 하는 것이다.

출처 : https://www.kiat.or.kr/site/inc/, http://scent.ndsl.kr/

B ⁝⁝⁝ 프로젝트 도면

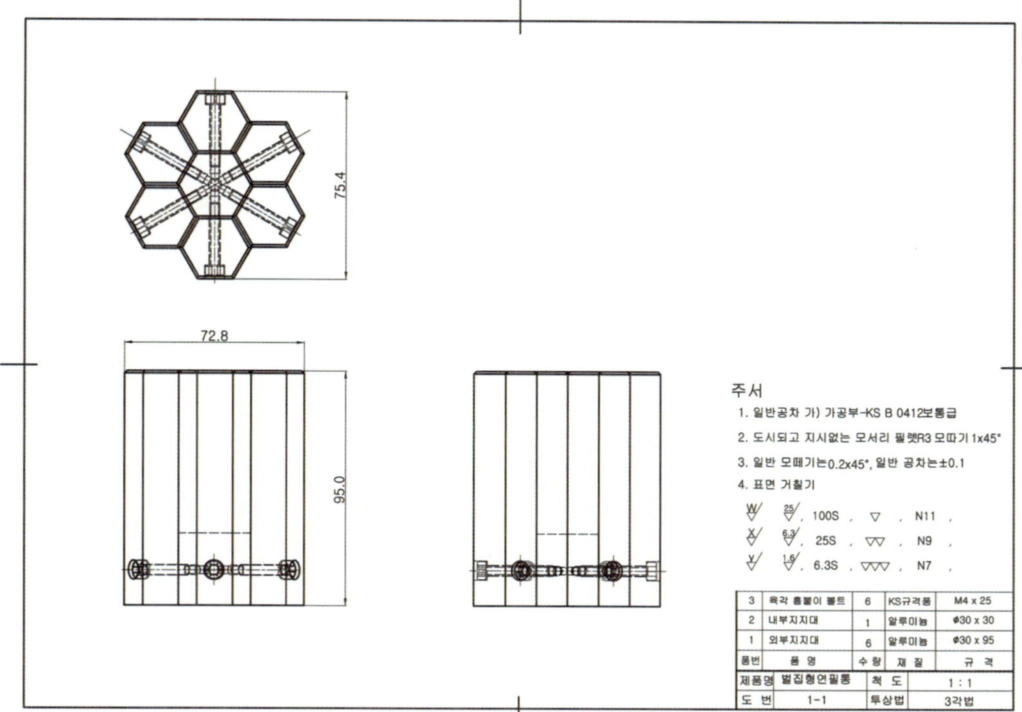

3	육각 홈붙이 볼트	6	KS규격품	M4 x 25
2	내부지지대	1	알루미늄	ϕ30 x 30
1	외부지지대	6	알루미늄	ϕ30 x 95
품번	품 명	수 량	재 질	규 격

제품명	벌집형연필통	척 도	1 : 1
도 번	1-1	투상법	3각법

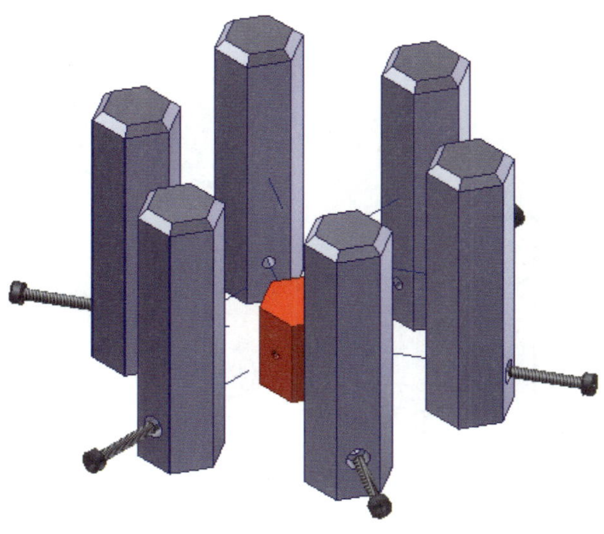

분해도

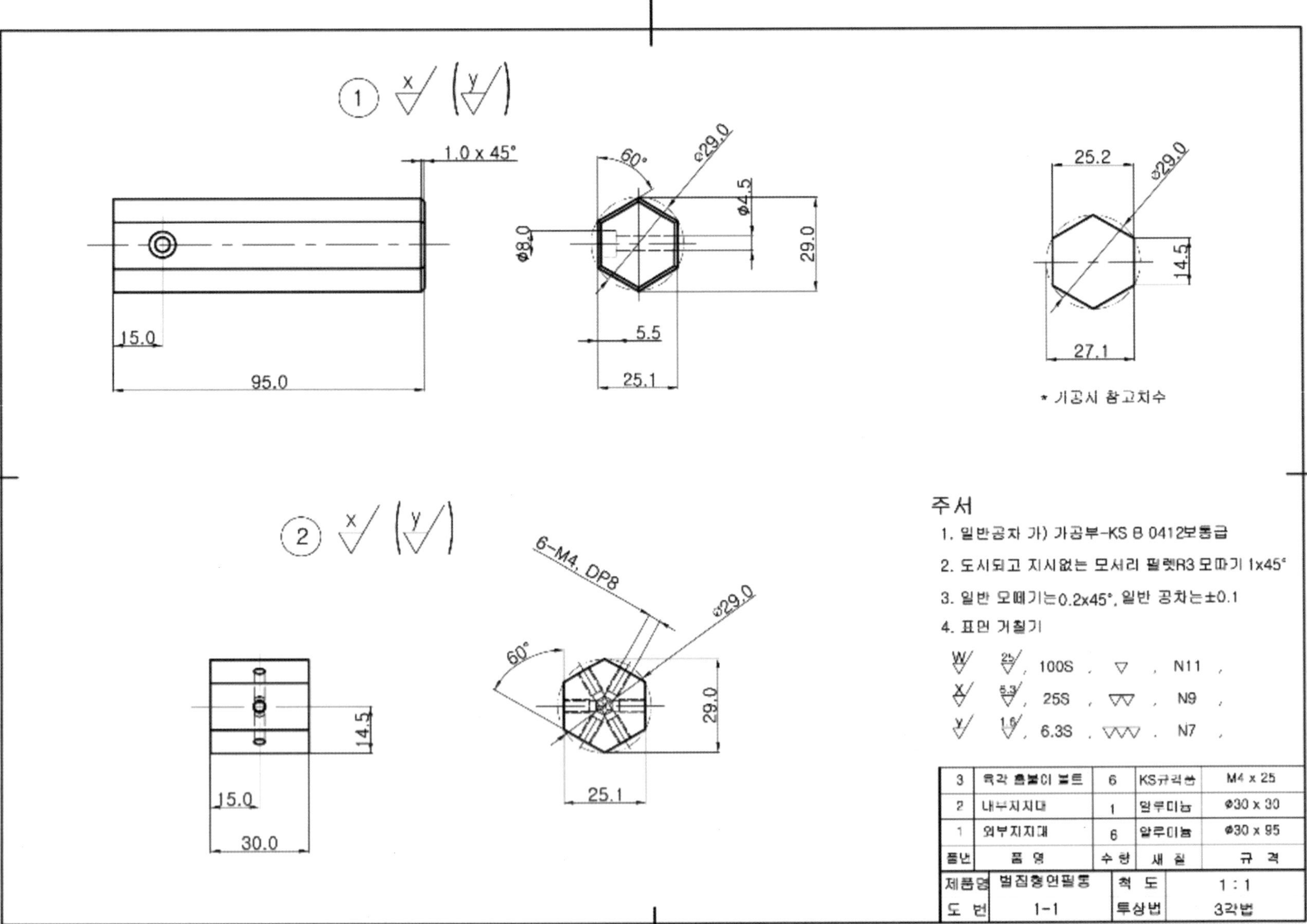
1
2
1.0 x 45°
15.0
95.0
60°
⌀29.0
φ4.5
φ8.0
29.0
5.5
25.1
25.2
14.5
27.1
* 가공시 참고치수
6-M4, DP8
30.0
주서
1. 일반공차 가) 가공부-KS B 0412보통급
2. 도시되고 지시없는 모서리 필렛R3 모따기 1x45°
3. 일반 모떼기는0.2x45°, 일반 공차는±0.1
4. 표면 거칠기
100S , N11 ,
25S , N9 ,
6.3S , N7 ,
3 | 육각 홈붙이 볼트 | 6 | KS규격품 | M4 x 25
2 | 내부지지대 | 1 | 알루미늄 | Ø30 x 30
1 | 외부지지대 | 6 | 알루미늄 | Ø30 x 95
품번 | 품명 | 수량 | 재질 | 규격
제품명 | 벌집형연필통 | 척도 | 1 : 1
도번 | 1-1 | 투상법 | 3각법

C ⋮⋮⋮ 프로젝트 수행계획서 작성

학습 목표	1. 작업 단계별 계획서를 작성할 수 있다. 2. 계획서 작성 방법 및 내용을 설명 할 수 있다.

수행계획서는 작품 제작 과정에 필요한 것들을 단계별로 작성한다. 조립도 및 부품도면 작성, 소요재료 목록 작성, 사용기계 및 공구 목록 작성, 측정기, 부품 가공 공정 작성, 가공부품 채점, 완성품 품질분석 등을 작성한다.

〈표-9〉 프로젝트 수행계획서 작성(예시 참조)

본 프로젝트는 기능습득 목적의 과제 제시형 프로젝트로 「수행계획서」는 작품 제작완료 후 정리하여 작성한다. 연구 및 발명 프로젝트는 반드시 작품 제작 전에 계획서를 작성한다.

표 ➤ 수행계획서 작성

<table>
<tr><th colspan="5">프로젝트 수행계획서</th></tr>
<tr><td>프로젝트 명</td><td colspan="4"></td></tr>
<tr><td>작 성 자</td><td>소속</td><td></td><td>성명</td><td></td></tr>
<tr><td>일정</td><td>계획</td><td>내 용</td><td>업무분담</td><td>준비물</td></tr>
<tr><td></td><td></td><td></td><td></td><td></td></tr>
<tr><td></td><td></td><td></td><td></td><td></td></tr>
<tr><td></td><td></td><td></td><td></td><td></td></tr>
<tr><td></td><td></td><td></td><td></td><td></td></tr>
</table>

D ∷ 도면 작성 및 도면 분석

학습 목표	1. 각 부품을 스케치 할 수 있다. 2. 각 부품을 설계(CAD)할 수 있다.

제시한 과제 분해도와 조립도, 부품도를 참고로 스케치하면서 과제의 특징을 파악하여 제작과 정상 주의할 점을 조사한다.

1. 부품 스케치하기

제시된 도면의 각 부품을 프리 핸드로 등각투상하면서 제품의 형상을 이해한다. 도면의 부품 등각투상도는 아래 그림과 같이 치수에 맞게 그린다.

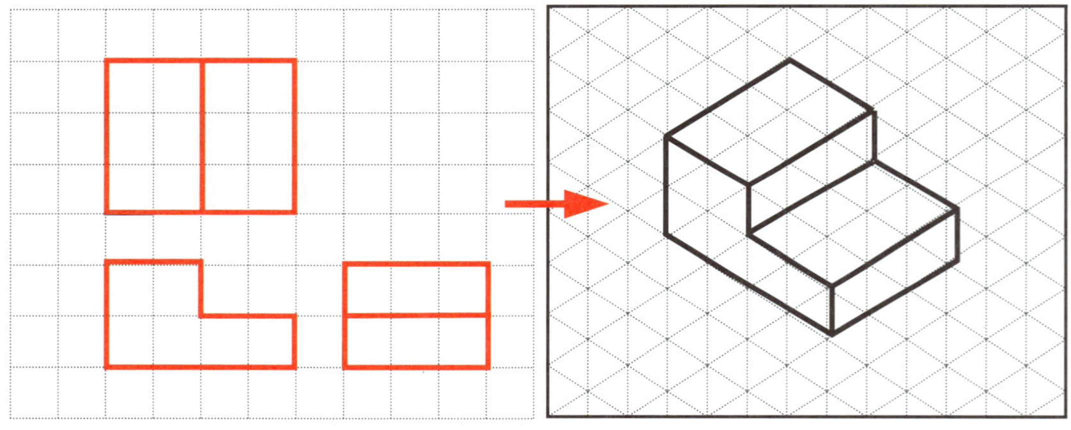

부품 및 등각투상도 예

※ 부록 2 : 스케치도 그리기(모눈종이)

스케치는 산업현장에서 기계부품 등의 현물을 측정하여 제도기 없이 프리 핸드(free hand)로 연필로 그리며 설계 또는 제작도를 작성하기 위해서 행해진다.

2. 도면(조립도) 검토 및 분석하기

도면을 분석하여 설계자의 요구사항은 무엇인지를 확인한 후 설계목적, 운동, 마모, 부품연결, 부품역할, 주유, 끼워 맞춤, 열처리, 도장, 가공, 고정, 조립, 사용한 재질의 절삭성 및 절삭유제의 사용여부 등을 분석한다.

〈표-2/1〉 도면(조립도) 검토 및 분석표 작성(예시 참조)

표 ➤ 도면(조립도) 검토 및 분석표

도면(조립도) 검토 및 분석표				
프로젝트 명				
작 성 자	소속		성명	
구분	검토 사항			검토 결과
1	도면을 검토 및 분석결과 조립가능 여부와 제품의 기능(운동)은? ⇨			
2	제품의 정밀치수(일반치수 제외)는 몇 개소 있으며, 보유한 공작기계 및 공구로 가공이 가능한가? ⇨			

E 부품 가공 준비

학습 목표
1. 가공에 필요한 공구와 기계, 측정기를 선정할 수 있다.
2. 가공한 부품과 규격품을 이용하여 정밀하게 조립할 수 있다.

도면 내용을 분석한 보유하고 있는 시설 현황을 조사하여 부품 가공에 필요한 공작 기계, 절삭 공구, 측정기, 소요재료 등을 선정한다.

1. 부품 가공에 필요한 공작 기계 선정하기

KS규격과 명칭에 따라 품명에는 사용해야 할 공작기계를 적으며, 규격(사양)과 수량을 적는다. 활용 내역에는 기계 기구를 사용할 부품번호와 작업내용을 적는다.

〈표-4〉 기계 및 공구, 측정기 작성[45] (예시 참조)

표 ➤ 가공에 필요한 기계 및 공구

<table>
<tr><th colspan="6">가공 기계 및 공구</th></tr>
<tr><td colspan="2">프로젝트 명</td><td colspan="4"></td></tr>
<tr><td colspan="2">작 성 자</td><td>소속</td><td></td><td>성명</td><td></td></tr>
<tr><td>연번</td><td>품명</td><td>규격</td><td>수량</td><td colspan="2">활용 내역</td></tr>
<tr><td></td><td></td><td></td><td></td><td colspan="2"></td></tr>
<tr><td></td><td></td><td></td><td></td><td colspan="2"></td></tr>
<tr><td></td><td></td><td></td><td></td><td colspan="2"></td></tr>
<tr><td></td><td></td><td></td><td></td><td colspan="2"></td></tr>
</table>

45) 사용해야 할 공작기계와 공구 및 측정기를 적으며, 규격(사양)과 수량을 적는다. 비고란에는 용도를 적는다.

2. 부품 가공에 필요한 측정기구 선정하기

도면 내용을 분석한 다음 보유한 측정 기구를 조사하고 부품 가공에 필요한 측정 기구를 선정하여 준비한다.

〈표-4〉 기계 및 공구, 측정기 작성46) (예시 참조)

표 ➤ 가공에 필요한 측정기 선정

가공에 필요한 측정기				
프로젝트 명				
작 성 자	소속		성명	
연번	품명	규격	수량	활용 내역

3. 제작에 필요한 재료 선정하기

부품 가공에 필요한 재료 치수를 뽑고 다음 표를 작성하여 구매 신청을 할 수 있도록 준비한다. 규격품은 KS규격에 따라 품명과 재질, 규격, 수량을 적고, 비고란에는 KS규격분류기호와 번호, 열처리 여부를 기록한다. 단, 재료는 가공이 수월한 연강(SM20C), 황동, 알루미늄 등을 사용해도 되며 규격은 가공여유(+3~5)를 포함한 치수를 적는다.

〈표-3〉 소요 가공재료 및 KS규격품 작성(예시 참조)

표 ➤ 소요 가공재료 및 KS규격품

소요 가공재료 및 KS규격품					
프로젝트 명					
작 성 자	소속		성명		
부품번호	품명	규격	수량	재질	비고

46) 사용해야 할 공작기계와 공구 및 측정기를 적으며, 규격(사양)과 수량을 적는다. 비고란에는 용도를 적는다.

4. 부품 가공 시 안전 및 유의 사항 조사하기

부품 가공 시에 필요한 안전사고 유의 사항을 조사하고 이를 근거로 실제 가공에 있어 안전사고가 발생하지 않도록 철저히 준비한다.

〈표-5〉 부품 가공 시 안전 및 유의 사항 작성(예시 참조)

표 ➤ 제품 가공 시 안전 및 유의 사항

<table>
<tr><th colspan="5">제품 가공 시 안전 및 유의 사항[47]</th></tr>
<tr><td>프로젝트 명</td><td colspan="4"></td></tr>
<tr><td>작 성 자</td><td>소속</td><td></td><td>성명</td><td></td></tr>
<tr><td>연번</td><td colspan="3">안전 및 유의 사항</td><td>“불안전한 행동” 또는
“불안전한 상태” 구분</td></tr>
<tr><td></td><td colspan="3"></td><td></td></tr>
<tr><td></td><td colspan="3"></td><td></td></tr>
<tr><td></td><td colspan="3"></td><td></td></tr>
<tr><td></td><td colspan="3"></td><td></td></tr>
</table>

47) “불안전한 행동”과 “불안전한 상태” 구분

1. 불안전한 행동 : 실습에 임하는 자세로 안전수칙 준수, 기계 및 공구의 사용, 안전한 작업 등
2. 불안전한 상태 : 작업환경으로 정리, 정돈, 청결 등

F 부품 가공

학습 목표	1. 가공공정에 대해 설명할 수 있다. 2. 원활한 기계조작으로 공차대로 정확하게 가공할 수 있다.

육각기둥 여러 개의 부품으로 조합되어 있으며 각 부품들은 상대적인 상관관계를 가지고 있다. 따라서 육각 면의 치수는 정밀도가 요구되므로 1차 가공한 후 다듬질로 마무리한다.

1. ①번 부품 가공

- 지급재료 : ∅30 × 100

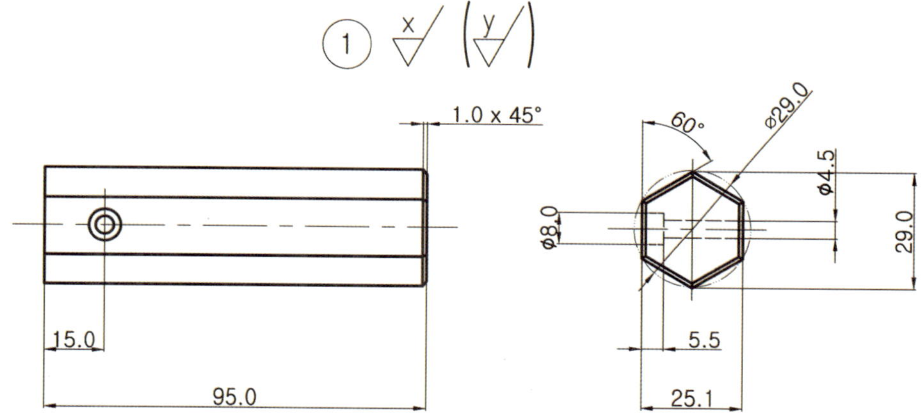

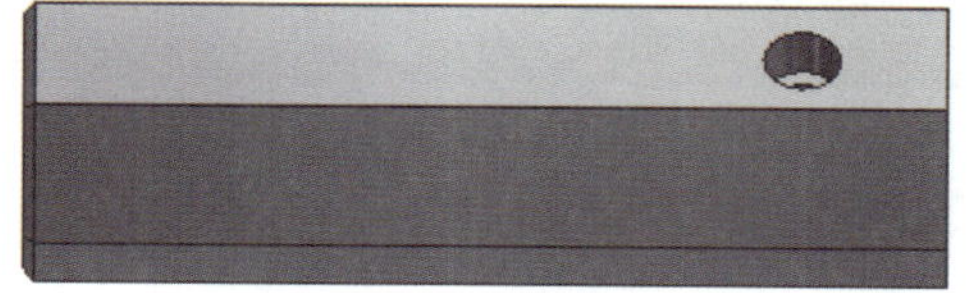

1) 도면 검토 및 수정하기

치수, 끼워 맞춤, 기하공차[48], 표면 거칠기, 제품의 기능, 요구사항 등을 확인한다. 제작상의 문제점이 있으면 수정하고 수정된 도면을 제작도면으로 사용한다.

48) 치수공차로 규제된 제품은 치수가 맞아도 형상에 따라 결합이 안 되는 경우가 있으나, 기하공차로 규제된 제품은 치수가 조금 틀리는 최악의 경우에도 결합이 가능하다. 따라서 기하공차는 제품의 기능 및 결합 부품들 간의 상호 호환성을 규제하는 것으로 고 정밀한 제품에는 필히 적용되고 있다.

〈표-2/2〉 도면(부품도) 검토 및 분석표 작성(예시 참조)

표 ➤ 도면(부품도) 검토 및 분석

도면(부품도) 검토 및 분석				
프로젝트 명				
작 성 자	소속		성명	
구분	검토 사항			검토 결과
1	끼워 맞춤이나 기하공차 등 중요치수는? ⇨			
2	지급 소재의 공급 상태는? ⇨			

2) 부품 가공 순서 정하기

부품 가공 공정을 결정하는 작업은 제작 시간단축 및 조립상태 확인, 가공불량 등을 줄일 수 있다. 따라서 부품도를 분석하여 각 부품을 어떤 순서로 어떻게 가공할 것인가를 가공 전에 생각하여 가공 순서를 정하고 이를 토대로 실제 가공에 이용한다.

〈표-8〉 부품 가공 순서 작성(예시 참조)

표 ➤ 부품 가공 순서

부품 가공 순서				
프로젝트 명				
작 성 자	소속		성명	
부품 번호	가공 순서 및 방법			
	공정번호	사용기계	작업내용	
	10			
	20			

3) 부품 가공 따라하기

① 돌려 물림으로 원기둥의 소재(∅30 × 100)를 ∅29 × 95로 외경 및 단면가공(황삭 및 정삭)한다.

※ 원기둥을 육각기둥의 가공하기 위해 7개의 원기둥 ∅29는 동일치수여야 함.

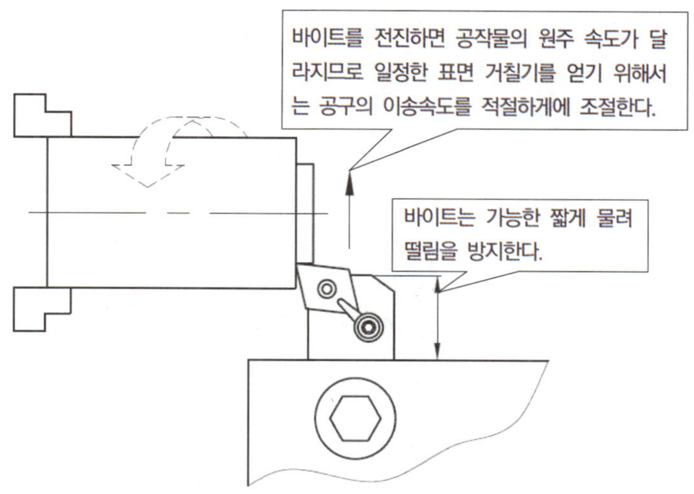

단면의 황삭가공과 정삭가공은?
- 황삭가공은 초경공구 RPM1,200~1,800, 고속도강 RPM600~800 정도로 한다.
- 정삭가공은 RPM을 50%~60% 감속하여 절삭유를 급유하고 공구이송을 느리게 하며 가공한다.

② 밀링에서 각도 조절용 v-블록을 이용하여 정면커터(Face Cutter)로 육각기둥의 한면을 가공(27.06mm)한다.

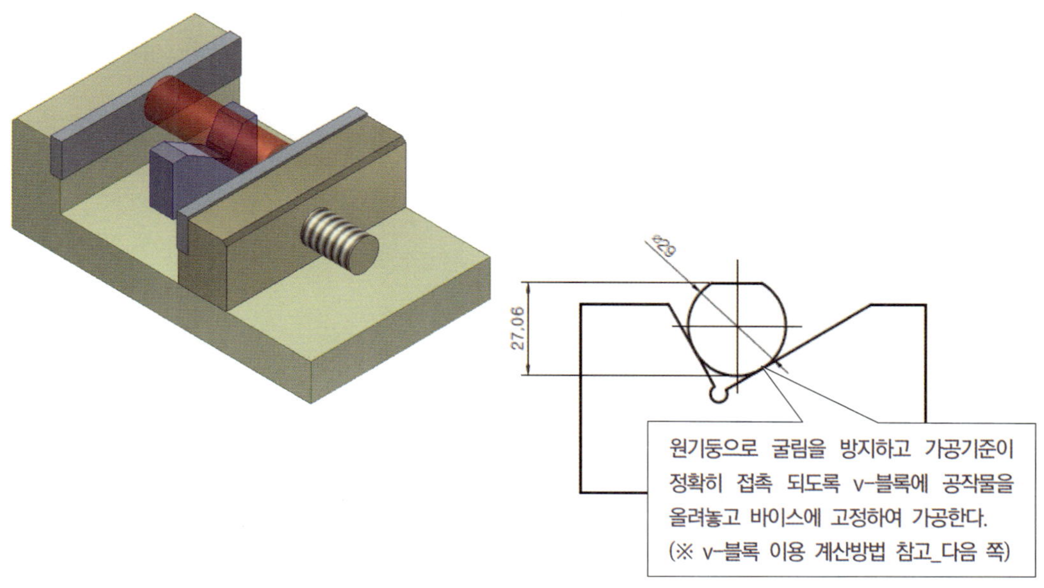

정면커터(Face Cutter)
주로 인서트 팁을 사용하며 생크가 없는 커터이다. 공작물의 평면가공에 주로 사용한다.

■ 60° V-블록을 이용하여 각도 가공방법

첫째, V-블록의 꼭지점(p)까지의 거리를 구한다.
둘째, 원기둥(ø30)에 내접하는 정육각형의 치수 A, B, C를 구한다.
셋째, V-블록에 공작물을 올려놓은 상태에서 V-블록의 꼭지점(p)부터 공작물 상단까지의 거리(b)를 구한다.
넷째, 부분 또는 전체 거리를 측정하며 가공한다.

계산에 필요한 삼각함수

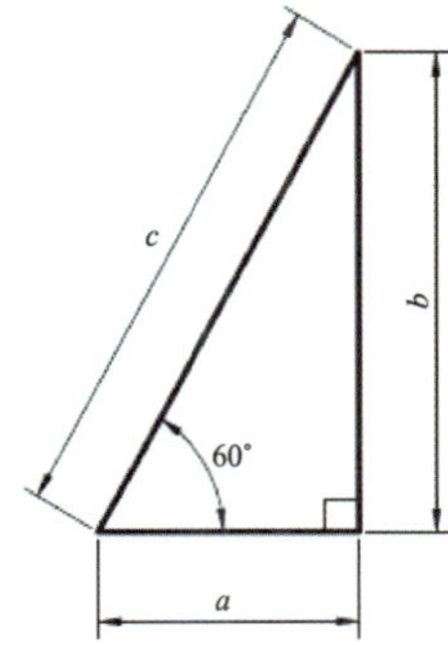

$$c = \sqrt{a^2 + b^2},$$
$$a = \sqrt{c^2 - b^2},$$
$$b = \sqrt{c^2 - a^2}$$

$\sin = \dfrac{b}{c}$ 또는 $\tan = \dfrac{b}{a}$

첫째, V-블록의 꼭지점(p)까지의 거리를 구한다.

[풀이] 제로(0.00) 핀을 이용한다. 예로 지름이 ∅10.00 제로 핀을 이용할 때 $b = 5$이므로

$\sin 60 = \dfrac{5}{c}$ 또는 $\tan 60 = \dfrac{5}{a}$

$c = \dfrac{5}{\sin 60} = 5.77$

$a = \dfrac{5}{\tan 60} = 2.89$

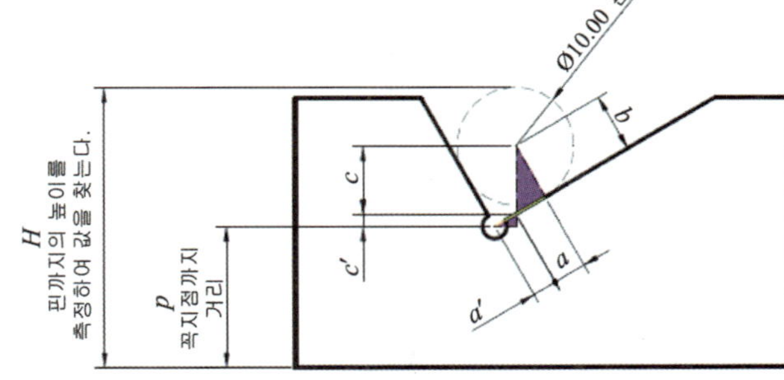

a'는 $5 - 2.89 = 2.11$

c'는 $\sin 30 = \dfrac{c'}{a'}$

$c' = a' \sin 30$

위에서 $a' = 2.11$

$c' = \sin 30 \times 2.11 = 1.06$

따라서 $P = H - (5 + 5.77 + 1.06)$

둘째, 원기둥에 내접하는 정육각형의 치수 A, B, C를 구한다.

[풀이] ∅29에 내접하는 정육각면체를 만들기 위해 가공 값(B)을 구한다.

∅29의 내접하는 육면체로

$\frac{360°}{6} = 60°$ 이므로

$\cos 30 = \frac{A}{14.5}$

$A = \cos 30 \times 14.5 = 12.56$

따라서 $B = 14.5 - 12.56$

$= 1.94$

$C = 29 - (1.94 \times 2)$

$= 25.12$

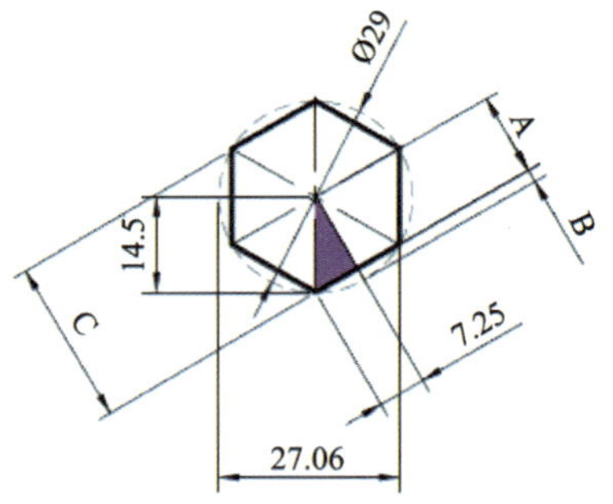

셋째, V-블록에 공작물을 올려놓은 상태에서 V-블록의 꼭지점(p)부터 공작물 상단까지의 거리(b)를 구한다.

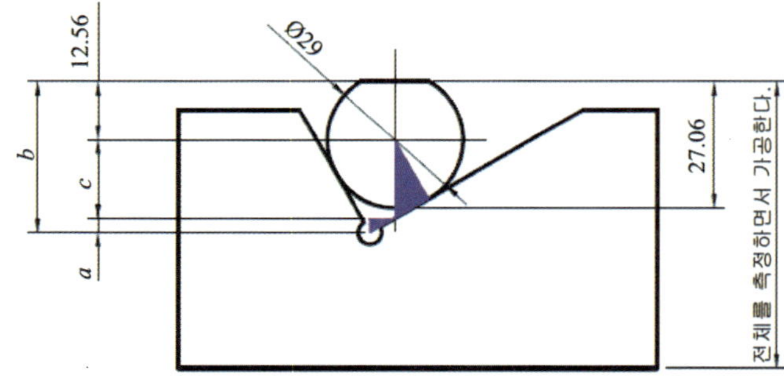

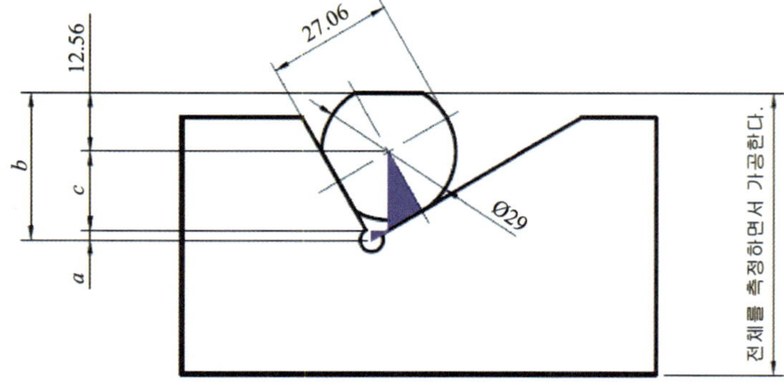

넷째, 부분 또는 전체 거리를 측정하며 가공한다.

Ⓐ 둥근 원기둥을 V블록에 올려놓고 원주의 한 면을 가공한다.

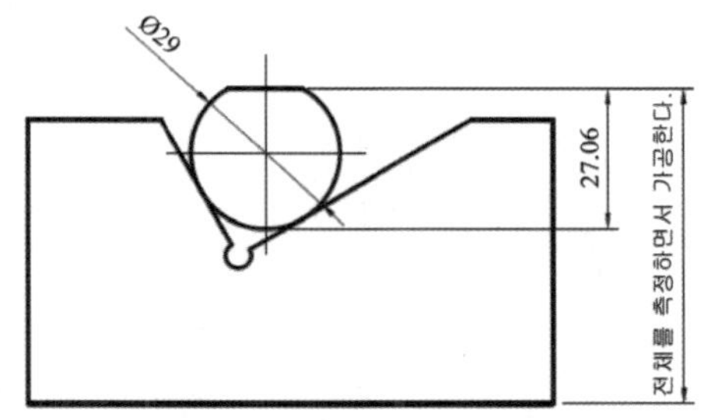

Ⓑ 1차 가공면을 V블록의 60° 면에 접촉시켜 다른 면을 가공한다. 이때 측정은 공작물 접촉이 정확하므로 원기둥을 별개로 분리하여 측정(27.06mm)하거나 또는 V블록에 올려놓은 상태로 측정한다.

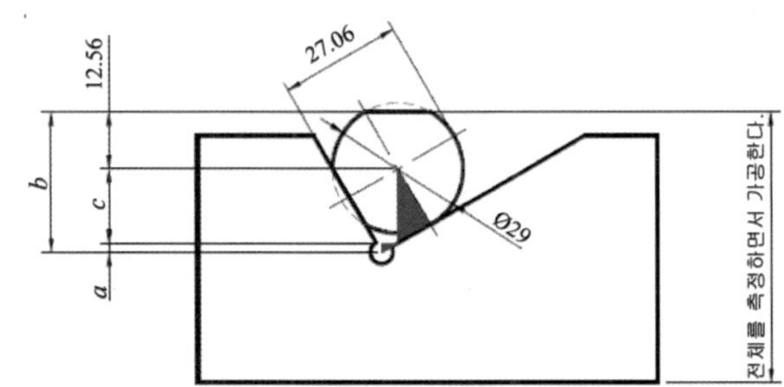

Ⓒ 이후로는 위 셋째 단계와 같이 측정하며 가공한다.
※공작물의 접촉 상태에 따라 제로 핀(예 ∅10.00)을 이용함.

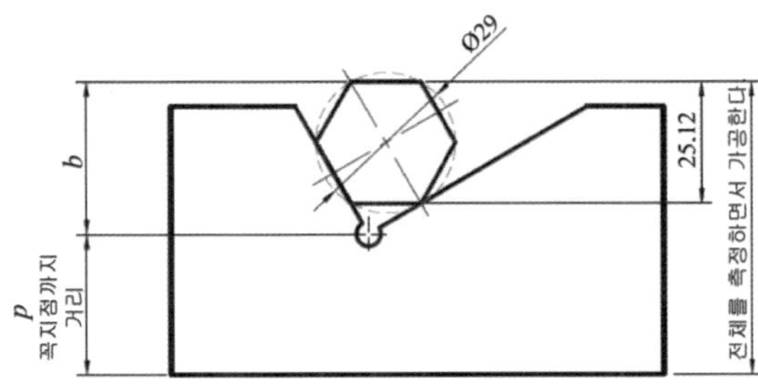

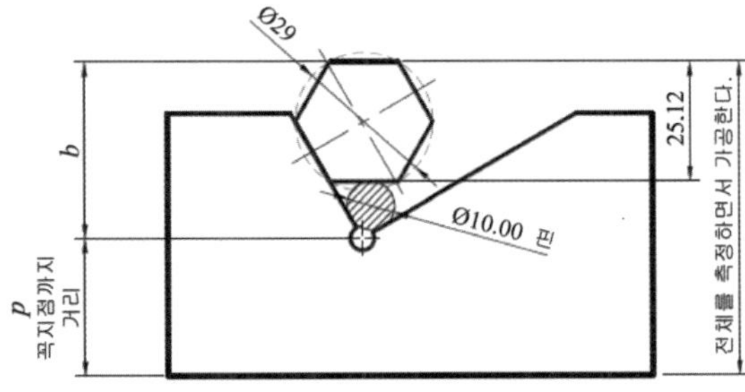

③ 가공된 평면을 V블록의 120° 면에 밀착시켜 다른 면을 가공한다.

정확한 육각으로 가공 되도록 v 블록
과 공작물과의 접촉상태를 확인한다.

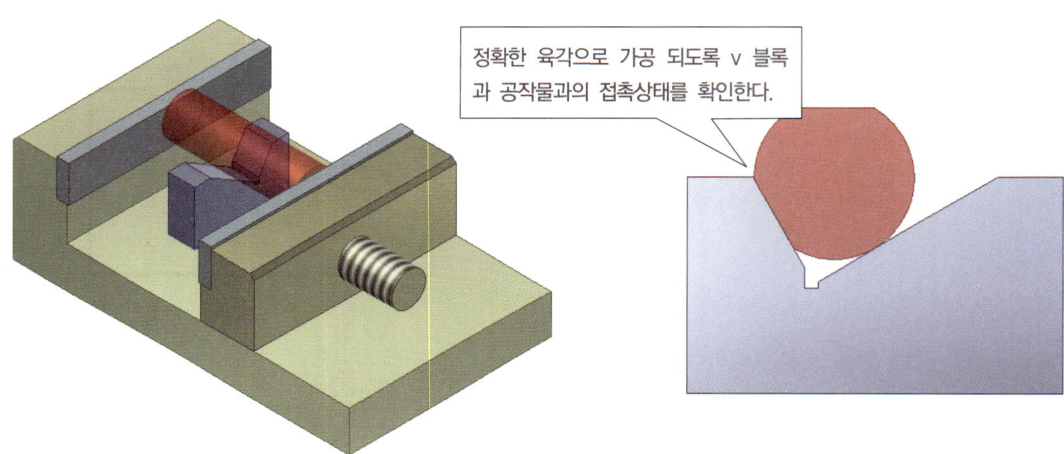

④ 또 다른 가공면을 V블록 120° 밀착하고 3번째 면을 가공한다.
⑤ 제로(±0.0)핀을 올려 놓고 그 위에 공작물을 놓고 가공한다.

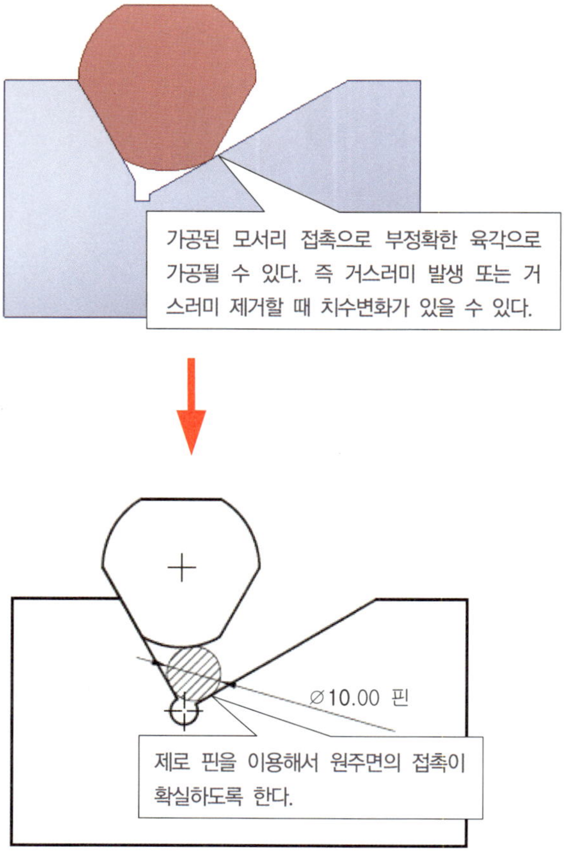

가공된 모서리 접촉으로 부정확한 육각으로
가공될 수 있다. 즉 거스러미 발생 또는 거
스러미 제거할 때 치수변화가 있을 수 있다.
⌀10.00 핀
제로 핀을 이용해서 원주면의 접촉이
확실하도록 한다.

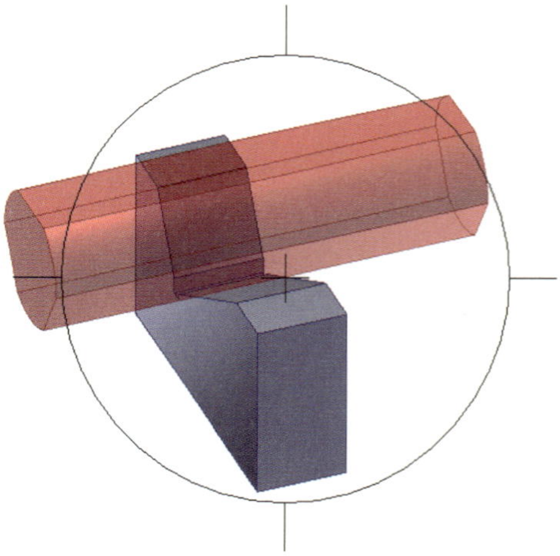

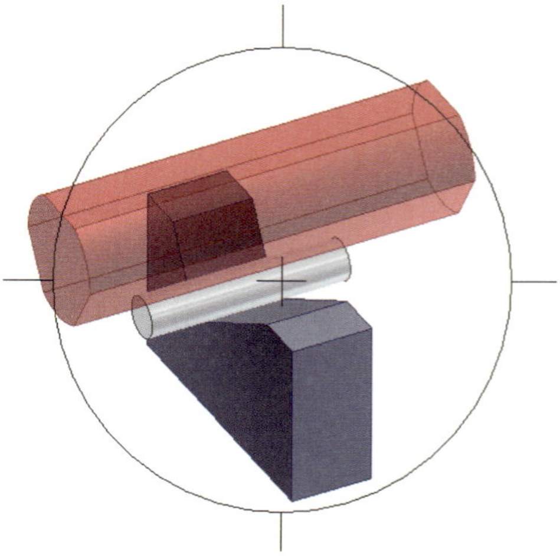

⑥ 가공한 3면을 기준으로 치수 25.11mm 되도록 평행블록을 받침으로 놓고 가공한다(정육각기둥으로 완성).

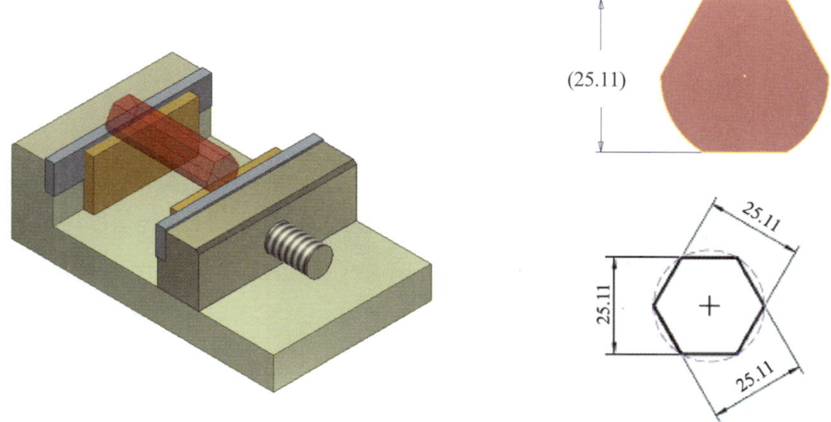

⑦ 45° V-블록을 받침으로 이용하여 정육각기둥의 상측 모따기를 가공한다(모따기는 필요에 따라서 가공한다).

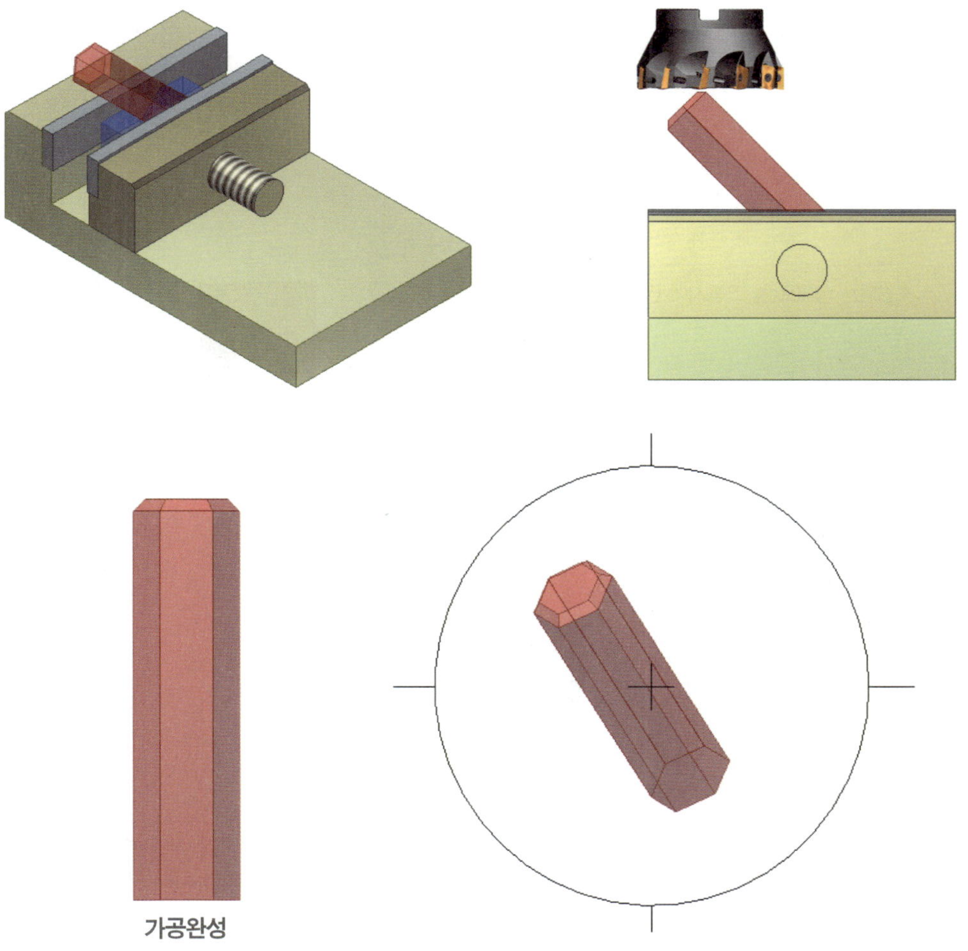

G ⁞⁞ 조립가공 및 부품조립

학습 목표	1. 조립 작업의 중요성에 대해 설명할 수 있다. 2. 정확한 금긋기와 드릴링을 할 수 있다.

제작 과정에서 가장 중요한 것은 마무리 및 조립이다. 그 것은 제품의 기능 요구 조건에 맞게 만들어가는 과정이 마무리 및 조립과정이기 때문이다. 각 부품을 고 정밀도로 기계가공을 할 수는 있지만 요구하는 조립 정밀도로 맞추기는 어렵다. 왜냐하면 기계 및 절석공구의 정밀도외에 가공중의 진동, 먼지, 온도 등에 의해 치수가 커지거나 작아지는 변화가 있기 때문이다.

1. 부품 금긋기 및 센터펀칭하기

모든 부품의 기준면 및 치수를 확인하여 구멍위치에 하이트게이지로 금긋기 한다. 조립하기 위한 구멍의 금긋기는 체결되는 부품과 부품의 조립되었을 때의 상태, 즉 가공할 때의 기준면을 정반에 밀착시키고 금긋기 한다.

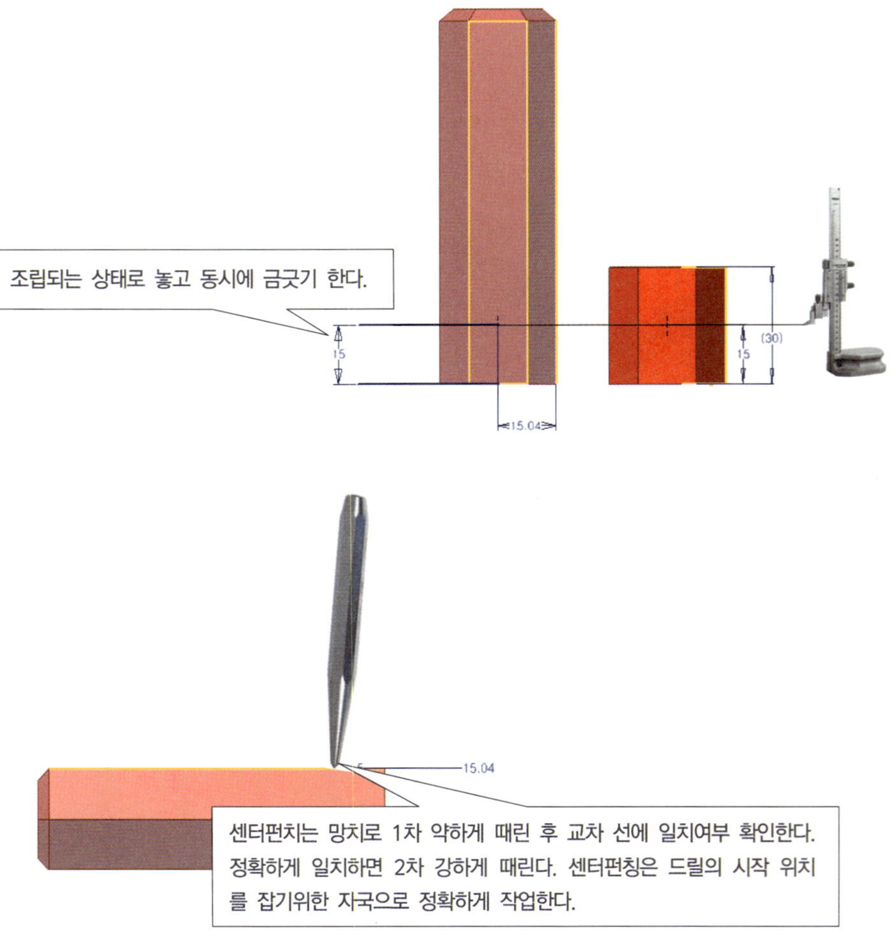

2. 부품 조립 가공

부품과 부품의 센터펀치 자리에 드릴링→카운터보어→카운터싱킹 작업을 한다.

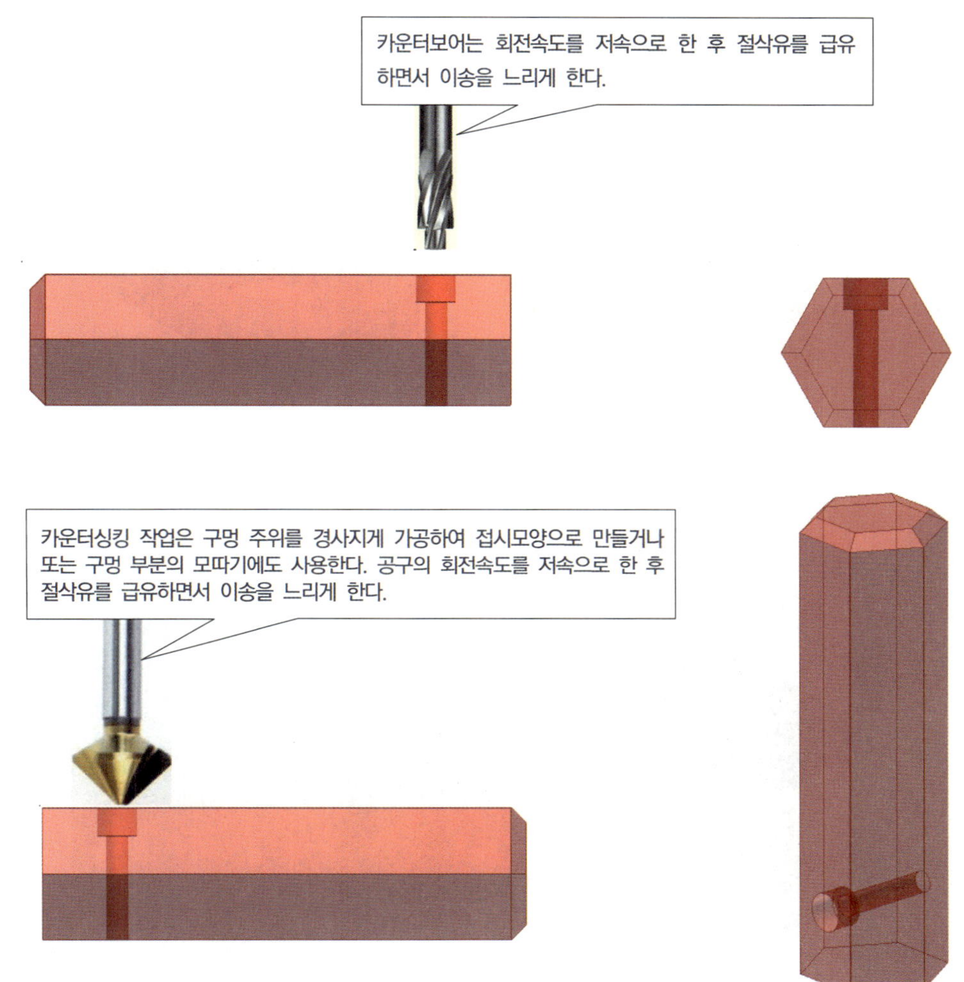

3. 마무리 및 조립

조립 전에 정밀 측정하여 치수를 재확인 한 후 고운 줄(유목) 또는 기름숫돌로 모서리를 매끄럽게 마무리 한다. 또는 광택(닦기) 작업을 한다.

4. 부품 조립하기

제작물의 전체적인 구조를 이해하고 조립되는 순서와 방법을 결정한다. 부품조립은 좌우방향과 상하방향이 바뀌지 않도록 주의하며 부품의 위치정도를 확인하여 가공 상태 그대로 조립되도록 한다. 볼트 체결은 하나씩 대각선으로 느슨하게 조인 후 위치가 맞으면 강하게 조인다.

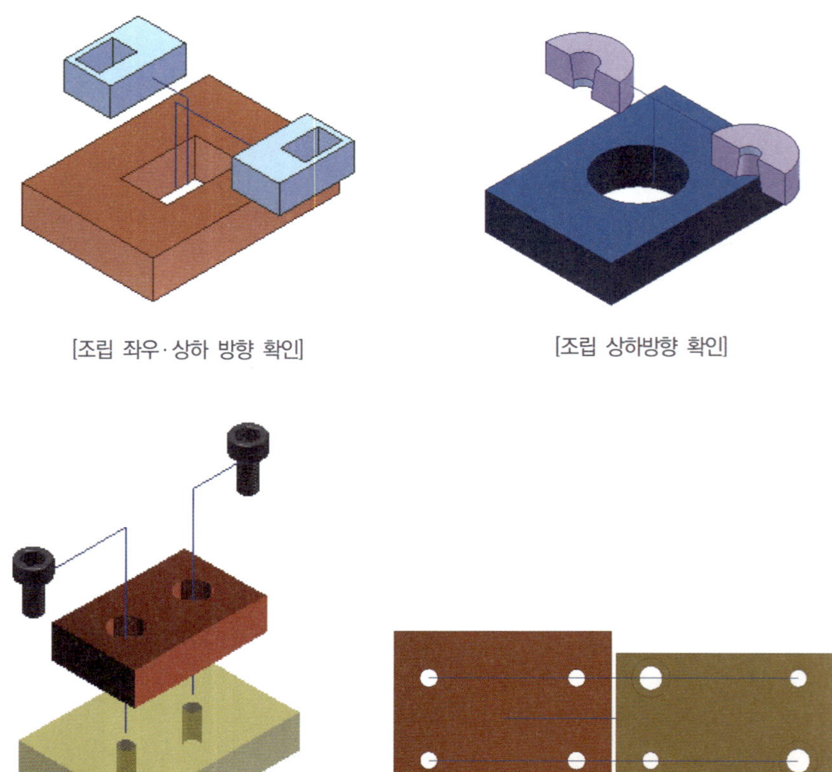

[조립 좌우·상하 방향 확인]

[조립 상하방향 확인]

[조립 위치정도 확인]

[조립 평행도 확인]

조립 시 확인 사항

■ 조립되는 순서

정육각기둥(부품①)과 부품②을 볼트로 연결한다. 동일한 방법으로 모든 부품을 연결해 간다.

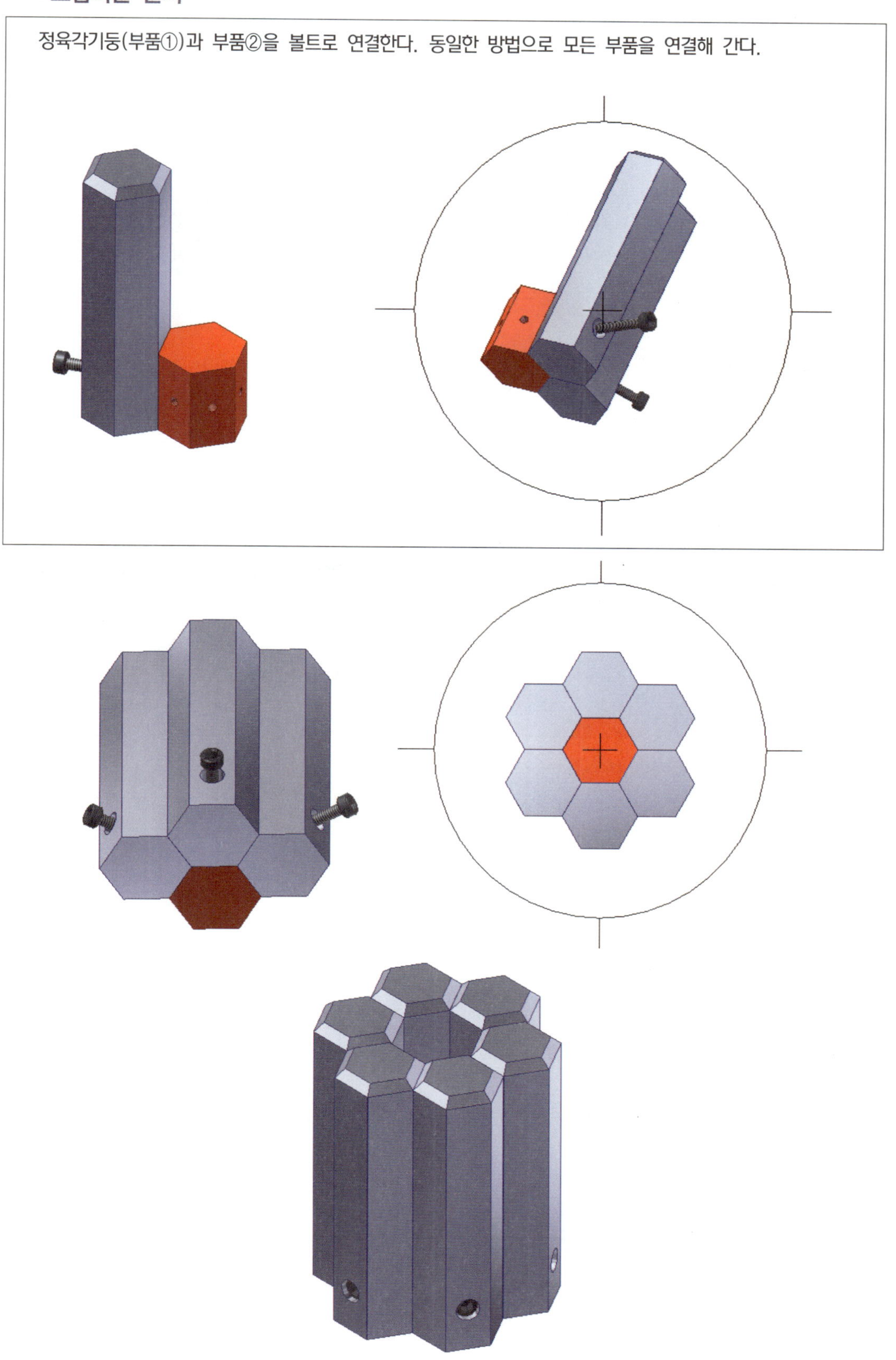

H ∷ 측정 및 품질 분석

학습 목표	1. 품질관리의 중요성에 대해 설명할 수 있다. 2. 품질 분석표를 작성할 수 있다.

원하는 품질의 제품을 얻기 위해서는 품질관리는 매우 중요하다. 품질관리의 과정에는 기술 부문의 필수적인 성능과 기능을 분명하게 결정하는 기획설계 과정의 품질과 제작 과정에서 현장의 기술 수준에 따라 달라질 수 있으므로 제작과정의 품질이 중요하다.

1. 가공 부품 측정

〈표-6〉 조립품 및 부품 측정표 작성(예시 참조)

표 ➤ 조립품 및 부품 측정

조립품 및 부품 측정								
프로젝트 명								
작 성 자	소속			성명				
평가 구분	평가 사항					배점	득점	환산 점수
가공 상태 (80%)	항목	도면 치수	측정값					
			1차 측정	2차 측정	최종값			
	정밀 치수 (50%)							
	소계							

QUESTION

그림은 버니어캘리퍼스의 눈금으로 주척 39mm를 부척 20등분한 것이다. 측정값은?

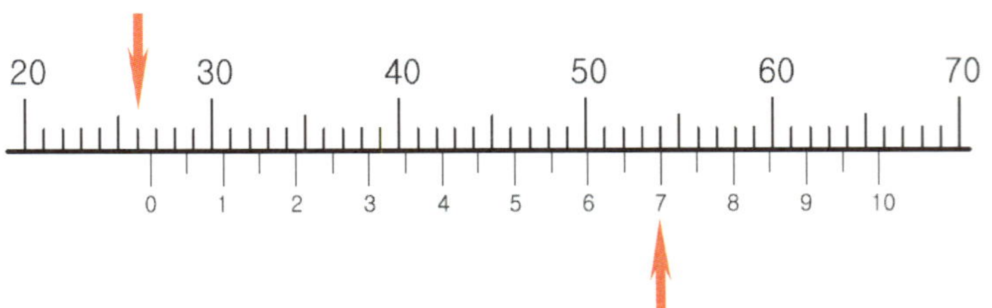

2. 완성품 품질 분석

부품 측정표와 전체적인 기능을 분석하여 불량 원인을 해결할 수 있는 방안을 조사한다.

〈표-7〉 4way 품질 분석표 작성(예시 참조)

표 ➤ 4way 품질 분석표

4way 품질 분석표				
프로젝트 명				
작 성 자	소속		성명	
A. 왜 불량이 발생하였는가?				
1 단계 Why?	(예) 왜 아침 등교시간이 늦었는가? → 아침에 늦게 일어나서 집에서 나왔다.			
2 단계 Why?	(예) 왜 늦게 일어났는가? → 어젯밤에 늦게 잠자리에 들었다.			
3 단계 Why?	(예) 왜 늦게 잠자리에 들었는가? → 인터넷 게임을 늦게까지 하였다.			
4 단계 Why?	(예) 왜 인터넷 게임을 늦게까지 하였는가? → 재미가 있어서 시간 가는 줄 몰랐다.			
B. 근본 요인은?				
(예) 계획성이 없는 생활을 하였다.				

품질관리 용어

- GQS(General Quality Standard) : 일반적인 품질표준
- IPS(Ideal Production System) : 이상목표관리시스템
- MPC(Material and Production Control) : 재료 생산관리
- PAP(Product Assurance Planning) : 제품 보증 계획
- QN(Quality Notification) : 품질 통보

프로젝트 수행과정 발표

학습 목표	1. 프로젝트 수행과정의 요점을 정리하여 전시회 자료를 만들 수 있다. 2. 프로젝트 수행과정을 프레젠테이션 자료로 만들어 발표할 수 있다.

1. 전시회 자료 제작

프로젝트 과제 수행 과정을 사진으로 촬영하여 프레젠테이션 및 전시회 자료 제작을 위한 자료로 활용하고 제작 관련 자료를 모아 보관하며 이를 정리하여 제품을 이해할 수 있도록 전시회 자료를 만든다.

(한글 A4 용지 1쪽)
1. 주제
2. 목적
3. 제작기간
4. 팀원 및 참여단계
5. 수행과정 및 문제해결방법
6. 제작 후 느낀 점

2. 프레젠테이션 자료 제작

위 자료를 중심으로 파워포인트로 제작하고 발표는 큰 그림을 먼저 이야기 하도록 한다. 프레젠테이션 자료는 차트나 그림(사진)을 많이 활용한 내용으로 하며 가장 좋은 것을 마지막에 보여주면서 간결하면서 감동적인 마무리가 되도록 준비한다.

(파워포인트 슬라이드 5쪽 이내)
1. 무엇을 전하고 싶은가?
2. 어떻게 전하려 하는가?
3. 왜 그 방법이 필요한 것인가?
4. 어떤 성과를 얻고 싶은가?

QUESTION

가공한 공작물을 측정한 결과 오차가 발생하였다. 그렇다면 원인은 무엇일까? 아래에서 원인을 찾아 표시(O X)하여 보세요.

작업을 수행하는 공작기계의 부정확도? (　　　)
아니면 사용하는 절삭공구의 마모? (　　　)
아니면 사용되는 재료의 상태불량? (　　　)
아니면 작업자의 불완전한 세팅? (　　　)
아니면 작업자의 불완전한 작업공정? (　　　)
아니면 사용하는 측정기의 오차? (　　　)
아니면 작업자 개인의 측정 오차? (　　　)

단원 평가 문제

※ 다음 부품도를 보고 물음에 답하시오.

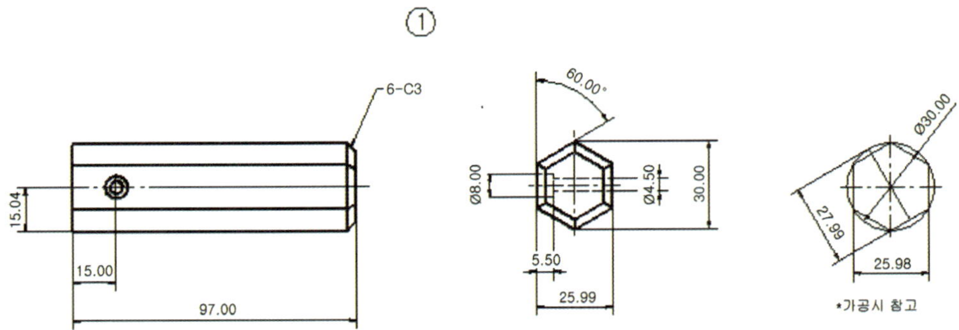

01 위 그림에서 치수기입 중 6-C3 가공에 대한 설명이 틀린 것은?

① 모따기 가공표시이다.
② 모따기는 45°로 한다.
③ 모따기는 3곳을 가공한다.
④ 모따기는 6곳을 가공한다.
⑤ 모따기 크기는 3으로 한다.

02 위 그림을 가공하기 위한 측정기가 아닌 것은?

① 버니어 캘리퍼스
② 60° v-블록
③ 하이트게이지
④ 센터 게이지
⑤ 마이크로미터

03 위 그림을 가공하기 위한 공구가 아닌 것은?

① 정면커터
② 드릴
③ 카운터 보어
④ 엔드밀
⑤ 카운터 싱킹

04 위 그림의 카운터보어 치수(KS)를 모두 고르시오.

① ∅8.0 ② ∅4.5
③ 5.5 ④ 15
⑤ 25.99

05 그림과 같이 ∅30×100 재료의 지름에 내접하는 정육각기둥을 만들고자 한다. 가공에 필요한 값(A, B, C)을 구하시오.

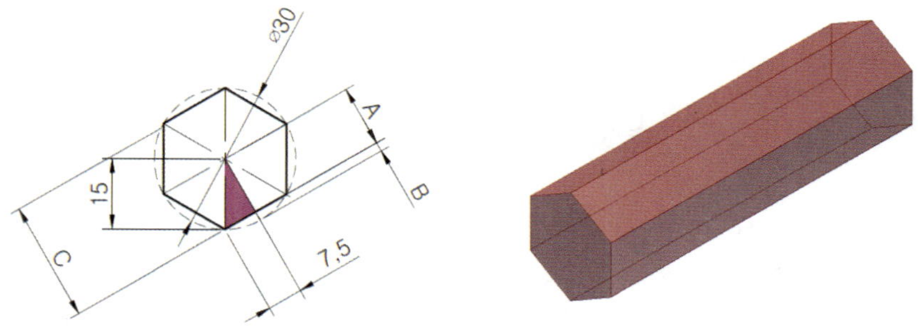

[풀이]

기계공작+ 프로젝트 실습

CHAPTER 04 지구본

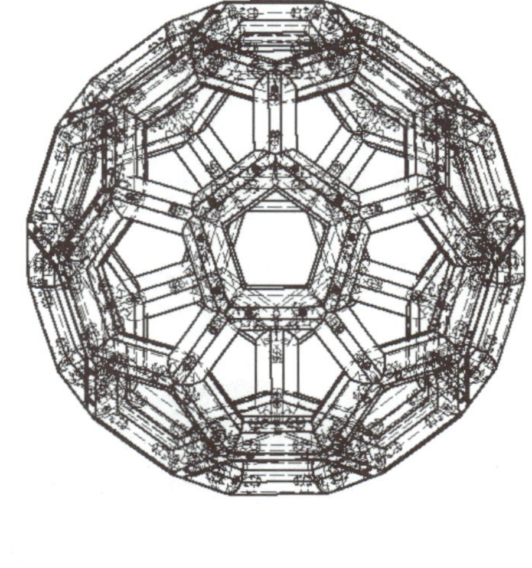

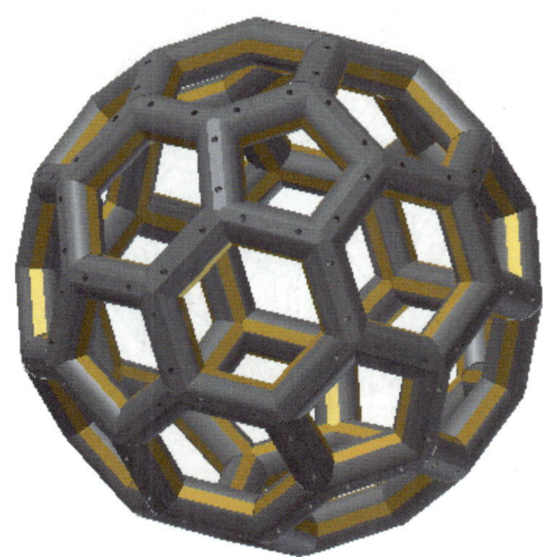

지구본

단원 소개

본 단원은 주변의 탐구대상을 축소 설계하고 제작해 보는 단원이다. 자동차의 구조 이해 및 설계단계의 축척 개념과 축소한 부품들에 적합한 KS규격품 선택 및 가공한 부품과 조립하며 부품들 간의 상호 관계를 익힐 수 있도록 한다.

또한 부품설계 및 KS규격품 선정 – 도면 출력 – 부품 가공 – 부품 조립 – 측정 과정을 단계별로 실습하고, 부품 가공에 필요한 공작기계의 선정, 재료의 선정, 절삭 공구의 선정 등 작품을 제작하는데 필요한 응용능력을 키우도록 한다.

A ⁝⁝⁝ 지구본 제작 프로젝트

지구본 형상의 구조를 설계하고 출력하여 그 도면을 제작도면으로 실제로 공작기계를 이용하여 제작해본다. 통합응용실습으로 도면 설계능력 및 선반, 밀링과 드릴링 등의 공작기계 가공 능력을 향상시킨다.

1. 학습목표

1) 지구본의 대해 설명할 수 있다.
2) 도면을 이해하고 정밀하게 가공할 수 있다.
3) 치공구 용도와 설계목적을 설명할 수 있다.

2. 프로젝트 과제명 : 지구본

3. 소요시간 : [21시간] **※ 준비된 재료 지급**

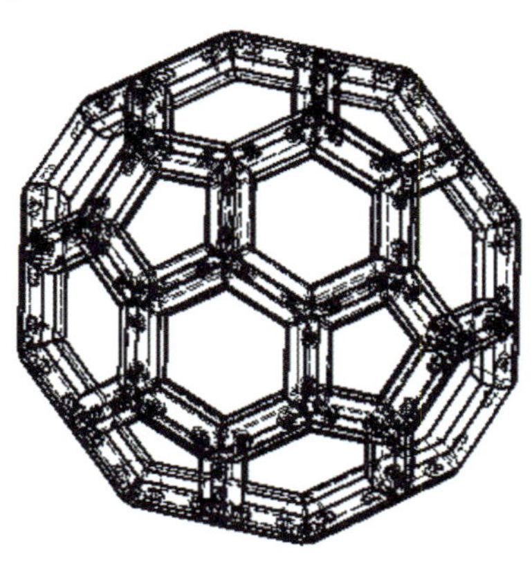

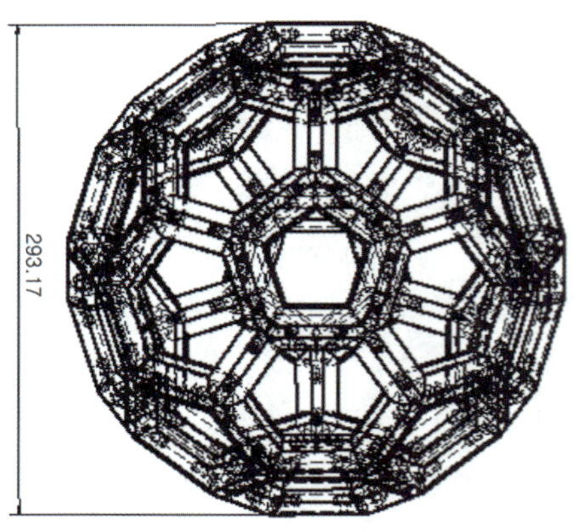

4. 보고서 작성 내용

[표-1] 프로젝트 담당업무 및 참여동기
[표-2/1] 도면(조립도) 검토 및 분석
[표-2/2] 도면(부품도) 검토 및 분석
[표-3] 소요 가공재료 및 KS규격품
[표-4] 기계 및 공구, 측정기
[표-5] 부품 가공 시 안전 및 유의 사항 조사
[표-6] 조립품 및 부품 측정
[표-7] 4way 품질 분석
[표-8] 부품 가공 순서

지구의(地球儀) 또는 지구본(地球一)은 지구를 구로 표현한 모형이다. 평면에 그린 지도에 방위, 각도, 거리, 면적의 모든 것을 한꺼번에 올바르게 나타내지는 못하지만 지구의는 지구와 비슷한 공 모양이므로 그 어느 것을 나타내는 데 문제가 없다. 지구의의 축척은 여러 가지가 있지만 축척과 크기를 독립적으로 결정할 수 있는 평면의 지도와는 달리 지구의는 축척을 결정하면 구체의 크기도 정해진다. 지구의뿐 아니라 천구의, 일구의, 월구의, 화성의 등도 존재한다.

지구의는 대륙이나 대양의 크기, 모양 등을 왜곡하지 않으면서 지구를 표현한다. 평면 지도는 불가피하게 특정 지역을 실제보다 크게 표현하곤 한다.

지구의는 일반적으로 북극점과 남극점에 해당하는 부분에 베어링(bearing)이 있어 이것이 받침대에 고정되어 회전할 수 있게 되어 있다. 또 지축과 같이 수직 방향으로 23.4도 기울어 있듯이 베어링이 붙여져 있다. 이에 따라 지구의 바로 옆에 등을 비추어 이를 태양으로 생각하여 날이나 계절이 어떻게 바뀌는지 쉽게 판단할 수 있다.

기원전 150년 즈음에 킬리키아 지방(지금의 터키)에서 학자 Crates of Mallus가 만든 것이 가장 오래된 것으로 알려져 있다. 중세에 들어 이슬람 세계에서 지구의가 제작되었다. 현존하는 가장 오래된 지구의는 1492년에 독일의 뉘른베르크에서 마르틴 베하임(Martin Behaim)이 제작한 것이다.

지도(地圖)는 어떤 공간을 기호로 나타낸 것으로 주로 지구의 표면 전체 또는 부분을 일정한 비율로 줄여 평면에 그린 것이다. 지구 전체 또는 대부분을 보여주는 지도를 말한다.

주로 다음과 같은 사항들이 기호, 문자, 도형, 각종 색깔로 평면상에 도시된다.

- 지형에 관한 것 : 대륙, 반도, 바다, 산맥, 하천, 호수, 늪 따위의 모양·고도·심도 등
- 지리에 관한 것 : 국경, 국명, 행정 구역, 도시 등
- 생활에 관한 것 : 경선, 위선, 날짜 변경선, 철도, 도로 등

출처 : https://ko.wikipedia.org/wiki/

B ::: 프로젝트 도면

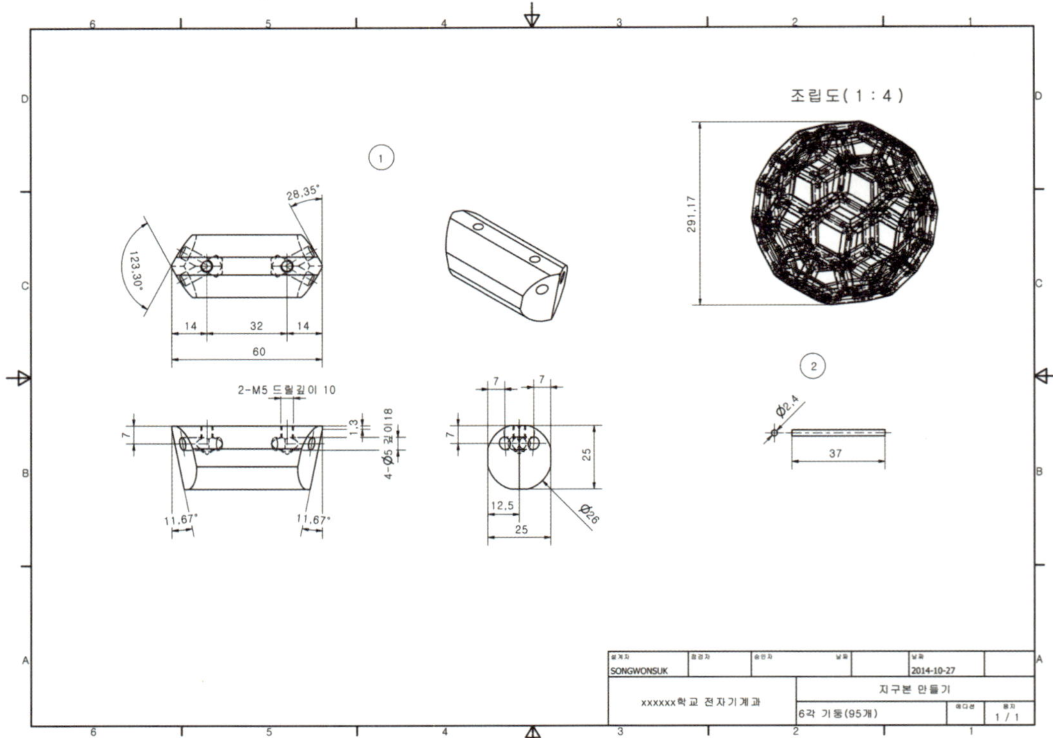
조립도(1 : 4)
291.17
28.35°
123.30°
14
32
14
60
2-M5 드릴깊이 10
4-Ø5 깊이18
7
1.3
11.67°
11.67°
7
7
25
12.5
25
Ø26
Ø2.4
37
SONGWONSUK
2014-10-27
xxxxxx학교 전자기계과
지구본 만들기
6각 기둥(95개)
1 / 1

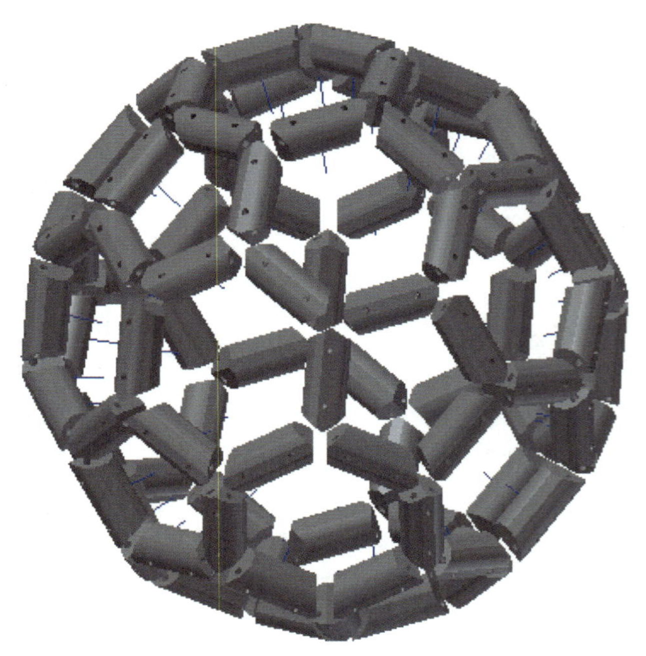

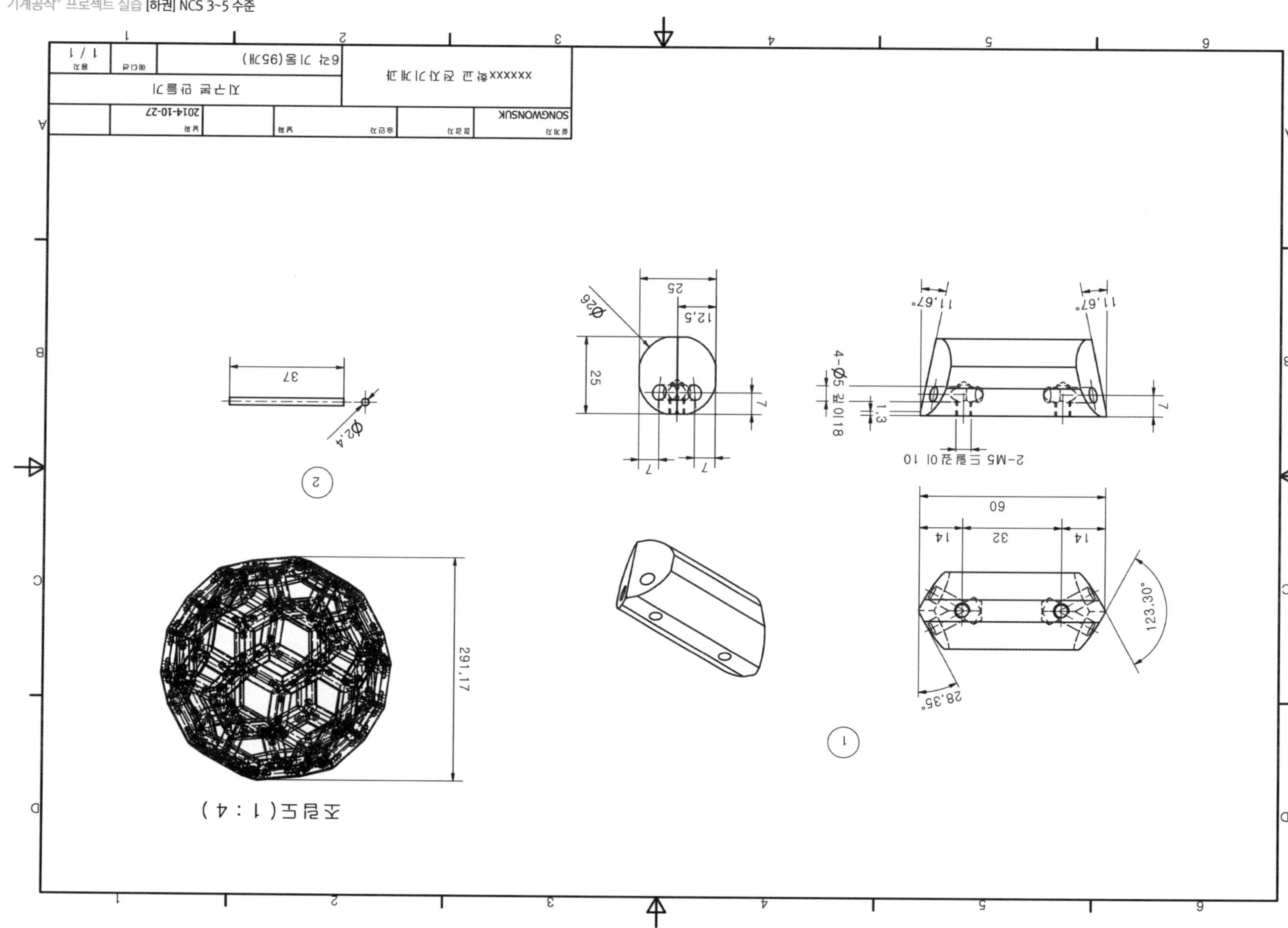
조립도(1 : 4)
291,17
①
②
37
Ø2,4
Ø26
25
12,5
7
28,35°
123,30°
14
32
60
2-M5 드릴깊이 10
4-Ø5 깊이18
1,3
11,67°
SONGWONSUK
2014-10-27
xxxxxx학교 전자기계과
지구본 만들기
6각 기둥(95개)
1 / 1

C ⁞⁞⁞ 프로젝트 수행계획서 작성

학습 목표	1. 작업 단계별 계획서를 작성할 수 있다. 2. 계획서 작성 방법 및 내용을 설명할 수 있다.

수행계획서는 작품 제작 과정에 필요한 것들을 단계별로 작성한다. 조립도 및 부품도면 작성, 소요재료 목록 작성, 사용기계 및 공구 목록 작성, 측정기, 부품 가공 공정 작성, 가공부품 채점, 완성품 품질분석 등을 작성한다.

〈표-9〉 프로젝트 수행계획서 작성(예시 참조)

본 프로젝트는 기능습득 목적의 과제 제시형 프로젝트로 「수행계획서」는 작품 제작완료 후 정리하여 작성한다. 연구 및 발명 프로젝트는 반드시 작품 제작 전에 계획서를 작성한다.

표 ➤ 수행계획서 작성

<table>
<tr><th colspan="5">프로젝트 수행계획서</th></tr>
<tr><td>프로젝트 명</td><td colspan="4"></td></tr>
<tr><td>작 성 자</td><td>소속</td><td></td><td>성명</td><td></td></tr>
<tr><td>일정</td><td>계획</td><td>내 용</td><td>업무분담</td><td>준비물</td></tr>
<tr><td></td><td></td><td></td><td></td><td></td></tr>
<tr><td></td><td></td><td></td><td></td><td></td></tr>
<tr><td></td><td></td><td></td><td></td><td></td></tr>
<tr><td></td><td></td><td></td><td></td><td></td></tr>
</table>

D ⁞⁞⁞ 도면 작성 및 도면 분석

학습 목표	1. 각 부품을 스케치할 수 있다. 2. 각 부품을 3D 설계(CAD)할 수 있다.

제시한 과제 분해도와 조립도, 부품도를 참고로 스케치하면서 과제의 특징을 파악하여 제작과 정상 주의할 점을 조사한다.

1. 부품 스케치하기

제시된 도면의 각 부품을 프리 핸드로 등각투상하면서 제품의 형상을 이해한다. 도면의 부품 등각투상도는 아래 그림과 같이 치수에 맞게 그린다.

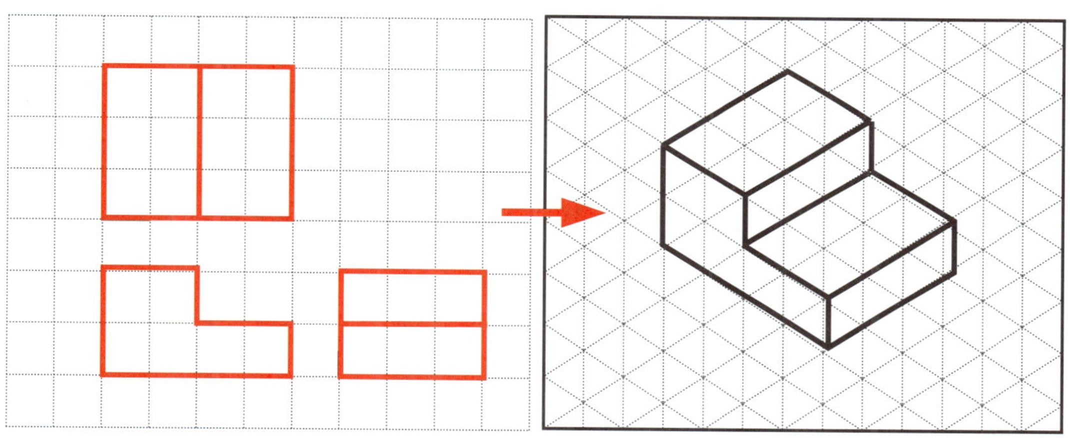

부품 및 등각투상도 예

※ 부록 2 : 스케치도 그리기(모눈종이)

스케치는 산업현장에서 기계부품 등의 현물을 측정하여 제도기 없이 프리 핸드(free hand)로 연필로 그리며 설계 또는 제작도를 작성하기 위해서 행해진다.

2. 도면(조립도) 검토 및 분석하기

도면을 분석하여 설계자의 요구사항은 무엇인지를 확인한 후 설계목적, 운동, 마모, 부품연결, 부품역할, 주유, 끼워 맞춤, 열처리, 도장, 가공, 고정, 조립, 사용한 재질의 절삭성 및 절삭유제의 사용여부 등을 분석한다.

〈표-2/1〉 도면(조립도) 검토 및 분석표 작성(예시 참조)

표 ➤ 도면(조립도) 검토 및 분석표

도면(조립도) 검토 및 분석표				
프로젝트 명				
작 성 자	소속		성명	
구분	검토 사항			검토 결과
1	도면을 검토 및 분석결과 조립가능 여부와 제품의 기능(운동)은? ⇨			
2	제품의 정밀치수(일반치수 제외)는 몇 개소 있으며, 보유한 공작기계 및 공구로 가공이 가능한가? ⇨			

E 부품 가공 준비

학습 목표	1. 가공에 필요한 공구와 기계, 측정기를 선정할 수 있다. 2. 가공한 부품과 규격품을 이용하여 정밀하게 조립할 수 있다.

도면 내용을 분석한 다음 보유하고 있는 시설 현황을 조사하여 부품 가공에 필요한 공작 기계, 절삭공구, 측정기, 소요재료 등을 선정한다.

1. 부품 가공에 필요한 공작 기계 선정하기

KS규격과 명칭에 따라 품명에는 사용해야 할 공작기계를 적으며, 규격(사양)과 수량을 적는다. 활용 내역에는 기계 기구를 사용할 부품번호와 작업내용을 적는다.

〈표-4〉 기계 및 공구, 측정기 작성[49] (예시 참조)

표 ➤ 가공에 필요한 기계 및 공구

<table>
<tr><th colspan="5">가공 기계 및 공구</th></tr>
<tr><td colspan="2">프로젝트 명</td><td colspan="3"></td></tr>
<tr><td colspan="2">작 성 자</td><td>소속</td><td></td><td>성명 | </td></tr>
<tr><td>연번</td><td>품명</td><td>규격</td><td>수량</td><td>활용 내역</td></tr>
<tr><td></td><td></td><td></td><td></td><td></td></tr>
<tr><td></td><td></td><td></td><td></td><td></td></tr>
<tr><td></td><td></td><td></td><td></td><td></td></tr>
<tr><td></td><td></td><td></td><td></td><td></td></tr>
</table>

49) 사용해야 할 공작기계와 공구 및 측정기를 적으며, 규격(사양)과 수량을 적는다. 비고란에는 용도를 적는다.

2. 부품 가공에 필요한 측정기구 선정하기

도면 내용을 분석한 다음 보유한 측정 기구를 조사하고 부품 가공에 필요한 측정 기구를 선정하여 준비한다.

〈표-4〉 기계 및 공구, 측정기 작성[50] (예시 참조)

표 ➤ 가공에 필요한 측정기 선정

가공에 필요한 측정기					
프로젝트 명					
작 성 자	소속		성명		
연번	품명	규격	수량	활용 내역	

3. 제작에 필요한 재료 선정하기

부품 가공에 필요한 재료 치수를 뽑고 다음 표를 작성하여 구매 신청을 할 수 있도록 준비한다. 규격품은 KS규격에 따라 품명과 재질, 규격, 수량을 적고, 비고란에는 KS규격분류기호와 번호, 열처리 여부를 기록한다. 단, 재료는 가공이 수월한 연강(SM20C), 황동, 알루미늄 등을 사용해도 되며 규격은 가공여유(+3~5)를 포함한 치수를 적는다.

〈표-3〉 소요 가공재료 및 KS규격품 작성(예시 참조)

표 ➤ 소요 가공재료 및 KS규격품

소요 가공재료 및 KS규격품					
프로젝트 명					
작 성 자	소속		성명		
부품번호	품명	규격	수량	재질	비고

50) 사용해야 할 공작기계와 공구 및 측정기를 적으며, 규격(사양)과 수량을 적는다. 비고란에는 용도를 적는다.

4. 부품 가공 시 안전 및 유의 사항 조사하기

부품 가공 시에 필요한 안전사고 유의 사항을 조사하고 이를 근거로 실제 가공에 있어 안전사고가 발생하지 않도록 철저히 준비한다.

〈표-5〉 부품 가공 시 안전 및 유의 사항 작성(예시 참조)

표 ➤ 제품 가공 시 안전 및 유의 사항

제품 가공 시 안전 및 유의 사항[51]					
프로젝트 명					
작 성 자	소속		성명		
연번	안전 및 유의 사항				"불안전한 행동" 또는 "불안전한 상태" 구분

51) "불안전한 행동"과 "불안전한 상태" 구분
1. 불안전한 행동 : 실습에 임하는 자세로 안전수칙 준수, 기계 및 공구의 사용, 안전한 작업 등
2. 불안전한 상태 : 작업환경으로 정리, 정돈, 청결 등

F ⁝⁝⁝ 부품 가공

학습 목표	1. 환봉을 각재로 가공하는 공정에 대해 설명할 수 있다. 2. 원활한 기계조작으로 공차대로 정확하게 가공할 수 있다.

모든 기구들은 여러 개의 부품으로 조합되어 있으며 각 부품들은 상대적인 상관관계를 가지고 있다. 따라서 조립부의 치수는 정밀도가 요구되므로 1차 가공한 후 다듬질로 마무리한다.

1. ①번 부품 가공

- 지급재료 : ∅30 × 100

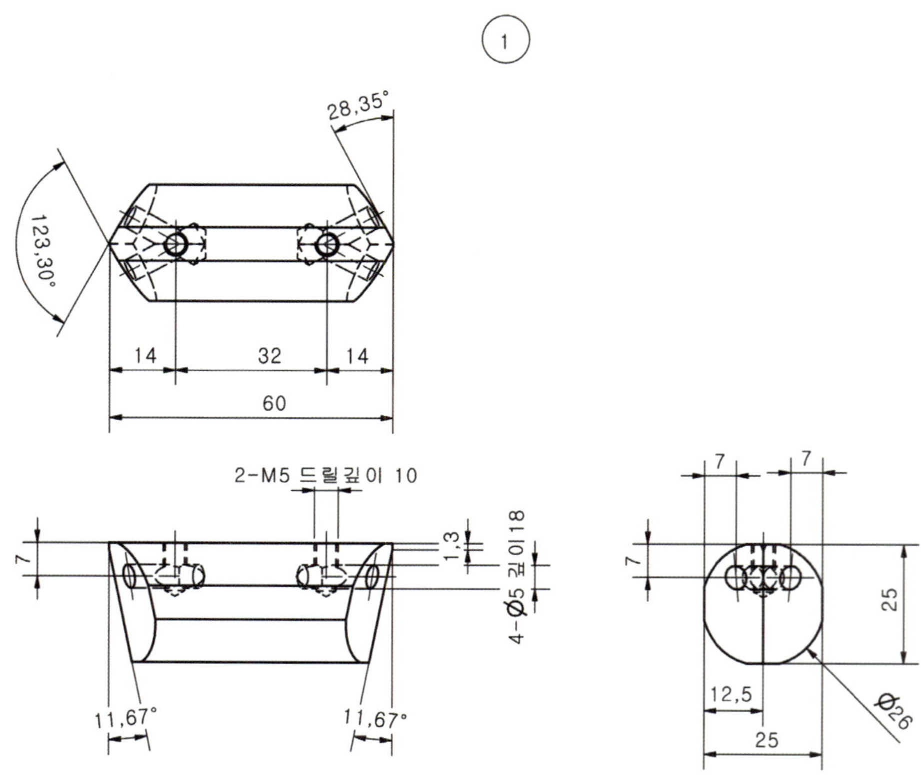

1) 도면 검토 및 수정하기

치수, 끼워 맞춤, 기하공차[52], 표면 거칠기, 제품의 기능, 요구사항 등을 확인한다. 제작상의 문제점이 있으면 수정하고 수정된 도면을 제작도면으로 사용한다.

〈표-2/2〉 도면(부품도) 검토 및 분석표 작성(예시 참조)

2) 부품 가공 순서 정하기

부품 가공 공정을 결정하는 작업은 제작 시간단축 및 조립상태 확인, 가공불량 등을 줄일 수 있다. 따라서 부품도를 분석하여 각 부품을 어떤 순서로 어떻게 가공할 것인가를 가공 전에 생각하여 가공 순서를 정하고 이를 토대로 실제 가공에 이용한다.

〈표-8〉 부품 가공 순서 작성(예시 참조)

3) 부품 가공 따라하기

① 선반에서 돌려 물림 가공한다(소재 ∅30 × 100).

② 외경 ∅26 × 60을 가공할 수 있도록 적당량을 물리고 단면가공 → 외경가공(∅26 × 60) → 절단 → 돌려 물림 → 단면가공(길이 맞춤)한다.

③ 45° V블록을 받침으로 사용하여 밀링 정면커터 작업한다.

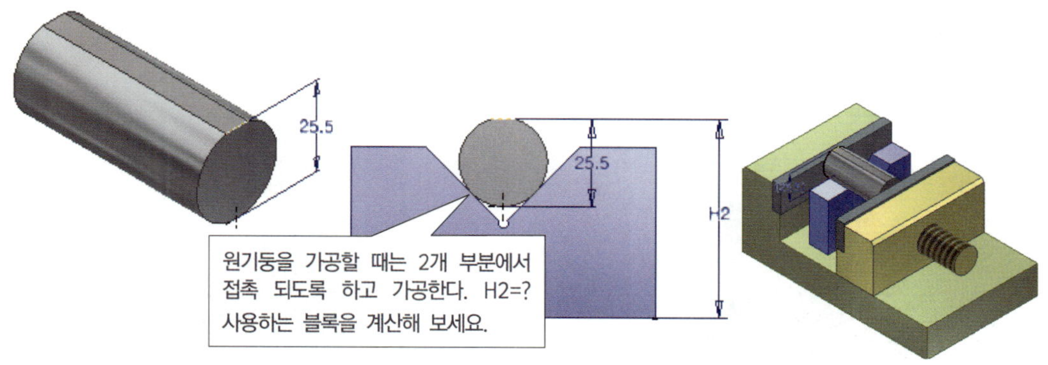

④ 가공면을 기준으로 나머지(4면)을 가공한다.

⑤ 부품과 부품이 접촉하는 각(11.67° 와 28.35°)을 가공하기 위해 각도 치공구를 제작한다.

52) 치수공차로 규제된 제품은 치수가 맞아도 형상에 따라 결합이 안 되는 경우가 있으나, 기하공차로 규제된 제품은 치수가 조금 틀리는 최악의 경우에도 결합이 가능하다. 따라서 기하공차는 제품의 기능 및 결합 부품들 간의 상호 호환성을 규제하는 것으로 고 정밀한 제품에는 필히 적용되고 있다.

※ 11.67° 와 28.35° 를 동시에 가공하기 위해서 각도(28.35°) 치공구 제작

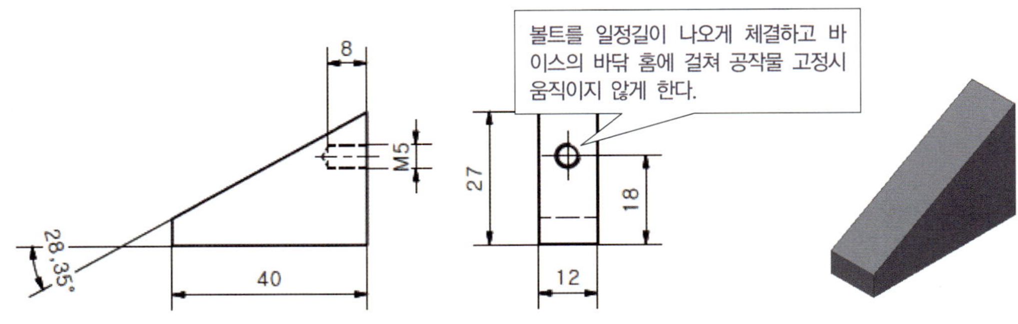

⋆ 28.35° 각도가공 지지 치공구

⑥ 그림과 같이 공작물을 고정한다.

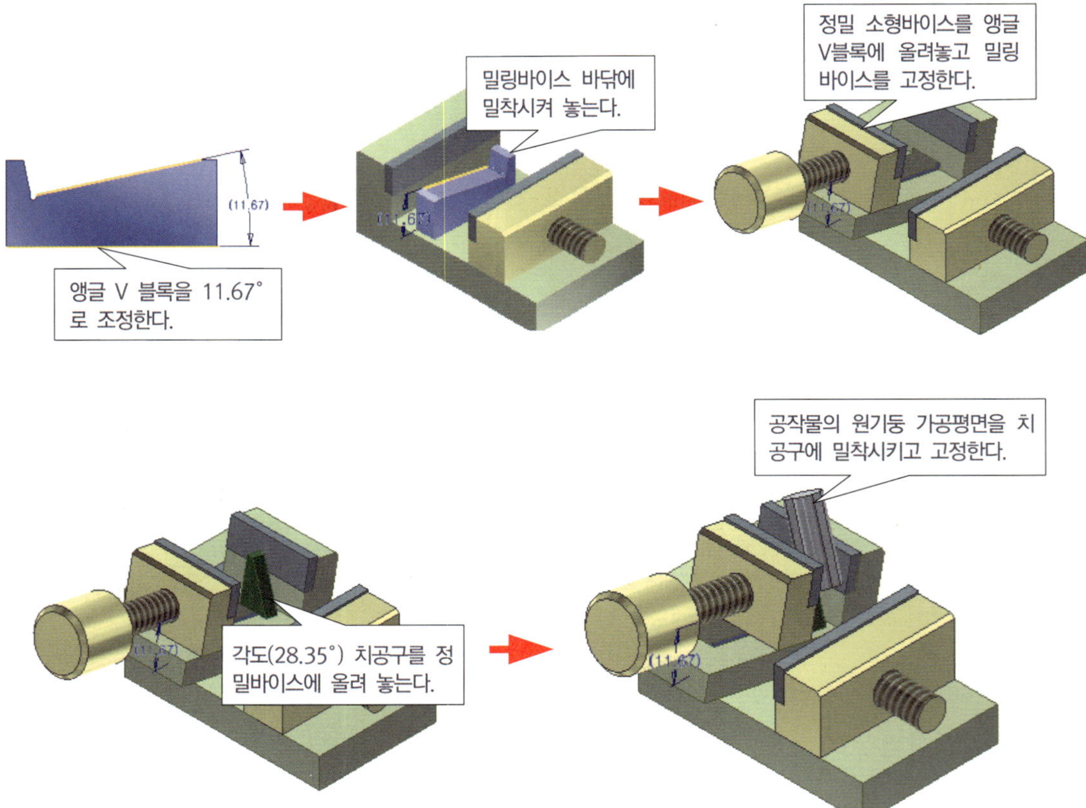

⑦ 부품과 부품이 접촉하는 각(11.67° 와 28.35°)을 동시 가공한다.

⑧ 반대 쪽도 동일한 방법으로 가공한다(부품 총수량 95개).

2. ②번 부품 가공

- 지급재료 : ∅2.4 × 1,000(알루미늄 용접봉 절단)

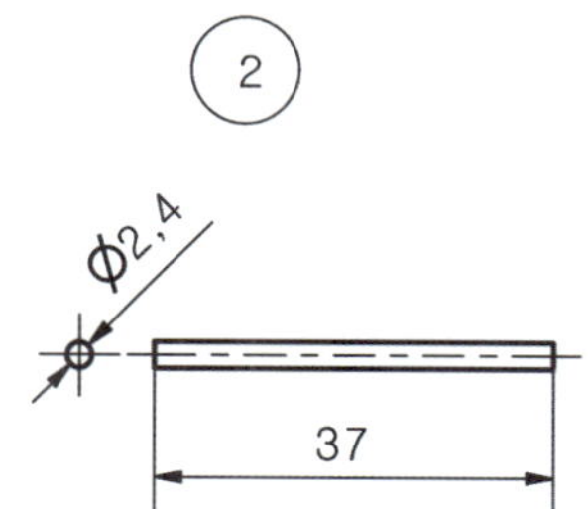

G ∷ 조립가공 및 부품조립

학습 목표	1. 조립 작업의 중요성에 대해 설명할 수 있다. 2. 정확한 금긋기와 드릴링을 할 수 있다.

제작 과정에서 가장 중요한 것은 마무리 및 조립이다. 그것은 제품의 기능 요구 조건에 맞게 만들어가는 과정이 마무리 및 조립과정이기 때문이다. 각 부품을 고 정밀도로 기계가공을 할 수는 있지만 요구하는 조립 정밀도로 맞추기는 어렵다. 왜냐하면 기계 및 절삭공구의 정밀도 외에 가공중의 진동, 먼지, 온도 등에 의해 치수가 커지거나 작아지는 변화가 있기 때문이다.

1. 조립 가공하기

모든 부품의 기준면 및 치수를 확인하여 구멍위치에 하이트게이지로 금긋기 한다. 조립하기 위한 구멍 위치의 금긋기는 가공할 때의 기준면을 정반에 밀착시킨 상태로 금긋기 한다. 이 때 체결되는 부품과 부품은 조립되었을 때의 상태로 놓고 하이트게이지로 동시에 금긋기 한다.

① 모든 부품의 조립 구멍위치에 금긋기 → 센터펀치 → 드릴 → 탭(M5) 작업한다.

구멍이 막힌 탭작업은 칩 배출이 원활하지 않아 탭이 부러질 수 있다. 칩 배출을 하면서 수직 유지 및 적당한 힘으로 정회전(시계방향)과 역회전을 반복하며 작업한다.

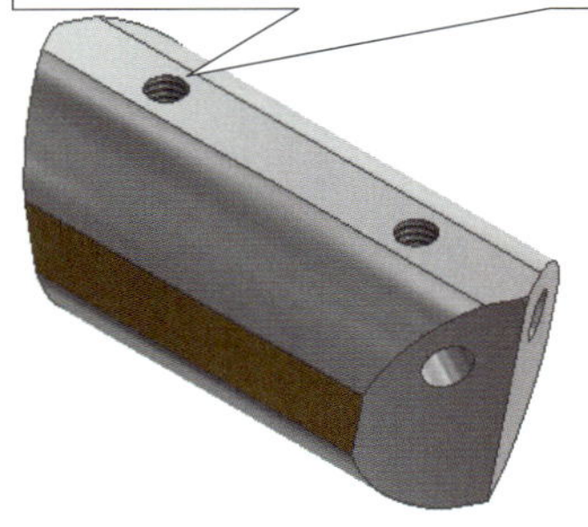

구멍은 각도지그(28.35°)를 사용하여 가공면에 수직으로 드릴링한다.

2. 부품 조립하기

제작물의 전체적인 구조를 이해하고 조립되는 순서와 방법을 결정한다. 부품조립은 좌우방향과 상하방향이 바뀌지 않도록 주의하며 부품의 위치정도를 확인하여 가공 상태 그대로 조립되도록 한다. 볼트 체결은 하나씩 대각선으로 느슨하게 조인 후 위치가 맞으면 강하게 조인다.

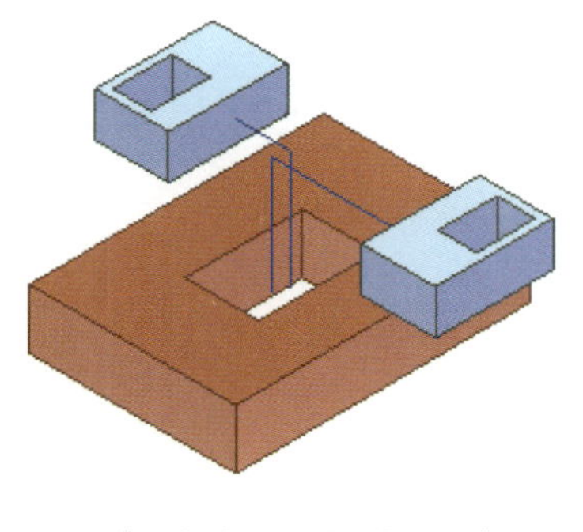

[조립 좌우·상하 방향 확인]

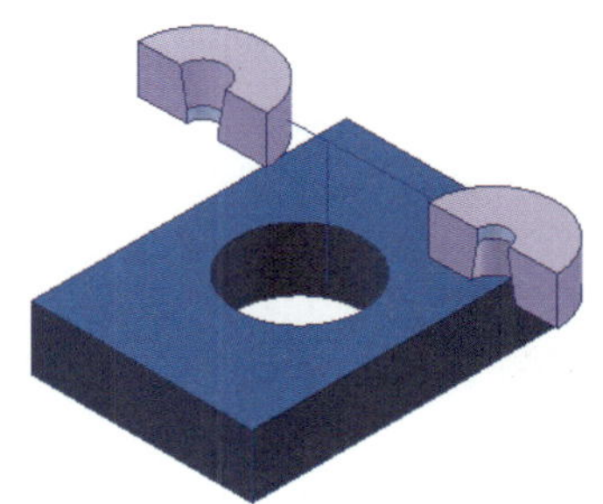

[조립 상하방향 확인]

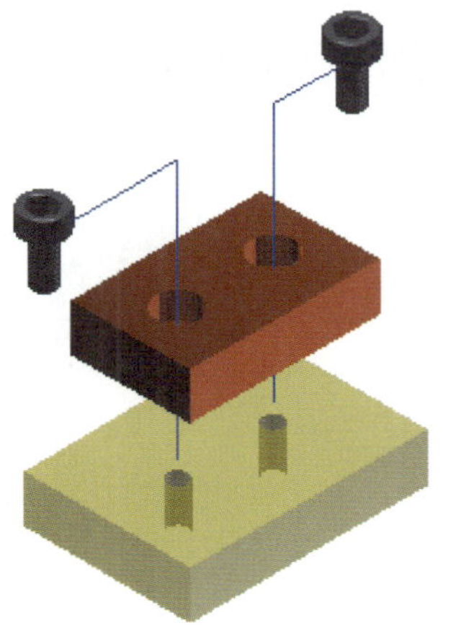

[조립 위치정도 확인]

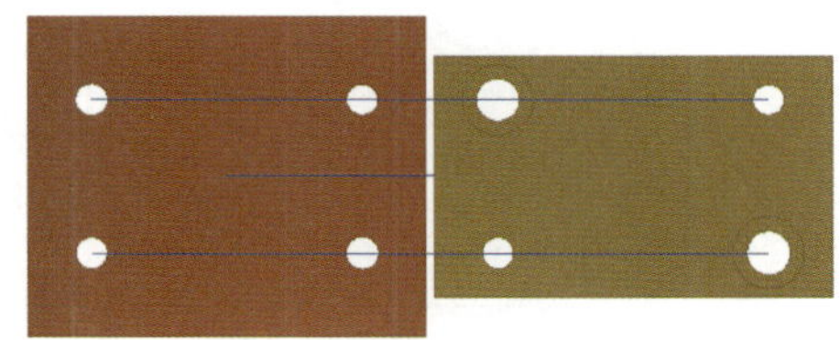

[조립 평행도 확인]

조립 시 확인 사항

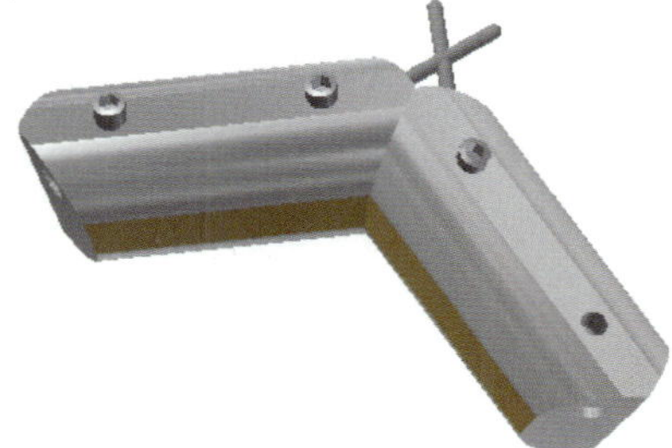

H ::: 측정 및 품질 분석

학습 목표
1. 품질관리의 중요성에 대해 설명할 수 있다.
2. 품질 분석표를 작성할 수 있다.

원하는 품질의 제품을 얻기 위해서는 품질관리는 매우 중요하다. 품질관리의 과정에는 기술 부문의 필수적인 성능과 기능을 분명하게 결정하는 기획설계 과정의 품질과 제작 과정에서 현장의 기술 수준에 따라 달라질 수 있으므로 제작과정의 품질이 중요하다.

1. 가공 부품 측정

〈표-6〉 조립품 및 부품 측정표 작성(예시 참조)

표 ➤ 조립품 및 부품 측정

조립품 및 부품 측정								
프로젝트 명								
작 성 자	소속			성명				
평가 구분	평가 사항					배점	득점	환산 점수
가공 상태 (80%)	항목	도면 치수	측정값					
			1차 측정	2차 측정	최종값			
	정밀 치수 (50%)							
	소계							

QUESTION

그림은 외측 마이크로미터의 눈금으로 스핀들 1회전할 때마다 0.5mm 이동하며 이 0.5 mm를 심블에 50등분한 것이다. 측정값은?

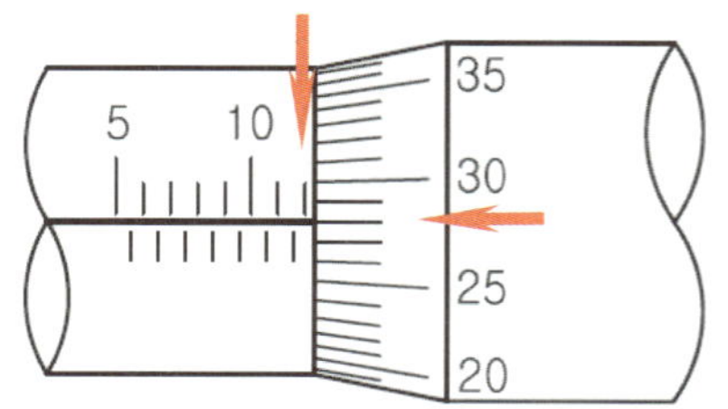

2. 완성품 품질 분석

부품 측정표와 전체적인 기능을 분석하여 불량 원인을 해결할 수 있는 방안을 조사한다.

〈표-7〉 4way 품질 분석표 작성(예시 참조)

표 ➤ 4way 품질 분석표

4way 품질 분석표				
프로젝트 명				
작 성 자	소속		성명	
A. 왜 불량이 발생하였는가?				
1 단계 Why?	(예) 왜 아침 등교시간이 늦었는가? → 아침에 늦게 일어나서 집에서 나왔다.			
2 단계 Why?	(예) 왜 늦게 일어났는가? → 어젯밤에 늦게 잠자리에 들었다.			
3 단계 Why?	(예) 왜 늦게 잠자리에 들었는가? → 인터넷 게임을 늦게까지 하였다.			
4 단계 Why?	(예) 왜 인터넷 게임을 늦게까지 하였는가? → 재미가 있어서 시간 가는 줄 몰랐다.			
B. 근본 요인은?				
(예) 계획성이 없는 생활을 하였다.				

품질관리 용어

- VOC(Voice Of Customer) : 고객의 소리
- USL(Upper engineering Specification Limit) : 기술 규격 상한
- TS(Technical Specification) : 기술 규격
- TCS(Total Customer Satisfaction) : 총체적 고객만족
- SRP(Strategic Resource Planning) : 전략적 자원 계획

프로젝트 수행과정 발표

학습 목표
1. 프로젝트 수행과정의 요점을 정리하여 전시회 자료를 만들 수 있다.
2. 프로젝트 수행과정을 프레젠테이션 자료로 만들어 발표할 수 있다.

1. 전시회 자료 제작

프로젝트 과제 수행 과정을 사진으로 촬영하여 프레젠테이션 및 전시회 자료 제작을 위한 자료로 활용하고 제작 관련 자료를 모아 보관하며 이를 정리하여 제품을 이해할 수 있도록 전시회 자료를 만든다.

(한글 A4 용지 1쪽)
1. 주제
2. 목적
3. 제작기간
4. 팀원 및 참여단계
5. 수행과정 및 문제해결방법
6. 제작 후 느낀 점

2. 프레젠테이션 자료 제작

위 자료를 중심으로 파워포인트로 제작하고 발표는 큰 그림을 먼저 이야기 하도록 한다. 프레젠테이션 자료는 차트나 그림(사진)을 많이 활용한 내용으로 하며 가장 좋은 것을 마지막에 보여주면서 간결하면서 감동적인 마무리가 되도록 준비한다.

(파워포인트 슬라이드 5쪽 이내)
1. 무엇을 전하고 싶은가?
2. 어떻게 전하려 하는가?
3. 왜 그 방법이 필요한 것인가?
4. 어떤 성과를 얻고 싶은가?

CHAPTER 05

컨테이너 트럭

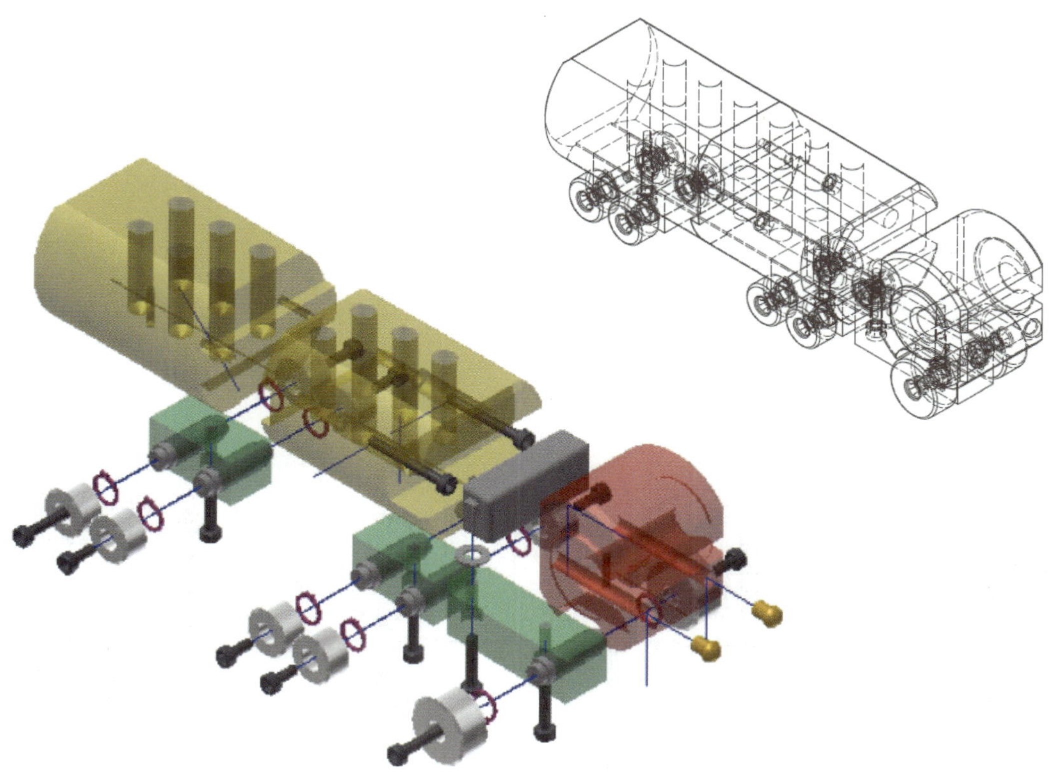

연필꽂이 컨테이너 트럭

단원 소개

본 단원은 주변의 탐구대상을 축소 설계하고 제작해 보는 단원이다. 자동차의 구조 이해 및 설계단계의 축척 개념과 축소한 부품들에 적합한 KS규격품 선택 및 가공한 부품과 조립하며 부품들 간의 상호 관계를 익힐 수 있도록 한다.

또한 부품설계 및 KS규격품 선정 – 도면 출력 – 부품 가공 – 부품 조립 – 측정 과정을 단계별로 실습하고, 부품 가공에 필요한 공작기계의 선정, 재료의 선정, 절삭 공구의 선정 등 작품을 제작하는데 필요한 응용능력을 키우도록 한다.

A ⁝⁝⁝ 컨테이너 트럭 제작 프로젝트

컨테이너 트럭을 설계하고 출력하여 그 도면을 제작도면으로 실제로 공작기계를 이용하여 제작해본다. 통합응용실습으로 도면 설계능력 및 선반, 밀링과 드릴링 등의 공작기계 가공 능력을 향상시킨다.

1. 학습목표

1) 자동차의 개념을 알고 설계할 수 있다.
2) 도면을 이해하고 정밀하게 가공할 수 있다.
3) 적용된 KS품의 규격과 용도를 설명할 수 있다.

2. 프로젝트 과제명 : 컨테이너 트럭

3. 소요시간 : [21시간] ※ 준비된 재료 지급

(※) 컨테이너에 연필꽂이 및 LED라이트를 설계하여 제작해 본다.

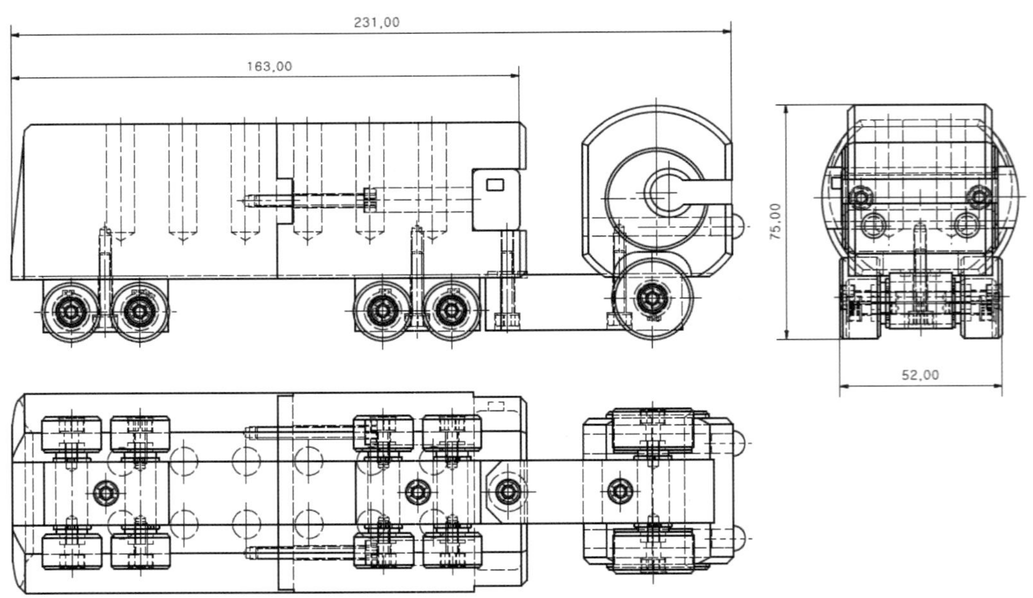

4. 보고서 작성 내용

[표-1] 프로젝트 담당업무 및 참여동기
[표-2/1] 도면(조립도) 검토 및 분석
[표-2/2] 도면(부품도) 검토 및 분석
[표-3] 소요 가공재료 및 KS규격품

[표-4] 기계 및 공구, 측정기
[표-5] 부품 가공 시 안전 및 유의 사항 조사
[표-6] 조립품 및 부품 측정
[표-7] 4way 품질 분석
[표-8] 부품 가공 순서

트럭(영어: truck)은 화물 등을 운반·수송하기 위해 사용하는 차를 말한다. 픽업 트럭과 같이 취향에 따른 경우도 있지만 보통 상용차로 많이 쓰인다. 화물자동차 혹은 화물차를 가리키기도 한다. 트럭은 본래 가솔린 기관을 이용하여 운전되어 왔지만, 현재 대부분의 트럭은 디젤 기관을 갖추어 운전하고 있으며, 일부는 LPG 기관을 사용하며, 소형을 제외하면 모든 트럭은 운전석과 차체는 분리되어 있다. 한국에선 트럭의 번호판이 80~97로 시작하며 밴 차량(다마스, 스타렉스, 그레이스, H350, 프레지오, 베스타, 토픽, 바네트, 봉고, 이스타나 등)도 승합차가 아닌 트럭으로 분류하고 있다.

한국의 경우 도로사정상 트럭을 주로 사용하고 트레일러53)는 트럭에서는 수용할 수 없는 컨테이너 박스 운송용 이라든지 대형 중간재 운송용으로 사용하는 경우가 많다. 그 외에도 대공원 같은 관광지에서도 풀 트레일러 형태의 관광차량으로 쓰기도 한다.

출처 : https://ko.wikipedia.org/wiki/, https://namu.wiki/w, http://www.hyundai.com/kr/

53) 동력 없이 견인차에 연결하여 짐이나 사람을 실어 나르는 차량이다. 적하 중량의 일부가 트랙터에 직접 지지되는 세미 트레일러와 트레일러 단독으로 적하 중량을 지지하는 트레일러가 있다.

B ::: 프로젝트 도면

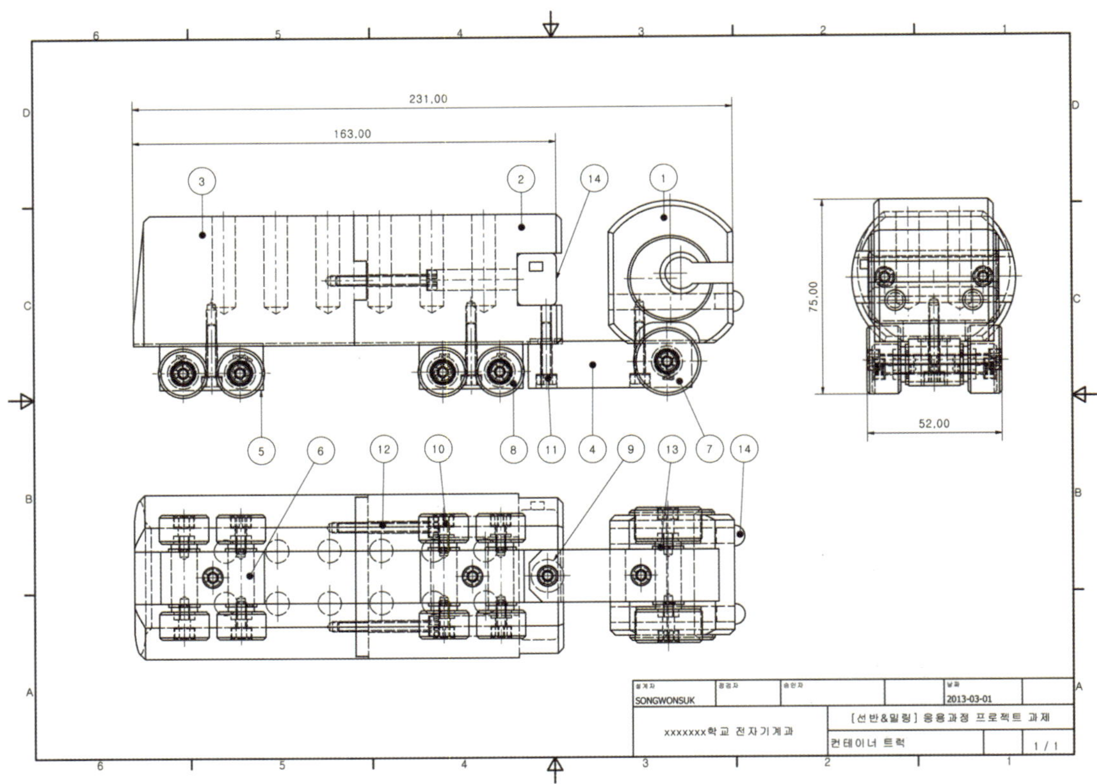
231,00
163,00
75,00
52,00
SONGWONSUK
2013-03-01
xxxxxxx학교 전자기계과
[선반&밀링] 응용과정 프로젝트 과제
컨테이너 트럭
1 / 1

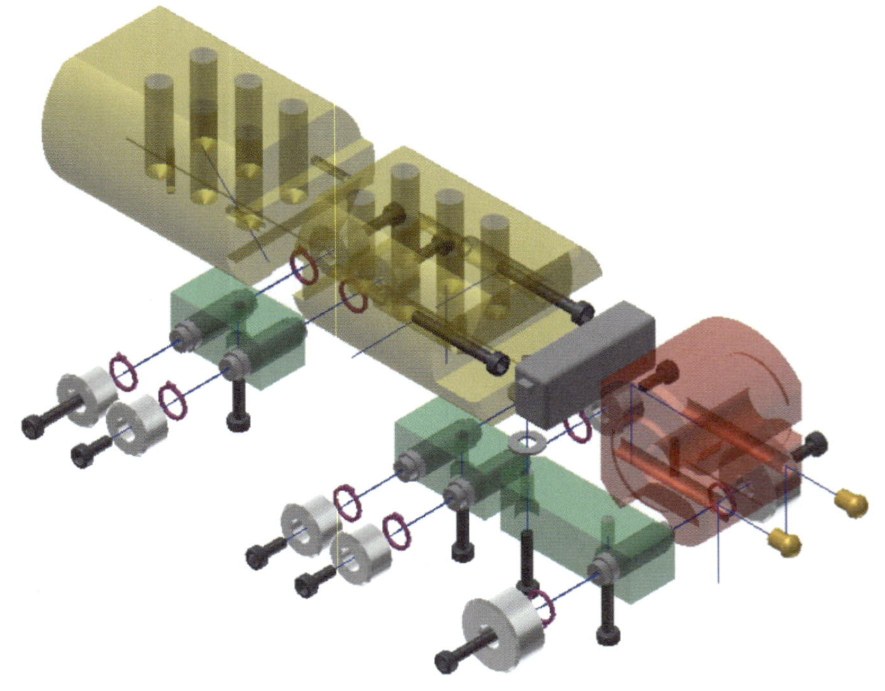

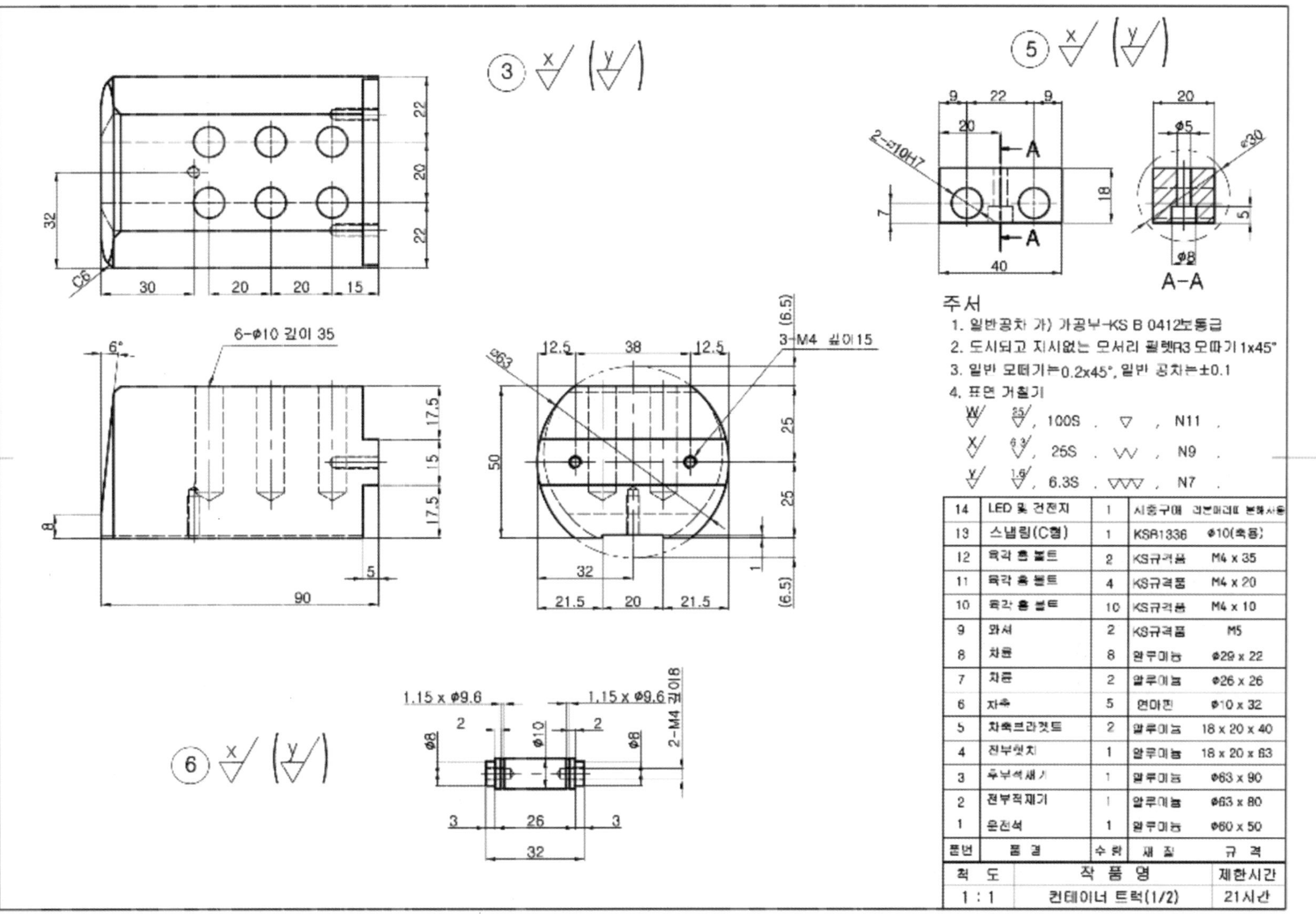

주서
1. 일반공차 가) 가공부-KS B 0412보통급
2. 도시되고 지시없는 모서리 필렛R3 모따기1x45°
3. 일반 모떼기는0.2x45°, 일반 공차는±0.1
4. 표면 거칠기
W/ = 25/, 100S, ▽, N11,
X/ = 6.3/, 25S, ▽▽, N9,
y/ = 1.6/, 6.3S, ▽▽▽, N7.

품번	품 명	수 량	재 질	규 격
14	LED 및 건전지	1	시중구매	건전지(리비 본체사용
13	스냅링(C형)	1	KSB1336	⌀10(축용)
12	육각 홈 볼트	2	KS규격품	M4 x 35
11	육각 홈 볼트	4	KS규격품	M4 x 20
10	육각 홈 볼트	10	KS규격품	M4 x 10
9	와셔	2	KS규격품	M5
8	차륜	8	알루미늄	⌀29 x 22
7	차륜	2	알루미늄	⌀26 x 26
6	차축	5	연마핀	⌀10 x 32
5	차축브라켓트	2	알루미늄	18 x 20 x 40
4	전부렛치	1	알루미늄	18 x 20 x 63
3	후부석재기	1	알루미늄	⌀63 x 90
2	전부적재기	1	알루미늄	⌀63 x 80
1	운전석	1	알루미늄	⌀60 x 50

척 도	작 품 명	제한시간
1 : 1	컨테이너 트럭(1/2)	21시간

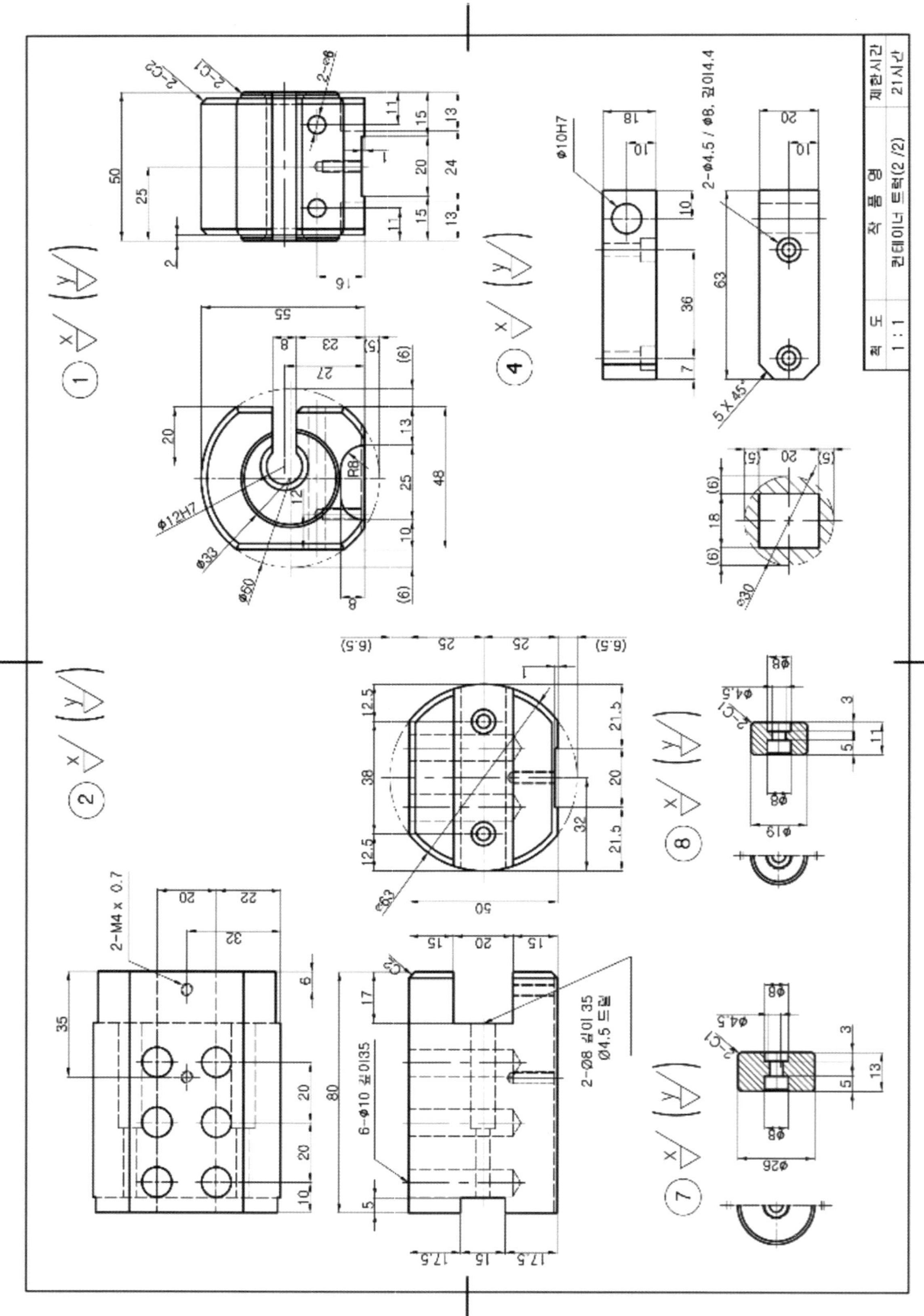
척 도
1 : 1
작 품 명
컨테이너 트럭(2 /2)
제한시간
21시간

C ∷ 프로젝트 수행계획서 작성

학습 목표	1. 작업 단계별 계획서를 작성할 수 있다. 2. 계획서 작성 방법 및 내용을 설명할 수 있다.

수행계획서는 작품 제작 과정에 필요한 것들을 단계별로 작성한다. 조립도 및 부품도면 작성, 소요재료 목록 작성, 사용기계 및 공구 목록 작성, 측정기, 부품 가공 공정 작성, 가공부품 채점, 완성품 품질분석 등을 작성한다.

〈표-9〉 프로젝트 수행계획서 작성(예시 참조)

본 프로젝트는 기능습득 목적의 과제 제시형 프로젝트로 「수행계획서」는 작품 제작완료 후 정리하여 작성한다. 연구 및 발명 프로젝트는 반드시 작품 제작 전에 계획서를 작성한다.

표 ➤ 수행계획서 작성

프로젝트 수행계획서						
프로젝트 명						
작 성 자	소속			성명		
일정	계획	내 용		업무분담	준비물	

D ⁙ 도면 작성 및 도면 분석

학습 목표	1. 각 부품을 스케치할 수 있다. 2. 각 부품을 설계(CAD)할 수 있다.

제시한 과제 분해도와 조립도, 부품도를 참고로 스케치하면서 과제의 특징을 파악하여 제작과 정상 주의할 점을 조사한다.

1. 부품 스케치하기

제시된 도면의 각 부품을 프리 핸드로 등각투상하면서 제품의 형상을 이해한다. 도면의 부품 등각투상도는 아래 그림과 같이 치수에 맞게 그린다.

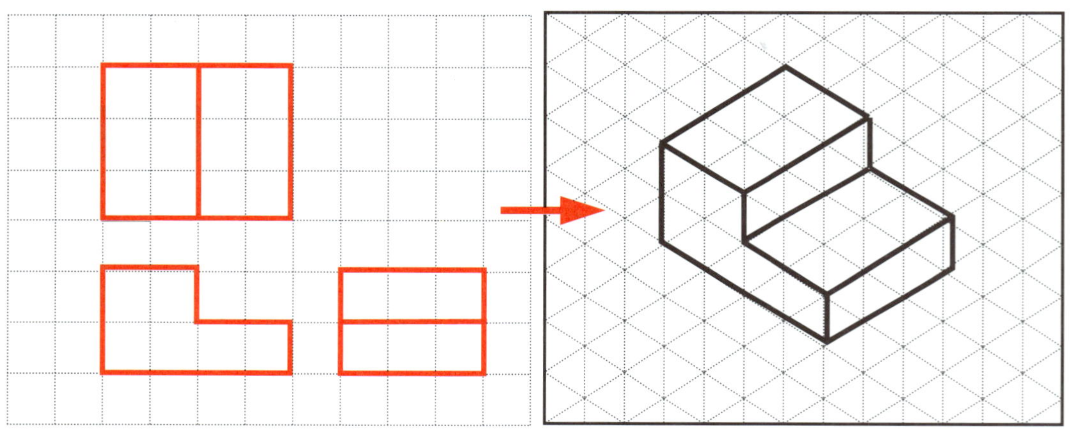

부품 및 등각투상도 예

※ 부록 2 : 스케치도 그리기(모눈종이)

스케치는 산업현장에서 기계부품 등의 현물을 측정하여 제도기 없이 프리 핸드(free hand)로 연필로 그리며 설계 또는 제작도를 작성하기 위해서 행해진다.

2. 도면(조립도) 검토 및 분석하기

도면을 분석하여 설계자의 요구사항은 무엇인지를 확인한 후 설계목적, 운동, 마모, 부품연결, 부품역할, 주유, 끼워 맞춤, 열처리, 도장, 가공, 고정, 조립, 사용한 재질의 절삭성 및 절삭유제의 사용여부 등을 분석한다.

〈표-2/1〉 도면(조립도) 검토 및 분석표 작성(예시 참조)

표 ➤ 도면(조립도) 검토 및 분석표

도면(조립도) 검토 및 분석표				
프로젝트 명				
작 성 자	소속		성명	
구분	검토 사항			검토 결과
1	도면을 검토 및 분석결과 조립가능 여부와 제품의 기능(운동)은? ⇨			
2	제품의 정밀치수(일반치수 제외)는 몇 개소 있으며, 보유한 공작기계 및 공구로 가공이 가능한가? ⇨			

E ⁝⁝⁝ 부품 가공 준비

학습 목표
1. 가공에 필요한 공구와 기계, 측정기를 선정할 수 있다.
2. 가공한 부품과 규격품을 이용하여 정밀하게 조립할 수 있다.

도면 내용을 분석한 다음 보유하고 있는 시설 현황을 조사하여 부품 가공에 필요한 공작 기계, 절삭공구, 측정기, 소요재료 등을 선정한다.

1. 부품 가공에 필요한 공작 기계 선정하기

KS규격과 명칭에 따라 품명에는 사용해야 할 공작기계를 적으며, 규격(사양)과 수량을 적는다. 활용 내역에는 기계 기구를 사용할 부품번호와 작업내용을 적는다.

〈표-4〉 기계 및 공구, 측정기 작성[54] (예시 참조)

표 ➤ 가공에 필요한 기계 및 공구

가공 기계 및 공구				
프로젝트 명				
작 성 자	소속		성명	
연번	품명	규격	수량	활용 내역

54) 사용해야 할 공작기계와 공구 및 측정기를 적으며, 규격(사양)과 수량을 적는다. 비고란에는 용도를 적는다.

2. 부품 가공에 필요한 측정기구 선정하기

도면 내용을 분석한 다음 보유한 측정 기구를 조사하고 부품 가공에 필요한 측정 기구를 선정하여 준비한다.

〈표-4〉 기계 및 공구, 측정기 작성55) (예시 참조)

표 ➤ 가공에 필요한 측정기 선정

가공에 필요한 측정기					
프로젝트 명					
작 성 자	소속		성명		
연번	품명	규격	수량	활용 내역	

3. 제작에 필요한 재료 선정하기

부품 가공에 필요한 재료 치수를 뽑고 다음 표를 작성하여 구매 신청을 할 수 있도록 준비한다. 규격품은 KS규격에 따라 품명과 재질, 규격, 수량을 적고, 비고란에는 KS규격분류기호와 번호, 열처리 여부를 기록한다. 단, 재료는 가공이 수월한 연강(SM20C), 황동, 알루미늄 등을 사용해도 되며 규격은 가공여유(+3~5)를 포함한 치수를 적는다.

〈표-3〉 소요 가공재료 및 KS규격품 작성(예시 참조)

표 ➤ 소요 가공재료 및 KS규격품

소요 가공재료 및 KS규격품					
프로젝트 명					
작 성 자	소속		성명		
부품번호	품명	규격	수량	재질	비고

55) 사용해야 할 공작기계와 공구 및 측정기를 적으며, 규격(사양)과 수량을 적는다. 비고란에는 용도를 적는다.

4. 부품 가공 시 안전 및 유의 사항 조사하기

부품 가공 시에 필요한 안전사고 유의 사항을 조사하고 이를 근거로 실제 가공에 있어 안전사고가 발생하지 않도록 철저히 준비한다.

〈표-5〉 부품 가공 시 안전 및 유의 사항 작성(예시 참조)

표 ➤ 제품 가공 시 안전 및 유의 사항

<table>
<tr><th colspan="6">제품 가공 시 안전 및 유의 사항56)</th></tr>
<tr><td>프로젝트 명</td><td colspan="5"></td></tr>
<tr><td>작 성 자</td><td>소속</td><td></td><td>성명</td><td colspan="2"></td></tr>
<tr><td>연번</td><td colspan="4">안전 및 유의 사항</td><td>"불안전한 행동" 또는 "불안전한 상태" 구분</td></tr>
<tr><td></td><td colspan="4"></td><td></td></tr>
<tr><td></td><td colspan="4"></td><td></td></tr>
<tr><td></td><td colspan="4"></td><td></td></tr>
<tr><td></td><td colspan="4"></td><td></td></tr>
</table>

56) "불안전한 행동"과 "불안전한 상태" 구분
1. 불안전한 행동 : 실습에 임하는 자세로 안전수칙 준수, 기계 및 공구의 사용, 안전한 작업 등
2. 불안전한 상태 : 작업환경으로 정리, 정돈, 청결 등

F 부품 가공

학습 목표	1. 환봉을 각재로 가공하는 공정에 대해 설명할 수 있다. 2. 원활한 기계조작으로 공차대로 정확하게 가공할 수 있다.

모든 기구들은 여러 개의 부품으로 조합되어 있으며 각 부품들은 상대적인 상관관계를 가지고 있다. 따라서 조립부의 치수는 정밀도가 요구되므로 1차 가공한 후 다듬질로 마무리한다.

1. ①번 부품 가공

- 지급재료 : ∅70 × 100

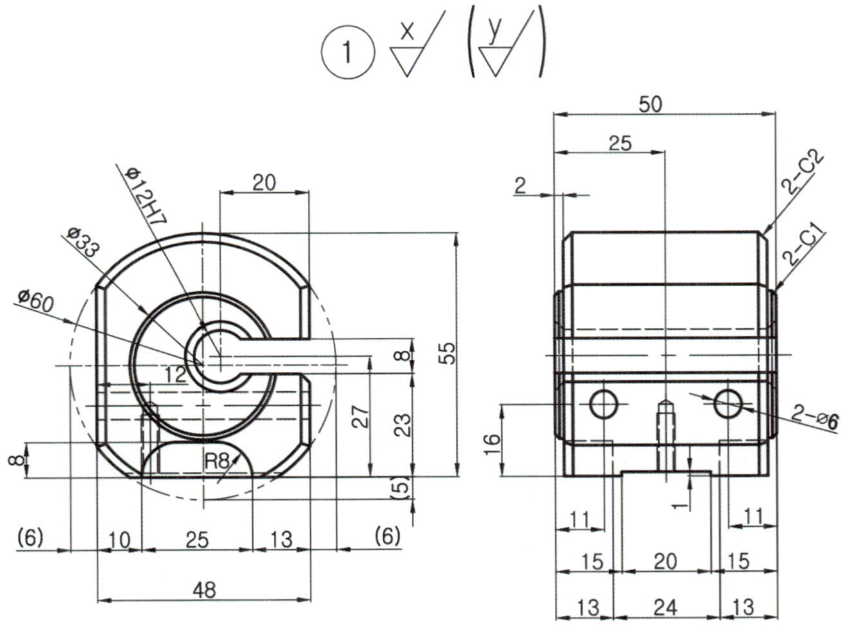

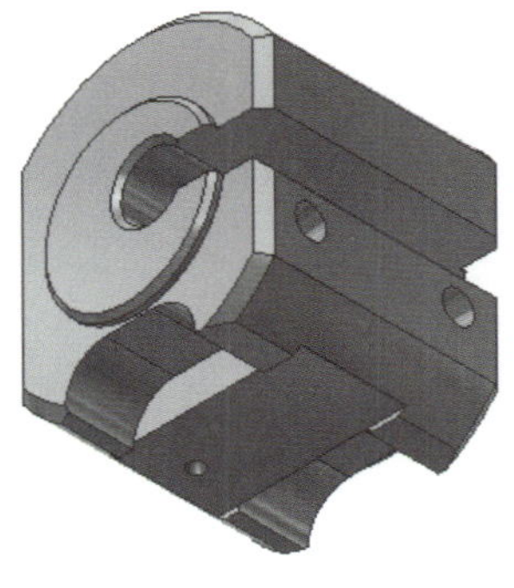

1) 도면 검토 및 수정하기

치수, 끼워 맞춤, 기하공차[57], 표면 거칠기, 제품의 기능, 요구사항 등을 확인한다. 제작상의 문제점이 있으면 수정하고 수정된 도면을 제작도면으로 사용한다.

〈표-2/2〉 도면(부품도) 검토 및 분석표 작성(예시 참조)

2) 부품 가공 순서 정하기

부품 가공 공정을 결정하는 작업은 제작 시간단축 및 조립상태 확인, 가공불량 등을 줄일 수 있다. 따라서 부품도를 분석하여 각 부품을 어떤 순서로 어떻게 가공할 것인가를 가공 전에 생각하여 가공 순서를 정하고 이를 토대로 실제 가공에 이용한다.

〈표-8〉 부품 가공 순서 작성(예시 참조)

3) 부품 가공 따라하기

① 선반에서 돌려 물림 가공한다(소재 ∅70 × 100).

② 외경 ∅60 × 50을 가공할 수 있도록 적당량을 물리고 외경 ∅60 × 55(+5mm), ∅30 × 2 mm, 모따기 C2, C1을 가공한다.

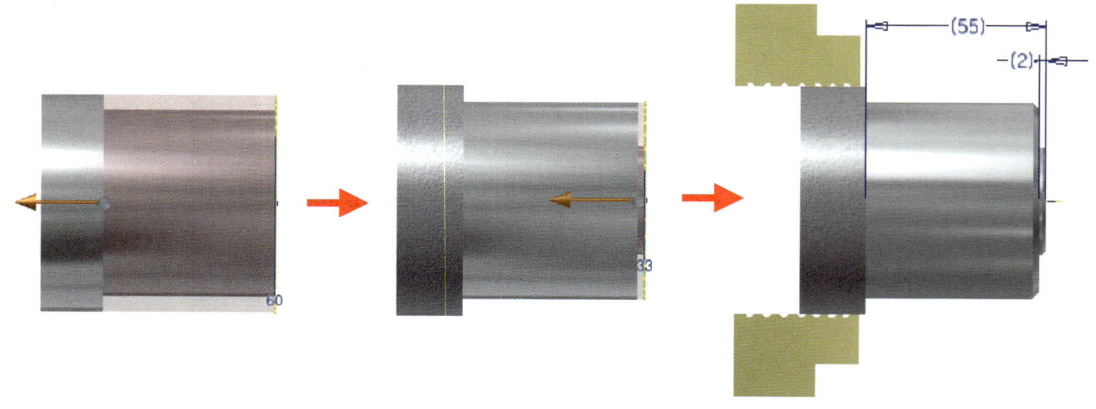

57) 치수공차로 규제된 제품은 치수가 맞아도 형상에 따라 결합이 안 되는 경우가 있으나, 기하공차로 규제된 제품은 치수가 조금 틀리는 최악의 경우에도 결합이 가능하다. 따라서 기하공차는 제품의 기능 및 결합 부품들 간의 상호 호환성을 규제하는 것으로 고 정밀한 제품에는 필히 적용되고 있다.

③ 돌려 물려서 위와 동일한 공정으로 ∅60 × 50, ∅30 × 2mm, 모따기 C2, C1을 가공한다.

(55)
(2)
(55)
(2)
(50)
(2)
(2)

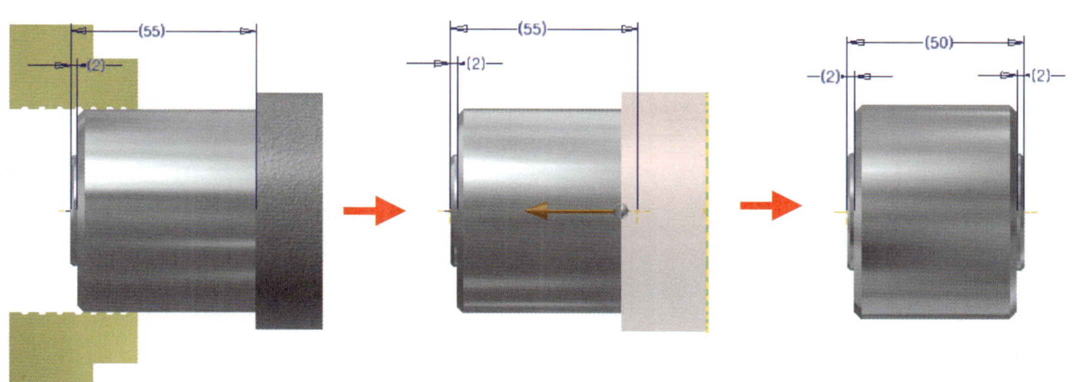

④ 밀링에서 정면커터로 원주상의 평면(−6mm)을 가공하여 54mm와 48mm, 55mm로 맞춘다.

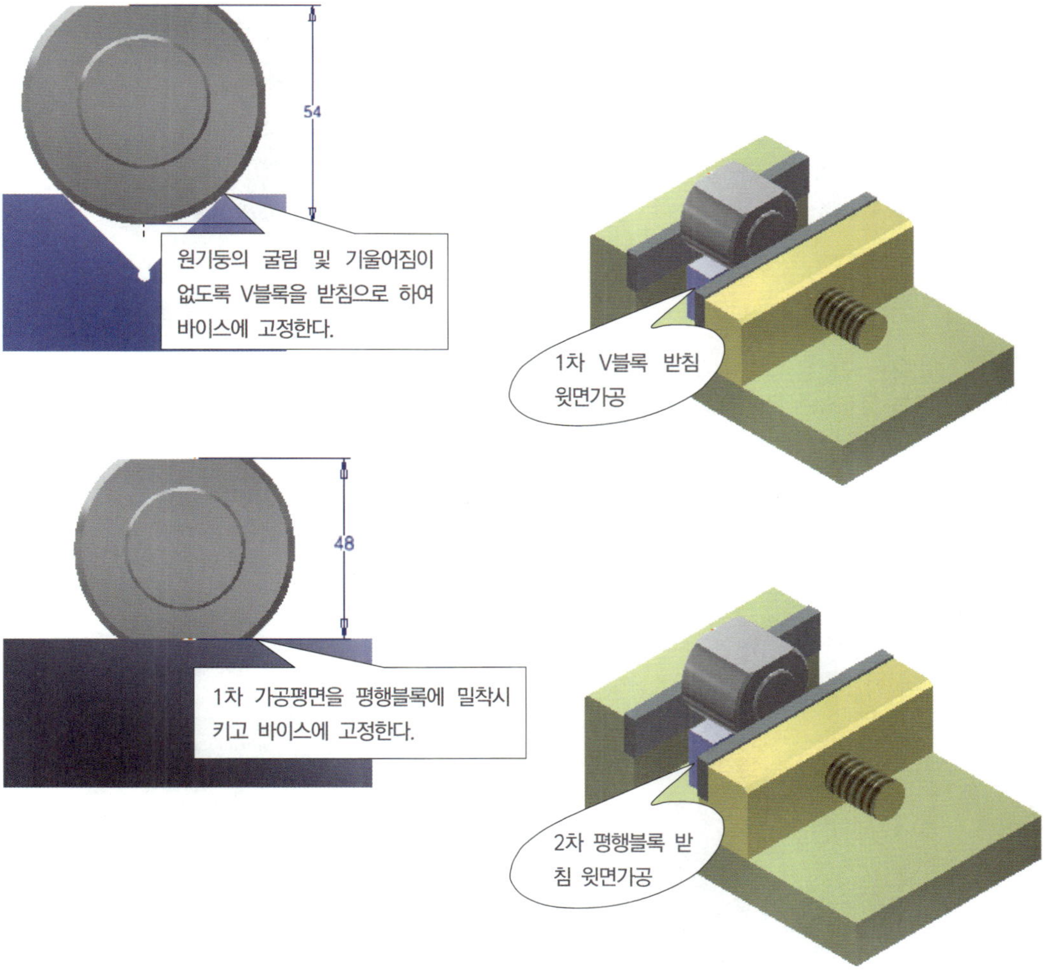

54
원기둥의 굴림 및 기울어짐이 없도록 V블록을 받침으로 하여 바이스에 고정한다.
1차 V블록 받침 윗면가공
48
1차 가공평면을 평행블록에 밀착시키고 바이스에 고정한다.
2차 평행블록 받침 윗면가공

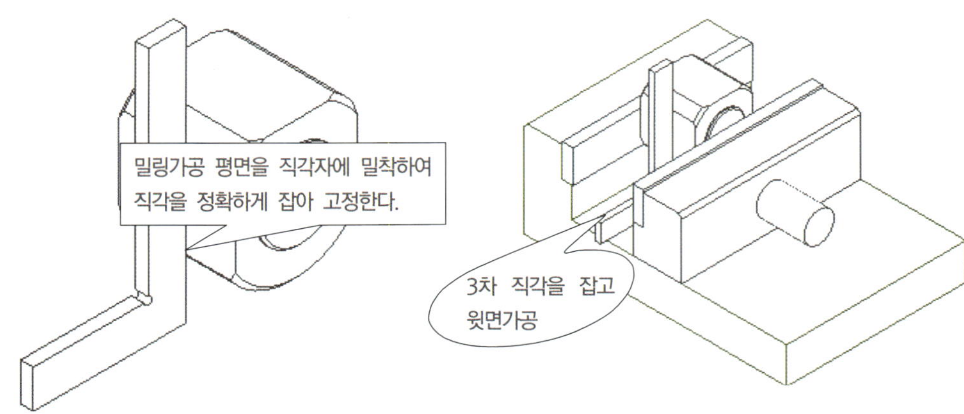

⑤ 모든 구멍위치(∅6, ∅3.4, ∅12)에 금긋기 및 센터펀치→드릴→리머→카운터 싱크 작업한다.

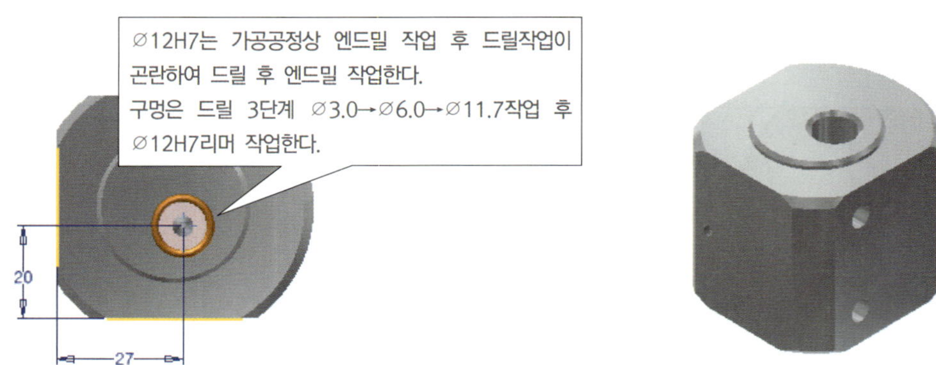

리머는 구멍을 다듬질 및 치수정밀도를 정확하게 하기위한 작업으로 회전속도를 저속으로 절삭유를 급유하면서 이송을 극히 느리게 한다.

⑥ 엔드밀 작업한다.

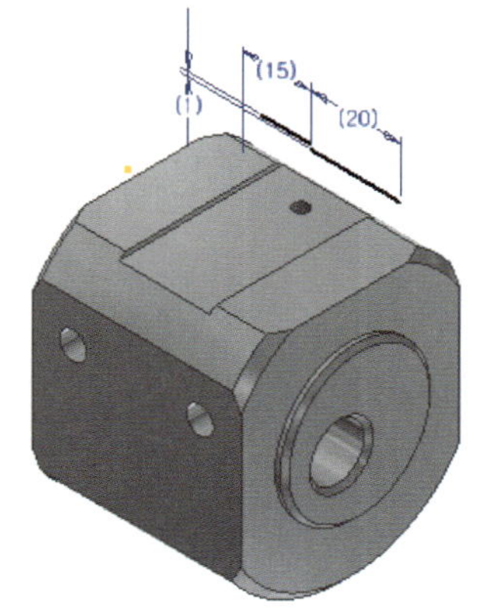

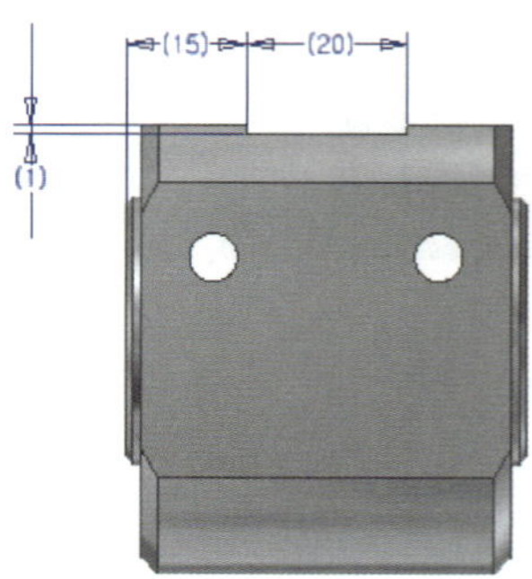

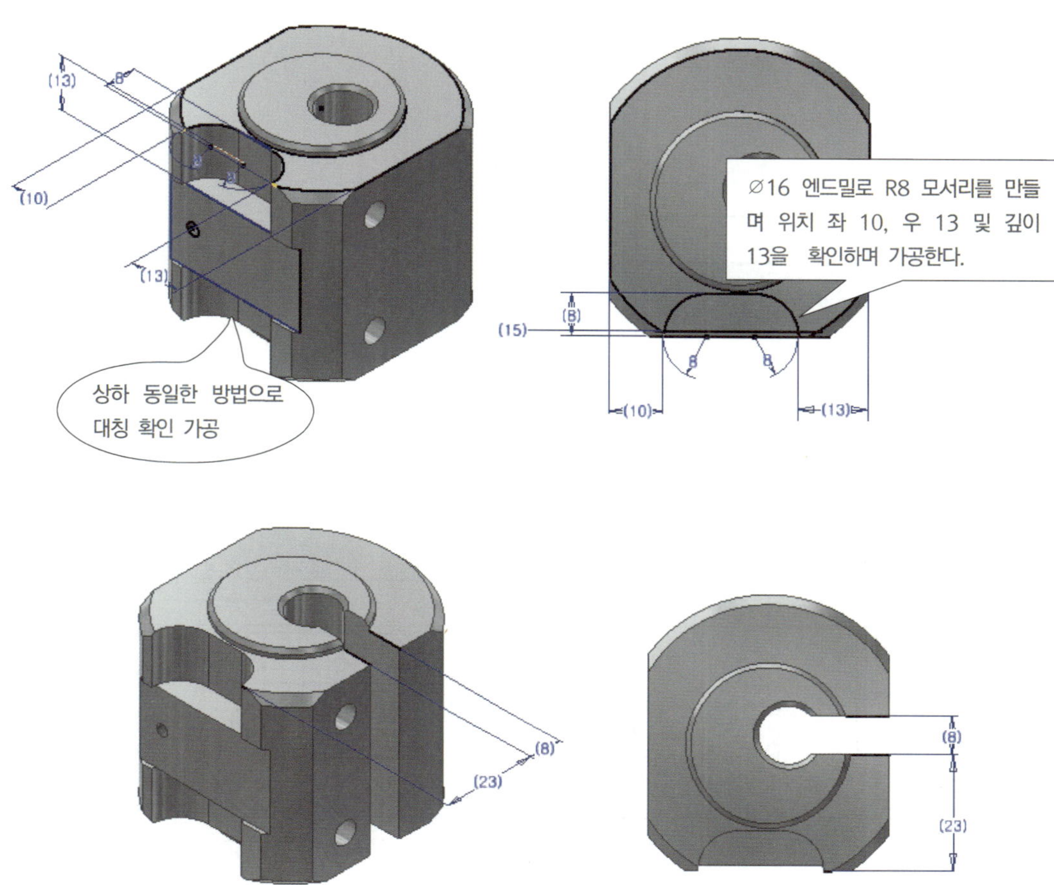

⑦ 밀링 정면커터로 모따기 C2 가공 및 모서리 거스러미 제거한다.

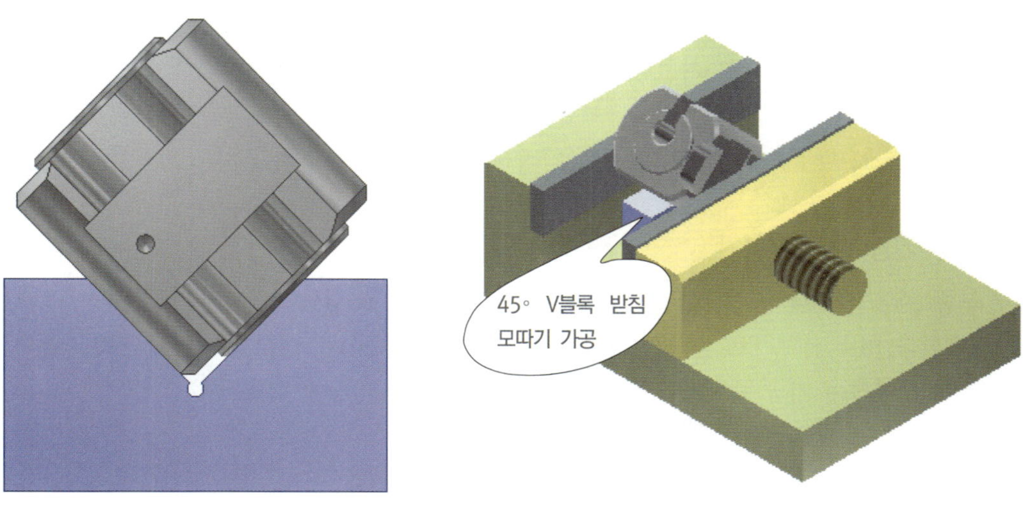

2. ②번 부품 가공

- 지급재료 : Ø70 × 100

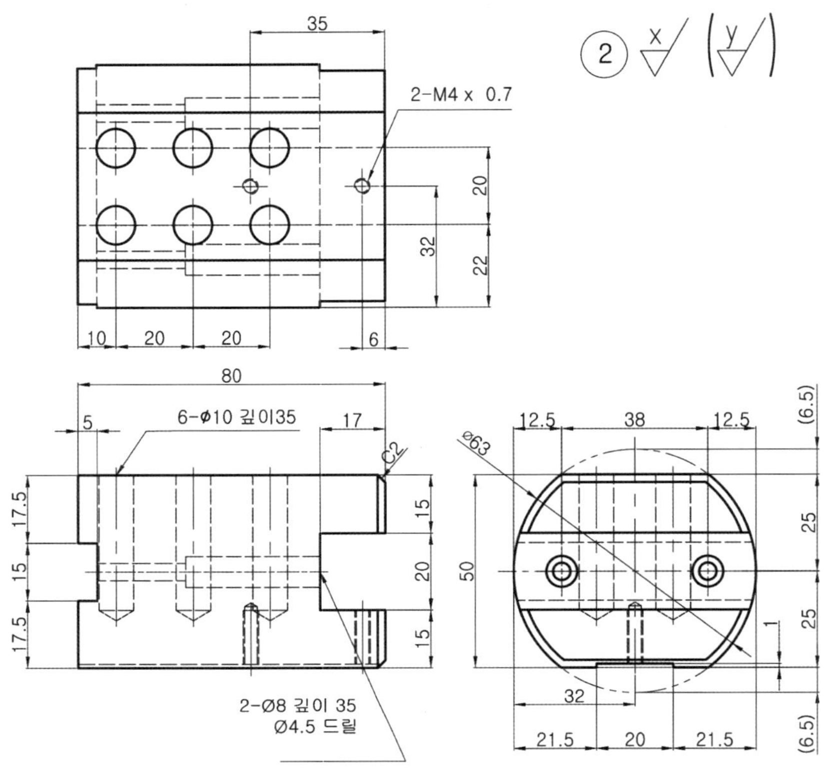

1) 도면 검토 및 수정하기

치수, 끼워 맞춤, 기하공차[58], 표면 거칠기, 제품의 기능, 요구사항 등을 확인한다. 제작상의 문제점이 있으면 수정하고 수정된 도면을 제작도면으로 사용한다.

〈표-2/2〉 도면(부품도) 검토 및 분석표 작성(예시 참조)

2) 부품 가공 순서 정하기

부품 가공 공정을 결정하는 작업은 제작 시간단축 및 조립상태 확인, 가공불량 등을 줄일 수 있다. 따라서 부품도를 분석하여 각 부품을 어떤 순서로 어떻게 가공할 것인가를 가공 전에 생각하여 가공 순서를 정하고 이를 토대로 실제 가공에 이용 한다.

〈표-8〉 부품 가공 순서 작성(예시 참조)

---

58) 치수공차로 규제된 제품은 치수가 맞아도 형상에 따라 결합이 안 되는 경우가 있으나, 기하공차로 규제된 제품은 치수가 조금 틀리는 최악의 경우에도 결합이 가능하다. 따라서 기하공차는 제품의 기능 및 결합 부품들 간의 상호 호환성을 규제하는 것으로 고 정밀한 제품에는 필히 적용되고 있다.

3) 부품 가공 따라하기

① 선반에서 돌려 물림 가공한다(소재 ∅70 × 100).

② 외경 ∅63 × 80을 가공할 수 있도록 적당량을 물리고 외경 ∅30 × 82(+2mm), 모따기 C2을 가공한다.

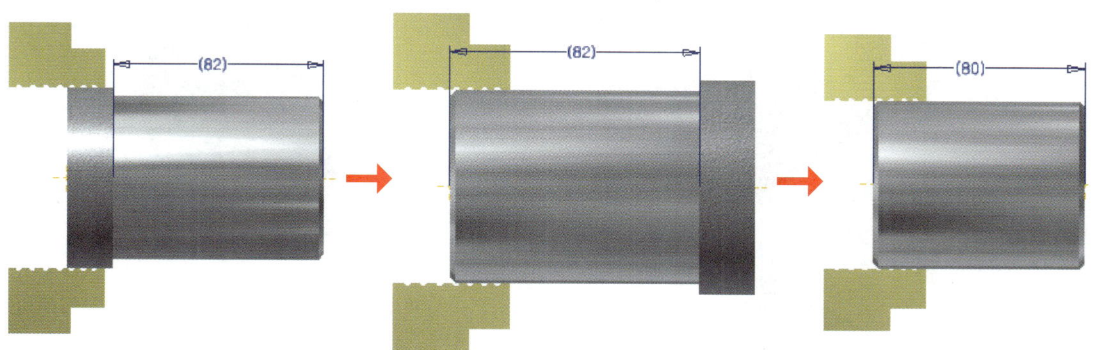

③ 밀링에서 정면커터로 원주상의 대칭평면(−6.5mm)을 가공하여 50mm로 맞춘다.

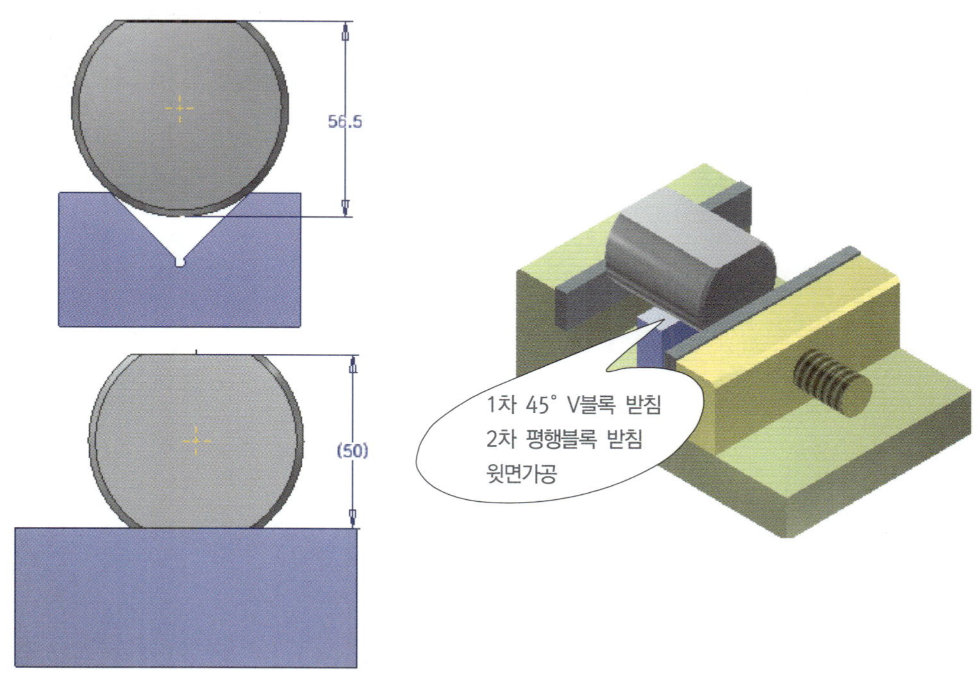

④ 엔드밀 작업한다.

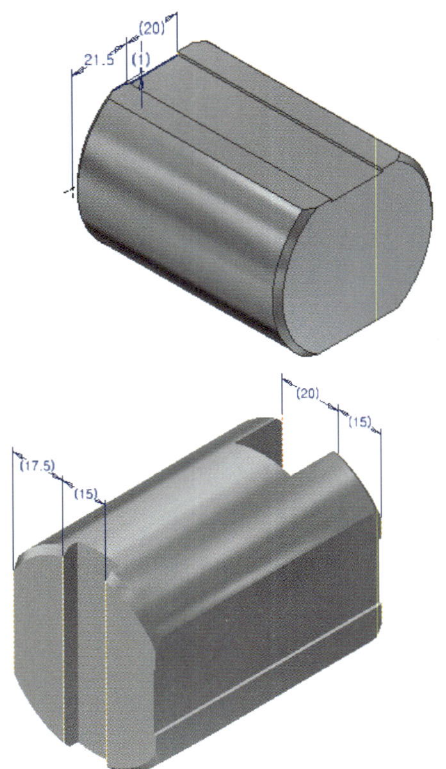

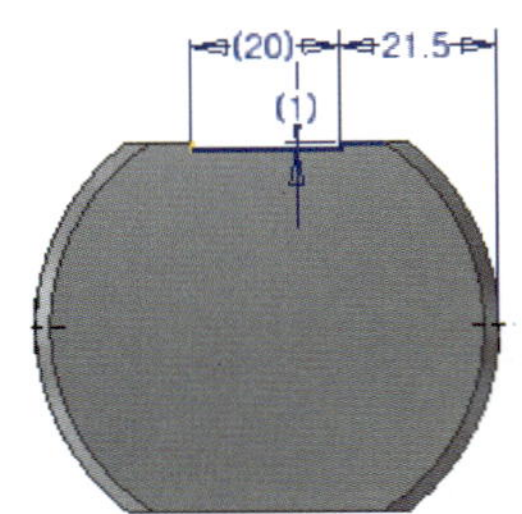

3. ③번 부품 가공

- 지급재료 : ∅70 × 100

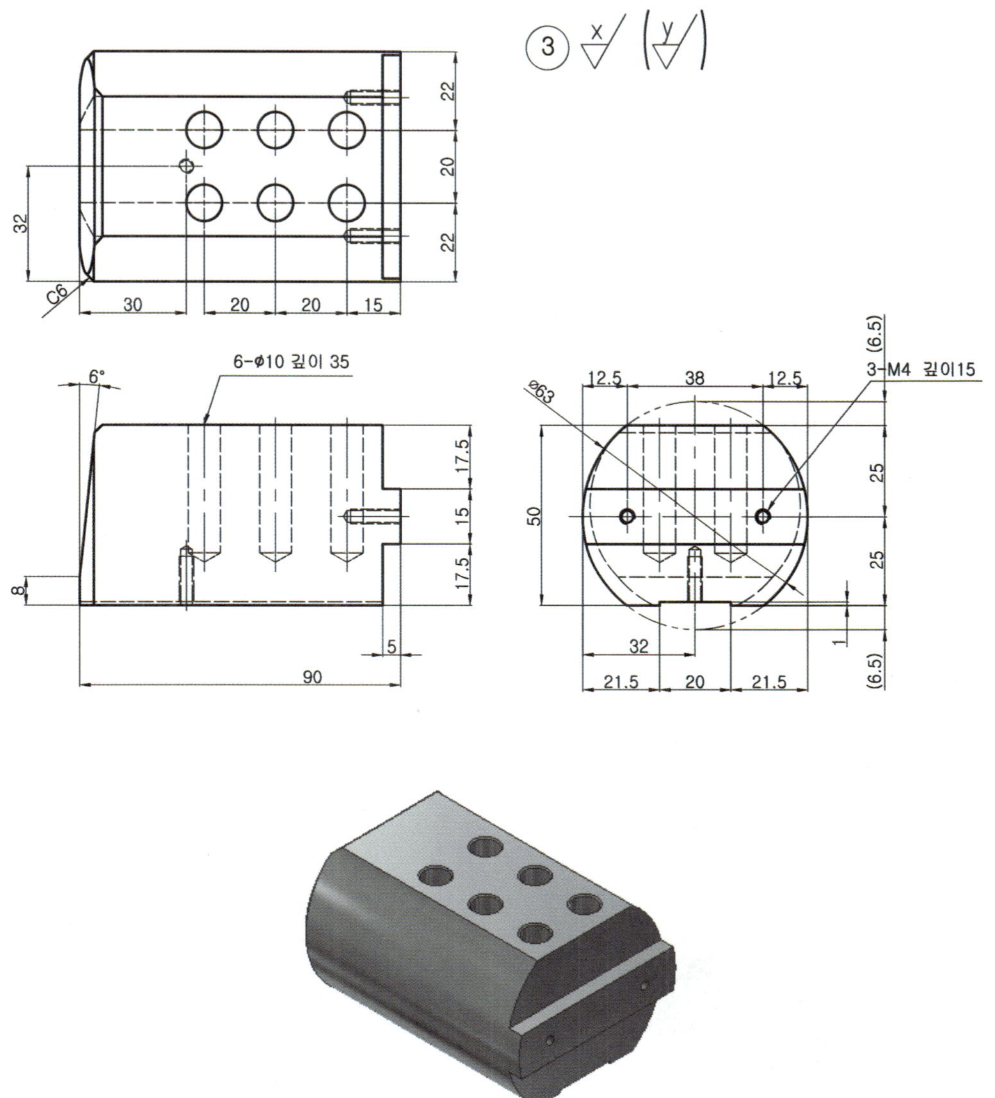

1) 도면 검토 및 수정하기

치수, 끼워 맞춤, 기하공차, 표면 거칠기, 제품의 기능, 요구사항 등을 확인한다. 제작상의 문제점이 있으면 수정하고 수정된 도면을 제작도면으로 사용한다.

〈표-2/2〉 도면(부품도) 검토 및 분석표 작성(예시 참조)

2) 부품 가공 순서 정하기

부품 가공 공정을 결정하는 작업은 제작 시간단축 및 조립상태 확인, 가공불량 등을 줄일 수 있다. 따라서 부품도를 분석하여 각 부품을 어떤 순서로 어떻게 가공할 것인가를 가공 전에 생각하여 가공 순서를 정하고 이를 토대로 실제 가공에 이용한다.

〈표-8〉 부품 가공 순서 작성(예시 참조)

3) 부품 가공 따라하기

위 내용[1), 2)]을 검토 및 작성 후 … 위 ②번 부품과 같은 방법으로 가공한다.

- 도면 검토 및 수정하기
- 부품 가공 순서 정하기

4. ⑦, ⑧번 부품 가공

- 지급재료 : ∅30 × 100

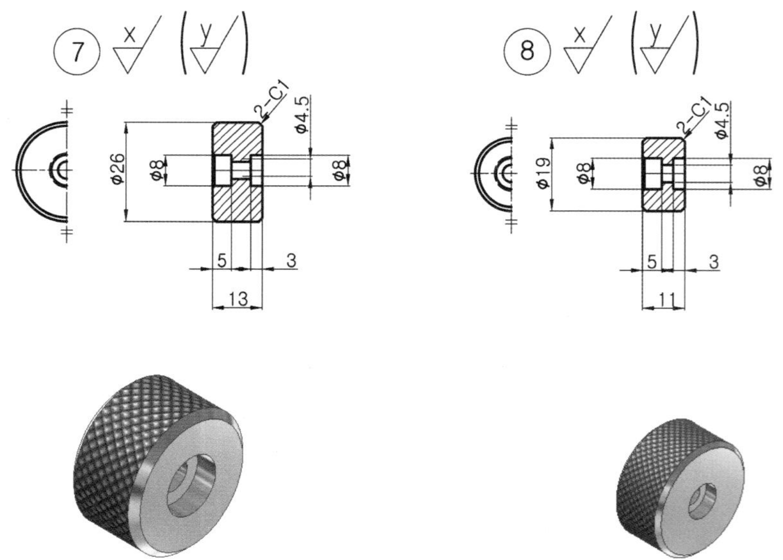

1) 도면 검토 및 수정하기

치수, 끼워 맞춤, 기하공차, 표면 거칠기, 제품의 기능, 요구사항 등을 확인한다. 제작상의 문제점이 있으면 수정하고 수정된 도면을 제작도면으로 사용한다.

〈표-2/2〉 도면(부품도) 검토 및 분석표 작성(예시 참조)

2) 부품 가공 순서 정하기

부품 가공 공정을 결정하는 작업은 제작 시간단축 및 조립상태 확인, 가공불량 등을 줄일 수 있다. 따라서 부품도를 분석하여 각 부품을 어떤 순서로 어떻게 가공할 것인가를 가공 전에 생각하여 가공 순서를 정하고 이를 토대로 실제 가공에 이용한다.

〈표-8〉 부품 가공 순서 작성(예시 참조)

3) 부품 가공 따라하기

① 널링[59] 외경부를 ∅29.7(−0.3) × 17가공 후 널링 → 드릴(∅4.5 깊이 18) → 카운터보어(∅8 깊이 5) → 모따기(C1) 및 절단순서로 가공한다.

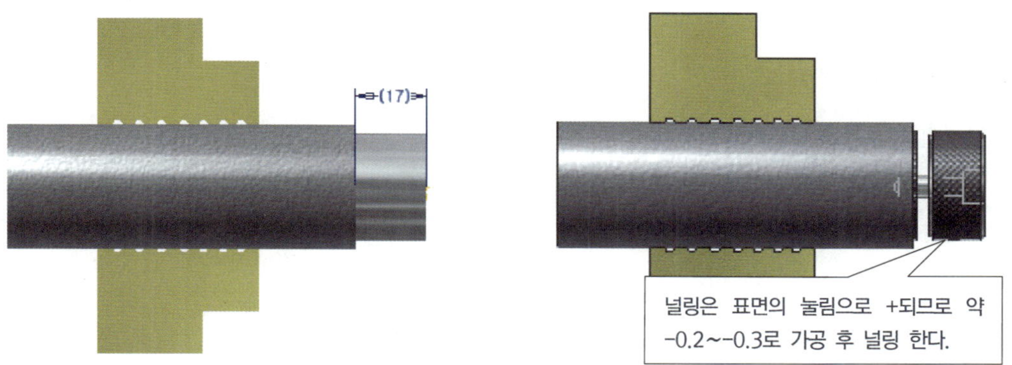

널링작업은 공작물의 표면에 널을 압입(소성가공)하여 요철 형태로 가공하는 방법이다. 때문에 공작물의 외경이 커진다. 따라서 커지는 만큼 널의 규격(거친 눈, 중간 눈, 고운 눈)에 따라 외경을 약 -0.1~-0.3으로 가공한 후 널링가공을 하여 요구하는 치수가 되도록 한다.

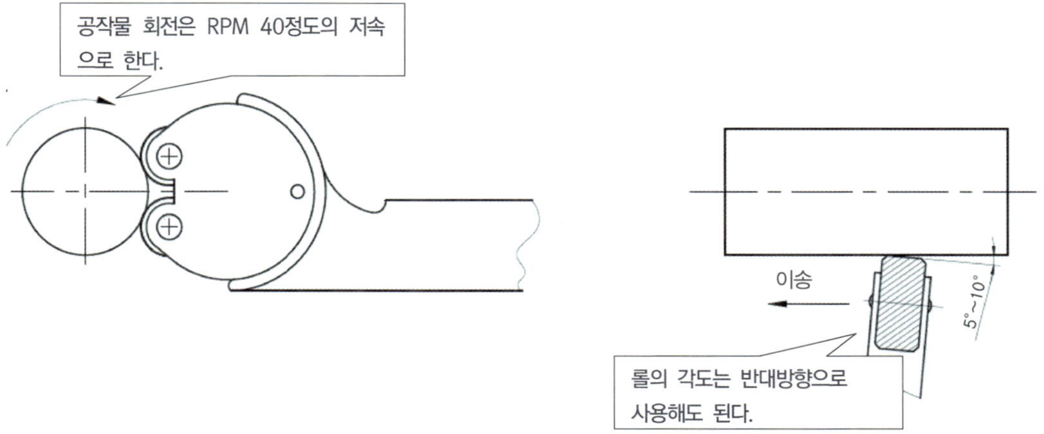

59) 주로 원통 형상의 공작물의 외면에 미끄럼을 방지하기 위한 목적으로 만들어지는 깔쭉깔쭉한 모양을 가리킨다.

② 재료를 내어 물리면서 동일하게 필요수량으로 가공한 후 돌려서 반대쪽 카운터보어(∅8 깊이 3) 작업을 한다.

5. ⑥번 부품 가공

- 지급재료 : ∅10 연마핀

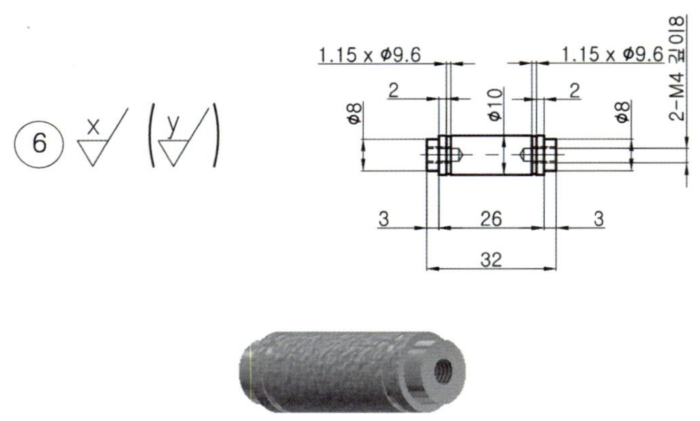

2) 도면 검토 및 수정하기

치수, 끼워 맞춤, 기하공차, 표면 거칠기, 제품의 기능, 요구사항 등을 확인한다. 제작상의 문제점이 있으면 수정하고 수정된 도면을 제작도면으로 사용한다.

〈표-2/2〉 도면(부품도) 검토 및 분석표 작성(예시 참조)

2) 부품 가공 순서 정하기

부품 가공 공정을 결정하는 작업은 제작 시간단축 및 조립상태 확인, 가공불량 등을 줄일 수 있다. 따라서 부품도를 분석하여 각 부품을 어떤 순서로 어떻게 가공할 것인가를 가공 전에 생각하여 가공 순서를 정하고 이를 토대로 실제 가공에 이용한다.

〈표-8〉 부품 가공 순서 작성(예시 참조)

3) 부품 가공 따라하기

① 돌려 물림 가공한다(소재 Ø10 연마핀).

② 길이 32mm가공 맞춘다(고정구로 콜렛 사용).

가공이 끝난 원통을 물릴 때 척의 조에 의한 자국이 나타나므로 알루미늄 보호판을 사용한다. 여기에서는 소재가 연마핀으로 중심을 정확하게 하기 위해 연동척에 위한 물림으로 콜렛(Ø10)을 이용하여 고정한다.

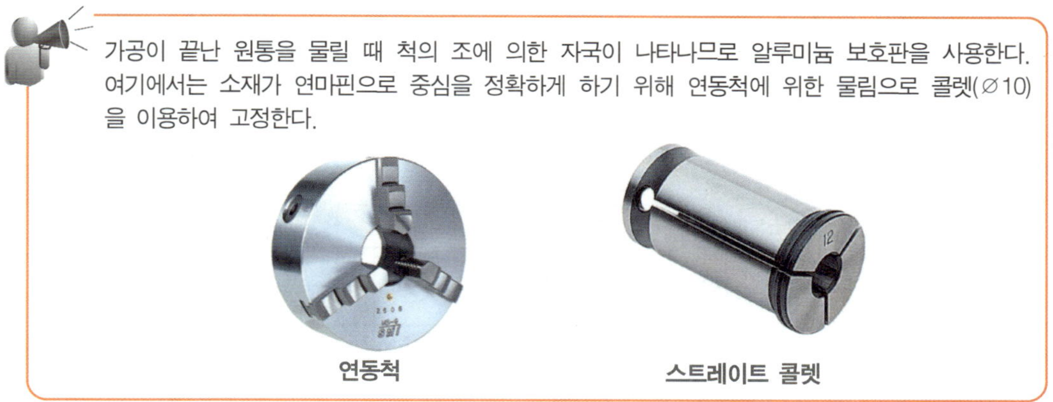

③ 홈(1.15 × Ø9.6), 계단(3 × Ø8), 센터드릴 → 드릴(Ø3.3 깊이 8) 작업한다.

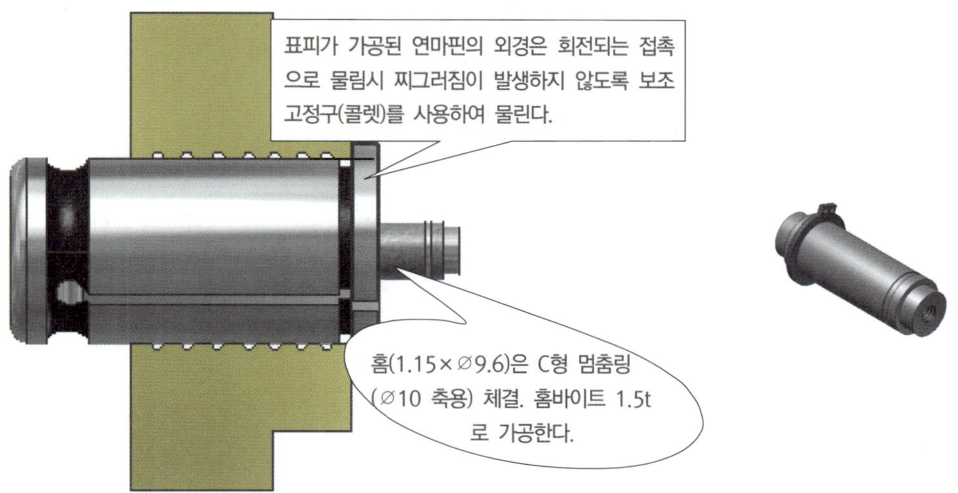

④ 반대쪽은 돌려 물려서 동일 방법으로 작업한다.

6. ④번 부품 가공

- 지급재료 : ∅30 × 100

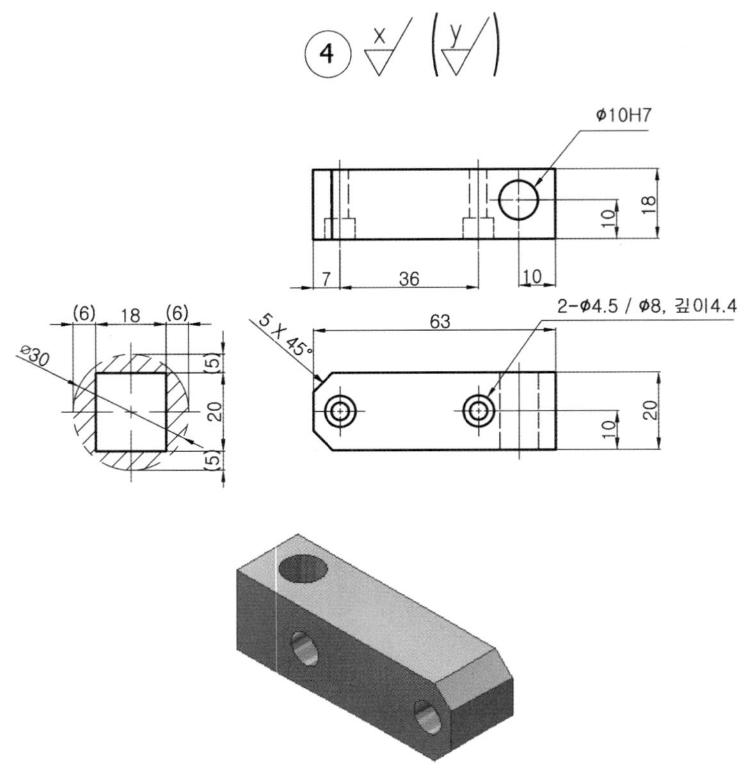

1) 도면 검토 및 수정하기

치수, 끼워 맞춤, 기하공차, 표면 거칠기, 제품의 기능, 요구사항 등을 확인한다. 제작상의 문제점이 있으면 수정하고 수정된 도면을 제작도면으로 사용한다.

〈표-2/2〉 도면(부품도) 검토 및 분석표 작성(예시 참조)

2) 부품 가공 순서 정하기

부품 가공 공정을 결정하는 작업은 제작 시간단축 및 조립상태 확인, 가공불량 등을 줄일 수 있다. 따라서 부품도를 분석하여 각 부품을 어떤 순서로 어떻게 가공할 것인가를 가공 전에 생각하여 가공 순서를 정하고 이를 토대로 실제 가공에 이용한다.

〈표-8〉 부품 가공 순서 작성(예시 참조)

3) 부품 가공 따라하기

① 환봉(∅30)을 각재(18 × 20)로 가공한다.

② 45° V블록을 환봉 받침으로 사용하여 1차 기준 평면을 가공한다.

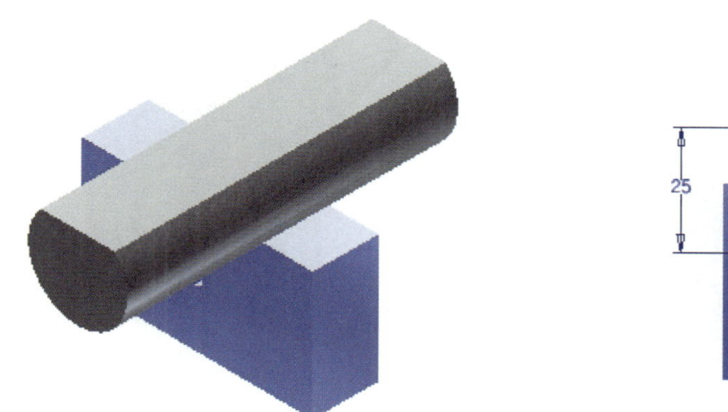

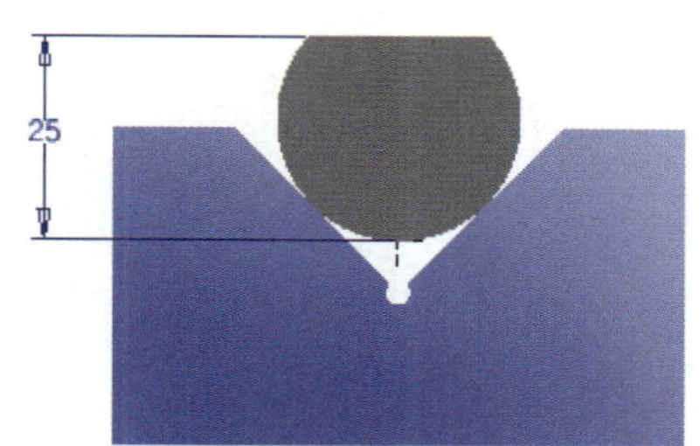

③ 평행블록을 받침으로 2차 기준 평면을 가공한다.

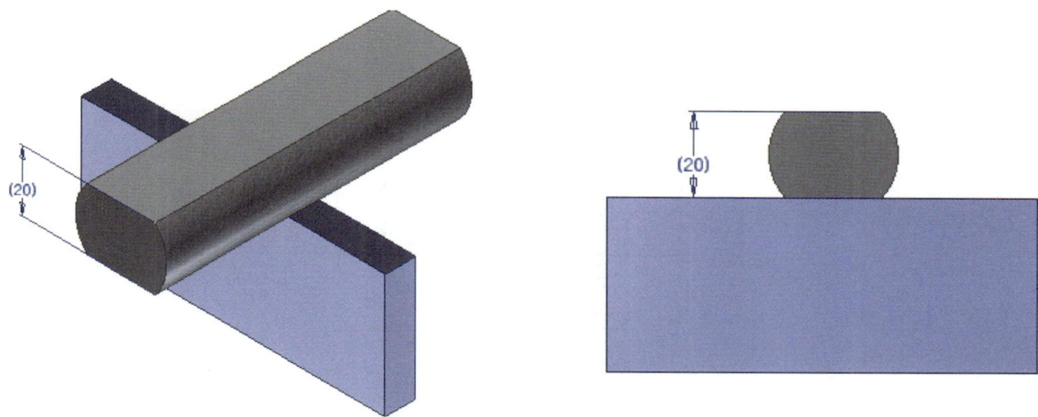

④ 1, 2차 가공면을 기준으로 나머지 부분도 직각을 확인하며 외곽치수 18 × 20 × 63 가공한다.

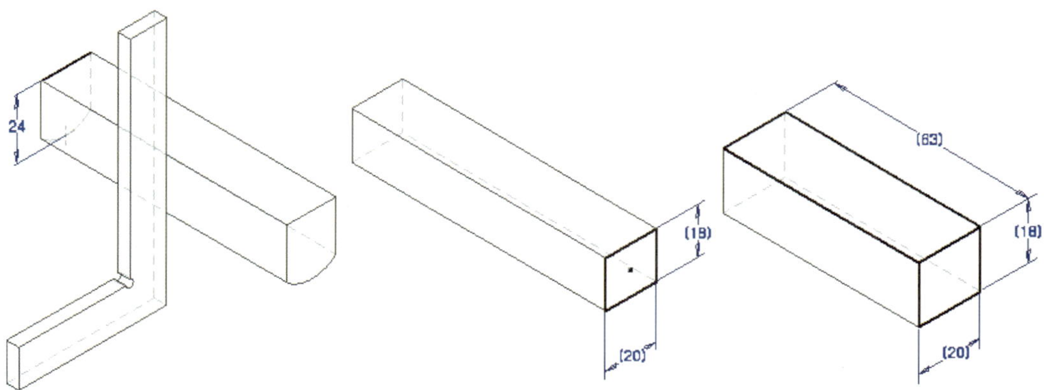

⑤ 정면커터로 V 블록을 이용해서 모따기(5 × 45°)를 가공한다.

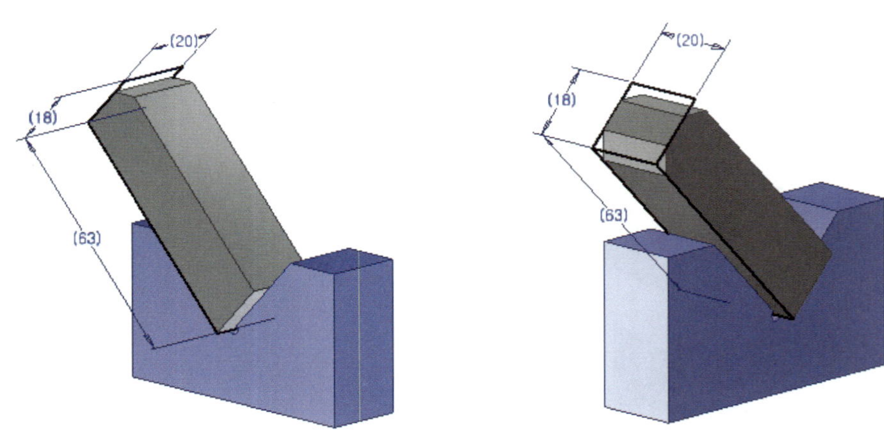

7. ⑤번 부품 가공

- 지급재료 : ∅30 × 100(길이 50mm 손톱절단)

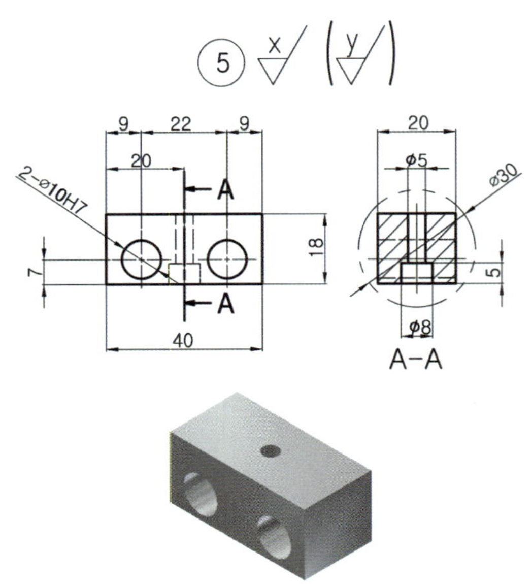

1) 도면 검토 및 수정하기

치수, 끼워 맞춤, 기하공차, 표면 거칠기, 제품의 기능, 요구사항 등을 확인한다. 제작상의 문제점이 있으면 수정하고 수정된 도면을 제작도면으로 사용한다.

〈표-2/2〉 도면(부품도) 검토 및 분석표 작성(예시 참조)

2) 부품 가공 순서 정하기

부품 가공 공정을 결정하는 작업은 제작 시간단축 및 조립상태 확인, 가공불량 등을 줄일 수 있다. 따라서 부품도를 분석하여 각 부품을 어떤 순서로 어떻게 가공할 것인가를 가공 전에 생각하여 가공 순서를 정하고 이를 토대로 실제 가공에 이용한다.

〈표-8〉 부품 가공 순서 작성(예시 참조)

3) 부품 가공 따라하기

위 내용[1), 2)]을 검토 및 작성 후 … 위 ④번 부품과 같은 방법으로 가공한다.

- 도면 검토 및 수정하기
- 부품 가공 순서 정하기

G ⁝⁝⁝ 조립가공 및 부품조립

학습 목표
1. 조립 작업의 중요성에 대해 설명할 수 있다.
2. 정확한 금긋기와 드릴링을 할 수 있다.

제작 과정에서 가장 중요한 것은 마무리 및 조립이다. 그 것은 제품의 기능 요구 조건에 맞게 만들어가는 과정이 마무리 및 조립과정이기 때문이다. 각 부품을 고 정밀도로 기계가공을 할 수는 있지만 요구하는 조립 정밀도로 맞추기는 어렵다. 왜냐하면 기계 및 절석공구의 정밀도외에 가공중의 진동, 먼지, 온도 등에 의해 치수가 커지거나 작아지는 변화가 있기 때문이다.

1. 조립 가공하기

모든 부품의 기준면 및 치수를 확인하여 구멍위치에 하이트게이지로 금긋기 한다. 조립하기 위한 구멍 위치의 금긋기는 가공할 때의 기준면을 정반에 밀착시킨 상태로 금긋기 한다. 이 때 체결되는 부품과 부품은 조립되었을 때의 상태로 놓고 하이트게이지로 동시에 금긋기 한다.

① 조립 구멍위치 금긋기→센터펀치→드릴 작업한다.

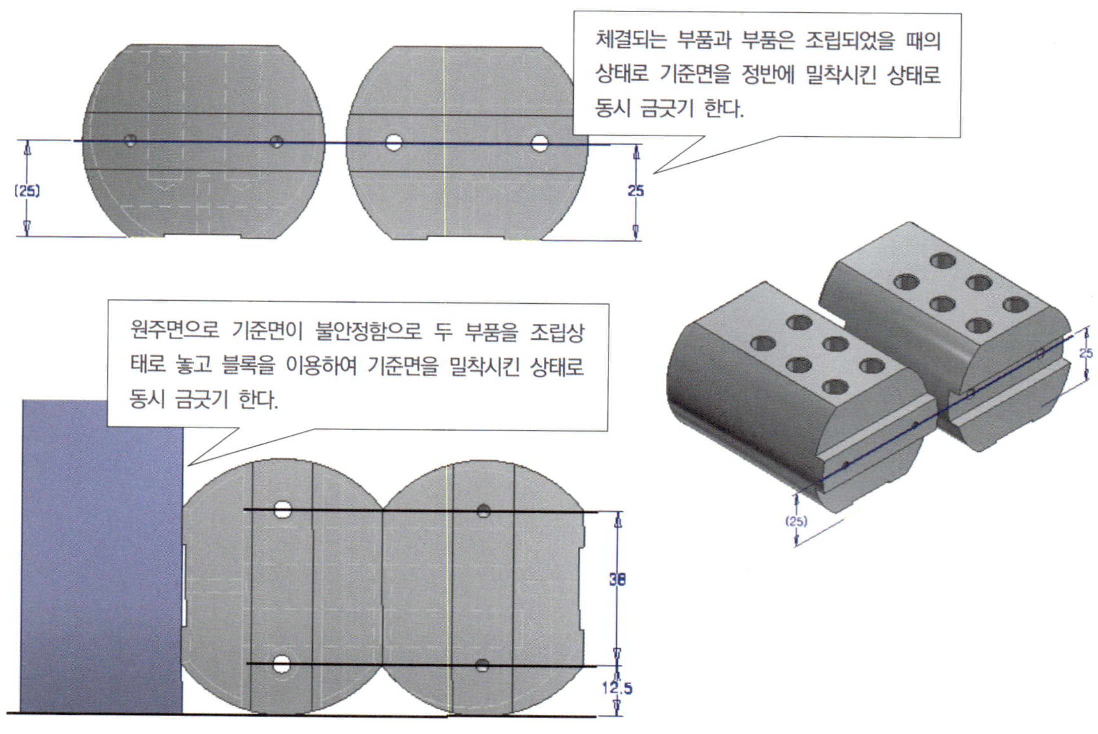

② 금긋기 → 센터펀치 → 드릴 → 리머 → 카운터보어 → 카운터싱크 → 핸드탭 작업한다.

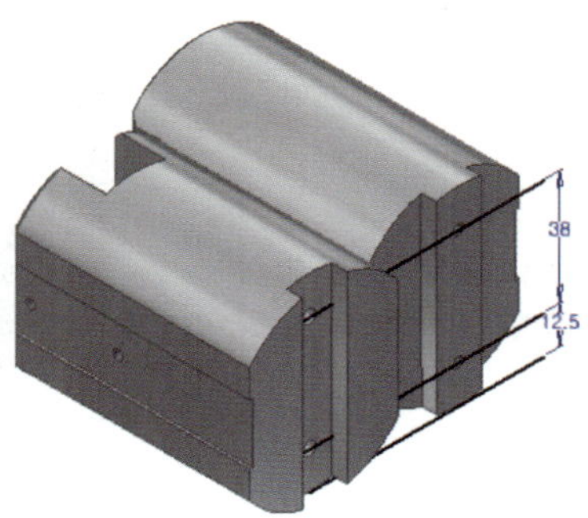

탭은 나사의 바깥지름, 유효 지름, 골 지름의 치수가 1, 2, 3번 탭의 순으로 증가한다. 절삭률에 따라 초기 자리 잡기 작업은 1번 탭(55%), 이어서 2번 탭(25%), 마무리는 3번 탭(20%)으로 완성한다.

드릴∅4.5관통 후 카운터보어로 깊이 35까지 가공한다.

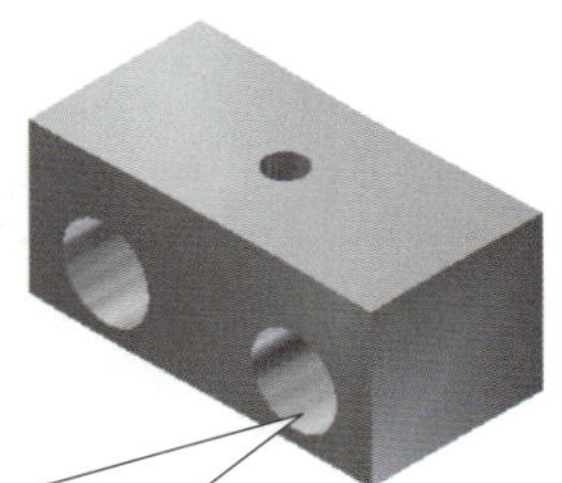

2-∅10H7은 기계리머 작업이다. 최종 드릴 ∅9.7(보통 -0.3)로 뚫고 리머작업하며 저속회전으로 절삭유을 급유하며 이송한다.

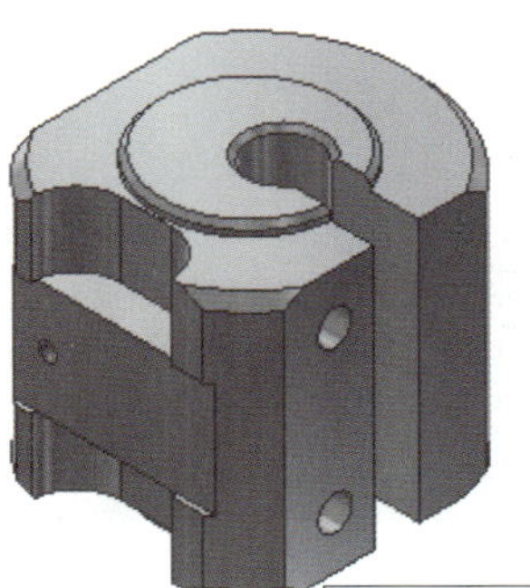

드릴(3단계 ∅3→∅6→∅9.7) 후 기계리머(∅12) 작업한다. 리머작업은 절삭유을 급유하며 저속회전 및 이송속도는 느리게 작업한다.

드릴(∅3→∅4.5) 후 카운터보어 작업한다. 작업은 절삭유을 급유하며 저속회전 및 이송속도는 느리게 작업한다.

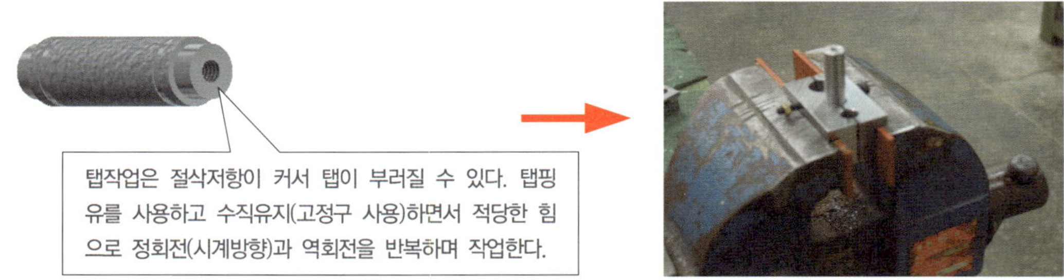

2. 부품 조립하기

제작물의 전체적인 구조를 이해하고 조립되는 순서와 방법을 결정한다. 부품조립은 좌우방향과 상하방향이 바뀌지 않도록 주의하며 부품의 위치정도를 확인하여 가공 상태 그대로 조립되도록 한다. 볼트 체결은 하나씩 대각선으로 느슨하게 조인 후 위치가 맞으면 강하게 조인다.

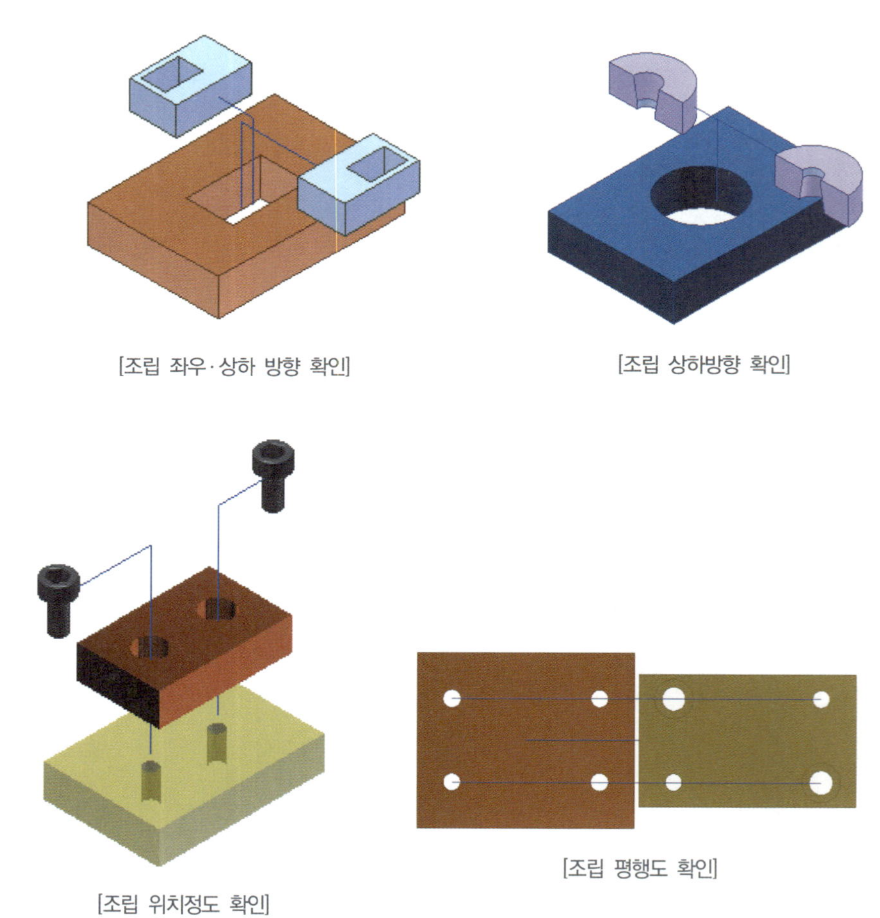

[조립 좌우·상하 방향 확인]

[조립 상하방향 확인]

[조립 위치정도 확인]

[조립 평행도 확인]

조립 시 확인 사항

H ∷ 측정 및 품질 분석

학습 목표	
	1. 품질관리의 중요성에 대해 설명할 수 있다.
	2. 품질 분석표를 작성할 수 있다.

원하는 품질의 제품을 얻기 위해서는 품질관리는 매우 중요하다. 품질관리의 과정에는 기술 부문의 필수적인 성능과 기능을 분명하게 결정하는 기획설계 과정의 품질과 제작 과정에서 현장의 기술 수준에 따라 달라질 수 있으므로 제작과정의 품질이 중요하다.

1. 가공 부품 측정

〈표-6〉 조립품 및 부품 측정표 작성(예시 참조)

표 ➤ 조립품 및 부품 측정

조립품 및 부품 측정								
프로젝트 명								
작 성 자	소속			성명				
평가 구분	평가 사항					배점	득점	환산 점수
가공 상태 (80%)	항목	도면 치수	측정값					
			1차 측정	2차 측정	최종값			
	정밀 치수 (50%)							
	소계							

QUESTION

그림은 버니어캘리퍼스의 눈금으로 주척 39mm를 부척 20등분한 것이다. 측정값은?

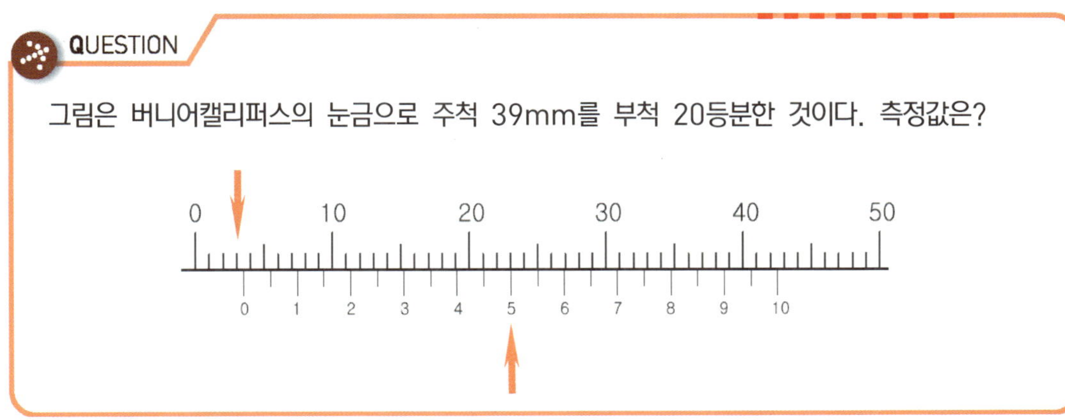

2. 완성품 품질 분석

부품 측정표와 전체적인 기능을 분석하여 불량 원인을 해결할 수 있는 방안을 조사한다.

〈표-7〉 4way 품질 분석표 작성(예시 참조)

표 ➤ 4way 품질 분석표

4way 품질 분석표				
프로젝트 명				
작 성 자	소속		성명	
A. 왜 불량이 발생하였는가?				
1 단계 Why?	(예) 왜 아침 등교시간이 늦었는가? → 아침에 늦게 일어나서 집에서 나왔다.			
2 단계 Why?	(예) 왜 늦게 일어났는가? → 어젯밤에 늦게 잠자리에 들었다.			
3 단계 Why?	(예) 왜 늦게 잠자리에 들었는가? → 인터넷 게임을 늦게까지 하였다.			
4 단계 Why?	(예) 왜 인터넷 게임을 늦게까지 하였는가? → 재미가 있어서 시간 가는 줄 몰랐다.			
B. 근본 요인은?				
(예) 계획성이 없는 생활을 하였다.				

품질관리 용어

- RQT(Reliability Qualification Test) : 신뢰성확인시험
- PVS(Product Verification Specification) : 제품 검증 규격
- PSP(Problem Solving Process) : 문제해결절차
- LSL(Lower engineering Specification Limit) : 기술 규격 하한
- EIS(Executive Information System) : 의사결정 지원시스템

프로젝트 수행과정 발표

학습 목표	1. 프로젝트 수행과정의 요점을 정리하여 전시회 자료를 만들 수 있다. 2. 프로젝트 수행과정을 프레젠테이션 자료로 만들어 발표할 수 있다.

1. 전시회 자료 제작

프로젝트 과제 수행 과정을 사진으로 촬영하여 프레젠테이션 및 전시회 자료 제작을 위한 자료로 활용하고 제작 관련 자료를 모아 보관하며 이를 정리하여 제품을 이해할 수 있도록 전시회 자료를 만든다.

(한글 A4 용지 1쪽) 1. 주제 2. 목적 3. 제작기간 4. 팀원 및 참여단계 5. 수행과정 및 문제해결방법 6. 제작 후 느낀 점

2. 프레젠테이션 자료 제작

위 자료를 중심으로 파워포인트로 제작하고 발표는 큰 그림을 먼저 이야기 하도록 한다. 프레젠테이션 자료는 차트나 그림(사진)을 많이 활용한 내용으로 하며 가장 좋은 것을 마지막에 보여주면서 간결하면서 감동적인 마무리가 되도록 준비한다.

(파워포인트 슬라이드 5쪽 이내) 1. 무엇을 전하고 싶은가? 2. 어떻게 전하려 하는가? 3. 왜 그 방법이 필요한 것인가? 4. 어떤 성과를 얻고 싶은가?

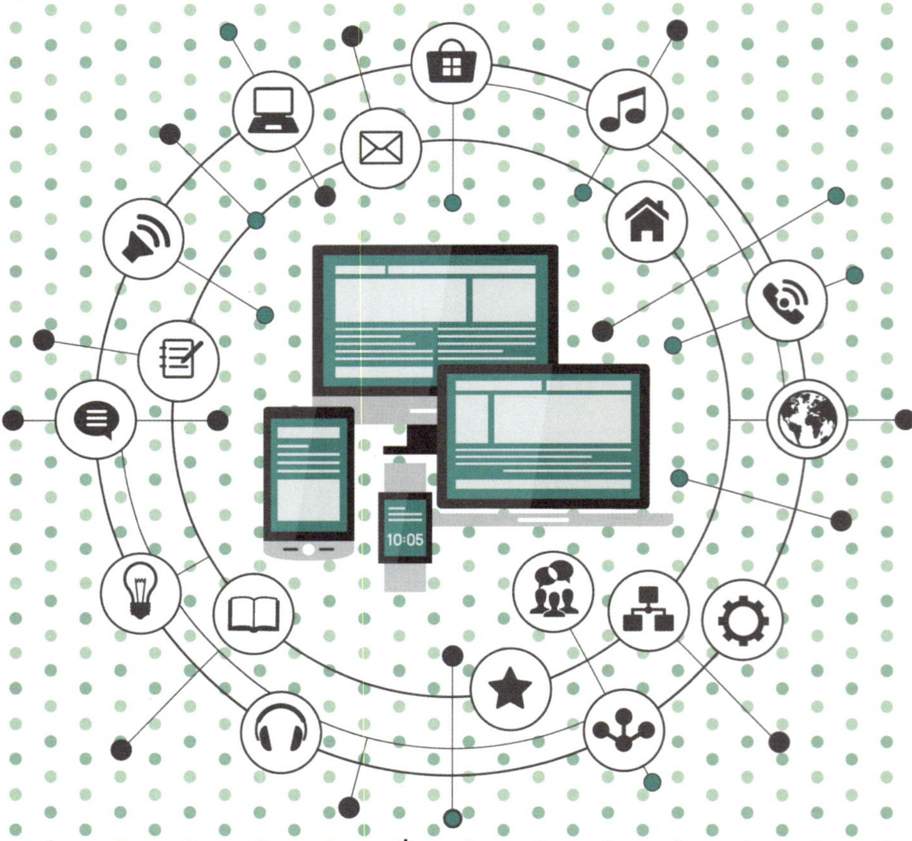

기계공작+ 프로젝트 실습

CHAPTER 06

경주용 자동차

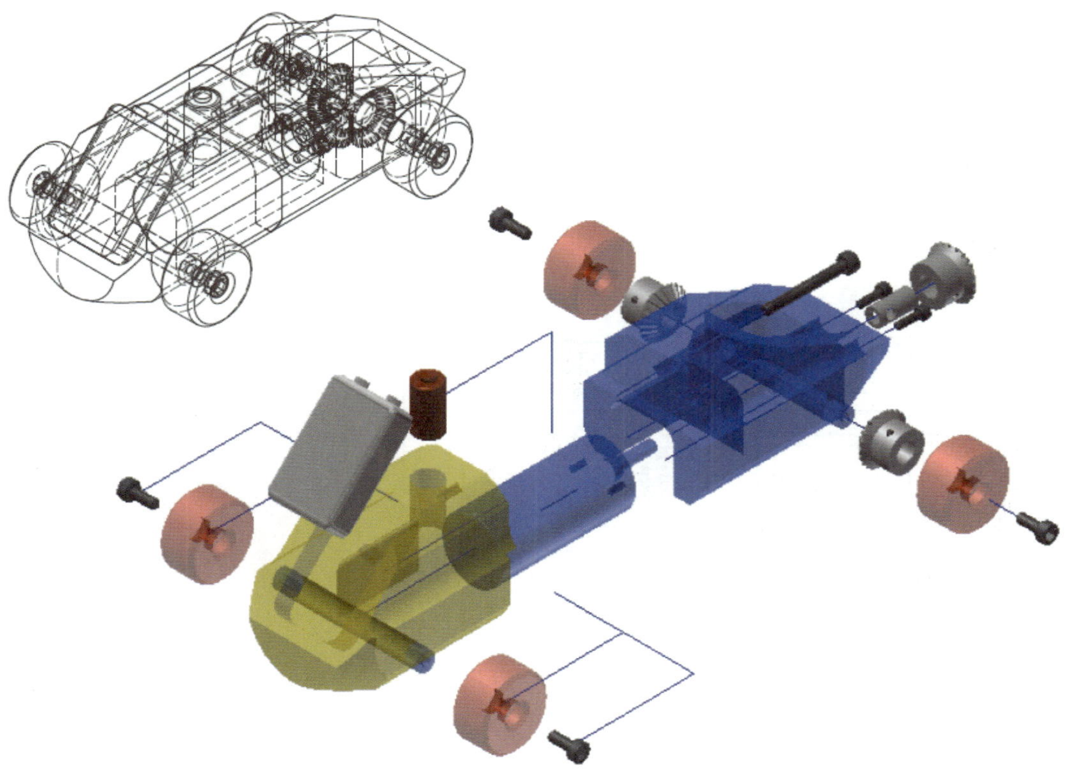

경주용 자동차

단원 소개

본 단원은 주변의 탐구대상을 축소 설계하고 제작해 보는 단원이다. 자동차의 구조 이해 및 설계단계의 축척 개념과 축소한 부품들에 적합한 KS규격품 선택 및 가공과 조립하며 부품들 간의 상호 관계를 익힐 수 있도록 한다.

또한 부품설계 및 KS규격품 선정－도면 출력－부품 가공－부품 조립－측정 과정을 단계별로 실습하고, 부품 가공에 필요한 공작기계의 선정, 재료의 선정, 절삭 공구의 선정 등 작품을 제작하는데 필요한 응용능력을 키우도록 한다.

A ⁞⁞ 경주용 자동차 제작 프로젝트

경주용 자동차를 설계하고 출력하여 그 도면을 제작도면으로 실제로 공작기계를 이용하여 제작해보는 실습으로 도면 설계능력을 향상시키고 선반, 밀링과 드릴링 등의 공작기계를 이용하여 제품을 가공해 봄으로서 공작기계 가공 능력도 향상시키는 과제를 수행한다.

1. 학습목표

1) 자동차의 개념을 알고 설계할 수 있다.
2) 도면을 이해하고 정밀하게 가공할 수 있다.
3) 적용된 KS품의 규격과 용도를 설명할 수 있다.

2. 프로젝트 과제명 : 경주용 자동차

3. 소요시간 : [20시간] ※ 준비된 재료 지급

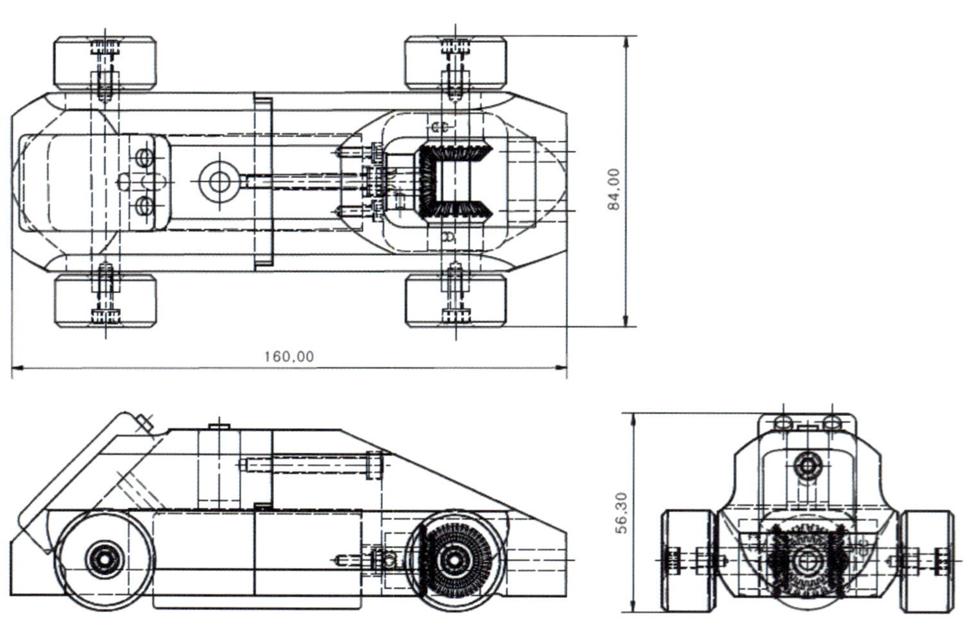

4. 보고서 작성 내용

[표-1] 프로젝트 담당업무 및 참여동기
[표-2/1] 도면(조립도) 검토 및 분석
[표-2/2] 도면(부품도) 검토 및 분석
[표-3] 소요 가공재료 및 KS규격품
[표-4] 기계 및 공구, 측정기

[표-5]　부품 가공 시 안전 및 유의 사항 조사
[표-6]　조립품 및 부품 측정
[표-7]　4way 품질 분석
[표-8]　부품 가공 순서

자동차 경주의 역사는 휘발유로 움직이는 자동차가 탄생했을 때부터 시작되었다고 보는 것이 일반적이다.
1894년 6월 22일, 프랑스 일간지인 르 프티 주르날(프랑스어: Le Petit Journal)는 가장 우수한 성능을 내는 신뢰성 테스트를 하는 시합을 개최하였다. 파리-루앙 구간을 안전하면서도 최소의 연료 소비로 완주한 운전자와 팀원들에게 5,000 프랑의 상금이 주어진 최초의 자동차 경주였다. 그리고 일 년 후인 1895년, 프랑스 파리에서 보르도(Bordeaux)까지 달리는 최초의 실질적인 자동차 경주가 개최되었다.
대한민국 최초의 자동차 경주 대회는 1982년에 서울 잠실에서 16대가 참가하여 개최된 한국 자동차 경주 대회였으나 본격적인 자동차 경주 대회는 18대가 참가한 1987년 진부령에서 용평까지를 주행하는 랠리 경주 대회가 최초였다.

1933년 그랑프리 대회에서의 부가티 타입

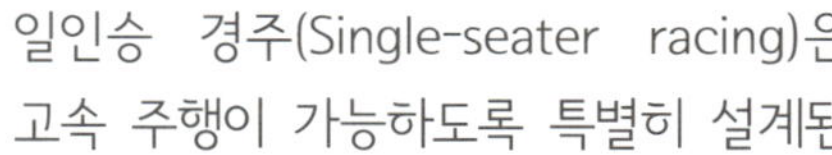

일인승 경주(Single-seater racing)은 고속 주행이 가능하도록 특별히 설계된 자동차를 이용한 대표적인 자동차 경주이다. 오픈 휠(Open-wheel) 경주라고도 부른다. 일인승 경주에 사용되는 자동차는 덮개가 없는 휠(wheel)을 사용하고, 항공기에 주로 사용되는 에어포일 날개를 앞뒤에 장착해 차량이 아래쪽으로 힘을 받게 하여 노면 접지력을 향상시키는 형태를 가지고 있다. 가장 유명한 일인승 경주는 포뮬라 원 자동차 경주이다.
랠리(Rallying) 경주는 일반 시판용 자동차를 개조해 폐쇄된 일반 도로나 비포장 도로의 여러 지점을 달리는(rally) 경주이다. 각 참가 자동차들은 출발 지점에서 일정한 간격으로 각각 출발한다. 또한 다른 자동차 경주와는 달리 보조선수를 탑승시키는데, 이들은 페이스 노트(pacenote)를 사용하여 운전선수에게 최단 거리의 랠리 코스를 알려줌으로 네비게이터라고도 부른다. 경주는 각 구간마다 소요된 시간을 종합해 최소 시간이 걸린 참가자가 우승하는 방식이다.

일인승 경주용 자동차인 F1 자동차

출처 : https://ko.wikipedia.org/wiki/

B 프로젝트 도면

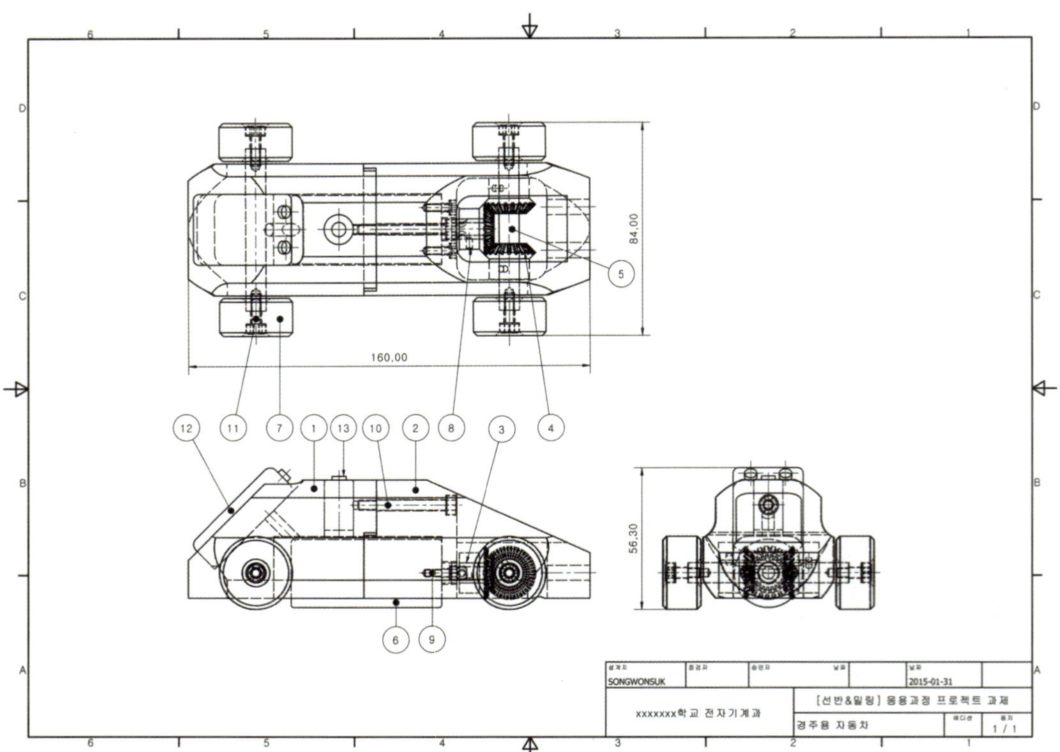
84.00
160.00
56.30
SONGWONSUK
2015-01-31
xxxxxxx학교 전자기계과
[선반&밀링] 응용과정 프로젝트 과제
경주용 자동차
1 / 1

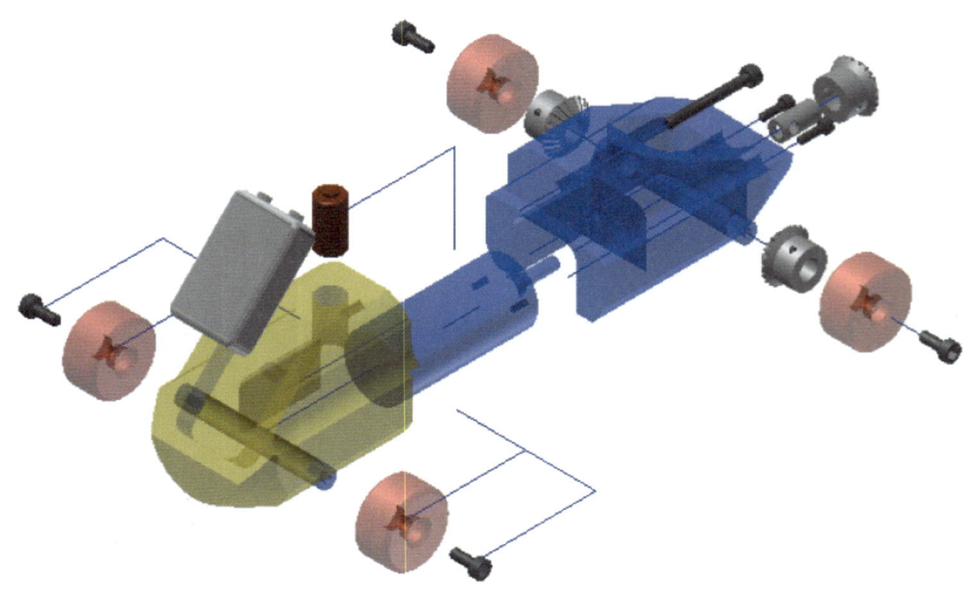

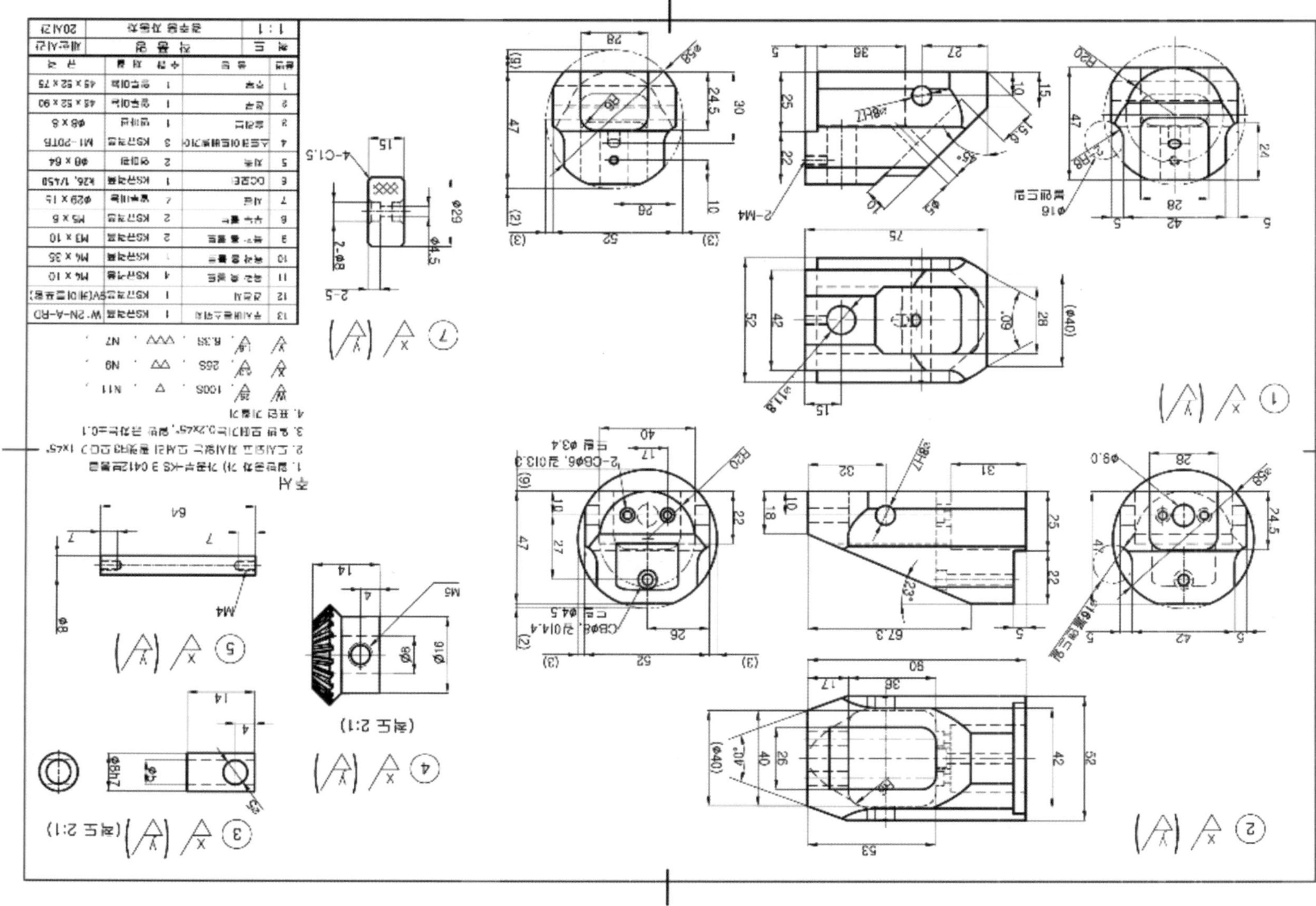

C ::: 프로젝트 수행계획서 작성

학습 목표	
	1. 작업 단계별 계획서를 작성할 수 있다. 2. 계획서 작성 방법 및 내용을 설명할 수 있다.

수행계획서는 작품 제작 과정에 필요한 것들을 단계별로 작성한다. 조립도 및 부품도면 작성, 소요재료 목록 작성, 사용기계 및 공구 목록 작성, 측정기, 부품 가공 공정 작성, 가공부품 채점, 완성품 품질분석 등을 작성한다.

〈표-9〉 프로젝트 수행계획서 작성(예시 참조)

본 프로젝트는 기능습득 목적의 과제 제시형 프로젝트로 「수행계획서」는 작품 제작완료 후 정리하여 작성한다. 연구 및 발명 프로젝트는 반드시 작품 제작 전에 계획서를 작성한다.

표 ➤ 수행계획서 작성

<table>
<tr><th colspan="5">프로젝트 수행계획서</th></tr>
<tr><td>프로젝트 명</td><td colspan="4"></td></tr>
<tr><td>작 성 자</td><td>소속</td><td></td><td>성명</td><td></td></tr>
<tr><td>일정</td><td>계획</td><td>내 용</td><td>업무분담</td><td>준비물</td></tr>
<tr><td></td><td></td><td></td><td></td><td></td></tr>
<tr><td></td><td></td><td></td><td></td><td></td></tr>
<tr><td></td><td></td><td></td><td></td><td></td></tr>
<tr><td></td><td></td><td></td><td></td><td></td></tr>
</table>

D 도면 작성 및 도면 분석

학습 목표	1. 각 부품을 스케치할 수 있다. 2. 각 부품을 설계(CAD)할 수 있다.

제시한 과제 분해도와 조립도, 부품도를 참고로 스케치하면서 과제의 특징을 파악하여 제작과 정상 주의할 점을 조사한다.

1. 부품 스케치하기

제시된 도면의 각 부품을 프리 핸드로 등각투상하면서 제품의 형상을 이해한다. 도면의 부품 등각투상도는 아래 그림과 같이 치수에 맞게 그린다.

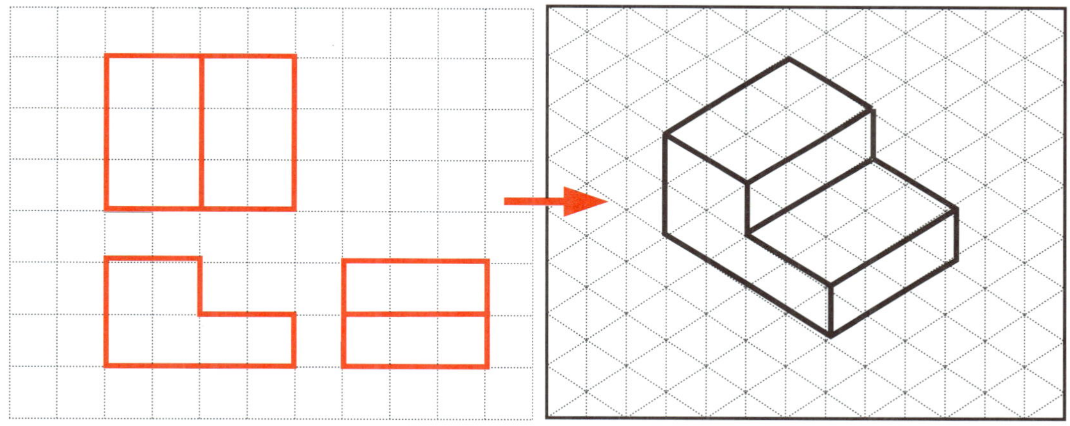

부품 및 등각투상도 예

※ 부록 2 : 스케치도 그리기(모눈종이)

스케치는 산업현장에서 기계부품 등의 현물을 측정하여 제도기 없이 프리 핸드(free hand)로 연필로 그리며 설계 또는 제작도를 작성하기 위해서 행해진다.

2. 도면(조립도) 검토 및 분석하기

도면을 분석하여 설계자의 요구사항은 무엇인지를 확인한 후 설계목적, 운동, 마모, 부품연결, 부품역할, 주유, 끼워 맞춤, 열처리, 도장, 가공, 고정, 조립, 사용한 재질의 절삭성 및 절삭유제의 사용여부 등을 분석한다.

〈표-2/1〉 도면(조립도) 검토 및 분석표 작성(예시 참조)

표 ➤ 도면(조립도) 검토 및 분석표

도면(조립도) 검토 및 분석표				
프로젝트 명				
작 성 자	소속		성명	
구분	검토 사항			검토 결과
1	도면을 검토 및 분석결과 조립가능 여부와 제품의 기능(운동)은? ⇨			
2	제품의 정밀치수(일반치수 제외)는 몇 개소 있으며, 보유한 공작기계 및 공구로 가공이 가능한가? ⇨			

E 부품 가공 준비

학습 목표	1. 가공에 필요한 공구와 기계, 측정기를 선정할 수 있다. 2. 가공한 부품과 규격품을 이용하여 정밀하게 조립할 수 있다.

도면 내용을 분석한 다음 보유하고 있는 시설 현황을 조사하여 부품 가공에 필요한 공작 기계, 절삭공구, 측정기, 소요재료 등을 선정한다.

1. 부품 가공에 필요한 공작 기계 선정하기

KS규격과 명칭에 따라 품명에는 사용해야 할 공작기계를 적으며, 규격(사양)과 수량을 적는다. 활용 내역에는 기계 기구를 사용할 부품번호와 작업내용을 적는다.

〈표-4〉 기계 및 공구, 측정기 작성[60] (예시 참조)

표 ➤ 가공에 필요한 기계 및 공구

<table>
<tr><th colspan="5">가공 기계 및 공구</th></tr>
<tr><td colspan="2">프로젝트 명</td><td colspan="3"></td></tr>
<tr><td colspan="2">작 성 자</td><td>소속</td><td></td><td>성명</td></tr>
<tr><td>연번</td><td>품명</td><td>규격</td><td>수량</td><td>활용 내역</td></tr>
<tr><td></td><td></td><td></td><td></td><td></td></tr>
<tr><td></td><td></td><td></td><td></td><td></td></tr>
<tr><td></td><td></td><td></td><td></td><td></td></tr>
<tr><td></td><td></td><td></td><td></td><td></td></tr>
</table>

60) 사용해야 할 공작기계와 공구 및 측정기를 적으며, 규격(사양)과 수량을 적는다. 비고란에는 용도를 적는다.

2. 부품 가공에 필요한 측정기구 선정하기

도면 내용을 분석한 다음 보유한 측정 기구를 조사하고 부품 가공에 필요한 측정 기구를 선정하여 준비한다.

〈표-4〉 기계 및 공구, 측정기 작성61) (예시 참조)

표 ➤ 가공에 필요한 측정기 선정

가공에 필요한 측정기					
프로젝트 명					
작 성 자	소속		성명		
연번	품명	규격	수량	활용 내역	

3. 제작에 필요한 재료 선정하기

부품 가공에 필요한 재료 치수를 뽑고 다음 표를 작성하여 구매 신청을 할 수 있도록 준비한다. 규격품은 KS규격에 따라 품명과 재질, 규격, 수량을 적고, 비고란에는 KS규격분류기호와 번호, 열처리 여부를 기록한다. 단, 재료는 가공이 수월한 연강(SM20C), 황동, 알루미늄 등을 사용해도 되며 규격은 가공여유(+3~5)를 포함한 치수를 적는다.

〈표-3〉 소요 가공재료 및 KS규격품 작성(예시 참조)

표 ➤ 소요 가공재료 및 KS규격품

소요 가공재료 및 KS규격품					
프로젝트 명					
작 성 자	소속		성명		
부품번호	품명	규격	수량	재질	비고

61) 사용해야 할 공작기계와 공구 및 측정기를 적으며, 규격(사양)과 수량을 적는다. 비고란에는 용도를 적는다.

4. 부품 가공 시 안전 및 유의 사항 조사하기

부품 가공 시에 필요한 안전사고 유의 사항을 조사하고 이를 근거로 실제 가공에 있어 안전사고가 발생하지 않도록 철저히 준비한다.

〈표-5〉 부품 가공 시 안전 및 유의 사항 작성(예시 참조)

표 ➤ 제품 가공 시 안전 및 유의 사항

제품 가공 시 안전 및 유의 사항[62]				
프로젝트 명				
작 성 자	소속		성명	

연번	안전 및 유의 사항	"불안전한 행동" 또는 "불안전한 상태" 구분

62) "불안전한 행동"과 "불안전한 상태" 구분
1. 불안전한 행동 : 실습에 임하는 자세로 안전수칙 준수, 기계 및 공구의 사용, 안전한 작업 등
2. 불안전한 상태 : 작업환경으로 정리, 정돈, 청결 등

F ⁝⁝ 부품 가공

학습 목표	1. 판재의 6면체 가공공정에 대해 설명할 수 있다. 2. 원활한 기계조작으로 공차대로 정확하게 가공할 수 있다.

모든 기구들은 여러 개의 부품으로 조합되어 있으며 각 부품들은 상대적인 상관관계를 가지고 있다. 따라서 조립부의 치수는 정밀도가 요구되므로 1차 가공한 후 다듬질로 마무리한다.

1. ①번 부품 가공

- 지급재료 : ∅60 × 100

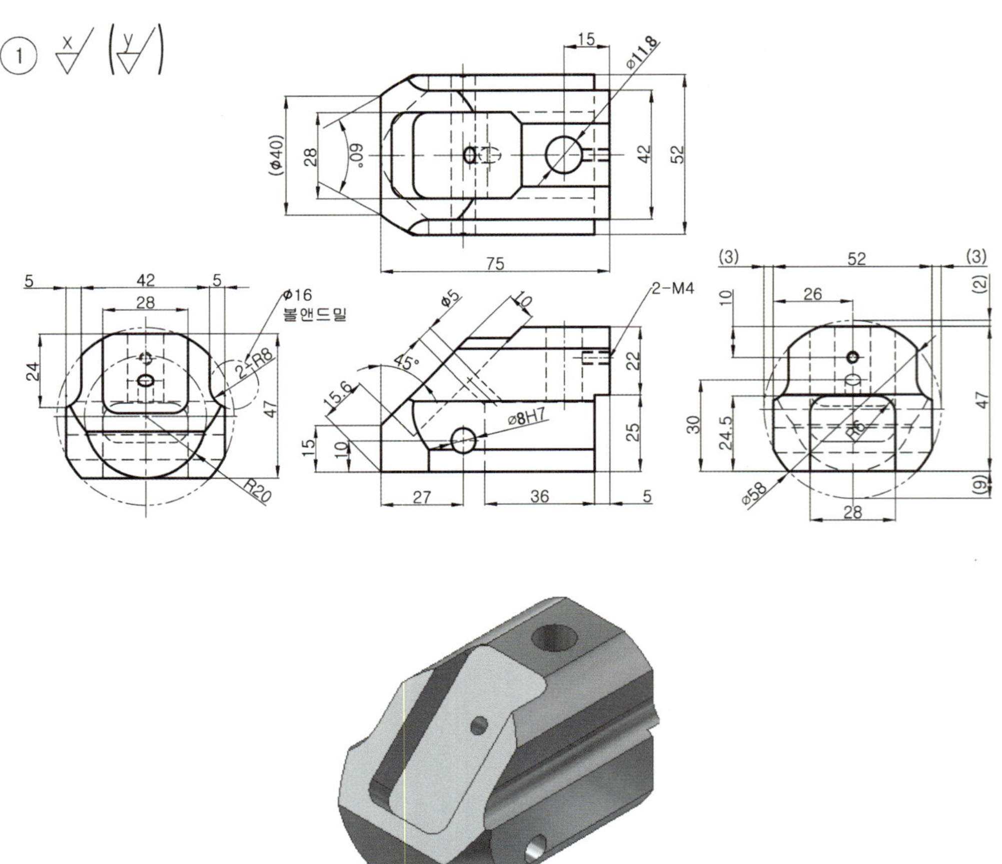

1) 도면 검토 및 수정하기

치수, 끼워 맞춤, 기하공차[63], 표면 거칠기, 제품의 기능, 요구사항 등을 확인한다. 제작상의 문제점이 있으면 수정하고 수정된 도면을 제작도면으로 사용한다.

〈표-2/2〉 도면(부품도) 검토 및 분석표 작성(예시 참조)

2) 부품 가공 순서 정하기

부품 가공 공정을 결정하는 작업은 제작 시간단축 및 조립상태 확인, 가공불량 등을 줄일 수 있다. 따라서 부품도를 분석하여 각 부품을 어떤 순서로 어떻게 가공할 것인가를 가공 전에 생각하여 가공 순서를 정하고 이를 토대로 실제 가공에 이용한다.

〈표-8〉 부품 가공 순서 작성(예시 참조)

3) 부품 가공 따라하기

① 선반에서 돌려 물림 가공한다(소재 ∅60 × 100).

② 길이 75mm를 가공할 수 있도록 물리고 외경(∅58)을 가공한 후 돌려 물려서 길이 가공 및 테이퍼(30°)를 가공한다.

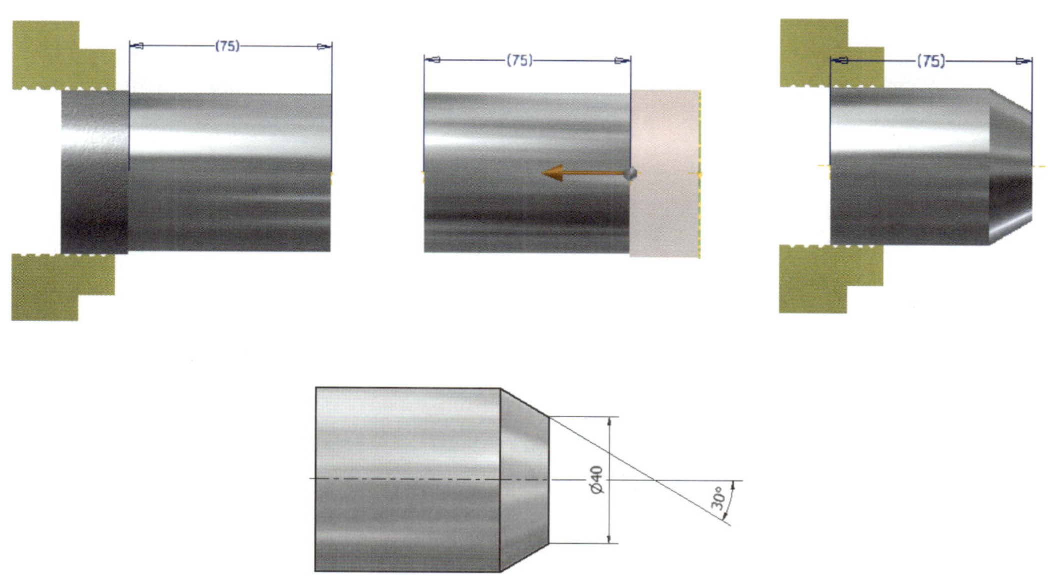

63) 치수공차로 규제된 제품은 치수가 맞아도 형상에 따라 결합이 안 되는 경우가 있으나, 기하공차로 규제된 제품은 치수가 조금 틀리는 최악의 경우에도 결합이 가능하다. 따라서 기하공차는 제품의 기능 및 결합 부품들 간의 상호 호환성을 규제하는 것으로 고 정밀한 제품에는 필히 적용되고 있다.

③ 밀링 정면커터 작업으로 원기둥을 사각기둥으로 만든다.

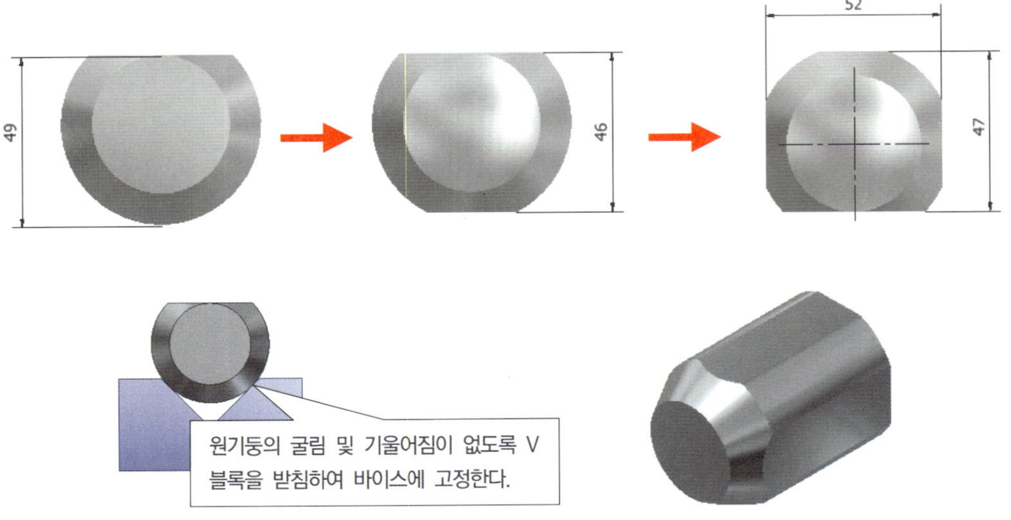

④ 밀링 정면커터 작업으로 각 45° 를 가공한다.

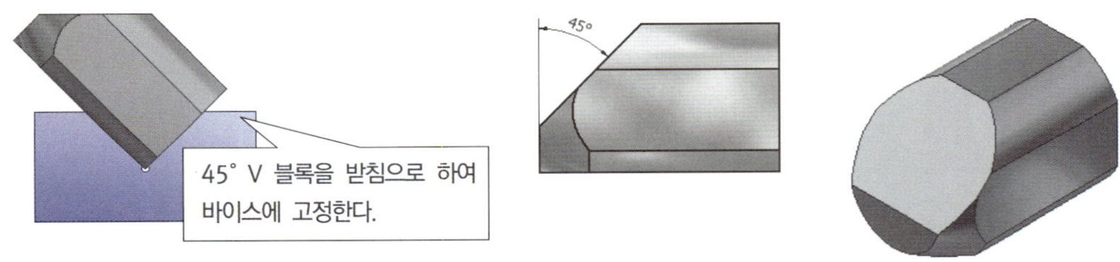

⑤ 엔드밀(∅12) 작업으로 내부 홈 및 측면 계단을 가공한다.

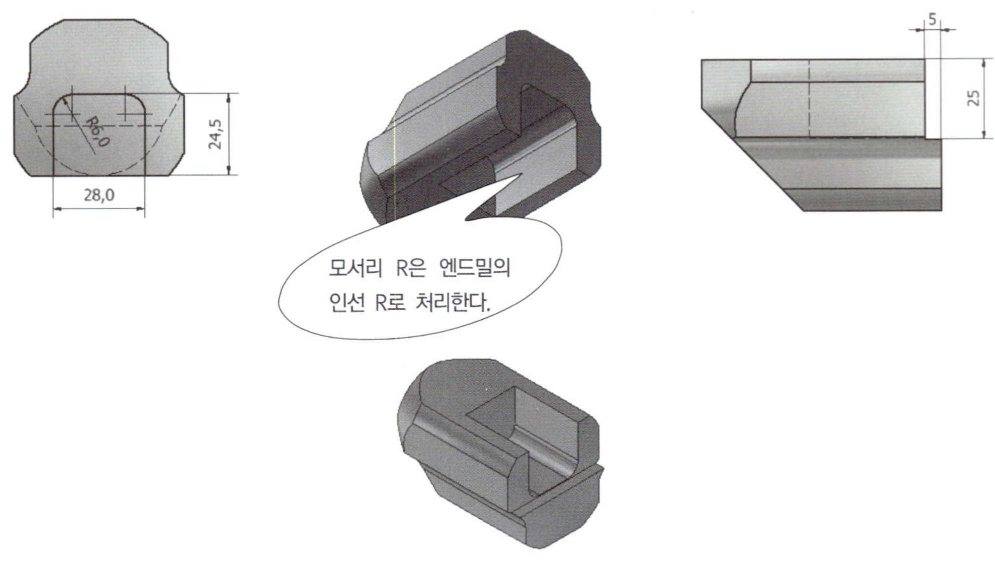

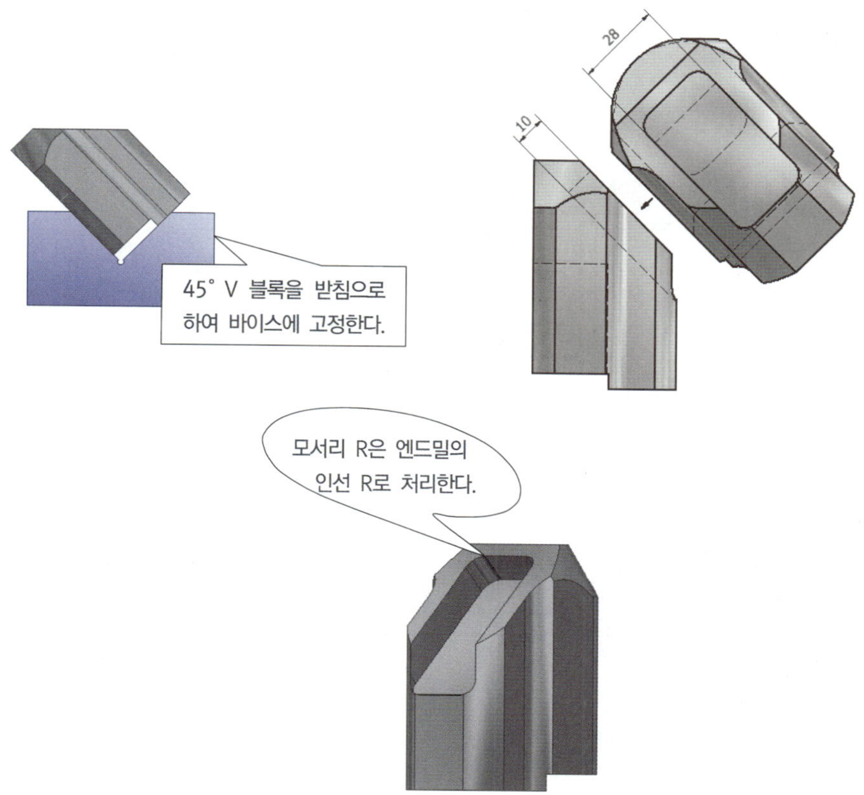

⑥ 볼 엔드릴(∅16)로 측면의 R8을 가공한다.

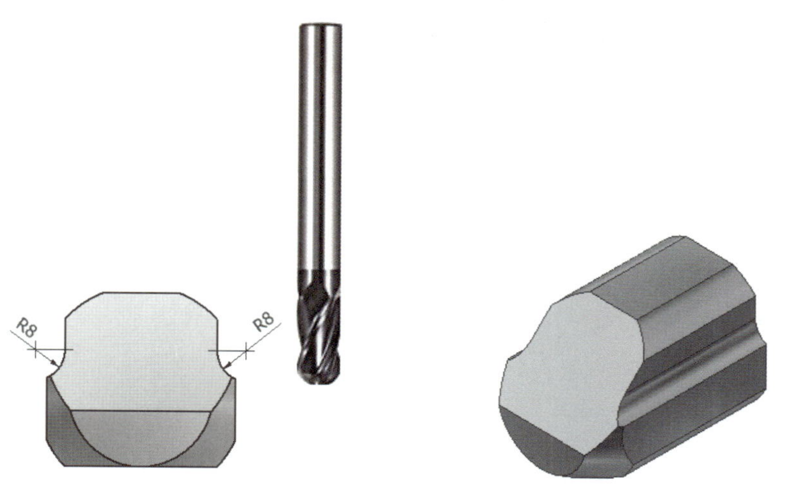

2. ②번 부품 가공

- 지급재료 : ∅60 × 100

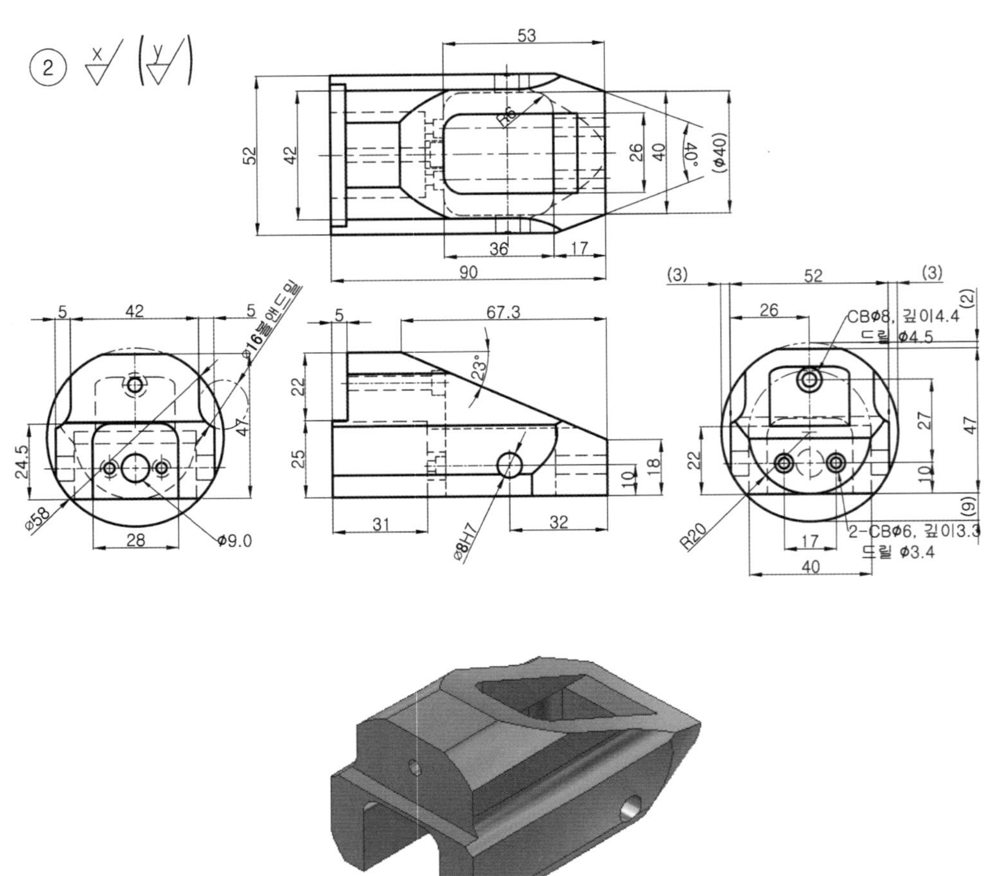

1) 도면 검토 및 수정하기

치수, 끼워 맞춤, 기하공차, 표면 거칠기, 제품의 기능, 요구사항 등을 확인한다. 제작상의 문제점이 있으면 수정하고 수정된 도면을 제작도면으로 사용한다.

〈표-2/2〉 도면(부품도) 검토 및 분석표 작성(예시 참조)

2) 부품 가공 순서 정하기

부품 가공 공정을 결정하는 작업은 제작 시간단축 및 조립상태 확인, 가공불량 등을 줄일 수 있다. 따라서 부품도를 분석하여 각 부품을 어떤 순서로 어떻게 가공할 것인가를 가공 전에 생각하여 가공 순서를 정하고 이를 토대로 실제 가공에 이용한다.

〈표-8〉 부품 가공 순서 작성(예시 참조)

3) 부품 가공 따라하기

위 [1), 2)]를 검토 및 작성 후 … 위 ①번 부품과 같은 방법으로 가공한다.

3. ③, ⑤번 부품 가공

- 지급재료 : ∅8 연마핀

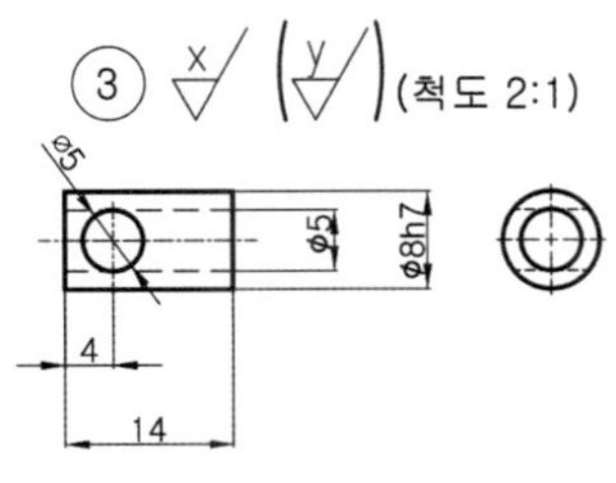

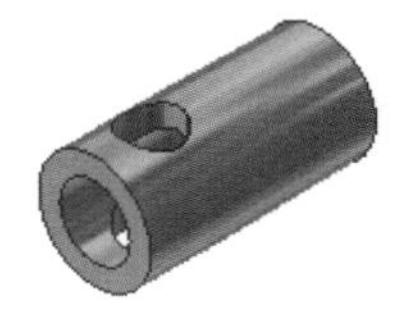

- 지급재료 : ∅8 연마핀

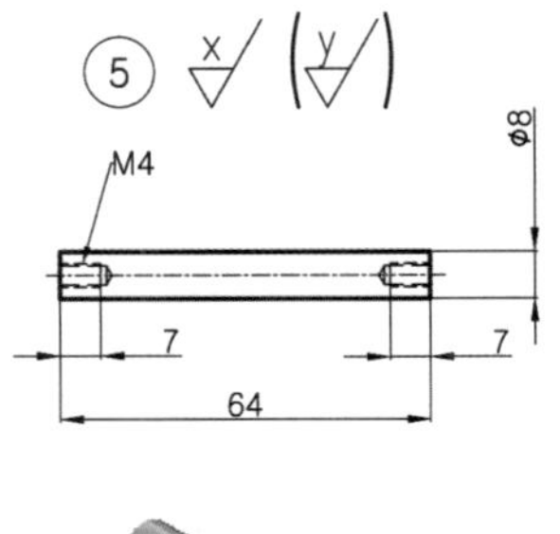

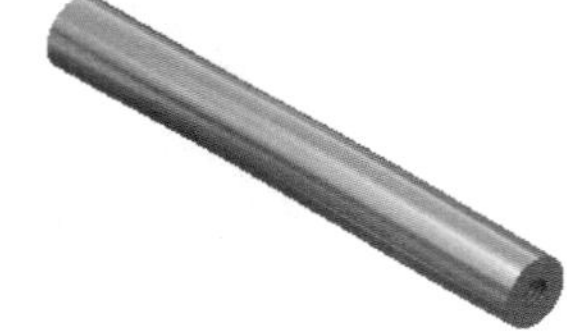

1) 도면 검토 및 수정하기

치수, 끼워 맞춤, 기하공차, 표면 거칠기, 제품의 기능, 요구사항 등을 확인한다. 제작상의 문제점이 있으면 수정하고 수정된 도면을 제작도면으로 사용한다.

〈표-2/2〉 도면(부품도) 검토 및 분석표 작성(예시 참조)

2) 부품 가공 순서 정하기

부품 가공 공정을 결정하는 작업은 제작 시간단축 및 조립상태 확인, 가공불량 등을 줄일 수 있다. 따라서 부품도를 분석하여 각 부품을 어떤 순서로 어떻게 가공할 것인가를 가공 전에 생각하여 가공 순서를 정하고 이를 토대로 실제 가공에 이용한다.

〈표-8〉 부품 가공 순서 작성(예시 참조)

3) 부품 가공 따라하기

① 돌려 물림 가공한다(소재 ∅8 연마핀).

② 연마핀으로 길이만 가공하여 맞춘다(고정구로 콜렛 사용).

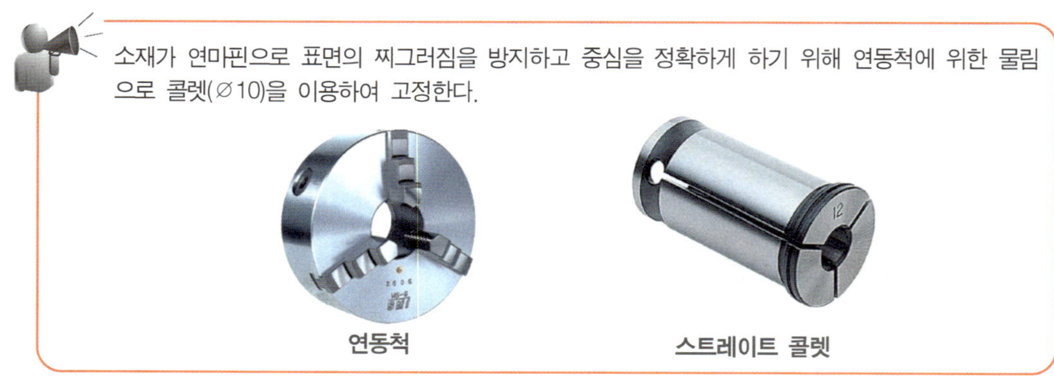

③ 센터드릴 → 드릴(부품③ ∅5 관통, 부품⑤ ∅3.3 × 깊이 7)작업 후 절단한다. 돌려 물려서 동일 작업한다.

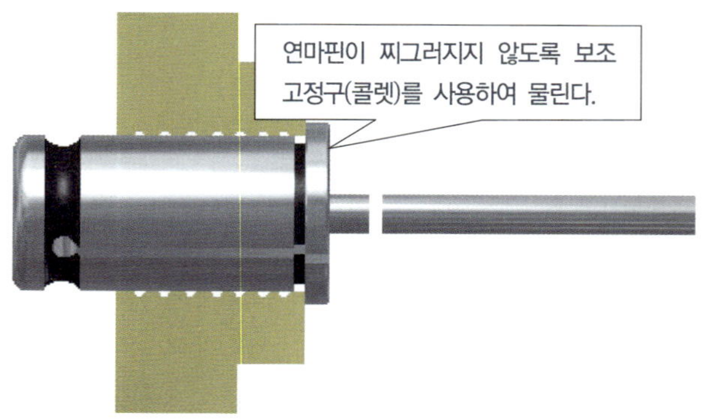

4. ⑦번 부품 가공

- 지급재료 : ∅30 × 100

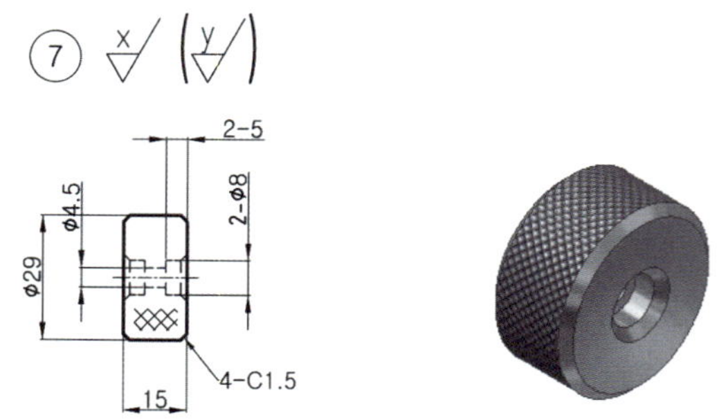

1) 도면 검토 및 수정하기

치수, 끼워 맞춤, 기하공차64), 표면 거칠기, 제품의 기능, 요구사항 등을 확인한다. 제작상의 문제점이 있으면 수정하고 수정된 도면을 제작도면으로 사용한다.

〈표-2/2〉 도면(부품도) 검토 및 분석표 작성(예시 참조)

2) 부품 가공 순서 정하기

부품 가공 공정을 결정하는 작업은 제작 시간단축 및 조립상태 확인, 가공불량 등을 줄일 수 있다. 따라서 부품도를 분석하여 각 부품을 어떤 순서로 어떻게 가공할 것인가를 가공 전에 생각하여 가공 순서를 정하고 이를 토대로 실제 가공에 이용한다.

〈표-8〉 부품 가공 순서 작성(예시 참조)

3) 부품 가공 따라하기

① 널링65) 외경부를 ∅28.7 × 길이 17~20으로 가공 후 널링 → 드릴(∅4.5 깊이 18) → 카운터보어(∅8 깊이 5) → 모따기(C1.5) 및 절단한다.

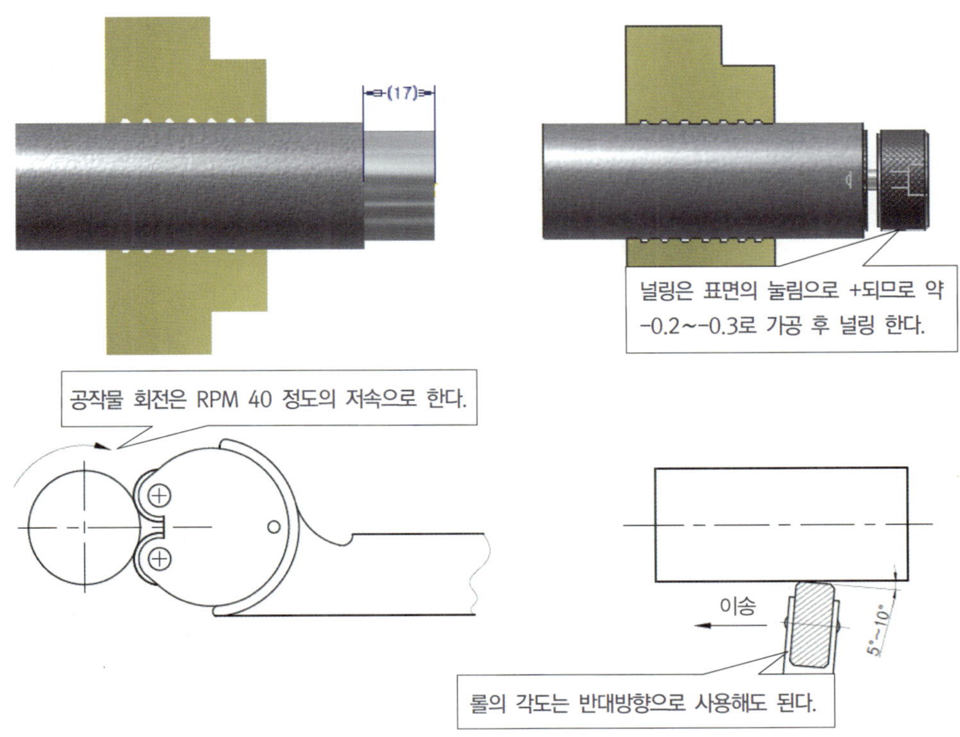

---

64) 치수공차로 규제된 제품은 치수가 맞아도 형상에 따라 결합이 안 되는 경우가 있으나, 기하공차로 규제된 제품은 치수가 조금 틀리는 최악의 경우에도 결합이 가능하다. 따라서 기하공차는 제품의 기능 및 결합 부품들 간의 상호 호환성을 규제하는 것으로 고 정밀한 제품에는 필히 적용되고 있다.

65) 주로 원통 형상의 공작물의 외면에 미끄럼을 방지하기 위한 목적으로 만들어지는 깔쭉깔쭉한 모양을 가리킨다.

② 재료를 내어 물리면서 동일하게 필요수량으로 가공한 후 돌려서 반대쪽 카운터보어(∅8 깊이 5)작업을 한다.

G 조립가공 및 부품조립

학습 목표	1. 조립 작업의 중요성에 대해 설명할 수 있다. 2. 정확한 금긋기와 드릴링을 할 수 있다.

제작 과정에서 가장 중요한 것은 마무리 및 조립이다. 그 것은 제품의 기능 요구 조건에 맞게 만들어가는 과정이 마무리 및 조립과정이기 때문이다. 각 부품을 고 정밀도로 기계가공을 할 수는 있지만 요구하는 조립 정밀도로 맞추기는 어렵다. 왜냐하면 기계 및 절삭공구의 정밀도 외에 가공중의 진동, 먼지, 온도 등에 의해 치수가 커지거나 작아지는 변화가 있기 때문이다.

1. 조립 가공하기

모든 부품의 기준면 및 치수를 확인하여 구멍위치에 하이트게이지로 금긋기 한다. 조립하기 위한 구멍 위치의 금긋기는 가공할 때의 기준면을 정반에 밀착시킨 상태로 금긋기 한다. 이 때 체결되는 부품과 부품은 조립되었을 때의 상태로 놓고 하이트게이지로 동시에 금긋기 한다.

① 조립 구멍위치 금긋기 → 센터펀치 → 드릴 작업한다.

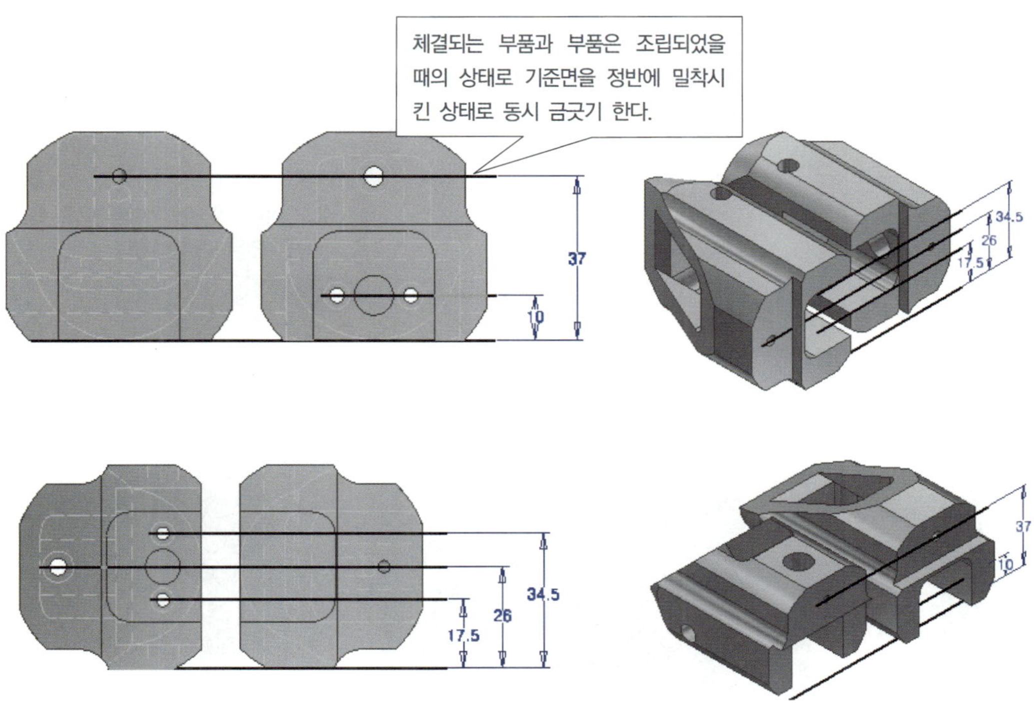

② 금긋기 → 센터펀치 → 드릴 → 리머 → 카운터보어 → 카운터싱크 → 핸드탭 작업한다.

탭은 나사의 바깥지름, 유효 지름, 골 지름의 치수가 1, 2, 3번 탭의 순으로 증가한다. 절삭 율에 따라 초기 자리 잡기 작업은 1번 탭(55%), 이어서 2번 탭(25%), 마무리는 3번 탭(20%)으로 완성한다.

관통이 아닌 탭 작업은 절삭된 칩이 바닥에 쌓여 탭의 전진에 방해가 되어 쉽게 부러질 수 있다. 절삭칩을 배출하면서 수직을 유지하고 절삭유를 급유하며 적당한 힘으로 정회전(시계방향)과 역회전을 반복하며 작업한다.

카운터보어는 상측에서 드릴(∅3.45) 후 작업한다. 작업은 절삭유을 급유하며 저속회전 및 이송속도는 느리게 작업한다.

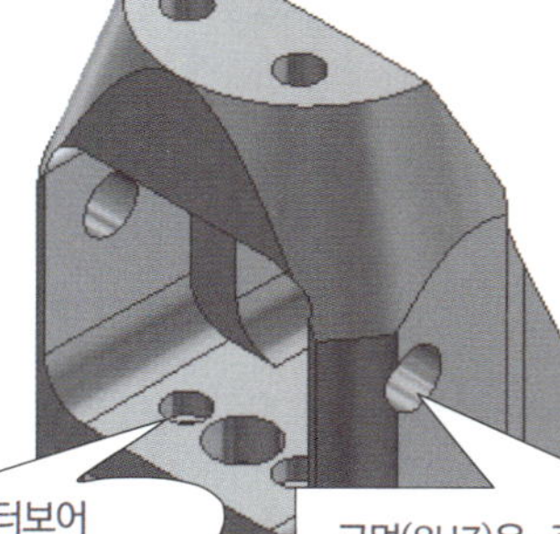

∅8H7은 기계리머 작업이다. 최종 드릴 ∅7.7(보통 -0.3)로 전체관통하고 이어서 리머작업하며 저속회전으로 절삭유을 급유하며 이송한다.

카운터보어
∅6, 깊이 3.3

구멍(8H7)은 관통으로 한쪽에서 최종드릴 ∅7.7(보통 -0.3)로 전체를 뚫고 리머작업하며 저속회전으로 절삭유을 급유하며 이송한다.

구멍 바닥에 쌓인 절삭칩으로 탭의 전진을 방해하여 부러질 수 있다. 칩 배출을 해가면서 탭핑유를 사용하고 수직유지(고정구 사용) 및 적당한 힘으로 작업한다.

드릴 ∅4.3
핸드탭 M5

원통에 있는 구멍으로 작은 드릴 후 최종드릴 (∅3.0→5.0)

2. 부품 조립하기

제작물의 전체적인 구조를 이해하고 조립되는 순서와 방법을 결정한다. 부품조립은 좌우방향과 상하방향이 바뀌지 않도록 주의하며 부품의 위치정도를 확인하여 가공 상태 그대로 조립되도록 한다. 볼트 체결은 하나씩 대각선으로 느슨하게 조인 후 위치가 맞으면 강하게 조인다.

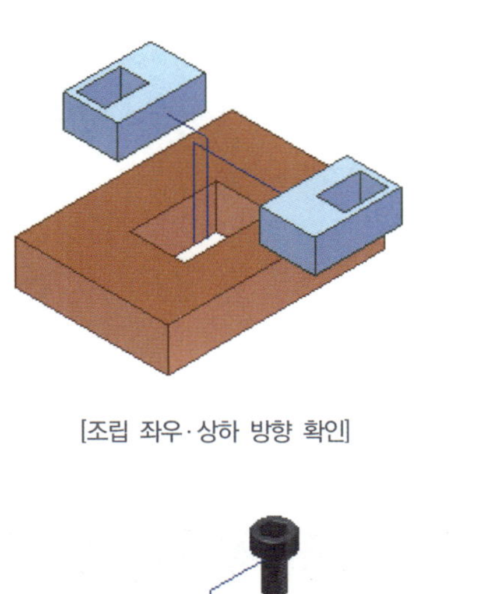

[조립 좌우·상하 방향 확인]

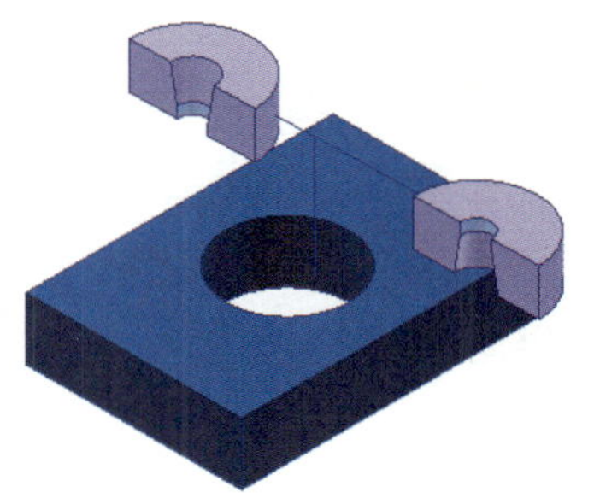

[조립 상하방향 확인]

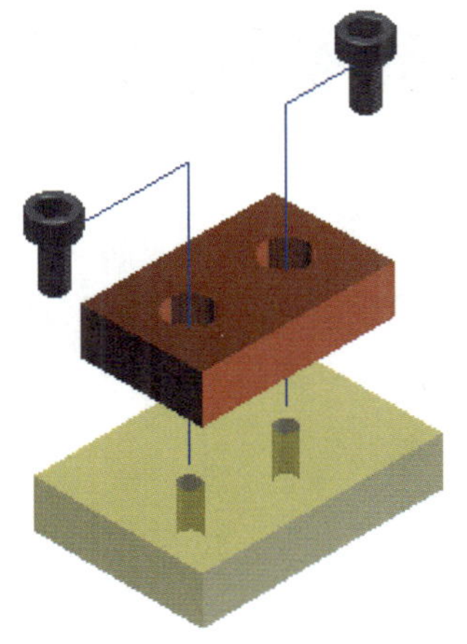

[조립 위치정도 확인]

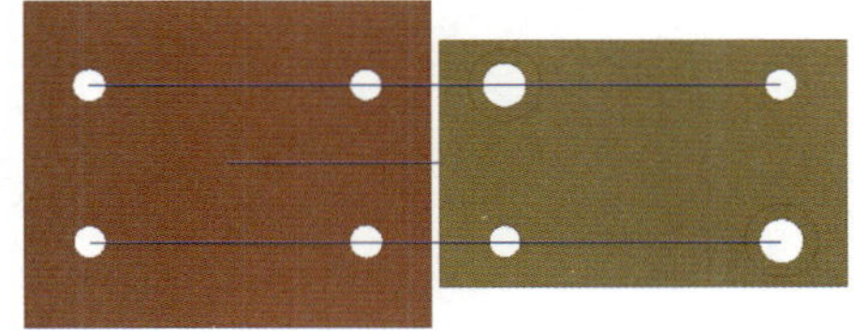

[조립 평행도 확인]

조립 시 확인 사항

H ∷ 측정 및 품질 분석

학습 목표	1. 품질관리의 중요성에 대해 설명할 수 있다. 2. 품질 분석표를 작성할 수 있다.

원하는 품질의 제품을 얻기 위해서는 품질관리는 매우 중요하다. 품질관리의 과정에는 기술 부문의 필수적인 성능과 기능을 분명하게 결정하는 기획설계 과정의 품질과 제작 과정에서 현장의 기술 수준에 따라 달라질 수 있으므로 제작과정의 품질이 중요하다.

1. 가공 부품 측정

〈표-6〉 조립품 및 부품 측정표 작성(예시 참조)

표 ➤ 조립품 및 부품 측정

조립품 및 부품 측정								
프로젝트 명								
작 성 자	소속			성명				
평가 구분	평가 사항					배점	득점	환산 점수
가공 상태 (80%)	항목	도면 치수	측정값					
			1차 측정	2차 측정	최종값			
	정밀 치수 (50%)							
	소계							

QUESTION

그림은 외측 마이크로미터의 눈금으로 스핀들 1회전할 때마다 0.5mm 이동하며 이 0.5 mm를 심블에 50등분한 것이다. 측정값은?

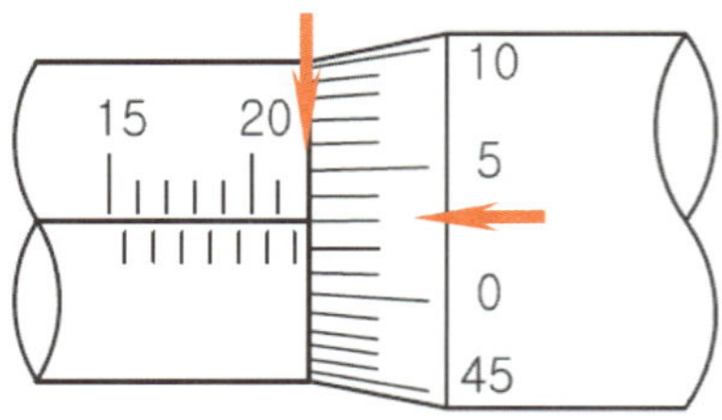

2. 완성품 품질 분석

부품 측정표와 전체적인 기능을 분석하여 불량 원인을 해결할 수 있는 방안을 조사한다.

〈표-7〉 4way 품질 분석표 작성(예시 참조)

표 ➤ 4way 품질 분석표

4way 품질 분석표				
프로젝트 명				
작 성 자	소속		성명	
A. 왜 불량이 발생하였는가?				
1 단계 Why?	(예) 왜 아침 등교시간이 늦었는가? → 아침에 늦게 일어나서 집에서 나왔다.			
2 단계 Why?	(예) 왜 늦게 일어났는가? → 어젯밤에 늦게 잠자리에 들었다.			
3 단계 Why?	(예) 왜 늦게 잠자리에 들었는가? → 인터넷 게임을 늦게까지 하였다.			
4 단계 Why?	(예) 왜 인터넷 게임을 늦게까지 하였는가? → 재미가 있어서 시간 가는 줄 몰랐다.			
B. 근본 요인은?				
(예) 계획성이 없는 생활을 하였다.				

품질관리 용어

- CSM(Customer Satisfaction Management) : 고객 만족 경영
- CIM(Computer Integrated Manufacturing) : 컴퓨터통합 제조방식
- ARL(Acceptable Reliability Level) : 합격신뢰성수준
- DR(Design Reliability) : 설계 신뢰성
- GQTS(Global Quality Tracking System) : 총체적인 품질 추적 시스템

프로젝트 수행과정 발표

학습 목표	1. 프로젝트 수행과정의 요점을 정리하여 전시회 자료를 만들 수 있다. 2. 프로젝트 수행과정을 프레젠테이션 자료로 만들어 발표할 수 있다.

1. 전시회 자료 제작

프로젝트 과제 수행 과정을 사진으로 촬영하여 프레젠테이션 및 전시회 자료 제작을 위한 자료로 활용하고 제작 관련 자료를 모아 보관하며 이를 정리하여 제품을 이해할 수 있도록 전시회 자료를 만든다.

(한글 A4 용지 1쪽)
1. 주제
2. 목적
3. 제작기간
4. 팀원 및 참여단계
5. 수행과정 및 문제해결방법
6. 제작 후 느낀 점

2. 프레젠테이션 자료 제작

위 자료를 중심으로 파워포인트로 제작하고 발표는 큰 그림을 먼저 이야기 하도록 한다. 프레젠테이션 자료는 차트나 그림(사진)을 많이 활용한 내용으로 하며 가장 좋은 것을 마지막에 보여주면서 간결하면서 감동적인 마무리가 되도록 준비한다.

(파워포인트 슬라이드 5쪽 이내)
1. 무엇을 전하고 싶은가?
2. 어떻게 전하려 하는가?
3. 왜 그 방법이 필요한 것인가?
4. 어떤 성과를 얻고 싶은가?

CHAPTER 07

윤장대

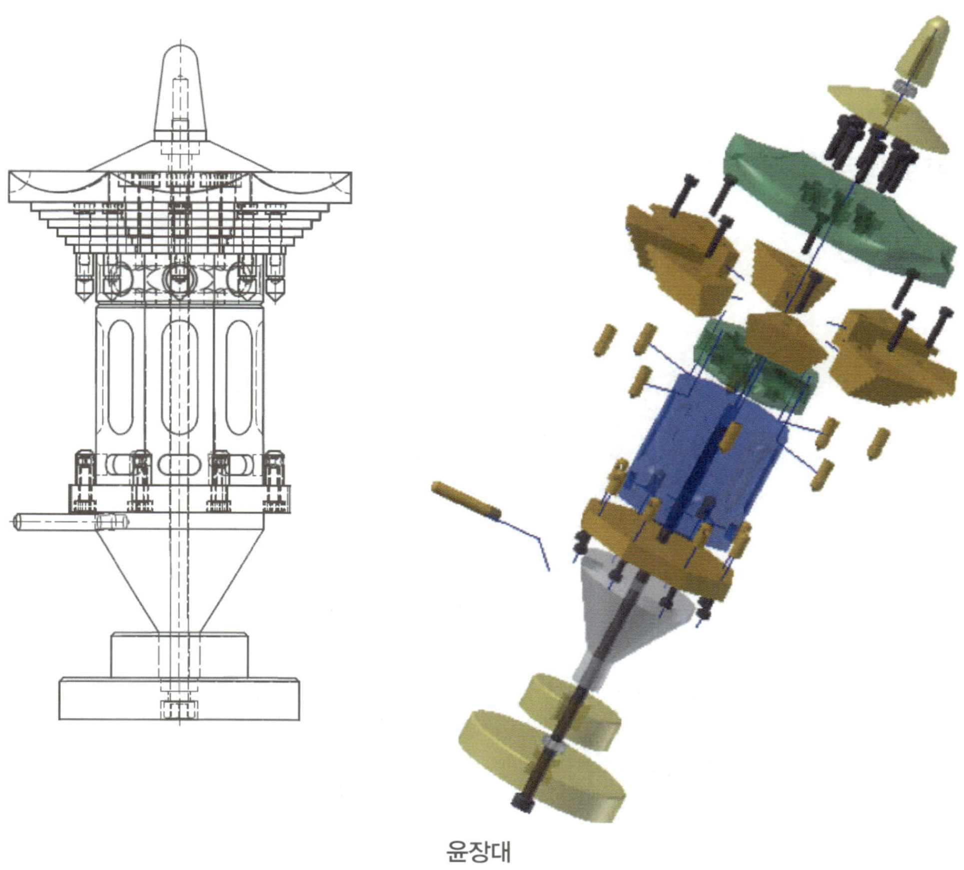

윤장대

단원 소개

본 단원은 주변의 탐구대상을 축소 설계하고 제작해 보는 단원으로 팔각기둥 가공, 팔각판의 분할가공 및 기준면 잡기, 직각 잡기, 치수 맞추기 등 가공순서와 가공방법 등을 학습한다. 설계단계의 축척 개념과 축소한 부품들에 적합한 KS규격품 선택 및 가공과 조립하며 부품들 간의 상호 관계를 익힐 수 있도록 한다.

또한 부품설계 및 KS규격품 선정 – 도면 작성 – 부품 가공 – 부품 조립 – 측정 과정을 단계별로 실습하고, 부품 가공에 필요한 공작기계의 선정, 재료의 선정, 절삭 공구의 선정 등 작품을 제작하는데 필요한 응용능력을 키우도록 한다.

A 윤장대 제작 프로젝트

윤장대를 설계하고 출력하여 그 도면을 제작도면으로 실제로 공작기계를 이용하여 제작해보는 실습으로 도면 설계능력을 향상시키고 선반, 밀링과 드릴링 등의 공작기계를 이용하여 제품을 가공해 봄으로서 공작기계 가공 능력도 향상시키는 과제를 수행한다.

1. 학습목표

1) 팔각형 도형의 개념을 알고 설계할 수 있다.
2) 도면을 이해하고 정밀하게 가공할 수 있다.
3) 적용된 KS품의 규격과 용도를 설명할 수 있다.

2. 프로젝트 과제명 : 윤장대

3. 소요시간 : [20시간] ※ 준비된 재료 지급

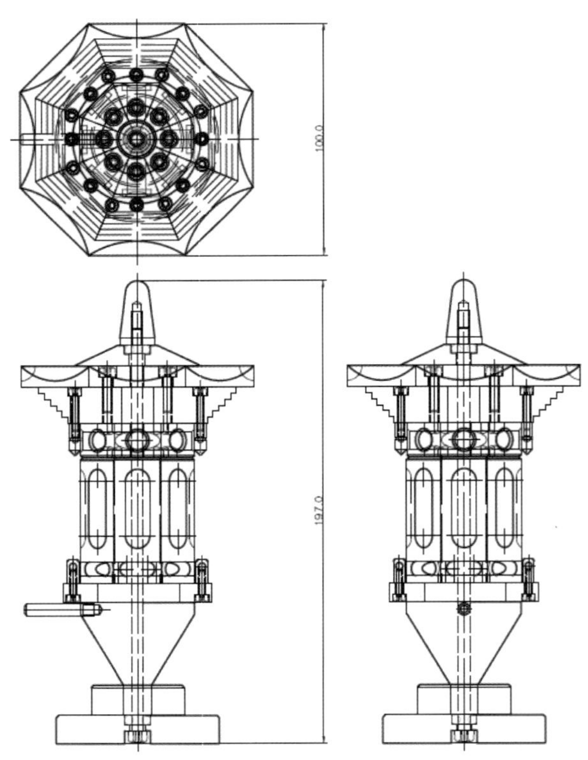

4. 보고서 작성 내용

[표-1] 프로젝트 담당업무 및 참여동기
[표-2/1] 도면(조립도) 검토 및 분석

[표-2/2] 도면(부품도) 검토 및 분석
[표-3] 소요 가공재료 및 KS규격품
[표-4] 기계 및 공구, 측정기
[표-5] 부품 가공 시 안전 및 유의 사항 조사
[표-6] 조립품 및 부품 측정
[표-7] 4way 품질 분석
[표-8] 부품 가공 순서

용문사 윤장대(보물 제684호)

시대 : 고려명종, 재료 : 목조, 높이 : 4.20M, 둘레 : 3.15M

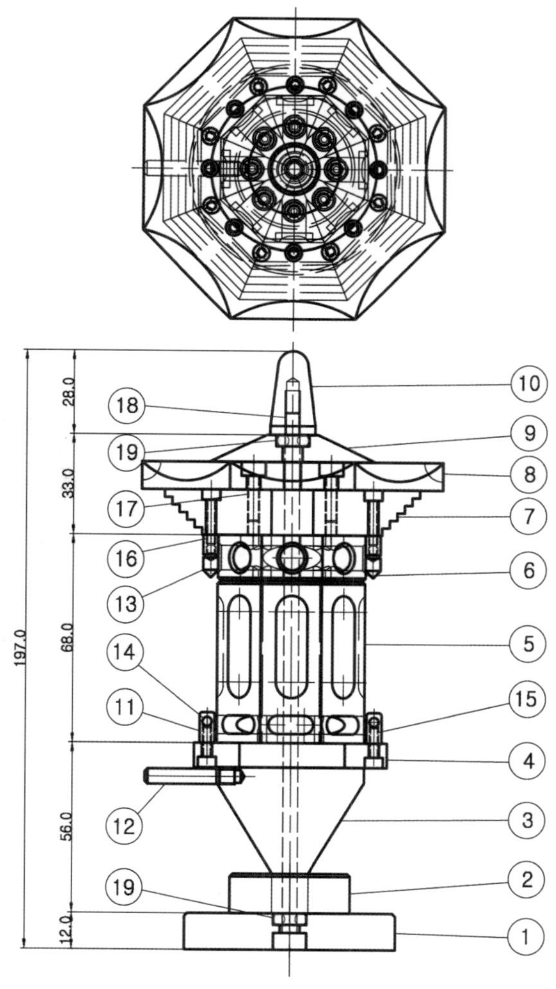

▸척도 : N S(약 1/22)
▸부품 수 : 총 70개(가공 42개, KS규격품 28개)
▸사용공작기계 : 선반, 밀링, 드릴, 연삭

윤장대 이야기

용문사 윤장대는 경서(經書)를 보관한 경장(經藏)의 일종이며 크기는 높이 4.2m, 둘레 3.27m로 대장전 내에 좌우로 2개가 설치되었다.

용문사 윤장대(龍門寺 輪藏臺)는 내부에 불경을 넣고 손잡이를 돌리면서 극락정토를 기원하는 의례를 행할 때 쓰던 도구이다.

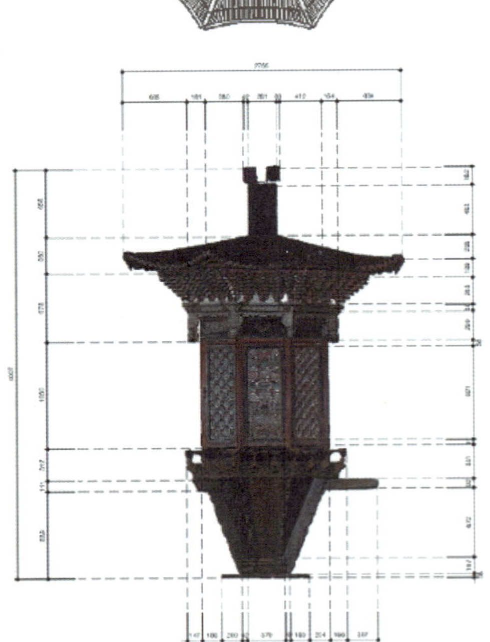

마루 밑에 회전축의 기초를 놓고 윤장대를 올려놓았으며, 지붕 끝을 건물 천장에 연결하였다. 불단(佛壇)을 중심으로 좌우에 1기씩 놓여있는데 화려한 팔각정자 형태이다. 아래 부분은 팽이모양으로 뾰족하게 깎아 잘 돌아갈 수 있도록 하였고, 난간을 두른 받침을 올린 후 8각의 집 모양을 얹었다. 8각의 집 모양에는 모서리에 기둥을 세우고 각 면마다 8개의 문을 달았다. 문은 좌우로 구분되어 4개의 문에는 꽃무늬 창살이 다른 4개의 문에는 빗살무늬 창살이 정교하게 꾸며져 있다. 문을 열면 8면에 서가처럼 단이 만들어져 경전을 꺼내볼 수 있도록 하였다. 보존이 잘 되어있고 8각형 모양의 특이한 구조수법이 돋보이는 국내 유일의 자료로, 경전의 보관처인 동시에 신앙의 대상이 되는 귀한 불교 공예품이다. 대장전을 창건할 당시 함께 제작된 것인지 조선 현종 11년(1670) 대장전을 새 단장하면서 만들어진 것인지는 확실하지 않다.

출처 : http://www.cha.go.kr/korea
http://www.heritage.go.kr

B ⁞⁞ 프로젝트 도면

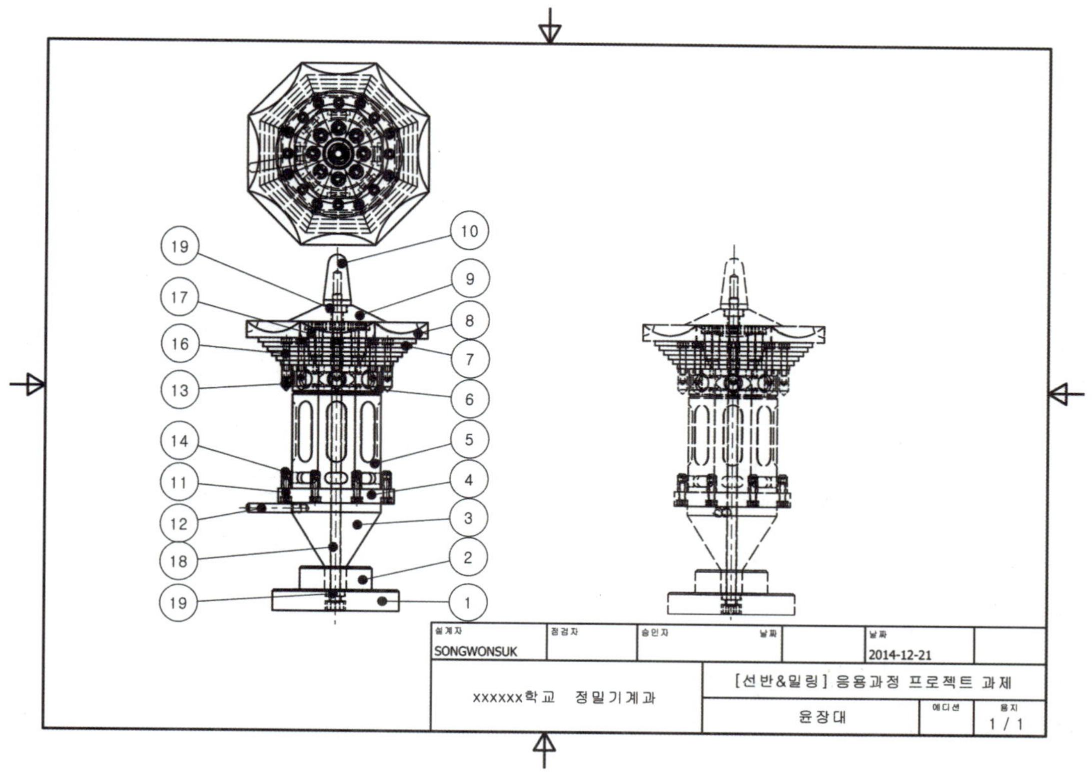
19
17
16
13
14
11
12
18
19
10
9
8
7
6
5
4
3
2
1
설계자
SONGWONSUK
검검자
승인자
날짜
날짜
2014-12-21
xxxxxx학교 정밀기계과
[선반&밀링] 응용과정 프로젝트 과제
윤장대
에디션
용지
1 / 1

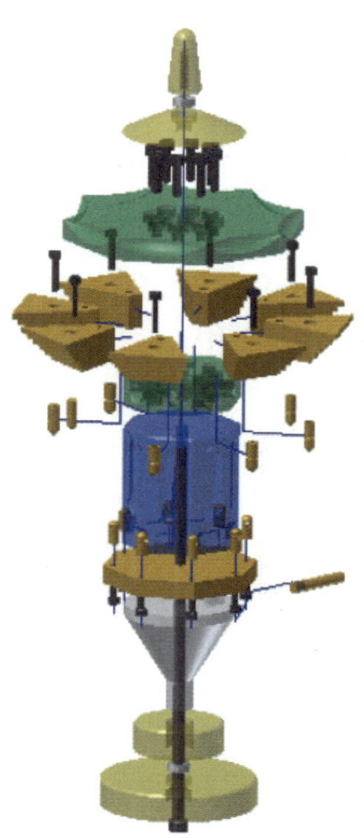

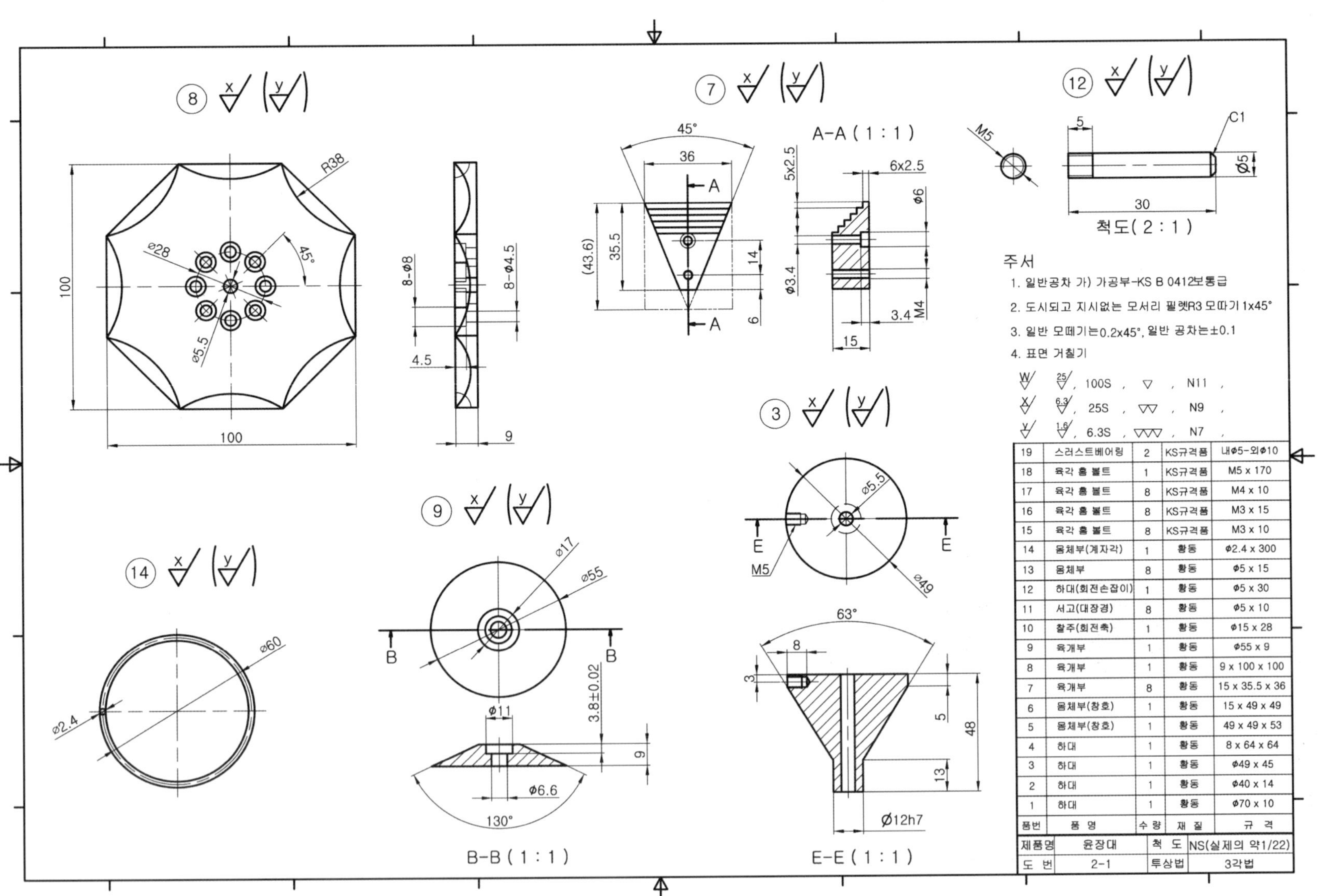
⑧
R38
45°
⌀28
⌀5.5
100
100
8-⌀8
8-⌀4.5
4.5
9
⑦
45°
36
A
A
(43.6)
35.5
14
6
A-A (1 : 1)
5x2.5
6x2.5
⌀6
⌀3.4
3.4
M4
15
⑫
M5
5
C1
⌀5
30
척도(2 : 1)
주서
1. 일반공차 가) 가공부-KS B 0412보통급
2. 도시되고 지시없는 모서리 필렛R3 모따기 1x45°
3. 일반 모떼기는0.2x45°, 일반 공차는±0.1
4. 표면 거칠기
w/ = 25/, 100S , ▽ , N11 ,
x/ = 6.3/, 25S , ▽▽ , N9 ,
y/ = 1.6/, 6.3S , ▽▽▽ , N7 ,
③
⌀5.5
E
E
M5
⌀49
63°
8
3
5
48
13
Ø12h7
E-E (1 : 1)
⑨
⌀17
⌀55
B
B
Ø11
3.8±0.02
9
Ø6.6
130°
B-B (1 : 1)
⑭
⌀60
⌀2.4

19	스러스트베어링	2	KS규격품	내Ø5-외Ø10
18	육각 홈 볼트	1	KS규격품	M5 x 170
17	육각 홈 볼트	8	KS규격품	M4 x 10
16	육각 홈 볼트	8	KS규격품	M3 x 15
15	육각 홈 볼트	8	KS규격품	M3 x 10
14	몸체부(계자각)	1	황동	Ø2.4 x 300
13	몸체부	8	황동	Ø5 x 15
12	하대(회전손잡이)	1	황동	Ø5 x 30
11	서고(대장경)	8	황동	Ø5 x 10
10	찰주(회전축)	1	황동	Ø15 x 28
9	육개부	1	황동	Ø55 x 9
8	육개부	1	황동	9 x 100 x 100
7	육개부	8	황동	15 x 35.5 x 36
6	몸체부(창호)	1	황동	15 x 49 x 49
5	몸체부(창호)	1	황동	49 x 49 x 53
4	하대	1	황동	8 x 64 x 64
3	하대	1	황동	Ø49 x 45
2	하대	1	황동	Ø40 x 14
1	하대	1	황동	Ø70 x 10
품번	품 명	수 량	재 질	규 격
제품명	윤장대	척 도	NS(실제의 약1/22)	
도 번	2-1	투상법	3각법	

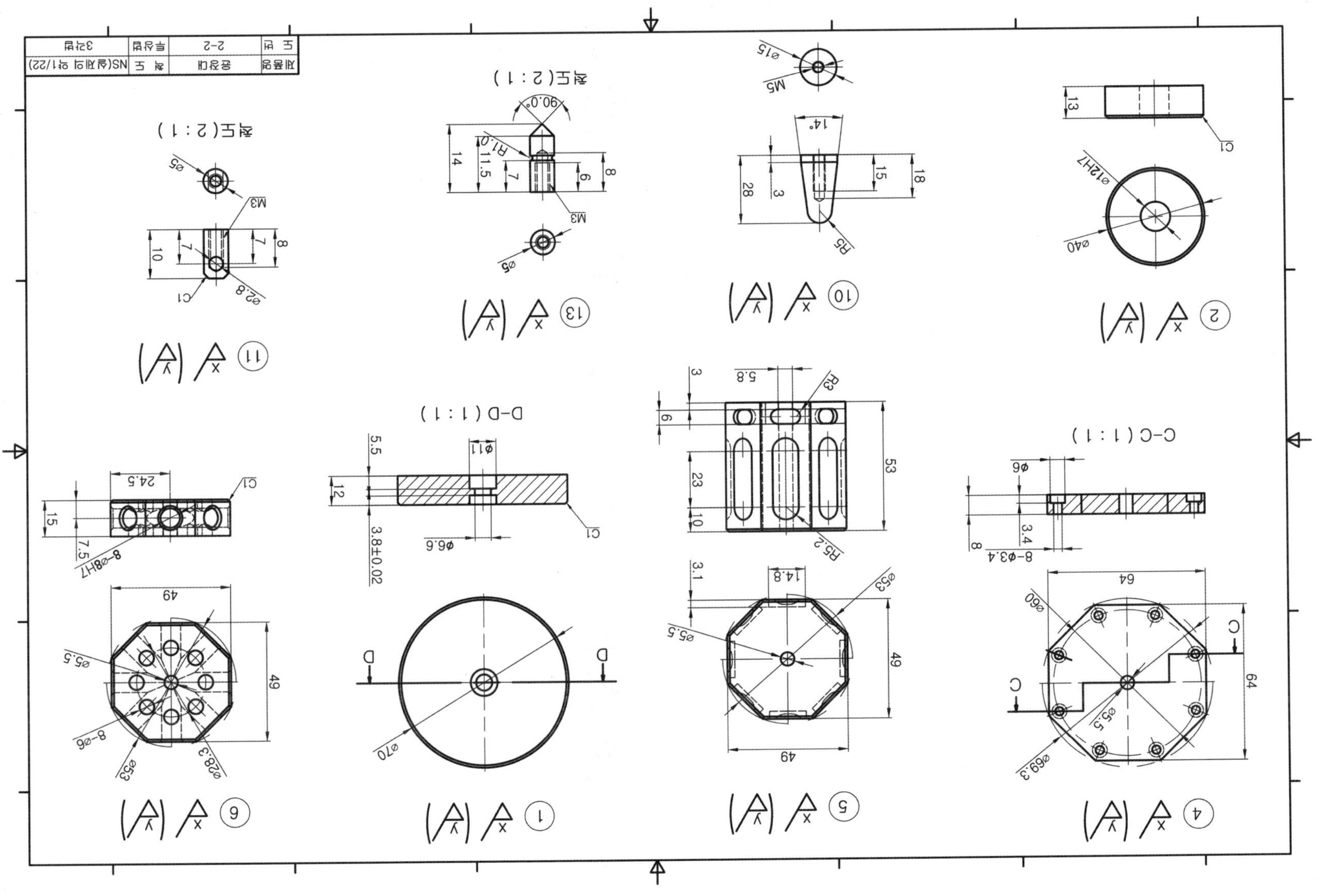
제품명
운장대
척 도
NS(실제의 약1/22)
도 번
2-2
투상법
3각법
C-C (1 : 1)
D-D (1 : 1)
척도(2 : 1)
척도(2 : 1)

C ⁝⁝⁝ 프로젝트 수행계획서 작성

학습 목표

1. 작업 단계별 계획서를 작성할 수 있다.
2. 계획서 작성 방법 및 내용을 설명할 수 있다.

수행계획서는 작품 제작 과정에 필요한 것들을 단계별로 작성한다. 조립도 및 부품도면 작성, 소요재료 목록 작성, 사용기계 및 공구 목록 작성, 측정기, 부품 가공 공정 작성, 가공부품 채점, 완성품 품질분석 등을 작성한다.

〈표-1〉 프로젝트 수행계획서 작성(예시 참조)

본 프로젝트는 기능습득 목적의 과제 제시형 프로젝트로 「수행계획서」는 작품 제작완료 후 정리하여 작성한다. 연구 및 발명 프로젝트는 반드시 작품 제작 전에 계획서를 작성한다.

표 ➤ 수행계획서 작성

<table>
<tr><th colspan="5">프로젝트 수행계획서</th></tr>
<tr><td>프로젝트 명</td><td colspan="4"></td></tr>
<tr><td>작 성 자</td><td>소속</td><td></td><td>성명</td><td></td></tr>
<tr><td>일정</td><td>계획</td><td>내 용</td><td>업무분담</td><td>준비물</td></tr>
<tr><td></td><td></td><td></td><td></td><td></td></tr>
<tr><td></td><td></td><td></td><td></td><td></td></tr>
<tr><td></td><td></td><td></td><td></td><td></td></tr>
<tr><td></td><td></td><td></td><td></td><td></td></tr>
</table>

D ⁝⁝⁝ 도면 작성 및 도면 분석

학습 목표	1. 각 부품을 스케치할 수 있다. 2. 각 부품을 설계(CAD)할 수 있다.

제시한 과제 분해도와 조립도, 부품도를 참고로 스케치하면서 과제의 특징을 파악하여 제작과 정상 주의할 점을 조사한다.

1. 부품 스케치하기

제시된 도면의 각 부품을 프리 핸드로 등각투상하면서 제품의 형상을 이해한다. 도면의 부품 등각투상도는 아래 그림과 같이 치수에 맞게 그린다.

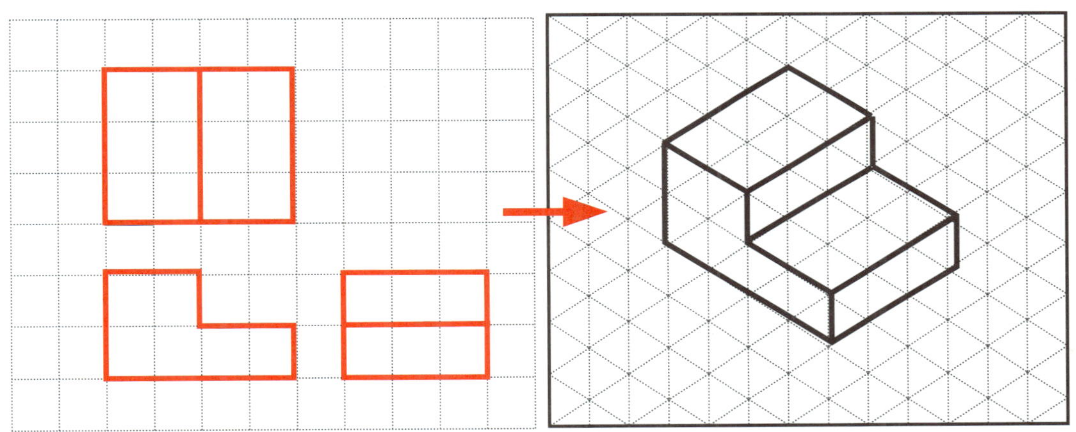

부품 및 등각투상도 예

※ 부록 2 : 스케치도 그리기(모눈종이)

스케치는 산업현장에서 기계부품 등의 현물을 측정하여 제도기 없이 프리 핸드(free hand)로 연필로 그리며 설계 또는 제작도를 작성하기 위해서 행해진다.

2. 도면(조립도) 검토 및 분석하기

도면을 분석하여 설계자의 요구사항은 무엇인지를 확인한 후 설계목적, 운동, 마모, 부품연결, 부품역할, 주유, 끼워 맞춤, 열처리, 도장, 가공, 고정, 조립, 사용한 재질의 절삭성 및 절삭유제의 사용여부 등을 분석한다.

〈표-2/1〉 도면(조립도) 검토 및 분석표 작성(예시 참조)

표 ➤ 도면(조립도) 검토 및 분석표

도면(조립도) 검토 및 분석표				
프로젝트 명				
작 성 자	소속		성명	
구분	검토 사항			검토 결과
1	도면을 검토 및 분석결과 조립가능 여부와 제품의 기능(운동)은? ⇨			
2	제품의 정밀치수(일반치수 제외)는 몇 개소 있으며, 보유한 공작기계 및 공구로 가공이 가능한가? ⇨			

E ⁝⁝⁝ 부품 가공 준비

학습 목표	1. 가공에 필요한 공구와 기계, 측정기를 선정할 수 있다. 2. 가공한 부품과 규격품을 이용하여 정밀하게 조립할 수 있다.

도면 내용을 분석한 다음 보유하고 있는 시설 현황을 조사하여 부품 가공에 필요한 공작 기계, 절삭공구, 측정기, 소요재료 등을 선정한다.

1. 부품 가공에 필요한 공작 기계 선정하기

KS규격과 명칭에 따라 품명에는 사용해야 할 공작기계를 적으며, 규격(사양)과 수량을 적는다. 활용 내역에는 기계 기구를 사용할 부품번호와 작업내용을 적는다.

〈표-4〉 기계 및 공구, 측정기 작성[66] (예시 참조)

표 ➤ 가공에 필요한 기계 및 공구

가공 기계 및 공구				
프로젝트 명				
작 성 자	소속		성명	
연번	품명	규격	수량	활용 내역

66) 사용해야 할 공작기계와 공구 및 측정기를 적으며, 규격(사양)과 수량을 적는다. 비고란에는 용도를 적는다.

2. 부품 가공에 필요한 측정기구 선정하기

도면 내용을 분석한 다음 보유한 측정 기구를 조사하고 부품 가공에 필요한 측정 기구를 선정하여 준비한다.

〈표-4〉 기계 및 공구, 측정기 작성67) (예시 참조)

표 ➤ 가공에 필요한 측정기 선정

가공에 필요한 측정기						
프로젝트 명						
작 성 자	소속			성명		
연번	품명	규격		수량	활용 내역	

3. 제작에 필요한 재료 선정하기

부품 가공에 필요한 재료 치수를 뽑고 다음 표를 작성하여 구매 신청을 할 수 있도록 준비한다. 규격품은 KS규격에 따라 품명과 재질, 규격, 수량을 적고, 비고란에는 KS규격분류기호와 번호, 열처리 여부를 기록한다. 단, 재료는 가공이 수월한 연강(SM20C), 황동, 알루미늄 등을 사용해도 되며 규격은 가공여유(+3~5)를 포함한 치수를 적는다.

〈표-3〉 소요 가공재료 및 KS규격품 작성(예시 참조)

표 ➤ 소요 가공재료 및 KS규격품

소요 가공재료 및 KS규격품					
프로젝트 명					
작 성 자	소속		성명		
부품번호	품명	규격	수량	재질	비고

67) 사용해야 할 공작기계와 공구 및 측정기를 적으며, 규격(사양)과 수량을 적는다. 비고란에는 용도를 적는다.

4. 부품 가공 시 안전 및 유의 사항 조사하기

부품 가공 시에 필요한 안전사고 유의 사항을 조사하고 이를 근거로 실제 가공에 있어 안전사고가 발생하지 않도록 철저히 준비한다.

〈표-5〉 부품 가공 시 안전 및 유의 사항 작성(예시 참조)

표 ➤ 제품 가공 시 안전 및 유의 사항

<table>
<tr><th colspan="5">제품 가공 시 안전 및 유의 사항68)</th></tr>
<tr><td>프로젝트 명</td><td colspan="4"></td></tr>
<tr><td>작 성 자</td><td>소속</td><td></td><td>성명</td><td></td></tr>
<tr><td>연번</td><td colspan="3">안전 및 유의 사항</td><td>"불안전한 행동" 또는 "불안전한 상태" 구분</td></tr>
<tr><td></td><td colspan="3"></td><td></td></tr>
<tr><td></td><td colspan="3"></td><td></td></tr>
<tr><td></td><td colspan="3"></td><td></td></tr>
<tr><td></td><td colspan="3"></td><td></td></tr>
</table>

68) "불안전한 행동"과 "불안전한 상태" 구분
1. 불안전한 행동 : 실습에 임하는 자세로 안전수칙 준수, 기계 및 공구의 사용, 안전한 작업 등
2. 불안전한 상태 : 작업환경으로 정리, 정돈, 청결 등

F ::: 부품 가공

학습 목표	1. 판재의 8면체 가공공정에 대해 설명할 수 있다. 2. 원활한 기계조작으로 공차대로 정확하게 가공할 수 있다.

모든 기구들은 여러 개의 부품으로 조합되어 있으며 각 부품들은 상대적인 상관관계를 가지고 있다. 따라서 조립부의 치수는 정밀도가 요구되므로 1차 가공한 후 다듬질로 마무리한다.

1. ①번 부품 가공

- 지급재료 : ∅70 × 100

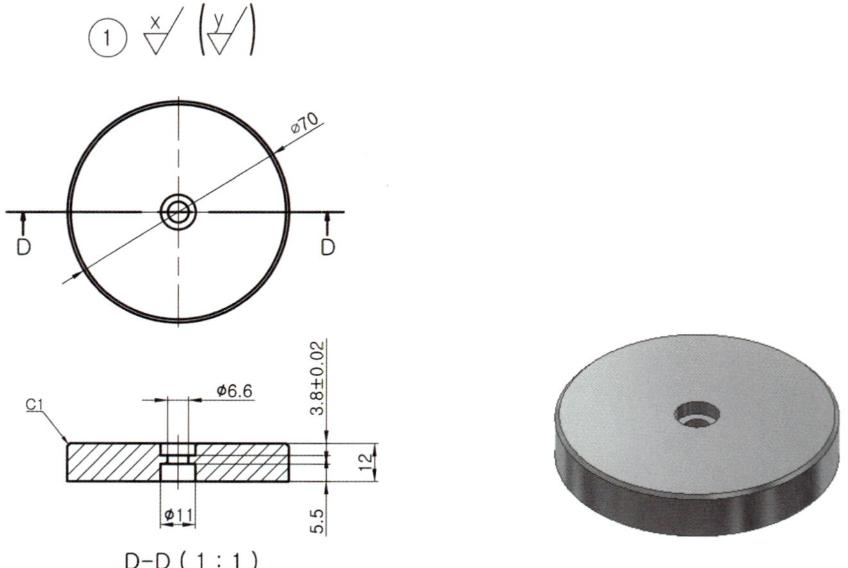

1) 도면 검토 및 수정하기

치수, 끼워 맞춤, 기하공차[69], 표면 거칠기, 제품의 기능, 요구사항 등을 확인한다. 제작상의 문제점이 있으면 수정하고 수정된 도면을 제작도면으로 사용한다.

〈표-2/2〉 도면(부품도) 검토 및 분석표 작성(예시 참조)

69) 치수공차로 규제된 제품은 치수가 맞아도 형상에 따라 결합이 안 되는 경우가 있으나, 기하공차로 규제된 제품은 치수가 조금 틀리는 최악의 경우에도 결합이 가능하다. 따라서 기하공차는 제품의 기능 및 결함 부품들 간의 상호 호환성을 규제하는 것으로 고 정밀한 제품에는 필히 적용되고 있다.

2) 부품 가공 순서 정하기

부품 가공 공정을 결정하는 작업은 제작 시간단축 및 조립상태 확인, 가공불량 등을 줄일 수 있다. 따라서 부품도를 분석하여 각 부품을 어떤 순서로 어떻게 가공할 것인가를 가공 전에 생각하여 가공 순서를 정하고 이를 토대로 실제 가공에 이용한다.

〈표-8〉 부품 가공 순서 작성(예시 참조)

3) 부품 가공 따라하기

① 선반에서 돌려 물림 가공한다(소재 ∅70 × 100).

② 단면 → 외경 → 모따기(C1) → 드릴(∅6.6 깊이 약 17mm) → 카운터보어(∅11 깊이 3.8 mm) → 절단 → 돌려 물림 → 두께(12mm) → 카운터보어(∅11 깊이 5.5mm) 순으로 가공한다.

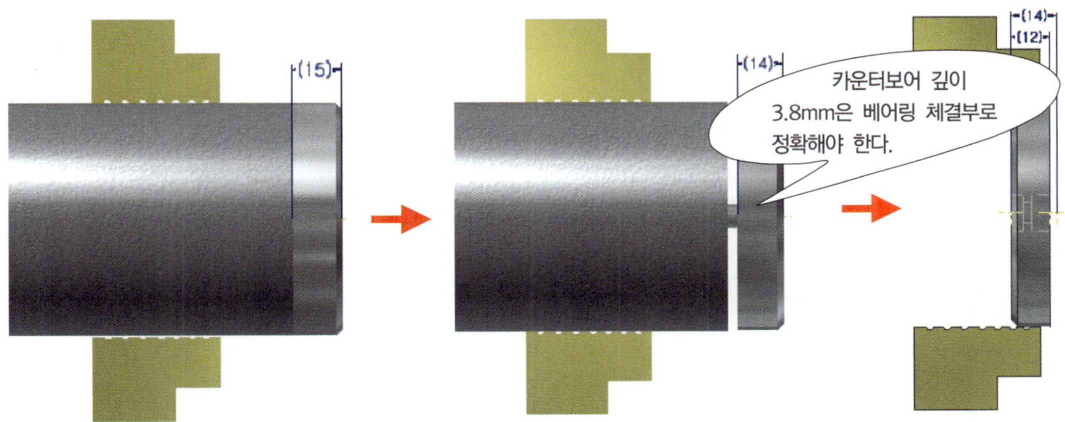

2. ②번 부품 가공

- 지급재료 : Ø40 × 100

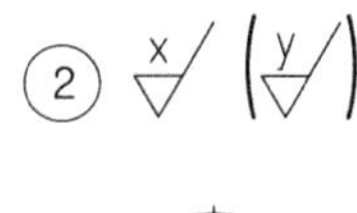

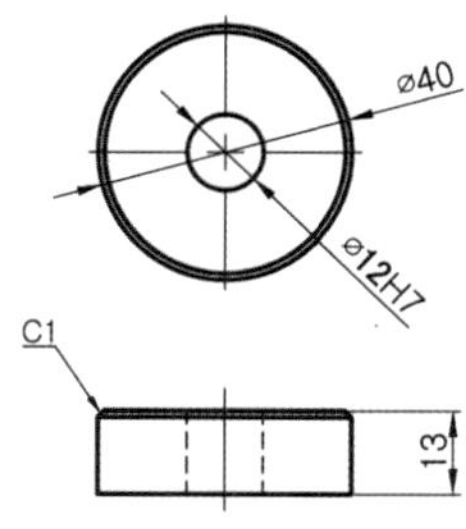

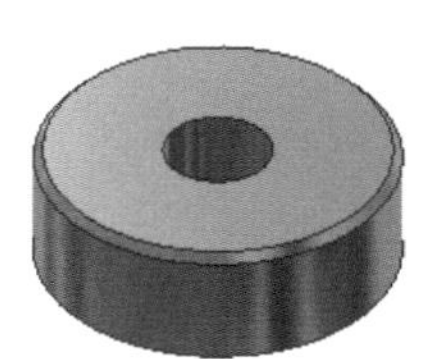

1) 도면 검토 및 수정하기

치수, 끼워 맞춤, 기하공차[70], 표면 거칠기, 제품의 기능, 요구사항 등을 확인한다. 제작상의 문제점이 있으면 수정하고 수정된 도면을 제작도면으로 사용한다.

〈표-2/2〉 도면(부품도) 검토 및 분석표 작성(예시 참조)

2) 부품 가공 순서 정하기

부품 가공 공정을 결정하는 작업은 제작 시간단축 및 조립상태 확인, 가공불량 등을 줄일 수 있다. 따라서 부품도를 분석하여 각 부품을 어떤 순서로 어떻게 가공할 것인가를 가공 전에 생각하여 가공 순서를 정하고 이를 토대로 실제 가공에 이용한다.

〈표-8〉 부품 가공 순서 작성(예시 참조)

3) 부품 가공 따라하기

위 [1), 2)]를 검토 및 작성 후 … 위 ①번 부품과 같은 방법으로 가공한다.

---

70) 치수공차로 규제된 제품은 치수가 맞아도 형상에 따라 결합이 안 되는 경우가 있으나, 기하공차로 규제된 제품은 치수가 조금 틀리는 최악의 경우에도 결합이 가능하다. 따라서 기하공차는 제품의 기능 및 결합 부품들 간의 상호 호환성을 규제하는 것으로 고 정밀한 제품에는 필히 적용되고 있다.

3. ③번 부품 가공

- 지급재료 : ∅50 × 100

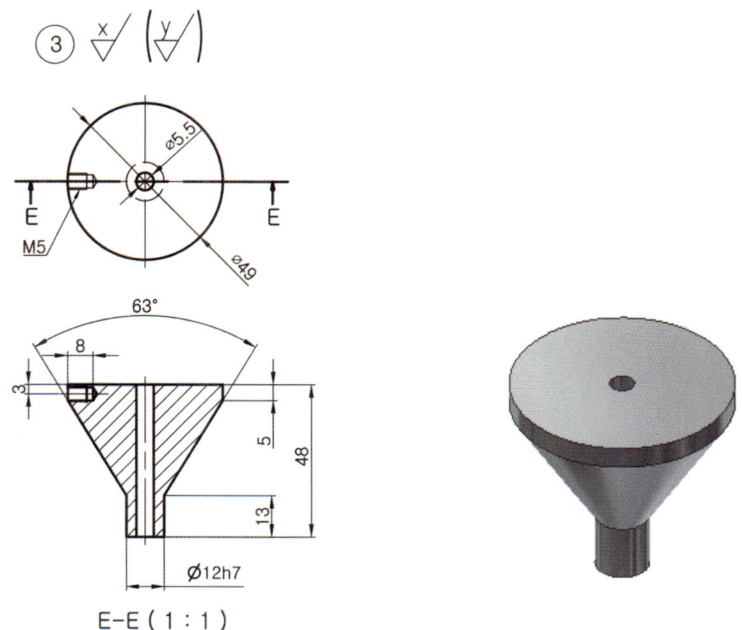

1) 도면 검토 및 수정하기

치수, 끼워 맞춤, 기하공차[71], 표면 거칠기, 제품의 기능, 요구사항 등을 확인한다. 제작상의 문제점이 있으면 수정하고 수정된 도면을 제작도면으로 사용한다.

〈표-2/2〉 도면(부품도) 검토 및 분석표 작성(예시 참조)

2) 부품 가공 순서 정하기

부품 가공 공정을 결정하는 작업은 제작 시간단축 및 조립상태 확인, 가공불량 등을 줄일 수 있다. 따라서 부품도를 분석하여 각 부품을 어떤 순서로 어떻게 가공할 것인가를 가공 전에 생각하여 가공 순서를 정하고 이를 토대로 실제 가공에 이용한다.

〈표-8〉 부품 가공 순서 작성(예시 참조)

71) 치수공차로 규제된 제품은 치수가 맞아도 형상에 따라 결합이 안 되는 경우가 있으나, 기하공차로 규제된 제품은 치수가 조금 틀리는 최악의 경우에도 결합이 가능하다. 따라서 기하공차는 제품의 기능 및 결함 부품들 간의 상호 호환성을 규제하는 것으로 고 정밀한 제품에는 필히 적용되고 있다.

3) 부품 가공 따라하기

① 선반에서 돌려 물림 가공한다(소재 ∅50 × 100 → 길이 약 65로 절단 및 가공 후 작업).

② 외경(∅49)을 가공한다. 돌려서 물릴 자리(∅20 × 15)를 만든 후(추후 재가공으로 없어짐) 돌려서 단면 → 외경(∅12h7 × 13) → 테이퍼(60°)를 가공한다.

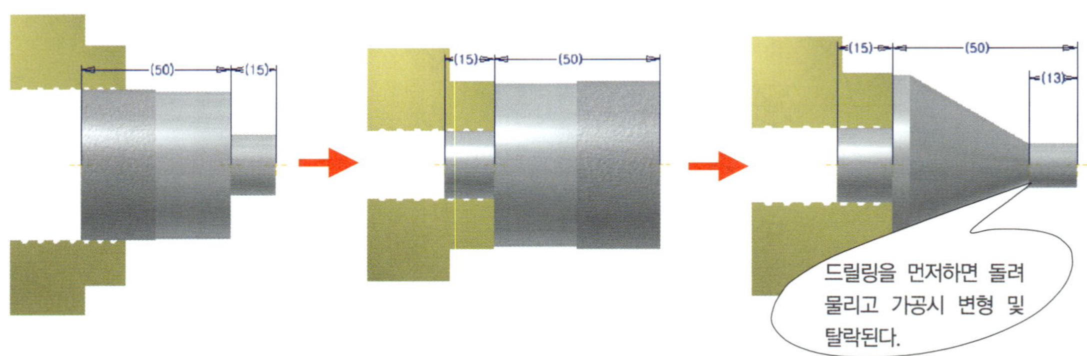

③ 완성 가공한 외경(∅12)을 물리고 길이(49mm)가공 및 드릴(∅5.5) 작업한다.

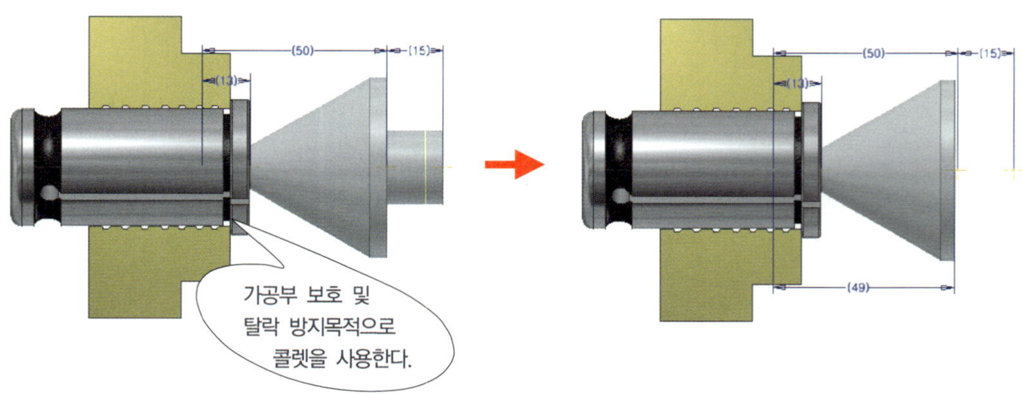

4. ④번 부품 가공

- 지급재료 : 10 × 85 × 85

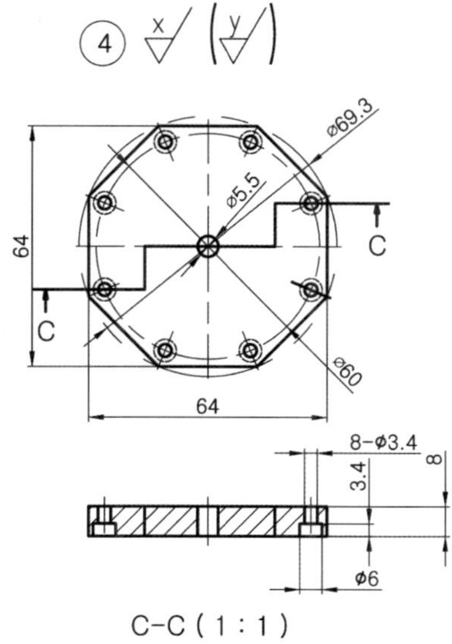

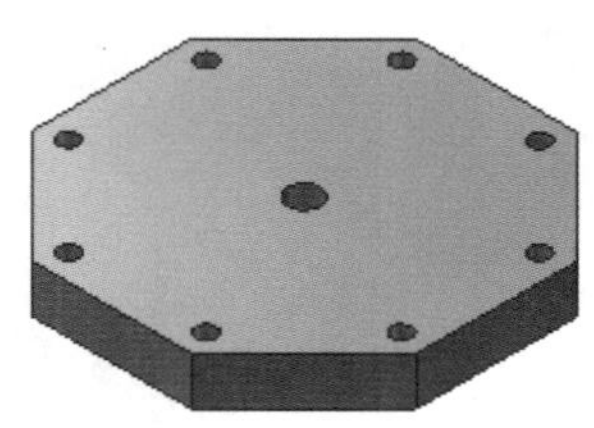

1) 도면 검토 및 수정하기

치수, 끼워 맞춤, 기하공차[72], 표면 거칠기, 제품의 기능, 요구사항 등을 확인한다. 제작상의 문제점이 있으면 수정하고 수정된 도면을 제작도면으로 사용한다.

〈표-2/2〉 도면(부품도) 검토 및 분석표 작성(예시 참조)

2) 부품 가공 순서 정하기

부품 가공 공정을 결정하는 작업은 제작 시간단축 및 조립상태 확인, 가공불량 등을 줄일 수 있다. 따라서 부품도를 분석하여 각 부품을 어떤 순서로 어떻게 가공할 것인가를 가공 전에 생각하여 가공 순서를 정하고 이를 토대로 실제 가공에 이용한다.

〈표-8〉 부품 가공 순서 작성(예시 참조)

3) 부품 가공 따라하기

① 기준면 및 3직각을 잡는다(소재 10 × 85 × 85).

② 금긋기 한 후 두께 및 정사각형(8 × 64 × 64)으로 가공한다.

---

72) 치수공차로 규제된 제품은 치수가 맞아도 형상에 따라 결합이 안 되는 경우가 있으나, 기하공차로 규제된 제품은 치수가 조금 틀리는 최악의 경우에도 결합이 가능하다. 따라서 기하공차는 제품의 기능 및 결함 부품들 간의 상호 호환성을 규제하는 것으로 고 정밀한 제품에는 필히 적용되고 있다.

금긋기 전에 높이게이지의 0점 조정을 한다. 0점 조정은 스크라이버 측정면을 석정반에 밀착시킨 후 버니어 눈금(어미자와 아들자) 눈금일치를 확인하여 조정한다.

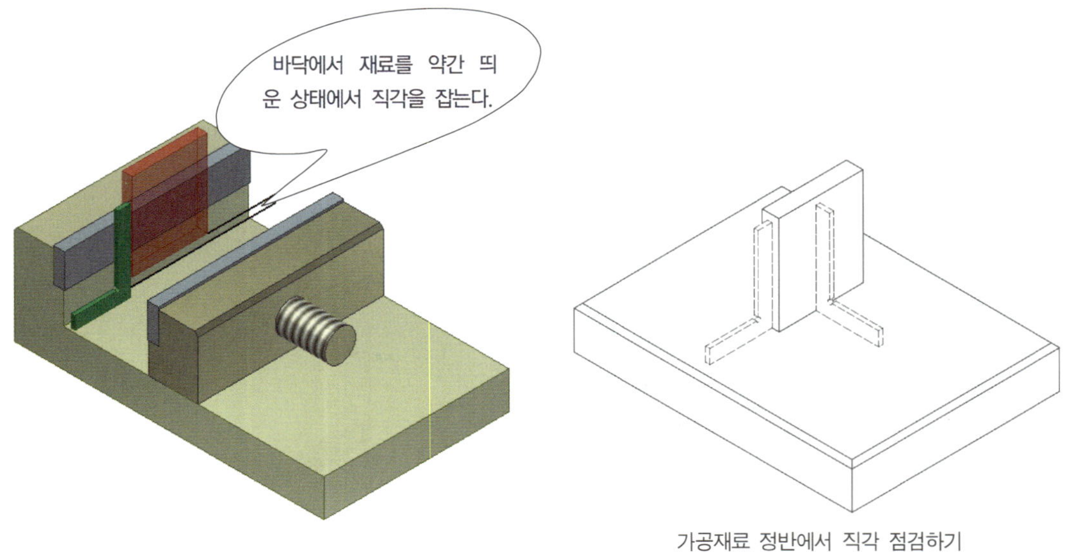

가공재료 정반에서 직각 점검하기

③ 8면체 가공은 v 블록(45°)에 올려놓고 꼭지점 기준(77.25mm)으로 금긋기 및 가공한다.

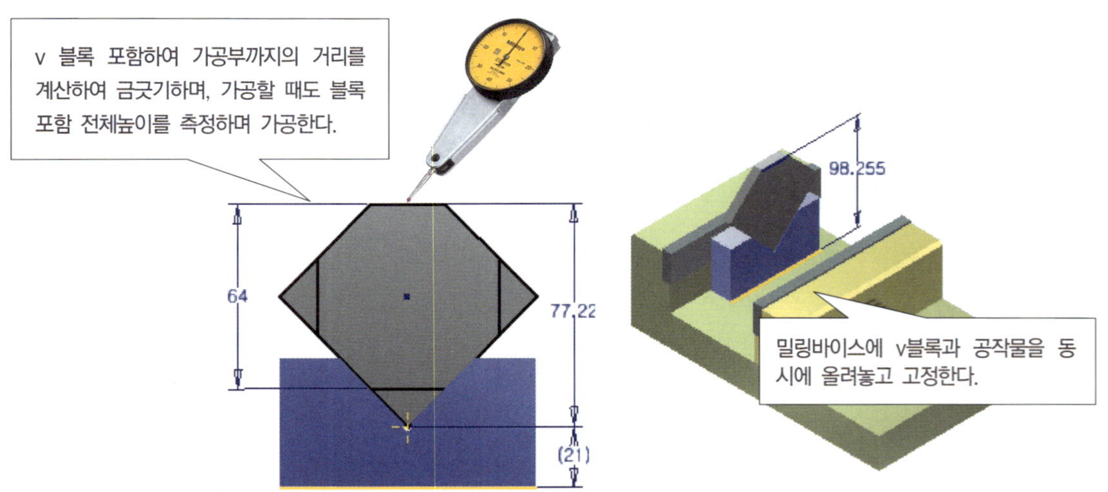

꼭지점에서 각까지의 거리를 정확하게 가공을 해야 할 필요가 있을 때는 v 블록과 가공물의 각도까지의 거리를 계산값에 따라 측정하면서 가공한다. 측정할 때도 v 블록에 공작물을 올려놓은 상태로 v 블록 밑면에서 공작물 가공면까지 전체를 버니어캘리퍼스로 측정하거나 정반에서 인디케이터로 측정한다.

(참고) : 다음 쪽 45° v 블록을 이용하여 각도 가공하기

■ 45° V-블록을 이용한 각도 가공하기

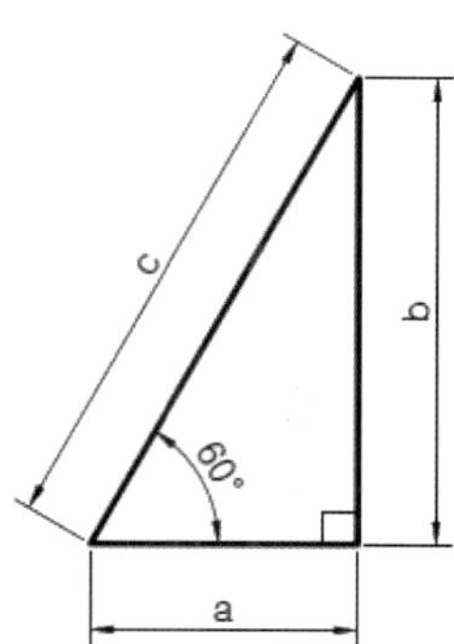

$$c = \sqrt{a^2 + b^2},$$
$$a = \sqrt{c^2 - b^2},$$
$$b = \sqrt{c^2 - a^2}$$

$$\sin = \frac{b}{c} \text{ 또는 } \tan = \frac{b}{a}$$

[방법] 45° V-블록에 공작물을 올려놓고 전체 거리를 측정하며 가공한다(다음 쪽의 거리 계산방법 참고).

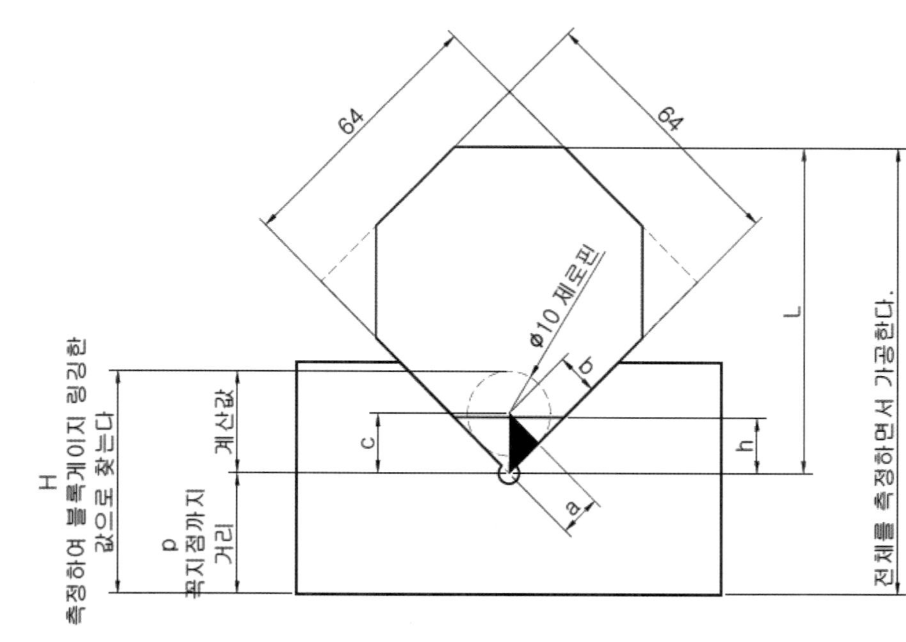

① V 블록의 밑면에서 꼭지점(P)까지의 거리를 구한다.

[풀이] 제로핀을 사용한다. 핀의 지름이 ∅10이므로 $b=5$

$\sin 45 = \frac{5}{c}$ 또는 $\tan 45 = \frac{5}{a}$

$c = \frac{5}{\sin 45} = 7.07$

$a = \frac{5}{\tan 45} = 5.0$

$x = 7.07 + 5 = 12.07$

따라서

$P = H - 12.07$

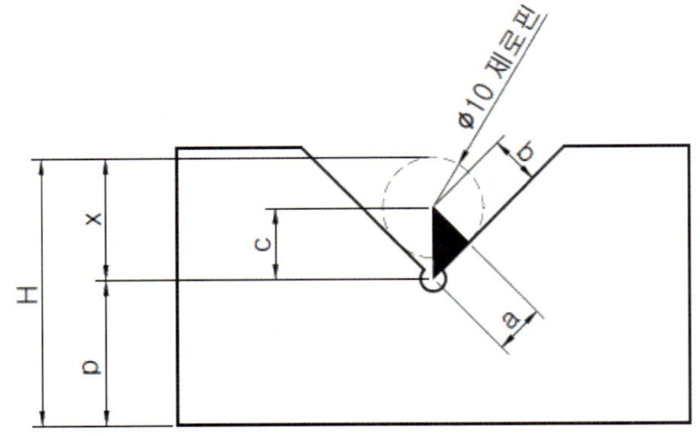

② 정팔각면체의 L 거리를 구한다.

[풀이] 정사각형의 한 변의 길이는 64mm이다.

$\sin 45 = \frac{64}{c}$

$c = \frac{64}{\sin 45} = 90.51$

$h = \frac{c-64}{2} = \frac{90.51-64}{2} = 13.26$

따라서

$L = 13.26 + 64.0$

$\quad = 77.25$

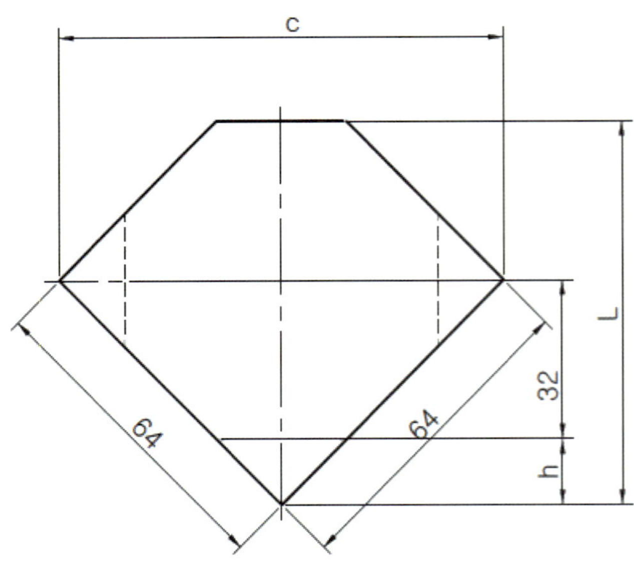

④ 동일방법으로 다른 꼭지점을 기준(77.25mm)으로 가공한 후 각 가공면을 기준으로 외곽 치수(64mm)을 가공하여 정 8각형을 만든다.

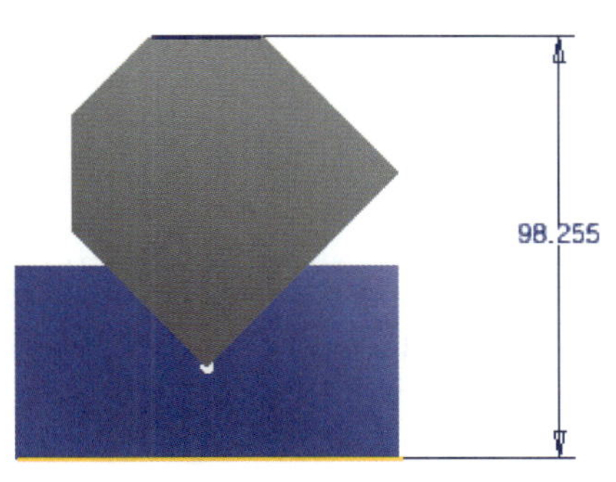

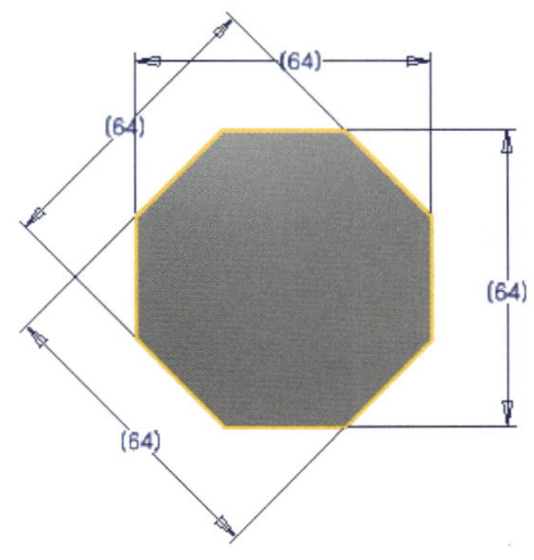

5. ⑤번 부품 가공

- 지급재료 : ∅60 × 100

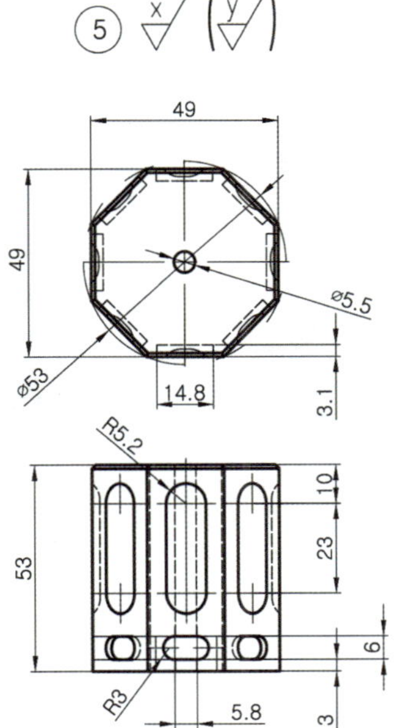

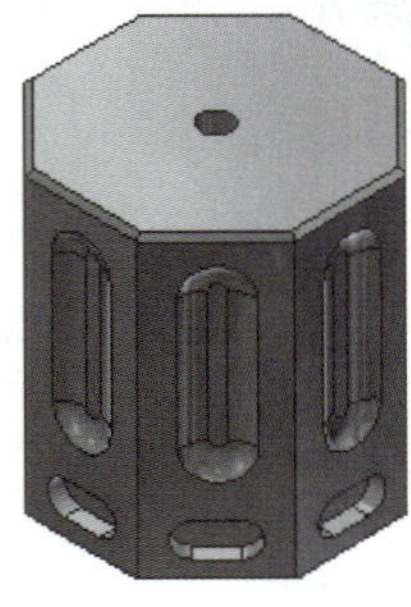

1) 도면 검토 및 수정하기

치수, 끼워 맞춤, 기하공차[73], 표면 거칠기, 제품의 기능, 요구사항 등을 확인한다. 제작상의 문제점이 있으면 수정하고 수정된 도면을 제작도면으로 사용한다.

〈표-2/2〉 도면(부품도) 검토 및 분석표 작성(예시 참조)

2) 부품 가공 순서 정하기

부품 가공 공정을 결정하는 작업은 제작 시간단축 및 조립상태 확인, 가공불량 등을 줄일 수 있다. 따라서 부품도를 분석하여 각 부품을 어떤 순서로 어떻게 가공할 것인가를 가공 전에 생각하여 가공 순서를 정하고 이를 토대로 실제 가공에 이용한다.

〈표-8〉 부품 가공 순서 작성(예시 참조)

3) 부품 가공 따라하기

① 선반에서 돌려 물림 가공한다(소재 ∅60 × 100 → 길이를 75정도로 절단 작업).

② 외경길이(53mm)를 고려하여 적당량을 물린다.

③ 단면과 외경(∅53)가공 후 모따기(C1) → 센터드릴 → 드릴(∅5.5) → 카운터싱킹 작업한 후 돌려 물리고 길이(53mm) → 모따기(C1) → 카운터싱킹 한다.

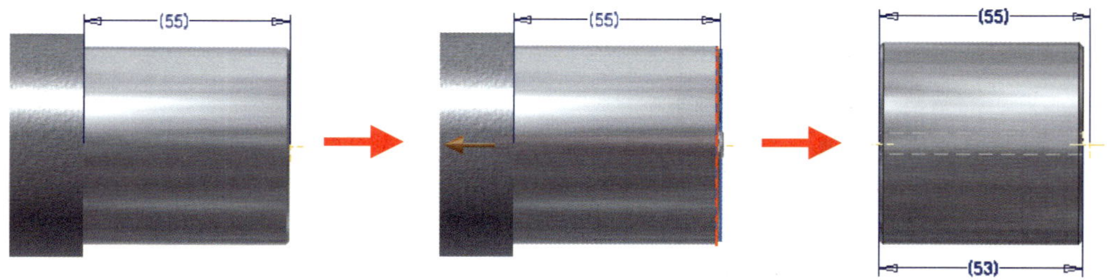

④ 밀링 정면커터 작업으로 원기둥을 사각기둥으로 만든다.

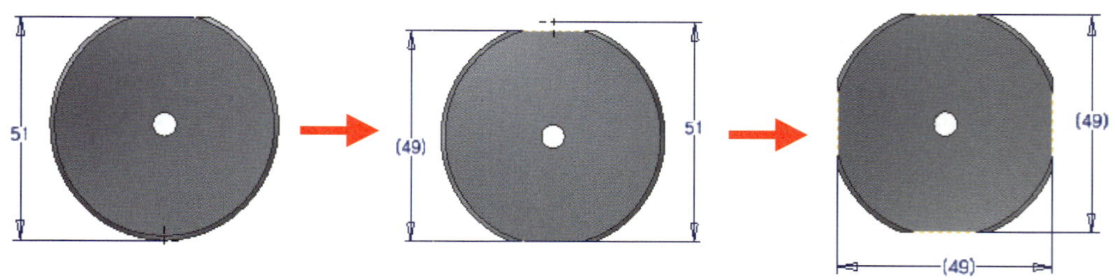

73) 치수공차로 규제된 제품은 치수가 맞아도 형상에 따라 결합이 안 되는 경우가 있으나, 기하공차로 규제된 제품은 치수가 조금 틀리는 최악의 경우에도 결합이 가능하다. 따라서 기하공차는 제품의 기능 및 결합 부품들 간의 상호 호환성을 규제하는 것으로 고 정밀한 제품에는 필히 적용되고 있다.

⑤ 정면커터 작업으로 사각의 각면을 기준으로 팔각기둥으로 만든다.

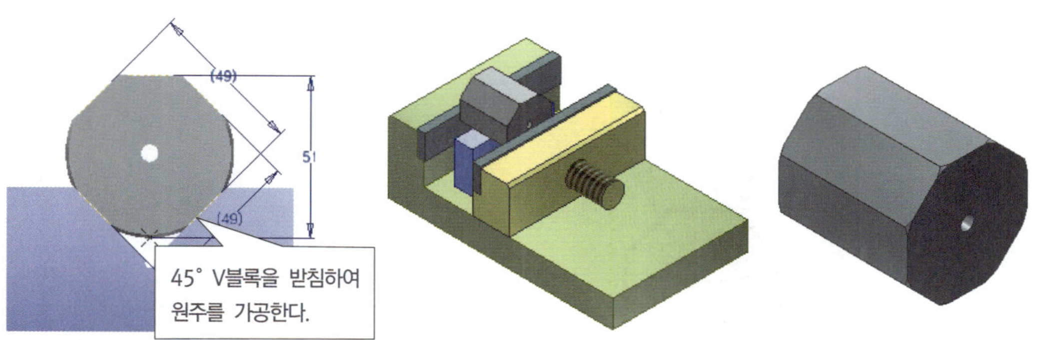

⑥ 엔드밀(∅6) 및 볼 엔드밀(∅16)로 홈 가공한 후 모따기(C1)한다.

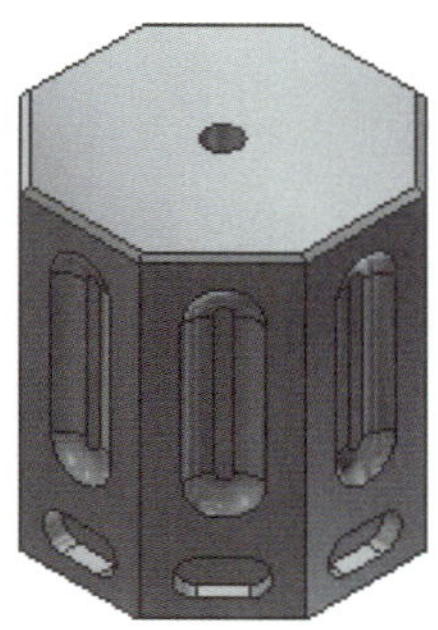

6. ⑥번 부품 가공

- 지급재료 : ∅60 × 100

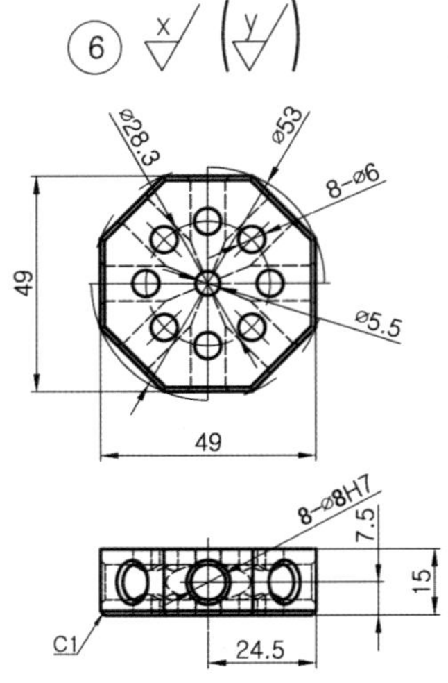

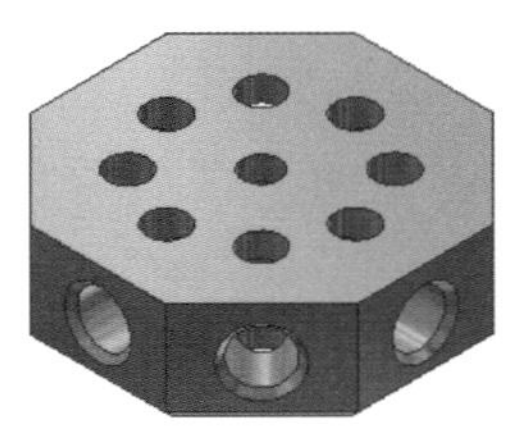

1) 도면 검토 및 수정하기

치수, 끼워 맞춤, 기하공차[74], 표면 거칠기, 제품의 기능, 요구사항 등을 확인한다. 제작상의 문제점이 있으면 수정하고 수정된 도면을 제작도면으로 사용한다.

〈표-2/2〉 도면(부품도) 검토 및 분석표 작성(예시 참조)

2) 부품 가공 순서 정하기

부품 가공 공정을 결정하는 작업은 제작 시간단축 및 조립상태 확인, 가공불량 등을 줄일 수 있다. 따라서 부품도를 분석하여 각 부품을 어떤 순서로 어떻게 가공할 것인가를 가공 전에 생각하여 가공 순서를 정하고 이를 토대로 실제 가공에 이용한다.

〈표-8〉 부품 가공 순서 작성(예시 참조)

3) 부품 가공 따라하기

위 [1), 2)]를 검토 및 작성 후 … 위 ⑤번 부품과 같은 방법으로 가공한다.

---

74) 치수공차로 규제된 제품은 치수가 맞아도 형상에 따라 결합이 안 되는 경우가 있으나, 기하공차로 규제된 제품은 치수가 조금 틀리는 최악의 경우에도 결합이 가능하다. 따라서 기하공차는 제품의 기능 및 결합 부품들 간의 상호 호환성을 규제하는 것으로 고 정밀한 제품에는 필히 적용되고 있다.

7. ⑦번 부품 가공

- 지급재료 : 20 × 45 × 45

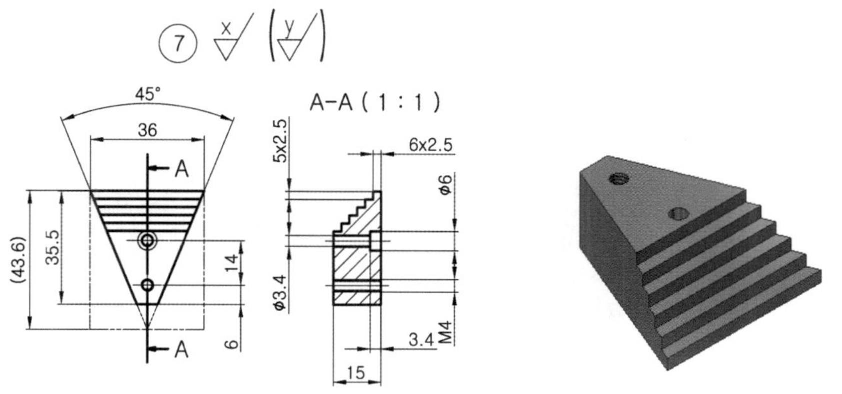

1) 도면 검토 및 수정하기

치수, 끼워 맞춤, 기하공차[75], 표면 거칠기, 제품의 기능, 요구사항 등을 확인한다. 제작상의 문제점이 있으면 수정하고 수정된 도면을 제작도면으로 사용한다.

〈표-2/2〉 도면(부품도) 검토 및 분석표 작성(예시 참조)

2) 부품 가공 순서 정하기

부품 가공 공정을 결정하는 작업은 제작 시간단축 및 조립상태 확인, 가공불량 등을 줄일 수 있다. 따라서 부품도를 분석하여 각 부품을 어떤 순서로 어떻게 가공할 것인가를 가공 전에 생각하여 가공 순서를 정하고 이를 토대로 실제 가공에 이용한다.

〈표-8〉 부품 가공 순서 작성(예시 참조)

3) 부품 가공 따라하기

① 밀링 정면커터로 기준면 및 3직각을 맞춘다(지급소재 20 × 45 × 45).

② 밀링 정면커터로 사각의 각재(15 × 35.5 × 36)로 가공한다.

※8개의 조각이 결합됨으로 각각의 치수와 각도가 정확해야 함.

75) 치수공차로 규제된 제품은 치수가 맞아도 형상에 따라 결합이 안 되는 경우가 있으나, 기하공차로 규제된 제품은 치수가 조금 틀리는 최악의 경우에도 결합이 가능하다. 따라서 기하공차는 제품의 기능 및 결함 부품들 간의 상호 호환성을 규제하는 것으로 고 정밀한 제품에는 필히 적용되고 있다.

③ 조립구멍 금긋기 후 계단 금긋기 및 엔드밀→정면커터로 각도 가공한다(결합구멍 금긋기는 각도 가공 후 어려움 있으므로 각도 가공 전에 금긋기 한다).

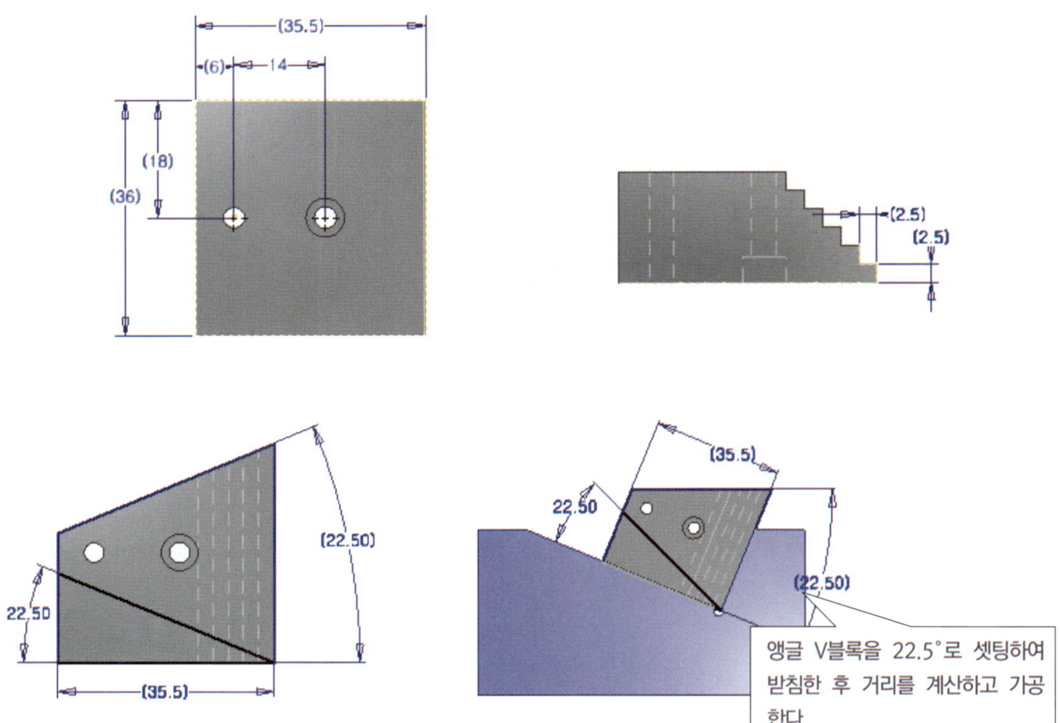

■ 앵글 V블록(22.5°로 셋팅)을 이용한 각도 가공하기

계산에 필요한 삼각함수

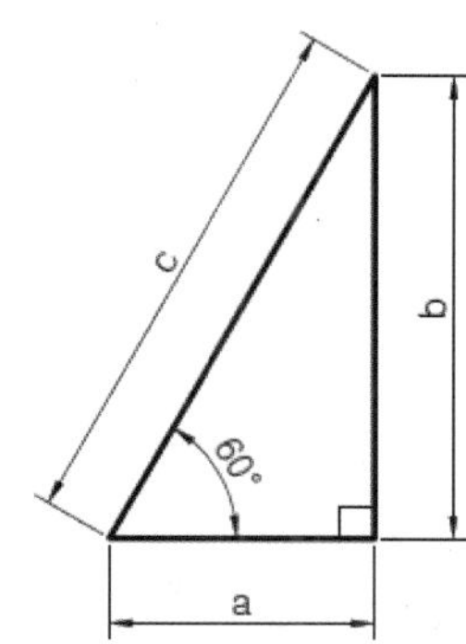

$$c = \sqrt{a^2 + b^2},$$
$$a = \sqrt{c^2 - b^2},$$
$$b = \sqrt{c^2 - a^2}$$

$$\sin = \frac{b}{c} \text{ 또는 } \tan = \frac{b}{a}$$

[방법] 앵글 V-블록(22.5°로 셋팅)에 공작물을 올려놓고 전체 거리를 측정하며 가공한다(다음 쪽의 거리 계산방법 참고).

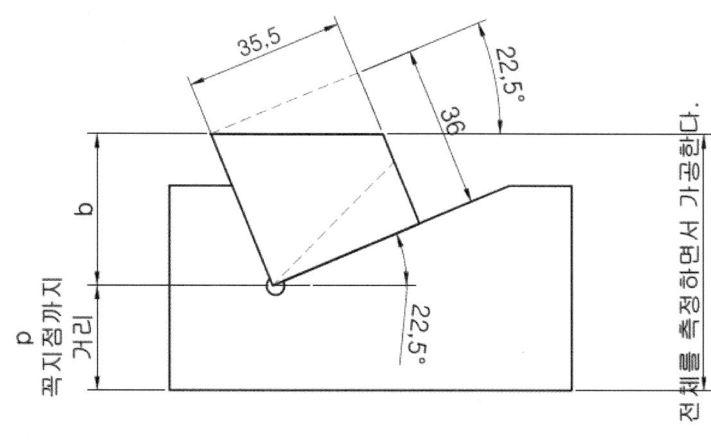

① V 블록의 밑면에서 꼭지점(P)까지의 거리를 구한다.

[풀이] 제로핀을 사용한다. 핀의 지름이 ∅10이므로 $b=5$

$\sin 67.5=\frac{5}{c}$ 또는 $\tan 67.5=\frac{5}{a}$

$c=\frac{5}{\sin 67.5}=5.41$

$a=\frac{5}{\tan 67.5}=2.07$

a'는 $5-2.07=2.93$

c'는 $\sin 22.5=\frac{c'}{a'}$

$c'=a'\sin 22.5$

위에서 $a'=2.93$

$c'=\sin 22.5\times 2.93=1.12$

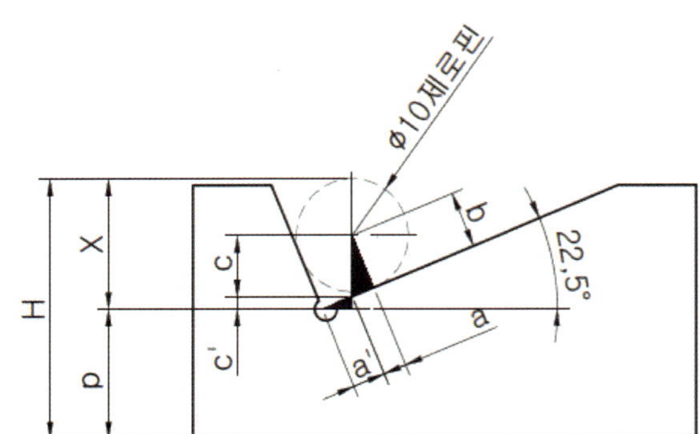

따라서

$P=H-(5+5.41+1.12)$

② 정육각면체의 b 거리를 구한다.

[풀이] 직사각면체의 변의 길이는 35.5와 36mm이다.

$\sin=\frac{b}{c}$ 또는 $\tan=\frac{b}{a}$

$\sin 67.5=\frac{b}{36}$

$b=\sin 67.5\times 36=33.26$

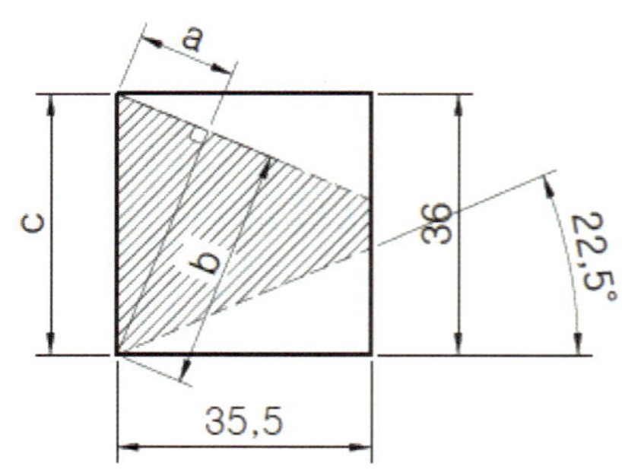

③ 전체 가공 거리는?

앵글 V블록(22.5°) 꼭지점 거리$=p$

공작물 거리(b)$=33.26$

전체거리$=p+b$

8. ⑧번 부품 가공

- 지급재료 : 15 × 105 × 105

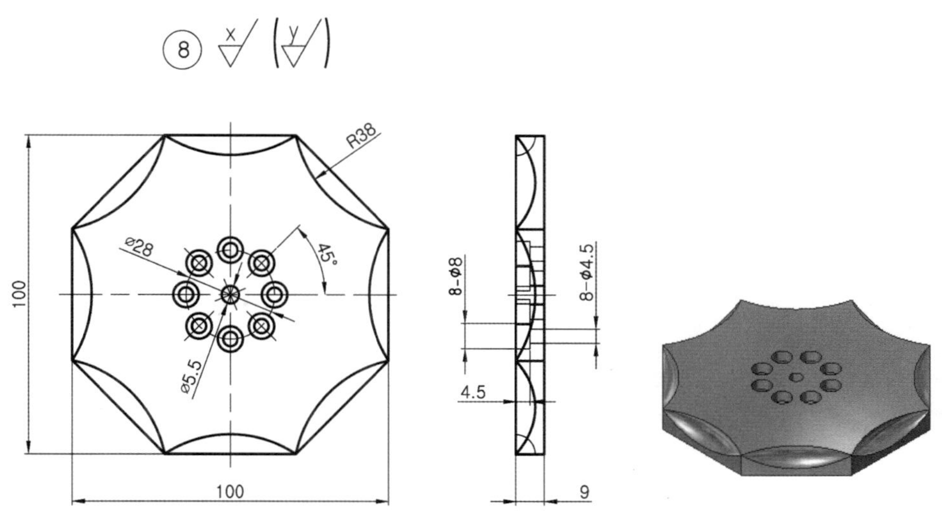

1) 도면 검토 및 수정하기

치수, 끼워 맞춤, 기하공차[76], 표면 거칠기, 제품의 기능, 요구사항 등을 확인한다. 제작상의 문제점이 있으면 수정하고 수정된 도면을 제작도면으로 사용한다.

〈표-2/2〉 도면(부품도) 검토 및 분석표 작성(예시 참조)

2) 부품 가공 순서 정하기

부품 가공 공정을 결정하는 작업은 제작 시간단축 및 조립상태 확인, 가공불량 등을 줄일 수 있다. 따라서 부품도를 분석하여 각 부품을 어떤 순서로 어떻게 가공할 것인가를 가공 전에 생각하여 가공 순서를 정하고 이를 토대로 실제 가공에 이용한다.

〈표-8〉 부품 가공 순서 작성(예시 참조)

3) 부품 가공 따라하기

① 기준면 및 3직각을 잡는다(소재 15 × 105 × 105).

76) 치수공차로 규제된 제품은 치수가 맞아도 형상에 따라 결합이 안 되는 경우가 있으나, 기하공차로 규제된 제품은 치수가 조금 틀리는 최악의 경우에도 결합이 가능하다. 따라서 기하공차는 제품의 기능 및 결함 부품들 간의 상호 호환성을 규제하는 것으로 고 정밀한 제품에는 필히 적용되고 있다.

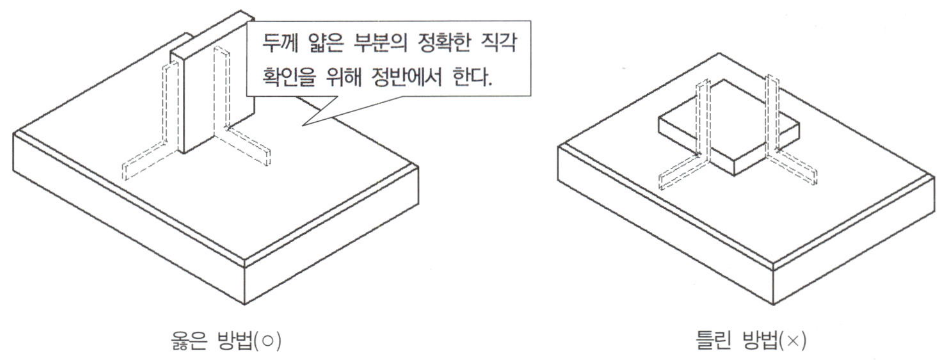

② 금긋기 한 후 두께 및 정사각형(9 × 100 × 100)으로 가공한다.

금긋기 전에 높이게이지의 0점 조정을 한다. 0점 조정은 스크라이버 측정면을 석정반에 밀착시킨 후 버니어 눈금(어미자와 아들자) 눈금일치를 확인하여 조정한다.

③ 8면체 가공은 v 블록(45°)에 올려놓고 금긋기 및 가공한다.

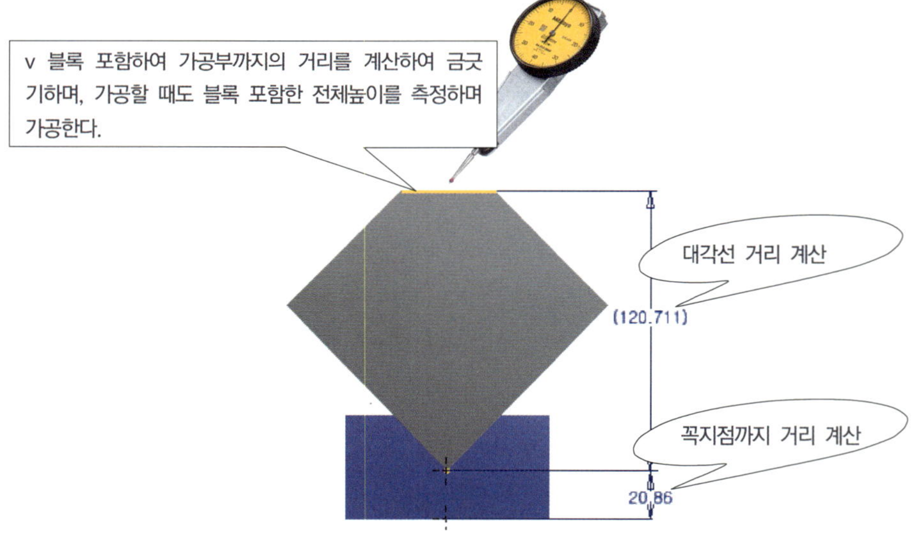

꼭지점에서 각까지의 거리를 정확하게 가공을 해야 할 필요가 있을 때는 v 블록과 가공물의 각도까지의 거리를 계산값에 따라 측정하면서 가공한다. 측정할 때도 v 블록에 공작물을 올려놓은 상태로 v 블록 밑면에서 공작물 가공면까지 전체를 버니어캘리퍼스로 측정하거나 정반에서 인디케이터로 측정한다.

(참고) : 다음 쪽 45° v 블록을 이용하여 각도 가공하기

■ 45° V-블록을 이용한 각도 가공하기

계산에 필요한 삼각함수

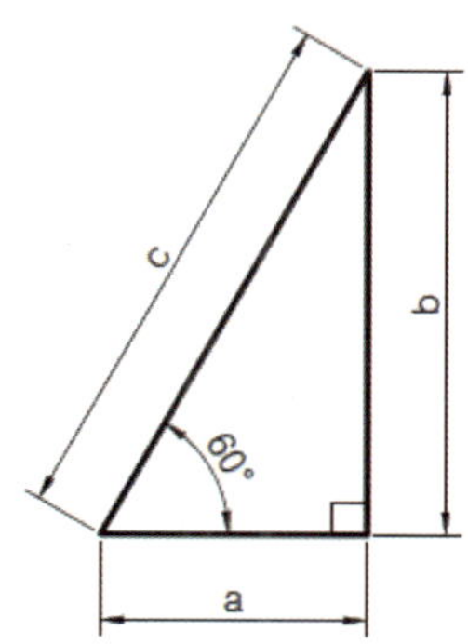

$$c = \sqrt{a^2 + b^2},$$
$$a = \sqrt{c^2 - b^2},$$
$$b = \sqrt{c^2 - a^2}$$

$\sin = \dfrac{b}{c}$ 또는 $\tan = \dfrac{b}{a}$

[방법] 45° V-블록에 공작물을 올려놓고 전체 거리를 측정하며 가공한다(다음 쪽의 거리 계산방법 참고).

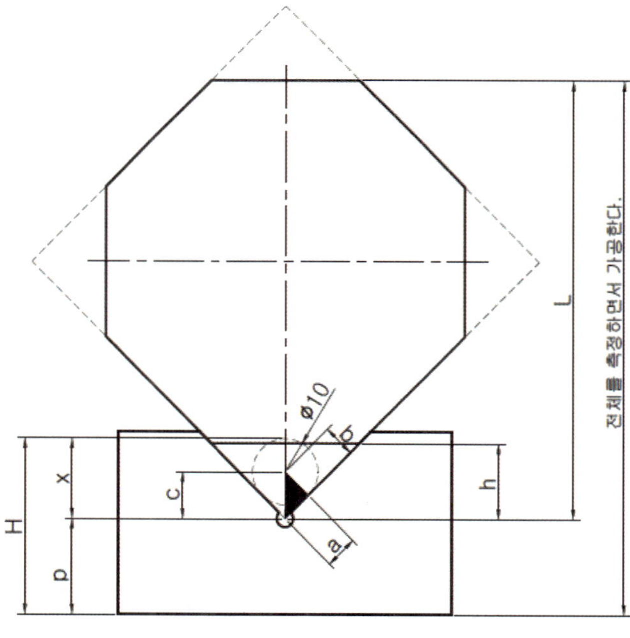

① V 블록의 밑면에서 꼭지점(P)까지의 거리를 구한다.

[풀이] 제로핀을 사용한다. 핀의 지름이 ∅10이므로 $b=5$

$\sin 45=\frac{5}{c}$ 또는 $\tan 45=\frac{5}{a}$

$c=\frac{5}{\sin 45}=7.07$

$a=\frac{5}{\tan 45}=5.0$

$x=7.07+5=12.07$

따라서

$P=H-12.07$

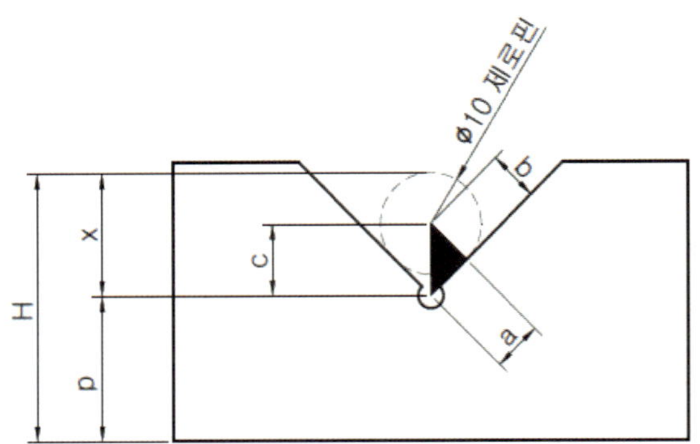

② 정팔각면체의 L 거리를 구한다.

[풀이] 정사각형의 한 변의 길이는 100mm이다.

$\sin 45=\frac{100}{c}$

$c=\frac{100}{\sin 45}=141.42$

$h=\frac{c-100}{2}=\frac{141.42-100}{2}=20.71$

따라서 $L=20.71+100$

$=120.71$

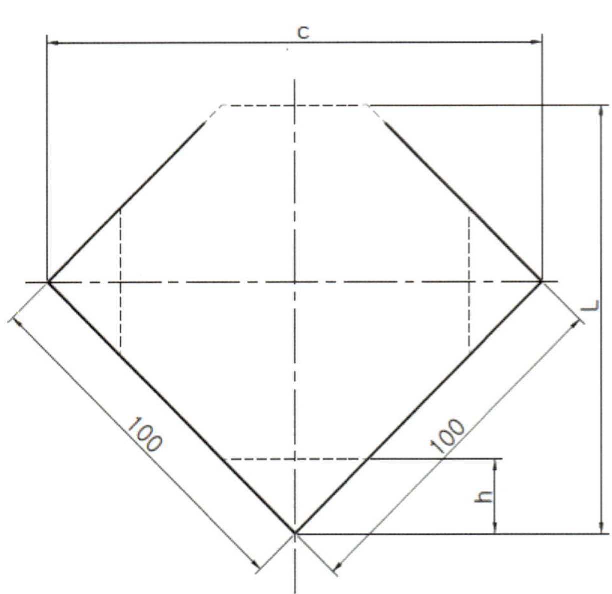

④ 동일방법으로 다른 꼭지점을 가공한 후 각 가공면을 기준으로 외곽치수(100mm)을 가공하여 정 8각형을 만든다.

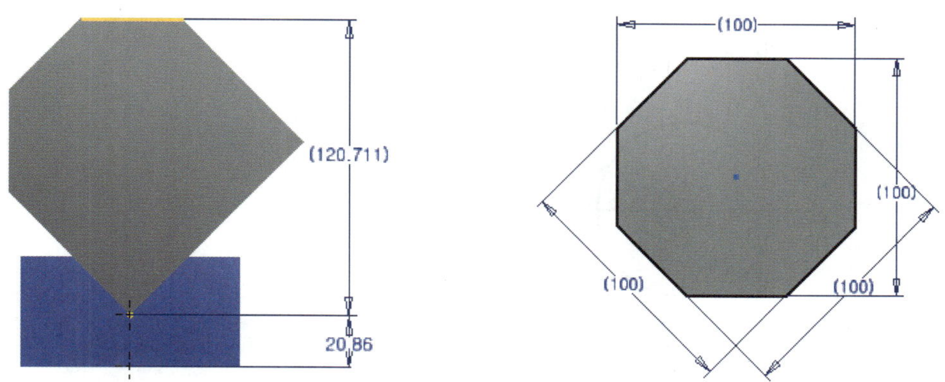

⑤ 날개 부분의 R38을 볼엔드밀(∅16)로 가공한다.

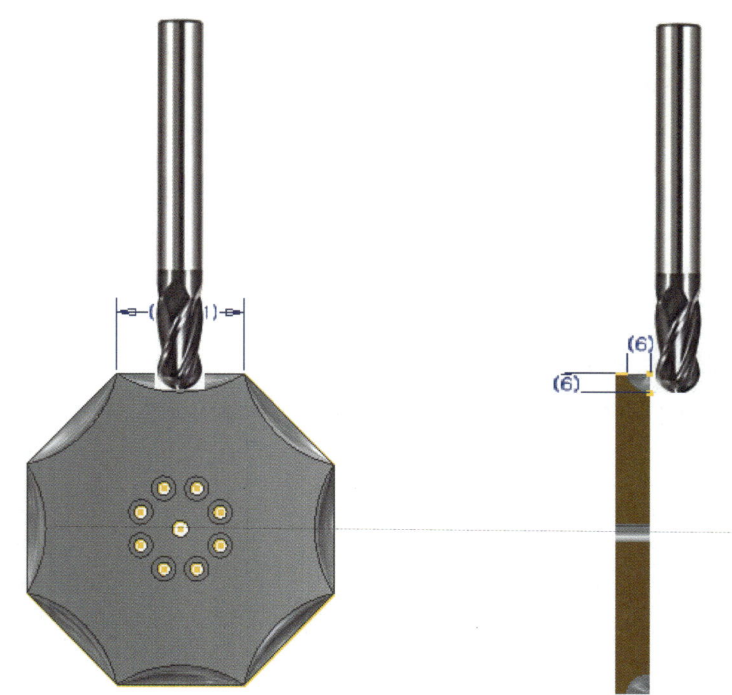

9. ⑨번 부품 가공

- 지급재료 : ∅60 × 100

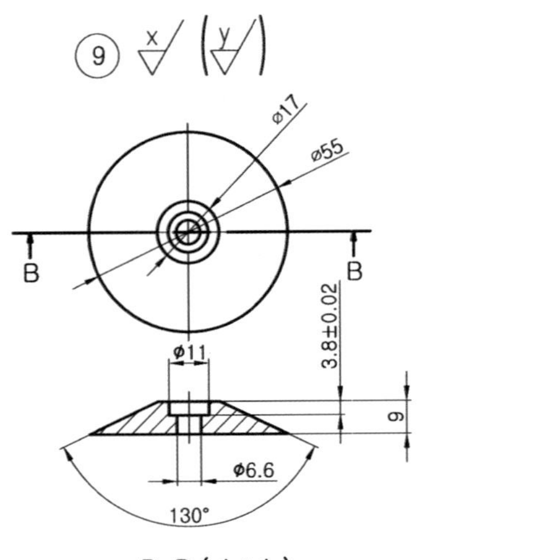

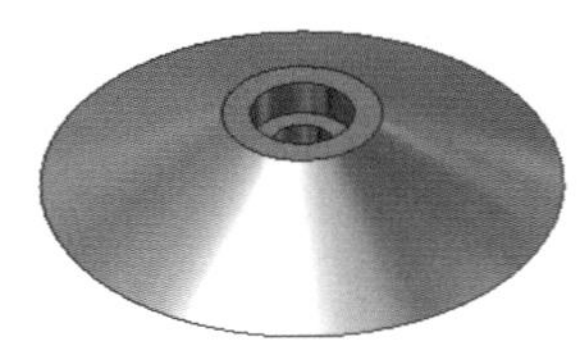

1) 도면 검토 및 수정하기

치수, 끼워 맞춤, 기하공차[77], 표면 거칠기, 제품의 기능, 요구사항 등을 확인한다. 제작상의 문제점이 있으면 수정하고 수정된 도면을 제작도면으로 사용한다.

〈표-2/2〉 도면(부품도) 검토 및 분석표 작성(예시 참조)

2) 부품 가공 순서 정하기

부품 가공 공정을 결정하는 작업은 제작 시간단축 및 조립상태 확인, 가공불량 등을 줄일 수 있다. 따라서 부품도를 분석하여 각 부품을 어떤 순서로 어떻게 가공할 것인가를 가공 전에 생각하여 가공 순서를 정하고 이를 토대로 실제 가공에 이용한다.

〈표-8〉 부품 가공 순서 작성(예시 참조)

77) 치수공차로 규제된 제품은 치수가 맞아도 형상에 따라 결합이 안 되는 경우가 있으나, 기하공차로 규제된 제품은 치수가 조금 틀리는 최악의 경우에도 결합이 가능하다. 따라서 기하공차는 제품의 기능 및 결함 부품들 간의 상호 호환성을 규제하는 것으로 고 정밀한 제품에는 필히 적용되고 있다.

3) 부품 가공 따라하기

① 선반에서 테이퍼 가공 후 절단한다(소재 ∅60 × 100).

② 단면가공 → 외경가공(∅55) → 테이퍼 가공(130°) → 드릴(∅6.6) → 카운터보어 → 절단한다.

홈 바이트는 절삭 면 접촉이 커서 많은 절삭하중과 열이 발생한다. 따라서 주축회전(RPM300 정도)과 이송을 줄이고 절삭유를 충분히 급유하면서 가공한다.

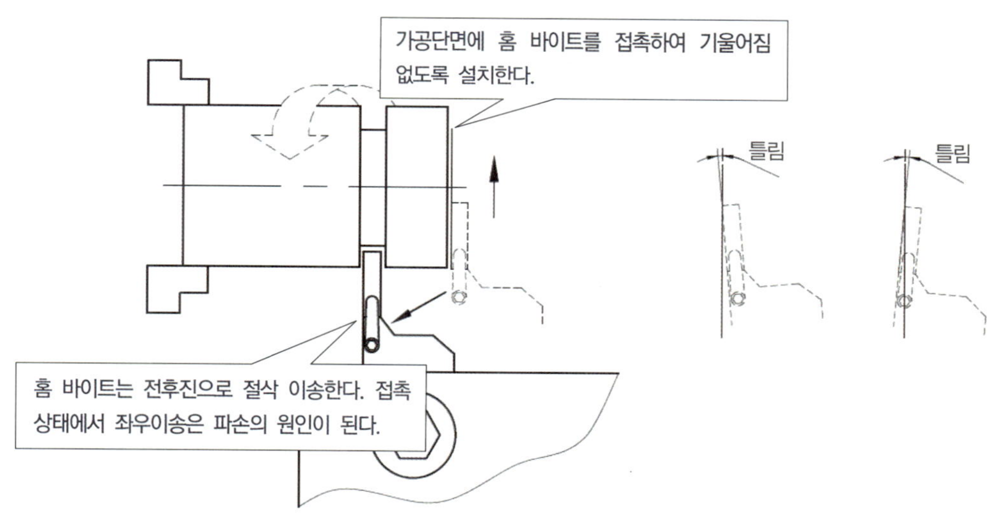

10. ⑩번 부품 가공

- 지급재료 : ∅30 × 100

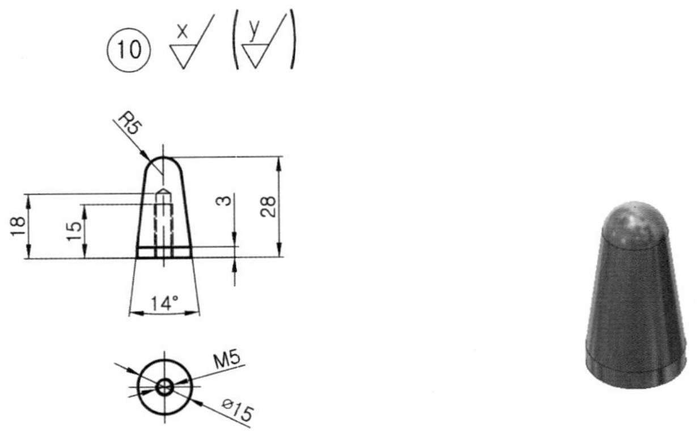

1) 도면 검토 및 수정하기

치수, 끼워 맞춤, 기하공차[78], 표면 거칠기, 제품의 기능, 요구사항 등을 확인한다. 제작상의 문제점이 있으면 수정하고 수정된 도면을 제작도면으로 사용한다.

〈표-2/2〉 도면(부품도) 검토 및 분석표 작성(예시 참조)

2) 부품 가공 순서 정하기

부품 가공 공정을 결정하는 작업은 제작 시간단축 및 조립상태 확인, 가공불량 등을 줄일 수 있다. 따라서 부품도를 분석하여 각 부품을 어떤 순서로 어떻게 가공할 것인가를 가공 전에 생각하여 가공 순서를 정하고 이를 토대로 실제 가공에 이용한다.

〈표-8〉 부품 가공 순서 작성(예시 참조)

3) 부품 가공 따라하기

① 선반에서 돌려 물림 가공한다(소재 ∅30 × 100 → 길이를 50으로 절단하여 사용).

② 외경(∅15)을 45mm 정도까지 가공 → 드릴(∅4.3) 깊이 40mm까지 가공 → 돌려 물림 → 테이퍼(17°) 가공 → R(5)가공 → 절단한다.

78) 치수공차로 규제된 제품은 치수가 맞아도 형상에 따라 결합이 안 되는 경우가 있으나, 기하공차로 규제된 제품은 치수가 조금 틀리는 최악의 경우에도 결합이 가능하다. 따라서 기하공차는 제품의 기능 및 결함 부품들 간의 상호 호환성을 규제하는 것으로 고 정밀한 제품에는 필히 적용되고 있다.

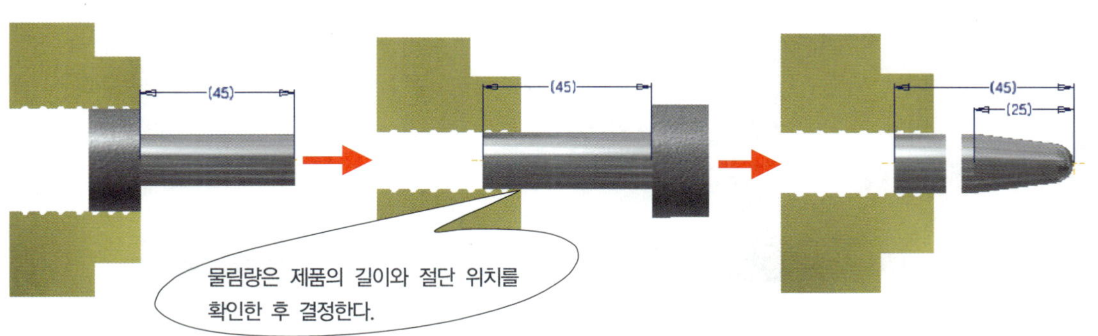

11. ⑪번 부품 가공

- 지급재료 : ∅5 × 1,000

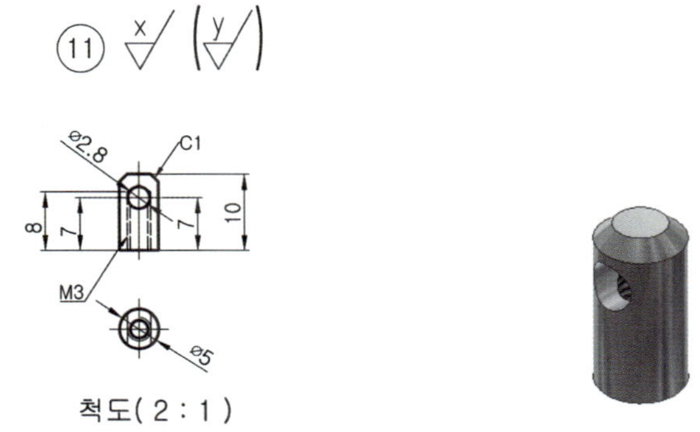

1) 도면 검토 및 수정하기

치수, 끼워 맞춤, 기하공차[79], 표면 거칠기, 제품의 기능, 요구사항 등을 확인한다. 제작상의 문제점이 있으면 수정하고 수정된 도면을 제작도면으로 사용한다.

〈표-2/2〉 도면(부품도) 검토 및 분석표 작성(예시 참조)

2) 부품 가공 순서 정하기

부품 가공 공정을 결정하는 작업은 제작 시간단축 및 조립상태 확인, 가공불량 등을 줄일 수 있다. 따라서 부품도를 분석하여 각 부품을 어떤 순서로 어떻게 가공할 것인가를 가공 전에 생각하여 가공 순서를 정하고 이를 토대로 실제 가공에 이용한다.

〈표-8〉 부품 가공 순서 작성(예시 참조)

79) 치수공차로 규제된 제품은 치수가 맞아도 형상에 따라 결합이 안 되는 경우가 있으나, 기하공차로 규제된 제품은 치수가 조금 틀리는 최악의 경우에도 결합이 가능하다. 따라서 기하공차는 제품의 기능 및 결합 부품들 간의 상호 호환성을 규제하는 것으로 고 정밀한 제품에는 필히 적용되고 있다.

3) 부품 가공 따라하기

① 선반에서 단면가공 → 모따기(C1) → 절단(10mm, 수량 만큼 연속작업) → 돌려물림 → 센터드릴 → 드릴(∅2.4 깊이 8)작업 한다.

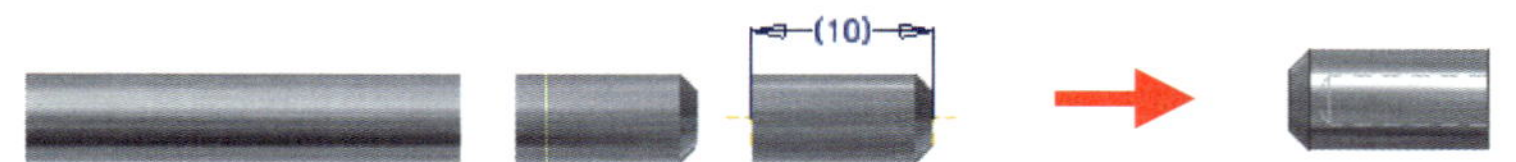

12. ⑫번 부품 가공

- 지급재료 : ∅5 × 1,000

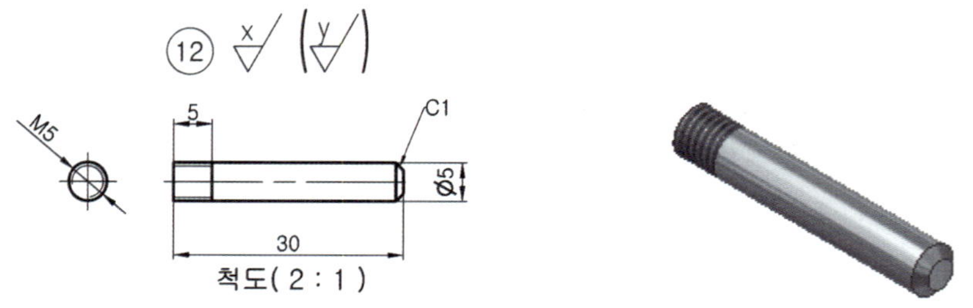

1) 도면 검토 및 수정하기

치수, 끼워 맞춤, 기하공차[80], 표면 거칠기, 제품의 기능, 요구사항 등을 확인한다. 제작상의 문제점이 있으면 수정하고 수정된 도면을 제작도면으로 사용한다.

〈표-2/2〉 도면(부품도) 검토 및 분석표 작성(예시 참조)

2) 부품 가공 순서 정하기

부품 가공 공정을 결정하는 작업은 제작 시간단축 및 조립상태 확인, 가공불량 등을 줄일 수 있다. 따라서 부품도를 분석하여 각 부품을 어떤 순서로 어떻게 가공할 것인가를 가공 전에 생각하여 가공 순서를 정하고 이를 토대로 실제 가공에 이용한다.

〈표-8〉 부품 가공 순서 작성(예시 참조)

3) 부품 가공 따라하기

① 선반에서 단면가공 → 모따기(C1) → 절단(30mm)작업 한다.

② 위 [1), 2)]를 검토 및 작성 후 … 위 ⑪번 부품과 같은 방법으로 가공한다.

---

80) 치수공차로 규제된 제품은 치수가 맞아도 형상에 따라 결합이 안 되는 경우가 있으나, 기하공차로 규제된 제품은 치수가 조금 틀리는 최악의 경우에도 결합이 가능하다. 따라서 기하공차는 제품의 기능 및 결합 부품들 간의 상호 호환성을 규제하는 것으로 고 정밀한 제품에는 필히 적용되고 있다.

13. ⑬번 부품 가공

- 지급재료 : ∅5 × 1,000

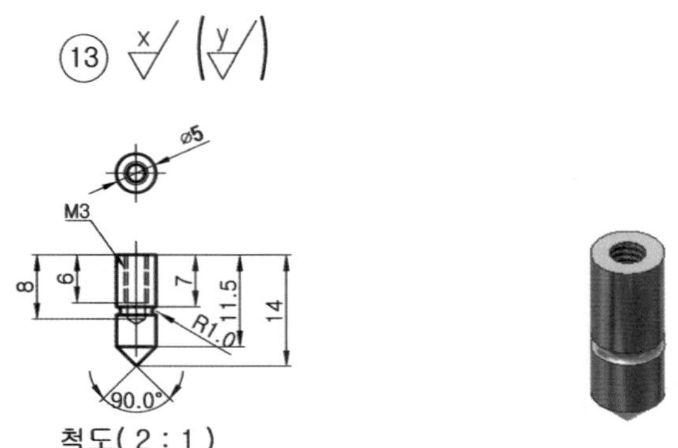

척도(2 : 1)

1) 도면 검토 및 수정하기

치수, 끼워 맞춤, 기하공차[81], 표면 거칠기, 제품의 기능, 요구사항 등을 확인한다. 제작상의 문제점이 있으면 수정하고 수정된 도면을 제작도면으로 사용한다.

〈표-2/2〉 도면(부품도) 검토 및 분석표 작성(예시 참조)

2) 부품 가공 순서 정하기

부품 가공 공정을 결정하는 작업은 제작 시간단축 및 조립상태 확인, 가공불량 등을 줄일 수 있다. 따라서 부품도를 분석하여 각 부품을 어떤 순서로 어떻게 가공할 것인가를 가공 전에 생각하여 가공 순서를 정하고 이를 토대로 실제 가공에 이용한다.

〈표-8〉 부품 가공 순서 작성(예시 참조)

3) 부품 가공 따라하기

① 선반에서 단면가공 → 모따기(90°) → 홈(R1.0) → 절단(14mm, 수량만큼 연속작업) → 돌려 물림 → 센터드릴 → 드릴(∅2.4 깊이 8) 작업한다.

② 위 [1), 2)]를 검토 및 작성 후 … 위 ⑪번 부품과 같은 방법으로 가공한다.

---

81) 치수공차로 규제된 제품은 치수가 맞아도 형상에 따라 결합이 안 되는 경우가 있으나, 기하공차로 규제된 제품은 치수가 조금 틀리는 최악의 경우에도 결합이 가능하다. 따라서 기하공차는 제품의 기능 및 결합 부품들 간의 상호 호환성을 규제하는 것으로 고 정밀한 제품에는 필히 적용되고 있다.

14. ⑭번 부품 가공

- 지급재료 : ∅2.4 AL용접봉

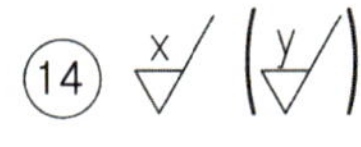

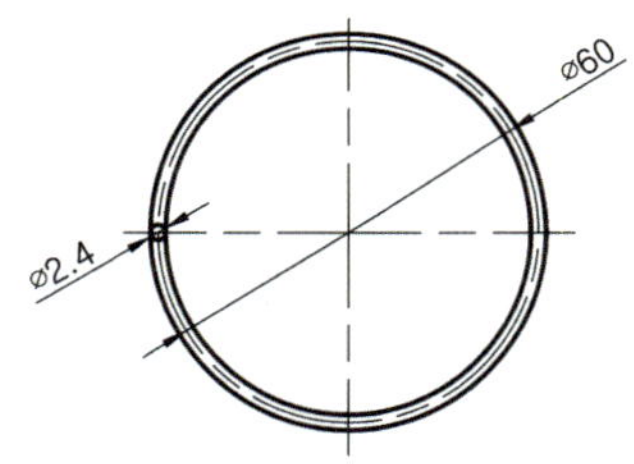

1) 도면 검토 및 수정하기

치수, 끼워 맞춤, 기하공차[82], 표면 거칠기, 제품의 기능, 요구사항 등을 확인한다. 제작상의 문제점이 있으면 수정하고 수정된 도면을 제작도면으로 사용한다.

〈표-2/2〉 도면(부품도) 검토 및 분석표 작성(예시 참조)

2) 부품 가공 순서 정하기

부품 가공 공정을 결정하는 작업은 제작 시간단축 및 조립상태 확인, 가공불량 등을 줄일 수 있다. 따라서 부품도를 분석하여 각 부품을 어떤 순서로 어떻게 가공할 것인가를 가공 전에 생각하여 가공 순서를 정하고 이를 토대로 실제 가공에 이용한다.

〈표-8〉 부품 가공 순서 작성(예시 참조)

3) 부품 가공 따라하기

① 원기둥(∅50 내외)에 감아서 형상을 만들고 절단한다(소재 ∅2.4 × 1,000).

82) 치수공차로 규제된 제품은 치수가 맞아도 형상에 따라 결합이 안 되는 경우가 있으나, 기하공차로 규제된 제품은 치수가 조금 틀리는 최악의 경우에도 결합이 가능하다. 따라서 기하공차는 제품의 기능 및 결합 부품들 간의 상호 호환성을 규제하는 것으로 고 정밀한 제품에는 필히 적용되고 있다.

G ∷ 조립가공 및 부품조립

학습 목표	1. 조립 작업의 중요성에 대해 설명할 수 있다. 2. 정확한 금긋기와 드릴링을 할 수 있다.

제작 과정에서 가장 중요한 것은 마무리 및 조립이다. 그것은 제품의 기능 요구 조건에 맞게 만들어가는 과정이 마무리 및 조립과정이기 때문이다. 각 부품을 고 정밀도로 기계가공을 할 수는 있지만 요구하는 조립 정밀도로 맞추기는 어렵다. 왜냐하면 기계 및 절삭공구의 정밀도 외에 가공중의 진동, 먼지, 온도 등에 의해 치수가 커지거나 작아지는 변화가 있기 때문이다.

1. 조립 가공하기

모든 부품의 기준면 및 치수를 확인하여 구멍위치에 하이트게이지로 금긋기 한다. 조립하기 위한 구멍 위치의 금긋기는 가공할 때의 기준면을 정반에 밀착시킨 상태로 금긋기 한다. 이 때 체결되는 부품과 부품은 조립되었을 때의 상태로 놓고 하이트게이지로 동시에 금긋기 한다.

① 조립 구멍위치 원주 금긋기는 디바이더와 하이트게이지로 금긋기 한다.

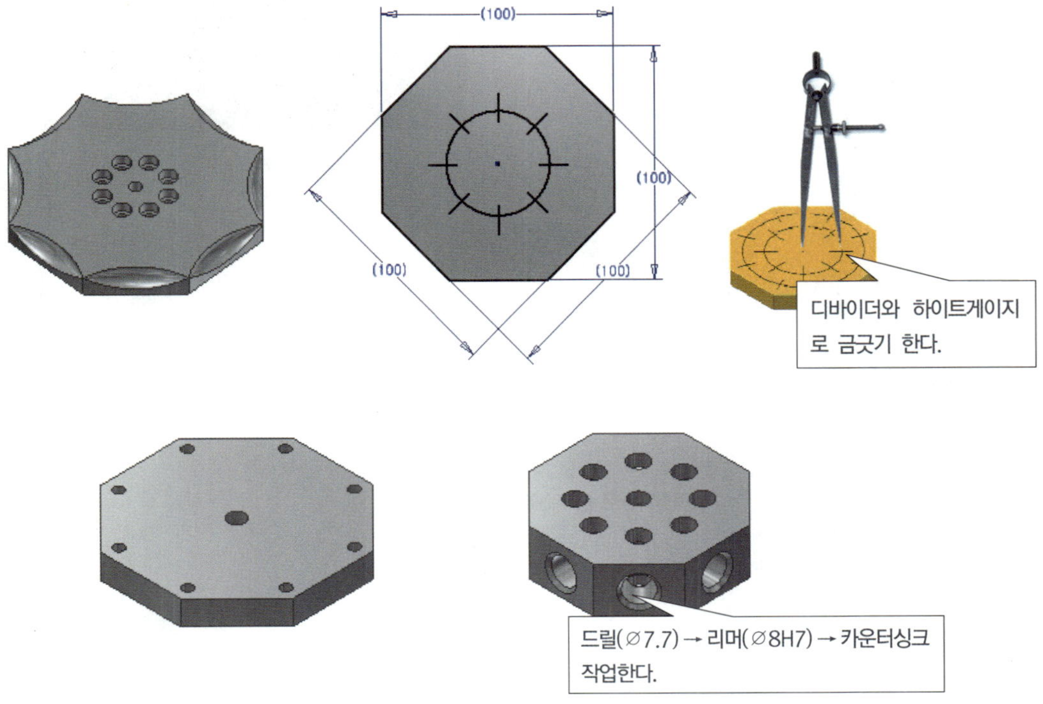

② 금긋기 → 센터펀치 → 드릴 → 리머 → 카운터보어 → 카운터싱크 → 핸드탭 작업한다.

탭은 나사의 바깥지름, 유효 지름, 골 지름의 치수가 1, 2, 3번 탭의 순으로 증가한다. 절삭률에 따라 초기 자리 잡기 작업은 1번 탭(55%), 이어서 2번 탭(25%), 마무리는 3번 탭(20%)으로 완성한다.

관통이 아닌 탭 작업은 절삭된 칩이 바닥에 쌓여 탭의 전진에 방해가 되어 쉽게 부러질 수 있다. 절삭칩을 배출하면서 수직을 유지하고 절삭유를 급유하며 적당한 힘으로 정회전(시계방향)과 역회전을 반복하며 작업한다.

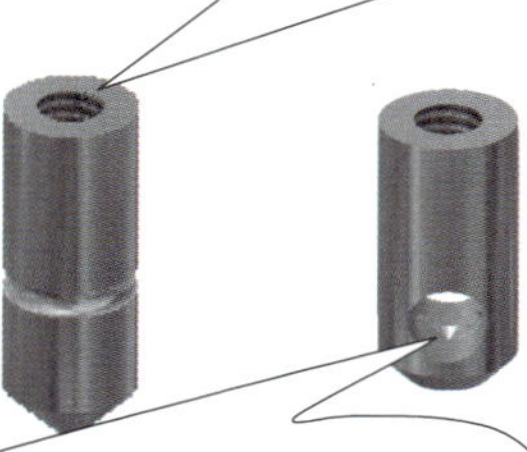

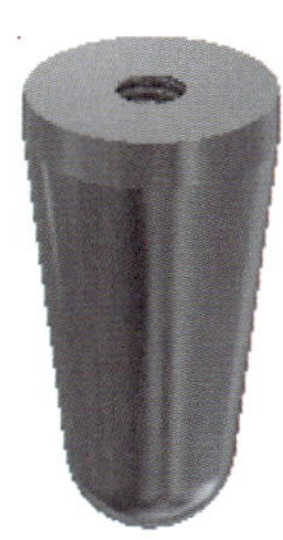

가는원통에 있는 구멍은 편중에 주의하며 드릴(∅2.8)

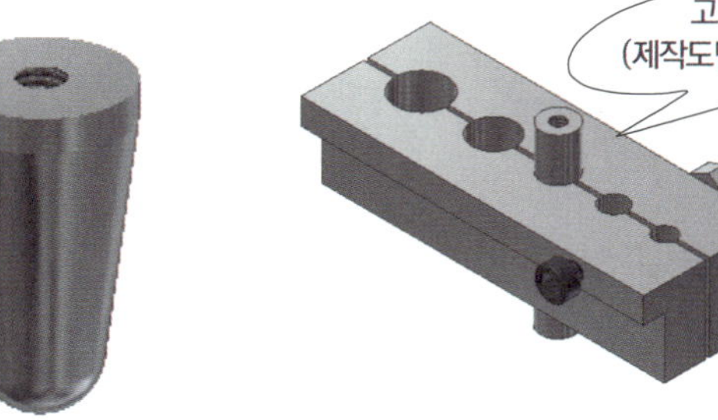

고정구 (제작도면:부록)

다이스는 재료와 수직유지 및 절삭유를 급유하며 정회전(시계방향)과 역회전을 반복하며 적당한 힘으로 작업한다.

작은∅ 원기둥 고정방법(고정구 제작 사용)

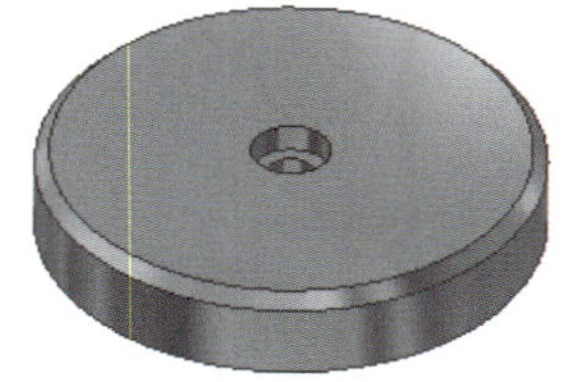

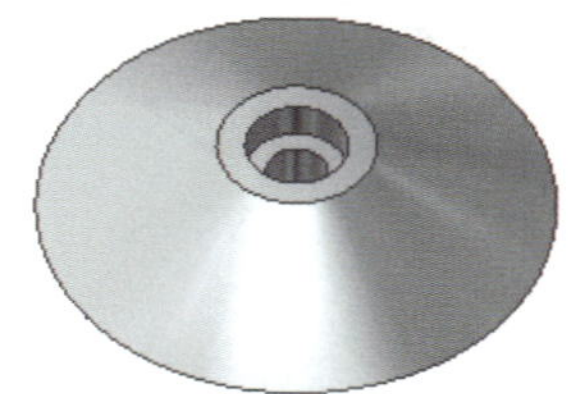

드릴 ∅4.3 → 핸드탭 M5 막힌나사로 탭파손에 주위

금긋기 선 위치와 카운터보어 자리의 앞뒤면을 확인하고 가공한다.

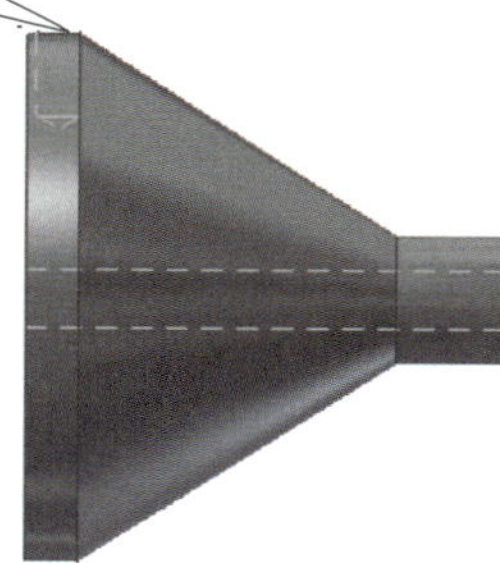

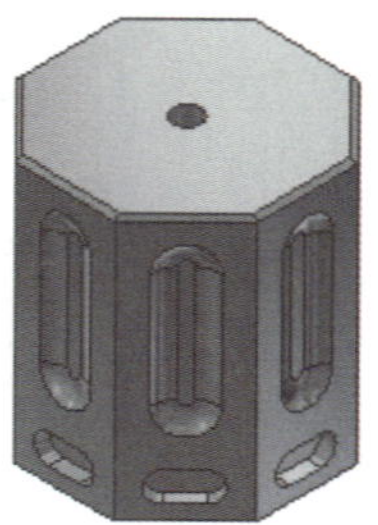

2. 부품 조립하기

제작물의 전체적인 구조를 이해하고 조립되는 순서와 방법을 결정한다. 부품조립은 좌우방향과 상하방향이 바뀌지 않도록 주의하며 부품의 위치정도를 확인하여 가공 상태 그대로 조립되도록 한다. 볼트 체결은 하나씩 대각선으로 느슨하게 조인 후 위치가 맞으면 강하게 조인다.

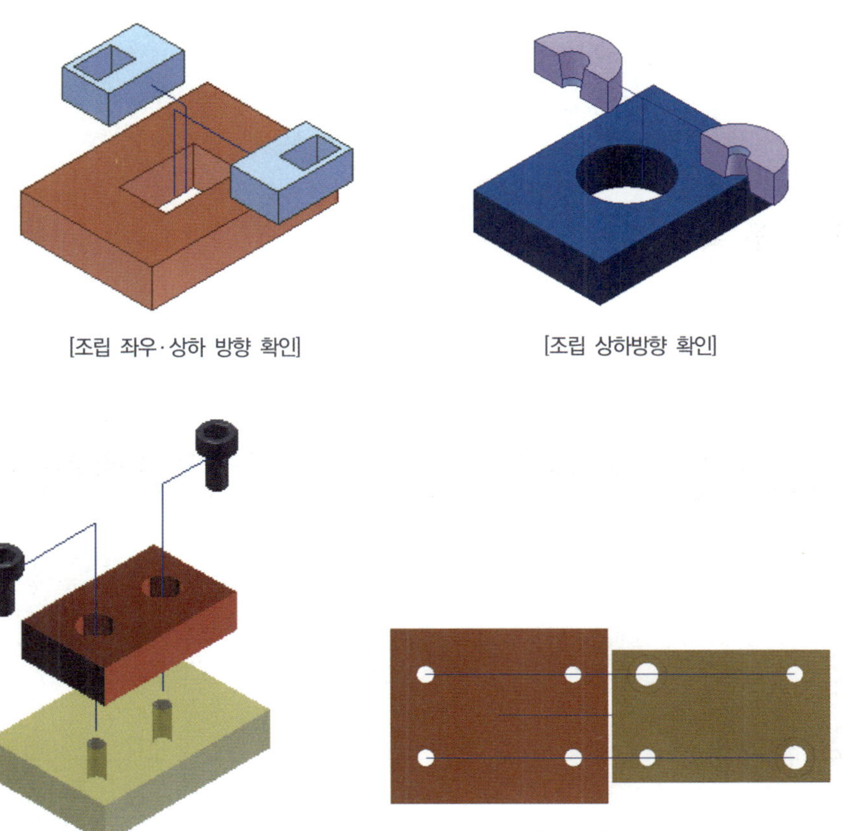

[조립 좌우·상하 방향 확인]

[조립 상하방향 확인]

[조립 위치정도 확인]

[조립 평행도 확인]

조립 시 확인 사항

H ⁝⁝⁝ 측정 및 품질 분석

학습 목표	
	1. 품질관리의 중요성에 대해 설명할 수 있다.
	2. 품질 분석표를 작성할 수 있다.

원하는 품질의 제품을 얻기 위해서는 품질관리는 매우 중요하다. 품질관리의 과정에는 기술 부문의 필수적인 성능과 기능을 분명하게 결정하는 기획설계 과정의 품질과 제작 과정에서 현장의 기술 수준에 따라 달라질 수 있으므로 제작과정의 품질이 중요하다.

1. 가공 부품 측정

〈표-6〉 조립품 및 부품 측정표 작성(예시 참조)

표 ➤ 조립품 및 부품 측정

조립품 및 부품 측정								
프로젝트 명								
작 성 자	소속			성명				
평가 구분	평가 사항					배점	득점	환산 점수
가공 상태 (80%)	항목	도면 치수	측정값					
			1차 측정	2차 측정	최종값			
	정밀 치수 (50%)							
	소계							

QUESTION

그림은 버니어캘리퍼스의 눈금으로 주척 39mm를 부척 20등분한 것이다. 측정값은?

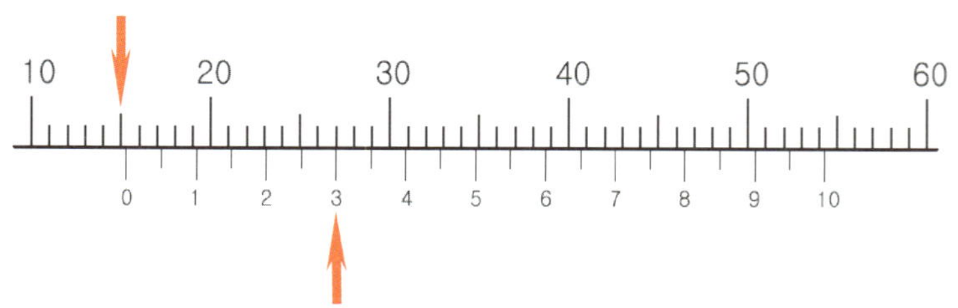

2. 완성품 품질 분석

부품 측정표와 전체적인 기능을 분석하여 불량 원인을 해결할 수 있는 방안을 조사한다.

〈표-7〉 4way 품질 분석표 작성(예시 참조)

표 ➤ 4way 품질 분석표

4way 품질 분석표				
프로젝트 명				
작 성 자	소속		성명	
A. 왜 불량이 발생하였는가?				
1 단계 Why?	(예) 왜 아침 등교시간이 늦었는가? → 아침에 늦게 일어나서 집에서 나왔다.			
2 단계 Why?	(예) 왜 늦게 일어났는가? → 어젯밤에 늦게 잠자리에 들었다.			
3 단계 Why?	(예) 왜 늦게 잠자리에 들었는가? → 인터넷 게임을 늦게까지 하였다.			
4 단계 Why?	(예) 왜 인터넷 게임을 늦게까지 하였는가? → 재미가 있어서 시간 가는 줄 몰랐다.			
B. 근본 요인은?				

(예) 계획성이 없는 생활을 하였다.

품질관리 용어

- ISO(International Organization for Standardization) : 국제 표준화 기구
- PCP(Process Control Plan) : 공정관리 계획
- PPM(Parts Per Million) : 백만분의 일
- TIM(Total Improvement Management) : 총체적 개선관리
- SPS(Statistical Problem Solving) : 통계적 문제 해결

프로젝트 수행과정 발표

학습 목표	1. 프로젝트 수행과정의 요점을 정리하여 전시회 자료를 만들 수 있다. 2. 프로젝트 수행과정을 프레젠테이션 자료로 만들어 발표할 수 있다.

1. 전시회 자료 제작

프로젝트 과제 수행 과정을 사진으로 촬영하여 프레젠테이션 및 전시회 자료 제작을 위한 자료로 활용하고 제작 관련 자료를 모아 보관하며 이를 정리하여 제품을 이해할 수 있도록 전시회 자료를 만든다.

(한글 A4 용지 1쪽)
1. 주제
2. 목적
3. 제작기간
4. 팀원 및 참여단계
5. 수행과정 및 문제해결방법
6. 제작 후 느낀 점

2. 프레젠테이션 자료 제작

위 자료를 중심으로 파워포인트로 제작하고 발표는 큰 그림을 먼저 이야기 하도록 한다. 프레젠테이션 자료는 차트나 그림(사진)을 많이 활용한 내용으로 하며 가장 좋은 것을 마지막에 보여주면서 간결하면서 감동적인 마무리가 되도록 준비한다.

(파워포인트 슬라이드 5쪽 이내)
1. 무엇을 전하고 싶은가?
2. 어떻게 전하려 하는가?
3. 왜 그 방법이 필요한 것인가?
4. 어떤 성과를 얻고 싶은가?

CHAPTER 08

트랙터

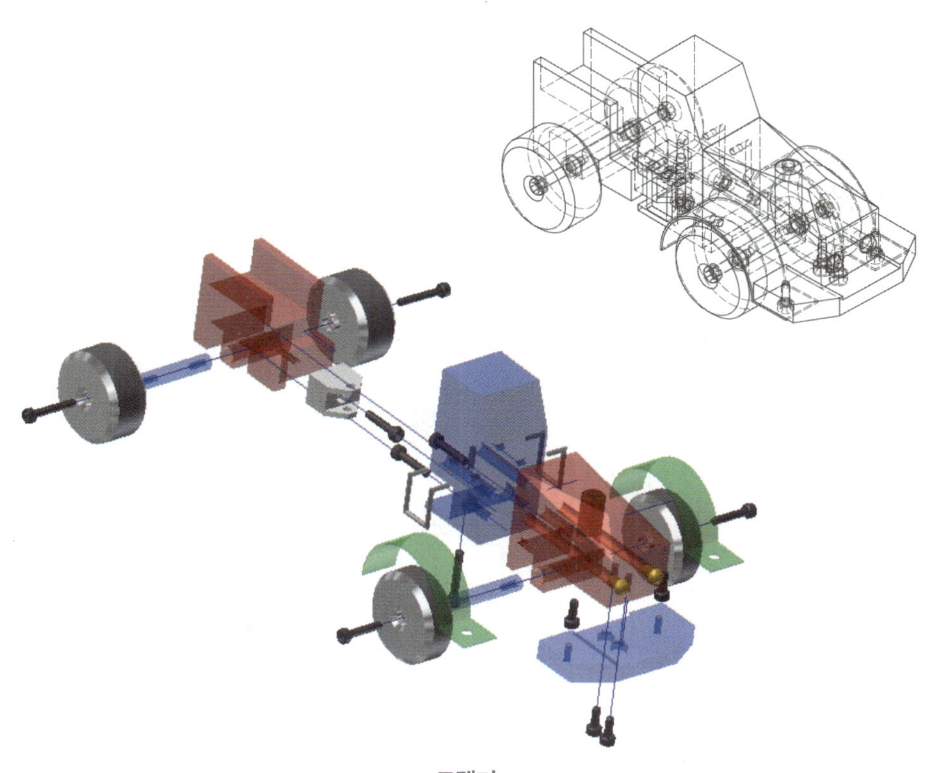

트랙터

단원 소개

본 단원은 주변의 탐구대상을 축소 설계하고 제작해 보는 단원이다. 설계단계의 축척 개념과 계단형의 가공공정 및 적절한 가공방법, 조립부품간의 구멍 위치 가공과 조립방법 등 부품들 간의 상호 관계를 익힐 수 있도록 한다.
또한 부품설계 및 KS규격품 선정 – 도면 출력 – 부품 가공 – 부품 조립 – 측정 과정을 단계별로 실습하고, 부품 가공에 필요한 공작기계의 선정, 재료의 선정, 절삭 공구의 선정 등 작품을 제작하는데 필요한 응용능력을 키우도록 한다.

A ::: 트랙터 제작 프로젝트

트랙터를 설계하고 출력하여 그 도면을 제작도면으로 실제로 공작기계를 이용하여 제작해본다. 통합응용실습으로 도면 설계능력 및 선반, 밀링과 드릴링 등의 공작기계 가공 능력을 향상시킨다.

1. 학습목표

1) 자동차의 개념을 알고 설계할 수 있다.
2) 도면을 이해하고 정밀하게 가공할 수 있다.
3) 적용된 KS품의 규격과 용도를 설명할 수 있다.

2. 프로젝트 과제명 : 트랙터

3. 소요시간 : [21시간] ※ 준비된 재료 지급

(※) LED라이트를 설계하여 제작해 본다.

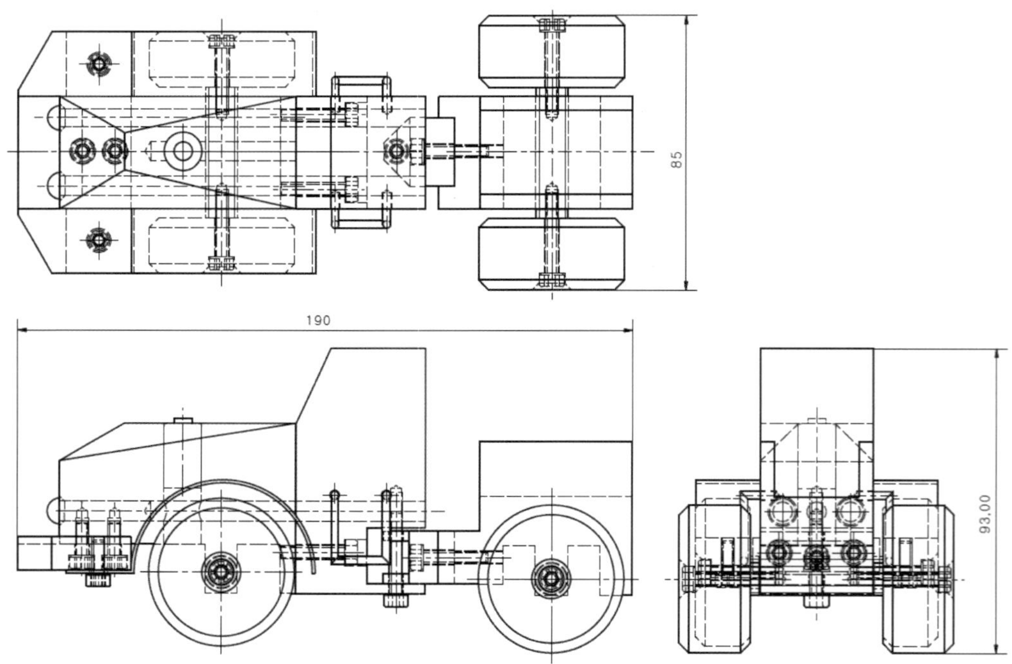

4. 보고서 작성 내용

[표-1] 프로젝트 담당업무 및 참여동기
[표-2/1] 도면(조립도) 검토 및 분석
[표-2/2] 도면(부품도) 검토 및 분석

[표-3] 소요 가공재료 및 KS규격품
[표-4] 기계 및 공구, 측정기
[표-5] 부품 가공 시 안전 및 유의 사항 조사
[표-6] 조립품 및 부품 측정
[표-7] 4way 품질 분석
[표-8] 부품 가공 순서

트랙터(tractor, 문화어 : 뜨락또르)는 높은 소류력을 천천히 전달할 목적으로 설계된 차량이며, 농업이나 건설에 쓰이는 트레일러나 기계를 끄는 것이 목적이다.

"끌다"라는 뜻의 라틴어 trahere에서 유래하였다. 대한민국에서는 영어 낱말 tractor를 가져와 "트랙터"로 사용하고 있으며 조선민주주의인민공화국에서는 러시아어 낱말 трактор(뜨락떠르)에서 가져와 "뜨락또르"로 사용하고 있다.

영국, 아일랜드, 오스트레일리아, 인도, 아르헨티나, 독일에서는 트랙터라는 낱말은 일반적으로 농장에 쓰이는 트랙터를 일컬으며 "트랙터"라는 낱말 자체가 대중에게는 친숙하지 않은 다른 종류의 차량을 뜻할 수도 있다. 캐나다와 미국에서 이 낱말은 견인 트레일러 또는 트럭의 로드 트랙터 부분을 가리키기도 한다.

트랙터는 일반적으로 세 가지의 기능을 갖추고 있다. 즉, 쟁기나 트레일러와 같은 물건을 끌고 주행하는 능력, 로터리경운기나 풀 베는 기계 등에 회전력을 주는 능력, 3점 연결장치에 작업기를 연결시키고 유압장치에 의하여 작업기를 땅에서 끌어올릴 수 있는 능력이 바로 그것이다. 이러한 세 가지 기능을 이용하여 여러 가지 농작업을 수행할 수 있다.

트랙터에 연결하는 작업기는 수십 가지이며, 작업기를 바꾸어서 원하는 작업을 수행할 수도 있다. 트랙터를 만능 농업기계처럼 인식하는 이유는 바로 그것이 많은 농작업에 이용되는 데에서 찾아볼 수 있다. 또한, 트랙터는 경운·파종·중경·제초·수확·운반 등에 널리 이용되는 범용의 것 이외에 과수원용·경사지용·임업용 등 특수한 용도에 알맞게 만들어진 것도 있다.

출처 : http://ko.wikipedia.org/wiki/, http://terms.naver.com/

B ::: 프로젝트 도면

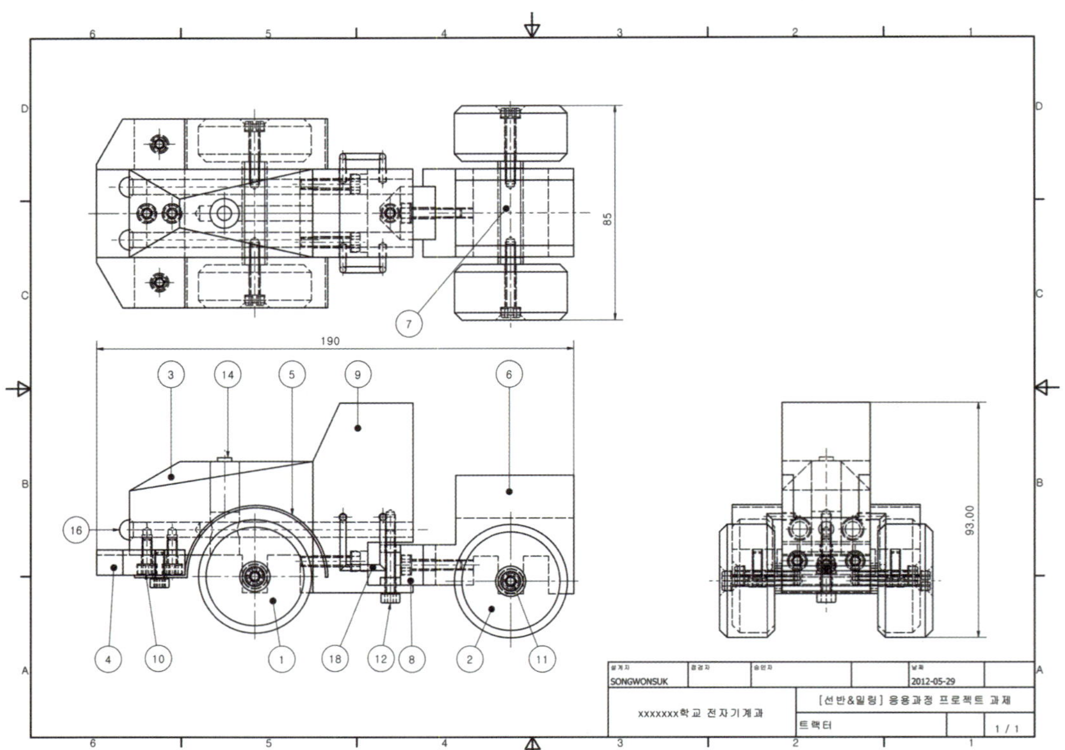
85
190
93.00
설계자
SONGWONSUK
날짜
2012-05-29
xxxxxxx학교 전자기계과
[선반&밀링] 응용과정 프로젝트 과제
트랙터
1 / 1

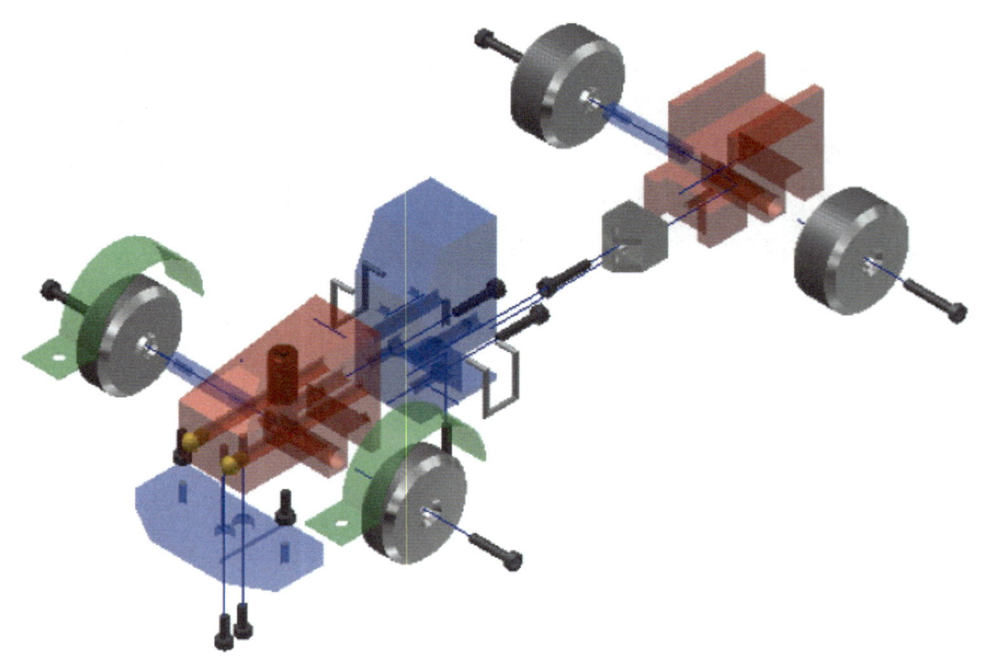

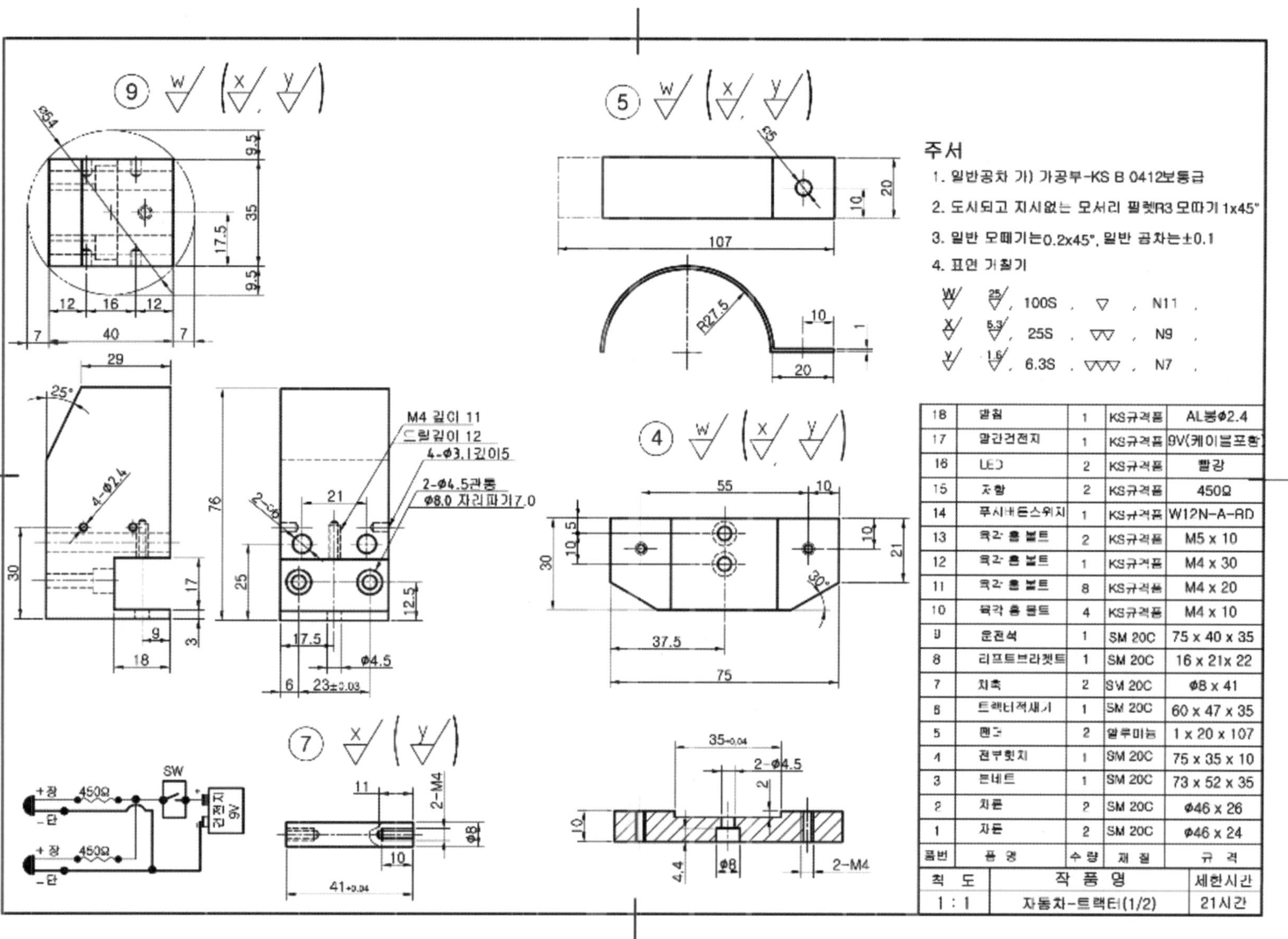

품번	품 명	수 량	재 질	규 격
18	받침	1	KS규격품	AL봉φ2.4
17	망간건전지	1	KS규격품	9V(케이블포함)
16	LED	2	KS규격품	빨강
15	저항	2	KS규격품	450Ω
14	푸시버튼스위치	1	KS규격품	W12N-A-RD
13	육각 홈 볼트	2	KS규격품	M5 x 10
12	육각 홈 볼트	1	KS규격품	M4 x 30
11	육각 홈 볼트	8	KS규격품	M4 x 20
10	육각 홈 볼트	4	KS규격품	M4 x 10
9	운전석	1	SM 20C	75 x 40 x 35
8	리프트브라켓트	1	SM 20C	16 x 21x 22
7	차축	2	SM 20C	φ8 x 41
6	트랙터적재기	1	SM 20C	60 x 47 x 35
5	펜더	2	알루미늄	1 x 20 x 107
4	전부힛치	1	SM 20C	75 x 35 x 10
3	본네트	1	SM 20C	73 x 52 x 35
2	차륜	2	SM 20C	φ46 x 26
1	차륜	2	SM 20C	φ46 x 24

척 도	작 품 명	제한시간
1 : 1	자동차-트랙터(1/2)	21시간

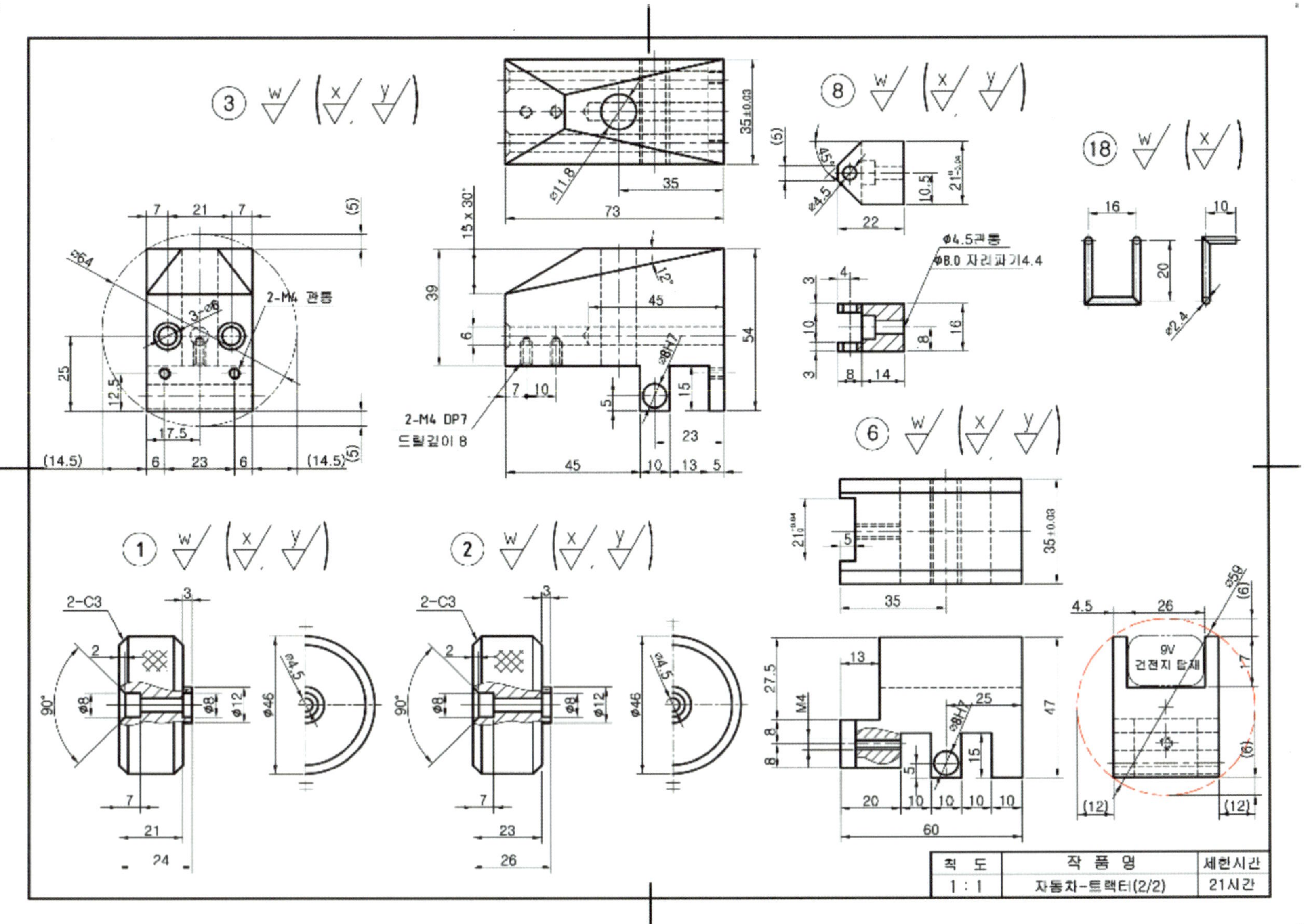
2-M4 관통
2-M4 DP7
드릴깊이 8
Φ4.5관통
Φ8.0 자리파기4.4
9V
건전지 탑재
척 도
1 : 1
작 품 명
자동차-트랙터(2/2)
제한시간
21시간

C ⁝⁝⁝ 프로젝트 수행계획서 작성

학습 목표	1. 작업 단계별 계획서를 작성할 수 있다. 2. 계획서 작성 방법 및 내용을 설명할 수 있다.

수행계획서는 작품 제작 과정에 필요한 것들을 단계별로 작성한다. 조립도 및 부품도면 작성, 소요재료 목록 작성, 사용기계 및 공구 목록 작성, 측정기, 부품 가공 공정 작성, 가공부품 채점, 완성품 품질분석 등을 작성한다.

〈표-9〉 프로젝트 수행계획서 작성(예시 참조)

본 프로젝트는 기능습득 목적의 과제 제시형 프로젝트로 「수행계획서」는 작품 제작완료 후 정리하여 작성한다. 연구 및 발명 프로젝트는 반드시 작품 제작 전에 계획서를 작성한다.

표 ➤ 수행계획서 작성

프로젝트 수행계획서					
프로젝트 명					
작 성 자	소속		성명		
일정	계획	내 용	업무분담	준비물	

D 도면 작성 및 도면 분석

학습 목표	1. 각 부품을 스케치할 수 있다. 2. 각 부품을 설계(CAD)할 수 있다.

제시한 과제 분해도와 조립도, 부품도를 참고로 스케치하면서 과제의 특징을 파악하여 제작과 정상 주의할 점을 조사한다.

1. 부품 스케치하기

제시된 도면의 각 부품을 프리 핸드로 등각투상하면서 제품의 형상을 이해한다. 도면의 부품 등각투상도는 아래 그림과 같이 치수에 맞게 그린다.

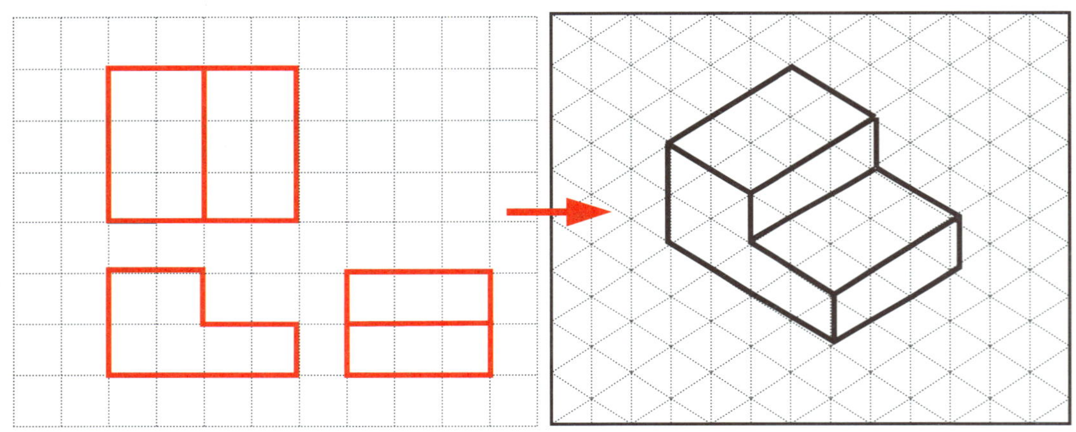

부품 및 등각투상도 예

※ 부록 2 : 스케치도 그리기(모눈종이)

스케치는 산업현장에서 기계부품 등의 현물을 측정하여 제도기 없이 프리 핸드(free hand)로 연필로 그리며 설계 또는 제작도를 작성하기 위해서 행해진다.

2. 도면(조립도) 검토 및 분석하기

도면을 분석하여 설계자의 요구사항은 무엇인지를 확인한 후 설계목적, 운동, 마모, 부품연결, 부품역할, 주유, 끼워 맞춤, 열처리, 도장, 가공, 고정, 조립, 사용한 재질의 절삭성 및 절삭유제의 사용여부 등을 분석한다.

〈표-2/1〉 도면(조립도) 검토 및 분석표 작성(예시 참조)

표 ➤ 도면(조립도) 검토 및 분석표

도면(조립도) 검토 및 분석표				
프로젝트 명				
작 성 자	소속		성명	
구분	검토 사항			검토 결과
1	도면을 검토 및 분석결과 조립가능 여부와 제품의 기능(운동)은? ⇨			
2	제품의 정밀치수(일반치수 제외)는 몇 개소 있으며, 보유한 공작기계 및 공구로 가공이 가능한가? ⇨			

E ∷ 부품 가공 준비

학습 목표	
	1. 가공에 필요한 공구와 기계, 측정기를 선정할 수 있다. 2. 가공한 부품과 규격품을 이용하여 정밀하게 조립할 수 있다.

도면 내용을 분석한 다음 보유하고 있는 시설 현황을 조사하여 부품 가공에 필요한 공작 기계, 절삭공구, 측정기, 소요재료 등을 선정한다.

1. 부품 가공에 필요한 공작 기계 선정하기

KS규격과 명칭에 따라 품명에는 사용해야 할 공작기계를 적으며, 규격(사양)과 수량을 적는다. 활용 내역에는 기계 기구를 사용할 부품번호와 작업내용을 적는다.

〈표-4〉 기계 및 공구, 측정기 작성[83] (예시 참조)

표 ➤ 가공에 필요한 기계 및 공구

가공 기계 및 공구				
프로젝트 명				
작 성 자	소속		성명	
연번	품명	규격	수량	활용 내역

83) 사용해야 할 공작기계와 공구 및 측정기를 적으며, 규격(사양)과 수량을 적는다. 비고란에는 용도를 적는다.

2. 부품 가공에 필요한 측정기구 선정하기

도면 내용을 분석한 다음 보유한 측정 기구를 조사하고 부품 가공에 필요한 측정 기구를 선정하여 준비한다.

〈표-4〉 기계 및 공구, 측정기 작성[84] (예시 참조)

표 ➤ 가공에 필요한 측정기 선정

가공에 필요한 측정기					
프로젝트 명					
작 성 자	소속		성명		
연번	품명	규격	수량	활용 내역	

3. 제작에 필요한 재료 선정하기

부품 가공에 필요한 재료 치수를 뽑고 다음 표를 작성하여 구매 신청을 할 수 있도록 준비한다. 규격품은 KS규격에 따라 품명과 재질, 규격, 수량을 적고, 비고란에는 KS규격분류기호와 번호, 열처리 여부를 기록한다. 단, 재료는 가공이 수월한 연강(SM20C), 황동, 알루미늄 등을 사용해도 되며 규격은 가공여유(+3~5)를 포함한 치수를 적는다.

〈표-3〉 소요 가공재료 및 KS규격품 작성(예시 참조)

표 ➤ 소요 가공재료 및 KS규격품

소요 가공재료 및 KS규격품					
프로젝트 명					
작 성 자	소속		성명		
부품번호	품명	규격	수량	재질	비고

84) 사용해야 할 공작기계와 공구 및 측정기를 적으며, 규격(사양)과 수량을 적는다. 비고란에는 용도를 적는다.

4. 부품 가공 시 안전 및 유의 사항 조사하기

부품 가공 시에 필요한 안전사고 유의 사항을 조사하고 이를 근거로 실제 가공에 있어 안전사고가 발생하지 않도록 철저히 준비한다.

〈표-5〉 부품 가공 시 안전 및 유의 사항 작성(예시 참조)

표 ➤ 제품 가공 시 안전 및 유의 사항

제품 가공 시 안전 및 유의 사항85)				
프로젝트 명				
작 성 자	소속		성명	
연번	안전 및 유의 사항			"불안전한 행동" 또는 "불안전한 상태" 구분

85) "불안전한 행동"과 "불안전한 상태" 구분
1. 불안전한 행동 : 실습에 임하는 자세로 안전수칙 준수, 기계 및 공구의 사용, 안전한 작업 등
2. 불안전한 상태 : 작업환경으로 정리, 정돈, 청결 등

F 부품 가공

학습 목표	1. 환봉을 각재로 가공하는 공정에 대해 설명할 수 있다. 2. 원활한 기계조작으로 공차대로 정확하게 가공할 수 있다.

모든 기구들은 여러 개의 부품으로 조합되어 있으며 각 부품들은 상대적인 상관관계를 가지고 있다. 따라서 조립부의 치수는 정밀도가 요구되므로 1차 가공한 후 다듬질로 마무리한다.

1. ①번 부품 가공

- 지급재료 : ∅50 × 100

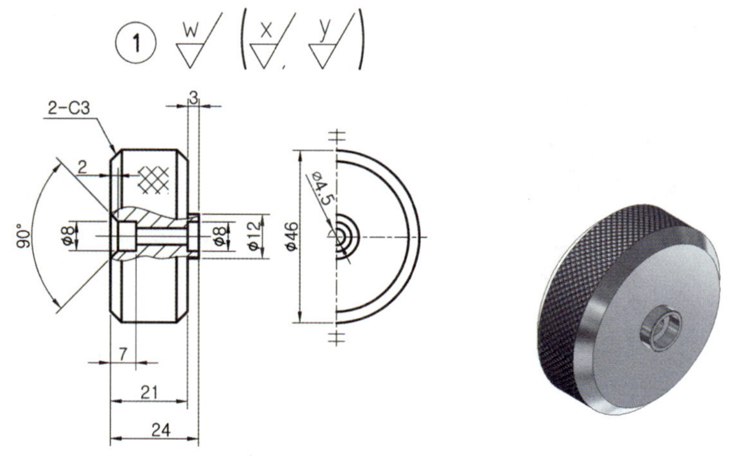

1) 도면 검토 및 수정하기

치수, 끼워 맞춤, 기하공차86), 표면 거칠기, 제품의 기능, 요구사항 등을 확인한다. 제작상의 문제점이 있으면 수정하고 수정된 도면을 제작도면으로 사용한다.

〈표-2/2〉 도면(부품도) 검토 및 분석표 작성(예시 참조)

2) 부품 가공 순서 정하기

부품 가공 공정을 결정하는 작업은 제작 시간단축 및 조립상태 확인, 가공불량 등을 줄일 수 있다. 따라서 부품도를 분석하여 각 부품을 어떤 순서로 어떻게 가공할 것인가를 가공

86) 치수공차로 규제된 제품은 치수가 맞아도 형상에 따라 결합이 안 되는 경우가 있으나, 기하공차로 규제된 제품은 치수가 조금 틀리는 최악의 경우에도 결합이 가능하다. 따라서 기하공차는 제품의 기능 및 결합 부품들 간의 상호 호환성을 규제하는 것으로 고 정밀한 제품에는 필히 적용되고 있다.

전에 생각하여 가공 순서를 정하고 이를 토대로 실제 가공에 이용한다.

〈표-8〉 부품 가공 순서 작성(예시 참조)

3) 부품 가공 따라하기

① 선반에서 돌려 물림 가공한다(소재 ∅50 × 100).

② 단면가공 → 널링[87] 작업 외경을 ∅45.7(−0.3)으로 길이 30까지 가공 → 널링 → 계단(∅12 ×3) → 모따기(C3) → 드릴(∅4.5 관통) → 카운터보어(∅8 깊이 3) → 절단작업 한다.

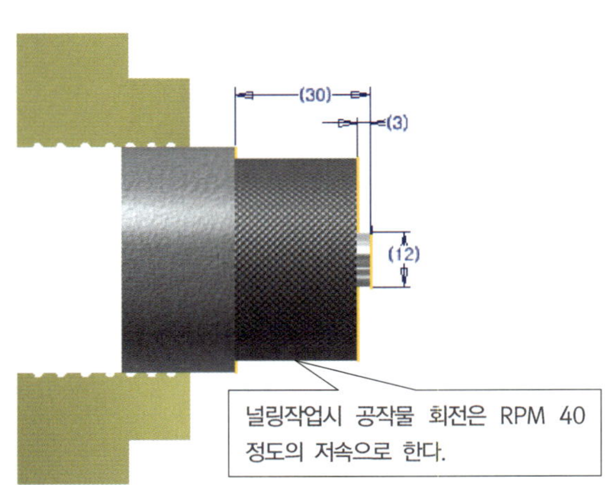

널 작업은 가압력이 크기 때문에 척의 공작물, 공구대, 심압대를 견고하게 고정해야 한다. 널은 공작물의 끝 면에 1/3~1/2 닿게 하여 작업을 시작한다.

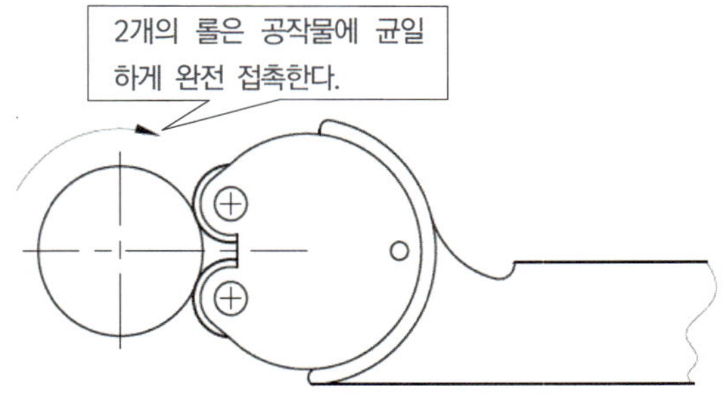

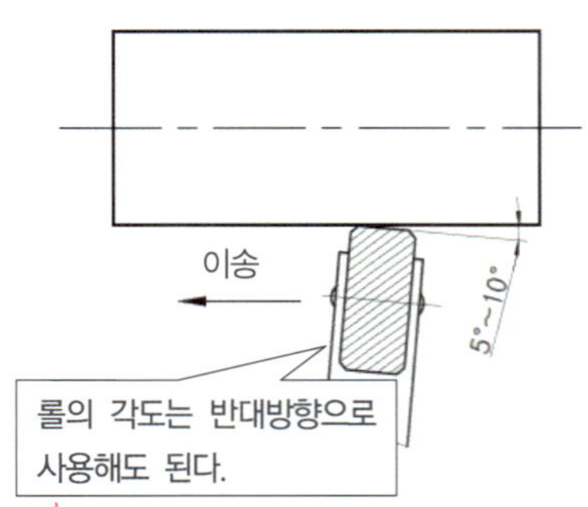

87) 주로 원통 형상의 공작물의 외면에 미끄럼을 방지하기 위한 목적으로 만들어지는 깔쭉깔쭉한 모양을 가리킨다.

③ 돌려 물리고 단면가공하며 길이(21mm)맞춤 → 카운터보어(∅8 깊이 7) → 모따기(C3) 카운터싱킹 작업한다.

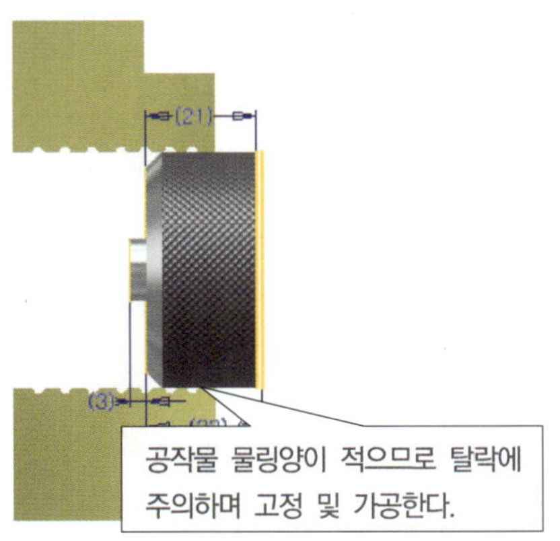

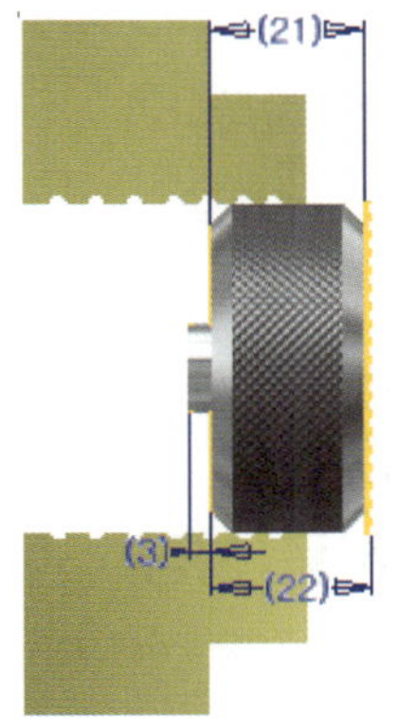

2. ②번 부품 가공

- 지급재료 : ∅50 × 100

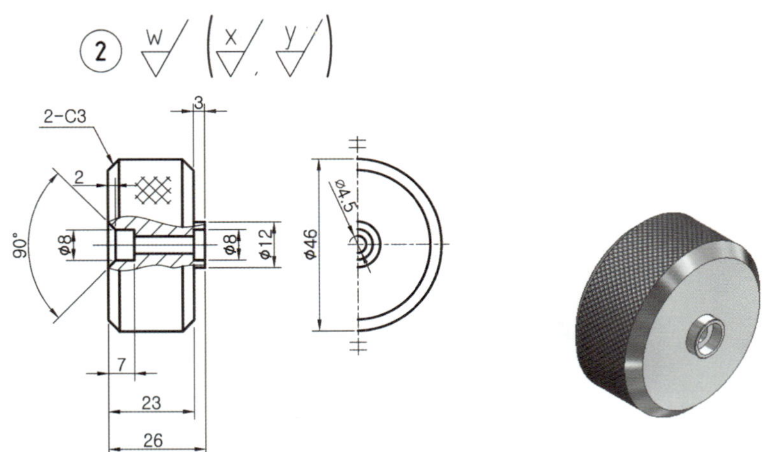

1) 도면 검토 및 수정하기

치수, 끼워 맞춤, 기하공차, 표면 거칠기, 제품의 기능, 요구사항 등을 확인한다. 제작상의 문제점이 있으면 수정하고 수정된 도면을 제작도면으로 사용한다.

〈표-2/2〉 도면(부품도) 검토 및 분석표 작성(예시 참조)

2) 부품 가공 순서 정하기

부품 가공 공정을 결정하는 작업은 제작 시간단축 및 조립상태 확인, 가공불량 등을 줄일 수 있다. 따라서 부품도를 분석하여 각 부품을 어떤 순서로 어떻게 가공할 것인가를 가공 전에 생각하여 가공 순서를 정하고 이를 토대로 실제 가공에 이용한다.

〈표-8〉 부품 가공 순서 작성(예시 참조)

3) 부품 가공 따라하기

위 내용[1), 2)]을 검토 및 작성 후 … 위 ①번 부품과 같은 방법으로 가공한다.

• 도면 검토 및 수정하기

• 부품 가공 순서 정하기

3. ⑦번 부품 가공

- 지급재료 : ∅8 × 연마핀

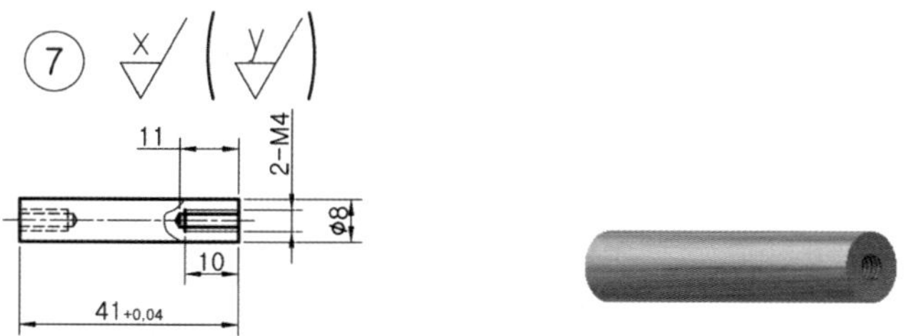

1) 도면 검토 및 수정하기

치수, 끼워 맞춤, 기하공차, 표면 거칠기, 제품의 기능, 요구사항 등을 확인한다. 제작상의 문제점이 있으면 수정하고 수정된 도면을 제작도면으로 사용한다.

〈표-2/2〉 도면(부품도) 검토 및 분석표 작성(예시 참조)

2) 부품 가공 순서 정하기

부품 가공 공정을 결정하는 작업은 제작 시간단축 및 조립상태 확인, 가공불량 등을 줄일 수 있다. 따라서 부품도를 분석하여 각 부품을 어떤 순서로 어떻게 가공할 것인가를 가공 전에 생각하여 가공 순서를 정하고 이를 토대로 실제 가공에 이용한다.

〈표-8〉 부품 가공 순서 작성(예시 참조)

3) 부품 가공 따라하기

① 선반에서 돌려 물림 가공한다(소재 ∅8 연마핀).

② 단면가공 → 드릴(∅3.4 깊이11) → 절단 → 돌려물림 → 길이가공(41) → 드릴(∅3.4 깊이 11) 작업한다.

4. ③번 부품 가공

- 지급재료 : ∅70 × 100

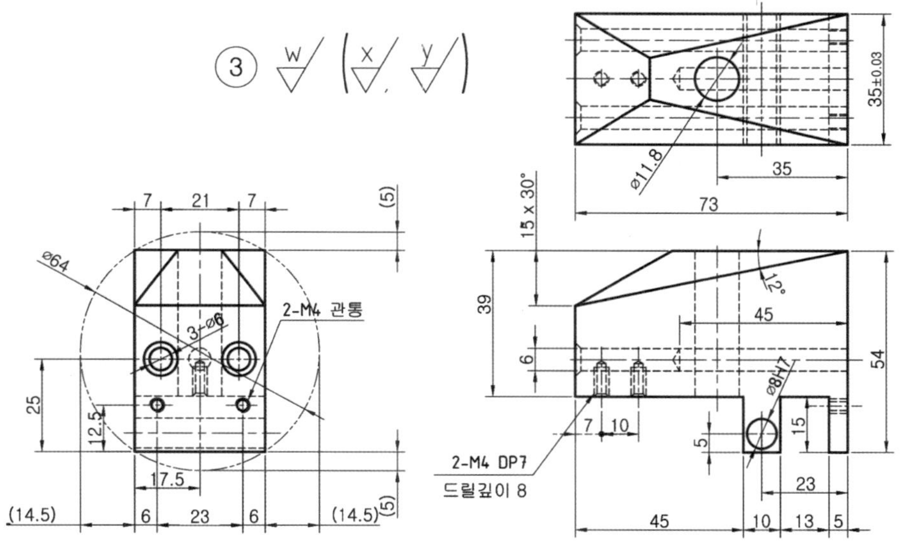

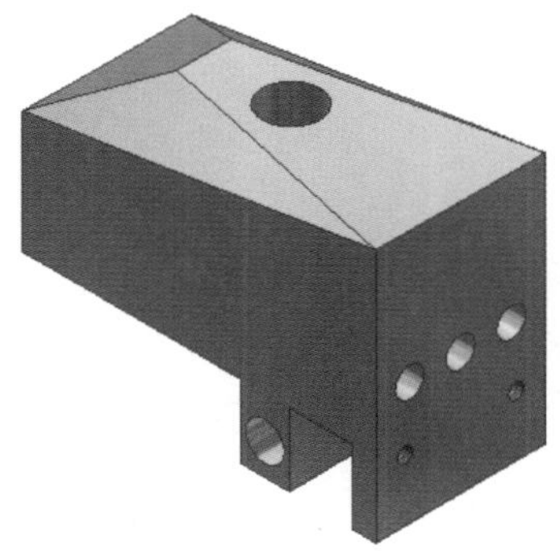

1) 도면 검토 및 수정하기

치수, 끼워 맞춤, 기하공차, 표면 거칠기, 제품의 기능, 요구사항 등을 확인한다. 제작상의 문제점이 있으면 수정하고 수정된 도면을 제작도면으로 사용한다.

〈표-2/2〉 도면(부품도) 검토 및 분석표 작성(예시 참조)

2) 부품 가공 순서 정하기

부품 가공 공정을 결정하는 작업은 제작 시간단축 및 조립상태 확인, 가공불량 등을 줄일 수 있다. 따라서 부품도를 분석하여 각 부품을 어떤 순서로 어떻게 가공할 것인가를 가공 전에 생각하여 가공 순서를 정하고 이를 토대로 실제 가공에 이용한다.

〈표-8〉 부품 가공 순서 작성(예시 참조)

3) 부품 가공 따라하기

① 선반에서 길이(72mm)를 맞춘다(소재 ∅70 × 100).

② 밀링에서 길이를 고정하고 정면커터로 사각기둥(54 × 35)으로 가공한다.

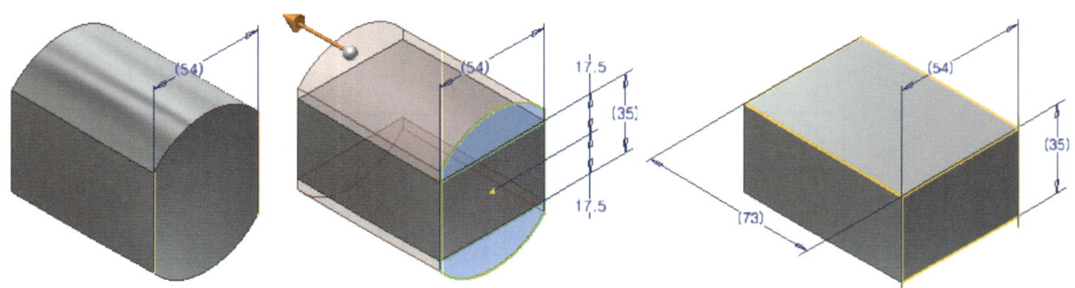

③ 엔드밀로 홈 가공 및 정면커터로 모서리 각을 가공한다.

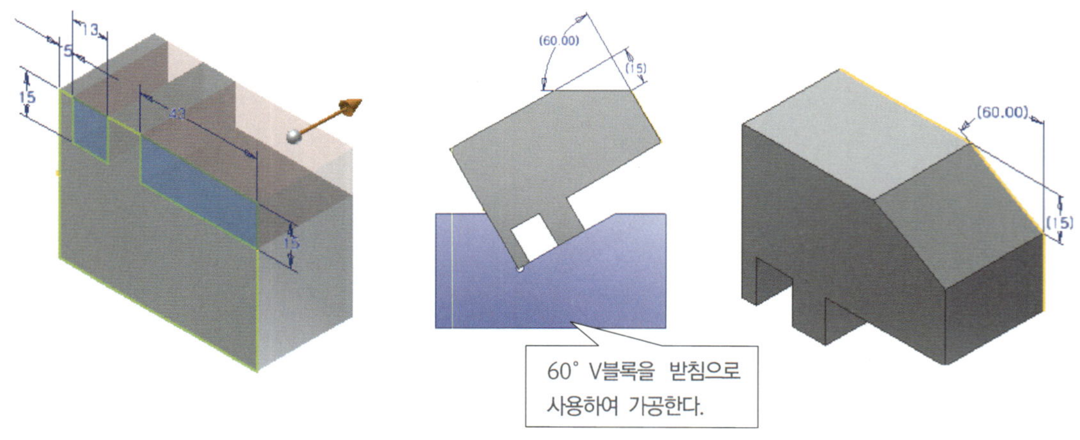

④ 정면커터로 대각선의 모서리 각을 가공한다.

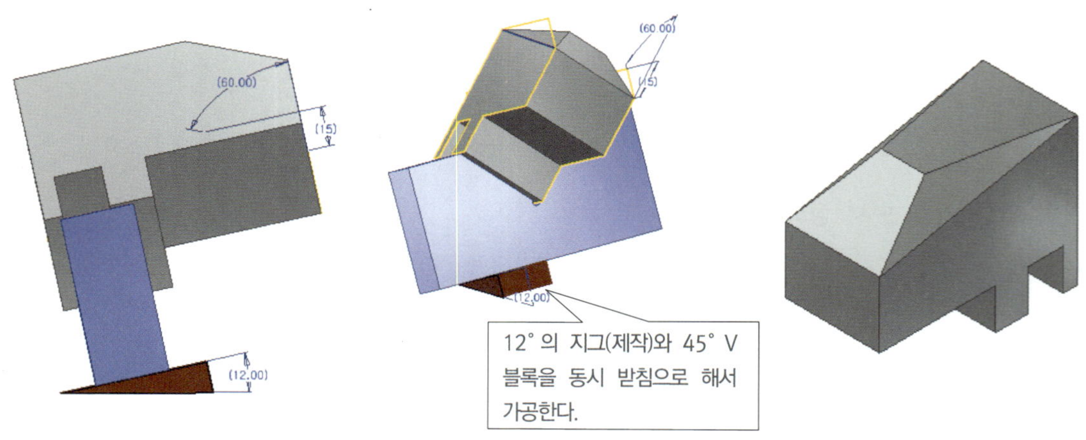

5. ⑨번 부품 가공

- 지급재료 : ∅60 × 100

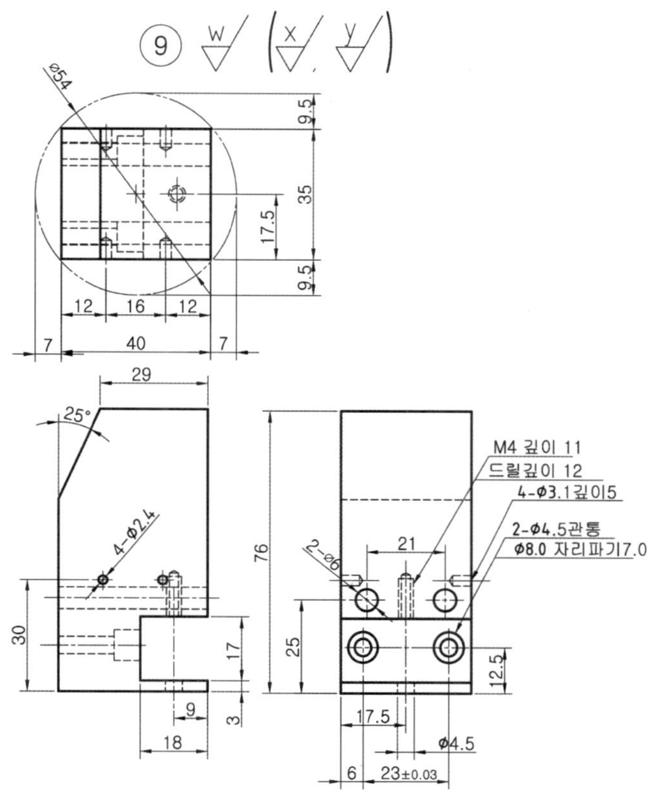

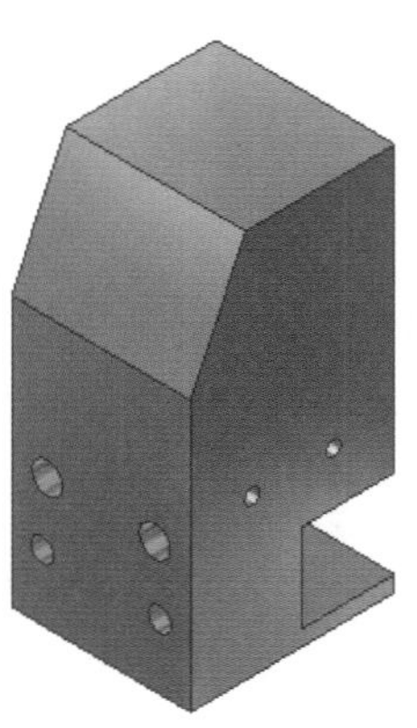

1) 도면 검토 및 수정하기

치수, 끼워 맞춤, 기하공차, 표면 거칠기, 제품의 기능, 요구사항 등을 확인한다. 제작상의 문제점이 있으면 수정하고 수정된 도면을 제작도면으로 사용한다.

〈표-2/2〉 도면(부품도) 검토 및 분석표 작성(예시 참조)

2) 부품 가공 순서 정하기

부품 가공 공정을 결정하는 작업은 제작 시간단축 및 조립상태 확인, 가공불량 등을 줄일 수 있다. 따라서 부품도를 분석하여 각 부품을 어떤 순서로 어떻게 가공할 것인가를 가공 전에 생각하여 가공 순서를 정하고 이를 토대로 실제 가공에 이용한다.

〈표-8〉 부품 가공 순서 작성(예시 참조)

3) 부품 가공 따라하기

① 선반에서 길이(76mm)를 맞춘다(소재 ∅60 × 100).

② 밀링에서 길이를 고정하고 정면커터로 사각기둥(40 × 35)으로 가공한다.

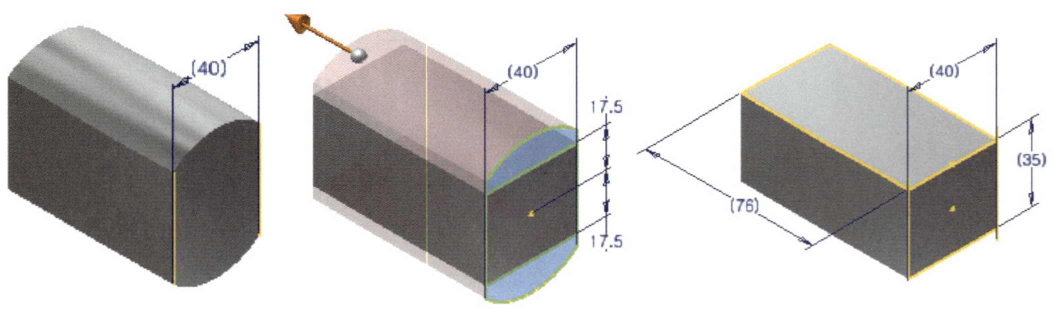

③ 금긋기한 후 정면커터로 모서리 각 가공 및 엔드밀로 홈을 가공한다.

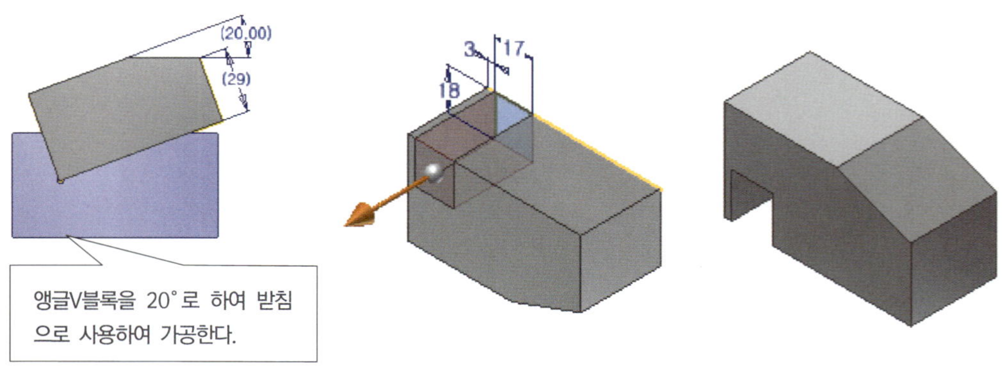

6. ⑥번 부품 가공

- 지급재료 : ∅60 × 100

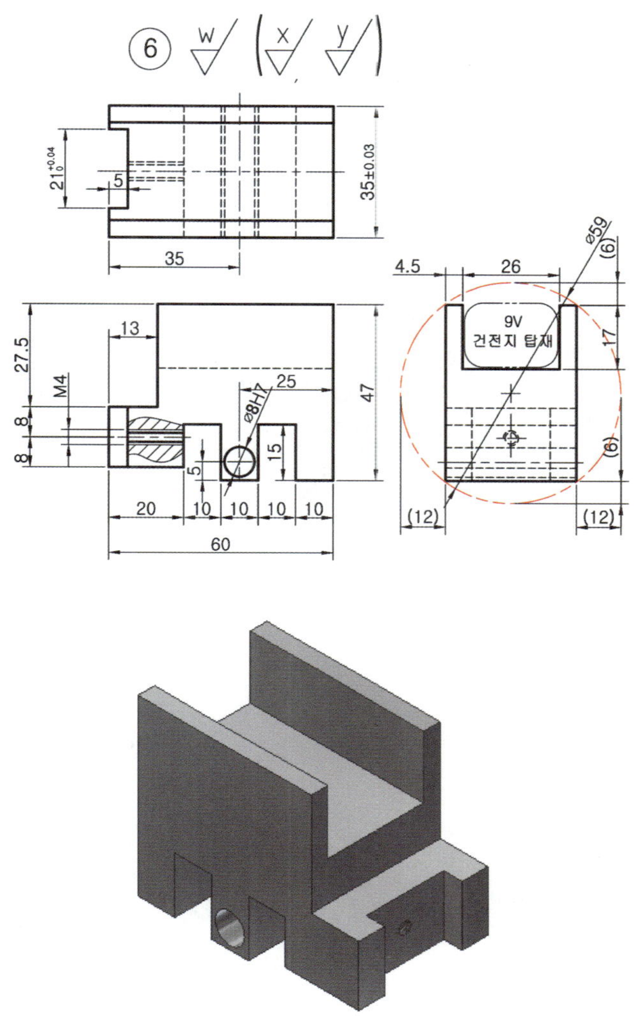

1) 도면 검토 및 수정하기

치수, 끼워 맞춤, 기하공차, 표면 거칠기, 제품의 기능, 요구사항 등을 확인한다. 제작상의 문제점이 있으면 수정하고 수정된 도면을 제작도면으로 사용한다.

〈표-2/2〉 도면(부품도) 검토 및 분석표 작성(예시 참조)

2) 부품 가공 순서 정하기

부품 가공 공정을 결정하는 작업은 제작 시간단축 및 조립상태 확인, 가공불량 등을 줄일 수 있다. 따라서 부품도를 분석하여 각 부품을 어떤 순서로 어떻게 가공할 것인가를 가공 전에 생각하여 가공 순서를 정하고 이를 토대로 실제 가공에 이용한다.

〈표-8〉 부품 가공 순서 작성(예시 참조)

3) 부품 가공 따라하기

① 선반에서 길이(60mm)를 맞춘다(소재 ∅60 × 100).

② 밀링에서 길이를 고정하고 정면커터로 사각기둥(47 × 35)으로 가공한다.

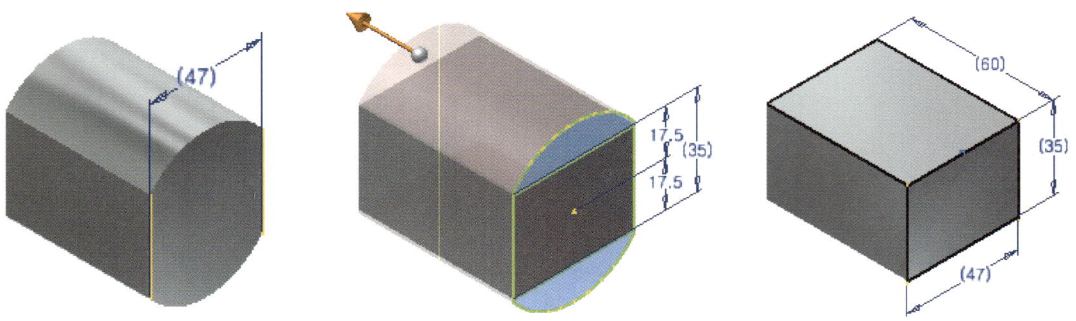

③ 금긋기 및 엔드밀로 홈을 가공한다.

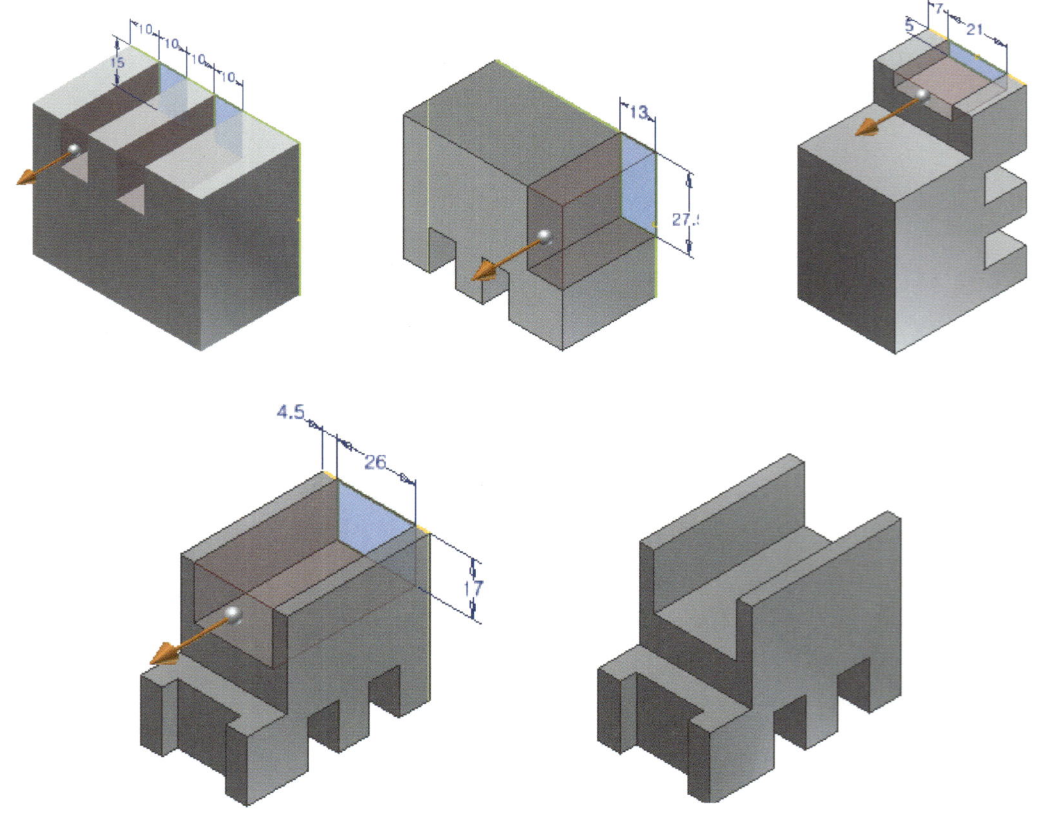

7. ④번 부품 가공

- 지급재료 : 10 × 85 × 85

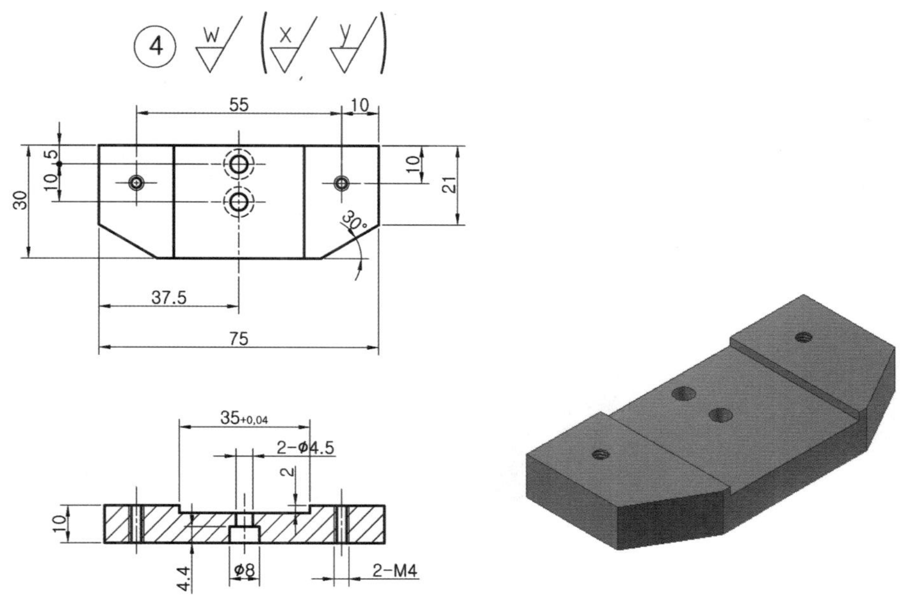

1) 도면 검토 및 수정하기

치수, 끼워 맞춤, 기하공차, 표면 거칠기, 제품의 기능, 요구사항 등을 확인한다. 제작상의 문제점이 있으면 수정하고 수정된 도면을 제작도면으로 사용한다.

〈표-2/2〉 도면(부품도) 검토 및 분석표 작성(예시 참조)

2) 부품 가공 순서 정하기

부품 가공 공정을 결정하는 작업은 제작 시간단축 및 조립상태 확인, 가공불량 등을 줄일 수 있다. 따라서 부품도를 분석하여 각 부품을 어떤 순서로 어떻게 가공할 것인가를 가공 전에 생각하여 가공 순서를 정하고 이를 토대로 실제 가공에 이용한다.

〈표-8〉 부품 가공 순서 작성(예시 참조)

3) 부품 가공 따라하기

① 3직각을 맞추다(소재 10 × 85 × 85).

② 외곽치수(10 × 30 × 75)로 가공한다.

③ 60° V블록을 사용하여 금긋기와 모서리 각 및 엔드밀로 홈(2 × 35) 가공한다.

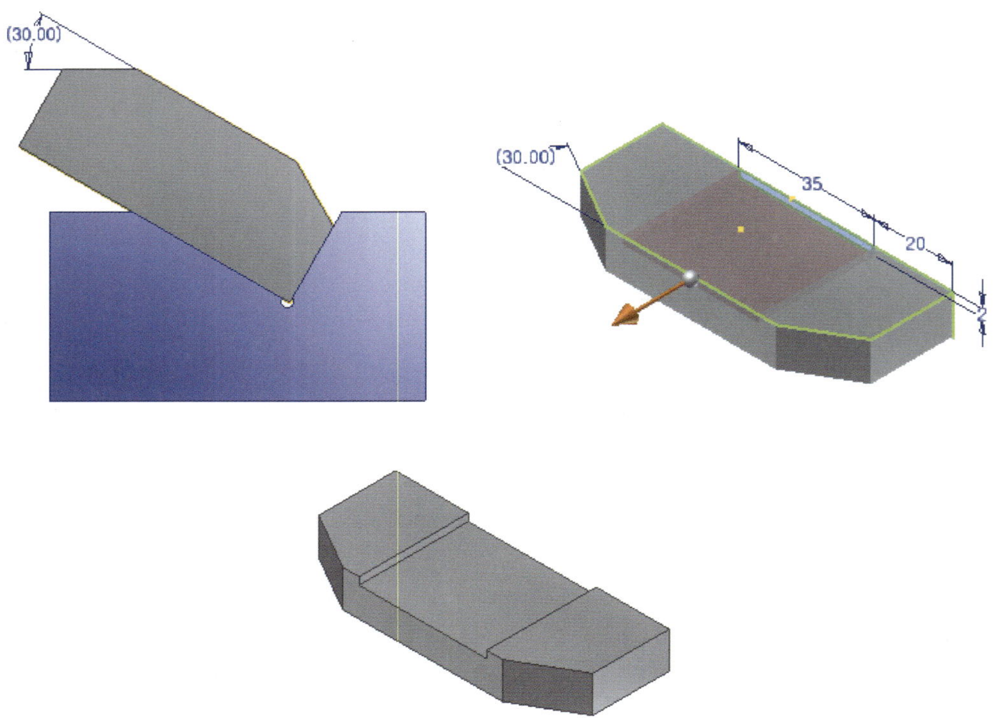

8. ⑧번 부품 가공

- 지급재료 : 20 × 45 × 45

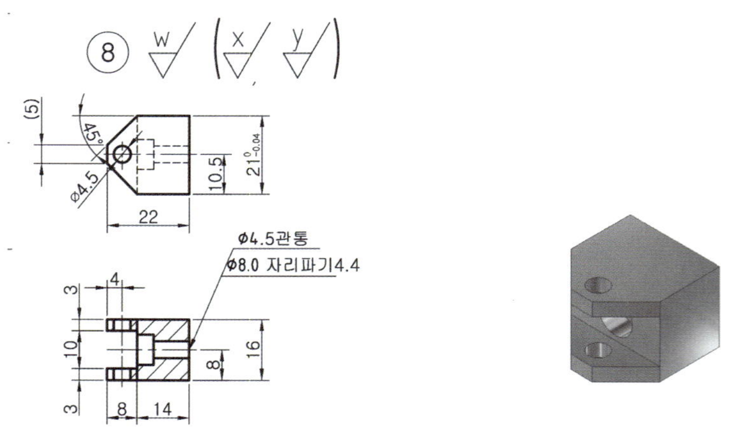

1) 도면 검토 및 수정하기

치수, 끼워 맞춤, 기하공차, 표면 거칠기, 제품의 기능, 요구사항 등을 확인한다. 제작상의 문제점이 있으면 수정하고 수정된 도면을 제작도면으로 사용한다.

〈표-2/2〉 도면(부품도) 검토 및 분석표 작성(예시 참조)

2) 부품 가공 순서 정하기

부품 가공 공정을 결정하는 작업은 제작 시간단축 및 조립상태 확인, 가공불량 등을 줄일 수 있다. 따라서 부품도를 분석하여 각 부품을 어떤 순서로 어떻게 가공할 것인가를 가공 전에 생각하여 가공 순서를 정하고 이를 토대로 실제 가공에 이용한다.

〈표-8〉 부품 가공 순서 작성(예시 참조)

3) 부품 가공 따라하기

① 밀링에서 3직각을 맞춘다(소재 20 × 45 × 45).

② 외곽치수(16 × 21 × 22)를 가공한 후 모따기(45°) 가공 → 홈(10 × 8) 가공한다.

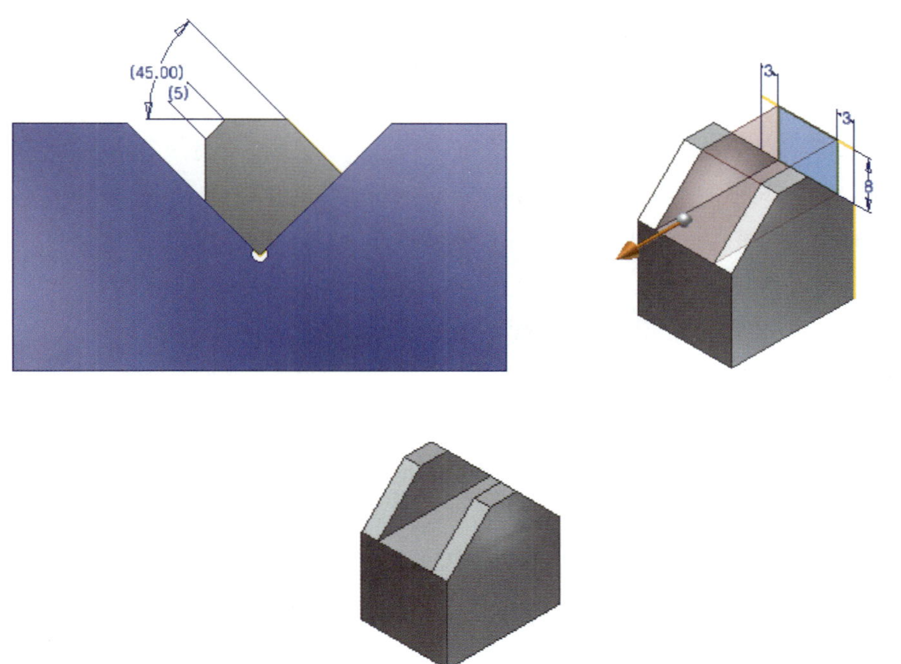

9. ⑤번 부품 가공

- 지급재료 : 1t × 20 × 300

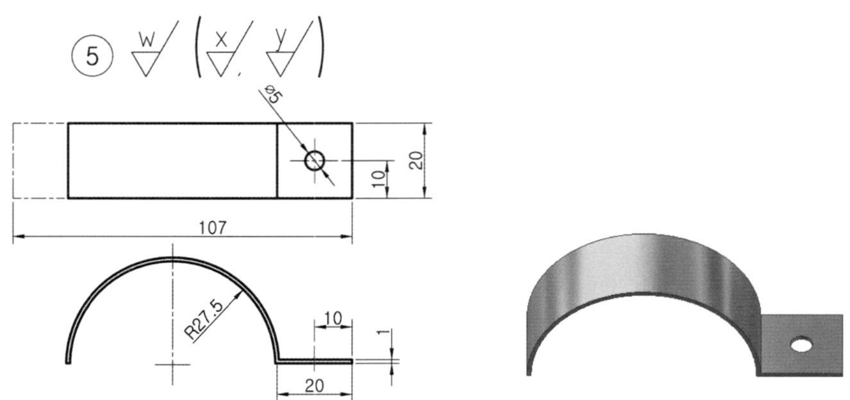

1) 도면 검토 및 수정하기

치수, 끼워 맞춤, 기하공차, 표면 거칠기, 제품의 기능, 요구사항 등을 확인한다. 제작상의 문제점이 있으면 수정하고 수정된 도면을 제작도면으로 사용한다.

〈표-2/2〉 도면(부품도) 검토 및 분석표 작성(예시 참조)

2) 부품 가공 순서 정하기

부품 가공 공정을 결정하는 작업은 제작 시간단축 및 조립상태 확인, 가공불량 등을 줄일 수 있다. 따라서 부품도를 분석하여 각 부품을 어떤 순서로 어떻게 가공할 것인가를 가공 전에 생각하여 가공 순서를 정하고 이를 토대로 실제 가공에 이용한다.

〈표-8〉 부품 가공 순서 작성(예시 참조)

3) 부품 가공 따라하기

둥근봉(약 ∅50)에 말아서 만든다(소재 1t × 20 × 300).

G 조립가공 및 부품조립

학습 목표	1. 조립 작업의 중요성에 대해 설명할 수 있다. 2. 정확한 금긋기와 드릴링을 할 수 있다.

제작 과정에서 가장 중요한 것은 마무리 및 조립이다. 그 것은 제품의 기능 요구 조건에 맞게 만들어가는 과정이 마무리 및 조립과정이기 때문이다. 각 부품을 고 정밀도로 기계가공을 할 수는 있지만 요구하는 조립 정밀도로 맞추기는 어렵다. 왜냐하면 기계 및 절삭공구의 정밀도 외에 가공중의 진동, 먼지, 온도 등에 의해 치수가 커지거나 작아지는 변화가 있기 때문이다.

1. 조립 가공하기

모든 부품의 기준면 및 치수를 확인하여 구멍위치에 하이트게이지로 금긋기 한다. 조립하기 위한 구멍 위치의 금긋기는 가공할 때의 기준면을 정반에 밀착시킨 상태로 금긋기 한다. 이 때 체결되는 부품과 부품은 조립되었을 때의 상태로 놓고 하이트게이지로 동시에 금긋기 한다.

① 부품과 부품의 조립 구멍위치에 금긋기 → 센터펀치 → 드릴 작업한다.

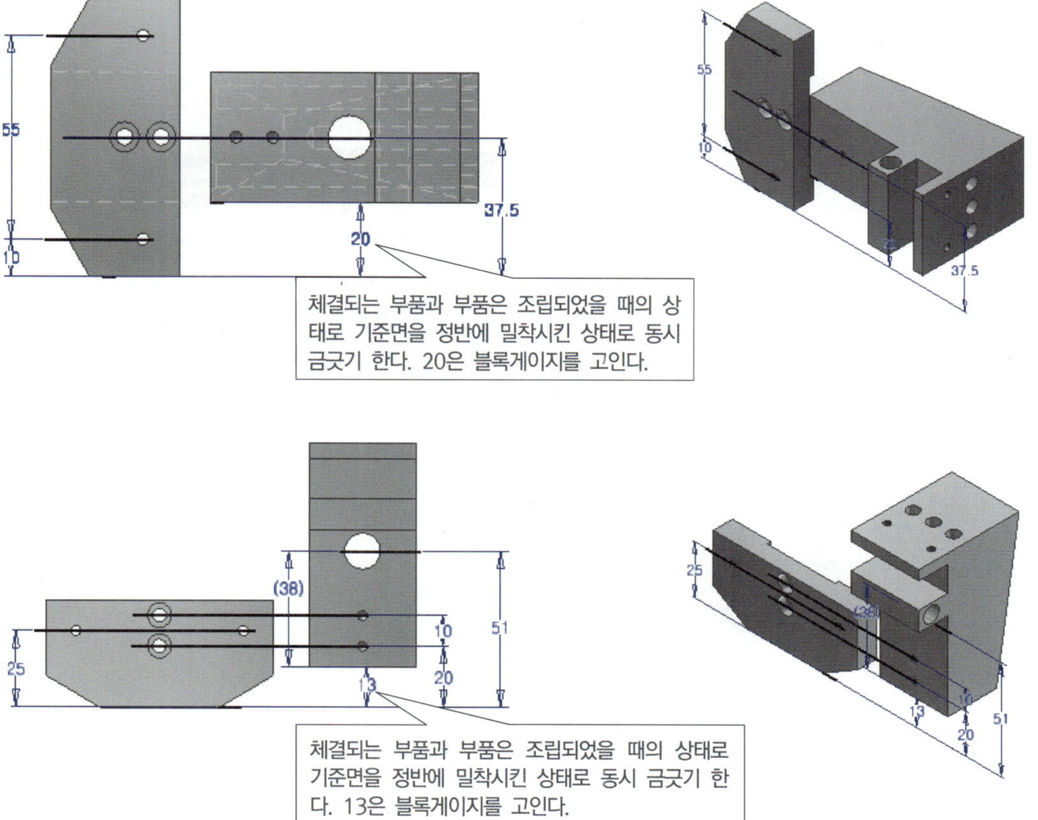

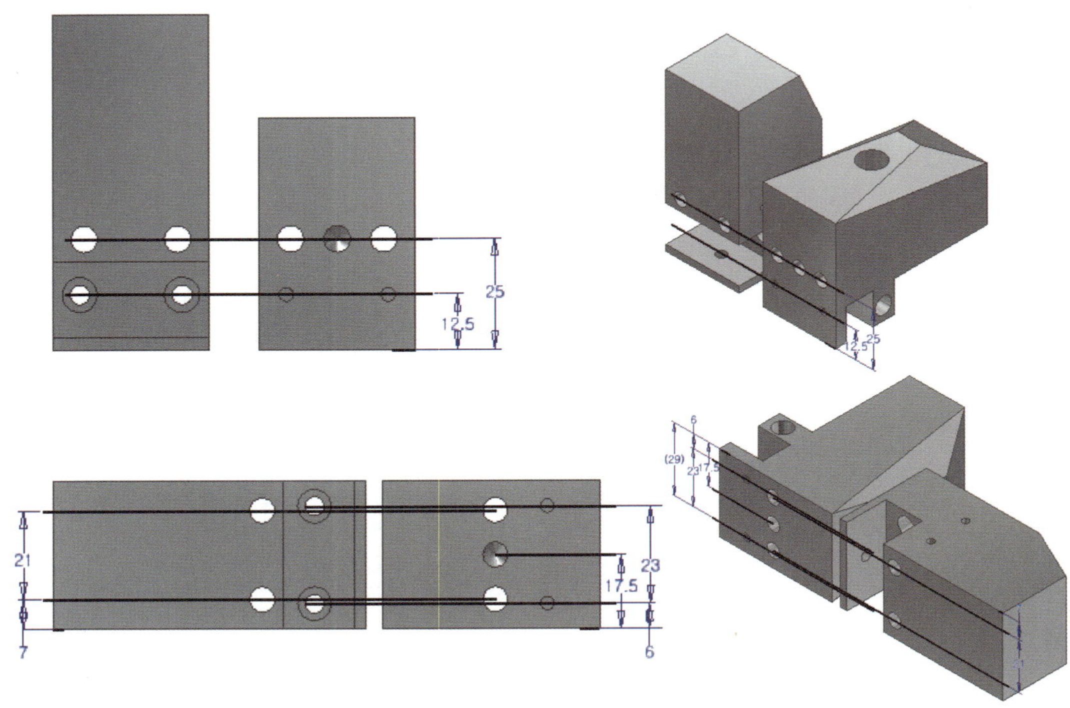

② 금긋기 → 센터펀치 → 드릴 → 리머 → 카운터보어 → 카운터싱크 → 핸드탭 작업한다.

탭은 나사의 바깥지름, 유효 지름, 골 지름의 치수가 1, 2, 3번 탭의 순으로 증가한다. 절삭률에 따라 초기 자리 잡기 작업은 1번 탭(55%), 이어서 2번 탭(25%), 마무리는 3번 탭(20%)으로 완성한다.

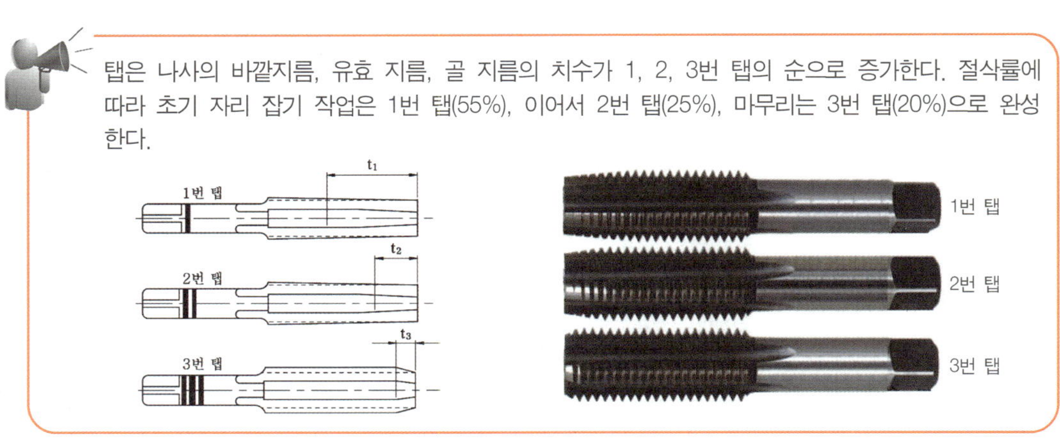

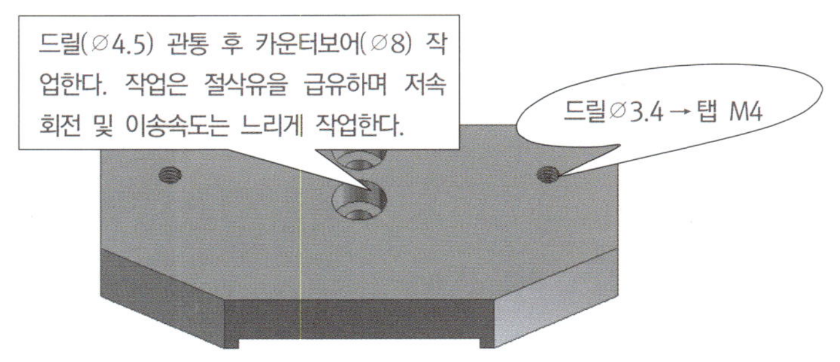

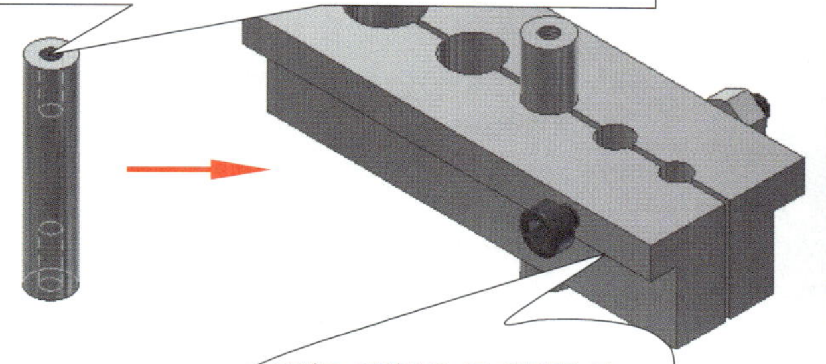

고정구 사용 원기둥 고정방법
(고정구 제작도면 : 부록)

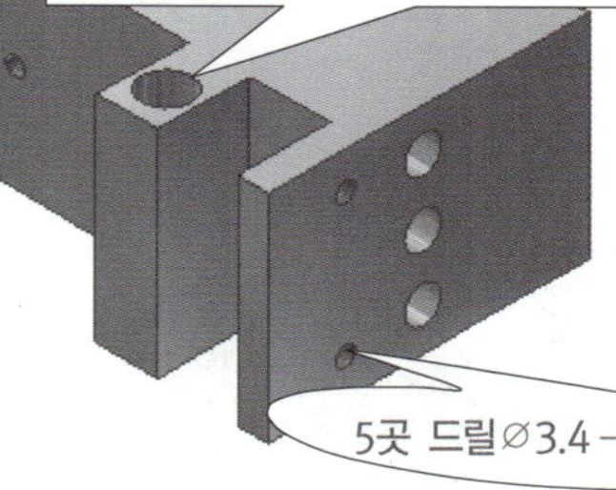

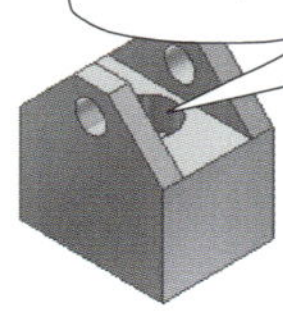

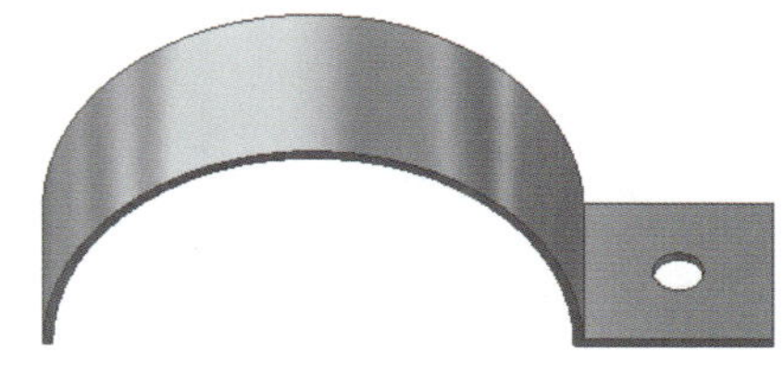

2. 부품 조립하기

제작물의 전체적인 구조를 이해하고 조립되는 순서와 방법을 결정한다. 부품조립은 좌우방향과 상하방향이 바뀌지 않도록 주의하며 부품의 위치정도를 확인하여 가공 상태 그대로 조립되도록 한다. 볼트 체결은 하나씩 대각선으로 느슨하게 조인 후 위치가 맞으면 강하게 조인다.

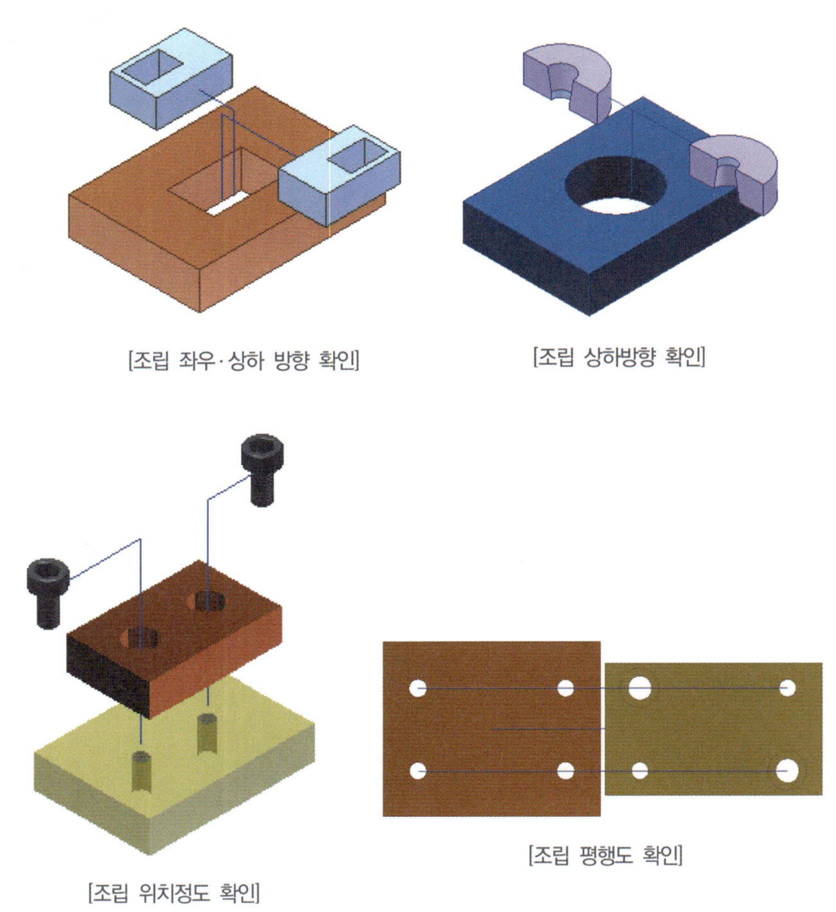

조립 시 확인 사항

H ∷ 측정 및 품질 분석

학습 목표	
	1. 품질관리의 중요성에 대해 설명할 수 있다.
	2. 품질 분석표를 작성할 수 있다.

원하는 품질의 제품을 얻기 위해서는 품질관리는 매우 중요하다. 품질관리의 과정에는 기술 부문의 필수적인 성능과 기능을 분명하게 결정하는 기획설계 과정의 품질과 제작 과정에서 현장의 기술 수준에 따라 달라질 수 있으므로 제작과정의 품질이 중요하다.

1. 가공 부품 측정

〈표-6〉 조립품 및 부품 측정표 작성(예시 참조)

표 ➤ 조립품 및 부품 측정

조립품 및 부품 측정								
프로젝트 명								
작 성 자	소속			성명				
평가 구분	평가 사항					배점	득점	환산 점수
가공 상태 (80%)	항목	도면 치수	측정값					
			1차 측정	2차 측정	최종값			
	정밀 치수 (50%)							
	소계							

QUESTION

그림은 외측 마이크로미터의 눈금으로 스핀들 1회전할 때마다 0.5mm 이동하며 이 0.5 mm를 심블에 50등분한 것이다. 측정값은?

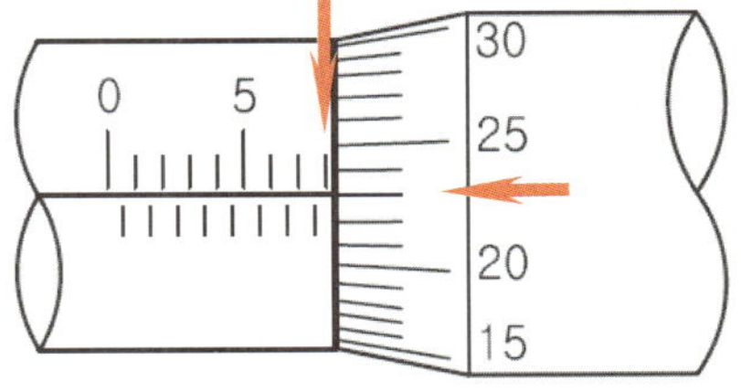

2. 완성품 품질 분석

부품 측정표와 전체적인 기능을 분석하여 불량 원인을 해결할 수 있는 방안을 조사한다.

〈표-7〉 4way 품질 분석표 작성(예시 참조)

표 ➤ 4way 품질 분석표

4way 품질 분석표				
프로젝트 명				
작 성 자	소속		성명	
A. 왜 불량이 발생하였는가?				
1 단계 Why?	(예) 왜 아침 등교시간이 늦었는가? → 아침에 늦게 일어나서 집에서 나왔다.			
2 단계 Why?	(예) 왜 늦게 일어났는가? → 어젯밤에 늦게 잠자리에 들었다.			
3 단계 Why?	(예) 왜 늦게 잠자리에 들었는가? → 인터넷 게임을 늦게까지 하였다.			
4 단계 Why?	(예) 왜 인터넷 게임을 늦게까지 하였는가? → 재미가 있어서 시간 가는 줄 몰랐다.			
B. 근본 요인은?				
(예) 계획성이 없는 생활을 하였다.				

품질관리 용어

- ATI(Average Total Inspection) : 평균 검사량
- DPMO(Defects Per Million Opportunities) : 백만 기회 당 결점 수
- WIS(Warranty Information System) : 보증 정보 시스템
- SQ(Supplier Quality) : 공급자 품질
- PQC(Product Quality Characteristic) : 제품 품질 특성

프로젝트 수행과정 발표

학습 목표	1. 프로젝트 수행과정의 요점을 정리하여 전시회 자료를 만들 수 있다. 2. 프로젝트 수행과정을 프레젠테이션 자료로 만들어 발표할 수 있다.

1. 전시회 자료 제작

프로젝트 과제 수행 과정을 사진으로 촬영하여 프레젠테이션 및 전시회 자료 제작을 위한 자료로 활용하고 제작 관련 자료를 모아 보관하며 이를 정리하여 제품을 이해할 수 있도록 전시회 자료를 만든다.

(한글 A4 용지 1쪽)
1. 주제
2. 목적
3. 제작기간
4. 팀원 및 참여단계
5. 수행과정 및 문제해결방법
6. 제작 후 느낀 점

2. 프레젠테이션 자료 제작

위 자료를 중심으로 파워포인트로 제작하고 발표는 큰 그림을 먼저 이야기 하도록 한다. 프레젠테이션 자료는 차트나 그림(사진)을 많이 활용한 내용으로 하며 가장 좋은 것을 마지막에 보여주면서 간결하면서 감동적인 마무리가 되도록 준비한다.

(파워포인트 슬라이드 5쪽 이내)
1. 무엇을 전하고 싶은가?
2. 어떻게 전하려 하는가?
3. 왜 그 방법이 필요한 것인가?
4. 어떤 성과를 얻고 싶은가?

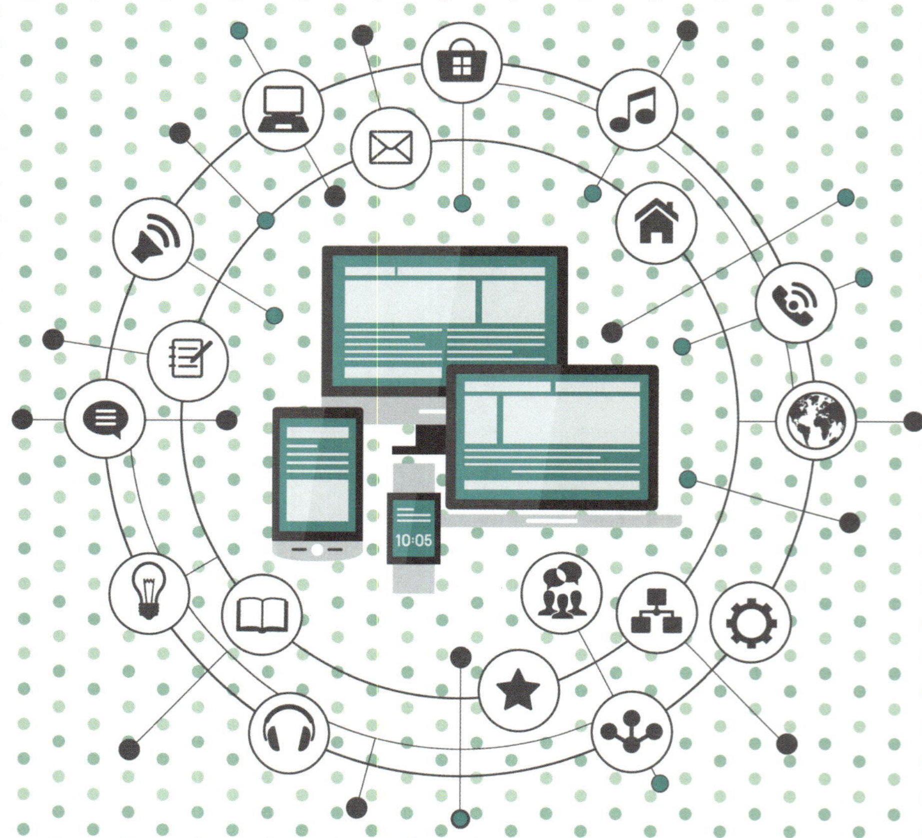

기계공작+ 프로젝트 실습

CHAPTER 09

석가탑

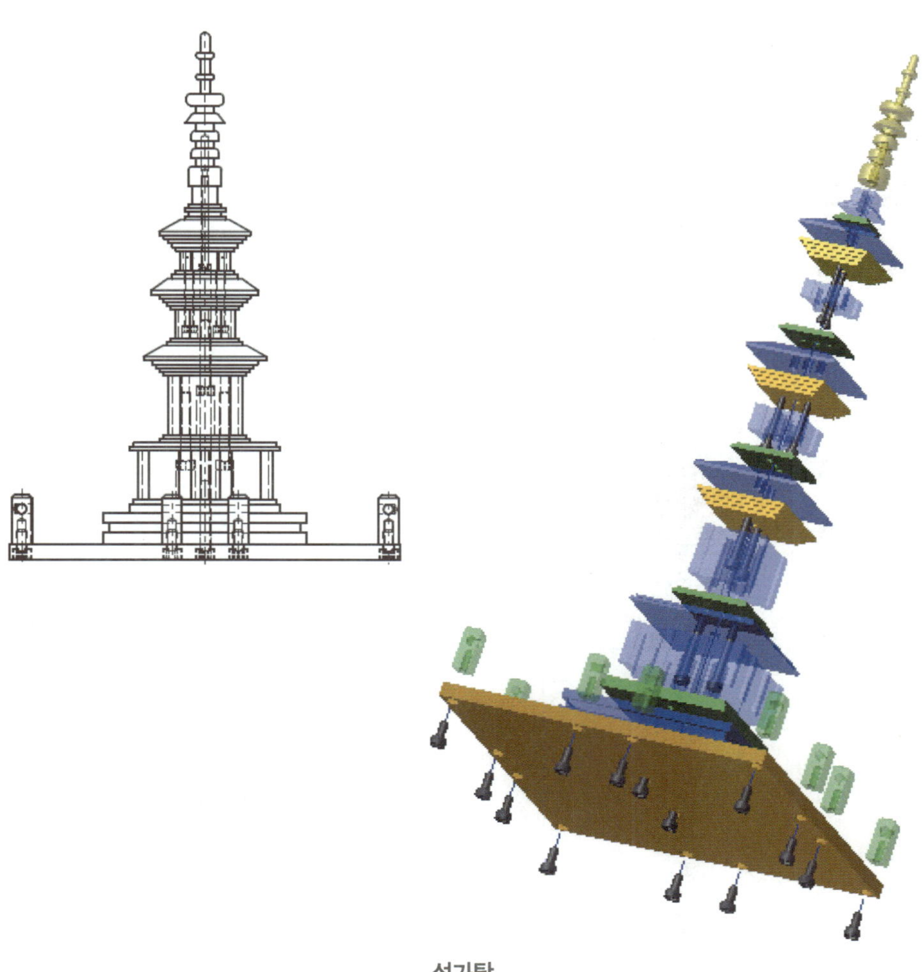

석가탑

단원 소개

본 단원은 주변의 탐구대상을 축소 설계하고 제작해 보는 단원이다. 설계단계의 축척 개념과 계단형의 가공공정 및 적절한 가공방법, 조립부품간의 구멍 위치 가공과 조립방법 등 부품들 간의 상호 관계를 익힐 수 있도록 한다.

또한 부품설계 및 KS규격품 선정-도면 출력-부품 가공-부품 조립-측정 과정을 단계별로 실습하고, 부품 가공에 필요한 공작기계의 선정, 재료의 선정, 절삭 공구의 선정 등 작품을 제작하는데 필요한 응용능력을 키우도록 한다.

A ⁞⁞⁞ 석가탑 제작 프로젝트

석가탑을 설계하고 출력하여 그 도면을 제작도면으로 실제로 공작기계를 이용하여 제작해보는 실습으로 도면 설계능력을 향상시키고 선반, 밀링과 드릴링 등의 공작기계를 이용하여 제품을 가공해 봄으로서 공작기계 가공 능력도 향상시키는 과제를 수행한다.

1. 학습목표

1) 3직각 및 직각가공의 중요성을 설명할 수 있다.
2) 도면을 이해하고 정밀하게 가공할 수 있다.
3) 조립구명위치 동시 가공에 대해 설명할 수 있다.

2. 프로젝트 과제명 : 석가탑

3. 소요시간 : [30시간] ※ 준비된 재료 지급

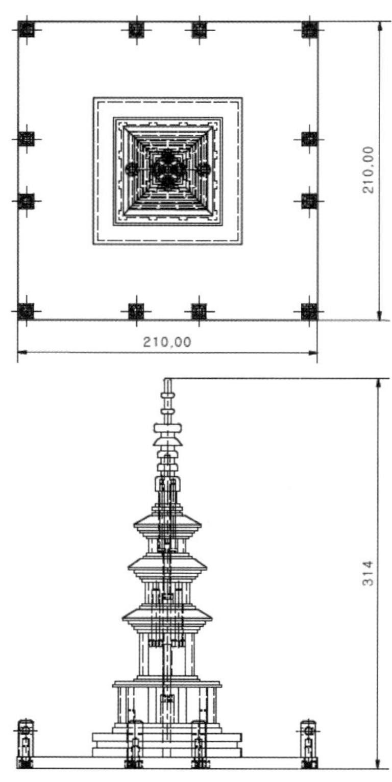

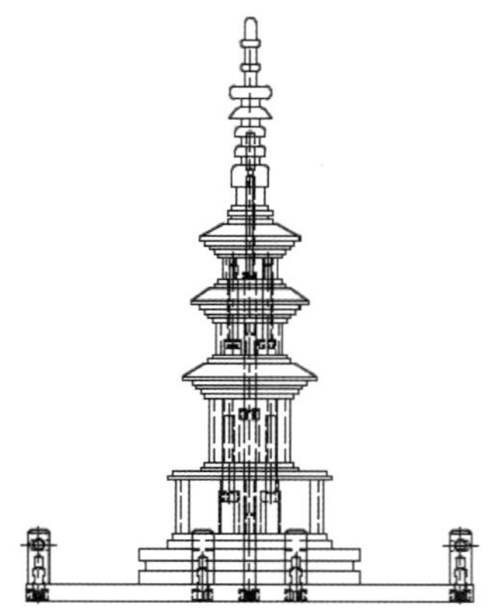

4. 보고서 작성 내용

[표-1]　프로젝트 담당업무 및 참여동기
[표-2/1]　도면(조립도) 검토 및 분석

[표-2/2] 도면(부품도) 검토 및 분석
[표-3] 소요 가공재료 및 KS규격품
[표-4] 기계 및 공구, 측정기
[표-5] 부품 가공 시 안전 및 유의 사항 조사
[표-6] 조립품 및 부품 측정
[표-7] 4way 품질 분석
[표-8] 부품 가공 순서

불국사 석가탑(국보 제21호)

시대 : 삼국시대, 재료 : 화강암, 높이 : 8.20M

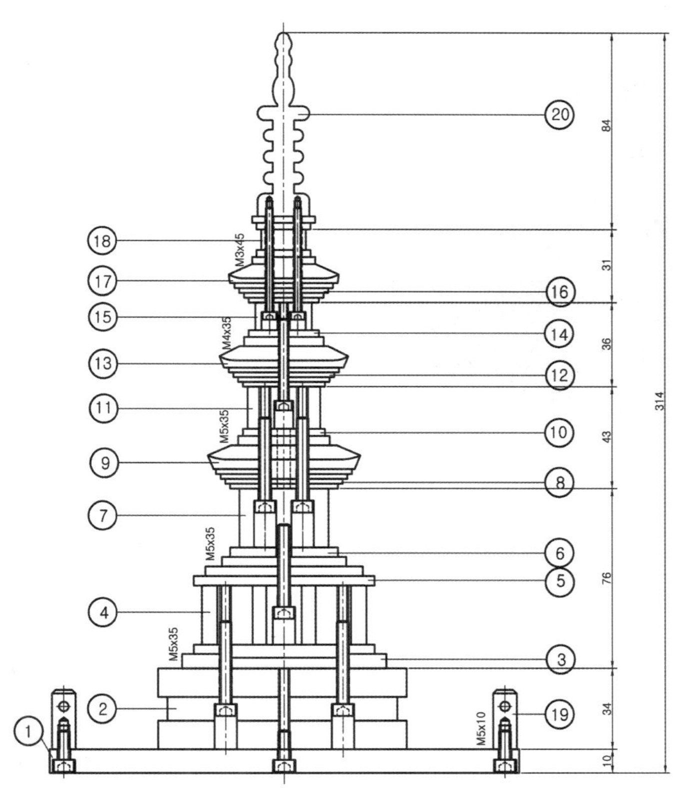

▸ 척도 : N S(약 1/27)
▸ 부품 수 : 총 55개(가공 31개, 볼트 24개)
▸ 사용공작기계 : 선반, 밀링, 드릴, 연삭

불국사 석가탑(삼층석탑·국보 제21호)은 통일신라시대(8세기)에 건립된 것으로 불국사 대웅전 앞에 다보탑(多寶塔)과 마주하여 서 있으며 높이 8.2m나 되 는 큰 탑으로 원래 이름은 석가여래상주설법탑(釋迦如來商住設法塔)인데 약칭해서 석가탑(石迦塔)이라 불린다.

탑의 구조는 2중 기단으로 상하층기단 중석에 양 모서리 기둥과 2개의 가운데 기둥이 새 겨져 있으며 옥개석의 부드러운 곡선 등은 통일신라시대의 전형적 인 형식을 갖추고 있다. 탑신부는 탑신과 옥개석이 각각 1석으로 되어 있고 옥신에는 모서리 기둥이 표현되어 있으며 옥개받침은 5단이다. 상륜부는 노반(露盤), 복발(覆鉢), 앙화(仰花)까지만 남아 있고 그 이상은 없어졌으나 1973년 복원하였다.

복원작업 중에 제3층 탑신 중앙부 사리공(舍利孔)에서 금강사리함(金剛舍利函)과 많은 유물이 발견되었다.

특히 무구정광대다라니경(無垢淨光大陀羅尼經)은 목판 인쇄로 된 다라니경문으로 즉천무후자(則天武后字)들이 혼재해 있다. 이는 8세기 중엽의 인쇄물임이 확인되어 세계 최고(最高)의 인쇄물로 알려져 있다.

상륜부
찰주
보주
용차
수연
보개
보륜
앙화
복발
노반
탑신부
3층옥개석(지붕돌)
3층탑신석(몸돌)
2층옥개석
2층탑신
1층옥개석
1층탑신
탑신괴임
기단부
상대갑석
상대석
하대갑석
하대석
탱주
면석
우주

출처 : http://portal.nrich.go.kr/kor
http://www.bulguksa.or.kr/
http://yellow.kr/

B ::: 프로젝트 도면

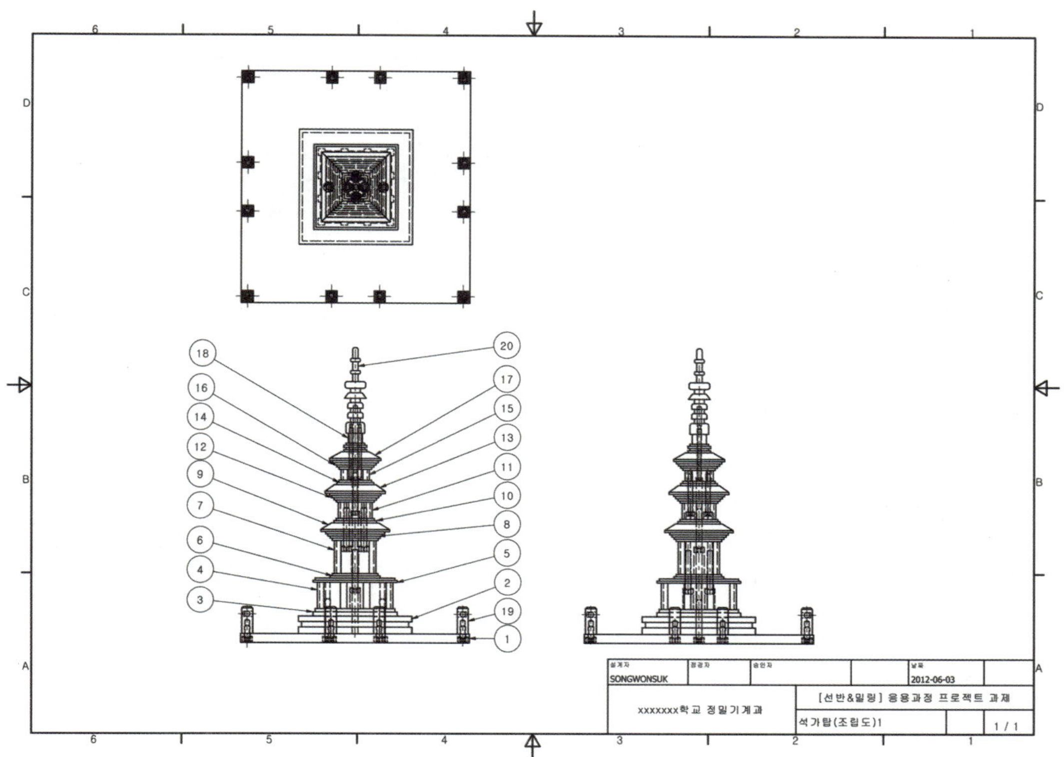
SONGWONSUK
2012-06-03
xxxxxxx학교 정밀기계과
[선반&밀링] 응용과정 프로젝트 과제
석가탑(조립도)1
1 / 1

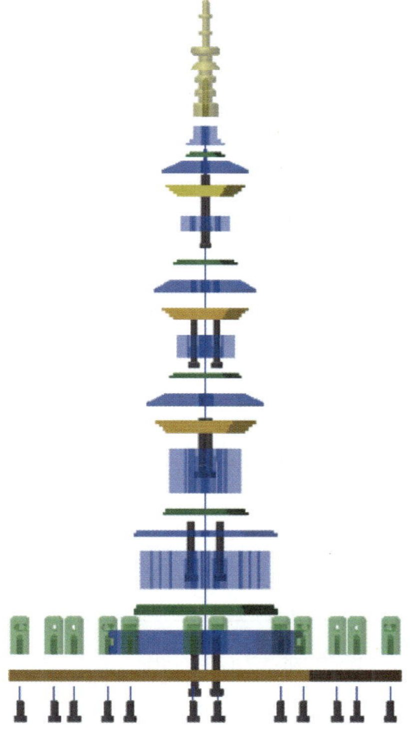

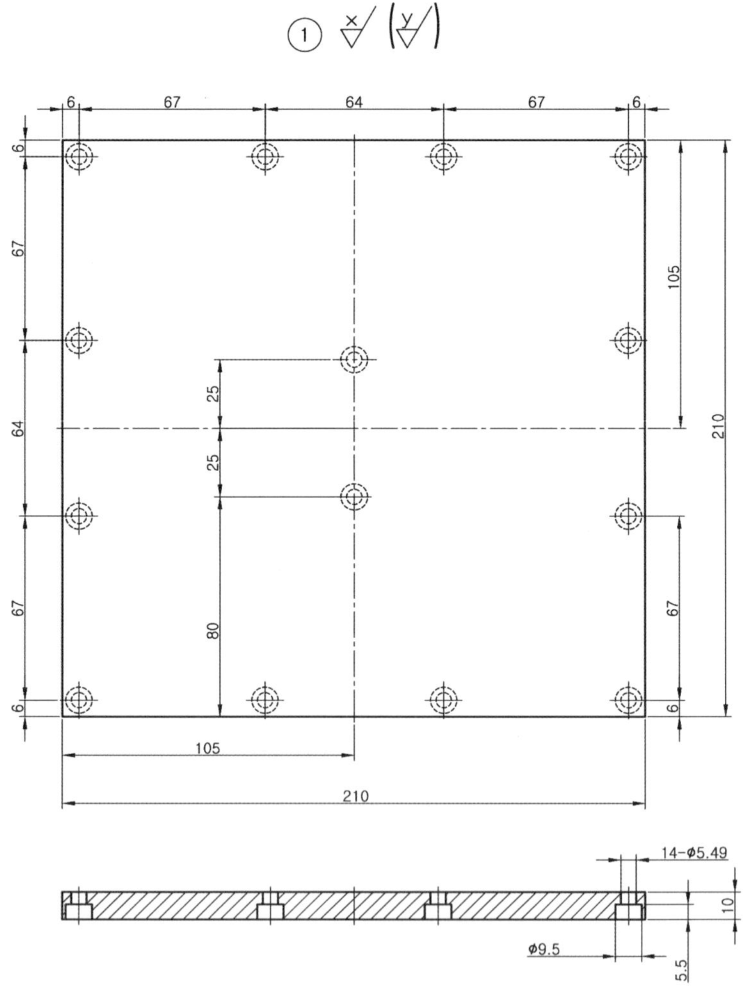

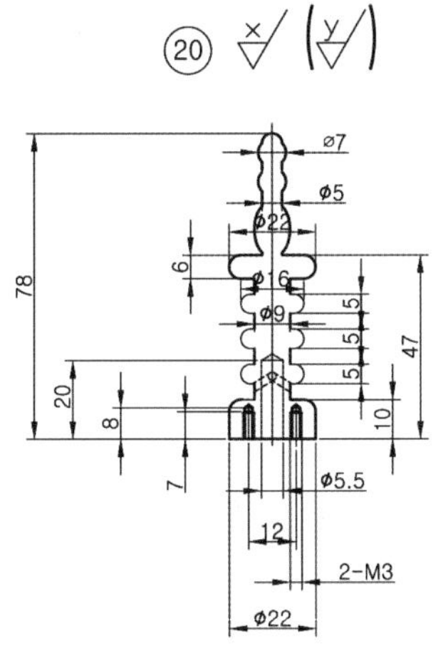

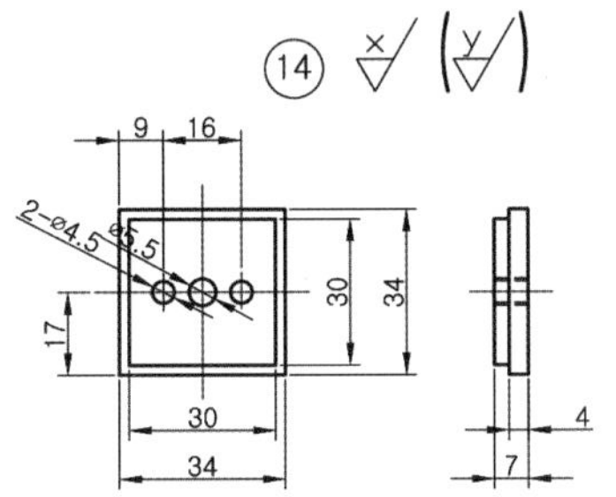

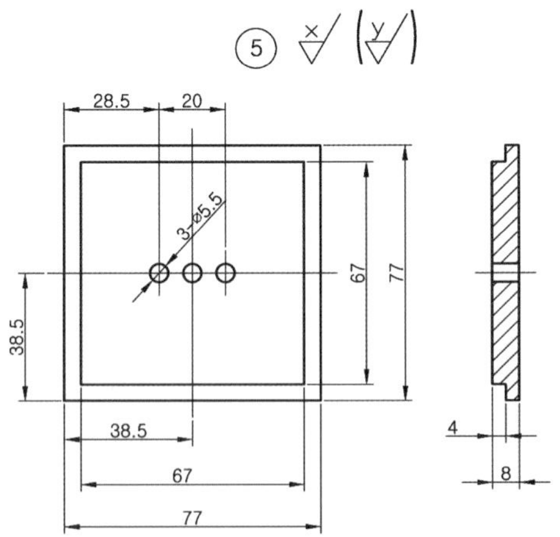

① x (y)

⑳ x (y)

⑭ x (y)

⑤ x (y)

주서

1. 일반공차 : 가) 가공부-KS B 0412 보통급
2. 도시되고 지시없는 모서리 필렛R3 모따기 1x45°
3. 일반 모떼기는0.2x45°, 일반 공차는±0.1
4. 표면 거칠기
   w/ = 25/, 100S , ▽ , N11 ,
   x/ = 6.3/, 25S , ▽▽ , N9 ,
   y/ = 1.6/, 6.3S , ▽▽▽ , N7 ,

품번	품 명	수 량	재 질	규 격
24	체인	1	KS규격품	φ5 x 1000
23	육각 홈 볼트	14	KS규격품	M5 x 10
23	육각 홈 볼트	6	KS규격품	M5 x 35
22	육각 홈 볼트	2	KS규격품	M4 x 35
21	육각 홈 볼트	2	KS규격품	M3 x 45
20	상륜부	1	황동	φ22 x 78
19	경계석	12	황동	10 x 10 x 25
18	노반	1	황동	φ35 x 21
17	3층옥개석	1	황동	8 x 47 x 47
16	3층옥개석	1	황동	8 x 42 x 42
15	3층탑신	1	황동	12 x 26 x 26
14	탑신괴임	1	황동	7 x 34 x 34
13	2층옥개석	1	황동	9 x 55 x 55
12	2층옥개석	1	황동	8 x 47 x 47
11	2층탑신	1	황동	18 x 31 x 31
10	탑신괴임	1	황동	7 x 39 x 39
9	1층옥개석	1	황동	10 x 65 x 65
8	1층옥개석	1	황동	8 x 58 x 58
7	1층탑신	1	황동	25 x 38 x 38
6	탑신괴임	1	황동	8 x 53 x 53
5	상대갑석	1	황동	8 x 77 x 77
4	상대석	1	황동	25 x70 x 70
3	하대갑석	1	황동	10 x 87 x 87
2	하대석	1	황동	34 x 106 x 106
1	받침	1	황동	10 x 210 x 210

제품명	석가탑	척 도	NS(실제의 약1/33)
도 번	3-1	투상법	3각법

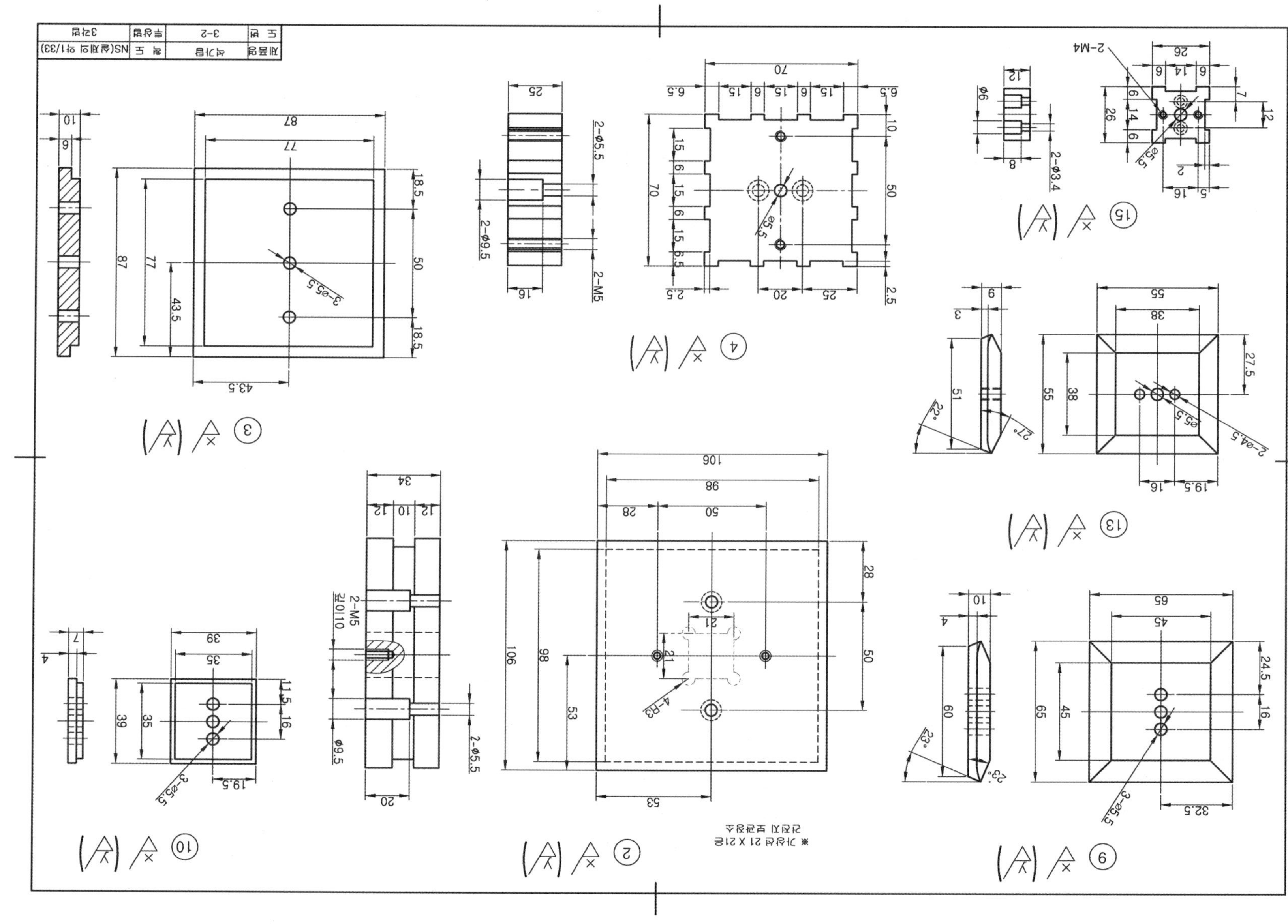
제품명 | 석가탑 | 척 도 | NS(실제의 약1/33)
도 번 | 3-2 | 투상법 | 3각법
※ 가상선 21 X 21은
건전지 보관장소

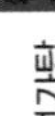

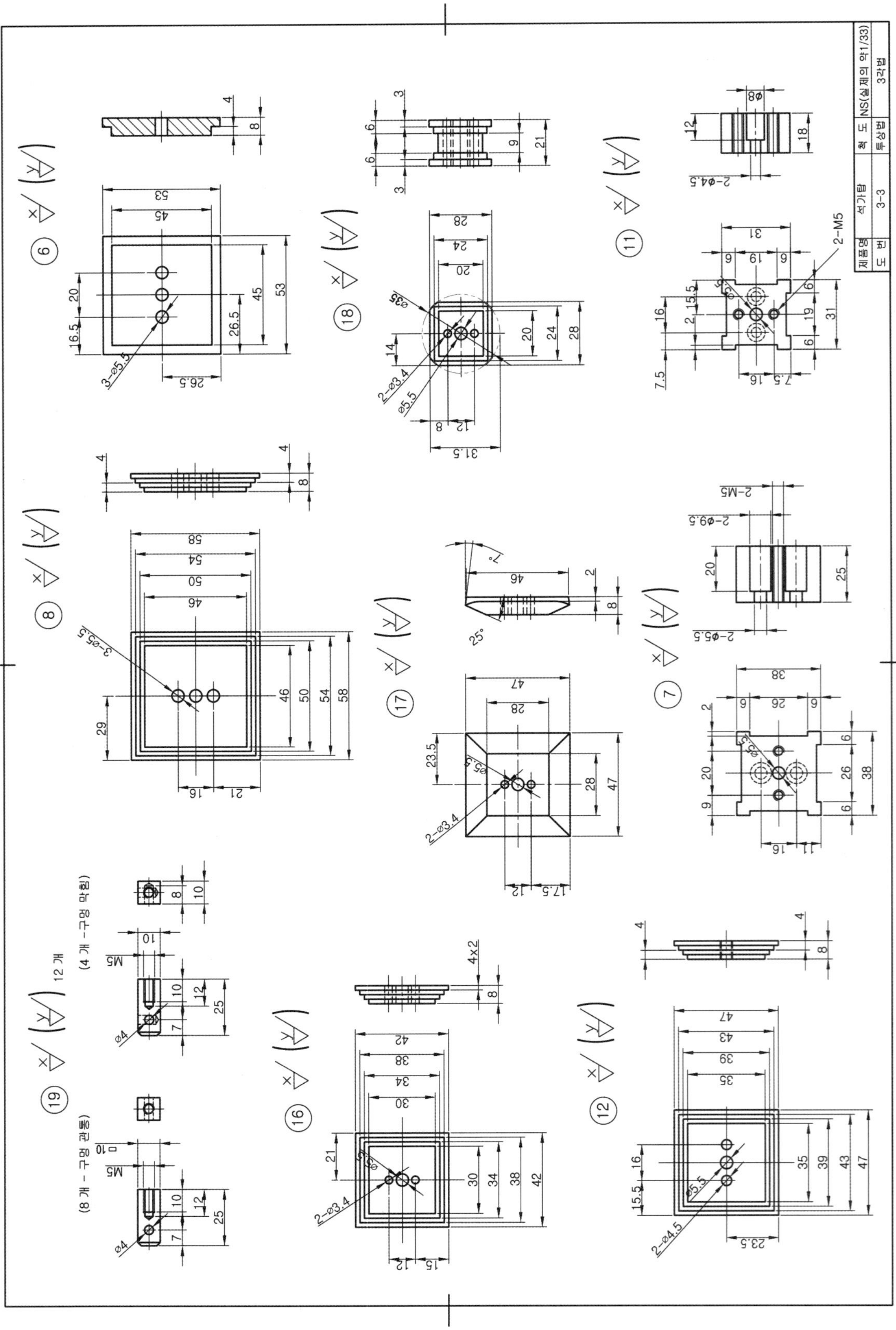

제품명	석가탑	척 도	NS(실제의 약1/33)
도 번	3-3	투상법	3각법

⑥ ⑧ ⑲ 12 개 (8 개 - 구멍 관통) (4 개 - 구멍 막힘) ⑱ ⑰ ⑯ ⑪ ⑦ ⑫

C ::: 프로젝트 수행계획서 작성

학습 목표
1. 작업 단계별 계획서를 작성할 수 있다.
2. 계획서 작성 방법 및 내용을 설명할 수 있다.

수행계획서는 작품 제작 과정에 필요한 것들을 단계별로 작성한다. 조립도 및 부품도면 작성, 소요재료 목록 작성, 사용기계 및 공구 목록 작성, 측정기, 부품 가공 공정 작성, 가공부품 채점, 완성품 품질분석 등을 작성한다.

〈표-9〉 프로젝트 수행계획서 작성(예시 참조)

본 프로젝트는 기능습득 목적의 과제 제시형 프로젝트로 「수행계획서」는 작품 제작완료 후 정리하여 작성한다. 연구 및 발명 프로젝트는 반드시 작품 제작 전에 계획서를 작성한다.

표 ➤ 수행계획서 작성

<table>
<tr><th colspan="5">프로젝트 수행계획서</th></tr>
<tr><td colspan="2">프로젝트 명</td><td colspan="3"></td></tr>
<tr><td colspan="2">작 성 자</td><td>소속</td><td></td><td>성명 </td></tr>
<tr><td>일정</td><td>계획</td><td>내 용</td><td>업무분담</td><td>준비물</td></tr>
<tr><td></td><td></td><td></td><td></td><td></td></tr>
<tr><td></td><td></td><td></td><td></td><td></td></tr>
<tr><td></td><td></td><td></td><td></td><td></td></tr>
<tr><td></td><td></td><td></td><td></td><td></td></tr>
</table>

D ::: 도면 작성 및 도면 분석

학습 목표	1. 각 부품을 스케치할 수 있다. 2. 각 부품을 설계(CAD)할 수 있다.

제시한 과제 분해도와 조립도, 부품도를 참고로 스케치하면서 과제의 특징을 파악하여 제작과 정상 주의할 점을 조사한다.

1. 부품 스케치하기

제시된 도면의 각 부품을 프리 핸드로 등각투상하면서 제품의 형상을 이해한다. 도면의 부품 등각투상도는 아래 그림과 같이 치수에 맞게 그린다.

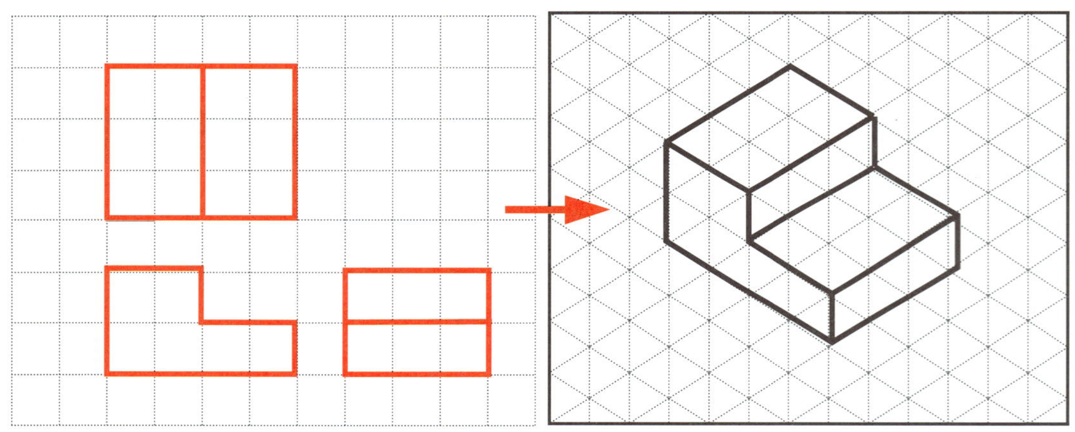

부품 및 등각투상도 예

※ 부록 2 : 스케치도 그리기(모눈종이)

스케치는 산업현장에서 기계부품 등의 현물을 측정하여 제도기 없이 프리 핸드(free hand)로 연필로 그리며 설계 또는 제작도를 작성하기 위해서 행해진다.

2. 도면(조립도) 검토 및 분석하기

도면을 분석하여 설계자의 요구사항은 무엇인지를 확인한 후 설계목적, 운동, 마모, 부품연결, 부품역할, 주유, 끼워 맞춤, 열처리, 도장, 가공, 고정, 조립, 사용한 재질의 절삭성 및 절삭유제의 사용여부 등을 분석한다.

〈표-2/1〉 도면(조립도) 검토 및 분석표 작성(예시 참조)

표 ➤ 도면(조립도) 검토 및 분석표

도면(조립도) 검토 및 분석표					
프로젝트 명					
작 성 자	소속		성명		
구분	검토 사항				검토 결과
1	도면을 검토 및 분석결과 조립가능 여부와 제품의 기능(운동)은? ⇨				
2	제품의 정밀치수(일반치수 제외)는 몇 개소 있으며, 보유한 공작기계 및 공구로 가공이 가능한가? ⇨				

E ::: 부품 가공 준비

학습 목표	
	1. 가공에 필요한 공구와 기계, 측정기를 선정할 수 있다.
	2. 가공한 부품과 규격품을 이용하여 정밀하게 조립할 수 있다.

도면 내용을 분석한 다음 보유하고 있는 시설 현황을 조사하여 부품 가공에 필요한 공작 기계, 절삭공구, 측정기, 소요재료 등을 선정한다.

1. 부품 가공에 필요한 공작 기계 선정하기

KS규격과 명칭에 따라 품명에는 사용해야 할 공작 기계를 적으며, 규격(사양)과 수량을 적는다. 활용 내역에는 기계 기구를 사용할 부품번호와 작업내용을 적는다.

〈표-4〉 기계 및 공구, 측정기 작성[88] (예시 참조)

표 ➤ 가공에 필요한 기계 및 공구

가공 기계 및 공구					
프로젝트 명					
작 성 자	소속		성명		
연번	품명	규격	수량	활용 내역	

88) 사용해야 할 공작기계와 공구 및 측정기를 적으며, 규격(사양)과 수량을 적는다. 비고란에는 용도를 적는다.

2. 부품 가공에 필요한 측정기구 선정하기

도면 내용을 분석한 다음 보유한 측정 기구를 조사하고 부품 가공에 필요한 측정 기구를 선정하여 준비한다.

〈표-4〉 기계 및 공구, 측정기 작성[89] (예시 참조)

표 ➤ 가공에 필요한 측정기 선정

가공에 필요한 측정기					
프로젝트 명					
작 성 자	소속		성명		
연번	품명	규격	수량	활용 내역	

3. 제작에 필요한 재료 선정하기

부품 가공에 필요한 재료 치수를 뽑고 다음 표를 작성하여 구매 신청을 할 수 있도록 준비한다. 규격품은 KS규격에 따라 품명과 재질, 규격, 수량을 적고, 비고란에는 KS규격분류기호와 번호, 열처리 여부를 기록한다. 단, 재료는 가공이 수월한 연강(SM20C), 황동, 알루미늄 등을 사용해도 되며 규격은 가공여유(+3~5)를 포함한 치수를 적는다.

〈표-3〉 소요 가공재료 및 KS규격품 작성(예시 참조)

표 ➤ 소요 가공재료 및 KS규격품

소요 가공재료 및 KS규격품					
프로젝트 명					
작 성 자	소속		성명		
부품번호	품명	규격	수량	재질	비고

89) 사용해야 할 공작기계와 공구 및 측정기를 적으며, 규격(사양)과 수량을 적는다. 비고란에는 용도를 적는다.

4. 부품 가공 시 안전 및 유의 사항 조사하기

부품 가공 시에 필요한 안전사고 유의 사항을 조사하고 이를 근거로 실제 가공에 있어 안전사고가 발생하지 않도록 철저히 준비한다.

〈표-5〉 부품 가공 시 안전 및 유의 사항 작성(예시 참조)

표 ➤ 제품 가공 시 안전 및 유의 사항

<table>
<tr><th colspan="5">제품 가공 시 안전 및 유의 사항90)</th></tr>
<tr><td>프로젝트 명</td><td colspan="4"></td></tr>
<tr><td>작 성 자</td><td>소속</td><td></td><td>성명</td><td></td></tr>
<tr><td>연번</td><td colspan="3">안전 및 유의 사항</td><td>“불안전한 행동” 또는 “불안전한 상태” 구분</td></tr>
<tr><td></td><td colspan="3"></td><td></td></tr>
<tr><td></td><td colspan="3"></td><td></td></tr>
<tr><td></td><td colspan="3"></td><td></td></tr>
<tr><td></td><td colspan="3"></td><td></td></tr>
</table>

90) “불안전한 행동”과 “불안전한 상태” 구분
1. 불안전한 행동 : 실습에 임하는 자세로 안전수칙 준수, 기계 및 공구의 사용, 안전한 작업 등
2. 불안전한 상태 : 작업환경으로 정리, 정돈, 청결 등

F ⁝⁝⁝ 부품 가공

학습 목표	1. 각재의 연결된 홈 가공공정에 대해 설명할 수 있다. 2. 원활한 기계조작으로 공차대로 정확하게 가공할 수 있다.

모든 기구들은 여러 개의 부품으로 조합되어 있으며 각 부품들은 상대적인 상관관계를 가지고 있다. 따라서 조립부의 치수는 정밀도가 요구되므로 1차 가공한 후 다듬질로 마무리한다.

1. ⑨번 부품 가공

- 지급재료 : 10t × 70 × 70

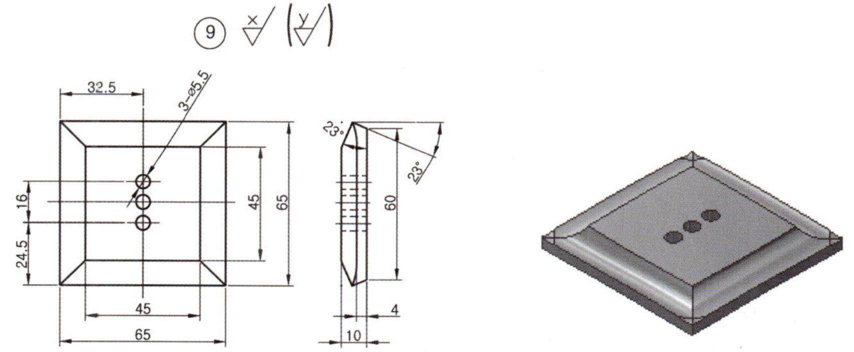

1) 도면 검토 및 수정하기

치수, 끼워 맞춤, 기하공차[91], 표면 거칠기, 제품의 기능, 요구사항 등을 확인한다. 제작상의 문제점이 있으면 수정하고 수정된 도면을 제작도면으로 사용한다.

〈표-2/2〉 도면(부품도) 검토 및 분석표 작성(예시 참조)

2) 부품 가공 순서 정하기

부품 가공 공정을 결정하는 작업은 제작 시간단축 및 조립상태 확인, 가공불량 등을 줄일 수 있다. 따라서 부품도를 분석하여 각 부품을 어떤 순서로 어떻게 가공할 것인가를 가공 전에 생각하여 가공 순서를 정하고 이를 토대로 실제 가공에 이용한다.

91) 치수공차로 규제된 제품은 치수가 맞아도 형상에 따라 결합이 안 되는 경우가 있으나, 기하공차로 규제된 제품은 치수가 조금 틀리는 최악의 경우에도 결합이 가능하다. 따라서 기하공차는 제품의 기능 및 결합 부품들 간의 상호 호환성을 규제하는 것으로 고 정밀한 제품에는 필히 적용되고 있다.

〈표-8〉 부품 가공 순서 작성(예시 참조)

3) 부품 가공 따라하기

① 3직각 및 가공한다(소재 10t × 70 × 70).

② 외곽치수(10 × 65 × 65)를 가공한 후 각도(23°)를 가공한다.

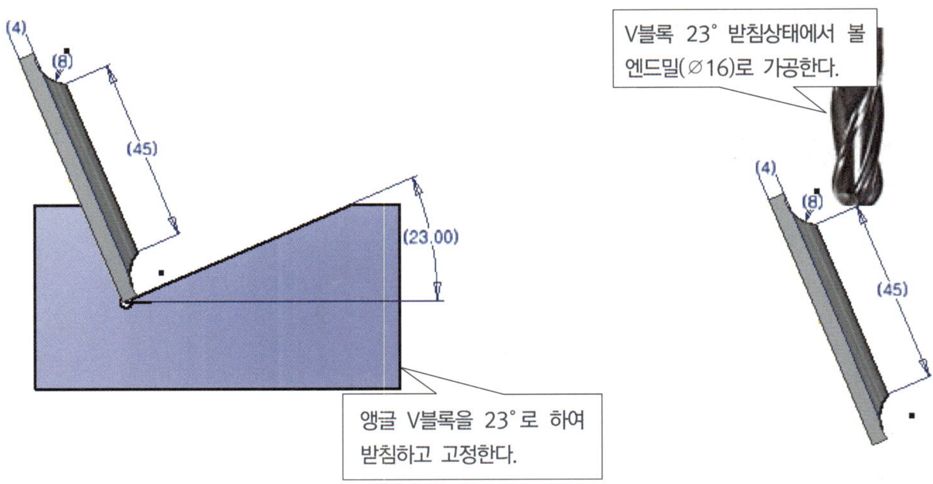

2. ⑬번, ⑰번 부품 가공

- 지급재료 : 10t × 60 × 60

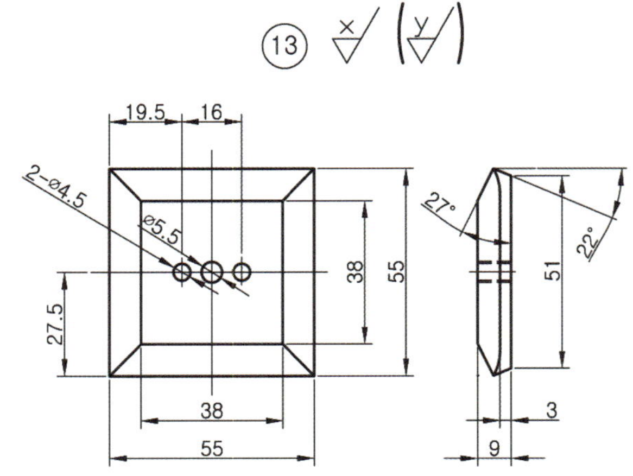

- 지급재료 : 8t × 52 × 52

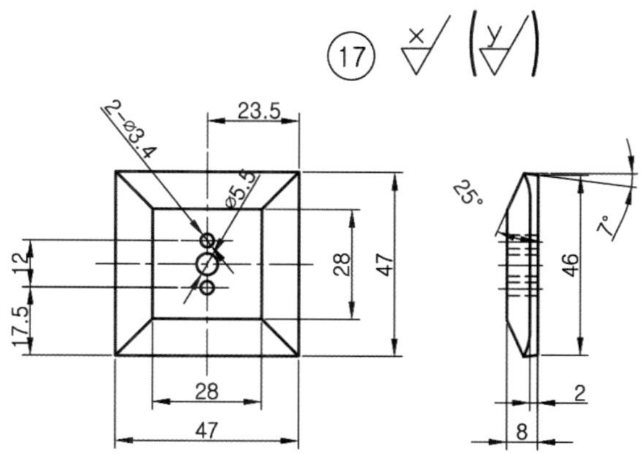

1) 도면 검토 및 수정하기

치수, 끼워 맞춤, 기하공차[92], 표면 거칠기, 제품의 기능, 요구사항 등을 확인한다. 제작상의 문제점이 있으면 수정하고 수정된 도면을 제작도면으로 사용한다.

〈표-2/2〉 도면(부품도) 검토 및 분석표 작성(예시 참조)

2) 부품 가공 순서 정하기

부품 가공 공정을 결정하는 작업은 제작 시간단축 및 조립상태 확인, 가공불량 등을 줄일 수 있다. 따라서 부품도를 분석하여 각 부품을 어떤 순서로 어떻게 가공할 것인가를 가공 전에 생각하여 가공 순서를 정하고 이를 토대로 실제 가공에 이용한다.

〈표-8〉 부품 가공 순서 작성(예시 참조)

3) 부품 가공 따라하기

위 내용[1), 2)]을 검토 및 작성 후 … 위 ⑨번 부품과 같은 방법으로 가공한다.

- 도면 검토 및 수정하기
- 부품 가공 순서 정하기

92) 치수공차로 규제된 제품은 치수가 맞아도 형상에 따라 결합이 안 되는 경우가 있으나, 기하공차로 규제된 제품은 치수가 조금 틀리는 최악의 경우에도 결합이 가능하다. 따라서 기하공차는 제품의 기능 및 결합 부품들 간의 상호 호환성을 규제하는 것으로 고 정밀한 제품에는 필히 적용되고 있다.

3. ②번 부품 가공

- 지급재료 : 35t × 110 × 110

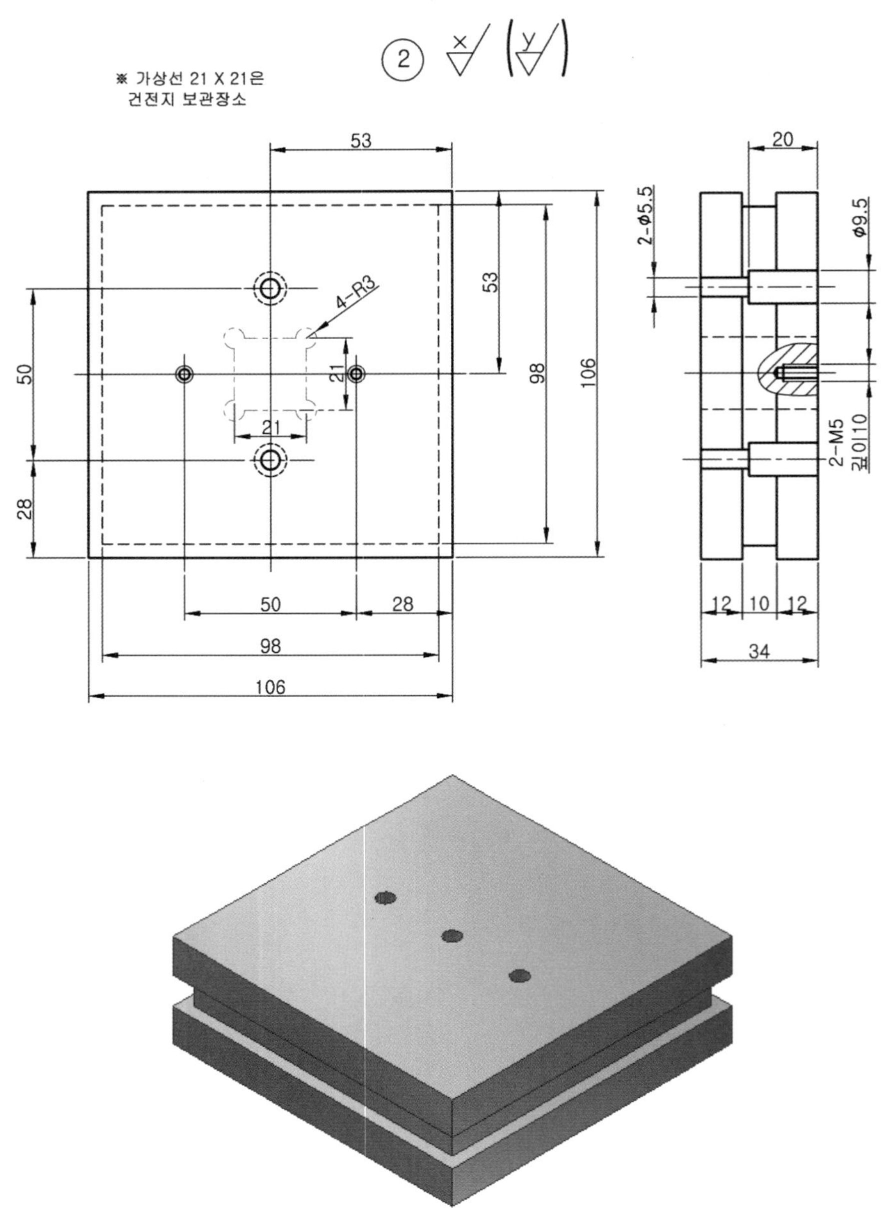

1) 도면 검토 및 수정하기

치수, 끼워 맞춤, 기하공차[93], 표면 거칠기, 제품의 기능, 요구사항 등을 확인한다. 제작상의 문제점이 있으면 수정하고 수정된 도면을 제작도면으로 사용한다.

〈표-2/2〉 도면(부품도) 검토 및 분석표 작성(예시 참조)

2) 부품 가공 순서 정하기

부품 가공 공정을 결정하는 작업은 제작 시간단축 및 조립상태 확인, 가공불량 등을 줄일 수 있다. 따라서 부품도를 분석하여 각 부품을 어떤 순서로 어떻게 가공할 것인가를 가공 전에 생각하여 가공 순서를 정하고 이를 토대로 실제 가공에 이용한다.

〈표-8〉 부품 가공 순서 작성(예시 참조)

3) 부품 가공 따라하기

① 3직각 및 가공한다(소재 35t × 110 × 110).

② 외곽치수(34 × 106 × 106)를 가공한 후 홈(10 × 98)을 가공한다.

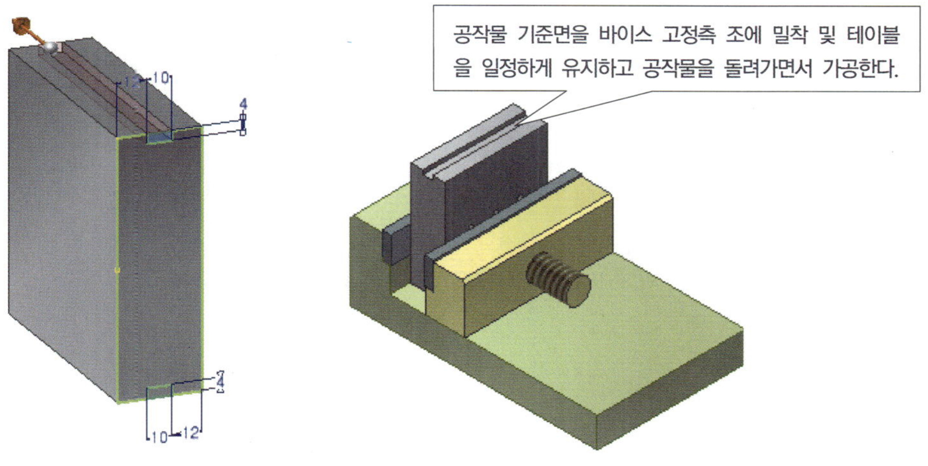

93) 치수공차로 규제된 제품은 치수가 맞아도 형상에 따라 결합이 안 되는 경우가 있으나, 기하공차로 규제된 제품은 치수가 조금 틀리는 최악의 경우에도 결합이 가능하다. 따라서 기하공차는 제품의 기능 및 결합 부품들 간의 상호 호환성을 규제하는 것으로 고 정밀한 제품에는 필히 적용되고 있다.

4. ⑱번 부품 가공

- 지급재료 : ∅35 × 26

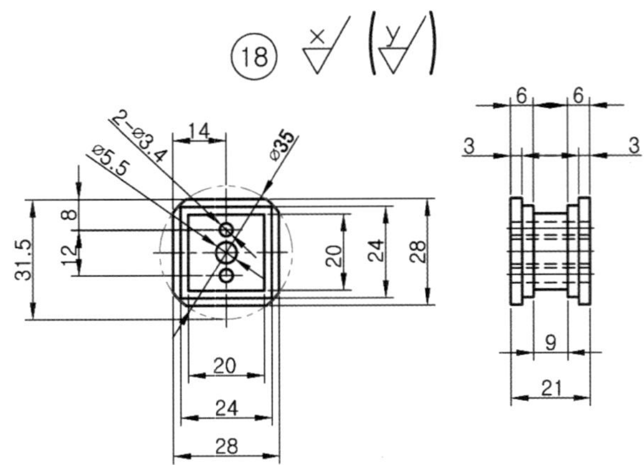

1) 도면 검토 및 수정하기

치수, 끼워 맞춤, 기하공차[94], 표면 거칠기, 제품의 기능, 요구사항 등을 확인한다. 제작상의 문제점이 있으면 수정하고 수정된 도면을 제작도면으로 사용한다.

〈표-2/2〉 도면(부품도) 검토 및 분석표 작성(예시 참조)

2) 부품 가공 순서 정하기

부품 가공 공정을 결정하는 작업은 제작 시간단축 및 조립상태 확인, 가공불량 등을 줄일 수 있다. 따라서 부품도를 분석하여 각 부품을 어떤 순서로 어떻게 가공할 것인가를 가공 전에 생각하여 가공 순서를 정하고 이를 토대로 실제 가공에 이용한다.

〈표-8〉 부품 가공 순서 작성(예시 참조)

3) 부품 가공 따라하기

위 내용[1), 2)]을 검토 및 작성 후 … 위 ②번 부품과 같은 방법으로 가공한다.

- 도면 검토 및 수정하기
- 부품 가공 순서 정하기

---

94) 치수공차로 규제된 제품은 치수가 맞아도 형상에 따라 결합이 안 되는 경우가 있으나, 기하공차로 규제된 제품은 치수가 조금 틀리는 최악의 경우에도 결합이 가능하다. 따라서 기하공차는 제품의 기능 및 결함 부품들 간의 상호 호환성을 규제하는 것으로 고 정밀한 제품에는 필히 적용되고 있다.

5. ④번 부품 가공

- 지급재료 : 30t × 75 × 75

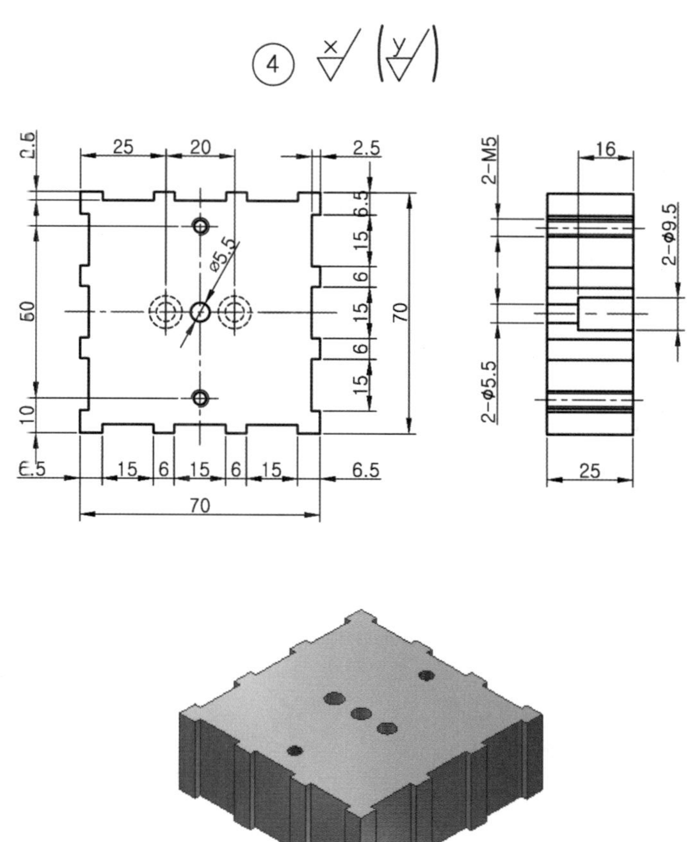

1) 도면 검토 및 수정하기

치수, 끼워 맞춤, 기하공차[95], 표면 거칠기, 제품의 기능, 요구사항 등을 확인한다. 제작상의 문제점이 있으면 수정하고 수정된 도면을 제작도면으로 사용한다.

〈표-2/2〉 도면(부품도) 검토 및 분석표 작성(예시 참조)

2) 부품 가공 순서 정하기

부품 가공 공정을 결정하는 작업은 제작 시간단축 및 조립상태 확인, 가공불량 등을 줄일 수 있다. 따라서 부품도를 분석하여 각 부품을 어떤 순서로 어떻게 가공할 것인가를 가공 전에 생각하여 가공 순서를 정하고 이를 토대로 실제 가공에 이용한다.

---

95) 치수공차로 규제된 제품은 치수가 맞아도 형상에 따라 결합이 안 되는 경우가 있으나, 기하공차로 규제된 제품은 치수가 조금 틀리는 최악의 경우에도 결합이 가능하다. 따라서 기하공차는 제품의 기능 및 결함 부품들 간의 상호 호환성을 규제하는 것으로 고 정밀한 제품에는 필히 적용되고 있다.

〈표-8〉 부품 가공 순서 작성(예시 참조)

3) 부품 가공 따라하기

① 3직각 및 가공한다(소재 30t × 75 × 75).

② 외곽치수(25 × 70 × 70)를 가공한 후 홈(2.5 × 15)을 가공한다.

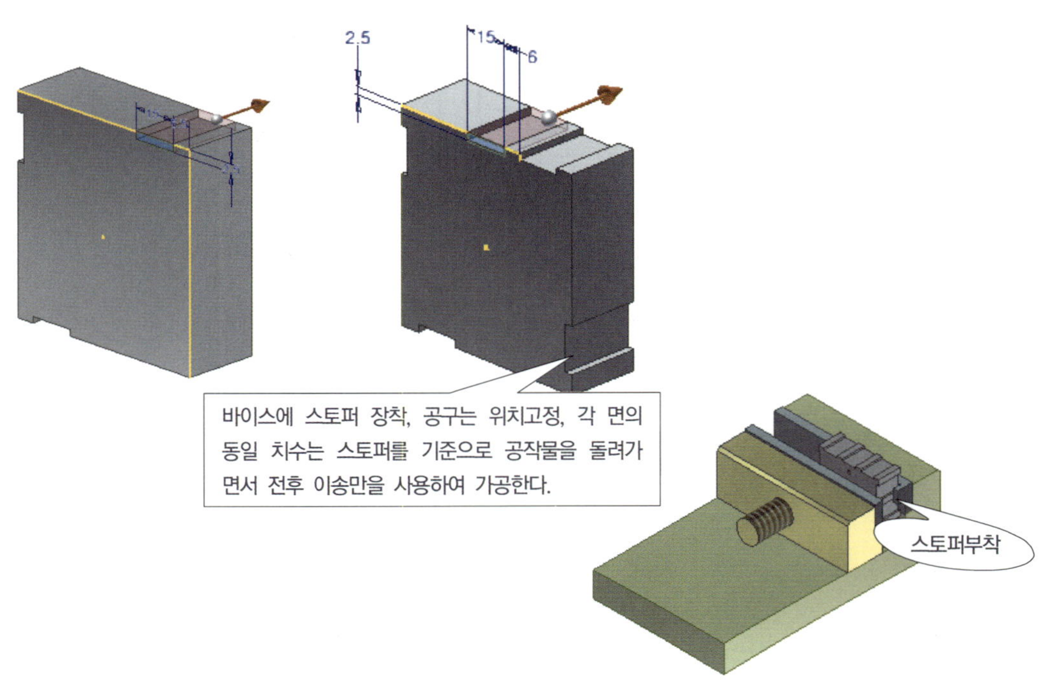

6. ⑦번, ⑪번, ⑮부품 가공

- 지급재료 : 30t × 43 × 43

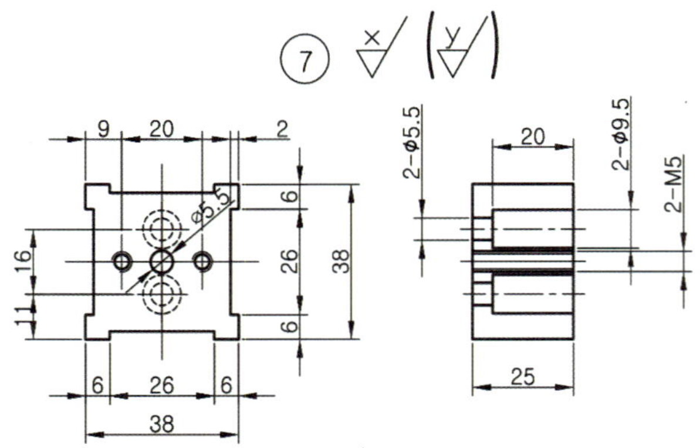

- 지급재료 : 20t × 36 × 36

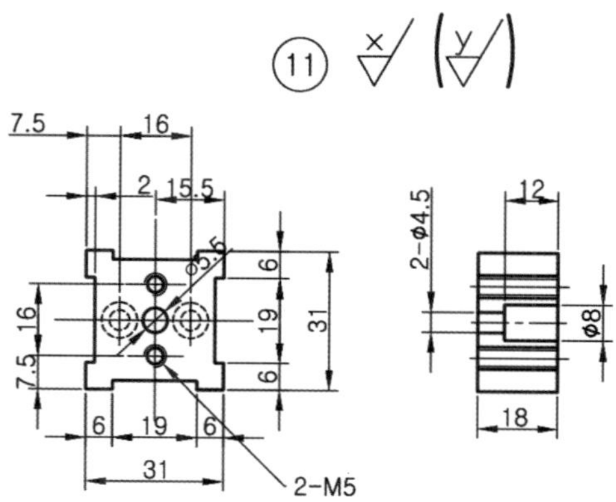

- 지급재료 : 15t × 31 × 31

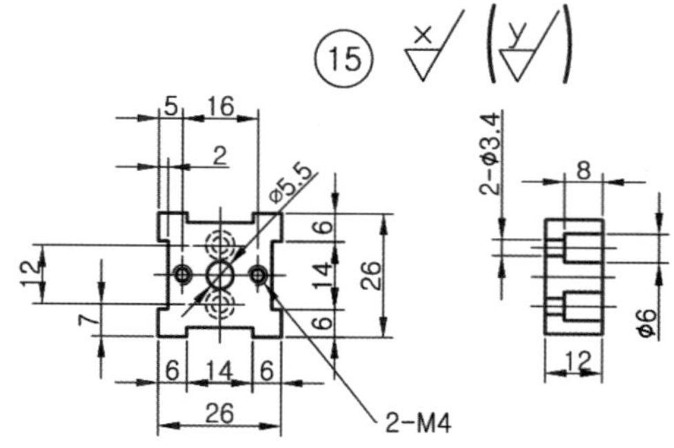

1) 도면 검토 및 수정하기

치수, 끼워 맞춤, 기하공차[96], 표면 거칠기, 제품의 기능, 요구사항 등을 확인한다. 제작상의 문제점이 있으면 수정하고 수정된 도면을 제작도면으로 사용한다.

〈표-2/2〉 도면(부품도) 검토 및 분석표 작성(예시 참조)

2) 부품 가공 순서 정하기

부품 가공 공정을 결정하는 작업은 제작 시간단축 및 조립상태 확인, 가공불량 등을 줄일 수 있다. 따라서 부품도를 분석하여 각 부품을 어떤 순서로 어떻게 가공할 것인가를 가공 전에 생각하여 가공 순서를 정하고 이를 토대로 실제 가공에 이용한다.

〈표-8〉 부품 가공 순서 작성(예시 참조)

96) 치수공차로 규제된 제품은 치수가 맞아도 형상에 따라 결합이 안 되는 경우가 있으나, 기하공차로 규제된 제품은 치수가 조금 틀리는 최악의 경우에도 결합이 가능하다. 따라서 기하공차는 제품의 기능 및 결합 부품들 간의 상호 호환성을 규제하는 것으로 고 정밀한 제품에는 필히 적용되고 있다.

3) 부품 가공 따라하기

위 내용[1), 2)]을 검토 및 작성 후 … 위 ④번 부품과 같은 방법으로 가공한다.

- 도면 검토 및 수정하기
- 부품 가공 순서 정하기

7. ⑧번 부품 가공

- 지급재료 : 8t × 63 × 63

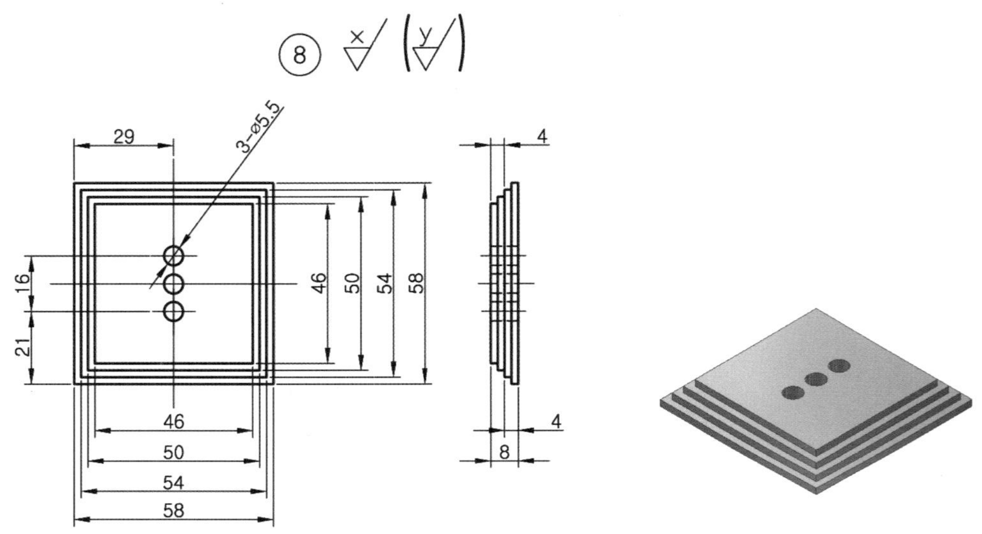

1) 도면 검토 및 수정하기

치수, 끼워 맞춤, 기하공차[97], 표면 거칠기, 제품의 기능, 요구사항 등을 확인한다. 제작상의 문제점이 있으면 수정하고 수정된 도면을 제작도면으로 사용한다.

〈표-2/2〉 도면(부품도) 검토 및 분석표 작성(예시 참조)

2) 부품 가공 순서 정하기

부품 가공 공정을 결정하는 작업은 제작 시간단축 및 조립상태 확인, 가공불량 등을 줄일 수 있다. 따라서 부품도를 분석하여 각 부품을 어떤 순서로 어떻게 가공할 것인가를 가공 전에 생각하여 가공 순서를 정하고 이를 토대로 실제 가공에 이용한다.

〈표-8〉 부품 가공 순서 작성(예시 참조)

---

97) 치수공차로 규제된 제품은 치수가 맞아도 형상에 따라 결합이 안 되는 경우가 있으나, 기하공차로 규제된 제품은 치수가 조금 틀리는 최악의 경우에도 결합이 가능하다. 따라서 기하공차는 제품의 기능 및 결합 부품들 간의 상호 호환성을 규제하는 것으로 고 정밀한 제품에는 필히 적용되고 있다.

3) 부품 가공 따라하기

① 3직각 및 가공한다(소재 8t × 63 × 63).

② 외곽치수(8 × 58 × 58)를 가공한 후 계단 (2)을 가공한다.

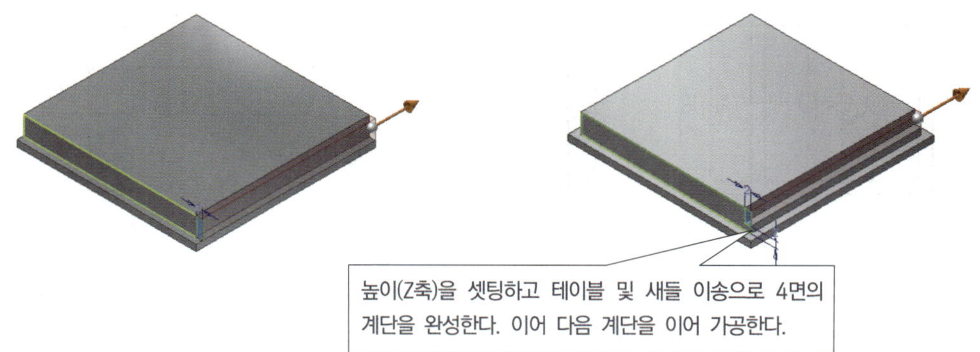

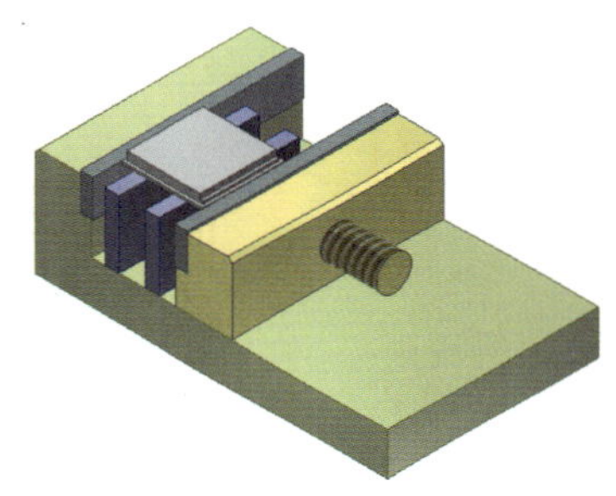

8. ③번, ⑤번, ⑥번, ⑩번, ⑫번, ⑭번, ⑯번 부품 가공

- 지급재료 : ③ 10t × 92 × 92

- 지급재료 : ⑤ 8t × 82 × 82

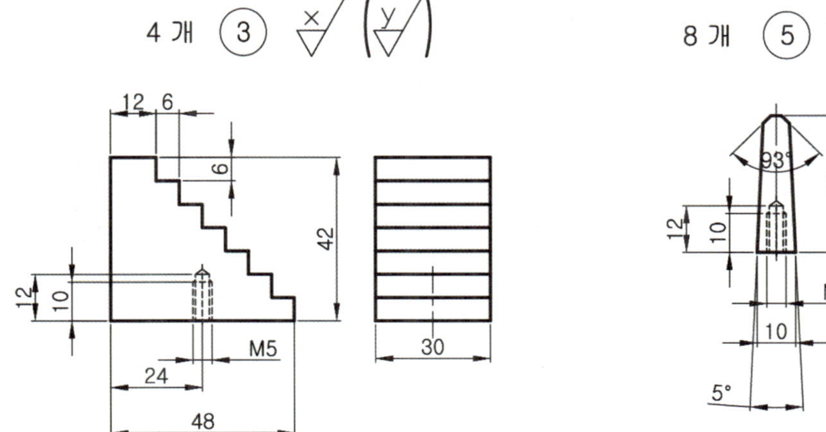

- 지급재료 : ⑥ 8t × 58 × 58

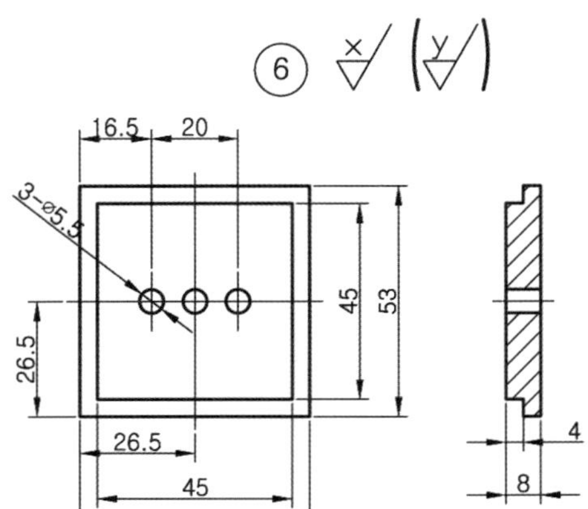

- 지급재료 : ⑩ 8t × 44 × 44

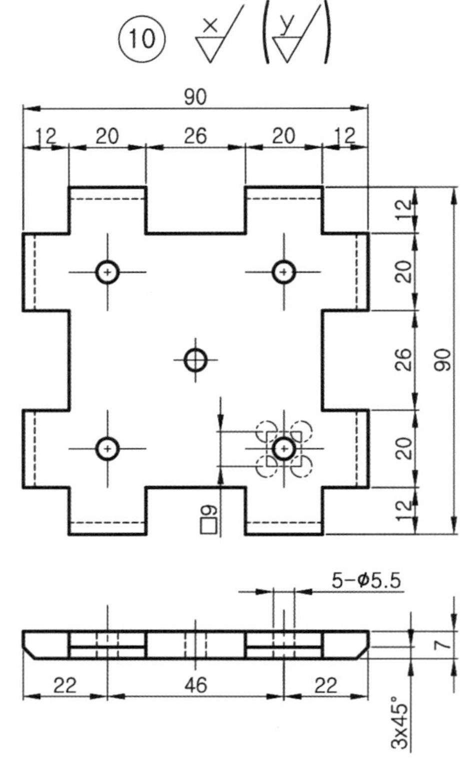

- 지급재료 : ⑫ 8t × 52 × 52

- 지급재료 : ⑭ 8t × 39 × 39

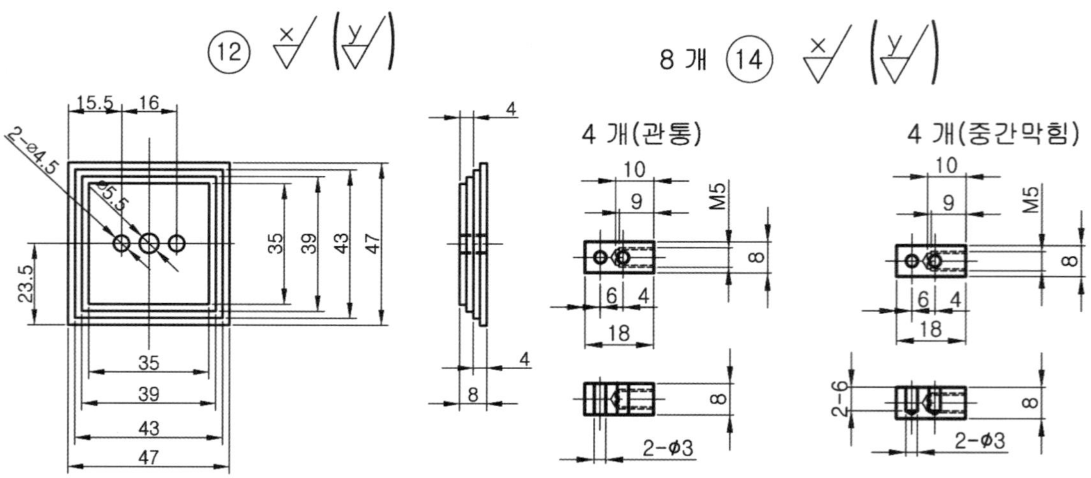

- 지급재료 : ⑯ 8t × 47 × 47

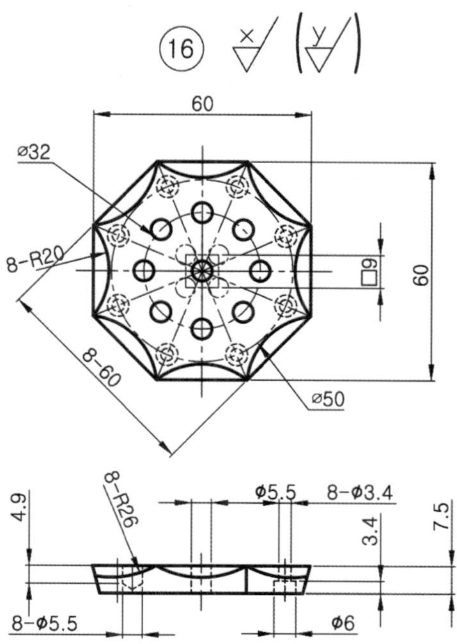

1) 도면 검토 및 수정하기

치수, 끼워 맞춤, 기하공차[98], 표면 거칠기, 제품의 기능, 요구사항 등을 확인한다. 제작상의 문제점이 있으면 수정하고 수정된 도면을 제작도면으로 사용한다.

〈표-2/2〉 도면(부품도) 검토 및 분석표 작성(예시 참조)

2) 부품 가공 순서 정하기

부품 가공 공정을 결정하는 작업은 제작 시간단축 및 조립상태 확인, 가공불량 등을 줄일 수 있다. 따라서 부품도를 분석하여 각 부품을 어떤 순서로 어떻게 가공할 것인가를 가공 전에 생각하여 가공 순서를 정하고 이를 토대로 실제 가공에 이용한다.

〈표-8〉 부품 가공 순서 작성(예시 참조)

3) 부품 가공 따라하기

위 내용[1), 2)]을 검토 및 작성 후 … 위 ⑧번 부품과 같은 방법으로 가공한다.

- 도면 검토 및 수정하기
- 부품 가공 순서 정하기

98) 치수공차로 규제된 제품은 치수가 맞아도 형상에 따라 결합이 안 되는 경우가 있으나, 기하공차로 규제된 제품은 치수가 조금 틀리는 최악의 경우에도 결합이 가능하다. 따라서 기하공차는 제품의 기능 및 결합 부품들 간의 상호 호환성을 규제하는 것으로 고 정밀한 제품에는 필히 적용되고 있다.

9. ①번 부품 가공

- 지급재료 : 10t × 215 × 215

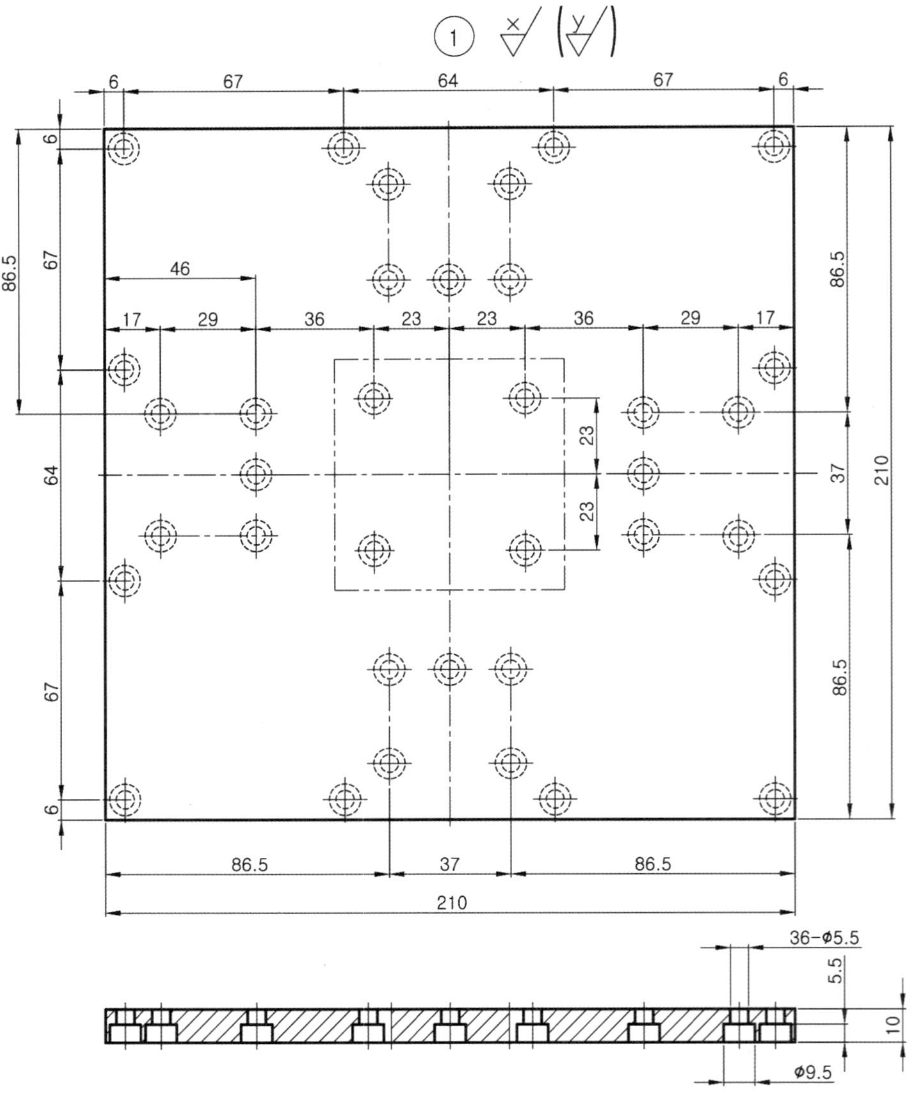

1) 도면 검토 및 수정하기

치수, 끼워 맞춤, 기하공차[99], 표면 거칠기, 제품의 기능, 요구사항 등을 확인한다. 제작상의 문제점이 있으면 수정하고 수정된 도면을 제작도면으로 사용한다.

〈표-2/2〉 도면(부품도) 검토 및 분석표 작성(예시 참조)

99) 치수공차로 규제된 제품은 치수가 맞아도 형상에 따라 결합이 안 되는 경우가 있으나, 기하공차로 규제된 제품은 치수가 조금 틀리는 최악의 경우에도 결합이 가능하다. 따라서 기하공차는 제품의 기능 및 결합 부품들 간의 상호 호환성을 규제하는 것으로 고 정밀한 제품에는 필히 적용되고 있다.

2) 부품 가공 순서 정하기

부품 가공 공정을 결정하는 작업은 제작 시간단축 및 조립상태 확인, 가공불량 등을 줄일 수 있다. 따라서 부품도를 분석하여 각 부품을 어떤 순서로 어떻게 가공할 것인가를 가공 전에 생각하여 가공 순서를 정하고 이를 토대로 실제 가공에 이용한다.

〈표-8〉 부품 가공 순서 작성(예시 참조)

3) 부품 가공 따라하기

① 가로세로 외곽치수와 직각을 가공한다(소재 10t × 215 × 215). 두께에 비해 가로 · 세로가 크므로 그림과 같이 덧 받침판을 대고 가공한다.

② 두께 10mm는 가공하지 않고 깨끗한 면을 연삭 또는 연마로 마무리한다.

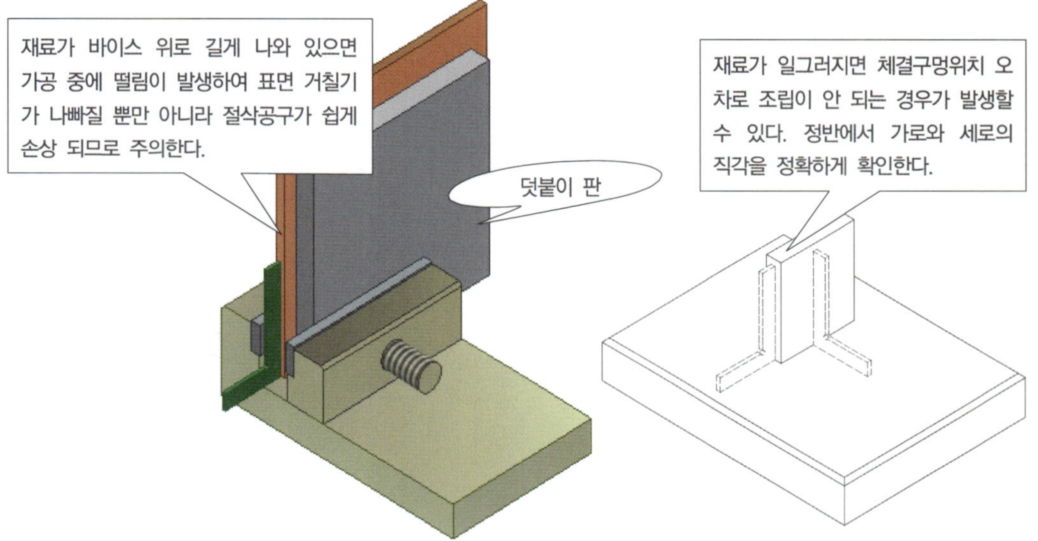

10. ⑲번 부품 가공

- 지급재료 : 12t × 15 × 30

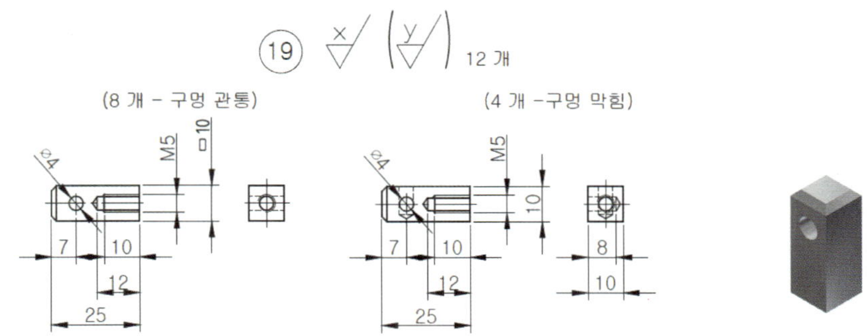

1) 도면 검토 및 수정하기

치수, 끼워 맞춤, 기하공차, 표면 거칠기, 제품의 기능, 요구사항 등을 확인한다. 제작상의 문제점이 있으면 수정하고 수정된 도면을 제작도면으로 사용한다.

〈표-2/2〉 도면(부품도) 검토 및 분석표 작성(예시 참조)

2) 부품 가공 순서 정하기

부품 가공 공정을 결정하는 작업은 제작 시간단축 및 조립상태 확인, 가공불량 등을 줄일 수 있다. 따라서 부품도를 분석하여 각 부품을 어떤 순서로 어떻게 가공할 것인가를 가공 전에 생각하여 가공 순서를 정하고 이를 토대로 실제 가공에 이용한다.

〈표-8〉 부품 가공 순서 작성(예시 참조)

3) 부품 가공 따라하기

① 3직각 기준을 가공한다(소재 12t × 15 × 30).
② 12개(8개 관통, 4개 막힘)는 외곽치수가 같으므로 동일치수는 연속 가공한다.

11. ⑳번 부품 가공

- 지급재료 : ∅25 × 100

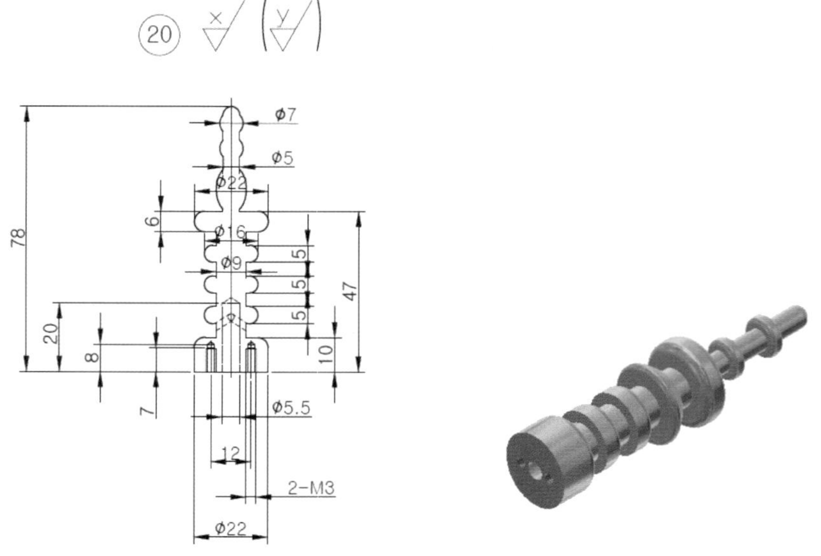

1) 도면 검토 및 수정하기

치수, 끼워 맞춤, 기하공차[100], 표면 거칠기, 제품의 기능, 요구사항 등을 확인한다. 제작상의 문제점이 있으면 수정하고 수정된 도면을 제작도면으로 사용한다.

〈표-2/2〉 도면(부품도) 검토 및 분석표 작성(예시 참조)

2) 부품 가공 순서 정하기

부품 가공 공정을 결정하는 작업은 제작 시간단축 및 조립상태 확인, 가공불량 등을 줄일 수 있다. 따라서 부품도를 분석하여 각 부품을 어떤 순서로 어떻게 가공할 것인가를 가공 전에 생각하여 가공 순서를 정하고 이를 토대로 실제 가공에 이용한다.

〈표-8〉 부품 가공 순서 작성(예시 참조)

3) 부품 가공 따라하기

① 돌려 물림 가공 후 절단한다(소재 ⌀25 × 100).

② 10mm 정도 물리고 단면가공 → ⌀22로 최대한 물림부근까지 가공한다.

③ 센터드릴 → ⌀5.5 드릴링(절단을 고려하여 깊게) 한다.

③ 돌려 물리고 나머지 형상도 가공한 후 절단한다.

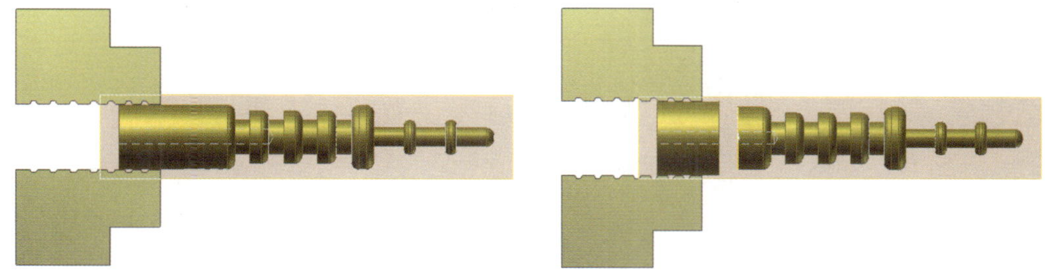

100) 기하공차는 제품의 기능 및 결합 부품들 간의 상호 호환성을 규제하는 것으로 고 정밀한 제품에는 필히 적용되고 있다.

G 조립가공 및 부품조립

학습 목표	1. 조립 작업의 중요성에 대해 설명할 수 있다. 2. 정확한 금긋기와 드릴링을 할 수 있다.

제작 과정에서 가장 중요한 것은 마무리 및 조립이다. 그 것은 제품의 기능 요구 조건에 맞게 만들어가는 과정이 마무리 및 조립과정이기 때문이다. 각 부품을 고 정밀도로 기계가공을 할 수는 있지만 요구하는 조립 정밀도로 맞추기는 어렵다. 왜냐하면 기계 및 절삭공구의 정밀도 외에 가공중의 진동, 먼지, 온도 등에 의해 치수가 커지거나 작아지는 변화가 있기 때문이다.

1. 조립 가공하기

모든 부품의 기준면 및 치수를 확인하여 구멍위치에 하이트게이지로 금긋기 한다. 조립하기 위한 구멍 위치의 금긋기는 가공할 때의 기준면을 정반에 밀착시킨 상태로 금긋기 한다. 이 때 체결되는 부품과 부품은 조립되었을 때의 상태로 놓고 하이트게이지로 동시에 금긋기 한다.

금긋기 → 센터펀치 → 드릴 → 리머 → 카운터보어 → 카운터싱크 → 핸드탭 순으로 작업한다.

탭은 나사의 바깥지름, 유효 지름, 골 지름의 치수가 1, 2, 3번 탭의 순으로 증가한다. 절삭률에 따라 초기 자리 잡기 작업은 1번 탭(55%), 이어서 2번 탭(25%), 마무리는 3번 탭(20%)으로 완성한다.

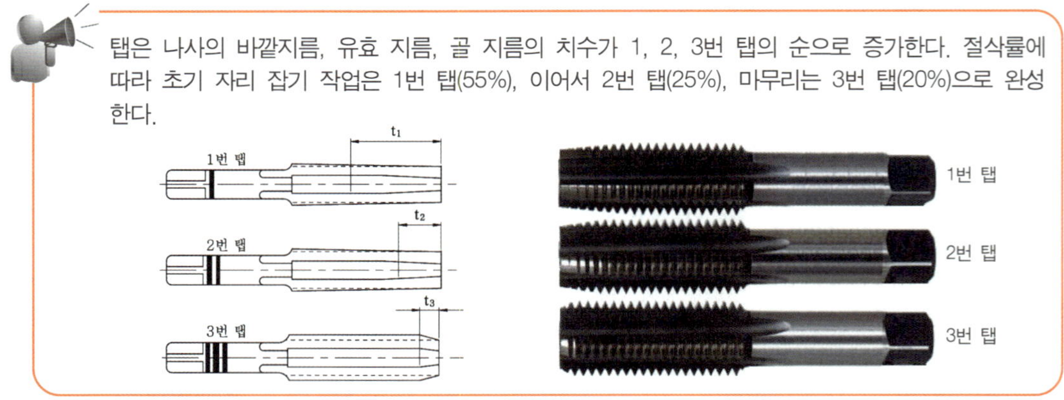

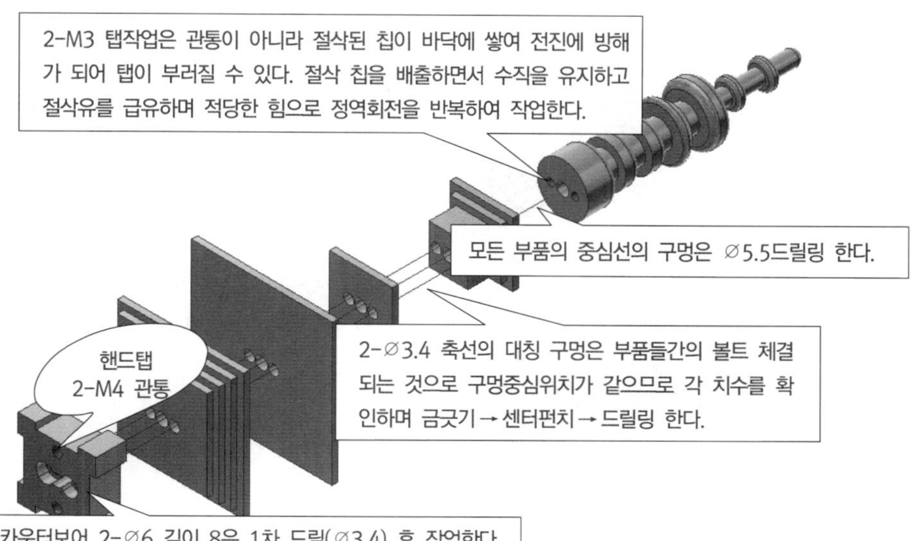

2-M3 탭작업은 관통이 아니라 절삭된 칩이 바닥에 쌓여 전진에 방해가 되어 탭이 부러질 수 있다. 절삭 칩을 배출하면서 수직을 유지하고 절삭유를 급유하며 적당한 힘으로 정역회전을 반복하여 작업한다.
모든 부품의 중심선의 구멍은 ∅5.5드릴링 한다.
2-∅3.4 축선의 대칭 구멍은 부품들간의 볼트 체결되는 것으로 구멍중심위치가 같으므로 각 치수를 확인하며 금긋기→센터펀치→드릴링 한다.
핸드탭
2-M4 관통
카운터보어 2-∅6 깊이 8은 1차 드릴(∅3.4) 후 작업한다. 절삭유를 급유하며 저속회전으로 이송속도를 느리게 한다.

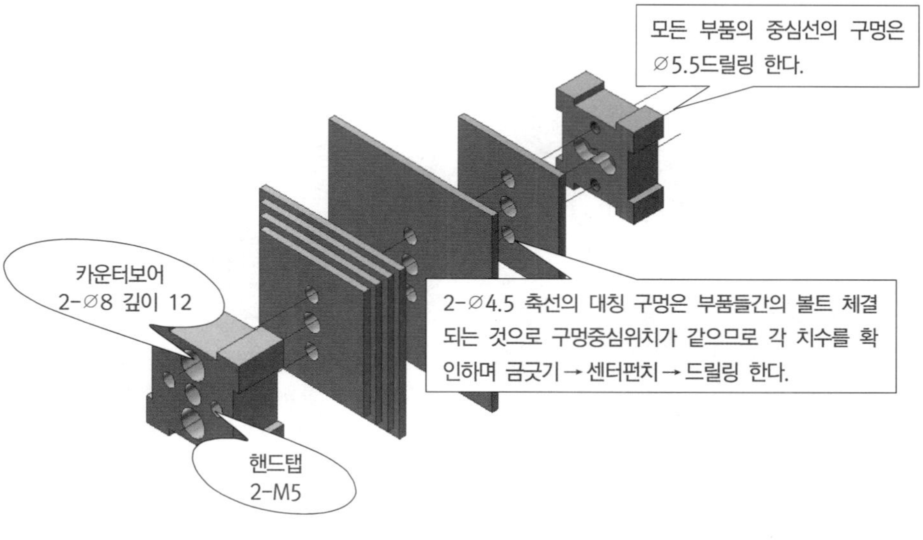

모든 부품의 중심선의 구멍은 ∅5.5드릴링 한다.
2-∅4.5 축선의 대칭 구멍은 부품들간의 볼트 체결되는 것으로 구멍중심위치가 같으므로 각 치수를 확인하며 금긋기→센터펀치→드릴링 한다.
카운터보어
2-∅8 깊이 12
핸드탭
2-M5

모든 부품의 중심선의 구멍은 ∅5.5드릴링 한다.
핸드탭
2-M5
2-∅5.5 축선의 대칭 구멍은 부품들간의 볼트 체결되는 것으로 구멍중심위치가 같으므로 각 치수를 확인하며 금긋기→센터펀치→드릴링 한다.
카운터보어
2-∅9.5 깊이 20

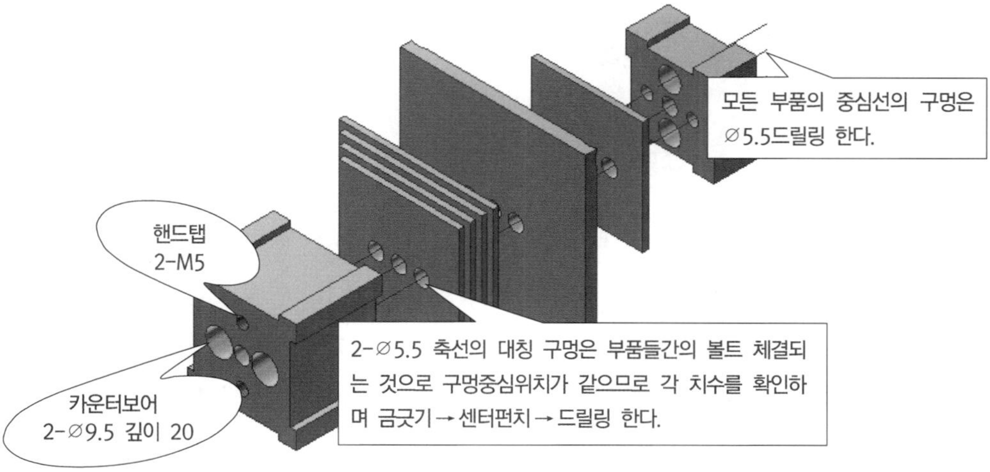

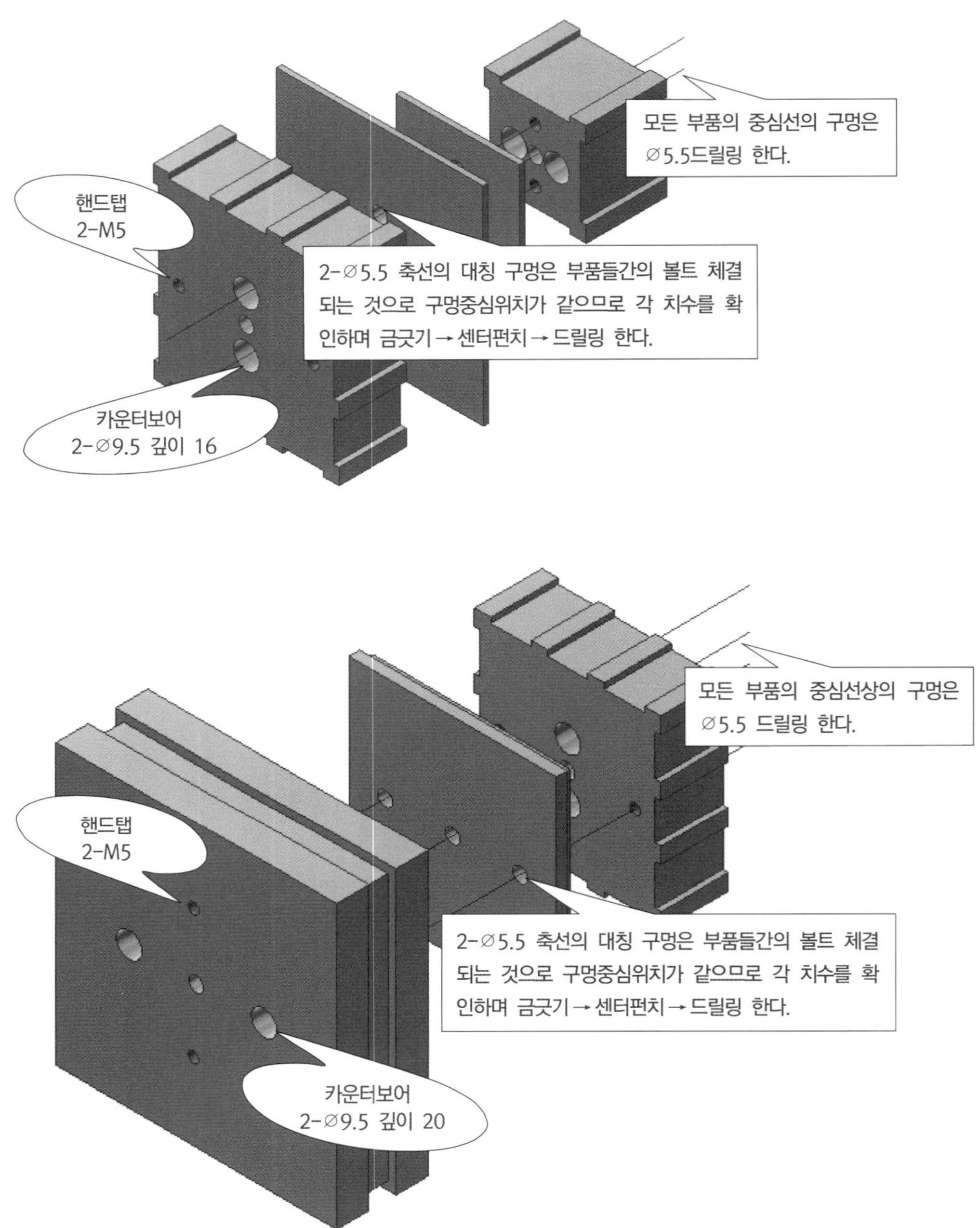

2. 부품 조립하기

제작물의 전체적인 구조를 이해하고 조립되는 순서와 방법을 결정한다. 부품조립은 좌우방향과 상하방향이 바뀌지 않도록 주의하며 부품의 위치정도를 확인하여 가공 상태 그대로 조립되도록 한다. 볼트 체결은 하나씩 대각선으로 느슨하게 조인 후 위치가 맞으면 강하게 조인다.

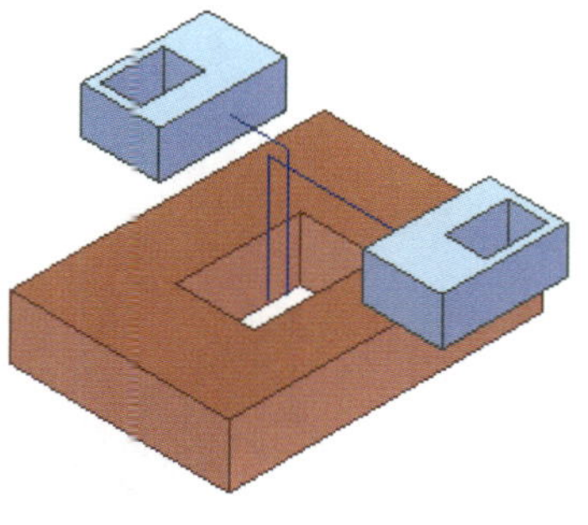

[조립 좌우·상하 방향 확인]

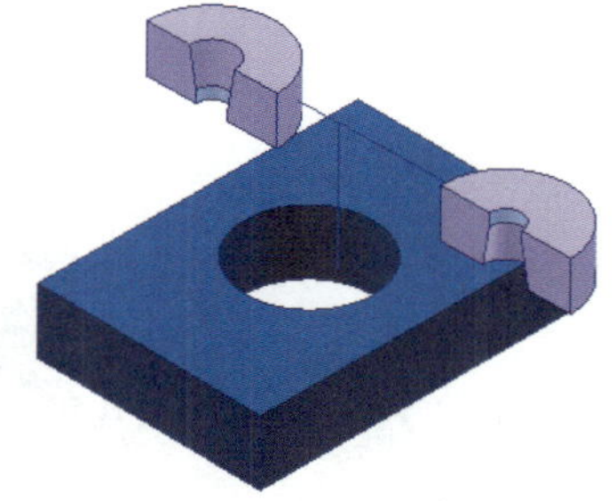

[조립 상하방향 확인]

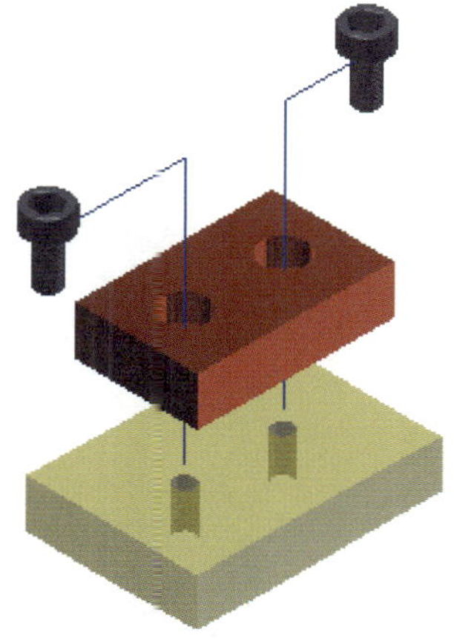

[조립 위치정도 확인]

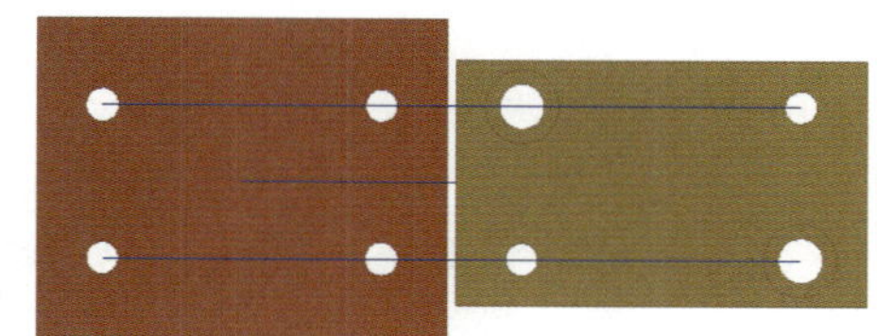

[조립 평행도 확인]

조립 시 확인 사항

상단부부터 조립해서 하단부로 연결 조립한다.

① M3×45 육각 홈 볼트로 ⑮ ⑯ ⑰ ⑱ ⑳부품을 조립한다. 부품들 간에 4각 모서리 선이 평행이 되도록 조립한다.

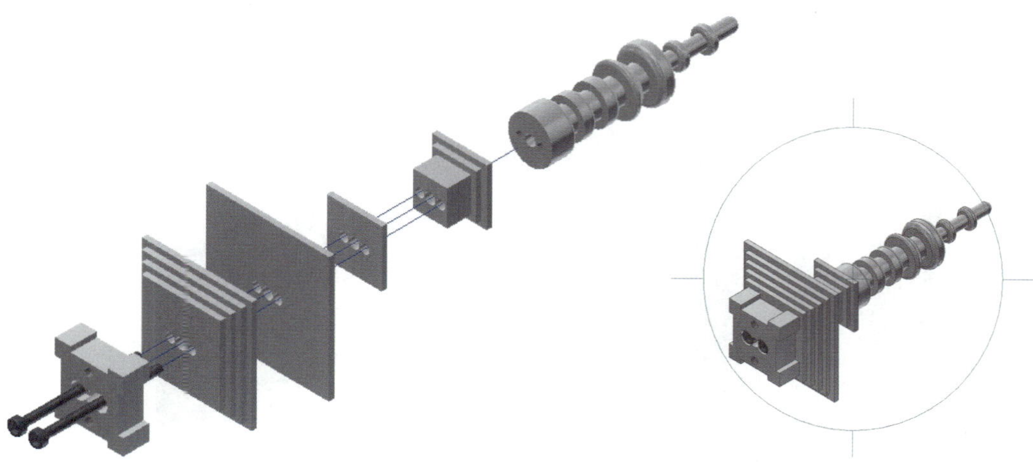

② 이어서 M4×35 육각 홈 볼트로 ⑪ ⑫ ⑬ ⑭ ⑱부품을 동일한 방법으로 연결 조립한다. 부품들 간에 4각 모서리 선이 평행이 되도록 조립한다.

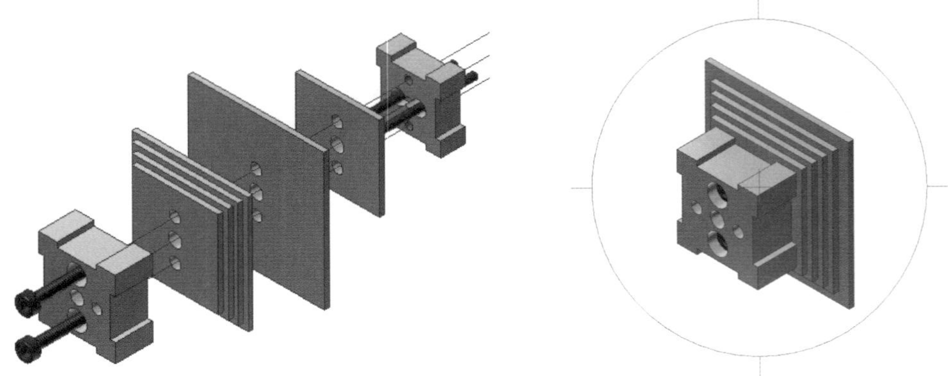

③ 이어서 M5×35 육각 홈 볼트로 ⑦ ⑧ ⑨ ⑩부품을 동일한 방법으로 연결 조립한다. 부품들 간에 4각 모서리 선이 평행이 되도록 조립한다.

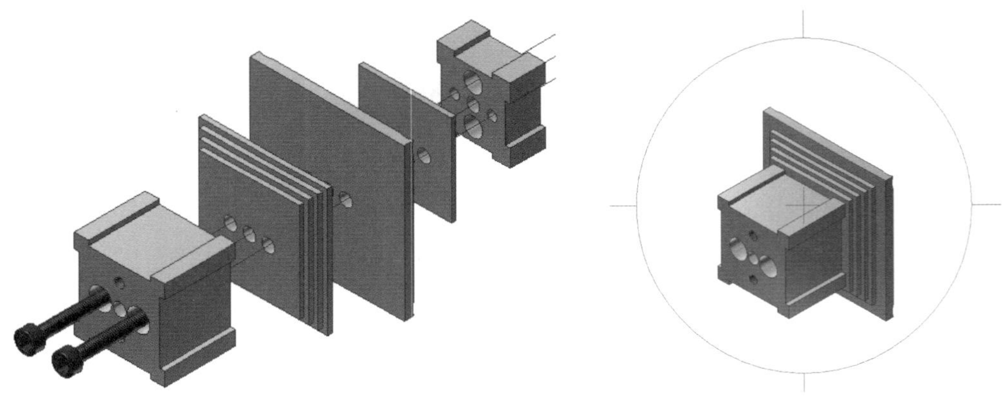

④ 이어서 M5×35 육각 홈 볼트로 ④ ⑤ ⑥부품을 동일한 방법으로 연결 조립한다. 부품들 간에 4각 모서리 선이 평행이 되도록 조립한다.

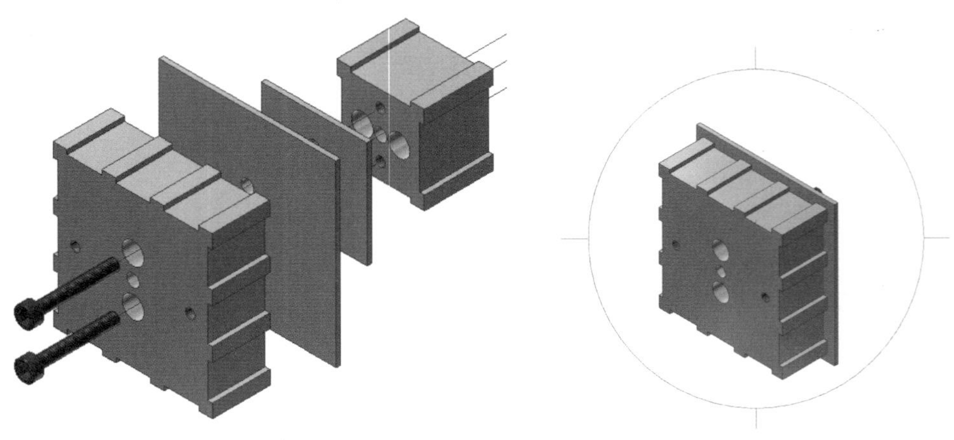

⑤ 이어서 M5×35 육각 홈 볼트로 ② ③부품을 동일한 방법으로 연결 조립한다. 부품들 간에 4각 모서리 선이 평행이 되도록 조립한다.

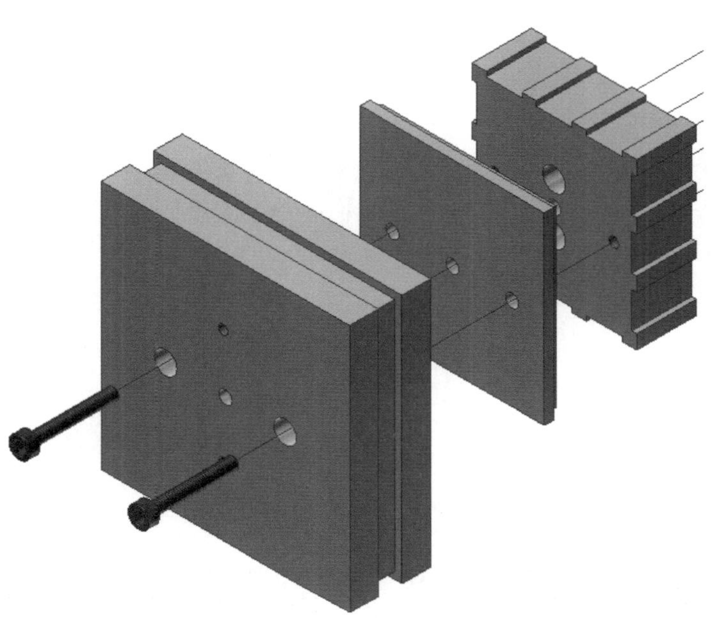

⑥ M5×10 육각 홈 볼트로 체결된 상부를 바닥 판에 조립한다.

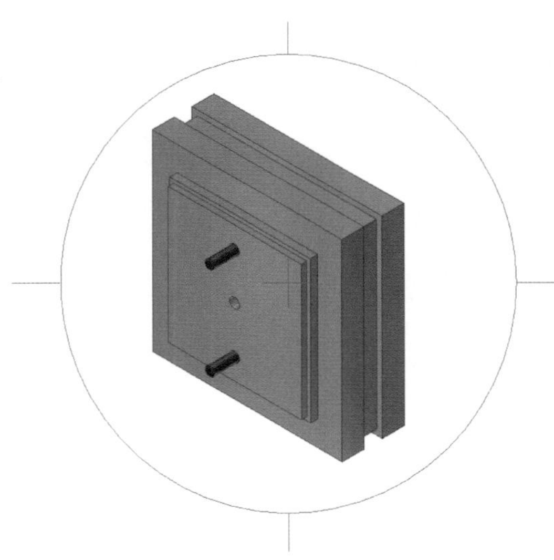

H 측정 및 품질 분석

학습 목표	1. 품질관리의 중요성에 대해 설명할 수 있다. 2. 품질 분석표를 작성할 수 있다.

원하는 품질의 제품을 얻기 위해서는 품질관리는 매우 중요하다. 품질관리의 과정에는 기술 부문의 필수적인 성능과 기능을 분명하게 결정하는 기획설계 과정의 품질과 제작 과정에서 현장의 기술 수준에 따라 달라질 수 있으므로 제작과정의 품질이 중요하다.

1. 가공 부품 측정

〈표-6〉 조립품 및 부품 측정표 작성(예시 참조)

표 ➤ 조립품 및 부품 측정

조립품 및 부품 측정								
프로젝트 명								
작 성 자	소속			성명				
평가 구분	평가 사항					배점	득점	환산 점수
가공 상태 (80%)	항목	도면 치수	측정값					
			1차 측정	2차 측정	최종값			
	정밀 치수 (50%)							
	소계							

QUESTION

그림은 버니어캘리퍼스의 눈금으로 주척 39mm를 부척 20등분한 것이다. 측정값은?

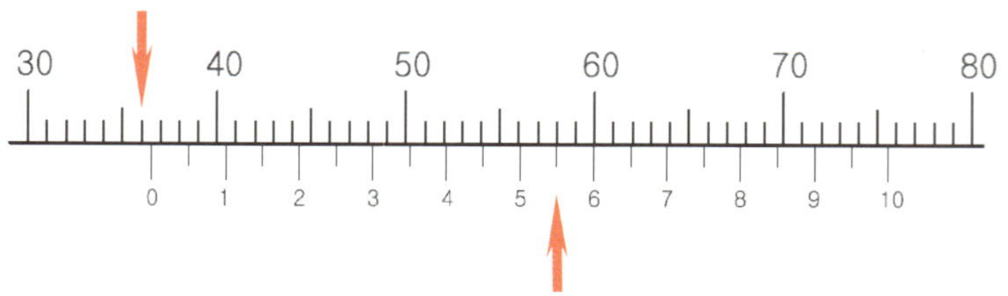

2. 완성품 품질 분석

부품 측정표와 전체적인 기능을 분석하여 불량 원인을 해결할 수 있는 방안을 조사한다.

〈표-7〉 4way 품질 분석표 작성(예시 참조)

표 ➤ 4way 품질 분석표

4way 품질 분석표				
프로젝트 명				
작 성 자	소속		성명	
A. 왜 불량이 발생하였는가?				
1 단계 Why?	(예) 왜 아침 등교시간이 늦었는가? → 아침에 늦게 일어나서 집에서 나왔다.			
2 단계 Why?	(예) 왜 늦게 일어났는가? → 어젯밤에 늦게 잠자리에 들었다.			
3 단계 Why?	(예) 왜 늦게 잠자리에 들었는가? → 인터넷 게임을 늦게까지 하였다.			
4 단계 Why?	(예) 왜 인터넷 게임을 늦게까지 하였는가? → 재미가 있어서 시간 가는 줄 몰랐다.			
B. 근본 요인은?				
(예) 계획성이 없는 생활을 하였다.				

품질관리 용어

- MTS(Manufacturing Technical Specification) : 제조 기술 규격
- CSI(Customer Satisfaction Index) : 고객 만족 지수
- CSM(Customer Satisfaction Management) : 고객 만족 경영
- QIP(Quality Improvement Program) : 품질개선계획
- PST(Problem Solving Techniques) : 문제 해결 기술

프로젝트 수행과정 발표

학습 목표	1. 프로젝트 수행과정의 요점을 정리하여 전시회 자료를 만들 수 있다. 2. 프로젝트 수행과정을 프레젠테이션 자료로 만들어 발표할 수 있다.

1. 전시회 자료 제작

프로젝트 과제 수행 과정을 사진으로 촬영하여 프레젠테이션 및 전시회 자료 제작을 위한 자료로 활용하고 제작 관련 자료를 모아 보관하며 이를 정리하여 제품을 이해할 수 있도록 전시회 자료를 만든다.

(한글 A4 용지 1쪽)
1. 주제
2. 목적
3. 제작기간
4. 팀원 및 참여단계
5. 수행과정 및 문제해결방법
6. 제작 후 느낀 점

2. 프레젠테이션 자료 제작

위 자료를 중심으로 파워포인트로 제작하고 발표는 큰 그림을 먼저 이야기 하도록 한다. 프레젠테이션 자료는 차트나 그림(사진)을 많이 활용한 내용으로 하며 가장 좋은 것을 마지막에 보여주면서 간결하면서 감동적인 마무리가 되도록 준비한다.

(파워포인트 슬라이드 5쪽 이내)
1. 무엇을 전하고 싶은가?
2. 어떻게 전하려 하는가?
3. 왜 그 방법이 필요한 것인가?
4. 어떤 성과를 얻고 싶은가?

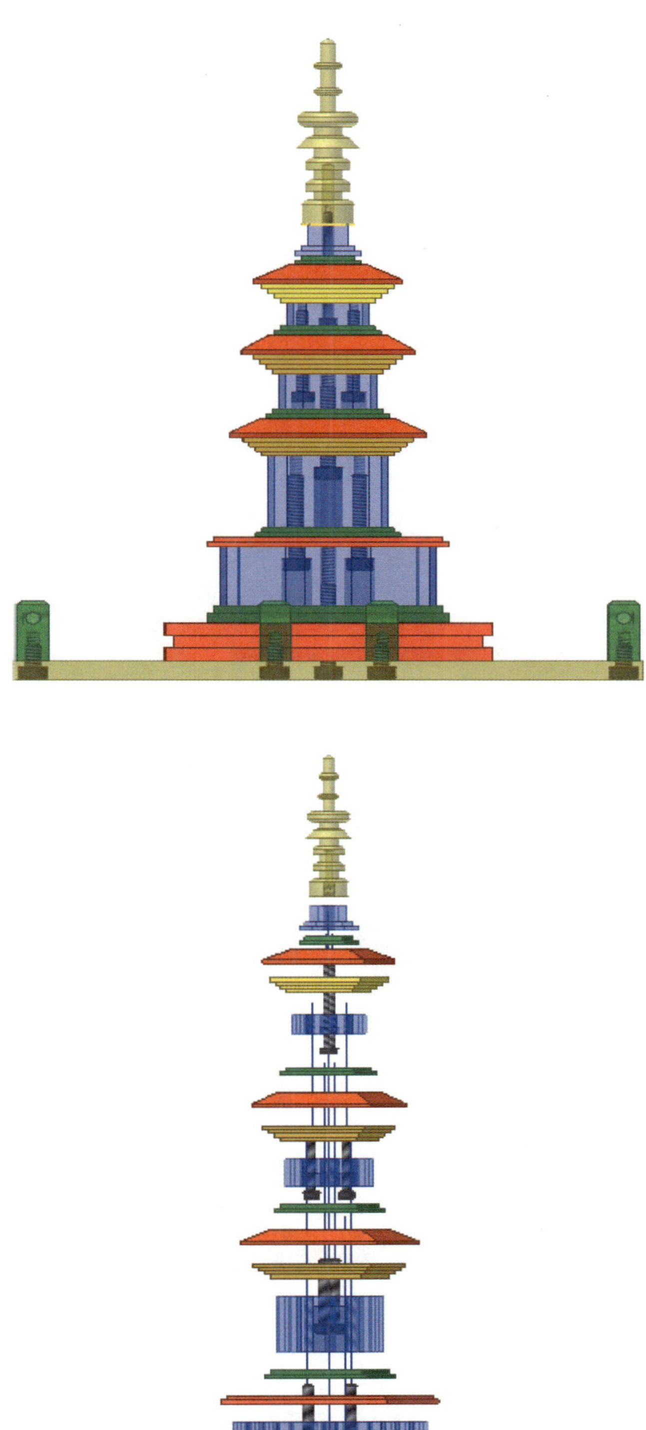

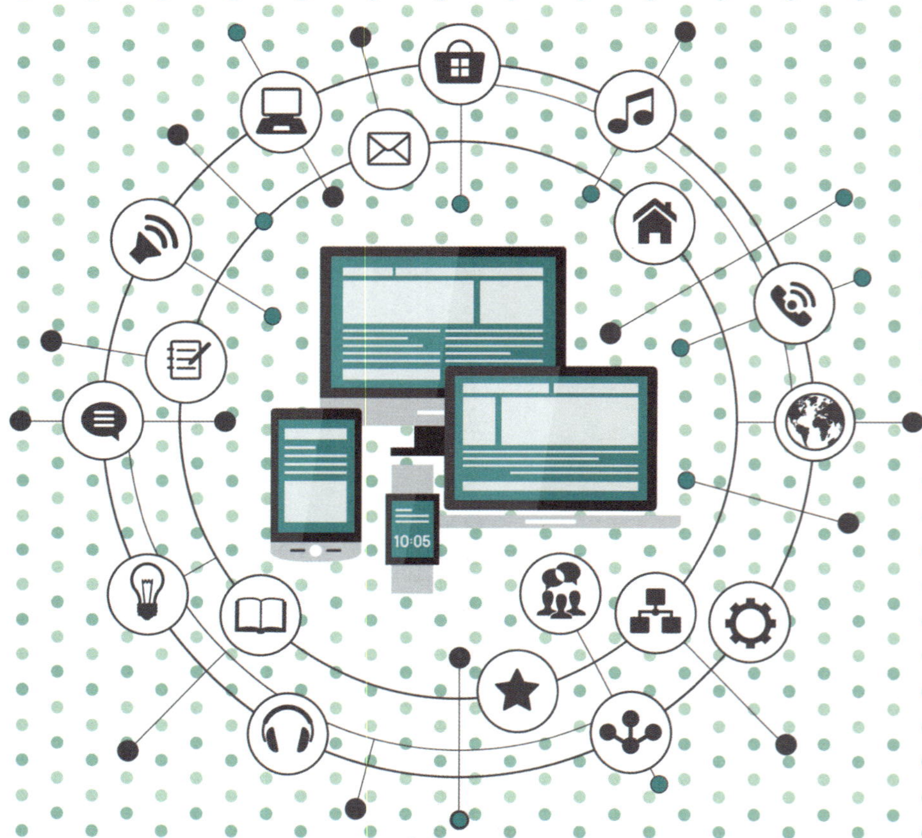

기계공작+ 프로젝트 실습

CHAPTER 10

다보탑

다보탑

단원 소개

본 단원은 주변의 탐구대상을 축소 설계하고 제작해 보는 단원이다. 설계단계의 축척 개념과 계단형의 가공공정 및 적절한 가공방법, 조립부품간의 구멍 위치 가공과 조립방법 등 부품들 간의 상호 관계를 익힐 수 있도록 한다.

또한 부품설계 및 KS규격품 선정 – 도면 출력 – 부품 가공 – 부품 조립 – 측정 과정을 단계별로 실습하고, 부품 가공에 필요한 공작기계의 선정, 재료의 선정, 절삭 공구의 선정 등 작품을 제작하는데 필요한 응용능력을 키우도록 한다.

A 다보탑 제작 프로젝트

다보탑을 설계하고 출력하여 그 도면을 제작도면으로 실제로 공작기계를 이용하여 제작해보는 실습으로 도면 설계능력을 향상시키고 선반, 밀링과 드릴링 등의 공작기계를 이용하여 제품을 가공해 봄으로서 공작기계 가공 능력도 향상시키는 과제를 수행한다.

1. 학습목표

1) 구조이해와 부품별 조립을 설명할 수 있다.
2) 도면을 이해하고 정밀하게 가공할 수 있다.
3) 조립구멍 동시가공의 중요성에 대해 설명할 수 있다.

2. 프로젝트 과제명 : 다보탑

3. 소요시간 : [40시간] ※ 준비된 재료 지급

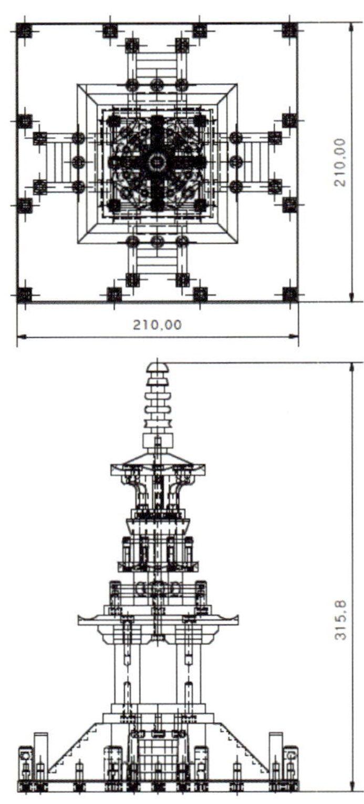

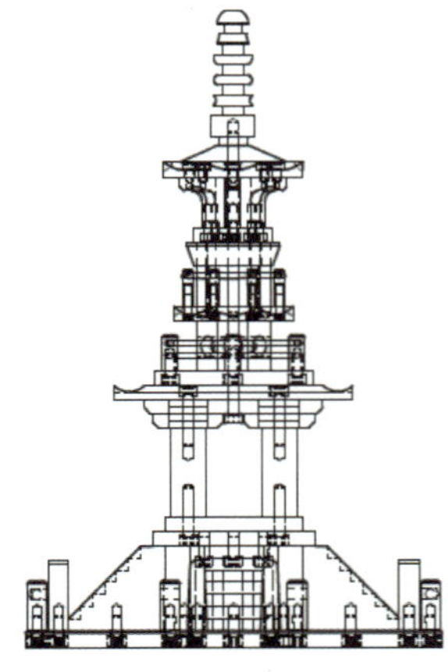

4. 보고서 작성 내용

[표-1] 프로젝트 담당업무 및 참여동기
[표-2/1] 도면(조립도) 검토 및 분석

[표-2/2] 도면(부품도) 검토 및 분석
[표-3] 소요 가공재료 및 KS규격품
[표-4] 기계 및 공구, 측정기
[표-5] 부품 가공 시 안전 및 유의 사항 조사
[표-6] 조립품 및 부품 측정
[표-7] 4-way 품질 분석
[표-8] 부품 가공 순서

불국사 다보탑(국보 제20호)

시대 : 통일신라, 재료 : 화강암, 높이 : 10.44M

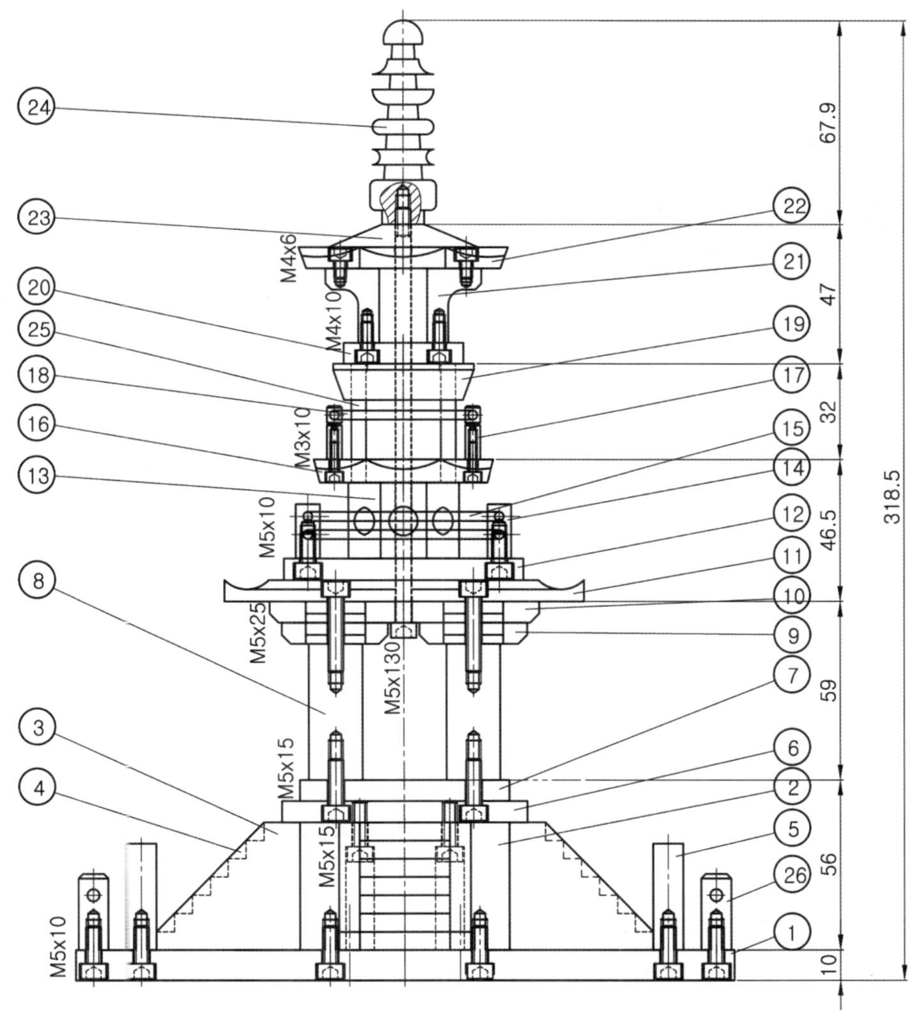

▸ 척도 : N S (약 1/33)
▸ 부품 수 : 총 180개(가공 95개, 볼트 85개)
▸ 사용공작기계 : 선반, 밀링, 드릴, 연삭

불국사 다보탑(국보 제 20호)은 통일신라 경덕왕(景德王) 때 김대성(金大成)이 불국사를 새로 지으면서 세운 것으로 추정되며 1925년에 수리한 바 있다.

높이는 10.4m이며 화강암으로 만들었는데 원래명칭은 다보여래 상주증 명탑(多寶如來常住證明塔)이라 부르며 이는 다보여래의 설법을 증명 해 준다는 뜻이다.

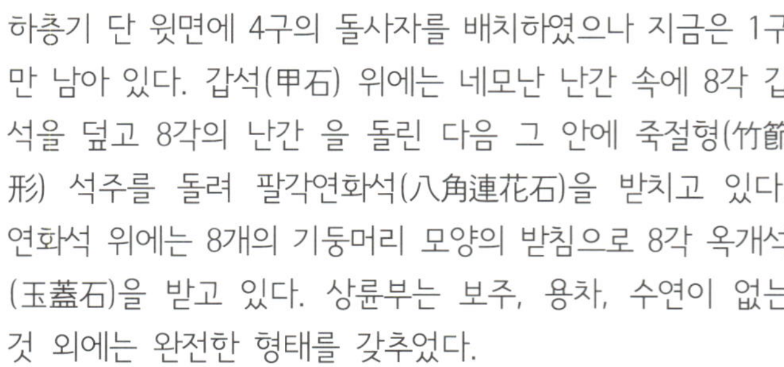

기단부는 사방에 계단이 있고 계단에는 난간을 설치했던 돌기둥이 있다. 그 귀에는 네모서리와 중앙에 사각형 돌기둥을 세우고 교차되는 받침을 얹어 갑석을 받치고 있다.

하층기 단 윗면에 4구의 돌사자를 배치하였으나 지금은 1구만 남아 있다. 갑석(甲石) 위에는 네모난 난간 속에 8각 갑석을 덮고 8각의 난간 을 돌린 다음 그 안에 죽절형(竹節形) 석주를 돌려 팔각연화석(八角連花石)을 받치고 있다. 연화석 위에는 8개의 기둥머리 모양의 받침으로 8각 옥개석(玉蓋石)을 받고 있다. 상륜부는 보주, 용차, 수연이 없는 것 외에는 완전한 형태를 갖추었다.

다보탑은 동양불탑에서 볼 수 없는 특이한 형태로 뛰어난 석재 가공기술과 아름다운 비례를 보여주는 걸작품이다.

출처 : http://portal.nrich.go.kr/kor/, http://www.bulguksa.or.kr/, http://yellow.kr/

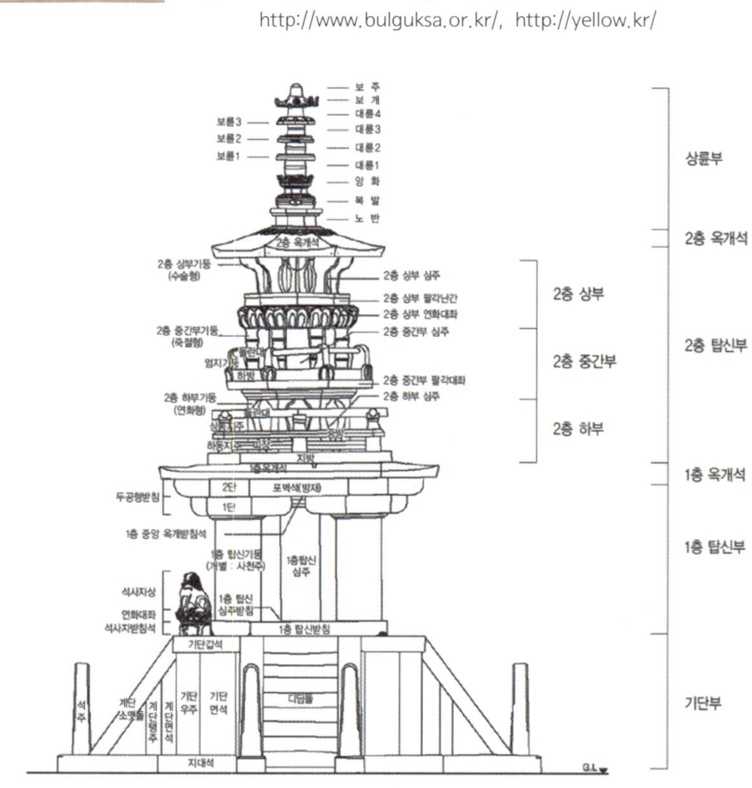

B 프로젝트 도면

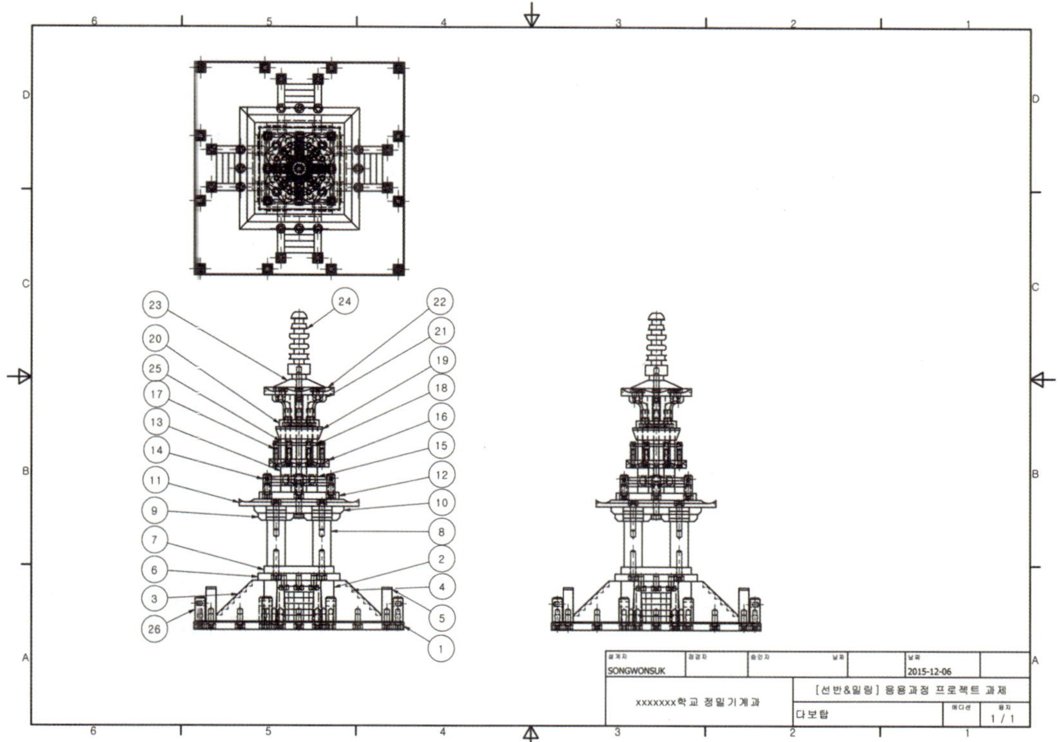
SONGWONSUK
2015-12-06
xxxxxxx학교 정밀기계과
[선반&밀링] 응용과정 프로젝트 과제
다보탑
1 / 1

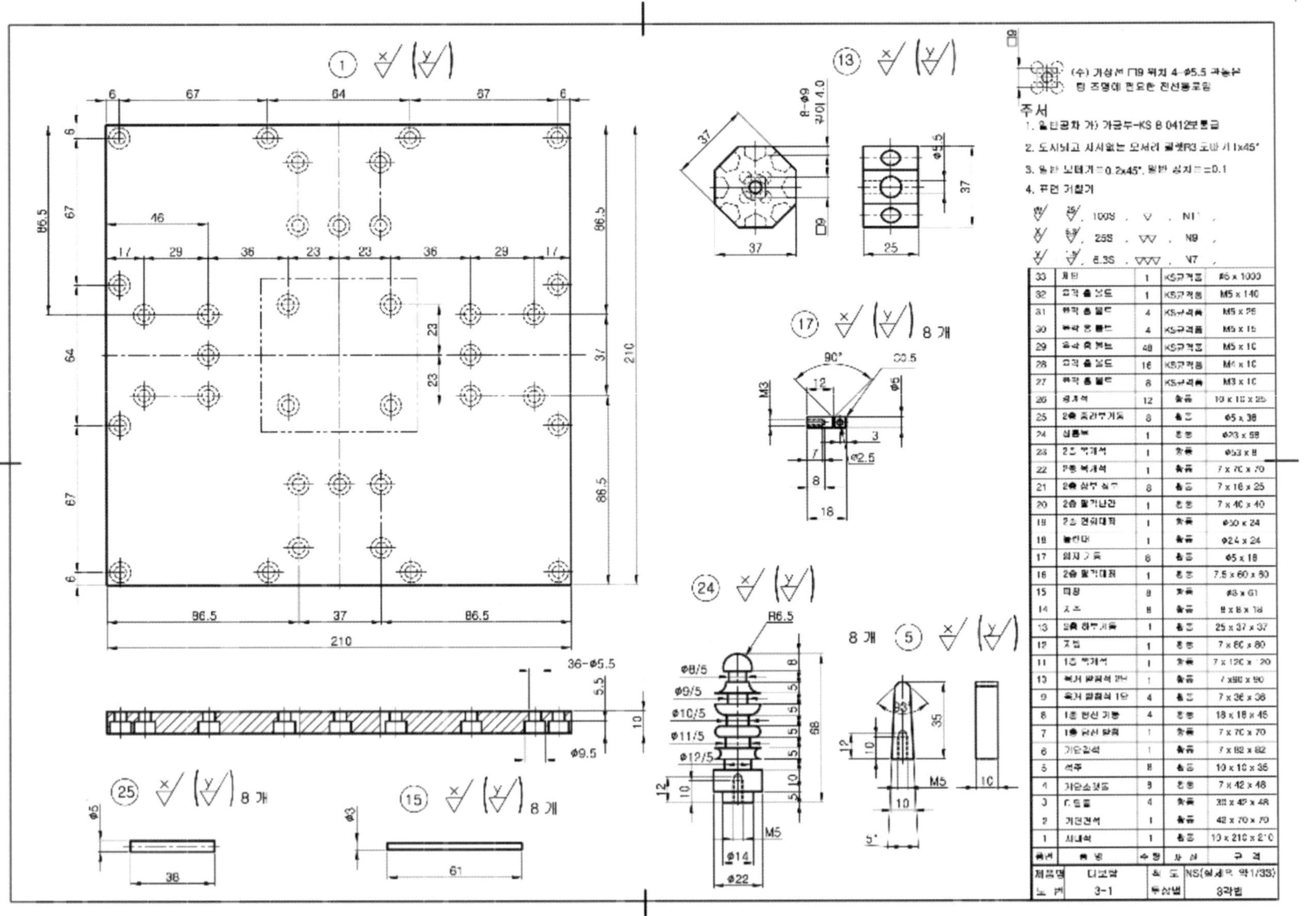

품번	품명	수량	재질	규격
33	[illegible]	1	KS규격품	#6 x 1000
32	[illegible]	1	KS규격품	M5 x 140
31	[illegible]	4	KS규격품	M5 x 25
30	[illegible]	4	KS규격품	M5 x 15
29	[illegible]	48	KS규격품	M5 x 10
28	[illegible]	16	KS규격품	M4 x 10
27	[illegible]	8	KS규격품	M3 x 10
26	[illegible]	12	[illegible]	10 x 10 x 25
25	[illegible]	8	[illegible]	ϕ5 x 38
24	상륜부	1	[illegible]	ϕ23 x 58
23	[illegible]	1	[illegible]	ϕ53 x 8
22	[illegible]	1	[illegible]	7 x 70 x 70
21	[illegible]	8	[illegible]	7 x 16 x 25
20	[illegible]	1	[illegible]	7 x 40 x 40
19	[illegible]	1	[illegible]	ϕ30 x 24
18	[illegible]	1	[illegible]	ϕ24 x 24
17	[illegible]	8	[illegible]	ϕ5 x 18
16	[illegible]	1	[illegible]	7.5 x 60 x 60
15	[illegible]	8	[illegible]	ϕ3 x 61
14	[illegible]	8	[illegible]	8 x 8 x 18
13	[illegible]	1	[illegible]	25 x 37 x 37
12	[illegible]	1	[illegible]	7 x 80 x 80
11	[illegible]	1	[illegible]	7 x 120 x 120
10	[illegible]	1	[illegible]	7 x 90 x 90
9	[illegible]	4	[illegible]	7 x 36 x 36
8	[illegible]	4	[illegible]	18 x 18 x 45
7	[illegible]	1	[illegible]	7 x 70 x 70
6	기단갑석	1	[illegible]	7 x 82 x 82
5	석주	8	[illegible]	10 x 10 x 35
4	[illegible]	8	[illegible]	7 x 42 x 48
3	[illegible]	4	[illegible]	38 x 42 x 48
2	[illegible]	1	[illegible]	42 x 70 x 70
1	[illegible]	1	[illegible]	10 x 210 x 210

제품명	다보탑	척도	NS(실제의 약1/33)
도번	3-1	투상법	3각법

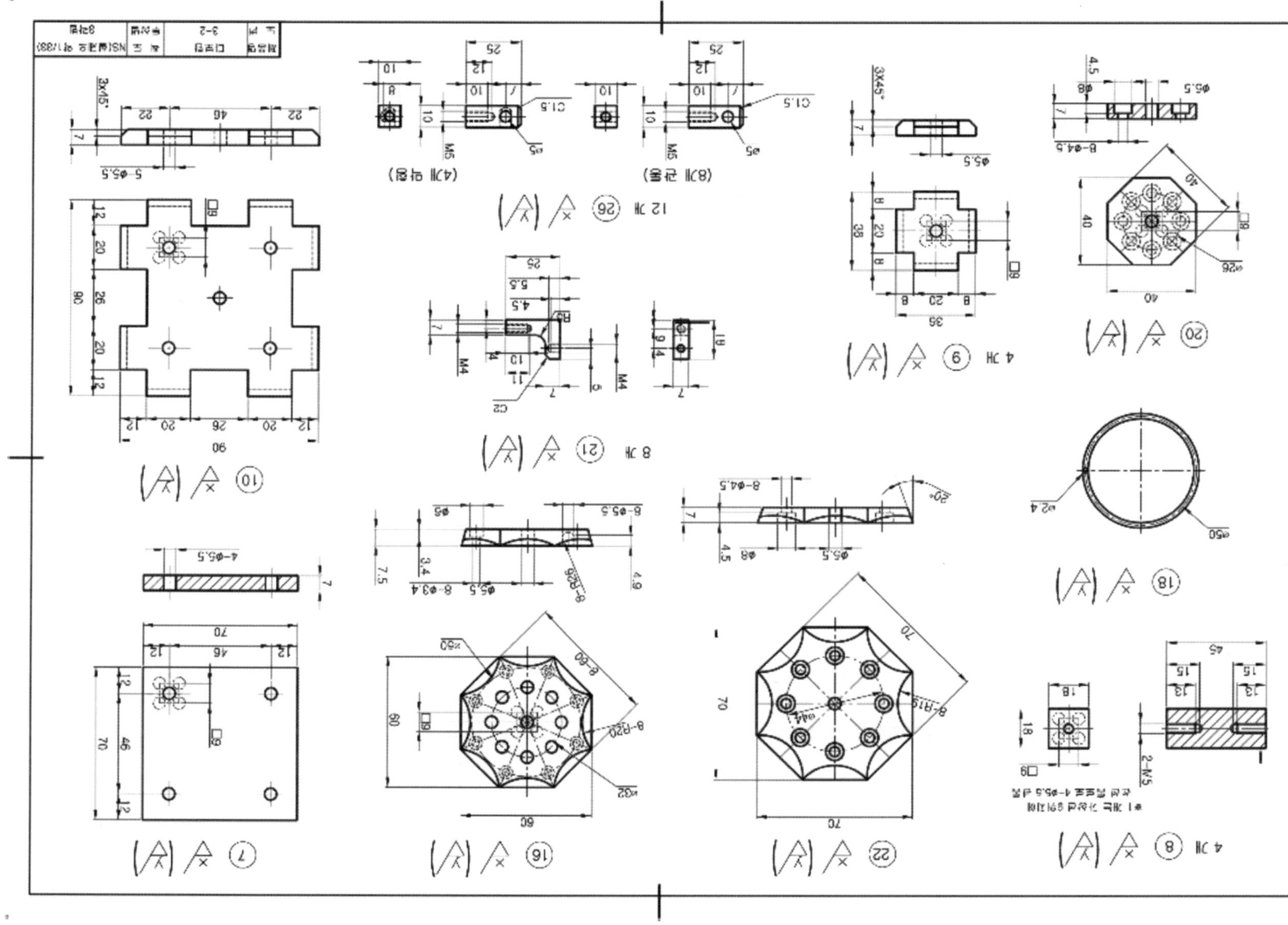
디포터
3-2
3각법
12 개
(8개 관통)
(4개 막힘)
8 개
4 개
4 개
3X45°
5-Φ5.5
4-Φ5.5
8-Φ3.4
8-Φ5.5
8-Φ4.5
8-R26
8-R20
8-R15
8-60
C1.5
C2
M4
M5
2-M5
Φ50
Φ2.4
Φ26
□9
20°

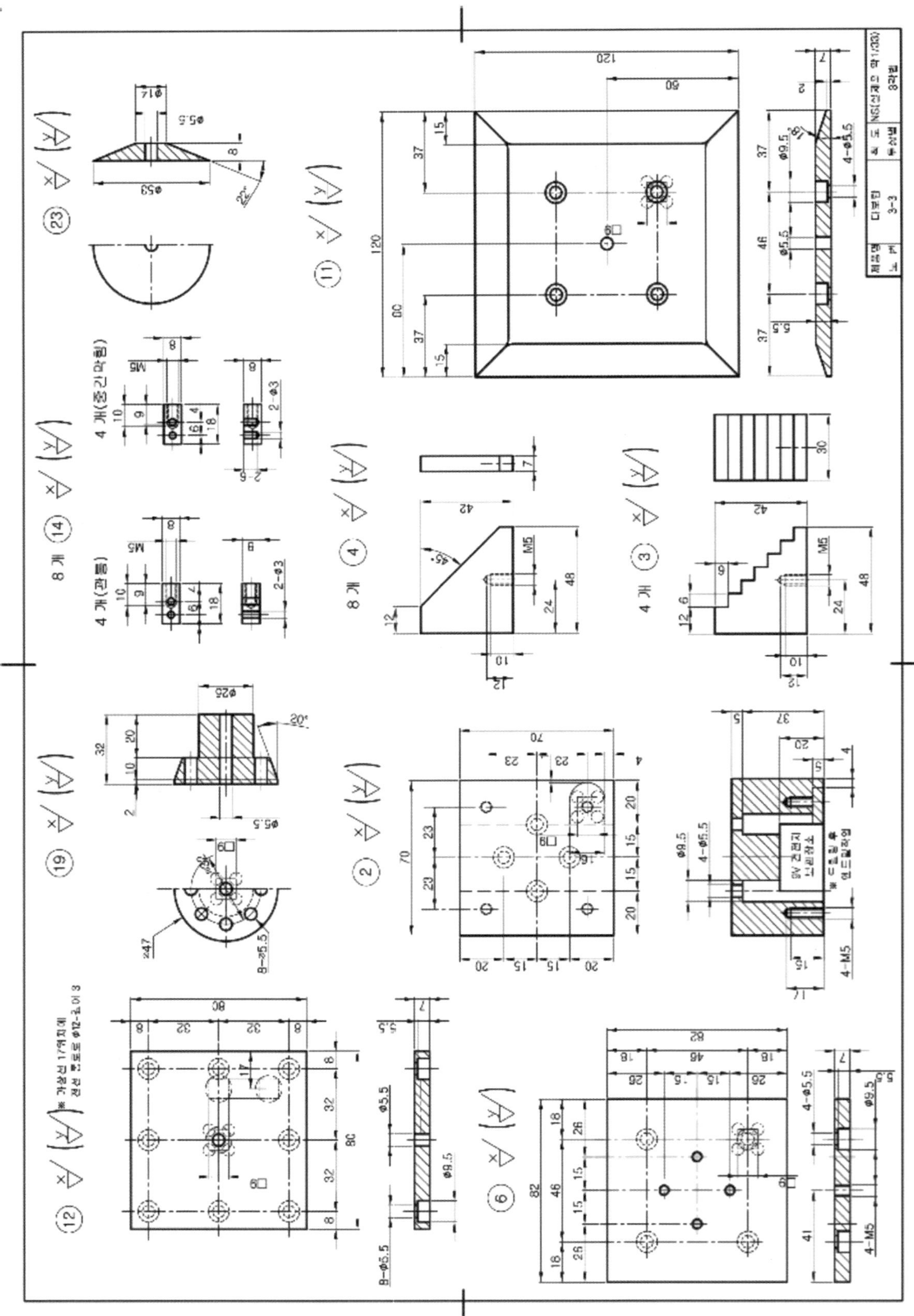

C 프로젝트 수행계획서 작성

학습 목표
1 작업 단계별 계획서를 작성할 수 있다.
2 계획서 작성 방법 및 내용을 설명할 수 있다.

수행계획서는 작품 제작 과정에 필요한 것들을 단계별로 작성한다. 조립도 및 부품도면 작성, 소요재료 목록 작성, 사용기계 및 공구 목록 작성, 측정기, 부품 가공 공정 작성, 가공부품 채점, 완성품 품질분석 등을 작성한다.

〈표-1〉 프로젝트 수행계획서 작성(예시 참조)

본 프로젝트는 기능습득 목적의 과제 제시형 프로젝트로 「수행계획서」는 작품 제작완료 후 정리하여 작성한다. 연구 및 발명 프로젝트는 반드시 작품 제작 전에 계획서를 작성한다.

표 ➤ 수행계획서 작성

<table>
<tr><th colspan="5">프로젝트 수행계획서</th></tr>
<tr><td colspan="2">프로젝트 명</td><td colspan="3"></td></tr>
<tr><td colspan="2">작 성 자</td><td>소속</td><td></td><td>성명</td></tr>
<tr><td>일정</td><td>계획</td><td>내 용</td><td>업무분담</td><td>준비물</td></tr>
<tr><td></td><td></td><td></td><td></td><td></td></tr>
<tr><td></td><td></td><td></td><td></td><td></td></tr>
<tr><td></td><td></td><td></td><td></td><td></td></tr>
<tr><td></td><td></td><td></td><td></td><td></td></tr>
</table>

D ::: 도면 작성 및 도면 분석

학습 목표	1. 각 부품을 스케치할 수 있다. 2. 각 부품을 설계(CAD)할 수 있다.

제시한 과제 분해도와 조립도, 부품도를 참고로 스케치하면서 과제의 특징을 파악하여 제작과 정상 주의할 점을 조사한다.

1. 부품 스케치하기

제시된 도면의 각 부품을 프리 핸드로 등각투상하면서 제품의 형상을 이해한다. 도면의 부품 등각투상도는 아래 그림과 같이 치수에 맞게 그린다.

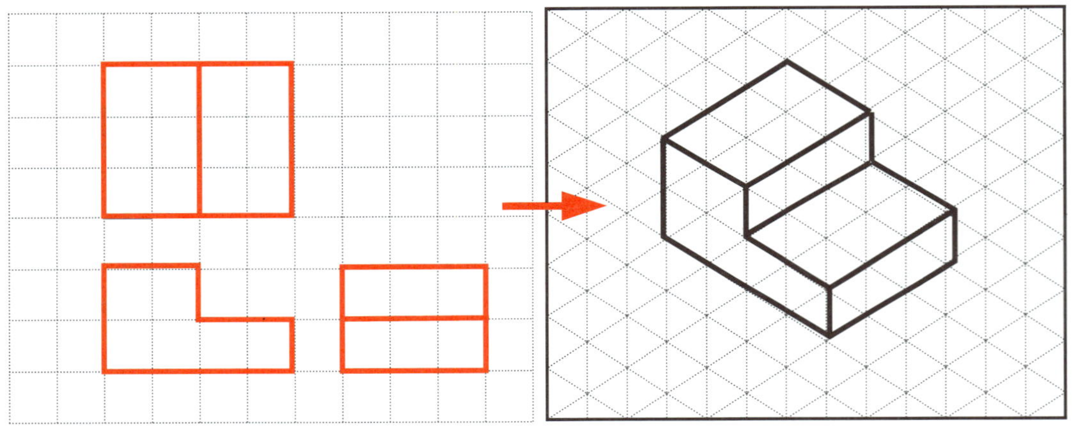

부품 및 등각투상도 예

※ 부록 2 : 스케치도 그리기(모눈종이)

스케치는 산업현장에서 기계부품 등의 현물을 측정하여 제도기 없이 프리 핸드(free hand)로 연필로 그리며 설계 또는 제작도를 작성하기 위해서 행해진다.

2. 도면(조립도) 검토 및 분석하기

도면을 분석하여 설계자의 요구사항은 무엇인지를 확인한 후 설계목적, 운동, 마모, 부품연결, 부품역할, 주유, 끼워 맞춤, 열처리, 도장, 가공, 고정, 조립, 사용한 재질의 절삭성 및 절삭유제의 사용여부 등을 분석한다.

〈표-2/1〉 도면(조립도) 검토 및 분석표 작성(예시 참조)

표 ➤ 도면(조립도) 검토 및 분석표

도면(조립도) 검토 및 분석표				
프로젝트 명				
작 성 자	소속		성명	
구분	검토 사항			검토 결과
1	도면을 검토 및 분석결과 조립가능 여부와 제품의 기능(운동)은? ⇨			
2	제품의 정밀치수(일반치수 제외)는 몇 개소 있으며, 보유한 공작기계 및 공구로 가공이 가능한가? ⇨			

E ::: 부품 가공 준비

학습 목표	
	1. 가공에 필요한 공구와 기계, 측정기를 선정할 수 있다.
	2. 가공한 부품과 규격품을 이용하여 정밀하게 조립할 수 있다.

도면 내용을 분석한 다음 보유하고 있는 시설 현황을 조사하여 부품 가공에 필요한 공작 기계, 절삭공구, 측정기, 소요재료 등을 선정한다.

1. 부품 가공에 필요한 공작 기계 선정하기

KS규격과 명칭에 따라 품명에는 사용해야 할 공작기계를 적으며, 규격(사양)과 수량을 적는다. 활용 내역에는 기계 기구를 사용할 부품번호와 작업내용을 적는다.

〈표-4〉 기계 및 공구, 측정기 작성[101] (예시 참조)

표 ➤ 가공에 필요한 기계 및 공구

가공 기계 및 공구						
프로젝트 명						
작 성 자		소속		성명		
연번	품명	규격		수량	활용 내역	

101) 사용해야 할 공작기계와 공구 및 측정기를 적으며, 규격(사양)과 수량을 적는다. 비고란에는 용도를 적는다.

2. 부품 가공에 필요한 측정기구 선정하기

도면 내용을 분석한 다음 보유한 측정 기구를 조사하고 부품 가공에 필요한 측정 기구를 선정하여 준비한다.

〈표-4〉 기계 및 공구, 측정기 작성[102] (예시 참조)

표 ➤ 가공에 필요한 측정기 선정

가공에 필요한 측정기					
프로젝트 명					
작 성 자	소속		성명		
연번	품명	규격	수량	활용 내역	

3. 제작에 필요한 재료 선정하기

부품 가공에 필요한 재료 치수를 뽑고 다음 표를 작성하여 구매 신청을 할 수 있도록 준비한다. 규격품은 KS규격에 따라 품명과 재질, 규격, 수량을 적고, 비고란에는 KS규격분류기호와 번호, 열처리 여부를 기록한다. 단, 재료는 가공이 수월한 연강(SM20C), 황동, 알루미늄 등을 사용해도 되며 규격은 가공여유(+3~5)를 포함한 치수를 적는다.

〈표-3〉 소요 가공재료 및 KS규격품 작성(예시 참조)

표 ➤ 소요 가공재료 및 KS규격품

소요 가공재료 및 KS규격품					
프로젝트 명					
작 성 자	소속		성명		
부품번호	품명	규격	수량	재질	비고

102) 사용해야 할 공작기계와 공구 및 측정기를 적으며, 규격(사양)과 수량을 적는다. 비고란에는 용도를 적는다.

4. 부품 가공 시 안전 및 유의 사항 조사하기

부품 가공 시에 필요한 안전사고 유의 사항을 조사하고 이를 근거로 실제 가공에 있어 안전사고가 발생하지 않도록 철저히 준비한다.

〈표-5〉 부품 가공 시 안전 및 유의 사항 작성(예시 참조)

표 ➤ 제품 가공 시 안전 및 유의 사항

제품 가공 시 안전 및 유의 사항[103]				
프로젝트 명				
작 성 자	소속		성명	

연번	안전 및 유의 사항	"불안전한 행동" 또는 "불안전한 상태" 구분

103) "불안전한 행동"과 "불안전한 상태" 구분

1. 불안전한 행동 : 실습에 임하는 자세로 안전수칙 준수, 기계 및 공구의 사용, 안전한 작업 등
2. 불안전한 상태 : 작업환경으로 정리, 정돈, 청결 등

F ⁝⁝ 부품 가공

학습 목표	1. 판재의 6면체 가공공정에 대해 설명할 수 있다. 2. 원활한 기계조작으로 공차대로 정확하게 가공할 수 있다.

모든 기구들은 여러 개의 부품으로 조합되어 있으며 각 부품들은 상대적인 상관관계를 가지고 있다. 따라서 조립부의 치수는 정밀도가 요구되므로 1차 가공한 후 다듬질로 마무리한다.

도면분석은 도면치수와 지급소재의 규격에 따라 가공공정과 필요공구(특수공구 및 치공구) 및 조립과정에서 결합위치 및 끼워 맞춤 여부 등 중요한 치수를 파악한다.

2. ⑮번 부품 가공

- 지급재료 : Ø3 × 2M

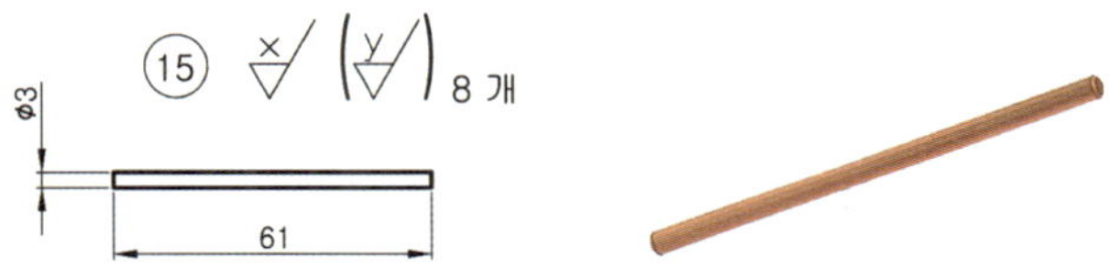

1) 도면 검토 및 수정하기

치수, 끼워 맞춤, 기하공차[104], 표면 거칠기, 제품의 기능, 요구사항 등을 확인한다. 제작상의 문제점이 있으면 수정하고 수정된 도면을 제작도면으로 사용한다.

〈표-2/2〉 도면(부품도) 검토 및 분석표 작성(예시 참조)

2) 부품 가공 순서 정하기

부품 가공 공정을 결정하는 작업은 제작 시간단축 및 조립상태 확인, 가공불량 등을 줄일 수 있다. 따라서 부품도를 분석하여 각 부품을 어떤 순서로 어떻게 가공할 것인가를 가공 전에 생각하여 가공 순서를 정하고 이를 토대로 실제 가공에 이용한다.

104) 치수공차로 규제된 제품은 치수가 맞아도 형상에 따라 결합이 안 되는 경우가 있으나, 기하공차로 규제된 제품은 치수가 조금 틀리는 최악의 경우에도 결합이 가능하다. 따라서 기하공차는 제품의 기능 및 결합 부품들 간의 상호 호환성을 규제하는 것으로 고 정밀한 제품에는 필히 적용되고 있다.

〈표-8〉 부품 가공 순서 작성(예시 참조)

3) 부품 가공 따라하기

∅3 규격 재료를 길이(61mm)로 8개를 절단하여 절단면과 모서리를 고운 줄이나 공구연삭기로 가공한다. 길이 치수가 커지면 조립이 불가능하므로 모서리 마무리 후 길이 치수가 61mm~60.5mm가 되도록 가공한다.

2. ⑰번 부품 가공

- 지급재료 : ∅5 × 2M

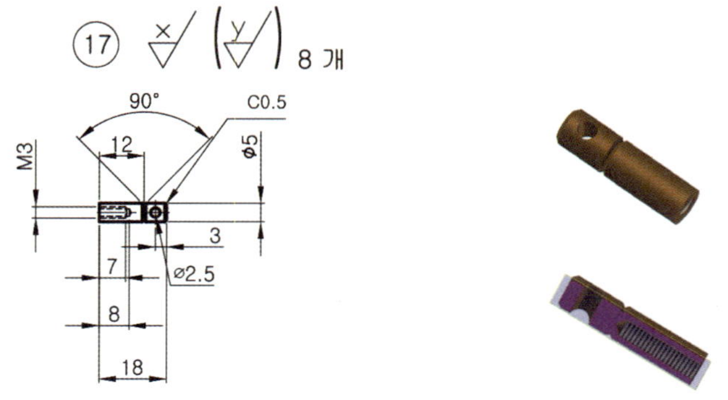

1) 도면 검토 및 수정하기

치수, 끼워 맞춤, 기하공차[105], 표면 거칠기, 제품의 기능, 요구사항 등을 확인한다. 제작상의 문제점이 있으면 수정하고 수정된 도면을 제작도면으로 사용한다.

〈표-2/2〉 도면(부품도) 검토 및 분석표 작성(예시 참조)

2) 부품 가공 순서 정하기

부품 가공 공정을 결정하는 작업은 제작 시간단축 및 조립상태 확인, 가공불량 등을 줄일 수 있다. 따라서 부품도를 분석하여 각 부품을 어떤 순서로 어떻게 가공할 것인가를 가공 전에 생각하여 가공 순서를 정하고 이를 토대로 실제 가공에 이용한다.

〈표-8〉 부품 가공 순서 작성(예시 참조)

105) 치수공차로 규제된 제품은 치수가 맞아도 형상에 따라 결합이 안 되는 경우가 있으나, 기하공차로 규제된 제품은 치수가 조금 틀리는 최악의 경우에도 결합이 가능하다. 따라서 기하공차는 제품의 기능 및 결합 부품들 간의 상호 호환성을 규제하는 것으로 고 정밀한 제품에는 필히 적용되고 있다.

3) 부품 가공 따라하기

아래 그림과 같이 ∅5 규격품의 재료를 30mm 정도 내어서 물고 단면가공→센터드릴(∅2.0)작업→드릴(∅2.4 깊이 8mm)작업→모따기→v 홈파기→절단의 공정으로 연속 작업한다. ∅2.5드릴과 M3 × 10 탭은 조립과정에서 작업한다.

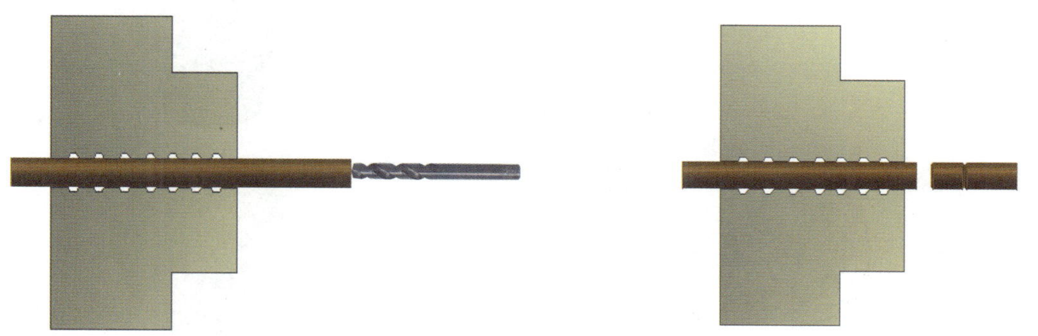

3. ⑱번 부품 가공

- 지급재료 : ∅3 × 2M

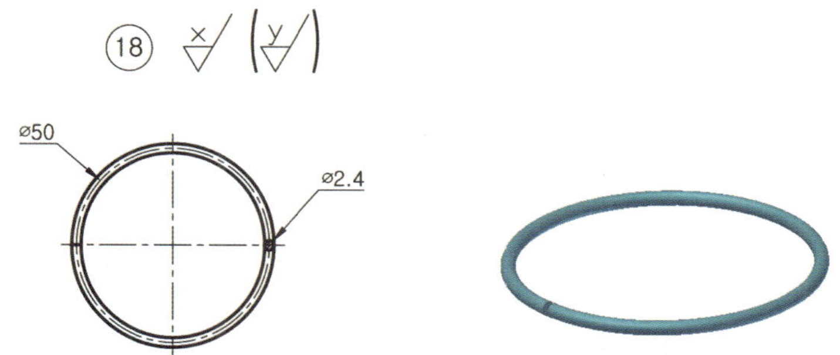

∅2.4 규격품의 재료를 ∅45 내외의 원통 물체에 감아서 만든다.

4. ⑲번 부품 가공

- 지급재료 : ∅50 × 60

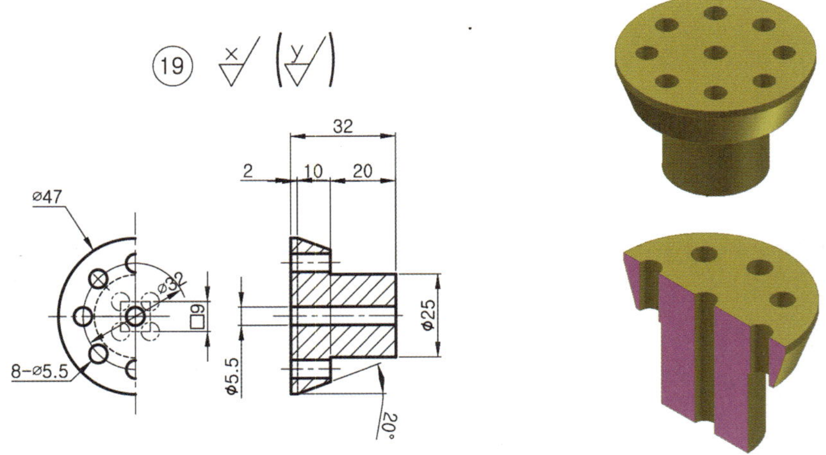

1) 도면 검토 및 수정하기

치수, 끼워 맞춤, 기하공차, 표면 거칠기, 제품의 기능, 요구사항 등을 확인한다. 제작상의 문제점이 있으면 수정하고 수정된 도면을 제작도면으로 사용한다.

〈표-2/2〉 도면(부품도) 검토 및 분석표 작성(예시 참조)

2) 부품 가공 순서 정하기

부품 가공 공정을 결정하는 작업은 제작 시간단축 및 조립상태 확인, 가공불량 등을 줄일 수 있다. 따라서 부품도를 분석하여 각 부품을 어떤 순서로 어떻게 가공할 것인가를 가공 전에 생각하여 가공 순서를 정하고 이를 토대로 실제 가공에 이용한다.

〈표-8〉 부품 가공 순서 작성(예시 참조)

3) 부품 가공 따라하기

① ∅50 × 60 재료를 15mm 정도 내어 물고 단면가공 → 센터드릴(∅2.0)작업 → 드릴(∅5.5 깊이 34mm)작업 → 테이퍼 작업 → 절단의 공정으로 작업한다.

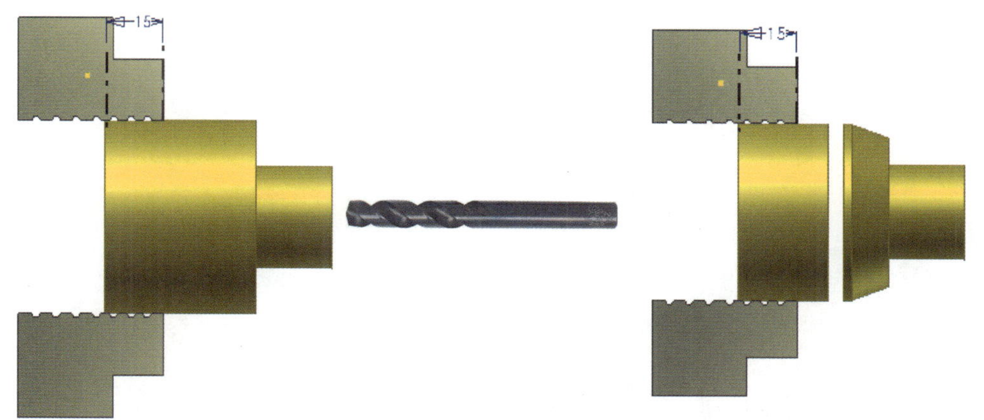

5. ㉓번 부품 가공

- 지급재료 : ∅55 × 50

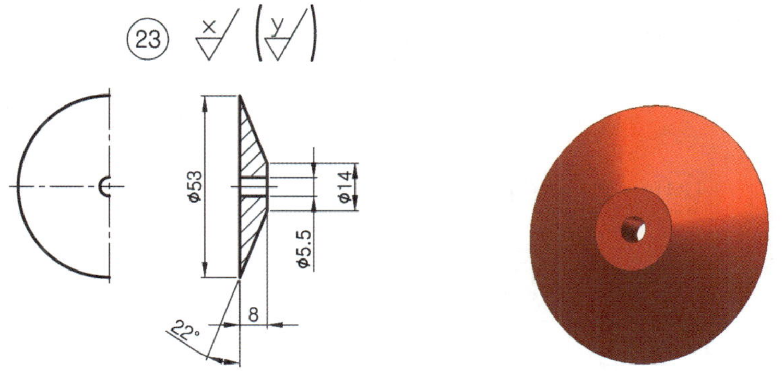

1) 도면 검토 및 수정하기

치수, 끼워 맞춤, 기하공차, 표면 거칠기, 제품의 기능, 요구사항 등을 확인한다. 제작상의 문제점이 있으면 수정하고 수정된 도면을 제작도면으로 사용한다.

〈표-2/2〉 도면(부품도) 검토 및 분석표 작성(예시 참조)

2) 부품 가공 순서 정하기

부품 가공 공정을 결정하는 작업은 제작 시간단축 및 조립상태 확인, 가공불량 등을 줄일 수 있다. 따라서 부품도를 분석하여 각 부품을 어떤 순서로 어떻게 가공할 것인가를 가공 전에 생각하여 가공 순서를 정하고 이를 토대로 실제 가공에 이용한다.

〈표-8〉 부품 가공 순서 작성(예시 참조)

3) 부품 가공 따라하기

① ∅55 × 50 재료를 15mm 정도 내어 물고 단면가공 → 센터드릴(∅2.0)작업 → 드릴(∅5.5 깊이 12mm)작업 → 테이퍼 작업 → 절단의 공정으로 작업한다.

6. ㉔번 부품 가공

- 지급재료 : ∅25 × 90

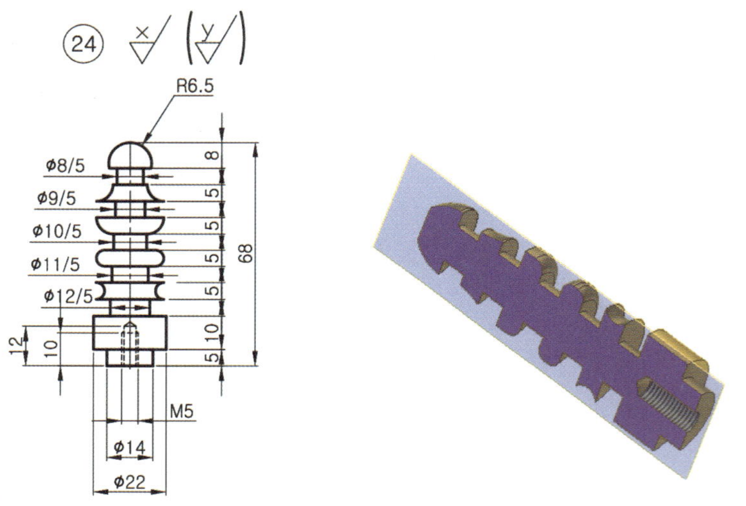

1) 도면 검토 및 수정하기

치수, 끼워 맞춤, 기하공차, 표면 거칠기, 제품의 기능, 요구사항 등을 확인한다. 제작상의 문제점이 있으면 수정하고 수정된 도면을 제작도면으로 사용한다.

〈표-2/2〉 도면(부품도) 검토 및 분석표 작성(예시 참조)

2) 부품 가공 순서 정하기

부품 가공 공정을 결정하는 작업은 제작 시간단축 및 조립상태 확인, 가공불량 등을 줄일 수 있다. 따라서 부품도를 분석하여 각 부품을 어떤 순서로 어떻게 가공할 것인가를 가공 전에 생각하여 가공 순서를 정하고 이를 토대로 실제 가공에 이용한다.

〈표-8〉 부품 가공 순서 작성(예시 참조)

3) 부품 가공 따라하기

① Ø25 × 90 재료를 15mm 정도 물고 단면가공 → 센터드릴(Ø2.0)작업 → 드릴(Ø4.3 깊이 12mm)작업 → 테이퍼작업 → 절단 작업한다. M5 × 10 탭은 조립과정에서 작업한다.

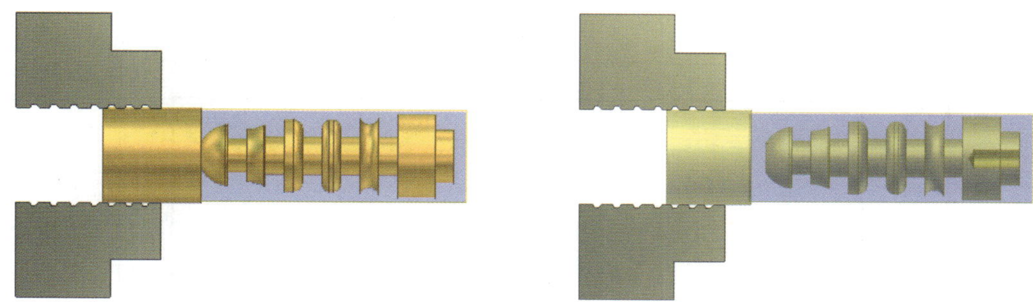

7. ㉕번 부품 가공

- 지급재료 : Ø5 × 2M

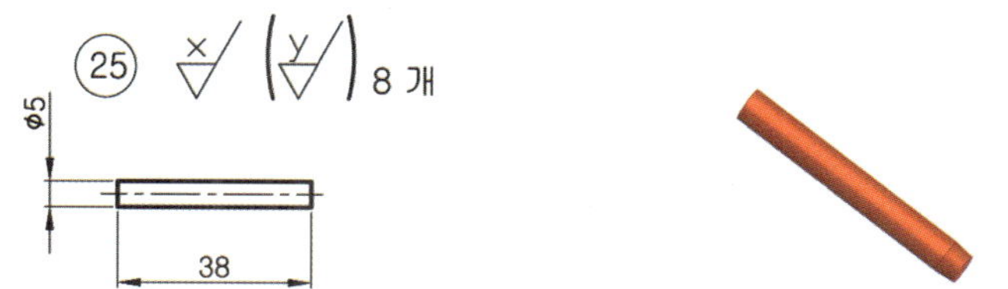

① Ø5 규격품의 재료를 45mm 정도 내어 물고 단면가공 → 모따기(진입 쪽은 약간 테이퍼로 가공하는 것이 조립하기에 수월함) → 절단의 공정으로 연속 작업한다.

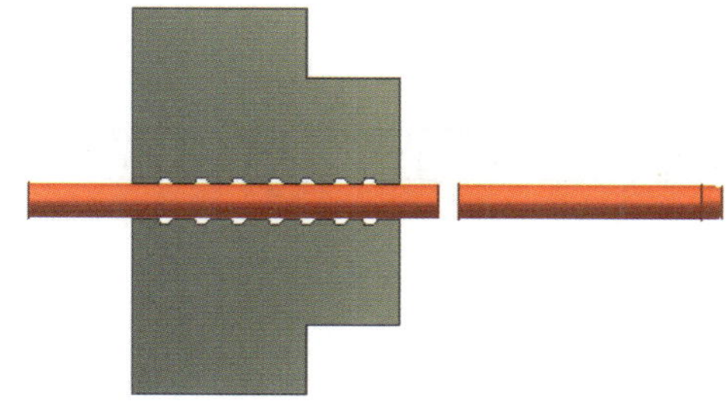

각재부품 밀링 가공하기

도면검토 및 분석-가공순서를 작성한 후 가공한다. 도면분석은 도면치수와 지급소재의 규격에 따라 가공공정과 필요공구(특수공구 및 치공구) 및 조립과정에서 결합위치 및 끼워 맞춤 여부 등 중요한 치수를 파악한다.

1. ①번 부품 가공

- 지급재료 : 10t × 215 × 215

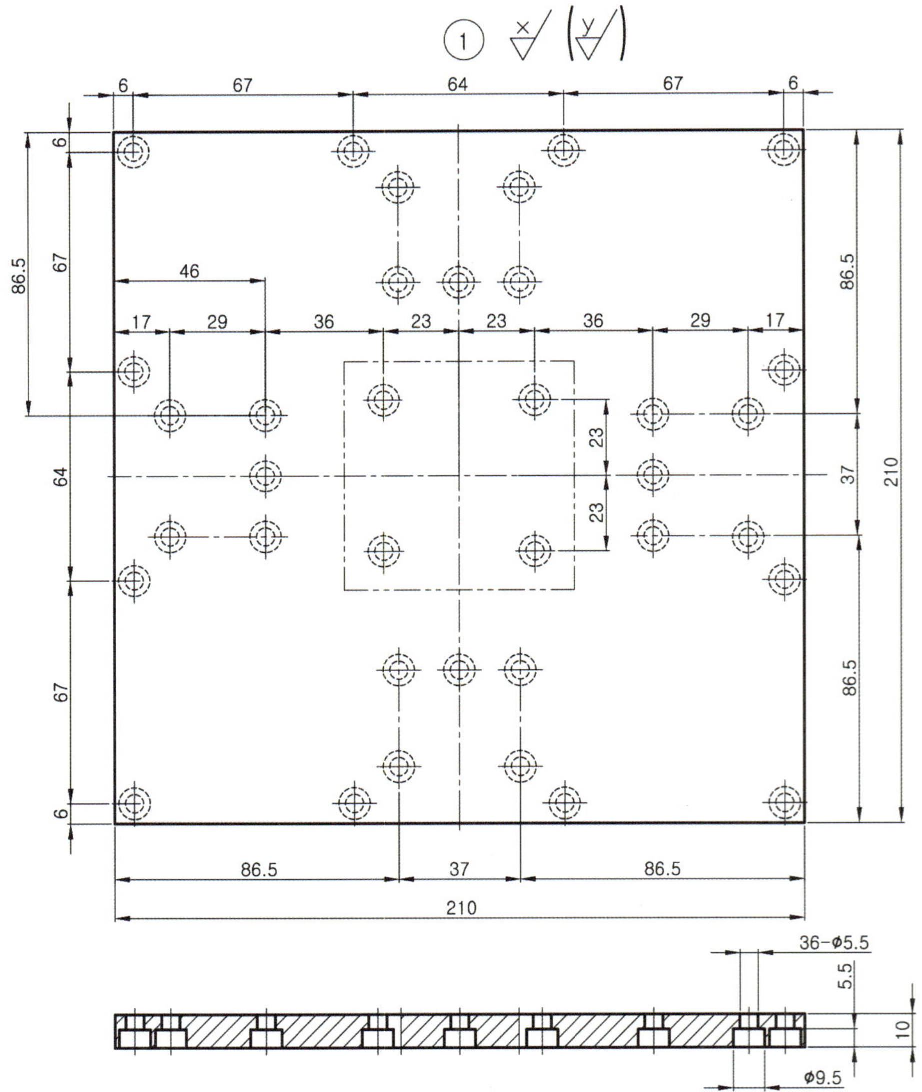

1) 도면 검토 및 수정하기

치수, 끼워 맞춤, 기하공차[106], 표면 거칠기, 제품의 기능, 요구사항 등을 확인한다. 제작상의 문제점이 있으면 수정하고 수정된 도면을 제작도면으로 사용한다.

〈표-2/2〉 도면(부품도) 검토 및 분석표 작성(예시 참조)

2) 부품 가공 순서 정하기

부품 가공 공정을 결정하는 작업은 제작 시간단축 및 조립상태 확인, 가공불량 등을 줄일 수 있다. 따라서 부품도를 분석하여 각 부품을 어떤 순서로 어떻게 가공할 것인가를 가공 전에 생각하여 가공 순서를 정하고 이를 토대로 실제 가공에 이용한다.

〈표-8〉 부품 가공 순서 작성(예시 참조)

3) 부품 가공 따라하기

①번 부품은 재료가 크므로 그림과 같이 받침판을 고여 떨림을 방지한다. 두께는 10mm 규격재료를 가공하지 않고 깨끗한 표면이 되도록 윗면만 연삭으로 마무리 한다. 재료가 바이스 조 위로 길게 나와 있으면 가공 중에 떨림이 발생하여 표면 거칠기가 나빠질 뿐만 아니라 절삭공구가 쉽게 손상 되므로 주의한다. M5용 볼트구멍 자리의 카운터보어 작업은 조립과정에서 동시에 한다.

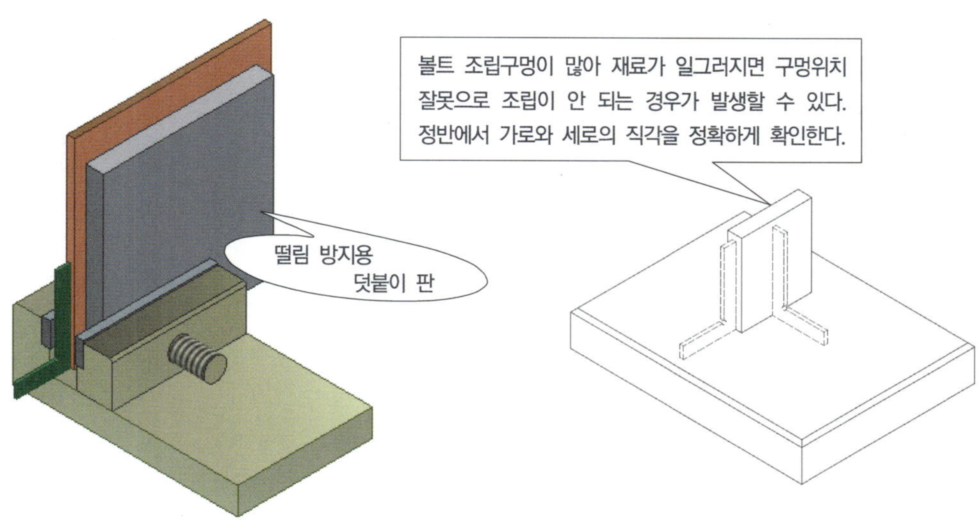

106) 치수공차로 규제된 제품은 치수가 맞아도 형상에 따라 결합이 안 되는 경우가 있으나, 기하공차로 규제된 제품은 치수가 조금 틀리는 최악의 경우에도 결합이 가능하다. 따라서 기하공차는 제품의 기능 및 결합 부품들 간의 상호 호환성을 규제하는 것으로 고 정밀한 제품에는 필히 적용되고 있다.

2. ②번 부품 가공

- 지급재료 : 45t × 75 × 75

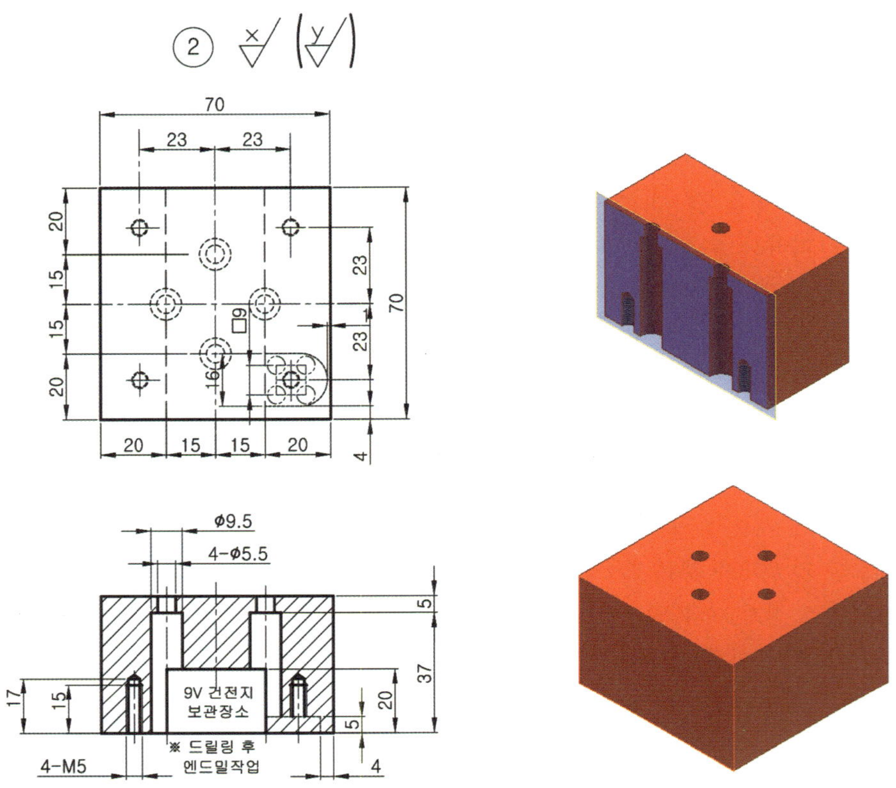

1) 도면 검토 및 수정하기

치수, 끼워 맞춤, 기하공차[107], 표면 거칠기, 제품의 기능, 요구사항 등을 확인한다. 제작상의 문제점이 있으면 수정하고 수정된 도면을 제작도면으로 사용한다.

〈표-2/2〉 도면(부품도) 검토 및 분석표 작성(예시 참조)

2) 부품 가공 순서 정하기

부품 가공 공정을 결정하는 작업은 제작 시간단축 및 조립상태 확인, 가공불량 등을 줄일 수 있다. 따라서 부품도를 분석하여 각 부품을 어떤 순서로 어떻게 가공할 것인가를 가공 전에 생각하여 가공 순서를 정하고 이를 토대로 실제 가공에 이용한다.

107) 치수공차로 규제된 제품은 치수가 맞아도 형상에 따라 결합이 안 되는 경우가 있으나, 기하공차로 규제된 제품은 치수가 조금 틀리는 최악의 경우에도 결합이 가능하다. 따라서 기하공차는 제품의 기능 및 결합 부품들 간의 상호 호환성을 규제하는 것으로 고 정밀한 제품에는 필히 적용되고 있다.

〈표-8〉 부품 가공 순서 작성(예시 참조)

3) 부품 가공 따라하기

②번 부품은 높이 치수와 전면의 직각을 정확하게 잡는다. 즉 조립과정에서 다른 부품과 접촉하면서 간섭을 일으키는 높이 42mm 공차를 0~+0.1이 되도록 가공하고, 직각은 밑면 기준으로 4면의 직각을 맞춘다. M5용 볼트구멍 자리의 카운터 보어와 M5 탭 작업은 조립과정에서 동시에 한다.

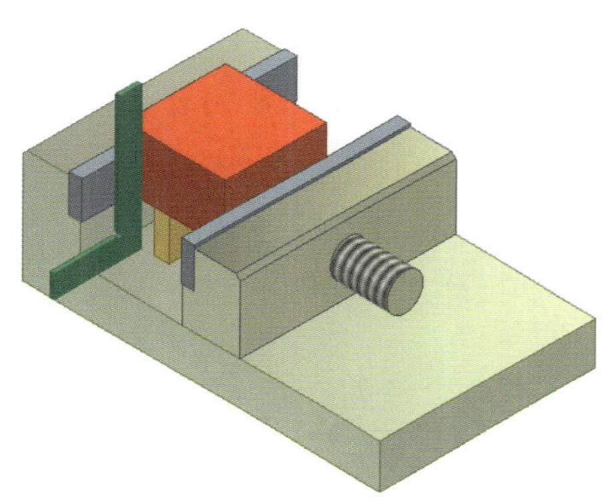

3. ③번 부품 가공

- 지급재료 : 35t × 47 × 53

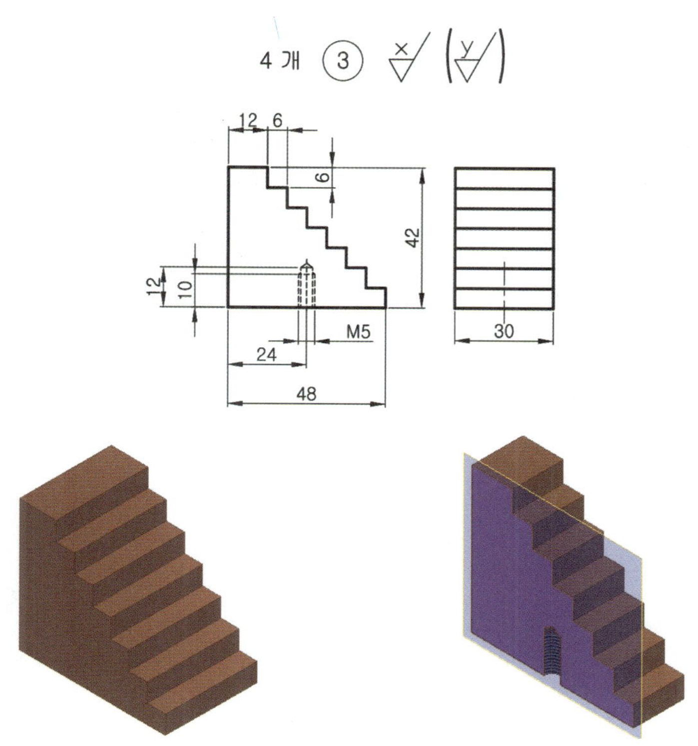

1) 도면 검토 및 수정하기

치수, 끼워 맞춤, 기하공차[108], 표면 거칠기, 제품의 기능, 요구사항 등을 확인한다. 제작상의 문제점이 있으면 수정하고 수정된 도면을 제작도면으로 사용한다.

〈표-2/2〉 도면(부품도) 검토 및 분석표 작성(예시 참조)

2) 부품 가공 순서 정하기

부품 가공 공정을 결정하는 작업은 제작 시간단축 및 조립상태 확인, 가공불량 등을 줄일 수 있다. 따라서 부품도를 분석하여 각 부품을 어떤 순서로 어떻게 가공할 것인가를 가공 전에 생각하여 가공 순서를 정하고 이를 토대로 실제 가공에 이용한다.

〈표-8〉 부품 가공 순서 작성(예시 참조)

3) 부품 가공 따라하기

③번 부품은 전면의 직각을 정확하게 잡는다. 조립과정에서 다른 부품과 접촉하면서 간섭을 일으키는 높이 42mm 공차를 −0.1~0이 되도록 가공한다. 엔드밀 작업은 측정 및 가공 중 확인이 편리하도록 테이블(좌우이동)을 이용하여 가공(절삭유 급유)한다. 따라서 계단의 금긋기는 공작물 좌우에서 선을 확인하면서 작업할 수 있도록 양면에 한다. M5 × 10 탭 작업은 조립과정에서 모든 부품과 동시에 한다.

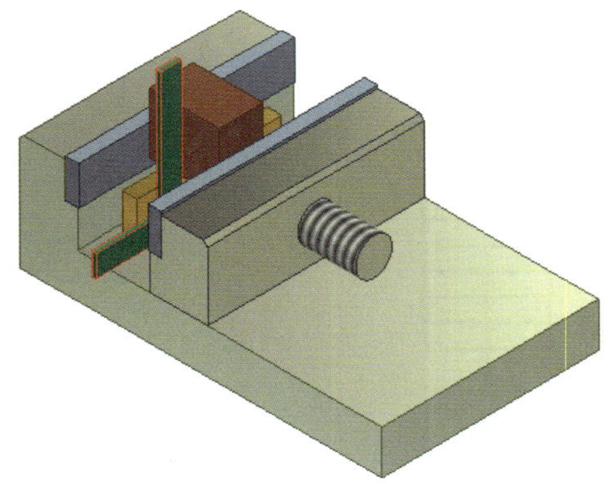

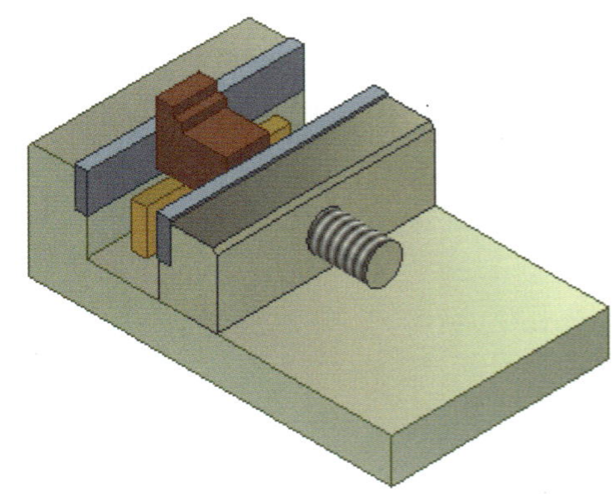

108) 치수공차로 규제된 제품은 치수가 맞아도 형상에 따라 결합이 안 되는 경우가 있으나, 기하공차로 규제된 제품은 치수가 조금 틀리는 최악의 경우에도 결합이 가능하다. 따라서 기하공차는 제품의 기능 및 결합 부품들 간의 상호 호환성을 규제하는 것으로 고 정밀한 제품에는 필히 적용되고 있다.

4. ④번 부품 가공

- 지급재료 : 8t × 47 × 53

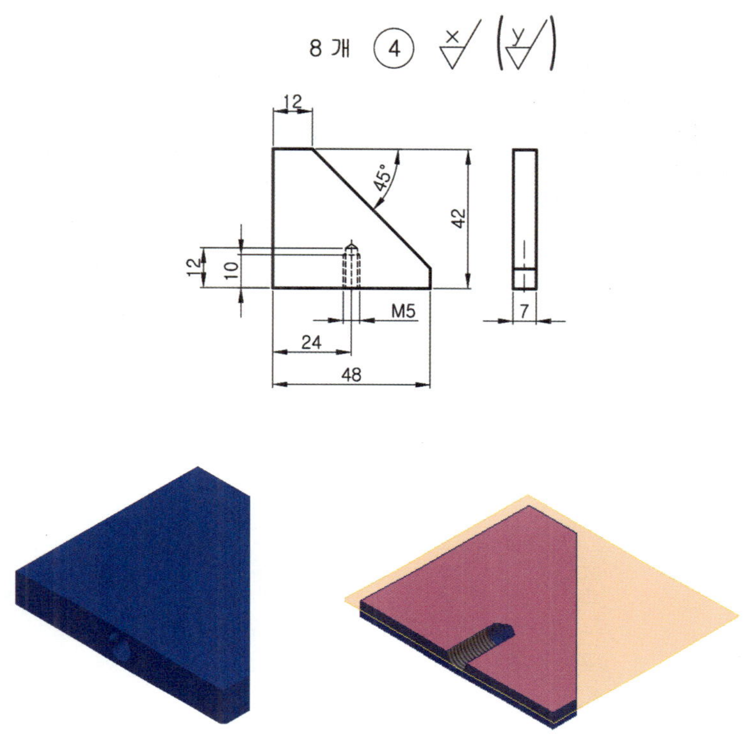

1) 도면 검토 및 수정하기

치수, 끼워 맞춤, 기하공차, 표면 거칠기, 제품의 기능, 요구사항 등을 확인한다. 제작상의 문제점이 있으면 수정하고 수정된 도면을 제작도면으로 사용한다.

〈표-2/2〉 도면(부품도) 검토 및 분석표 작성(예시 참조)

2) 부품 가공 순서 정하기

부품 가공 공정을 결정하는 작업은 제작 시간단축 및 조립상태 확인, 가공불량 등을 줄일 수 있다. 따라서 부품도를 분석하여 각 부품을 어떤 순서로 어떻게 가공할 것인가를 가공 전에 생각하여 가공 순서를 정하고 이를 토대로 실제 가공에 이용한다.

〈표-8〉 부품 가공 순서 작성(예시 참조)

3) 부품 가공 따라하기

기준면 → 3직각 → 금긋기 → 외곽가공 → 45° 금긋기 → 45° 가공 → 마무리 외곽가공 후 45° V 블록을 이용하여 각도를 가공한다. 두께가 얇으므로 보조재를 이용하여 고정한다. 조립과정에서 다른 부품과 접촉하면서 간섭을 일으키는 높이 42mm 공차를 ③부품과 동일하게 −0.1~0이 되도록 가공한다. M5 × 10 탭은 조립과정에서 모든 제품을 동시에 작업한다.

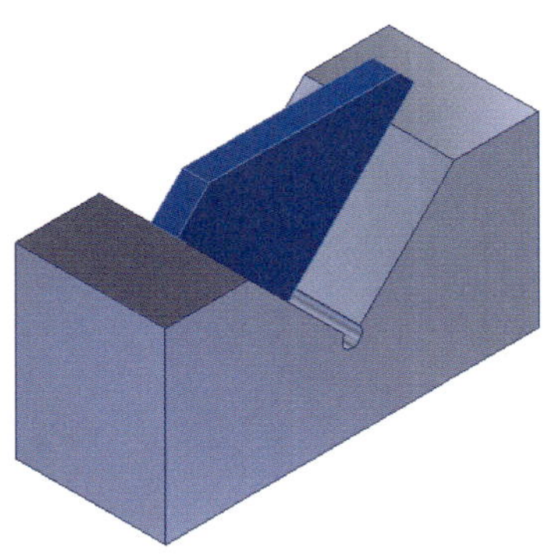

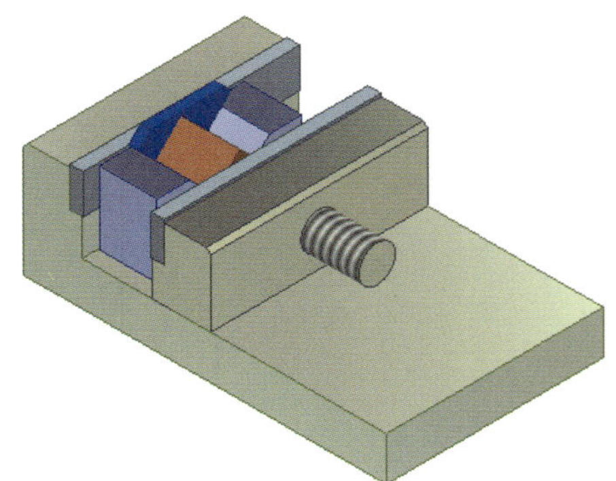

■ 45° V-블록을 이용하여 각도 가공하기

계산에 필요한 삼각함수

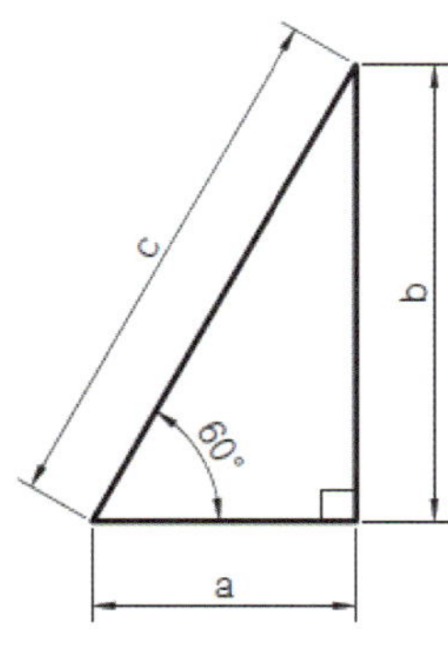

$$c = \sqrt{a^2 + b^2},$$

$$a = \sqrt{c^2 - b^2},$$

$$b = \sqrt{c^2 - a^2}$$

$$\sin = \frac{b}{c} \text{ 또는 } \tan = \frac{b}{a}$$

삼각함수/두변과 끼인각 응용

① 경사면을 연장하여 A를 구한다.

$A = 12$

② B는 변의 거리를 더한다.

$B = A + 42 = 12 + 42 = 54$

③ H의 대각선 각도는 45° 이므로

$\cos 45° = \dfrac{H}{B}$ 로,

양변에 B를 곱한다.

$B \cos 45° = H$

$\therefore 54 \cos 45° = 38.184$

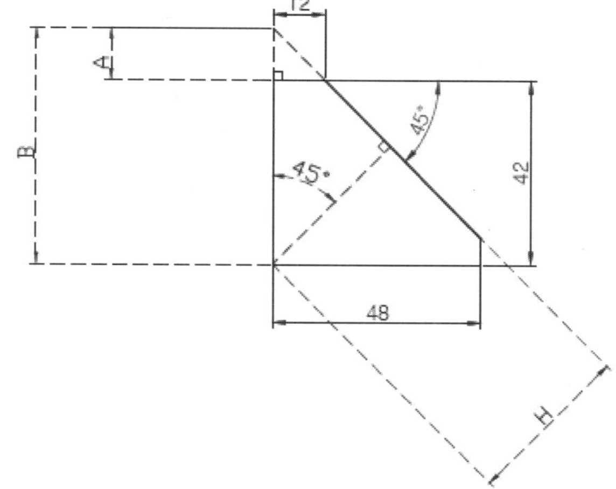

$c = \sqrt{a^2 + b^2}$ 이므로

$T = \sqrt{5^2 + 5^2}$ 또는 $T = 5\sqrt{2}$

$T = 7.071$

$S = R - (7.071 + 5)$

R값은 측정하여 구한다.

$Q = S + H$

$\therefore Q = S + 38.184$

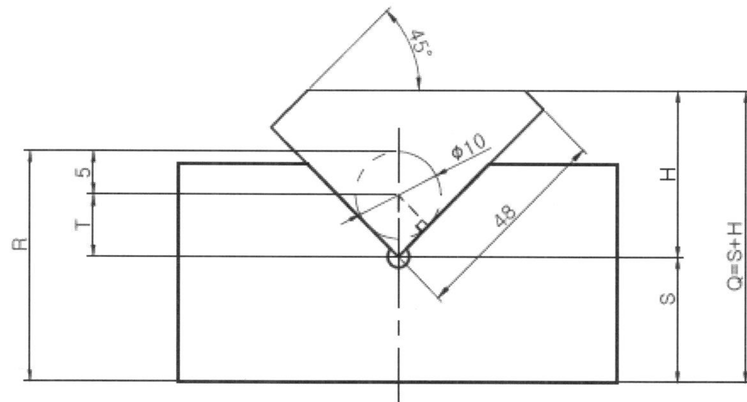

5. ⑤번 부품 가공

- 지급재료 : 12t × 15 × 40

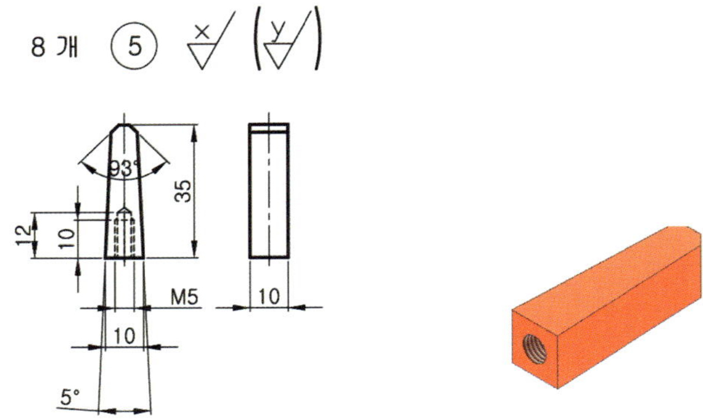

1) 도면 검토 및 수정하기

치수, 끼워 맞춤, 기하공차, 표면 거칠기, 제품의 기능, 요구사항 등을 확인한다. 제작상의 문제점이 있으면 수정하고 수정된 도면을 제작도면으로 사용한다.

〈표-2/2〉 도면(부품도) 검토 및 분석표 작성(예시 참조)

2) 부품 가공 순서 정하기

부품 가공 공정을 결정하는 작업은 제작 시간단축 및 조립상태 확인, 가공불량 등을 줄일 수 있다. 따라서 부품도를 분석하여 각 부품을 어떤 순서로 어떻게 가공할 것인가를 가공 전에 생각하여 가공 순서를 정하고 이를 토대로 실제 가공에 이용한다.

〈표-8〉 부품 가공 순서 작성(예시 참조)

3) 부품 가공 따라하기

기준면→3직각→금긋기→외곽가공→5° 금긋기→5° 가공→90° 줄 가공 또는 밀링가공→마무리 공정으로 작업하며 5° 를 가공하기 위한 각도(92.5°) 지그를 만들어 금긋기와 가공용 지그로 활용한다. M5 × 10 탭은 조립과정에서 작업한다.

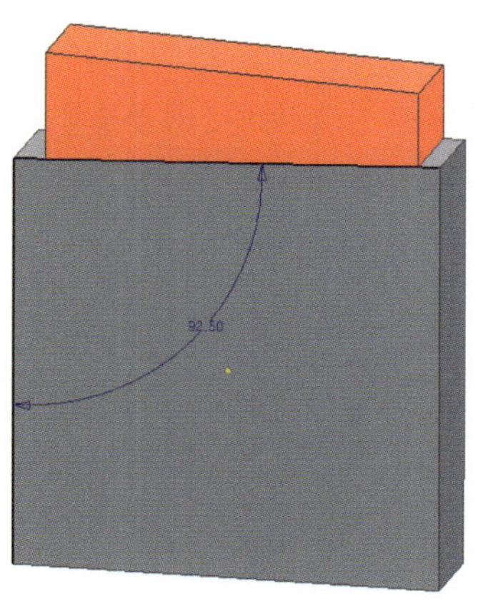

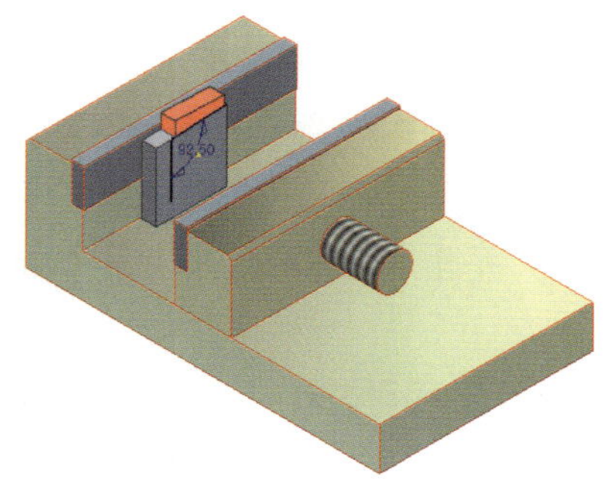

6. ⑥번 부품 가공

- 지급재료 : 8t × 87 × 87

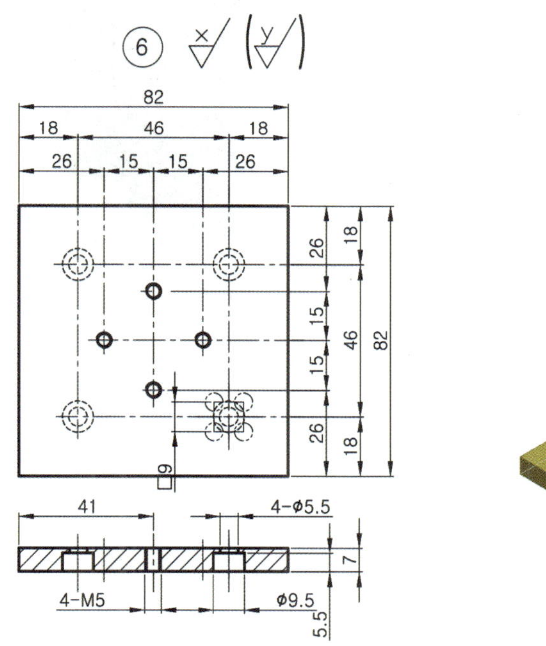

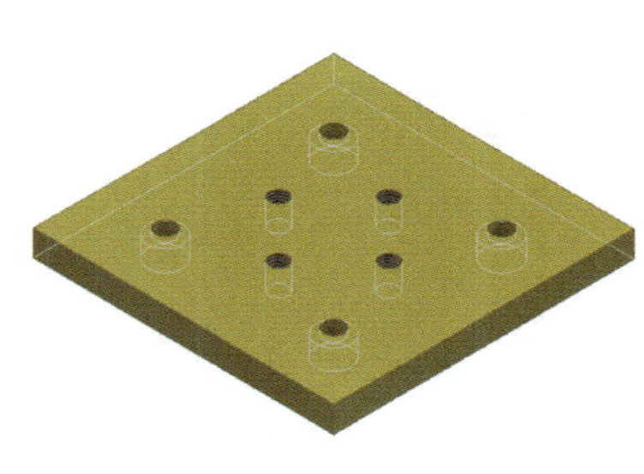

1) 도면 검토 및 수정하기

치수, 끼워 맞춤, 기하공차, 표면 거칠기, 제품의 기능, 요구사항 등을 확인한다. 제작상의 문제점이 있으면 수정하고 수정된 도면을 제작도면으로 사용한다.

〈표-2/2〉 도면(부품도) 검토 및 분석표 작성(예시 참조)

2) 부품 가공 순서 정하기

부품 가공 공정을 결정하는 작업은 제작 시간단축 및 조립상태 확인, 가공불량 등을 줄일 수 있다. 따라서 부품도를 분석하여 각 부품을 어떤 순서로 어떻게 가공할 것인가를 가공 전에 생각하여 가공 순서를 정하고 이를 토대로 실제 가공에 이용한다.

〈표-8〉 부품 가공 순서 작성(예시 참조)

3) 부품 가공 따라하기

⑥번 부품은 재료가 일그러지면 볼트 구멍위치 잘못으로 조립이 안 되는 경우가 발생할 수 있으므로 가로와 세로의 직각을 정확하게 한다. 두께(7mm)는 상하면 연삭으로 마무리 한다. M5 카운터 보아 및 M5(드릴∅4.3) 탭은 조립과정에서 작업한다.

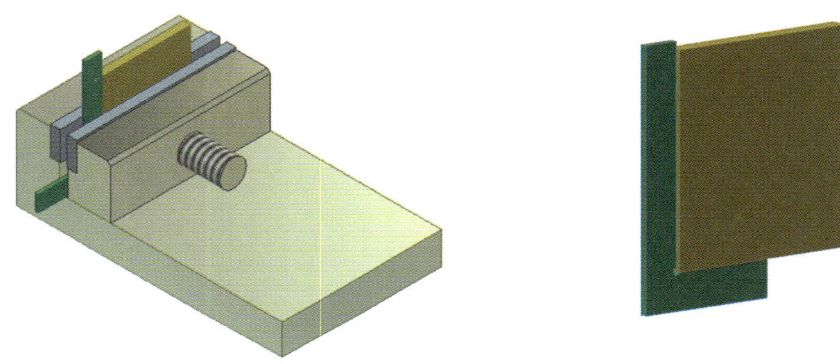

7. ⑦번 부품 가공

- 지급재료 : 8t × 75 × 75

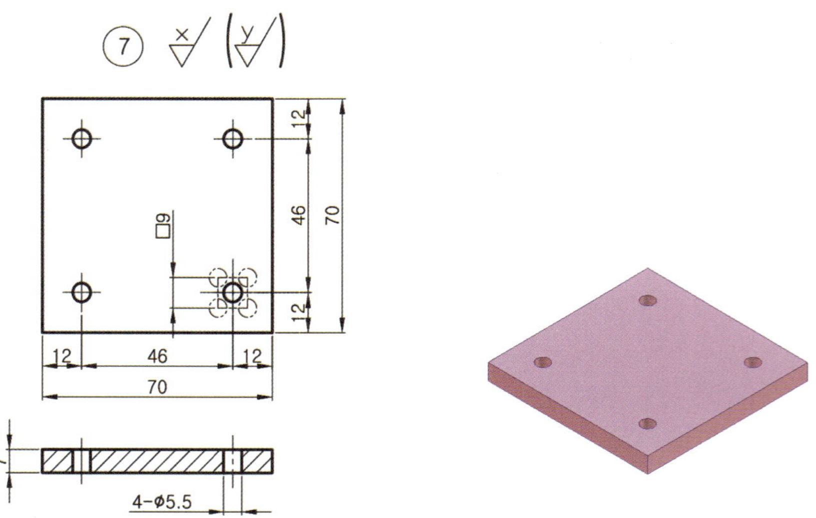

1) 도면 검토 및 수정하기

치수, 끼워 맞춤, 기하공차, 표면 거칠기, 제품의 기능, 요구사항 등을 확인한다. 제작상의 문제점이 있으면 수정하고 수정된 도면을 제작도면으로 사용한다.

〈표-2/2〉 도면(부품도) 검토 및 분석표 작성(예시 참조)

2) 부품 가공 순서 정하기

부품 가공 공정을 결정하는 작업은 제작 시간단축 및 조립상태 확인, 가공불량 등을 줄일 수 있다. 따라서 부품도를 분석하여 각 부품을 어떤 순서로 어떻게 가공할 것인가를 가공 전에 생각하여 가공 순서를 정하고 이를 토대로 실제 가공에 이용한다.

〈표-8〉 부품 가공 순서 작성(예시 참조)

3) 부품 가공 따라하기

⑦번 부품은 재료가 일그러지면 볼트 구멍위치 잘못으로 조립이 안 되는 경우가 발생할 수 있으므로 가로와 세로의 직각을 정확하게 한다. 두께(7mm)는 상하면 연삭으로 마무리 한다. 드릴링(∅5.5)은 조립과정에서 작업한다.

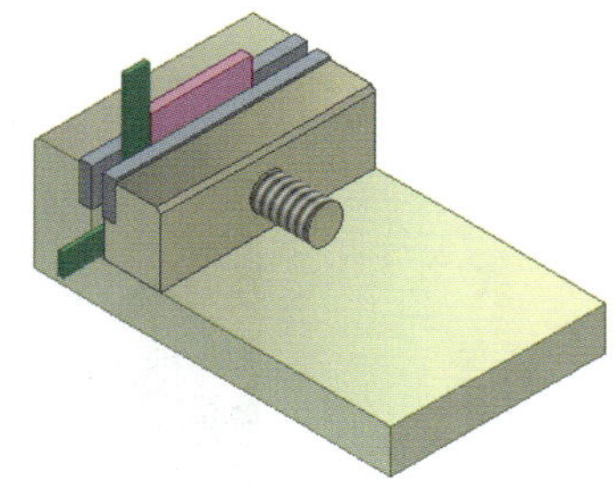

8. ⑧번 부품 가공

- 지급재료 : 20t × 20 × 50

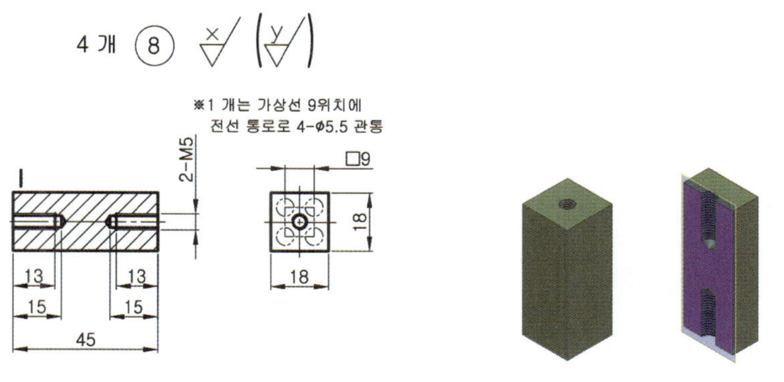

1) 도면 검토 및 수정하기

치수, 끼워 맞춤, 기하공차, 표면 거칠기, 제품의 기능, 요구사항 등을 확인한다. 제작상의 문제점이 있으면 수정하고 수정된 도면을 제작도면으로 사용한다.

〈표-2/2〉 도면(부품도) 검토 및 분석표 작성(예시 참조)

2) 부품 가공 순서 정하기

부품 가공 공정을 결정하는 작업은 제작 시간단축 및 조립상태 확인, 가공불량 등을 줄일 수 있다. 따라서 부품도를 분석하여 각 부품을 어떤 순서로 어떻게 가공할 것인가를 가공 전에 생각하여 가공 순서를 정하고 이를 토대로 실제 가공에 이용한다.

〈표-8〉 부품 가공 순서 작성(예시 참조)

3) 부품 가공 따라하기

직각→금긋기→가공→마무리 공정으로 작업한다. ⑧번 부품은 상측과 하측의 연결 기둥으로 길이 방향의 직각이 중요하다. 치수는 4개의 길이(45mm)는 일치하여야 하며, 폭과 두께(18mm)는 조립에 영향을 주지 않으므로 외관에 치중하고 직각을 정확하게 가공하는데 집중한다. 드릴(∅4.3)과 M5 × 13 탭은 조립과정에서 작업한다.

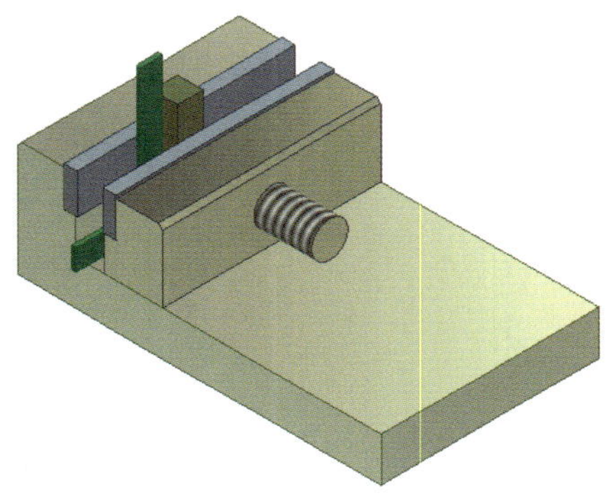

9. ⑨번 부품 가공

- 지급재료 : 8t × 41 × 41

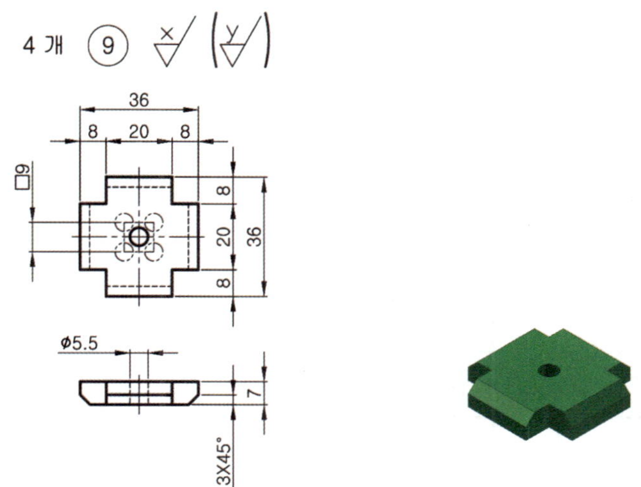

1) 도면 검토 및 수정하기

치수, 끼워 맞춤, 기하공차, 표면 거칠기, 제품의 기능, 요구사항 등을 확인한다. 제작상의 문제점이 있으면 수정하고 수정된 도면을 제작도면으로 사용한다.

〈표-2/2〉 도면(부품도) 검토 및 분석표 작성(예시 참조)

2) 부품 가공 순서 정하기

부품 가공 공정을 결정하는 작업은 제작 시간단축 및 조립상태 확인, 가공불량 등을 줄일 수 있다. 따라서 부품도를 분석하여 각 부품을 어떤 순서로 어떻게 가공할 것인가를 가공 전에 생각하여 가공 순서를 정하고 이를 토대로 실제 가공에 이용한다.

〈표-8〉 부품 가공 순서 작성(예시 참조)

3) 부품 가공 따라하기

직각 → 금긋기 → 외곽가공 → 금긋기 → 엔드밀 작업 → 모따기 → 마무리공정을 작업한다. ⑨번 부품은 두께 치수가 접촉되므로 4개의 두께를 일정하게 하고, 엔드밀 면이 조립후의 외관이 되므로 매끈하고 깨끗하도록 가공하다.

엔드밀 가공면의 깊이가 일정하도록 평행블록에 올려놓고 엔드밀의 높이 셋팅 값을 일정하게 4곳을 동일하게 가공한다. 드릴(∅5.5)은 조립과정에서 작업한다.

10. ⑩번 부품 가공

- 지급재료 : 8t × 95 × 95

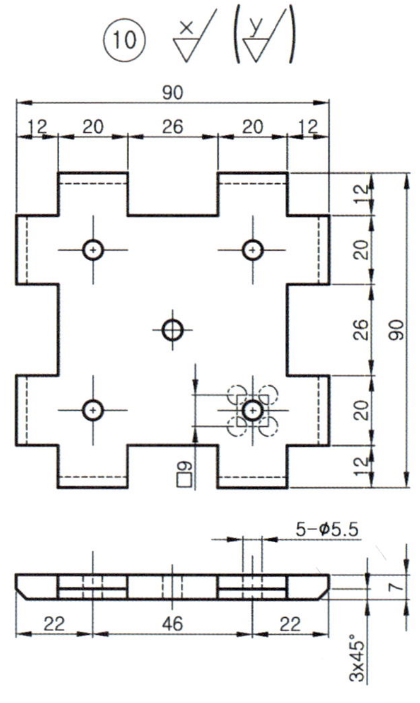

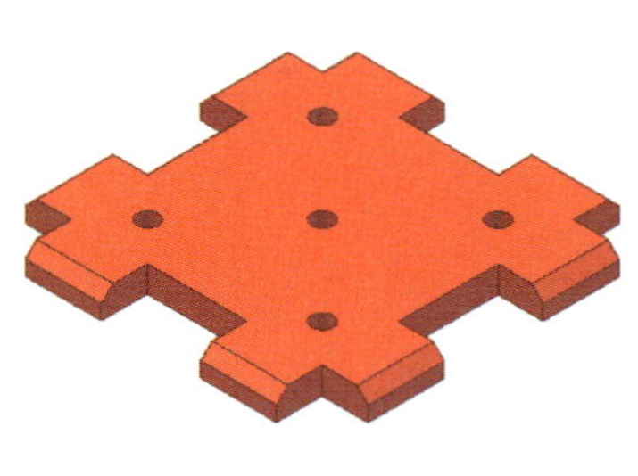

1) 도면 검토 및 수정하기

치수, 끼워 맞춤, 기하공차, 표면 거칠기, 제품의 기능, 요구사항 등을 확인한다. 제작상의 문제점이 있으면 수정하고 수정된 도면을 제작도면으로 사용한다.

〈표-2/2〉 도면(부품도) 검토 및 분석표 작성(예시 참조)

2) 부품 가공 순서 정하기

부품 가공 공정을 결정하는 작업은 제작 시간단축 및 조립상태 확인, 가공불량 등을 줄일 수 있다. 따라서 부품도를 분석하여 각 부품을 어떤 순서로 어떻게 가공할 것인가를 가공 전에 생각하여 가공 순서를 정하고 이를 토대로 실제 가공에 이용한다.

〈표-8〉 부품 가공 순서 작성(예시 참조)

3) 부품 가공 따라하기

⑩번 부품은 두께치수가 접촉되므로 4개의 두께를 일정하게 하고, 엔드밀 면이 곧 조립후의 외관이므로 매끈하게 가공하다. 엔드밀 가공면의 깊이가 일정하도록 평행블록에 받쳐 엔드밀의 높이 셋팅을 일정하게 4곳을 동일하게 가공한다. 45° 모따기 C3은 V 블록을 이용하여 균일하게 가공한다. 드릴(∅5.5)은 조립과정에서 작업한다.

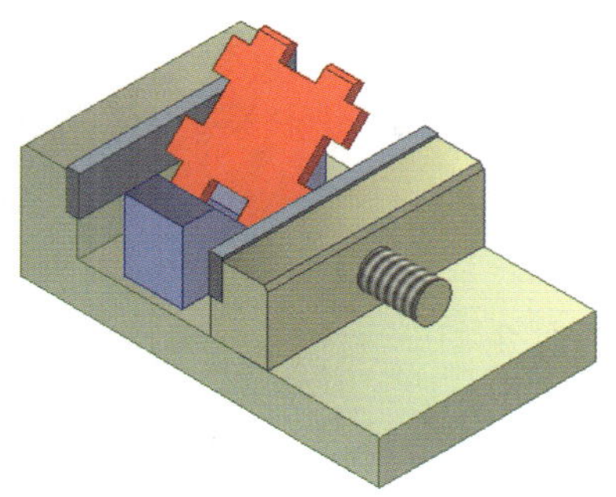

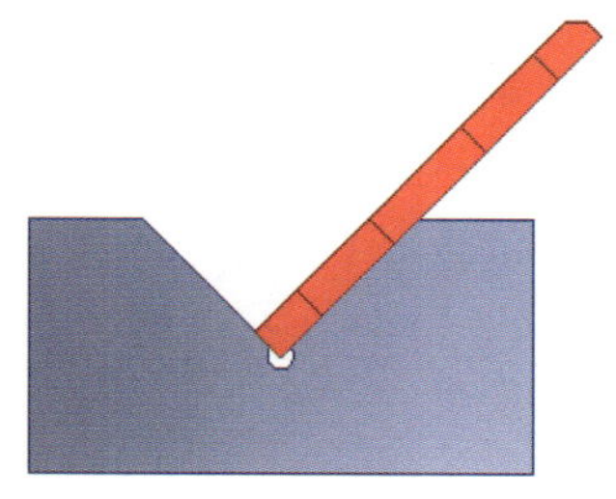

11. ⑪번 부품 가공

- 지급재료 : 8t × 125 × 125

⑪ x (y)

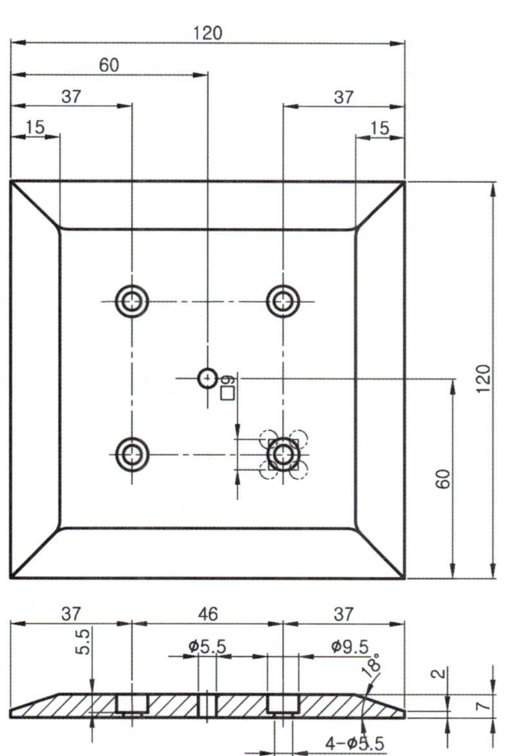

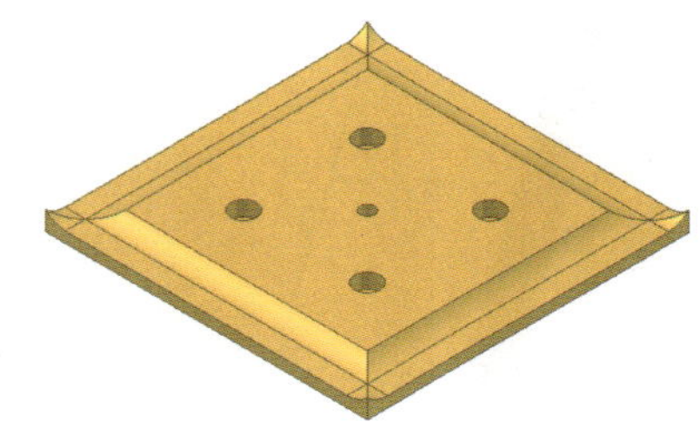

1) 도면 검토 및 수정하기

치수, 끼워 맞춤, 기하공차, 표면 거칠기, 제품의 기능, 요구사항 등을 확인한다. 제작상의 문제점이 있으면 수정하고 수정된 도면을 제작도면으로 사용한다.

〈표-2/2〉 도면(부품도) 검토 및 분석표 작성(예시 참조)

2) 부품 가공 순서 정하기

부품 가공 공정을 결정하는 작업은 제작 시간단축 및 조립상태 확인, 가공불량 등을 줄일 수 있다. 따라서 부품도를 분석하여 각 부품을 어떤 순서로 어떻게 가공할 것인가를 가공 전에 생각하여 가공 순서를 정하고 이를 토대로 실제 가공에 이용한다.

〈표-8〉 부품 가공 순서 작성(예시 참조)

3) 부품 가공 따라하기

직각 → 금긋기 → 외곽가공 → 금긋기 → 볼(∅16) 엔드밀 작업 → 마무리 공정으로 작업한다. ⑪번 부품은 두께치수(7mm)가 접촉되므로 두께를 일정하게 한다. 모서리 16° 는 볼 엔드밀(∅16)로 4부분을 가공한다. 드릴(∅5.5)과 M5용 카운터 보어는 조립과정에서 작업한다.

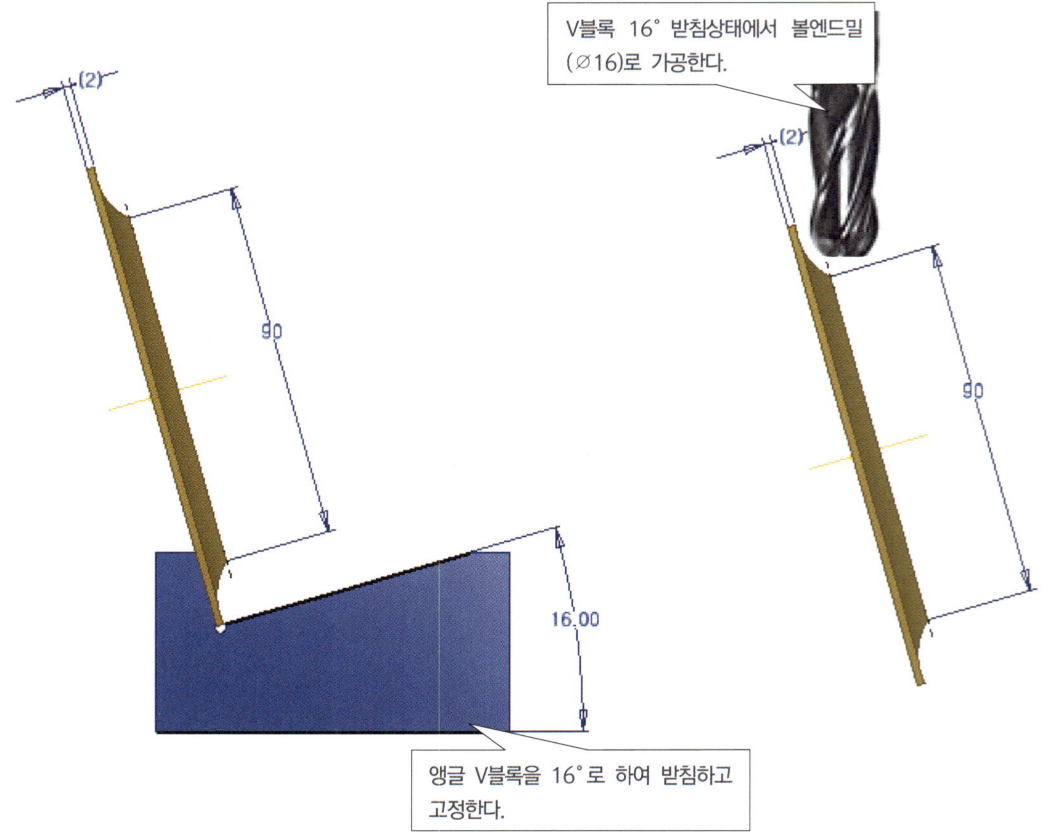

12. ⑫번 부품 가공

- 지급재료 : 8t × 85 × 85

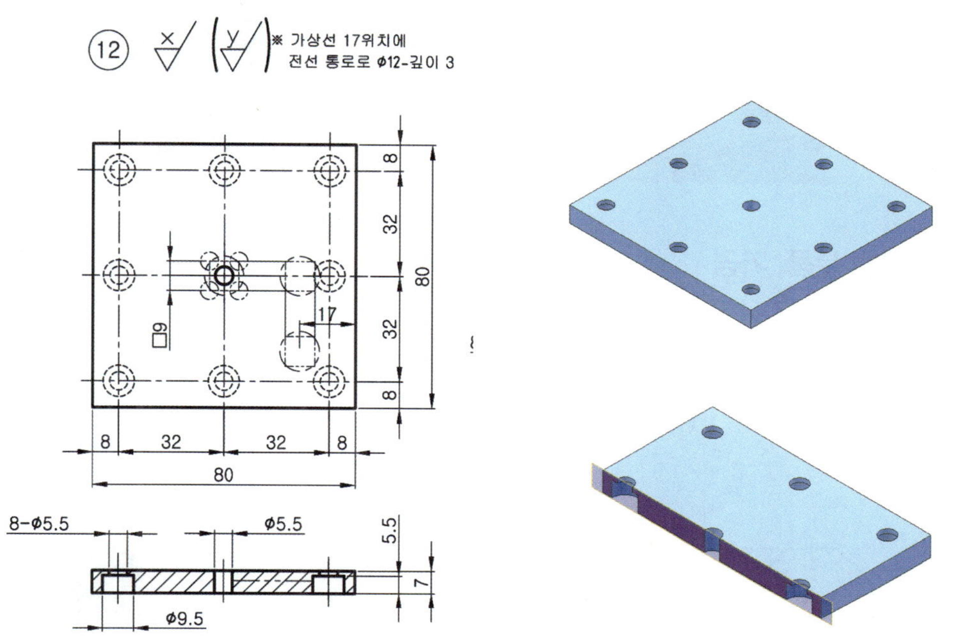

1) 도면 검토 및 수정하기

치수, 끼워 맞춤, 기하공차, 표면 거칠기, 제품의 기능, 요구사항 등을 확인한다. 제작상의 문제점이 있으면 수정하고 수정된 도면을 제작도면으로 사용한다.

〈표-2/2〉 도면(부품도) 검토 및 분석표 작성(예시 참조)

2) 부품 가공 순서 정하기

부품 가공 공정을 결정하는 작업은 제작 시간단축 및 조립상태 확인, 가공불량 등을 줄일 수 있다. 따라서 부품도를 분석하여 각 부품을 어떤 순서로 어떻게 가공할 것인가를 가공 전에 생각하여 가공 순서를 정하고 이를 토대로 실제 가공에 이용한다.

〈표-8〉 부품 가공 순서 작성(예시 참조)

3) 부품 가공 따라하기

⑫번 부품은 두께치수(7mm)가 접촉되므로 두께를 일정하게 한다. 외곽은 직각을 정확하게 한다. 드릴(∅5.5)과 M5용 카운터 보어는 조립과정에서 작업한다.

13. ⑬번 부품 가공

- 지급재료 : 30t × 42 × 42

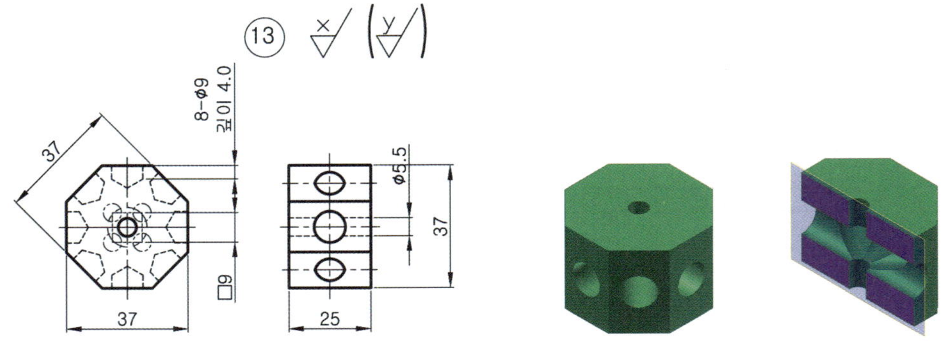

1) 도면 검토 및 수정하기

치수, 끼워 맞춤, 기하공차, 표면 거칠기, 제품의 기능, 요구사항 등을 확인한다. 제작상의 문제점이 있으면 수정하고 수정된 도면을 제작도면으로 사용한다.

〈표-2/2〉 도면(부품도) 검토 및 분석표 작성(예시 참조)

2) 부품 가공 순서 정하기

부품 가공 공정을 결정하는 작업은 제작 시간단축 및 조립상태 확인, 가공불량 등을 줄일 수 있다. 따라서 부품도를 분석하여 각 부품을 어떤 순서로 어떻게 가공할 것인가를 가공 전에 생각하여 가공 순서를 정하고 이를 토대로 실제 가공에 이용한다.

〈표-8〉 부품 가공 순서 작성(예시 참조)

3) 부품 가공 따라하기

직각 → 금긋기 → 사각 외곽가공 → 8각 금긋기 → 8각 가공 → 마무리 공정으로 작업한다. ⑬번 부품은 높이(25mm)가 접촉된다. 높이 방향의 직각을 정확하게 하고, 8각은 V 블록을 사용하여 계산 값에 따라 가공한다. 드릴(∅5.5)과 ∅9.5는 M5용 카운터 보어로 조립과정에서 작업한다.

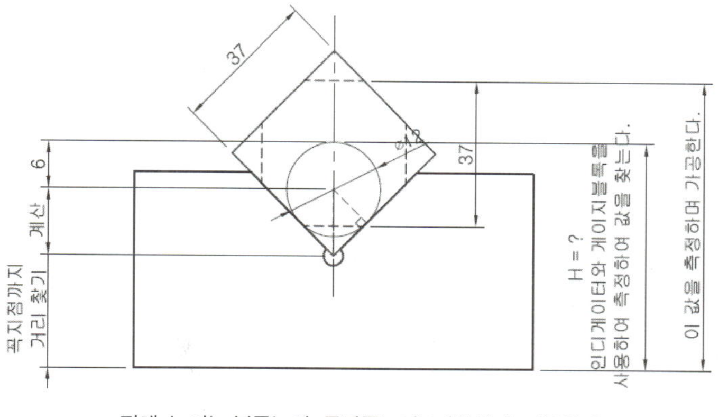

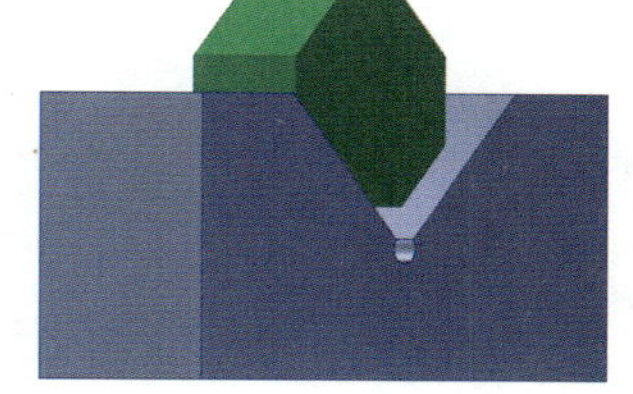

전체 높이(v 블록높이+공작물높이) 계산하여 가공하기

■ 45° V-블록을 이용한 각도 가공하기

계산에 필요한 삼각함수

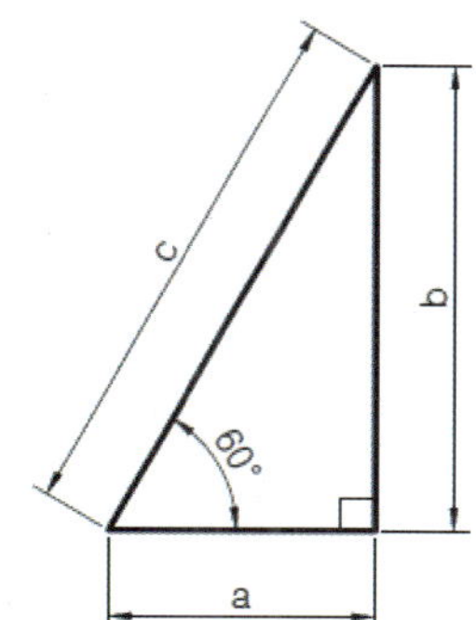

$$c = \sqrt{a^2 + b^2},$$

$$a = \sqrt{c^2 - b^2},$$

$$b = \sqrt{c^2 - a^2}$$

$$\sin = \frac{b}{c} \text{ 또는 } \tan = \frac{b}{a}$$

[방법] 45° V-블록에 공작물을 올려놓고 전체 거리를 측정하며 가공한다(다음 쪽의 거리 계산방법 참고).

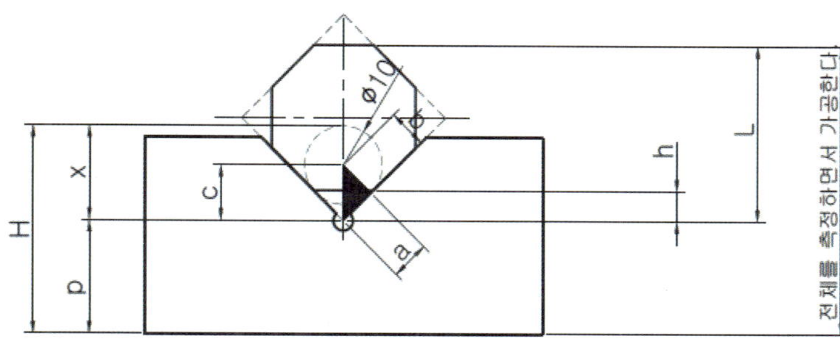

① V 블록의 밑면에서 꼭지점(P)까지의 거리를 구한다.

[풀이] 제로핀을 사용한다. 핀의 지름이 ∅10이므로 $b=5$

$\sin 45 = \frac{5}{c}$ 또는 $\tan 45 = \frac{5}{a}$

$c = \frac{5}{\sin 45} = 7.07$

$a = \frac{5}{\tan 45} = 5.0$

$x = 7.07 + 5 = 12.07$

따라서

$P = H - 12.07$

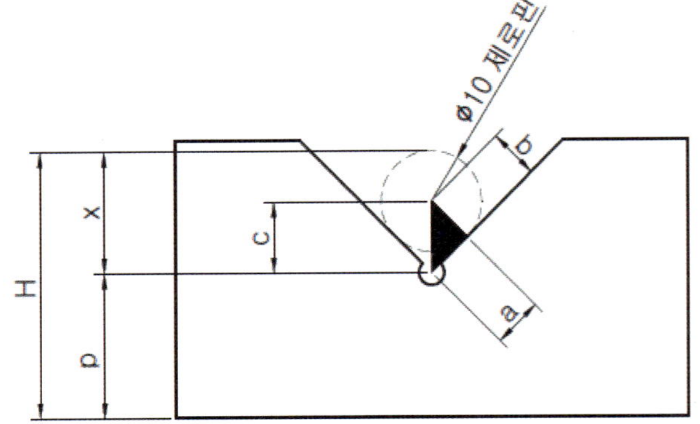

② 정팔각면체의 L 거리를 구한다.

[풀이] 정사각형의 한 변의 길이는 37mm이다.

$\sin 45 = \frac{37}{c}$

$c = \frac{37}{\sin 45} = 52.33$

$h = \frac{c-37}{2} = \frac{52.33-37}{2} = 7.66$

따라서

$L = 7.66 + 37.0$

$= 44.66$

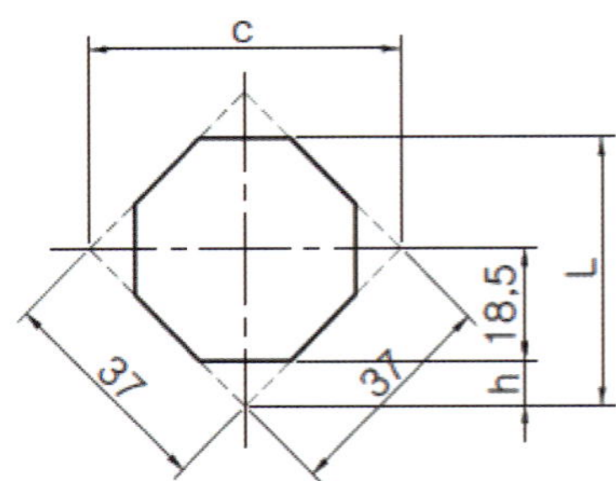

14. ⑭번 부품 가공

- 지급재료 : 10t × 10 × 23

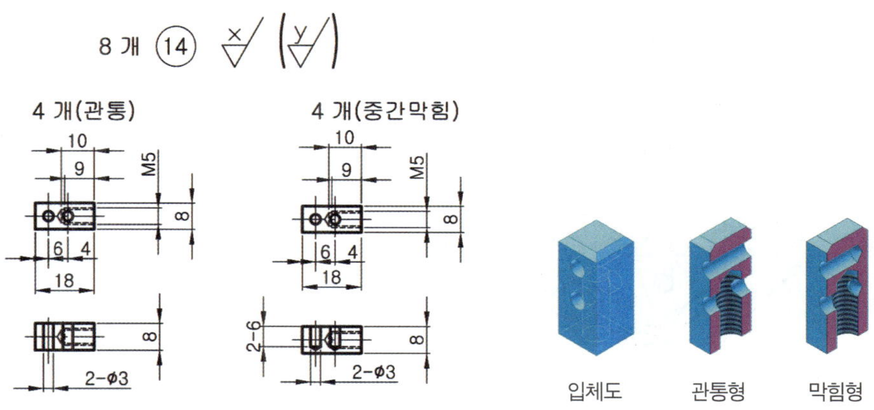

1) 도면 검토 및 수정하기

치수, 끼워 맞춤, 기하공차, 표면 거칠기, 제품의 기능, 요구사항 등을 확인한다. 제작상의 문제점이 있으면 수정하고 수정된 도면을 제작도면으로 사용한다.

〈표-2/2〉 도면(부품도) 검토 및 분석표 작성(예시 참조)

2) 부품 가공 순서 정하기

부품 가공 공정을 결정하는 작업은 제작 시간단축 및 조립상태 확인, 가공불량 등을 줄일 수 있다. 따라서 부품도를 분석하여 각 부품을 어떤 순서로 어떻게 가공할 것인가를 가공 전에 생각하여 가공 순서를 정하고 이를 토대로 실제 가공에 이용한다.

〈표-8〉 부품 가공 순서 작성(예시 참조)

3) 부품 가공 따라하기

⑭번 부품은 8개로 조립과정에서의 구멍위치작업이 수월하도록 외곽치수를 동일하게 가공한다. 드릴(∅3)과 M5 탭의 구멍은 조립과정에서 작업한다.

15. ⑯번 부품 가공

- 지급재료 : 10t × 65 × 65

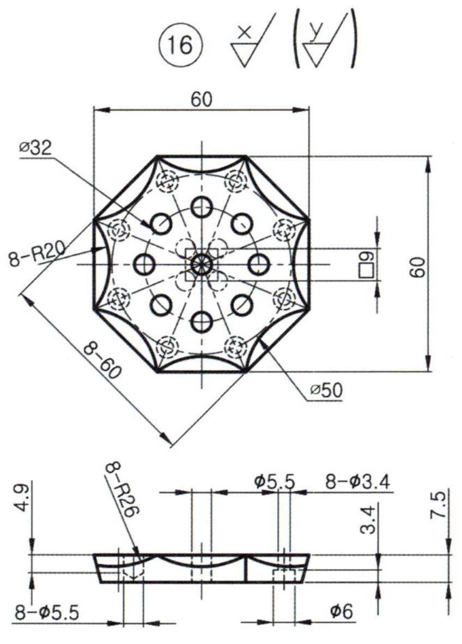

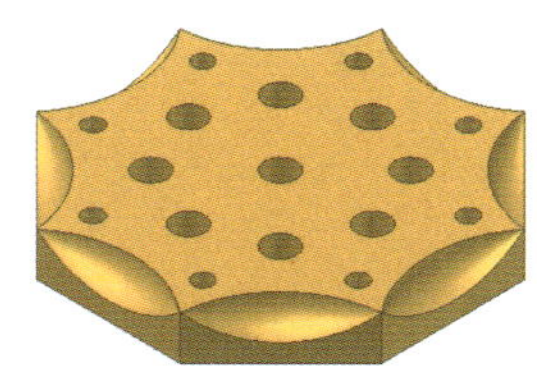

1) 도면 검토 및 수정하기

치수, 끼워 맞춤, 기하공차, 표면 거칠기, 제품의 기능, 요구사항 등을 확인한다. 제작상의 문제점이 있으면 수정하고 수정된 도면을 제작도면으로 사용한다.

〈표-2/2〉 도면(부품도) 검토 및 분석표 작성(예시 참조)

2) 부품 가공 순서 정하기

부품 가공 공정을 결정하는 작업은 제작 시간단축 및 조립상태 확인, 가공불량 등을 줄일 수 있다. 따라서 부품도를 분석하여 각 부품을 어떤 순서로 어떻게 가공할 것인가를 가공 전에 생각하여 가공 순서를 정하고 이를 토대로 실제 가공에 이용한다.

〈표-8〉 부품 가공 순서 작성(예시 참조)

3) 부품 가공 따라하기

직각 → 금긋기 → 사각 외곽가공 → 8각 금긋기 → 8각 가공 → 볼(∅16) 엔드밀 작업 → 마무리가공 순으로 작업한다. ⑯번 부품은 두께(7.5mm)가 접촉된다. 8각은 V 블록을 사용하여 계산 값에 따라 가공한다. 드릴(∅3.4, ∅5.5)과 카운터 보어(M3용)는 조립과정에서 작업한다.

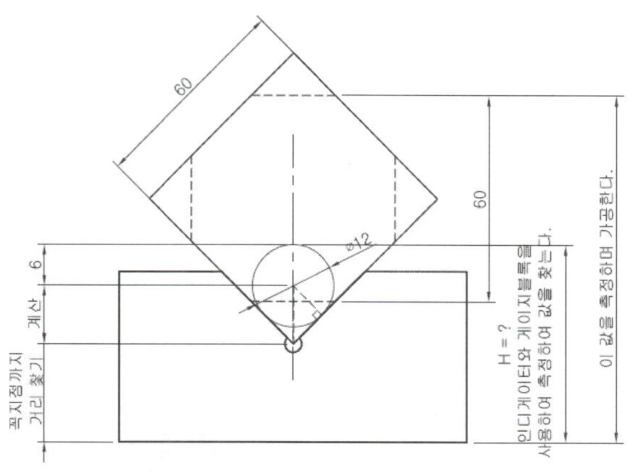

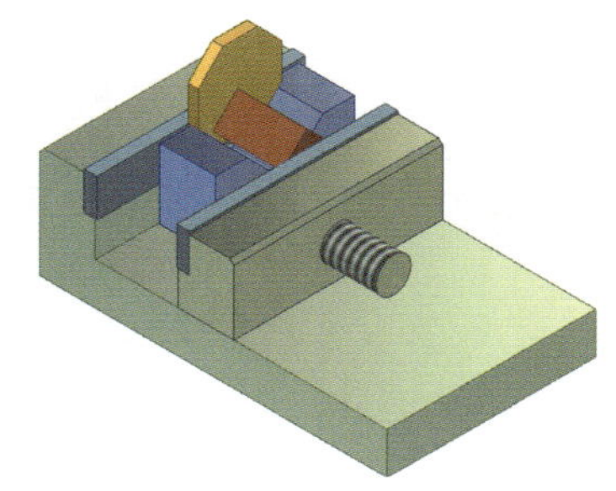

16. ⑳번 부품 가공

- 지급재료 : 8t × 45 × 45

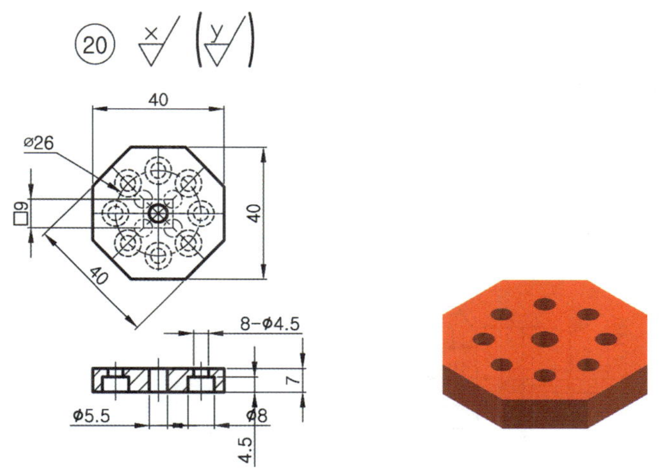

1) 도면 검토 및 수정하기

치수, 끼워 맞춤, 기하공차, 표면 거칠기, 제품의 기능, 요구사항 등을 확인한다. 제작상의 문제점이 있으면 수정하고 수정된 도면을 제작도면으로 사용한다.

〈표-2/2〉 도면(부품도) 검토 및 분석표 작성(예시 참조)

2) 부품 가공 순서 정하기

부품 가공 공정을 결정하는 작업은 제작 시간단축 및 조립상태 확인, 가공불량 등을 줄일 수 있다. 따라서 부품도를 분석하여 각 부품을 어떤 순서로 어떻게 가공할 것인가를 가공 전에 생각하여 가공 순서를 정하고 이를 토대로 실제 가공에 이용한다.

〈표-8〉 부품 가공 순서 작성(예시 참조)

3) 부품 가공 따라하기

직각→금긋기→사각 외곽가공→8각 금긋기→마무리 공정으로 작업한다.

⑳번 부품은 두께(7mm)가 접촉된다. 8각은 ⑯번 부품과 같이 V 블록을 사용하여 계산 값에 따라 가공한다. 드릴(∅5.5)과 카운터 보어(M4용)는 조립과정에서 작업한다.

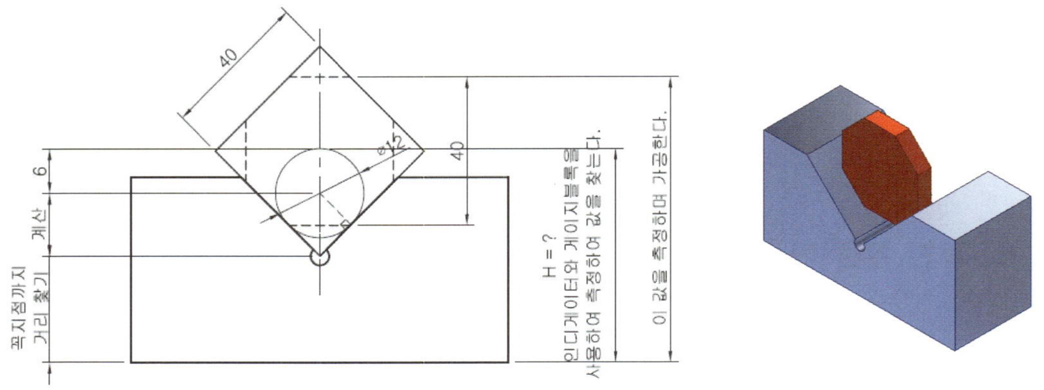

17. ㉑번 부품 가공

- 지급재료 : 8t × 35 × 23

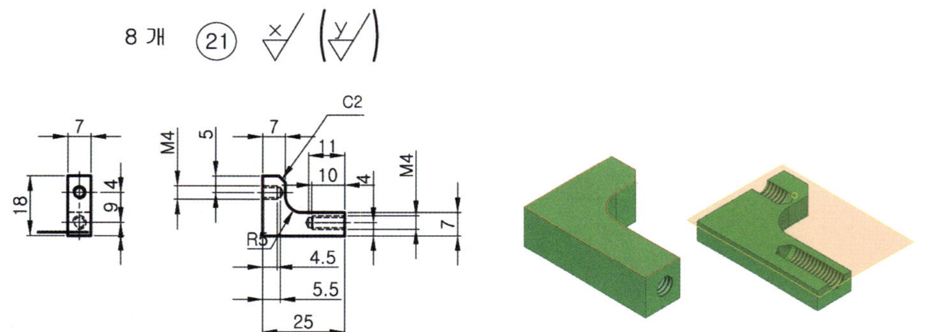

1) 도면 검토 및 수정하기

치수, 끼워 맞춤, 기하공차, 표면 거칠기, 제품의 기능, 요구사항 등을 확인한다. 제작상의 문제점이 있으면 수정하고 수정된 도면을 제작도면으로 사용한다.

〈표-2/2〉 도면(부품도) 검토 및 분석표 작성(예시 참조)

2) 부품 가공 순서 정하기

부품 가공 공정을 결정하는 작업은 제작 시간단축 및 조립상태 확인, 가공불량 등을 줄일 수 있다. 따라서 부품도를 분석하여 각 부품을 어떤 순서로 어떻게 가공할 것인가를 가공 전에 생각하여 가공 순서를 정하고 이를 토대로 실제 가공에 이용한다.

〈표-8〉 부품 가공 순서 작성(예시 참조)

3) 부품 가공 따라하기

직각→금긋기→사각 외곽가공(길이 제외)→L 금긋기→엔드밀가공→길이가공→모따기가공→마무리공정으로 작업한다. ㉑번 부품은 8개로 치수가 일정하게 가공한다. R5부분은 지급소재의 길이(35mm)를 가공하지 않은 상태로 2개를 겹쳐서 ∅10 엔드밀로 가운데를 가공한 후 길이(25mm)를 맞춘다. 특히 길이(25mm)는 조립되는 치수로 8개 동일하게 가공한다.

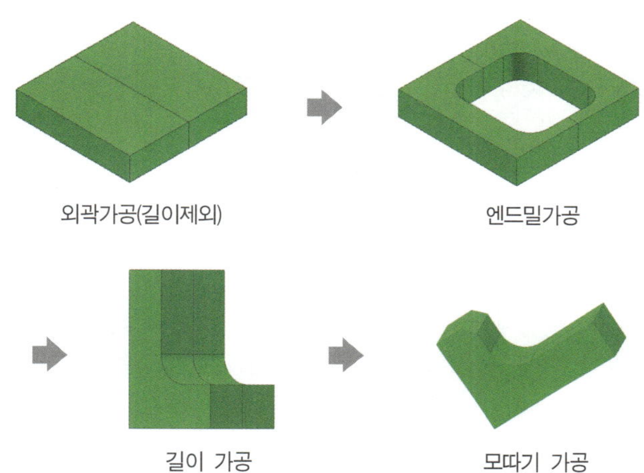

18. ㉒번 부품 가공

- 지급재료 : 8t × 75 × 75

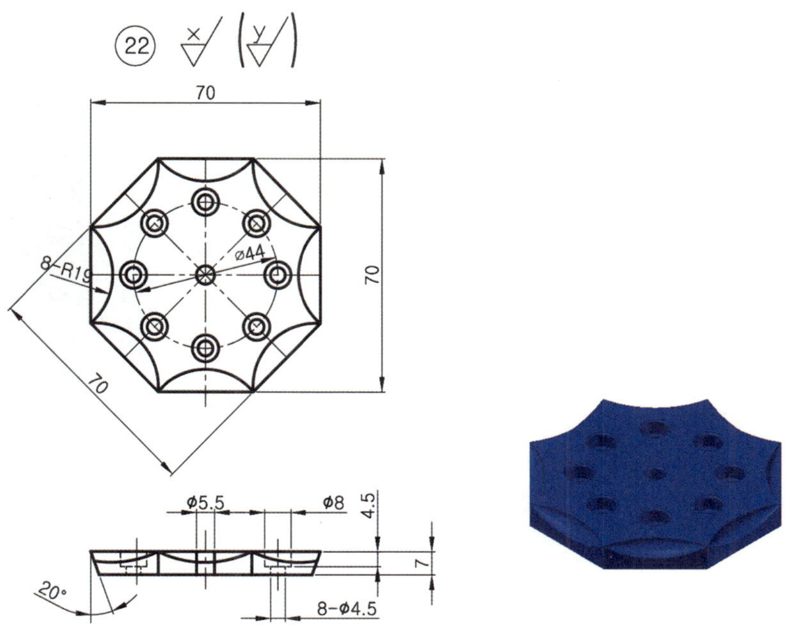

1) 도면 검토 및 수정하기

치수, 끼워 맞춤, 기하공차, 표면 거칠기, 제품의 기능, 요구사항 등을 확인한다. 제작상의 문제점이 있으면 수정하고 수정된 도면을 제작도면으로 사용한다.

〈표-2/2〉 도면(부품도) 검토 및 분석표 작성(예시 참조)

2) 부품 가공 순서 정하기

부품 가공 공정을 결정하는 작업은 제작 시간단축 및 조립상태 확인, 가공불량 등을 줄일 수 있다. 따라서 부품도를 분석하여 각 부품을 어떤 순서로 어떻게 가공할 것인가를 가공 전에 생각하여 가공 순서를 정하고 이를 토대로 실제 가공에 이용한다.

〈표-8〉 부품 가공 순서 작성(예시 참조)

3) 부품 가공 따라하기

직각→금긋기→사각 외곽가공→8각 금긋기→마무리 공정으로 작업한다. ㉒번 부품은 두께(7mm)가 접촉된다. ⑯번 부품과 같이 8각은 V 블록을 사용하여 계산 값에 따라 가공한다. R19는 볼 엔드밀(∅10)로 CAM 프로그래밍 작업에 의한 머시닝센터로 가공한다. 외곽 면이 깨끗하도록 가공한다. 드릴(∅5.5)과 카운터 보어(M4용)는 조립과정에서 작업한다.

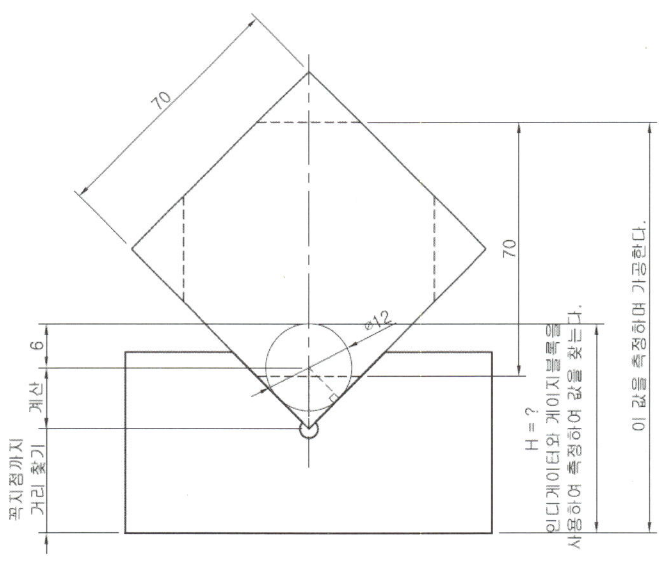

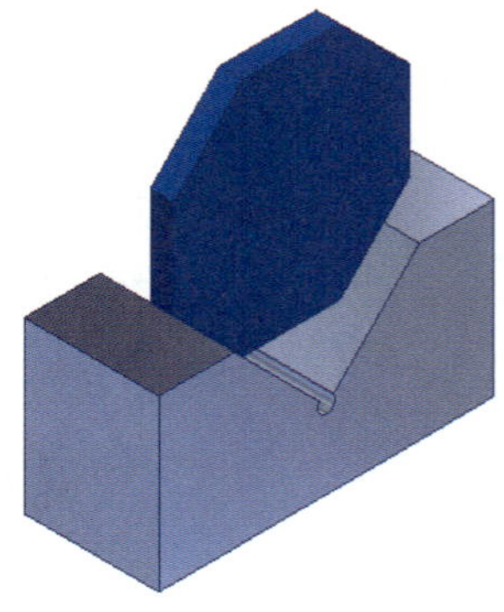

19. ㉖번 부품 가공

- 지급재료 : 12t × 12 × 28

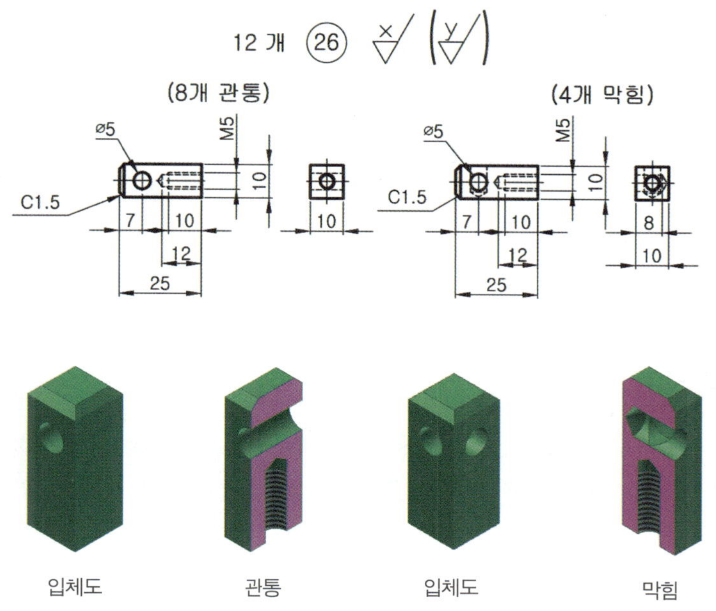

1) 도면 검토 및 수정하기

치수, 끼워 맞춤, 기하공차, 표면 거칠기, 제품의 기능, 요구사항 등을 확인한다. 제작상의 문제점이 있으면 수정하고 수정된 도면을 제작도면으로 사용한다.

〈표-2/2〉 도면(부품도) 검토 및 분석표 작성(예시 참조)

2) 부품 가공 순서 정하기

부품 가공 공정을 결정하는 작업은 제작 시간단축 및 조립상태 확인, 가공불량 등을 줄일 수 있다. 따라서 부품도를 분석하여 각 부품을 어떤 순서로 어떻게 가공할 것인가를 가공 전에 생각하여 가공 순서를 정하고 이를 토대로 실제 가공에 이용한다.

〈표-8〉 부품 가공 순서 작성(예시 참조)

3) 부품 가공 따라하기

㉖번 부품은 12개(8개 관통, 4개 막힘)로 치수를 동일하게 가공한다. 표면이 매끄럽게 가공한다. 드릴(∅5)과 탭(M5)은 조립과정에서 작업한다.

G ::: 조립가공 및 부품조립

학습 목표	1. 조립 작업의 중요성에 대해 설명할 수 있다. 2. 정확한 금긋기와 드릴링을 할 수 있다.

제작 과정에서 가장 중요한 것은 마무리 및 조립이다. 그것은 제품의 기능 요구 조건에 맞게 만들어가는 과정이 마무리 및 조립과정이기 때문이다. 각 부품을 고 정밀도로 기계가공을 할 수는 있지만 요구하는 조립 정밀도로 맞추기는 어렵다. 왜냐하면 기계 및 절삭공구의 정밀도 외에 가공중의 진동, 먼지, 온도 등에 의해 치수가 커지거나 작아지는 변화가 있기 때문이다.

1. 조립 가공하기

모든 부품의 기준면 및 치수를 확인하여 구멍위치에 하이트게이지로 금긋기 한다. 조립하기 위한 구멍 위치의 금긋기는 가공할 때의 기준면을 정반에 밀착시킨 상태로 금긋기 한다. 이 때 체결되는 부품과 부품은 조립되었을 때의 상태로 놓고 하이트게이지로 동시에 금긋기 한다.

① 구멍 위치에 하이트게이지로 금긋기 한다.

※하이트게이지는 0점 조정이 되었는지를 확인한 후 사용하며, 금긋기 전에 하이트게이지의 스크라이버 높이를 링깅한 게이지 블록으로 확인하여 본다.

⑯ ⑲ ⑳ ㉒의 원주상의 구멍위치 금긋기는 먼저 원의 중심을 찾는다. 공작물의 중심점을 정확히 하기 위해 외곽치수를 측정하여 그 중심을 하이트 게이지로 금긋기 한다. 디바이더를 이용하여 원을 금긋기 하고 직선은 하이트게이지와 자를 사용하여 일직선상의 3점을 일치시켜 금긋기 한다.

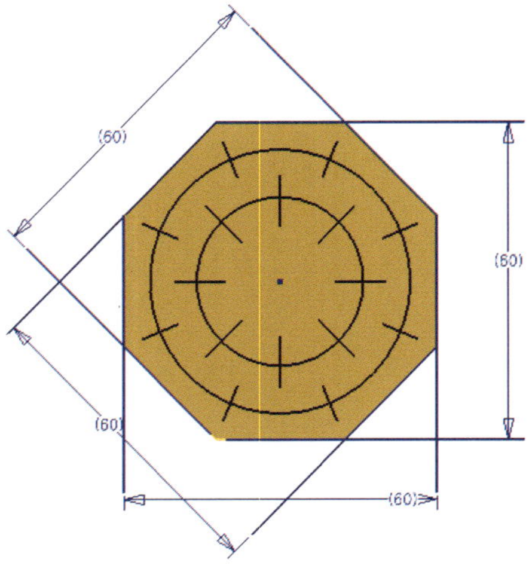

4개의 대각선을 측정하여 중심점 금긋기
(⑯번 부품 예)

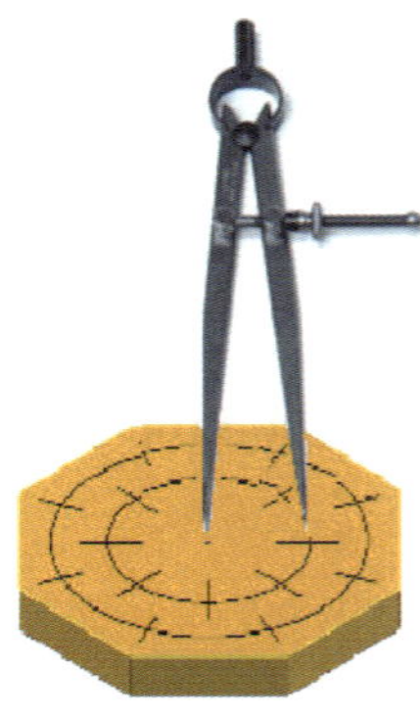

디바이더로 원 그리기

② 센터펀치 작업을 한다(펀치 자국 위치 검사).

교차선(+)의 중심에 90°로 정확하게 맞춘다. ⑯ ⑲ ⑳ ㉒부품과 같이 구멍이 많은 경우는 작은 오차로 인해 조립이 안 될 수 있다.
센터펀치 작업은 1차 망치로 펀치를 약하게 때린 후 금긋기 교차 선에 정확하게 일치하면 2차로 강하게 때린다. 센터펀치 위치는 드릴의 시작 위치를 잡기위한 자국으로 정확하게 작업한다.

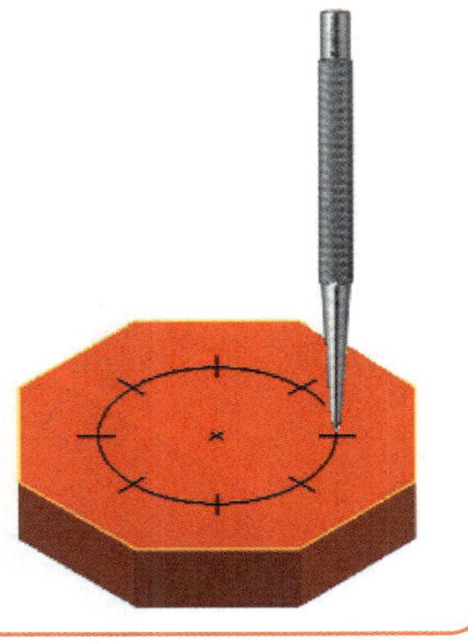

③ 드릴 작업은 공작물의 절삭칩 배출을 위해 전진과 후진을 반복적으로 하며 절삭유나 탭핑유를 급유하면서 한다.

드릴바이스의 접촉면을 깨끗이 닦고 공작물이 수직 및 평행이 되도록 v 블록이나 받침대(평행대)를 사용하며 조의 중앙에 고정한다. 공작물의 재질과 드릴 지름에 알맞은 주축회전수 및 절삭속도를 정한다. 테이블의 상하 이송 핸들을 돌려 드릴의 날 끝부분과 공작물 사이의 간격을 30~50[mm]로 조절하고 고정레버로 테이블을 고정한다.

④ 탭 작업을 한다.

탭은 절삭저항이 커서 탭이 부러질 수 있다. 특히 지름이 작은 탭은 무리한 힘을 가하면 쉽게 부러진다. 직각을 유지하고 탭핑유를 사용하면서 규격에 맞는 탭 핸들을 사용하고 적당한 힘으로 정회전(시계방향)과 역회전을 반복하면서 절삭저항을 최소화하며 가공한다.

핸드 탭은 나사의 바깥지름, 유효 지름, 골지름의 치수가 1, 2, 3번 탭의 순으로 증가한다. 절삭률은 1번 탭이 약 55(%), 2번 탭이 약 25(%), 3번 탭이 약 20(%)이다.

2. 부품 조립하기

제작물의 전체적인 구조를 이해하고 조립되는 순서와 방법을 결정한다. 부품조립은 좌우방향과 상하방향이 바뀌지 않도록 주의하며 부품의 위치정도를 확인하여 가공 상태 그대로 조립되도록 한다. 볼트 체결은 하나씩 대각선으로 느슨하게 조인 후 위치가 맞으면 강하게 조인다.

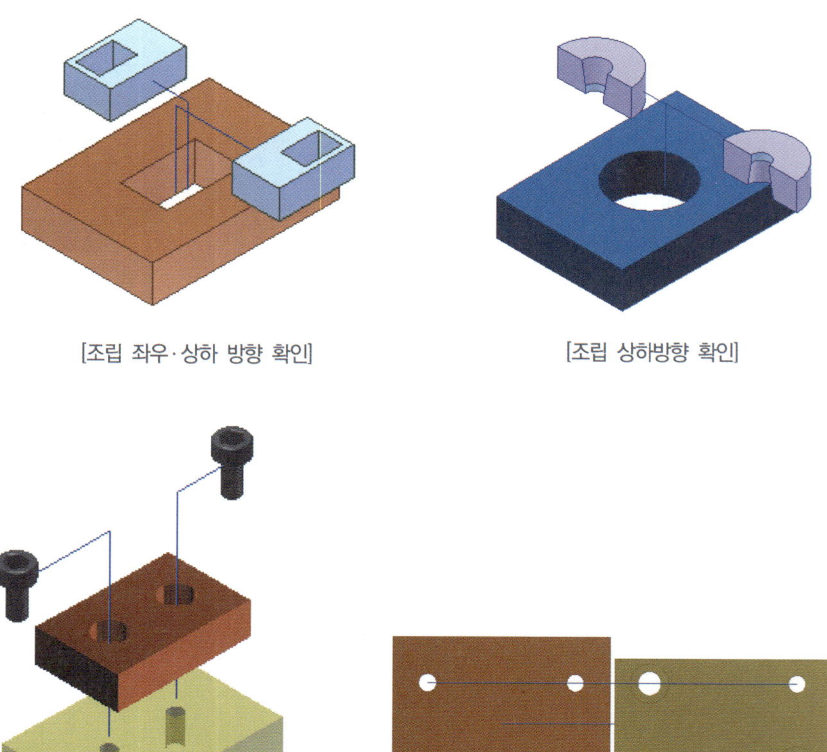

[조립 좌우·상하 방향 확인]

[조립 상하방향 확인]

[조립 위치정도 확인]

[조립 평행도 확인]

조립 시 확인 사항

■ 조립되는 순서와 따라하기

(※)M4×6 렌치 볼트로 ⑳ ㉑ ㉒부품을 조립한다. 상하 8각의 면과 면이 평행이 되도록 조립한다.

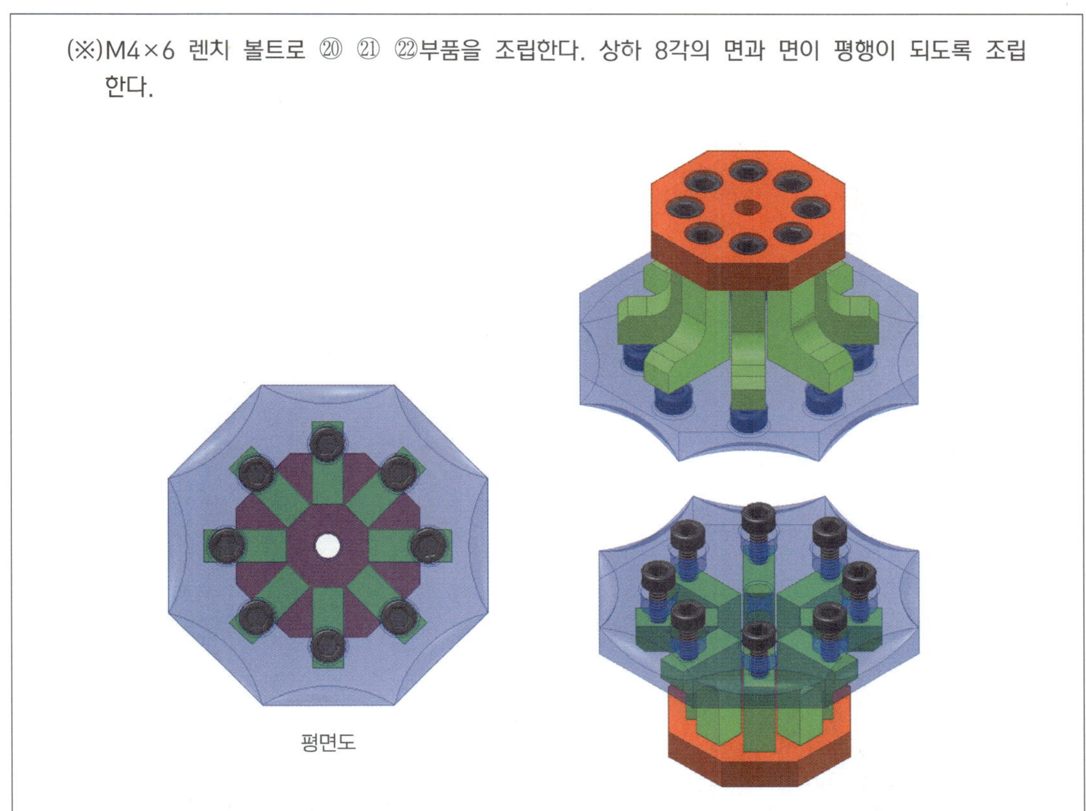
평면도

(※)링(⑱부품)에 ⑰부품(8개)을 끼운 상태에서 ⑯번 부품에 M3×10 렌치볼트로 체결한다.

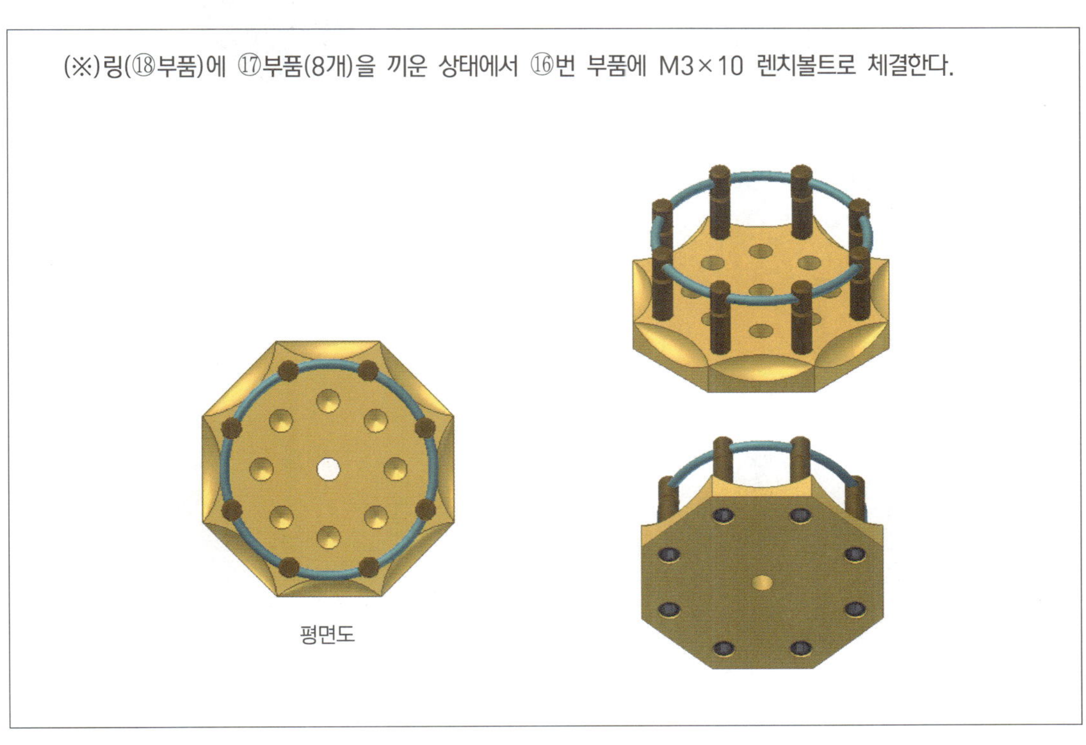
평면도

(※)⑭의 관통형을 ⑮에 끼운 상태에서 판(⑫번 부품)에 체결한다. 볼트를 하나씩 완전 조인상태에서는 조립이 안 된다. 8개의 볼트를 조금씩 돌려가며 조립 한다.

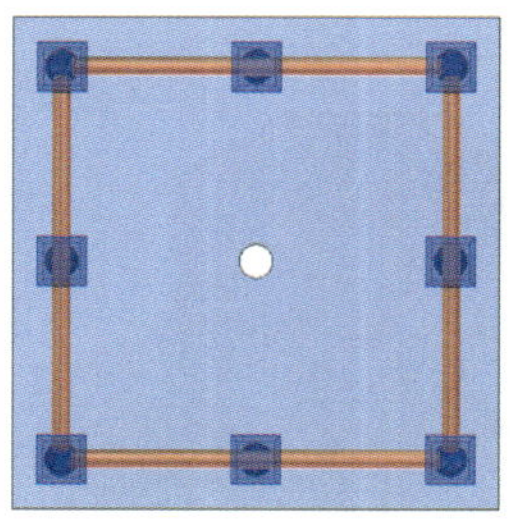

평면도

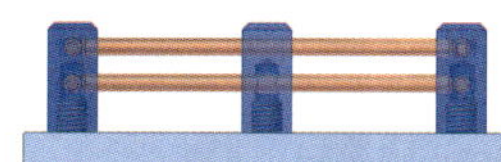

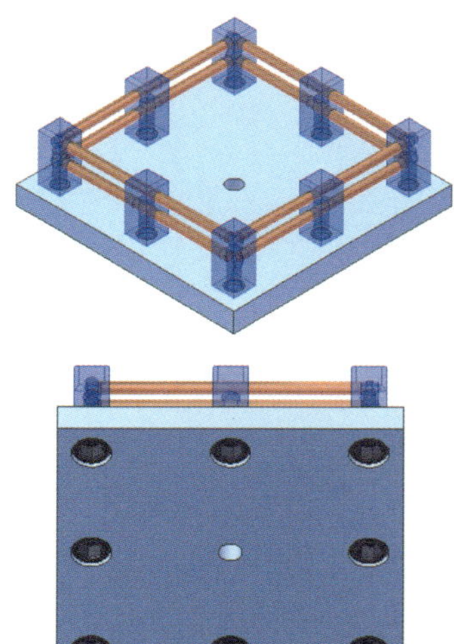

(※)⑥ ⑦ ⑧을 평행도와 직각도를 확인하며 조립한다.

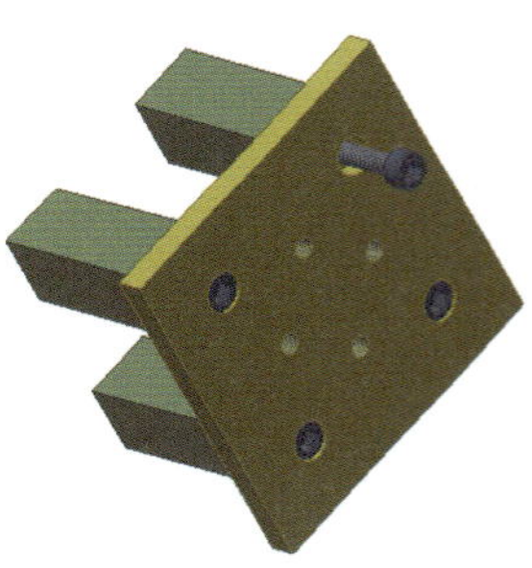

(※)⑨를 올려 놓는다. 렌치볼트(M5×130)에 ⑩번 부품과 ⑪번 부품을 끼운 후 평행도와 직각도를 확인하며 조립한다.

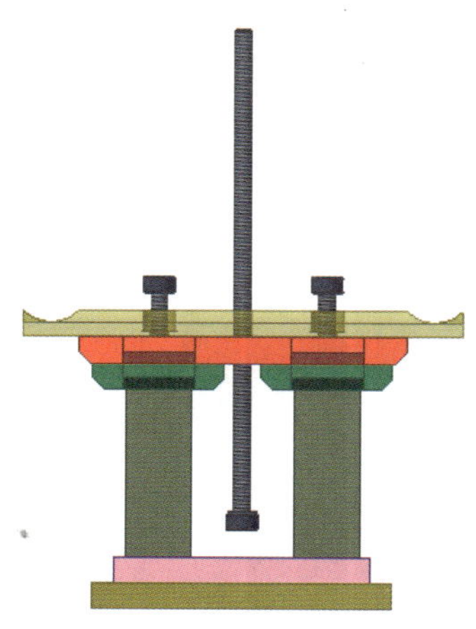

(※)②번 부품을 볼트(M5×10)로 조립한다.

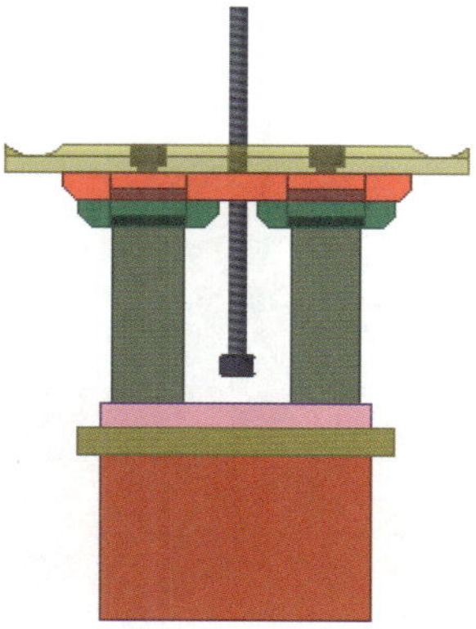

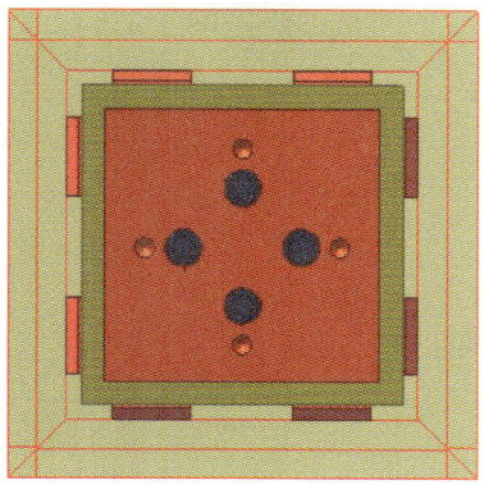

배면도

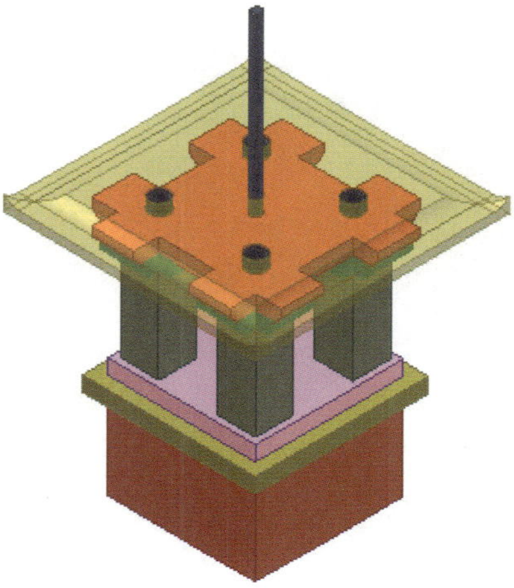

(※)① ③번 부품을 볼트(M5×10)로 조립한다. 볼트를 약하게 조이고 전체적으로 위치가 결정되면 강하게 조인다.

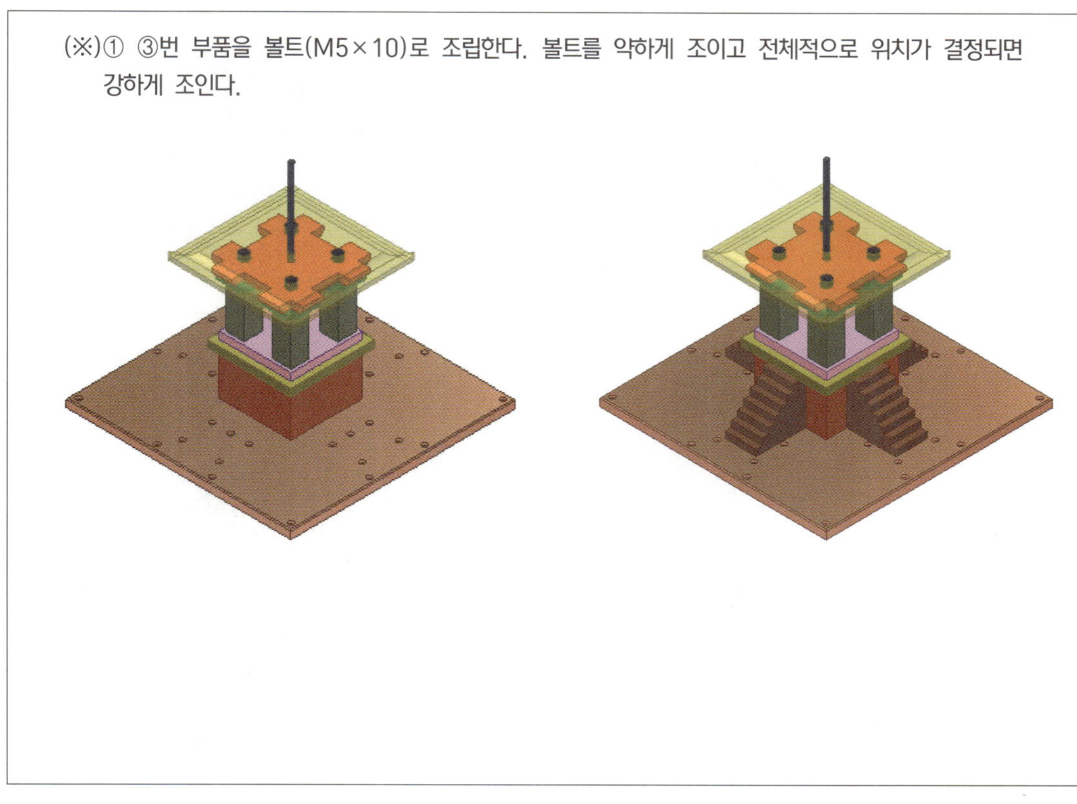

(※)④ ⑤ ㉖번 부품을 볼트(M5×10)로 조립한다. 볼트를 약하게 조이고 전체적으로 위치가 결정되면 강하게 조인다.

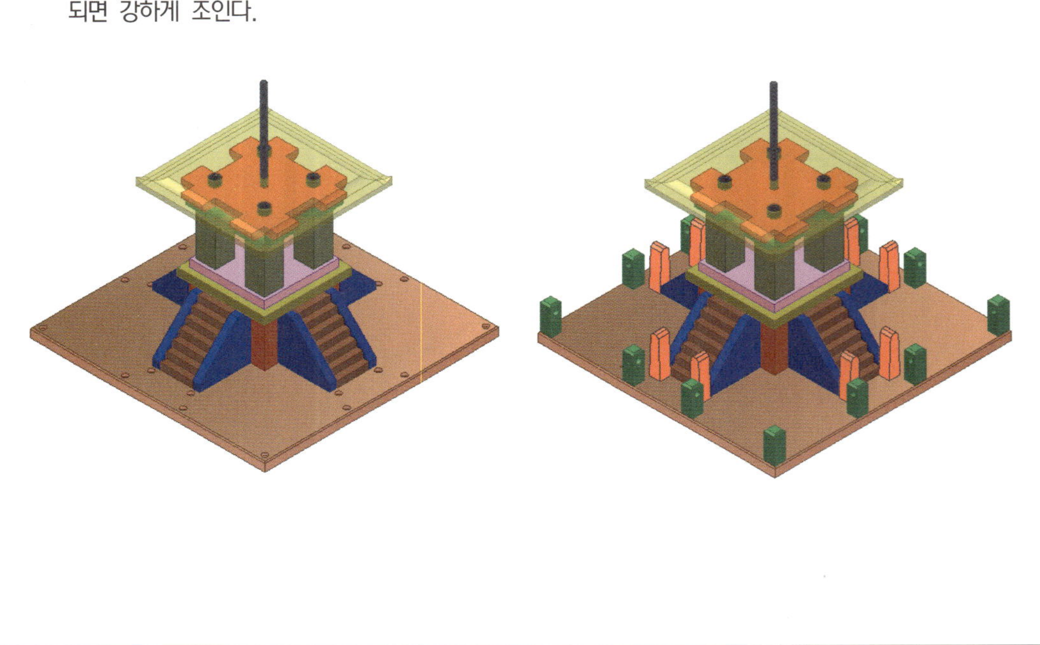

(※)하단부터 전체적으로 조립한다.

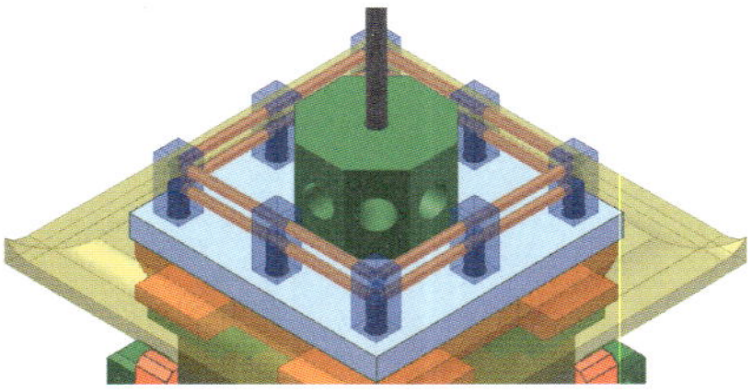

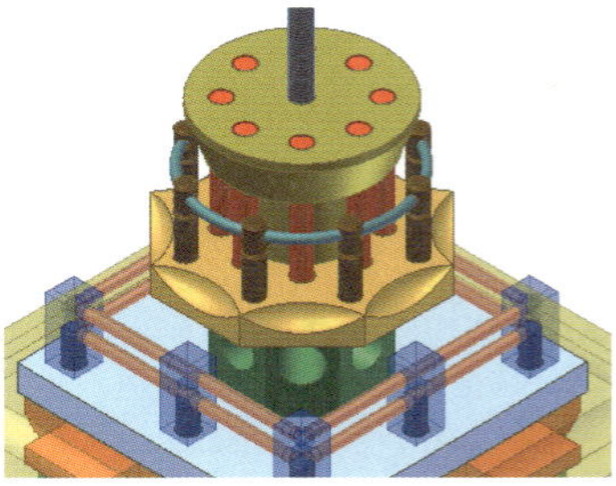

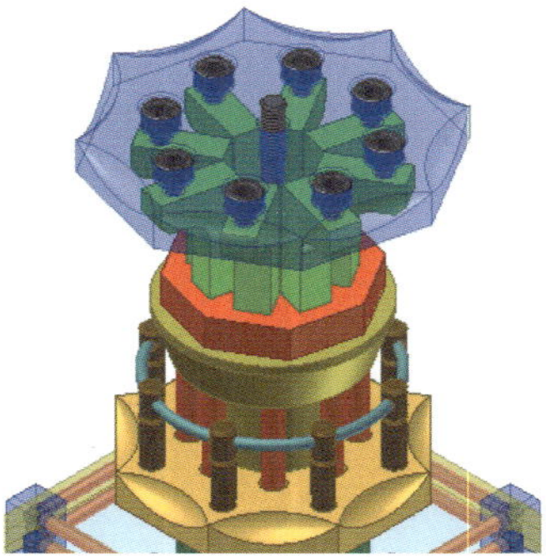

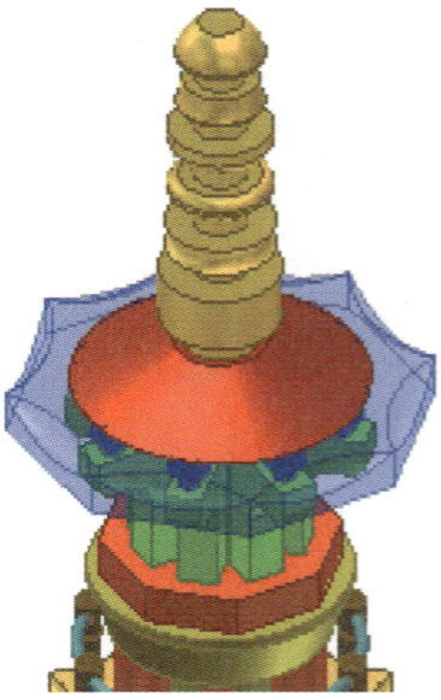

평면도

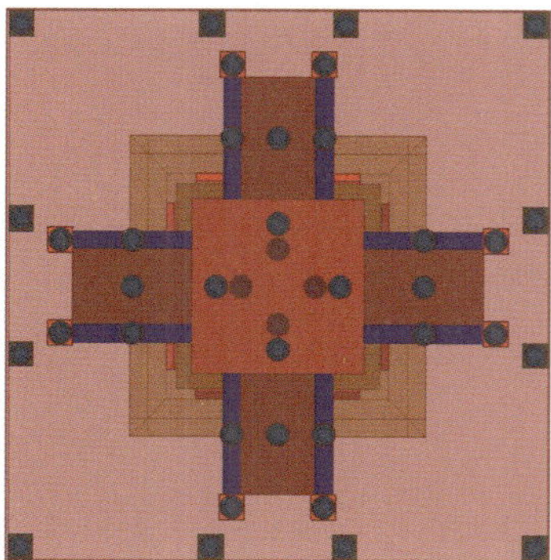

배면도

H ⁞⁞⁞ 측정 및 품질 분석

학습 목표	1. 품질관리의 중요성에 대해 설명할 수 있다. 2. 품질 분석표를 작성할 수 있다.

원하는 품질의 제품을 얻기 위해서는 품질관리는 매우 중요하다. 품질관리의 과정에는 기술 부문의 필수적인 성능과 기능을 분명하게 결정하는 기획설계 과정의 품질과 제작 과정에서 현장의 기술 수준에 따라 달라질 수 있으므로 제작과정의 품질이 중요하다.

1. 가공 부품 측정

〈표-6〉 조립품 및 부품 측정표 작성(예시 참조)

표 ➤ 조립품 및 부품 측정

<table>
<tr><th colspan="9">조립품 및 부품 측정</th></tr>
<tr><td colspan="2">프로젝트 명</td><td colspan="7"></td></tr>
<tr><td colspan="2">작 성 자</td><td>소속</td><td colspan="2"></td><td colspan="2">성명</td><td colspan="2"></td></tr>
<tr><td>평가 구분</td><td colspan="5">평가 사항</td><td>배점</td><td>득점</td><td>환산 점수</td></tr>
<tr><td rowspan="7">가공 상태 (80%)</td><td rowspan="2">항목</td><td rowspan="2">도면 치수</td><td colspan="3">측정값</td><td rowspan="2"></td><td rowspan="2"></td><td rowspan="6"></td></tr>
<tr><td>1차 측정</td><td>2차 측정</td><td>최종값</td></tr>
<tr><td rowspan="4">정밀 치수 (50%)</td><td></td><td></td><td></td><td></td><td></td><td></td></tr>
<tr><td></td><td></td><td></td><td></td><td></td><td></td></tr>
<tr><td></td><td></td><td></td><td></td><td></td><td></td></tr>
<tr><td></td><td></td><td></td><td></td><td></td><td></td></tr>
<tr><td>소계</td><td></td><td></td><td></td><td></td><td></td><td></td><td></td></tr>
</table>

 QUESTION

그림은 외측 마이크로미터의 눈금으로 스핀들 1회전할 때마다 0.5mm 이동하며 이 0.5 mm를 심블에 50등분한 것이다. 측정값은?

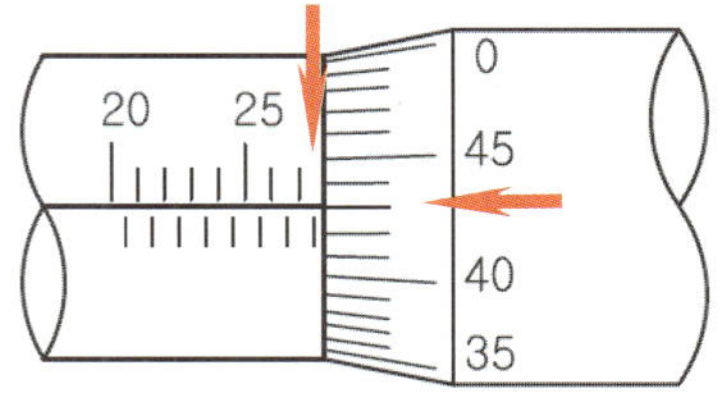

2. 완성품 품질 분석

부품 측정표와 전체적인 기능을 분석하여 불량 원인을 해결할 수 있는 방안을 조사한다.

〈표-7〉 4way 품질 분석표 작성(예시 참조)

표 ➤ 4way 품질 분석표

4way 품질 분석표				
프로젝트 명				
작 성 자	소속		성명	
A. 왜 불량이 발생하였는가?				
1 단계 Why?	(예) 왜 아침 등교시간이 늦었는가? → 아침에 늦게 일어나서 집에서 나왔다.			
2 단계 Why?	(예) 왜 늦게 일어났는가? → 어젯밤에 늦게 잠자리에 들었다.			
3 단계 Why?	(예) 왜 늦게 잠자리에 들었는가? → 인터넷 게임을 늦게까지 하였다.			
4 단계 Why?	(예) 왜 인터넷 게임을 늦게까지 하였는가? → 재미가 있어서 시간 가는 줄 몰랐다.			
B. 근본 요인은?				
(예) 계획성이 없는 생활을 하였다.				

품질관리 용어

- SFC(Shop Floor Control) : 현장관리시스템
- RFQ(Request for Quote) : 견적 요구서
- MDSS(Management Decision Support Systems : 경영결정지원시스템
- LCR(Lowest Capacity Requirement) : 최저 능력 요구
- GPS(Global Purchasing System) : 총괄적 구매 시스템

프로젝트 수행과정 발표

학습 목표	1. 프로젝트 수행과정의 요점을 정리하여 전시회 자료를 만들 수 있다. 2. 프로젝트 수행과정을 프레젠테이션 자료로 만들어 발표할 수 있다.

1. 전시회 자료 제작

프로젝트 과제 수행 과정을 사진으로 촬영하여 프레젠테이션 및 전시회 자료 제작을 위한 자료로 활용하고 제작 관련 자료를 모아 보관하며 이를 정리하여 제품을 이해할 수 있도록 전시회 자료를 만든다.

(한글 A4 용지 1쪽)
1. 주제
2. 목적
3. 제작기간
4. 팀원 및 참여단계
5. 수행과정 및 문제해결방법
6. 제작 후 느낀 점

2. 프레젠테이션 자료 제작

위 자료를 중심으로 파워포인트로 제작하고 발표는 큰 그림을 먼저 이야기 하도록 한다. 프레젠테이션 자료는 차트나 그림(사진)을 많이 활용한 내용으로 하며 가장 좋은 것을 마지막에 보여주면서 간결하면서 감동적인 마무리가 되도록 준비한다.

(파워포인트 슬라이드 5쪽 이내)
1. 무엇을 전하고 싶은가?
2. 어떻게 전하려 하는가?
3. 왜 그 방법이 필요한 것인가?
4. 어떤 성과를 얻고 싶은가?

단원 평가 문제

※ 다음 도면을 보고 물음에 답하시오.

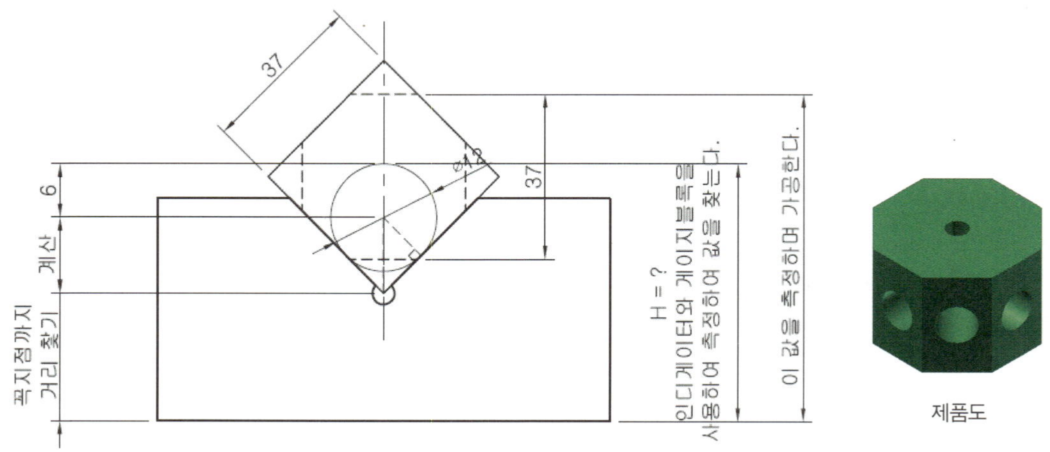

01 위 그림과 같은 다각형(제품도)을 가공하기 위해 v 블록위의 봉(∅12) 상측을 측정한 결과 25.06이다. 다각형의 상측을 가공하기 위한 계산 값은?

[풀이]

02 핸드 탭은 나사의 바깥지름, 유효 지름, 골 지름의 치수가 1, 2, 3번 탭의 순으로 증가한다. 1번 탭의 절삭률은?

① 55(%) ② 45(%)
③ 35(%) ④ 25(%)
⑤ 20(%)

※ 다음 그림을 보고 물음에 답하시오.

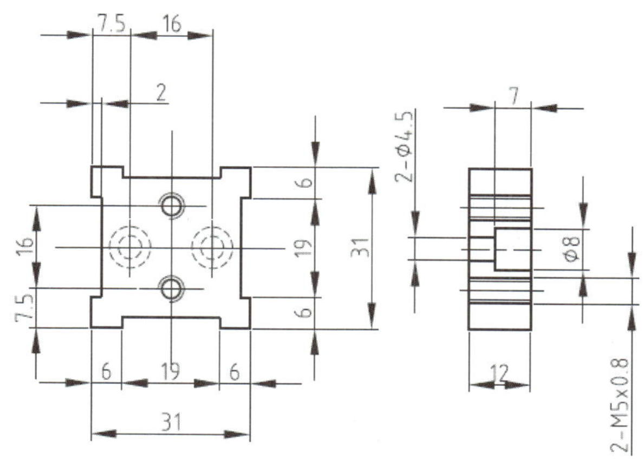

03 위 그림에서 사용한 나사의 종류는?

① 미터나사
② 유니파이나사
③ 사각나사
④ 애크미나사
⑤ 관용나사

04 위 그림에서 ㉮부를 가공할 때 사용하는 공구는?

① 카운터 싱크
② 카운터 보어
③ 다이스
④ 탭
⑤ 리머

05 위 그림에서 나사를 가공하기 위한 드릴의 지름은?

① Ø4.0 ② Ø4.1 ③ Ø4.2 ④ Ø4.3 ⑤ Ø4.4

06 그림은 나사를 만들기 위한 작업방법을 그림으로 나타낸 것이다. 암나사를 만들기 위한 공구는?

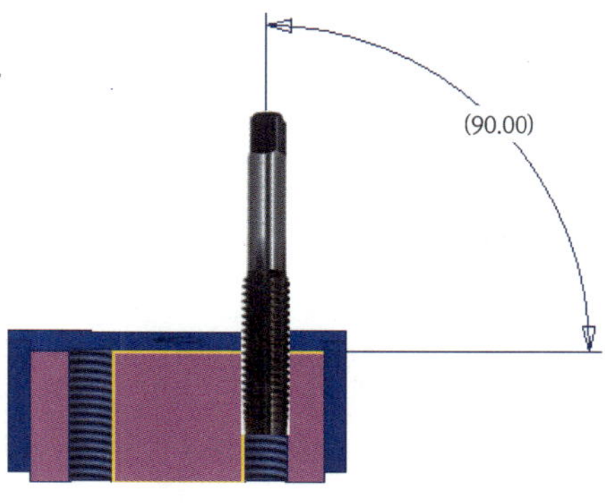

① 탭
② 드릴
③ 리머
④ 다이스
⑤ 카운터 싱크

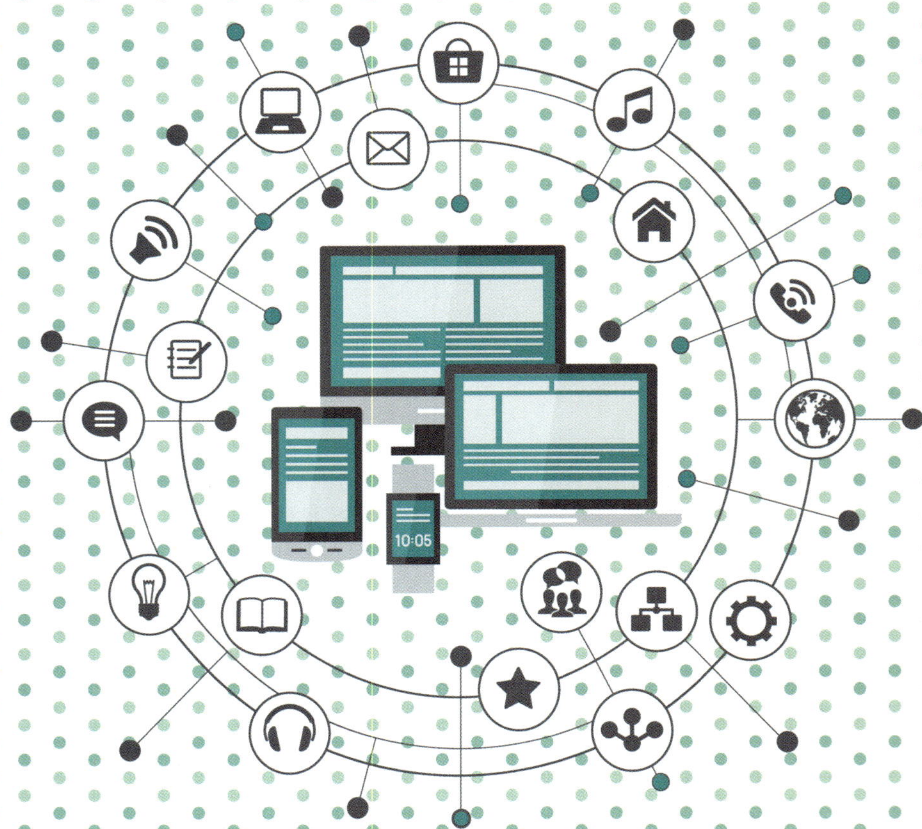

기계공작+ 프로젝트 실습

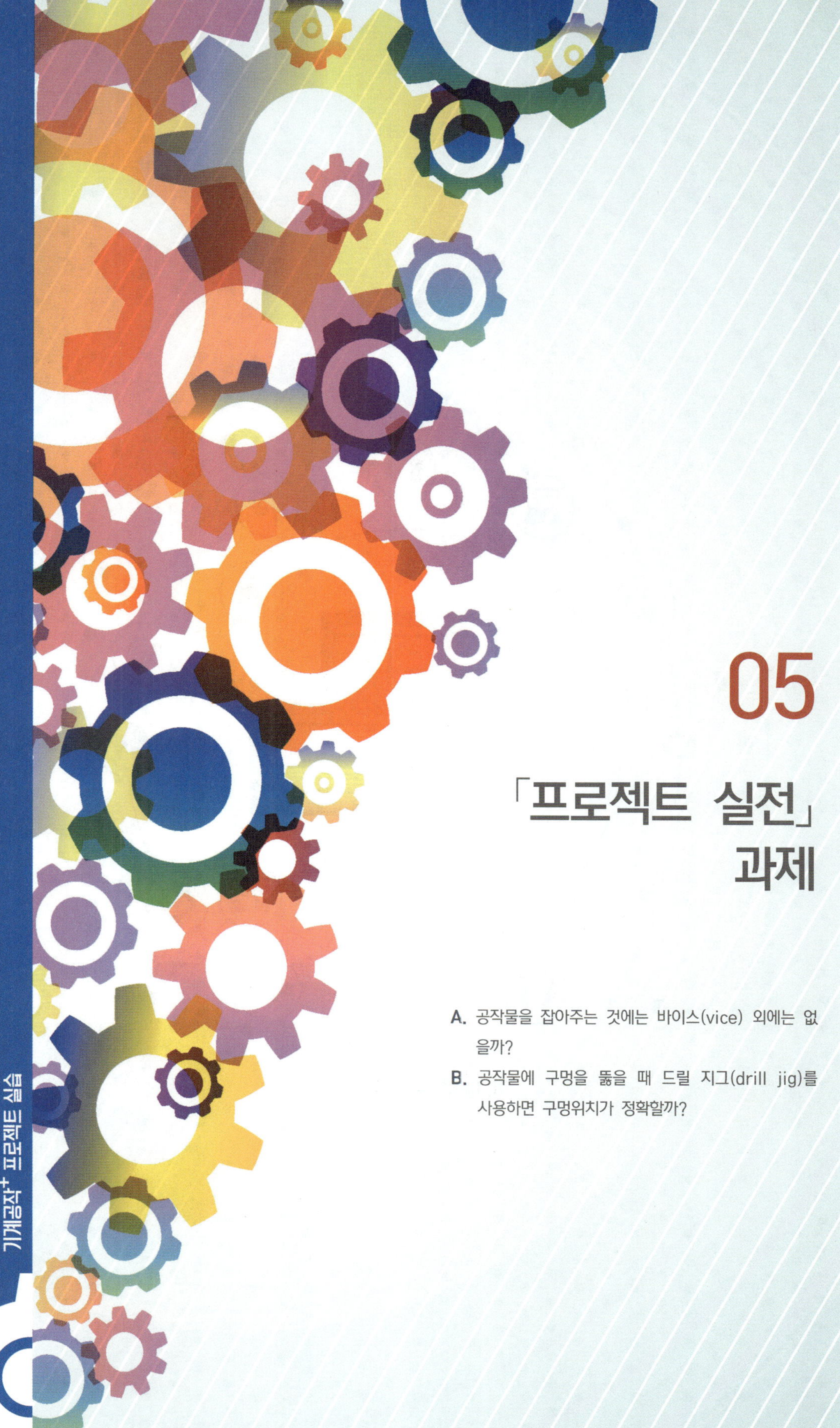

05

「프로젝트 실전」 과제

A. 공작물을 잡아주는 것에는 바이스(vice) 외에는 없을까?

B. 공작물에 구멍을 뚫을 때 드릴 지그(drill jig)를 사용하면 구멍위치가 정확할까?

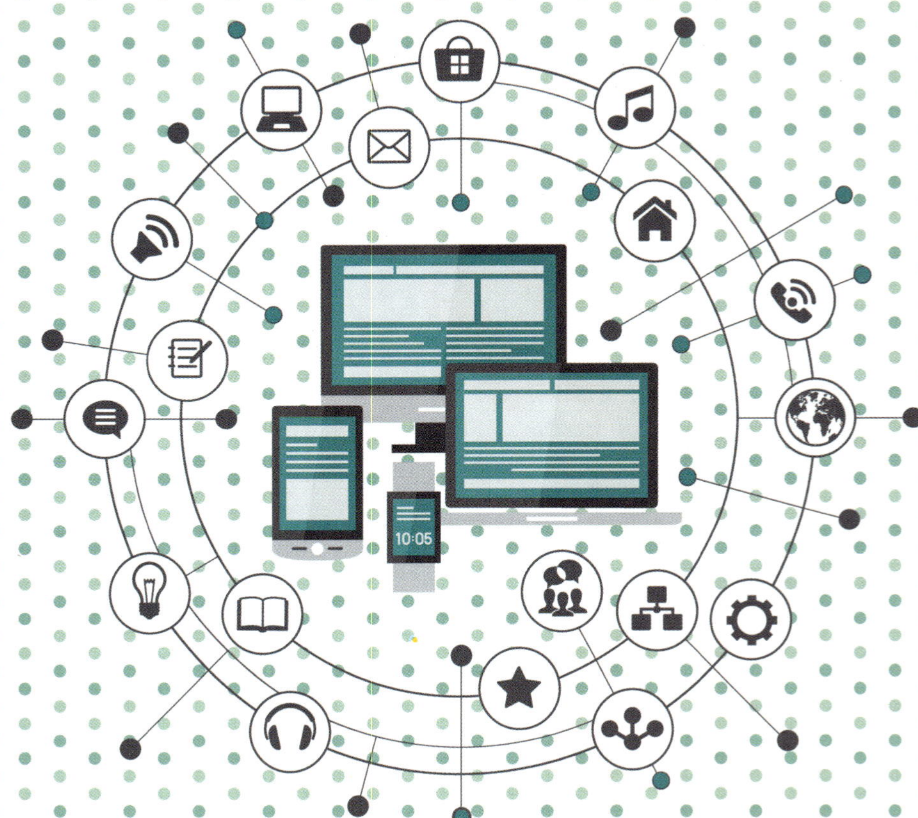

기계공작+ 프로젝트 실습

A ∷ 공작물을 잡아주는 것에는 바이스(vice) 외에는 없을까?

[실전과제_Fixture 예]

※ 다음 제시 조건에 적합한 「고정구(Fixture)[109]」를 설계하여 제작하시오.

조건 1
- 선반에서 가공 하는 부품은 0개
- 밀링에서 가공 하는 부품은 2개
- 볼트 및 너트 기타 KS규격품은 각자 선택

조건 2
- 재료와 공구는 교재에 있는 범위 내에서 선택
- 부록_ : 프로젝트 과제별 소요재료 목록
- 부록_ : 프로젝트 과제 제작 소요공구 목록

조건 3
- 프로젝트 수행 단계에 따라 보고서 작성
- 부록_ : 수행 단계 보고서 작성 양식[표1~표9]

위 조건에 따른 조사 분석(예)

❶ 최적선정분석 : 기존 치공구를 수정할까? 새로운 치공구로 할까?
용도는 단일목적용으로 할까? 다목적용으로 할까?
고정구를 사용한 생산제품은 정밀하여야 하는가?
고정구를 사용한 생산제품은 대형인가? 소형인가?

❷ 설계조건조사 : 2개의 각재로 만들 수 있는 것으로 바이스에 사용하는 원기둥 고정구로 결정
바이스 조의 규격이 길이(4″)와 폭(1″)에 사용하도록 고정구 크기 결정
생산제품의 고정구로 물림부는 지름(∅5~12)과 길이(30~40㎜)로 결정

❸ 프로젝트 주제 : '원기둥 고정구' 로 선정함

❹ 재료규격 선택 : 부록_프로젝트 과제별 소요재료에서
⑥번 28 × 32 × 80_2개 선택

❺ 제작도면 작성 : CAD작업_원기둥 고정구 도면

❻ 작품 제작 기계 : 수직밀링, 드릴

❼ 측정 및 품질분석

---

109) 고정구는 공작물을 올바른 위치에 놓기 위해 위치결정하고 유지시키며 고정하기 위한 클램핑 기구를 갖추고 있다.

실전과제_Fixture 예 작성도면

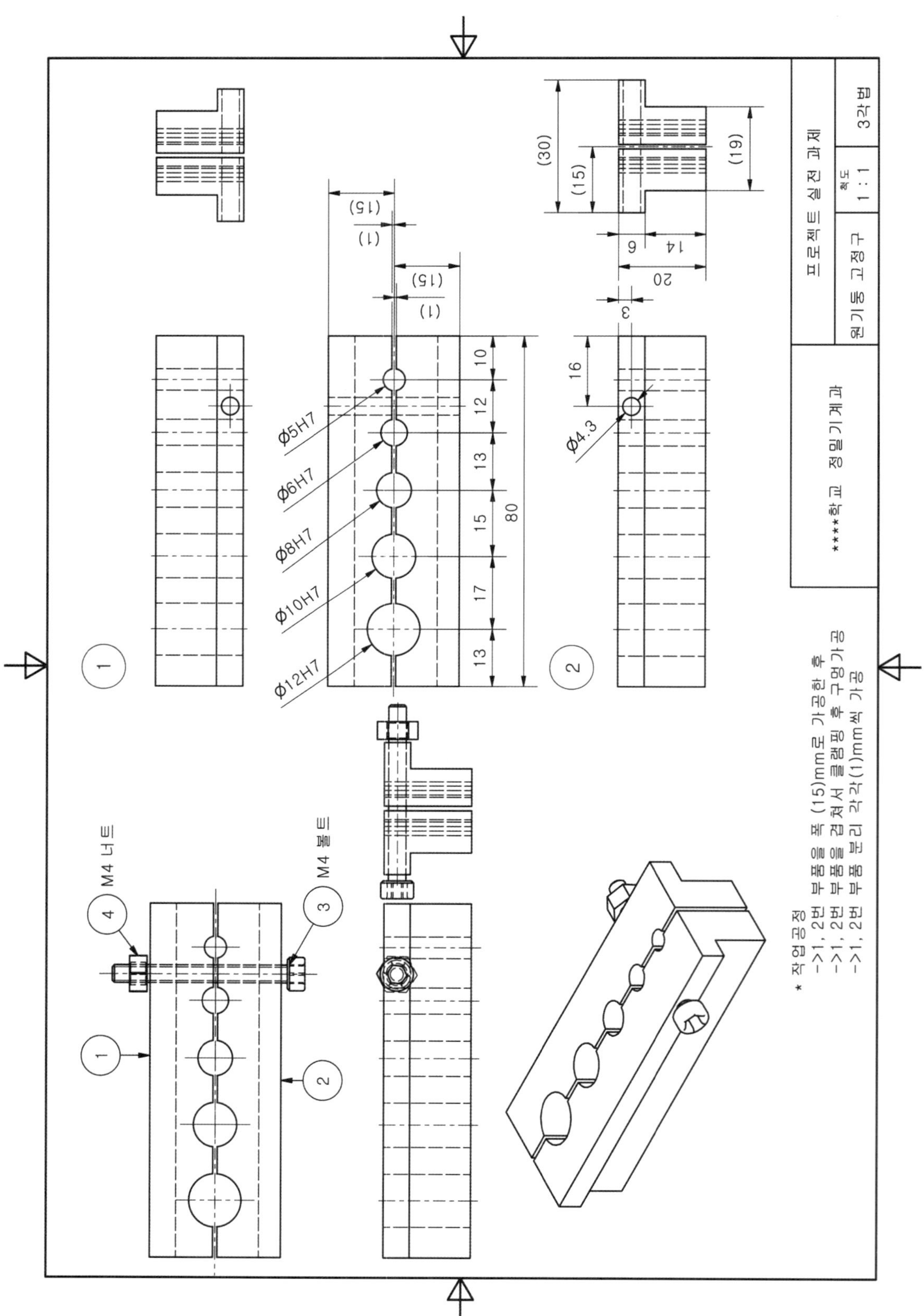

[실전과제_Fixture 1]

※ 다음 제시 조건에 적합한 「고정구(Fixture)[110]」를 설계하여 제작하시오.

조건 1 - 선반에서 가공부품은 1~2개
- 밀링에서 가공부품은 2~3개
- 볼트 및 너트 기타 KS규격품은 각자 선택

조건 2 - 재료와 공구는 교재에 있는 범위 내에서 선택
- 부록_ : 프로젝트 과제별 소요재료 목록
- 부록_ : 프로젝트 과제 제작 소요공구 목록

조건 3 - 프로젝트 수행 단계에 따라 보고서 작성
- 부록_ : 수행 단계 보고서 작성 양식[표1~표9]

위 조건에 따른 조사 분석(예시 참조)

❶ 최적선정분석 :

❷ 설계조건조사 :

❸ 프로젝트 주제 :

❹ 재료규격 선택 :

❺ 제작도면 작성 :

❻ 작품 제작 기계 :

❼ 측정 및 품질분석

110) 고정구는 공작물을 올바른 위치에 놓기 위해 위치결정하고 유지시키며 고정하기 위한 클램핑 기구를 갖추고 있다.

[실전과제_Fixture 2]

※ 다음 제시 조건에 적합한 「고정구(Fixture)[111)]」를 설계하여 제작하시오.

조건 1 - 선반에서 가공부품은 2~3개
- 밀링에서 가공부품은 3~4개
- 볼트 및 너트 기타 KS규격품은 각자 선택

조건 2 - 재료와 공구는 교재에 있는 범위 내에서 선택
- 부록_ : 프로젝트 과제별 소요재료 목록
- 부록_ : 프로젝트 과제 제작 소요공구 목록

조건 3 - 프로젝트 수행 단계에 따라 보고서 작성
- 부록_ : 수행 단계 보고서 작성 양식[표1~표9]

위 조건에 따른 조사 분석(예시 참조)

❶ 최적선정분석 :

❷ 설계조건조사 :

❸ 프로젝트 주제 :

❹ 재료규격 선택 :

❺ 제작도면 작성 :

❻ 작품 제작 기계 :

❼ 측정 및 품질분석

111) 고정구는 공작물을 올바른 위치에 놓기 위해 위치결정하고 유지시키며 고정하기 위한 클램핑 기구를 갖추고 있다.

[실전과제_Fixture 3]

※ 다음 제시 조건에 적합한 「고정구(Fixture)[112]」를 설계하여 제작하시오.

조건 1 - 선반에서 가공부품은 3~4개
- 밀링에서 가공부품은 3~4개
- 볼트 및 너트 기타 KS규격품은 각자 선택

조건 2 - 재료와 공구는 교재에 있는 범위 내에서 선택
- 부록_ : 프로젝트 과제별 소요재료 목록
- 부록_ : 프로젝트 과제 제작 소요공구 목록

조건 3 - 프로젝트 수행 단계에 따라 보고서 작성
- 부록_ : 수행 단계 보고서 작성 양식[표1~표9]

위 조건에 따른 조사 분석(예시 참조)

❶ 최적선정분석 :

❷ 설계조건조사 :

❸ 프로젝트 주제 :

❹ 재료규격 선택 :

❺ 제작도면 작성 :

❻ 작품 제작 기계 :

❼ 측정 및 품질분석

112) 고정구는 공작물을 올바른 위치에 놓기 위해 위치결정하고 유지시키며 고정하기 위한 클램핑 기구를 갖추고 있다.

B ::: 공작물에 구멍을 뚫을 때 드릴지그(drill jig)를 사용하면 구멍 위치가 정확할까?

[실전과제_Jig 예]

※ 다음 제시 조건에 적합한 「지그(Jig)[113]」를 설계하여 제작하시오.

조건 1
- 탁상드릴용이며 생산제품의 크기 및 형상은 임의 결정
- 생산제품에는 ∅10H7 2개의 구멍이 나란하게 있음
- 선반에서 가공하는 부품은 3~4개(부시 또는 생산제품은 포함)
  단, 가이드용 핀 또는 위치결정용 핀은 가공 부품에서 제외
- 밀링에서 가공하는 부품은 2~3개(생산제품 포함)
- 볼트 및 너트 기타 KS규격품은 각자 선택

조건 2
- 재료와 공구는 교재에 있는 범위 내에서 선택
- 부록_ : 프로젝트 과제별 소요재료 목록
- 부록_ : 프로젝트 과제 제작 소요공구 목록

조건 3
- 프로젝트 수행 단계에 따라 보고서 작성
- 부록_ : 수행 단계 보고서 작성 양식[표1~표9]

위 조건에 따른 조사 분석(예)

❶ 최적선정분석 : 기존 치공구를 수정할까? 새로운 치공구로 할까?
용도는 단일목적용으로 할까? 다목적용으로 할까?
지그를 사용한 생산제품은 속도인가? 정밀도인가?
지그를 사용한 생산제품은 대형인가? 소형인가?

❷ 설계조건조사 : 탁상 드릴에서 사용하지만 정밀도가 중요하며 두께가 얇은 소형제품의 단일목적용으로 설계하기로 결정

❸ 프로젝트 주제 : 샌드위치 드릴지그로 선정함

❹ 재료규격 선택 : 부록_프로젝트 과제별 소요재료에서
선반가공 재료 ⑱번 ∅35 × 60_2개, ⑲번 ∅20 × 60_1개
밀링가공 재료 ⑤번 18 × 66 × 80_2개, ⑨번 12 × 44 × 72/2_1개

❺ 제작도면 작성 : CAD작업_샌드위치 드릴지그 도면

❻ 작품 제작 기계 : 선반, 밀링, 드릴

❼ 측정 및 품질분석

---

113) 공작물의 위치를 결정하고 유지시키며 절삭공구를 안내하는 부싱이 있으며 안내부의 정밀도가 곧 공작물의 가공에 적용된다.

실전과제_Jig 예 작성도면

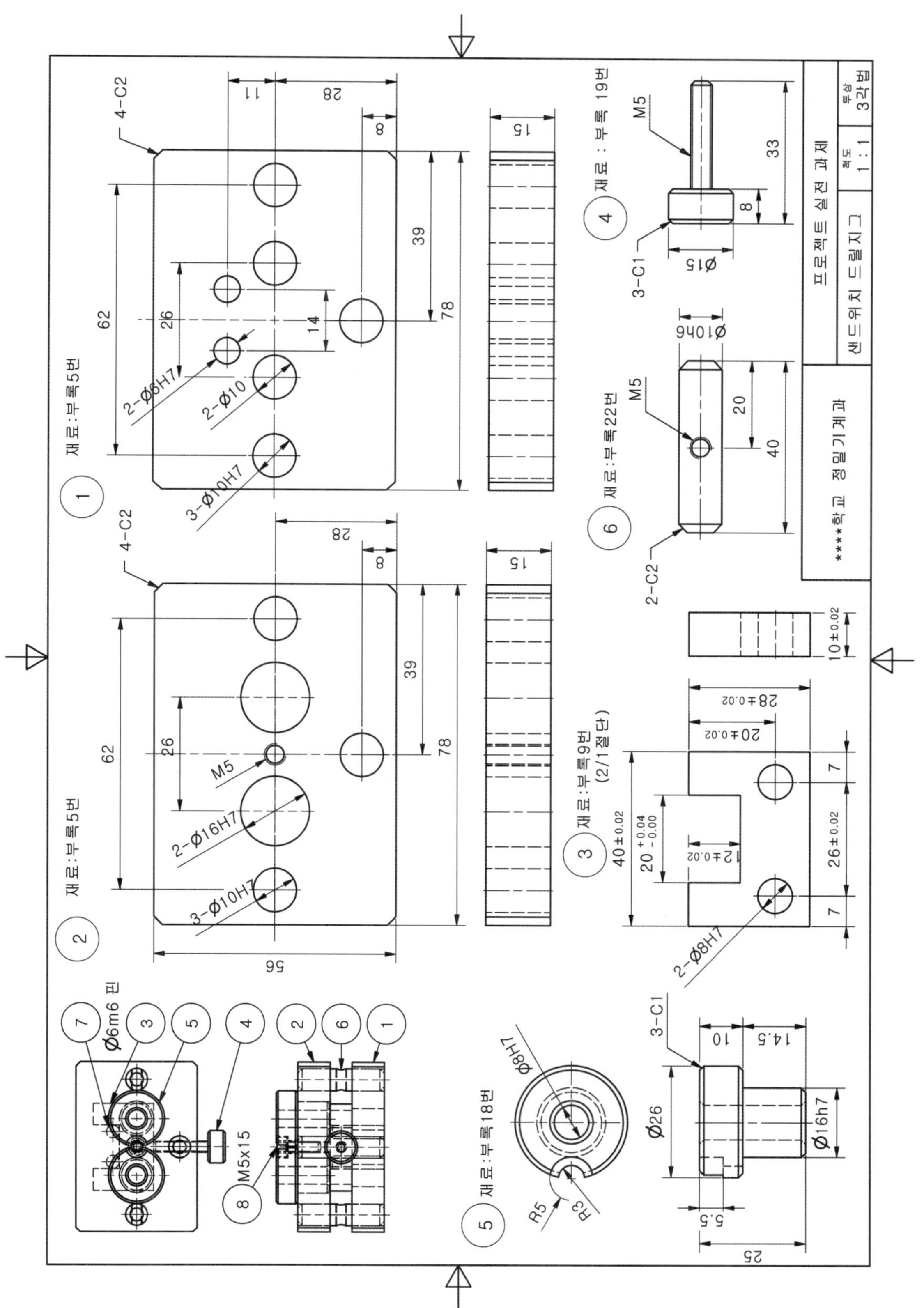

[실전과제_Jig 1]

※ 다음 제시 조건에 적합한 「지그(Jig)[114)]」를 설계하여 제작하시오.

조건 1
- 탁상드릴용이며 생산제품의 크기 및 형상은 임의 결정
- 생산제품에는 ∅12H7 1개 구멍이 있음
- 선반에서 가공하는 부품은 3~4개(부시 또는 생산제품은 포함)
  단, 가이드용 핀 또는 위치결정용 핀은 가공 부품에서 제외
- 밀링에서 가공하는 부품은 3~4개(생산제품 포함)
- 볼트 및 너트 기타 KS규격품은 각자 선택

조건 2
- 재료와 공구는 교재에 있는 범위 내에서 선택
- 부록_ : 프로젝트 과제별 소요재료 목록
- 부록_ : 프로젝트 과제 제작 소요공구 목록

조건 3
- 프로젝트 수행 단계에 따라 보고서 작성
- 부록_ : 수행 단계 보고서 작성 양식[표1~표9]

위 조건에 따른 조사 분석(예시 참조)

❶ 최적선정분석 :

❷ 설계조건조사 :

❸ 프로젝트 주제 :

❹ 재료규격 선택 :

❺ 제작도면 작성 :

❻ 작품 제작 기계 :

❼ 측정 및 품질분석

114) 공작물의 위치를 결정하고 유지시키며 절삭공구를 안내하는 부싱이 있으며 안내부의 정밀도가 곧 공작물의 가공에 적용된다.

[실전과제_Jig 2]

※ 다음 제시 조건에 적합한 「지그(Jig)115)」를 설계하여 제작하시오.

조건 1
- 탁상드릴용이며 생산제품의 크기 및 형상은 임의 결정
- 생산제품에는 ∅10H7 2개 구멍이 나란하게 있음
- 선반에서 가공하는 부품은 3~4개(부시 또는 생산제품은 포함)
  단, 가이드용 핀 또는 위치결정용 핀은 가공 부품에서 제외
- 밀링에서 가공하는 부품은 4~5개(생산제품 포함)
- 볼트 및 너트 기타 KS규격품은 각자 선택

조건 2
- 재료와 공구는 교재에 있는 범위 내에서 선택
- 부록_ : 프로젝트 과제별 소요재료 목록
- 부록_ : 프로젝트 과제 제작 소요공구 목록

조건 3
- 프로젝트 수행 단계에 따라 보고서 작성
- 부록_ : 수행 단계 보고서 작성 양식[표1~표9]

위 조건에 따른 조사 분석(예시 참조)

❶ 최적선정분석 :

❷ 설계조건조사 :

❸ 프로젝트 주제 :

❹ 재료규격 선택 :

❺ 제작도면 작성 :

❻ 작품 제작 기계 :

❼ 측정 및 품질분석

115) 공작물의 위치를 결정하고 유지시키며 절삭공구를 안내하는 부싱이 있으며 안내부의 정밀도가 곧 공작물의 가공에 적용된다.

[실전과제_Jig 3]

※ 다음 제시 조건에 적합한 「지그(Jig)[116)]」를 설계하여 제작하시오.

조건 1 - 탁상드릴용이며 생산제품의 크기 및 형상은 임의 결정
- 생산제품에는 ∅12H7 1개의 구멍이 있음
- 선반에서 가공하는 부품은 3~4개(부시 또는 생산제품은 포함) 단, 가이드용 핀 또는 위치결정용 핀은 가공 부품에서 제외
- 밀링에서 가공하는 부품은 3~4개(생산제품 포함)
- 볼트 및 너트 기타 KS규격품은 각자 선택

조건 2 - 재료와 공구는 교재에 있는 범위 내에서 선택
- 부록_ : 프로젝트 과제별 소요재료 목록
- 부록_ : 프로젝트 과제 제작 소요공구 목록

조건 3 - 프로젝트 수행 단계에 따라 보고서 작성
- 부록_ : 수행 단계 보고서 작성 양식[표1~표9]

위 조건에 따른 조사 분석(예시 참조)

❶ 최적선정분석 :

❷ 설계조건조사 :

❸ 프로젝트 주제 :

❹ 재료규격 선택 :

❺ 제작도면 작성 :

❻ 작품 제작 기계 :

❼ 측정 및 품질분석

116) 공작물의 위치를 결정하고 유지시키며 절삭공구를 안내하는 부싱이 있으며 안내부의 정밀도가 곧 공작물의 가공에 적용된다.

06

부 록

부록

01_프로젝트 수행 단계 보고서 양식[표 1~9]

표-1 ➤ 프로젝트 담당업무 및 참여동기 작성[117)]

프로젝트 담당업무 및 참여동기						
프로젝트 명						
작 성 자		소속		성명		
연번	팀원이름	담당업무	프로젝트 활동 참여동기			비고
1						
2						
3						
4						
5						
6						

117) 프로젝트 과제를 통해서 전문기술의 한 분야를 담당하여 적극적인 모습으로 나아가고 싶은 마음과 협동심을 키우고 그리고 친구들을 이해하며 친구들을 통해 성장하고 발전하여 능력을 향상시키고자 하는 것 등을 기술한다.

표-2/1 ➤ 도면(조립도) 검토 및 분석표 작성[118)]

도면(조립도) 검토 및 분석표				
프로젝트 명				
작 성 자	소속		성명	

구분	검토 사항	검토 결과
1	도면을 검토 및 분석결과 조립가능여부와 제품의 기능(운동)은? ⇨	
2	제품의 정밀치수(일반치수 제외)는 몇 개소 있으며, 보유한 공작기계 및 공구로 가공이 가능한가? ⇨	
3	제작에 필요한 측정기는 어떤 것이 있으며 사용법을 아는가? ⇨	
4	설계자의 제작 요구사항(주서 등)을 처리할 수 있는가? ⇨	

118) 도면을 검토 및 분석하여 설계자의 요구사항은 무엇인지를 확인한 후 설계 목적, 운동, 마모, 부품 연결, 부품 역할, 주유, 끼워 맞춤, 열처리, 가공, 고정, 조립, 사용한 재질의 절삭성 및 절삭유제의 사용여부 등을 분석한다. 제작상의 문제점이 있으면 수정하고 수정된 도면을 제작도면으로 사용한다.

표-2/2 ➤ 도면(부품도) 검토 및 분석표 작성[119)]

도면(부품도) 검토 및 분석표				
프로젝트 명				
작 성 자	소속		성명	
구분	검토 사항			검토 결과
1	끼워 맞춤이나 기하공차 등 중요치수는? ⇨			
2	지금 소재의 공급 상태는? ⇨			
3	표면의 거칠기와 마무리 가공방법은? ⇨			
4	특수공구 또는 치공구는 필요하지 않은가? ⇨			

119) 도면을 검토 및 분석하여 설계자의 요구사항은 무엇인지를 확인한 후 설계 목적, 운동, 마모, 부품 연결, 부품 역할, 주유, 끼워 맞춤, 열처리, 가공, 고정, 조립, 사용한 재질의 절삭성 및 절삭유제의 사용여부 등을 분석한다. 제작상의 문제점이 있으면 수정하고 수정된 도면을 제작도면으로 사용한다.

표-3 ➤ 소요 가공재료 및 KS규격품 작성[120)]

소요 가공재료 및 KS규격품					
프로젝트 명					
작 성 자	소속		성명		
부품번호	품명	재질	규격	수량	비고
1					
2					
3					
4					
5					
6					
7					
8					
9					
10					
11					
12					
13					
14					
15					
16					
17					
18					
19					
20					

120) 프로젝트 과제 제작에 필요한 재료 목록표를 작성하여 필요 소재를 구입하도록 한다. KS부품은 규격에 따라 품명과 재질, 규격, 수량을 적고, 비고란에는 KS규격 분류기호와 번호, 열처리 여부를 기록한다. 가공해야 할 재료는 가공이 수월한 연강(SM20C), 황동, 알루미늄 등으로 사용하여도 되며 재료규격은 가공여유(+5mm)를 포함한 치수를 적는다.

표-4 ➤ 기계 및 공구, 측정기 선정[121)]

<table>
<tr><th colspan="5">기계 및 공구, 측정기</th></tr>
<tr><td colspan="2">프로젝트 명</td><td colspan="3"></td></tr>
<tr><td colspan="2">작 성 자</td><td>소속</td><td></td><td>성명</td></tr>
<tr><td>연번</td><td>품명</td><td>규격</td><td>수량</td><td>비고(활용 내역 등)</td></tr>
<tr><td>1</td><td></td><td></td><td></td><td></td></tr>
<tr><td>2</td><td></td><td></td><td></td><td></td></tr>
<tr><td>3</td><td></td><td></td><td></td><td></td></tr>
<tr><td>4</td><td></td><td></td><td></td><td></td></tr>
<tr><td>5</td><td></td><td></td><td></td><td></td></tr>
<tr><td>6</td><td></td><td></td><td></td><td></td></tr>
<tr><td>7</td><td></td><td></td><td></td><td></td></tr>
<tr><td>8</td><td></td><td></td><td></td><td></td></tr>
<tr><td>9</td><td></td><td></td><td></td><td></td></tr>
<tr><td>10</td><td></td><td></td><td></td><td></td></tr>
<tr><td>11</td><td></td><td></td><td></td><td></td></tr>
<tr><td>12</td><td></td><td></td><td></td><td></td></tr>
<tr><td>13</td><td></td><td></td><td></td><td></td></tr>
<tr><td>14</td><td></td><td></td><td></td><td></td></tr>
<tr><td>15</td><td></td><td></td><td></td><td></td></tr>
<tr><td>16</td><td></td><td></td><td></td><td></td></tr>
<tr><td>17</td><td></td><td></td><td></td><td></td></tr>
<tr><td>18</td><td></td><td></td><td></td><td></td></tr>
<tr><td>19</td><td></td><td></td><td></td><td></td></tr>
<tr><td>20</td><td></td><td></td><td></td><td></td></tr>
</table>

121) 사용해야 할 공작기계와 공구 및 측정기를 적으며, 규격(사양)과 수량을 적는다. 비고란에는 용도를 적는다.

표-5 ➤ 부품 가공 시 안전 및 유의사항 작성[122)]

부품 가공 시 안전 및 유의사항				
프로젝트 명				
작 성 자	소속		성명	
연번	안전 및 유의 사항			"불안전한 행동" 또는 "불안전한 상태" 구분
1				
2				
3				
4				
5				
6				
7				
8				
9				
10				
11				
12				
13				
14				
15				
16				
17				
18				
19				
20				

122) 프로젝트 과제 제작과정에서 안전 및 유의사항을 조사하고 이를 근거로 실제 가공에 있어 안전사고가 발생하지 않도록 철저히 준비한다.
"불안전한 행동"과 "불안전한 상태" 구분
1. 불안전한 행동 : 실습에 임하는 자세로 안전수칙 준수, 기계 및 공구의 사용, 안전한 작업 등
2. 불안전한 상태 : 작업환경으로 정리, 정돈, 청결 등

표-6 ➤ 조립품 및 부품 측정표 작성[123)]

조립품 및 부품 측정표								
프로젝트 명								
작 성 자	소속			성명				
평가 구분	평가 사항					배점	득점	환산 점수
	항목	도면 치수	측정값					
			1차 측정	2차 측정	최종값			
가공 상태 (80%)	정밀 치수 (50%)					20		
						20		
						20		
						20		
						20		
						20		
						20		
	소계							
	일반 치수 (30%)					10		
						10		
						10		
						10		
						10		
						10		
						10		
						10		
	소계							
조립 상태 (20%)	외관 거칠기 및 거스러미 제거 상태(10, 8, 6점)					10		
	조립기능 상태(10, 8, 6점)					10		
	재료의 경제성(1개 교환에 -3점)							
100	합　계							

123) 완성된 조립작품 및 가공된 부품을 팀원들이 직접 측정하여 가공 정밀도 및 조립 기능에서 발생된 문제점을 조사한다.

표-7 ➤ 4way 품질 분석표 작성[124)]

4way 품질 분석표				
프로젝트 명				
작 성 자	소속		성명	
A. 왜 불량이 발생하였는가?				
1 단계 Why?	(예시) 왜 아침 등교시간이 늦었는가? → 아침에 늦게 일어나서 집에서 나왔다.			
2 단계 Why?	(예시) 왜 늦게 일어났는가? → 어젯밤에 늦게 잠자리에 들었다.			
3 단계 Why?	(예시) 왜 늦게 잠자리에 들었는가? → 인터넷 게임을 늦게까지 하였다.			
4 단계 Why?	(예시) 왜 인터넷 게임을 늦게까지 하였는가? → 재미가 있어서 시간 가는 줄 몰랐다.			
B. 근본 요인은?				
(예시) 계획성이 없는 생활을 하였다.				
C. 임시 조치는?				
(예시) 자명종으로 기상 시간을 설정한 후 취침한다.				
D. 해결책은?				
(예시) 일과 계획을 세워서 생활화하고 인터넷 게임을 줄인다.				

124) 품질관리의 과정에는 기술 부문에서 성능과 기능을 분명하게 결정하는 기획설계 과정의 품질과 제작 과정에서 현장의 기술 수준에 따라 달라질 수 있는 제작과정의 품질이 중요하다. [표-6] 조립품 및 부품 측정을 근거로 제품을 분석하여 불량 원인을 해결할 수 있는 방안을 조사한다.

표-8 ➤ 부품 가공 순서 작성

부품 가공 순서					
프로젝트 명					
작 성 자	소속		성명		
부품 번호	가공 순서 및 방법				
	공정번호	사용기계	작업내용		
	10				
	20				
	30				
	40				
	50				
	60				
	70				
	80				
	90				
	100				
	110				
	120				
	130				
	140				
	150				

표-9 ➤ 프로젝트 수행계획서 작성

프로젝트 수행계획서				
프로젝트 명				
작 성 자	소속		성명	
일정	계획	내 용	업무분담	준비물
월 일				
월 일				
월 일				
월 일				
월 일				
월 일				
월 일				

※ 본 교재의 프로젝트는 기능습득 목적의 과제 제시형 프로젝트로 구성되었다. 따라서 「수행계획서」는 작품 제작완료 후 정리하여 작성한다. 연구 및 발명 프로젝트는 반드시 작품 제작 전에 계획서를 작성한다.

부록

02_프로젝트 스케치도 그리기(모눈종이)

* 제품을 실 치수로 등각투상법으로 그리시오.
* 제도용지 한 칸의 길이 : 5mm

품명		척도	
학번		성명	

부록

03_프로젝트과제 제작 소요공구 목록

프로젝트과제 제작 소요공구

분류	품 명	규 격	비고
T-1	드릴	Ø2.4 Ø2.8 Ø3.0 Ø3.4 Ø3.8 Ø4.0 Ø4.3 Ø4.5 Ø4.8 Ø5.0 Ø5.5 Ø5.8 Ø6.0 Ø6.2 Ø6.6 Ø7.0 Ø7.3 Ø7.7 Ø8.0 Ø8.2 Ø8.4 Ø8.6 Ø8.7 Ø9.0 Ø9.7 Ø10.0 Ø10.4 Ø11.0 Ø11.7 Ø12.0	전 작품 제작용
T-2	센터 드릴	Ø3.0×60°	"
T-3	핸드 탭	M3, M4, M5, M6, M8, M10, M12×1.75	"
T-4	탭 핸들	소형, 중형	"
T-5	다이스	M4, M5, M6, M8, M10, M12×1.75	"
T-6	다이스 핸들	소형(Ø25), 중형(Ø38)	"
T-7	카운터 싱크	Ø10×90°_3날, Ø15×90°_6날	"
T-8	카운터 보어	M3, M4, M5, M6, M8	"
T-9	기계 리머	Ø4H7, Ø5H7, Ø6H7, Ø8H7, Ø10H7, Ø12H7	"
T-10	홈 바이트	t1.5	"
T-11	절단 바이트	t3.0	"
T-12	외경 바이트	황삭, 정삭	"
T-13	모따기 바이트	45°	"
T-14	평 엔드밀	Ø5, Ø6, Ø8, Ø10, Ø12, Ø16, Ø22 2날 또는 4날	"
T-15	볼 엔드밀	Ø16	"
T-16	훼이스 커터 팁	황삭, 정삭	"
T-17	황목줄(자루포함)	평 300	"
T-18	중목줄(자루포함)	평 250	"
T-19	세목줄(자루포함)	평 200	"
T-20	유목줄(자루포함)	평 150	"
T-21	손톱대	12″	"
T-22	손톱날	12″×18T	"
T-23	기름숫돌	5t×100, #1000	"
T-24	사포	천 #100, #600, #1000	"
T-25	디버링툴	싱크형날, 내경 회전날	"
T-26	스냅링 플라이어	Ø10/축용, Ø12/축용	"
T-27	드라이버	+ - 겸용	"
T-28	육각 L렌치	M3, M4, M5, M6	"
T-29	센터 펀치	Ø10×100	"
T-30	방청유	360㎖	"
T-31	탭핑유	473㎖	"
T-32	절삭유	20L(W1종 또는 W2종)	"
T-33	정반 세척제	500㎖	"
T-34	부직포	측정기 세척용	"
T-35	망치	볼핀, 무반동	"

04_프로젝트과제(다보탑) 소요재료

프로젝트과제(다보탑) 소요재료

분류	구입 재료		수량 및 부품번호		비고
	규격	재질 및 품명	수량	부품번호	
1	Ø3×2M	황동	1	⑮⑱	Ø규격품을 절단(+1~+2)
2	Ø5×2M	황동	1	㉕	Ø규격품을 절단(+1~+2)
3	Ø25×90	황동	1	㉔	Ø규격품을 절단(+1~+2)
4	Ø50×60	황동	1	⑲	Ø규격품을 절단(+1~+2)
5	Ø55×50	황동	1	㉓	Ø규격품을 절단(+1~+2)
6	8t×75×75	황동	1	㉒	t규격품을 절단(+1~+2)
7	8t×35×23	황동	8	㉑	t규격품을 절단(+1~+2)
8	8t×45×45	황동	1	⑳	t규격품을 절단(+1~+2)
9	8t×85×85	황동	1	⑫	t규격품을 절단(+1~+2)
10	8t×95×95	황동	1	⑩	t규격품을 절단(+1~+2)
11	8t×41×41	황동	4	⑨	t규격품을 절단(+1~+2)
12	8t×75×75	황동	1	⑦	t규격품을 절단(+1~+2)
13	8t×87×87	황동	1	⑥	t규격품을 절단(+1~+2)
14	8t×47×53	황동	8	④	t규격품을 절단(+1~+2)
15	8t×125×125	황동	1	⑪	t규격품을 절단(+1~+2)
16	10t×65×65	황동	1	⑯	t규격품을 절단(+1~+2)
17	10t×10×23	황동	8	⑭	t규격품을 절단(+1~+2)
18	10t×215×215	황동	1	①	t규격품을 절단(+1~+2)
19	12t×15×40	황동	8	⑤	t규격품을 절단(+1~+2)
20	12t×12×28	황동	12	㉖	t규격품을 절단(+1~+2)
21	20t×20×50	황동	4	⑧	t규격품을 절단(+1~+2)
22	30t×42×42	황동	1	⑬	t규격품을 절단(+1~+2)
23	35t×47×53	황동	4	③	t규격품을 절단(+1~+2)
24	45t×75×75	황동	1	②	t규격품을 절단(+1~+2)
25	Ø2×7mm, 1M	전기금 체인	1		
26	M3×10	육각홈붙이볼트	8		
27	M4×10	육각홈붙이볼트	16		
28	M5×10	육각홈붙이볼트	48		
29	M5×15	육각홈붙이볼트	4		
30	M5×25	육각홈붙이볼트	4		
31	M5×140	육각홈붙이볼트	1		

※수량은 1작품 제작에 필요한 것. 가공여유는 +1~5임.

부록

05_프로젝트과제(석가탑) 소요재료

프로젝트과제(석가탑) 소요재료

분류 번호	구입 재료		수량 및 부품번호		비고
	규격	재질 및 품명	수량	부품번호	
1	10t×215×215	황동	1	①	t규격품을 절단(+1~+2)
2	35t×110×110	황동	1	②	t규격품을 절단(+1~+2)
3	10t×92×92	황동	1	③	t규격품을 절단(+1~+2)
4	30t×75×75	황동	1	④	t규격품을 절단(+1~+2)
5	8t×82×82	황동	1	⑤	t규격품을 절단(+1~+2)
6	8t×58×58	황동	1	⑥	t규격품을 절단(+1~+2)
7	30t×43×43	황동	1	⑦	t규격품을 절단(+1~+2)
8	8t×63×63	황동	1	⑧	t규격품을 절단(+1~+2)
9	10t×70×70	황동	1	⑨	t규격품을 절단(+1~+2)
10	8t×44×44	황동	1	⑩	t규격품을 절단(+1~+2)
11	20t×36×36	황동	1	⑪	t규격품을 절단(+1~+2)
12	8t×52×52	황동	1	⑫	t규격품을 절단(+1~+2)
13	10t×60×60	황동	1	⑬	t규격품을 절단(+1~+2)
14	8t×39×39	황동	1	⑭	t규격품을 절단(+1~+2)
15	15t×31×31	황동	1	⑮	t규격품을 절단(+1~+2)
16	8t×47×47	황동	1	⑯	t규격품을 절단(+1~+2)
17	8t×52×52	황동	1	⑰	t규격품을 절단(+1~+2)
18	Ø35×26	황동	1	⑱	∅규격품을 절단(+1~+2)
19	12t×15×30	황동	12	⑲	t규격품을 절단(+1~+2)
20	Ø25×100	황동	1	⑳	∅규격품을 절단(+1~+2)
21	Ø2×7mm, 1M	전기금 체인	1		
22	M3×45	육각홈붙이볼트	2		
23	M4×35	육각홈붙이볼트	2		
24	M5×35	육각홈붙이볼트	6		
25	M5×10	육각홈붙이볼트	12		

※ 수량은 1작품 제작에 필요한 것. 가공여유는 +1~5임.

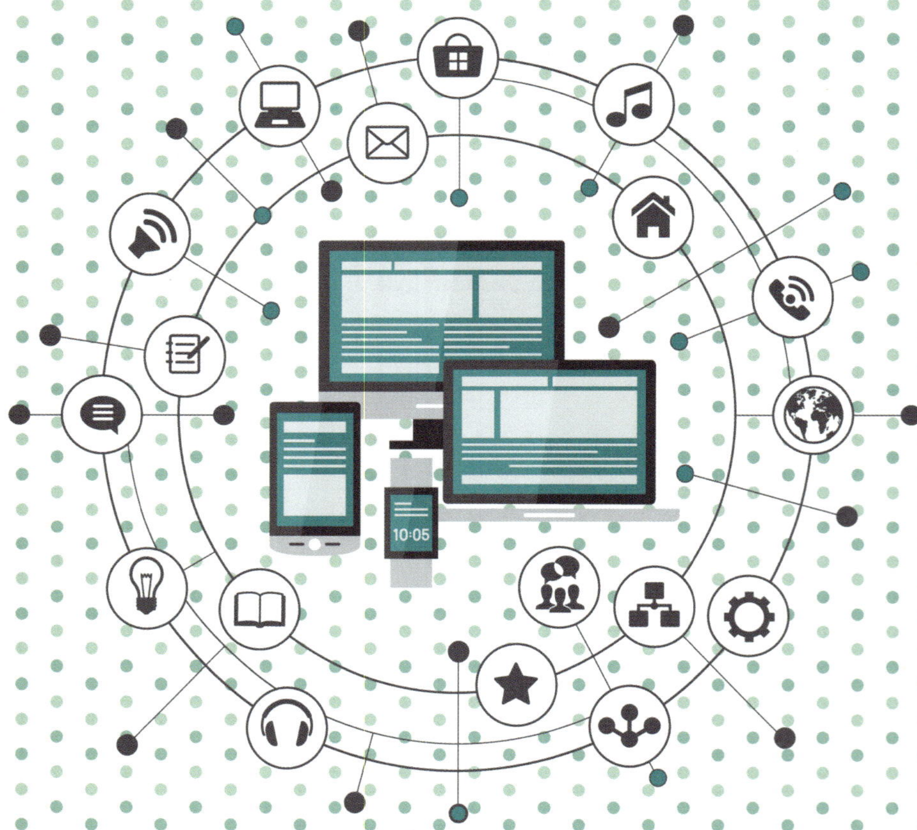

기계공작+ 프로젝트 실습

"현장에서 활용 가능한 실무 중심의 프로젝트 교육 지침서"

기계공작$^{+}$ 프로젝트 실습 [하권]

NCS 3~5 수준

초 판 인쇄 | 2016년 9월 1일
초 판 발행 | 2016년 9월 10일

지은이 | 송원석
발행인 | 조규백
발행처 | **도서출판 구민사**
(07299) 서울특별시 영등포구 당산로2길 12, 1004호
전 화 | (02) 701-7421(~2)
팩 스 | (02) 3273-9642
홈페이지 | www.kuhminsa.co.kr

등 록 | 제14-29호 (1980년 2월 4일)
ISBN | 979-11-5813-283-5 [14000]

값 25,000원